普通高等学校
新工科机器人与智能制造相关专业系列教材

ZHINENG JIQIREN XITONG

微课版

智能机器人系统

编著 丛 明 杜 宇
　　　刘 冬 田小静

大连理工大学出版社

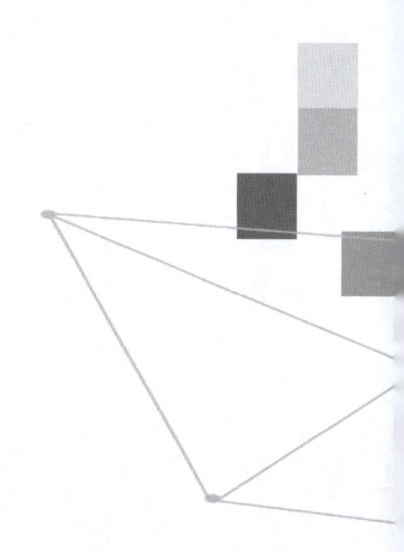

图书在版编目(CIP)数据

智能机器人系统 / 丛明等编著． -- 大连：大连理工大学出版社，2024.7（2024.7重印）
ISBN 978-7-5685-4859-5

Ⅰ．①智… Ⅱ．①丛… Ⅲ．①智能机器人 Ⅳ．①TP242.6

中国国家版本馆 CIP 数据核字(2024)第 010753 号

大连理工大学出版社出版
地址：大连市软件园路 80 号　邮政编码：116023
发行：0411-84708842　邮购：0411-84708943　传真：0411-84701466
E-mail：dutp@dutp.cn　URL：https://www.dutp.cn
大连天骄彩色印刷有限公司印刷　　　大连理工大学出版社发行

幅面尺寸：185mm×260mm	印张：14.25	字数：347 千字
2024 年 7 月第 1 版		2024 年 7 月第 2 次印刷

责任编辑：王晓历　　　　　　　　　　　　　　　　责任校对：孙兴乐
　　　　　　　　　　封面设计：张　莹

ISBN 978-7-5685-4859-5　　　　　　　　　　　定　价：48.80 元

本书如有印装质量问题，请与我社发行部联系更换。

前言

　　智能机器人系统是一种融合机械工程、先进计算机科学和人工智能技术的综合性系统，旨在使机器人能够感知环境、执行任务，并通过学习和适应不断提高其性能。该系统涉及机器人结构设计、运动学与动力学，智能机器人轨迹规划、控制技术、感觉与多信息融合、视觉系统、即时定位与地图构建(SLAM)、路径规划、任务规划、决策与学习等多个关键方向。智能机器人系统的发展经历了多个阶段，从最初简单的预编程执行到具备自主决策、学习能力和环境适应性的高度智能化系统，为提升工作效率、解决复杂问题，以及改善人类生活提供了新的可能性。

　　在智能科技迅速发展的时代，智能机器人作为一项重要的前沿领域，正引领着人类社会朝着更加智能化、自主化和高效化的方向迈进。本教材旨在为广大学生及相关从业者提供一系列全面、系统的学习资源，帮助他们深入了解智能机器人系统的核心原理、技术体系和应用前景。

　　近年来，我国一直积极推动创新驱动发展战略，将人工智能和机器人技术列为国家重点发展领域之一。智能机器人技术正以令人瞩目的速度崛起，为人类社会带来深刻的变革，其在制造业、公共服务、医疗卫生、农业、物流等领域展现出广阔的应用前景。培养高素质、能熟练掌握智能机器人的人才则成为当务之急。本教材正是为了响应国家政策、满足社会对智能机器人领域专业人才的迫切需求而编写的。

　　本教材的编写旨在突出以下理念与特色：

　　(1) 系统性与深入性

　　通过有序的章节设置，将智能机器人技术的核心要素进行系统而深入的剖析，帮助读者建立完整的知识体系。

　　(2) 理论与实践相结合

　　注重理论知识的传授，同时通过工程实例等方式将理论与实际应用相结合，提高读者的实际动手能力。

　　(3) 前沿技术与发展趋势

　　本教材在编写过程中，充分关注了智能机器人领域的前沿技术和发展趋势，为读者提供行业发展方面新的知识和技术。

　　(4) 实用性与创新性

　　本教材旨在培养具备创新思维和实际操作能力的人才，通过工程实例分析和课后习题，培养读者解决实际问题的能力。

　　(5) 可视性与交互性

　　本教材响应党的二十大精神，推进教育数字化，建设全民终身学习的学习型社会、学习型大国，及时丰富和更新了数字化微课资源，以二维码形式融合纸质教材，使得教材更具一

定的及时性、内容的丰富性和环境的可交互性等特征,使读者学习时更轻松、更有趣味,促进了碎片化学习,提高了学习效果和效率。

(6) 内容与思政元素有机融合

为响应教育部全面推进高等学校课程思政建设工作的要求,本教材融入思政元素,逐步培养学生树立正确的思政意识,肩负建设国家的重任,从而实现全员、全过程、全方位育人,指引学生增强爱国主义情感,更积极地学习科学知识,立志成为社会主义事业建设者和接班人。

本教材共11章,每章紧扣智能机器人系统的关键要素,构建了一个完整的知识体系。第1章介绍了机器人的产生与发展,智能机器人的定义及系统组成、系统分类、系统关键技术、系统发展趋势等内容,为读者提供了智能机器人的整体认知。第2章探讨了机器人结构设计,主要围绕机器人的技术参数、机器人的移动机构、机械臂结构设计、腕部及手部结构设计等内容进行了阐述。第3章深入研究了机器人运动学与动力学,揭示机器人在实现精准运动与控制方面的关键原理和技术。第4章聚焦于智能机器人轨迹规划,探讨机器人在复杂环境中如何规划最优轨迹以完成各类任务。第5章详细介绍了智能机器人控制技术,涵盖对机器人运动执行器的精确控制,以及实现复杂任务的先进控制方法。第6章探讨了智能机器人感觉与多信息融合技术,揭示智能机器人如何通过各种传感器获取、整合,并利用信息来感知周围环境。第7章聚焦于智能机器人视觉系统,深入探讨机器人如何通过先进的视觉技术实现环境感知和目标识别。第8章探讨了智能机器人SLAM,阐述机器人如何在未知环境中实现自身的定位和地图构建,为机器人在复杂环境中的自主导航提供核心支持。第9章深入研究了智能机器人路径规划,探讨机器人在执行任务时如何智能选择最优路径,以及如何适应不同的环境和任务需求。第10章聚焦于智能机器人的任务规划、决策与学习,着重阐述任务规划、决策、学习等方法,以实现智能机器人的高度自主性和适应性。第11章通过实例向读者展示智能机器人系统在各个领域的应用,为读者呈现智能机器人技术在实际场景中的卓越表现。

本教材由大连理工大学丛明、大连交通大学杜宇、大连理工大学刘冬、大连交通大学田小静编著而成,具体编写分工如下:第1章由丛明编写,第2~6章由杜宇编写,第7~10章由田小静编写,第11章由刘冬编写。本书编写过程中,得到了大连理工大学梁斌、王燕、王梦圆、肖聪、师博人、钟华庚,大连交通大学刘润琳、朱新悦、宋昱、康俊祥、苑中正的帮助,在此表示感谢!

在编写本教材的过程中,编著者参考、引用和改编了国内外出版物中的相关资料及网络资源,在此表示深深的谢意!相关著作权人看到本教材后,请与出版社联系,出版社将按照相关法律的规定支付稿酬。

尽管我们在教材建设的特色方面做出了许多努力,但由于编著者水平有限,书中不足之处在所难免,恳请各教学单位、教师及广大读者批评指正。

编著者
2024年7月

所有意见和建议请发往:dutpbk@163.com
欢迎访问高教数字化服务平台:https://www.dutp.cn/hep/
联系电话:0411-84708445　84708462

目录

第1章 绪 论 ··········· 1
- 1.1 机器人的产生与发展 ······· 1
- 1.2 智能机器人的定义及系统组成 ··· 2
- 1.3 智能机器人系统分类 ········· 4
- 1.4 智能机器人系统关键技术 ····· 6
- 1.5 智能机器人系统发展趋势 ····· 7
- 习 题 ···················· 9

第2章 机器人结构设计 ········ 10
- 2.1 概 述 ················· 10
- 2.2 机器人的技术参数 ········· 10
- 2.3 机器人的移动机构 ········· 12
- 2.4 机械臂结构设计 ··········· 19
- 2.5 腕部及手部结构设计 ······· 24
- 习 题 ···················· 25

第3章 机器人运动学与动力学 ··· 26
- 3.1 概 述 ················· 26
- 3.2 位形空间 ················ 26
- 3.3 正运动学 ················ 31
- 3.4 逆运动学 ················ 34
- 3.5 雅可比矩阵 ·············· 37
- 3.6 动力学 ·················· 43
- 习 题 ···················· 51

第4章 智能机器人轨迹规划 ···· 53
- 4.1 概 述 ················· 53
- 4.2 关节空间与笛卡儿空间描述 ··· 53
- 4.3 关节空间轨迹规划 ········· 54
- 4.4 笛卡儿空间轨迹规划 ······· 60
- 4.5 最优轨迹规划 ············ 62
- 4.6 实 例 ················· 68
- 习 题 ···················· 71

第5章 智能机器人控制技术 ···· 72
- 5.1 概 述 ················· 72
- 5.2 智能机器人控制理论基础 ···· 72
- 5.3 智能机器人控制方法 ······· 79
- 5.4 智能机器人行为控制方法 ···· 85
- 5.5 实 例 ················· 88
- 习 题 ···················· 91

第6章 智能机器人感觉与多信息融合 ··········· 92
- 6.1 概 述 ················· 92
- 6.2 智能机器人感觉 ··········· 92
- 6.3 智能机器人内部传感器 ····· 95
- 6.4 智能机器人外部传感器 ····· 97
- 6.5 多传感器信息融合 ········· 103
- 6.6 实 例 ················· 108
- 习 题 ···················· 111

第7章 智能机器人视觉系统 ··· 112
- 7.1 概 述 ················· 112
- 7.2 视觉系统组成 ············ 112
- 7.3 图像处理 ················ 115
- 7.4 视觉识别 ················ 118
- 7.5 视觉检测 ················ 125

7.6 视觉定位 …………………… 127
7.7 实例 …………………………… 129
习题 ……………………………… 135

第8章 智能机器人SLAM ……… 136
8.1 概述 …………………………… 136
8.2 SLAM问题的数学表述 …… 137
8.3 实时定位 ……………………… 142
8.4 环境建模 ……………………… 143
8.5 经典SLAM系统 ……………… 146
8.6 实例 …………………………… 152
习题 ……………………………… 154

第9章 智能机器人路径规划 …… 155
9.1 概述 …………………………… 155
9.2 全局路径规划方法 …………… 155
9.3 局部路径规划方法 …………… 165
9.4 实例 …………………………… 172
习题 ……………………………… 176

第10章 智能机器人任务规划、决策与学习 …………… 177
10.1 概述 ………………………… 177
10.2 智能机器人任务规划方法 … 177
10.3 智能机器人决策方法 ……… 180
10.4 智能机器人学习方法 ……… 182
10.5 多机器人 …………………… 186
10.6 实例 ………………………… 188
习题 ……………………………… 193

第11章 智能机器人系统实例 …… 194
11.1 概述 ………………………… 194
11.2 仿生机器人 ………………… 194
11.3 智能复合机器人 …………… 201
11.4 自主抓取灵巧手 …………… 212
习题 ……………………………… 220

参考文献 …………………………… 221

第 1 章 绪 论

1.1 机器人的产生与发展

机器人技术的发展源远流长,从早期的简单机械臂到现代的自主导航、感知交互的智能机器人,历经了工业革命的推动、计算机技术的革新及人工智能的崛起。随着算法的不断优化和硬件性能的飞跃,机器人逐渐从工业生产线走进了人们的生活,成为现代社会不可或缺的一部分。20 世纪初至 40 年代,这一时期机械技术的发展推动了机器人概念的出现,机械学家们开始探索自动化的可能性,但技术限制和知识水平的不足使机器人的发展较为缓慢;20 世纪 50 至 70 年代,机器人技术开始萌芽和发展,随着计算机科学的兴起,开始出现更多的现代机器人雏形;20 世纪 80 至 90 年代,机器人技术迅速发展,计算机技术和传感器技术的进步推动了机器人性能的提升和应用范围的扩大;自 21 世纪以来,机器人技术蓬勃发展,机器人应用逐渐渗透到各个领域,成为各个行业的重要工具和装备。机器人发展史如图 1-1 所示。

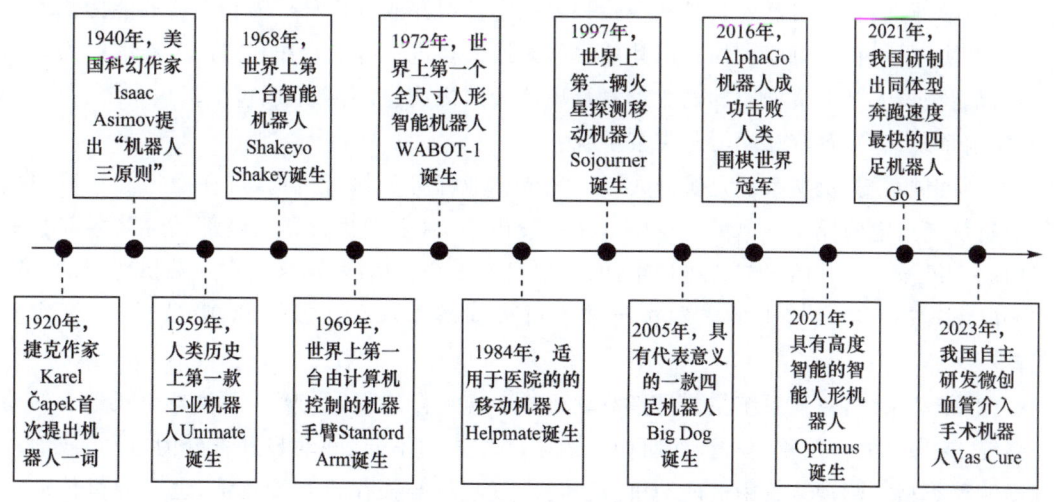

上方时间节点:
- 1940 年,美国科幻作家 Isaac Asimov 提出"机器人三原则"
- 1968 年,世界上第一台智能机器人 Shakeyo Shakey 诞生
- 1972 年,世界上第一个全尺寸人形智能机器人 WABOT-1 诞生
- 1997 年,世界上第一辆火星探测移动机器人 Sojourner 诞生
- 2016 年,AlphaGo 机器人成功击败人类围棋世界冠军
- 2021 年,我国研制出同体型奔跑速度最快的四足机器人 Go 1

下方时间节点:
- 1920 年,捷克作家 Karel Čapek 首次提出机器人一词
- 1959 年,人类历史上第一款工业机器人 Unimate 诞生
- 1969 年,世界上第一台由计算机控制的机器手臂 Stanford Arm 诞生
- 1984 年,适用于医院的的移动机器人 Helpmate 诞生
- 2005 年,具有代表意义的一款四足机器人 Big Dog 诞生
- 2021 年,具有高度智能的智能人形机器人 Optimus 诞生
- 2023 年,我国自主研发微创血管介入手术机器人 Vas Cure

图 1-1 机器人发展史

在过去的几十年中，机器人的出现和发展为各个领域带来了巨大的变革和机遇，不仅在生产制造、物流运输等工业领域广泛应用，在医疗、教育、家庭服务等日常生活中也发挥着重要的作用。

1.2 智能机器人的定义及系统组成

关于智能机器人，目前尚无统一的定义。1956 年，人工智能之父 Marvin Lee Minsky 提出了他对智能机器的理解："智能机器能够创建周围环境的抽象模型，一旦遇到问题便能够从抽象模型中寻找解决方法。"此外，还有众多专业人士提出过对于智能机器人的定义与看法，认为智能机器人至少要具备 3 个要素：一是感觉要素，用来认识周围环境状态；二是运动要素，对外界做出反应性动作；三是思考要素，即根据感觉要素所得到的信息，用来思考采用什么样的动作。

将智能机器人的定义归纳如下：智能机器人是指搭载人工智能技术的机器人系统，具备感知、认知、决策和执行等能力的智能型机器人。它们通过传感器感知外界环境、利用算法和模型进行数据处理和分析、决策和规划行动，并通过执行器实现物理操作，从而能与人类、环境和其他机器人进行交互和合作。

智能机器人的智能体现在：

(1)自主性：智能机器人具备一定程度的自主决策和行动能力，能在没有人类直接指导或干预的情况下进行感知、分析、决策和执行任务。

(2)适应性：智能机器人能够适应不同的环境和任务，在面对新的情况和要求时，具备灵活性、调整能力和适应能力。

(3)交互性：智能机器人拥有与人类、环境或其他机器人之间的双向沟通、合作、信息交流的能力。

(4)学习性：智能机器人具备从经验和数据中学习并改进自身行为和性能的能力。

(5)协同性：智能机器人拥有与其他机器人或人类进行有效合作和协同工作的能力。

智能机器人是由机器人和作业对象及环境共同构成的，主要组成包括机械系统、驱动系统、控制系统、感知系统和学习与决策系统。

(1)机械系统：机械系统是机器人赖以完成作业任务的执行机构，可在确定的环境中执行控制系统指定的操作。典型的机械本体一般由手部(末端执行器)、腕部、臂部、腰部和基座构成。机械手多采用关节式机械结构，一般具有 6 个自由度，用来确定末端执行器的位置和方向(姿态)。机械臂上的末端执行装置可根据操作需要换成焊枪、吸盘、扳手等作业工具。

(2)驱动系统：驱动系统主要是指驱动机械系统动作的驱动装置。驱动器是机器人的动力系统，该部分的作用相当于人的肌肉。因驱动方式的不同，驱动装置可分为电动、液动和气动 3 种类型。驱动装置中的电动机、液压缸、气缸可与操作机直接相连，也可通过传动机构与执行机构相连。

(3)控制系统：控制系统是机器人的指挥中枢，相当于人的大脑，负责对作业指令信息、内外环境信息进行处理，并依据预定的本体模型、环境模型和控制程序做出决策，产生相应的控制信号，通过驱动器驱动执行机构的各个关节按所需要的顺序、沿确定的位置或轨迹运动，完成特定的作业。

(4)感知系统：传感器构成机器人的感知系统，相当于人的感觉器官，是机器人系统的重要组成部分。传感器包括内部传感器和外部传感器2大类。内部传感器主要用来检测机器人本身的状态，为机器人的运动控制提供必要的本体状态信息，外部传感器用来感知机器人所处的工作环境或工作状况信息。

(5)学习与决策系统：学习与决策系统使智能机器人能根据经验和数据做出智能决策。系统利用机器学习算法或深度强化学习模型等技术，不断学习和优化其行为。通过对大量数据的分析和模式识别，机器人能逐渐改进性能，并根据不同的情境做出适当的响应。学习与决策系统的目标是提高机器人的自主性和适应性，使其能更好地适应不断变化的环境和任务需求，从而更有效地执行各种任务。

智能机器人系统是集成了感知、控制和决策等能力的机器人系统，旨在实现与人类、环境或其他机器人的交互和任务的执行。现代计算机、人工智能和机器学习等技术，为智能机器人提供了智能化的行为和应对能力。为实现智能机器人系统的自主性、智能化和自适应性，将智能机器人系统架构分为以下6个部分：

(1)感知层：智能机器人系统的底层，它负责收集和处理来自外部环境的各种感知数据，以便机器人能够理解并与其环境进行交互。

(2)理解层：负责对感知层获取的数据进行分析和解释，从而实现对环境和用户意图的理解。

(3)语义推理与决策层：使用感知与理解层提供的数据进行推理和决策，以实现智能的行为和应对能力，并制订适当的行动计划。

(4)控制层：负责执行和控制决策层生成的指令，通常由软件和硬件组件组成，负责管理和调控机器人的各种运动和行为，以实现目标导向的控制。

(5)用户交互层：提供与用户进行交互的接口，负责实现与用户的界面和交流，以提供便捷、友好的用户体验。借助用户交互层，用户可与智能机器人进行直接的沟通和指令传达。

(6)云服务层：云服务层提供与云服务的集成，用于数据存储、计算、模型训练和更新等操作。通过云服务，智能机器人可利用强大的计算和存储资源，进行大规模数据处理和计算，以实现机器人系统的扩展性、可靠性和智能化。

除以上组件和层次外，智能机器人系统还可能涉及安全层，用于确保机器人的安全性和防止安全漏洞的利用。此外，还可包括监控和故障处理层，用于监测机器人的运行状态，并及时处理故障和错误。

这些层级在智能机器人系统中相互协作，从感知到理解、推理到决策，再到实际控制和用户交互，最终实现智能机器人的功能和任务。这种体系架构可提供一个完整且灵活的框架，以满足不同类型和应用场景的智能机器人的需求。智能机器人系统的架构如图1-2所示。

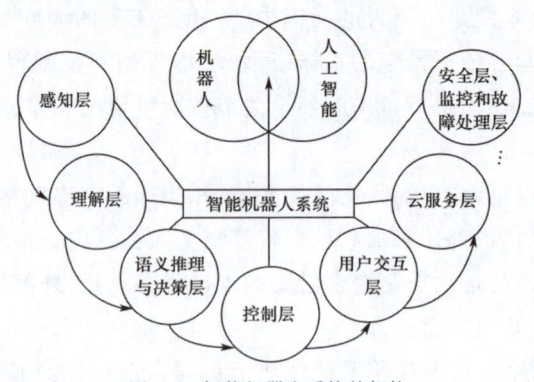

图 1-2 智能机器人系统的架构

1.3 智能机器人系统分类

对于智能机器人系统的分类,可通过多个标准来划分,以满足不同应用场景和任务需求。下面按照任务需求对智能机器人系统进行分类,深入探讨智能机器人系统的多样性和灵活性。

1. 工业机器人系统

工业机器人系统是集机械、电子、控制、计算机、传感器、人工智能等学科于一体的现代制造业重要的自动化系统。自从1962年美国研制出世界上第一台工业机器人以来,机器人技术及其产品已成为柔性制造系统(FMS)、工厂自动化(FA)、计算机集成制造系统(CIMS)的自动化工具。工业机器人的四大家族如图1-3所示。

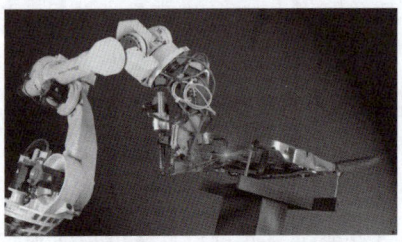

(a) FANUC 焊接机器人

(b) KUKA 装配机器人

(c) ABB 搬运机器人

(d) 安川焊接机器人

图 1-3 工业机器人的四大家族

2. 服务机器人系统

服务机器人系统是一种整合了自主移动机器人平台、人机交互界面、服务应用程序、智能决策与规划系统及安全监控系统的智能系统。服务机器人系统专注于清洁、室内环境中的导航服务、餐饮配送、无人餐厅等(图1-4),为家庭或办公场所提供一种便捷、高效的服务解决方案,为社会提供更便捷、高效的服务体验。

3. 医疗机器人系统

医疗机器人系统用于医疗手术、病房服务等,具有高精度和精细控制的能力(图1-5)。医疗机器人系统通过整合先进的感知和机械技术,提供了一种更精密和安全的医疗解决方案,为医护人员提供了有力支持,改善了医疗服务的水平。

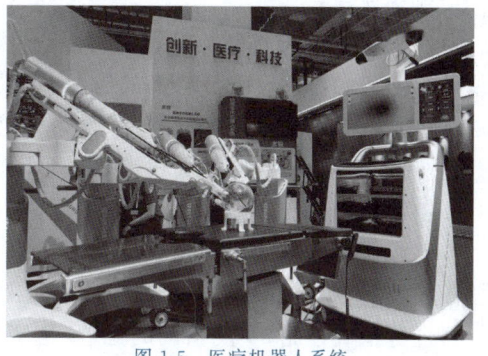

图1-4　服务机器人系统

图1-5　医疗机器人系统

4. 农业机器人系统

农业机器人系统是专为农业领域设计的智能机器人系统(图1-6)。通过先进的感知和自主导航技术,为农业提供了一种高效、精准且可持续的生产方式,助力农业行业迈向智能化和现代化,旨在提高农业生产率、优化资源利用,并解决传统农业面临的劳动力短缺和生产成本上升等问题。

5. 军事机器人系统

军事机器人专为军事领域设计(图1-7),通过先进的感知和自主导航技术,为军事任务提供了一种高效、精准且安全的执行方式,助力军事行动迈向智能化和现代化,可提高作战效率、降低风险,并解决传统军事行动面临的人员伤亡和作战风险等问题。

图1-6　农业机器人系统

图1-7　军事机器人系统

此外,按照智能机器人行走机构分类,可分为轮式机器人系统、足式机器人系统、履带式机器人系统、轮腿混合式机器人系统、飞行机器人系统等;按照自主性分类,可分为预编程型机器人系统、半自主型机器人系统、自主型机器人系统等;按照环境适应分类,可分为水下机器人系统、室内机器人系统、室外机器人系统等。

这些分类标准可根据实际需求和任务特点进一步细分,以满足不同应用场景的机器人系统需求。

1.4 智能机器人系统关键技术

智能机器人系统是一个综合型的系统,涉及多个关键技术。以下对智能机器人系统的关键技术及其作用进行详细阐述:

1. 轨迹规划

轨迹规划负责规划智能机器人在运动过程中的路径和时间,从而确保机器人能精确执行预设的任务,涉及智能机器人在空间中运动时的路径规划和时间序列控制。通过轨迹规划,机器人可在不同的环境和任务条件下,按预设的轨迹进行运动,从而实现精确的位置控制、速度控制和姿态控制,提高机器人的运动性能。

2. 控制技术

智能机器人系统的控制技术是指通过算法和控制方法,使机器人能准确、稳定地执行各种任务,并适应不同的环境和场景,包括低层控制和高层控制两个方面。低层控制是对运动执行器进行精确控制,实现精确的位置、速度和力的控制。高层控制涉及复杂任务的决策和规划,包括路径规划、目标跟踪和行为决策。控制技术与感知技术紧密结合,通过感知环境和任务需求,可实现智能化、自主化的机器人运动控制和决策。

3. 多信息融合

将来自各种传感器的多重信息进行整合,以实现对环境的全面感知和理解。通过整合相机、激光雷达、红外传感器等传感器的数据,智能机器人能获取关于物体位置、形状、温度等信息,在面对复杂环境和任务时做出准确决策。这种综合感知能力使机器人能够更好地适应不同场景和需求,具备更高的自主性和智能性。

4. 机器视觉

机器视觉是一种利用传感器和图像处理算法来模拟人类视觉能力的技术,其结合传感器技术、图像处理算法和机器学习方法,使机器能感知和理解环境中的视觉信息,并做出响应,从而实现各种复杂的任务,如目标检测、图像识别、姿态估计等。随着技术的不断发展,机器视觉在自动驾驶、智能安防、医疗诊断等领域将有广泛的应用前景。

5. SLAM

智能机器人系统的同时定位与地图构建(Simultaneous Localization and Mapping,SLAM)技术通过精准的传感器数据融合,确保机器人在执行任务时能准确获取自身位置和姿态信息,通过感知周围环境的拓扑结构,同时构建周围环境的地图。SLAM技术的成功应用推动了智能机器人在生产制造、服务行业和医疗健康等领域的广泛应用。

6. 路径规划

路径规划是指智能机器人在已知地图和环境信息的基础上,确定从起点到终点的最优路径,其涵盖地图表示、路径搜索、路径优化和避障等关键步骤,使机器人能在不同环境中自主规划最优路径,实现高效、安全的移动与任务执行,在自动驾驶、农业农田管理、室内服务与导航等方面有广泛应用。

7. 任务规划、决策与学习

任务规划通过评估环境状态、确定步骤并规划最优路径,帮助机器人达成特定目标;决策制定则让机器人根据环境和信息选择最佳行动方案;学习机制使机器人能从经验中获取知识、优化性能并适应新任务和环境。这三项技术集成到一个连贯的框架中,使机器人在复杂动态环境中执行任务时能够学习和适应,不断提升性能,并广泛应用于工业自动化、服务机器人等领域。

通过这些关键技术的综合应用,智能机器人系统能获得高度的环境感知能力、自主决策能力和运动执行能力,实施多种复杂任务操作,如物流配送、送餐、工业搬运焊接等。

1.5 智能机器人系统发展趋势

智能机器人系统的发展呈现以下 6 个主要趋势:

1. 硬件与机械设计创新

为满足不同应用场景的需求,智能机器人系统将面临更高要求的硬件和机械设计创新。这将为智能机器人提供更高效、智能和灵活的功能,以满足不断发展的应用需求。主要体现在以下几个方面:

未来的智能机器人系统将更注重机械结构的轻巧性和柔软性,传统机器人的刚性结构限制其在复杂环境下的应用能力,而轻巧柔软的机械结构能使智能机器人更好地适应不同的任务和环境要求;将更注重人体工程学和安全性,智能机器人的机械结构将更符合人体姿态和运动方式,以提高人机交互的自然性和舒适度。此外,智能机器人的安全性也将得到重视,采用传感器和防护装置来识别和避免潜在的碰撞和伤害;传感器在智能机器人系统中起关键作用,能帮助智能机器人感知和理解环境,未来的传感器将具备更高的精度和灵敏度,能更准确地获取和处理环境中的数据;执行器是智能机器人系统实际执行任务的关键部件,未来的执行器将更高效和可靠,高效的执行器能提高机器人的运动速度和精度,可靠的执行器能减少故障和维修时间。

2. 感知能力与环境适应性提升

未来的智能机器人系统将具备更强大的感知能力,能感知和理解更多类型的数据,如视觉、声音、触觉等。智能机器人将能更好地适应复杂和多变的环境,具备更高的自适应性和适应能力。主要体现在以下几个方面:

未来的智能机器人系统将不仅能通过视觉感知环境,还可结合声音、触觉、摄像头等感知方式,实现多模态的环境感知。这样的综合感知能力将使智能机器人更好地理解和感知周围的环境,从而更准确地做出决策和执行任务。随着深度学习技术的不断发展,智能机器人将能通过大量的数据学习和识别环境中的模式和特征。智能机器人系统将能通过使用先进的定位和导航技术,如全球定位系统(GPS)、激光雷达、摄像头等,对自身在环境中的位置和周围物体的位置进行感知和理解。这将使机器人能更准确地进行导航、避障和路径规划,以适应不同的环境和任务需求;未来的智能机器人系统将具备更高的环境适应性和自适应行为能力,智能机器人将能根据环境中的变化和任务的需求,自主调整和改变行为和工作方式。

3. 学习和自主能力提升

随着机器学习和深度学习技术的不断发展,智能机器人系统将能更好地从大量的数据

中学习，并通过学习来提升自身的决策和规划能力。未来的智能机器人系统将具备更高的自主性，能灵活适应不同的环境和任务要求。主要体现在以下几个方面：

智能机器人系统将能主动地进行探索和开发，以发现新的解决方案和优化路径，且可以主动尝试新的行为，通过奖励信号的反馈，逐步学习和改进行为策略；能在复杂的环境中做出更多样化、更具创造性的决策。通过与环境的交互和不断的试错，智能机器人可从错误中学习，并逐渐发展更优的决策策略；具备快速学习和适应的能力，它们可在交互中快速掌握新的知识和技能，并能灵活地应对新的任务和环境；具备持续学习的能力，能不断积累和更新知识，以适应不断变化的环境和任务需求，还可通过迁移学习将之前学到的知识和经验应用到新的任务中，从而加速学习和提高效率。

4. 人机协作与合作性增强

智能机器人系统将更注重与人类的协作和合作，通过分析环境信息、理解人类指令，根据情境和任务做出自主决策，而不仅是被动执行预定的程序。这将让智能机器人能更好地与人类合作，根据需求共同制定合适的工作方式。主要体现在以下几个方面：

在工业领域，智能机器人系统将与人类工作人员共同完成任务和生产过程，智能机器人可担任重复性、危险或繁重的工作，而人类可专注于更具创造性和复杂性的任务，通过配合和协作，智能机器人可提高工作效率、减少错误和事故的风险；在服务行业，将增加服务机器人的互动，智能机器人系统将更好地理解人类的意图和需求，并能与人类进行自然的交流和协作，例如，智能机器人系统在餐厅中可与客人进行点单和服务交流，通过与人类的互动和合作，智能机器人可提供更加个性化和高效的服务体验；在教育领域，智能机器人可作为辅助教育工具，与学生合作进行教学、练习和评估，智能机器人系统可通过个性化的指导、实时反馈和互动交流来帮助学生更好地学习和理解知识；在医疗领域，智能机器人系统可以与医护人员合作，提供辅助手段和支持，例如，智能机器人系统可协助医生进行手术操作、药物管理和患者监测，在护理方面，智能机器人可帮助病人翻身、提供康复训练、提供情感支持等。

5. 个性化和定制化应用

未来，智能机器人系统将更注重个性化和定制化的应用。根据特定的行业需求和用户要求，智能机器人系统将提供定制化的解决方案，同时改善人机交互体验，更好地融入人类社会。主要体现在以下几个方面：

智能机器人系统将更具个性化，能根据用户喜好和偏好进行定制化服务。它们将学习用户的行为模式和喜好，并根据用户需求提供个性化建议、推荐和帮助；智能机器人系统将成为家庭的一部分，扮演家庭助理的角色，它们可帮助管理家庭日常事务，包括物品采购、家庭安全、家庭健康等。智能机器人可根据家庭成员的需求和日程安排，提供个性化的服务和建议；智能机器人系统将具备人类化的沟通能力和情感认知，更好地陪伴人们，它们可与用户进行交流，提供心理支持、情感疏导，并参与各种互动活动，例如，游戏、音乐、阅读等，以减轻人们的孤独感和压力；智能机器人系统将成为各行各业的专业助理，在医疗、教育、客户服务等领域，机器人可根据所需要的专业知识和技能，提供个性化的帮助和支持，它们可以为医生、教师、客服人员等提供智能化助手，提高工作效率和服务质量；智能机器人系统将参与制造定制化产品的过程，它们可根据客户需求进行生产，为客户提供量身定制的产品，通过与智能机器人系统的互动，客户可实时调整产品的设计和规格，实现个性化定制。

6. 伦理和法律问题的关注

随着智能机器人系统的广泛应用，伦理和法律问题将变得更突出。制定完善的法律法规和伦理准则，以及积极引导社会舆论和讨论，将有助于解决这些问题并推动智能机器人系统的可持续发展。主要体现在以下几个方面：

智能机器人系统在执行任务时可能会收集大量的个人数据和隐私信息，如人脸识别、语音识别等，因此确保个人数据的安全和隐私的保护将成为一项重要的伦理和法律问题，随着智能机器人系统与人类的交互越来越密切，人机关系及相关的权责问题也需要关注，特别是在自动驾驶汽车领域，出现事故时责任的界定和法律责任的分配就是一个重要问题；智能机器人系统所采用的人工智能技术也涉及伦理问题，例如，如何确保机器人的决策符合伦理和道德的标准，如何避免人工智能算法的偏见和歧视等；智能机器人系统在执行任务时要保证安全性，同时要考虑相关的责任问题；为了应对智能机器人系统应用带来的伦理和法律挑战，需要建立完善的法律法规体系。这包括制定相关的规范和标准，以及明确智能机器人系统在特定情境下的法律责任和义务。

综上所述，未来智能机器人系统将以更强的自主能力、更高的协作性和更强的适应能力为特征，在各个领域改变我们的生活和工作方式，并为人类创造更多的机会和效益。然而，为推动智能机器人系统的发展，我们也需要密切关注伦理、法律、安全等问题，确保机器人的应用始终以人类的利益为中心。

习题

1-1 机器人与智能机器人的区别是什么？
1-2 智能机器人系统在医疗领域的应用前景如何？
1-3 智能机器人系统对于工业生产的影响和颠覆性变革有哪些？
1-4 智能机器人系统在社会服务领域能发挥怎样的作用？
1-5 智能机器人系统的发展面临的挑战有哪些？

第 2 章
机器人结构设计

2.1 概述

机器人的结构设计是一个复杂且精细的过程,需要综合考虑多个因素,以实现最佳的性能和操作效果。结构设计的基础是机器人的整体形态和结构,根据不同的工作场景选择合适的机械结构和布局,是确保机器人完成工作的重中之重。在设计过程中,需要考虑机器人的运动方式或自由度,以最大限度确保其适应不同的环境。选择适应不同环境下的材料,确保机器人能达到性能要求,也是必不可少的一环。此外,设计过程中需要对机器人的稳定性和安全性进行充分考虑,以防止智能机器人在运行过程中发生危险。

2.2 机器人的技术参数

由于智能机器人的设计、用途和用户需求的多样性,不同类型的智能机器人在技术参数上存在显著差异。这些参数通常包括自由度、工作空间、工作速度、负载能力、精度等。

1. 自由度

智能机器人的自由度是指机器人在执行任务时能自主移动的独立方向或轴线的数量,是智能机器人的一个重要技术指标。自由度的数量直接影响智能机器人在执行任务时的灵活性和可操作性,在智能机器人设计和控制中,自由度的定义和管理至关重要。一般来说,自由度可分为平移自由度和旋转自由度 2 种类型。

(1) 平移自由度:指智能机器人能在三维空间内沿着直线移动的自由度数量。例如,1 个具有 3 个平移自由度的机器人可在 x、y、z 3 个方向上移动。

(2) 旋转自由度:指智能机器人能绕着某个轴线旋转的自由度数量。例如,1 个具有 3 个旋转自由度的机器人可以绕着 x、y、z 3 个轴线进行旋转。

综合考虑平移和旋转自由度,可得出智能机器人总的自由度数量。SCARA 机器人运动学模型具有 1 个平移自由度和 3 个旋转自由度,在小零件装配、材料搬运等方面具有较高的效率(图 2-1)。工业机械臂具有 6 个自由度,即 3 个平移自由度和 3 个旋转自由度,可用于汽车制造业的装配、拆卸、尺寸测量等方面的工作(图 2-2)。

具有超过其自由度所需最小数量的轴或关节的机械臂称为"冗余机械臂",因具有额外的自由度,在各种复杂的工业中具有重要应用。

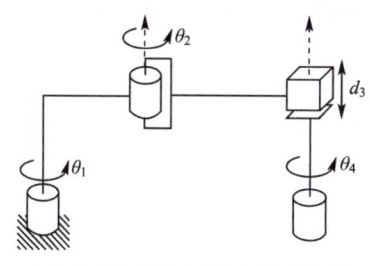

图 2-1　SCARA 机器人运动学模型　　　　图 2-2　工业机械臂

2. 工作空间

工作空间通常用于描述智能机器人在三维空间内能覆盖的区域大小和形状。工作空间的大小取决于智能机器人的设计和安装,影响智能机器人工作空间的因素如下:

(1)关节数量与类型

机械臂的自由度决定了其能覆盖的空间范围。常见的机械臂由 4 个自由度或 6 个自由度构成,两者的工作空间不同。某些机械臂可能具有更多的旋转关节或额外的运动方向,会影响其工作空间。

(2)机械臂的长度

机械臂的长度也会影响其工作空间。较长的机械臂通常具有更大的工作空间,但可能会牺牲一些精度和速度。

(3)机械臂的安装位置和姿态

机械臂的安装位置和姿态会影响其工作空间。比如,机械臂安装在天花板上的情况下,其工作空间将受到天花板和地面的限制,而机械臂的姿态也可能影响其能到达的区域。

(4)障碍物和限制

工作环境中的障碍物和限制也会影响机械臂的工作空间。机械臂需要确保在操作过程中不会与其他设备、工件或周围环境发生碰撞。

综合考虑以上因素,工作空间可通过机械臂的运动学建模和仿真来评估和优化,以确保机械臂能覆盖所需的工作区域,并在操作过程中能满足精度和安全性的要求。

3. 工作速度

机械臂的工作速度是指其执行任务时的移动速度,通常以单位时间内关节或末端执行器的位移或线速度来衡量。机械臂的工作速度受以下 5 个方面的影响:

(1)机械结构设计

机械臂的结构设计直接影响其工作速度。轻量化设计和刚性结构通常有利于提高机械臂的响应速度和运动效率。

(2)驱动系统

驱动系统的性能对工作速度至关重要。不同的驱动方式(如电动、液压、气动)及不同型号的电动机或液压泵都会对机械臂的工作速度产生影响。

(3)控制系统

控制系统的性能直接影响机械臂的运动速度和精度。高性能的控制器能实现更精准的运动控制和更快的响应速度。

(4)负载情况

机械臂在携带负载时通常速度会降低,特别是在需要较高精度的任务中,负载会影响机械臂的加速度和减速度。

(5)任务特性

不同的任务可能需要不同的速度要求。例如,高速装配任务可能需要快速而准确的定位和抓取,而精密加工任务可能更注重运动的平滑性和稳定性。

4. 负载能力

机械臂的负载能力是指它能承受的最大负载重量或力量。机械臂的负载能力取决于以下 3 个方面:

(1)结构设计

机械臂的结构设计直接影响其负载能力。刚性和强度越高的结构通常能承受更大的负载。

(2)材料选择

机械臂的材料选择对其负载能力有很大影响。采用高强度和轻量化材料能提高机械臂的负载能力。

(3)关节设计

机械臂的关节设计和传动系统也会影响其负载能力。采用高效、稳定的关节传动系统可提高机械臂的负载能力。

5. 精度

精度通常用来描述机械臂在空间中定位、移动或操作目标时的准确程度。智能机器人精度包括定位精度和重复定位精度。

(1)定位精度

定位精度是指其在执行任务时能准确达到目标位置或姿态的能力。这涉及机器人在空间中的位置和方向的精确控制。定位精度通常以智能机器人实际达到目标位置与预期目标位置之间的误差来衡量。例如,如果智能机器人被要求将末端执行器移动到一个特定的坐标位置,其定位精度就是实际到达位置与目标位置之间的差异。

(2)重复定位精度

重复定位精度是指智能机器人在多次执行同一任务时能重复到达相同位置或姿态的能力。它描述了智能机器人在不同时间点或不同条件下,能以多大的准确度重现之前的定位结果。重复定位精度通常以机器人在多次执行同一任务时位置或姿态的变化范围来衡量,以智能标准偏差或最大误差来表示。

2.3 机器人的移动机构

由于智能机器人的移动机构的功能和应用场景的多样性,其面临着各种不同的工作环境和结构需求。为了确保智能机器人在这些多样化的情况下能稳定、精确地执行任务,选择合适的行走机构显得尤为关键。不同的行走机构能提供不同的移动能力和适应性,因此在设计和选择智能机器人的移动机构时,需要考虑智能机器人将要面对的具体工作环境、地形特征及执行的任务类型。通过选择合适的行走机构,可以有效地提高机器人的运动效率、稳定性和可靠性,从而更好地满足各种应用需求。常见的移动机构为履带式移动机构、轮式移动机构、腿足式移动机构等。

2.3.1 履带式移动机构

复杂的路面环境包含沙地、雪地、林地、水泥路、土路、沟壑等非结构性道路。在这种条件下,人员和轮式车辆的行动能力大幅受限。履带式底盘车结构紧凑,机动性好,越障能力强,在非结构道路环境中具有良好的运动性能。履带式移动机构具有以下3个优点:

1. 通过性强

履带式移动机构能适应各种不同类型的地形,包括坑洼、沙地、泥泞地及不平整的地面。大面积接触地面的特性使其在艰难的地形条件下具有出色的通过性能,适用于野外探索、救援等场景。

2. 稳定性强

由于履带式移动机构与地面具有较大的接触面积,因此具有较好的稳定性。这使智能机器人在高速移动或承载重物时能保持平稳,减少因地形变化或外部干扰引起的摇摆和失稳。

3. 载重能力强

由于履带式移动机构分布在大面积的履带上,可更均匀地承载智能机器人的重量。这使其在运输货物、执行重型任务或携带装备时具有更强的承载能力。

非结构环境下履带式底盘车以单节双履带式移动机构、双节四履带式移动机构、多节多履带式移动机构为主。

单节双履带式移动机构是一种特殊的智能机器人移动机构智能(图2-3)。单节双履带式移动机构主要是由驱动轮、承重轮、导向轮、履带、台车架等组成。这种结构通常包括一个中央主体,两侧各有一条履带,通过驱动系统使履带同步运动,具有灵活紧凑、稳定平稳、通过性强、负载能力高、易于维护等优点,广泛应用于各种环境。

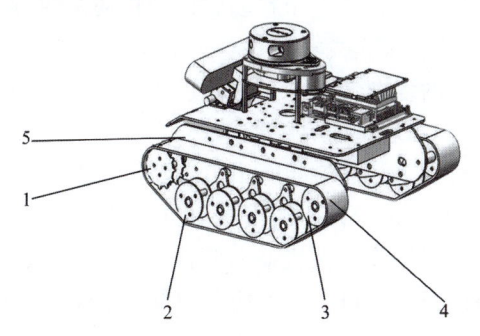

1—驱动轮;2—承重轮;3—导向轮;4—履带;5—台车架
图2-3 单节双履带式移动机构

双节四履带式移动机构的主体由履带、台车架、承重轮、驱动模块、驱动轮等构成。该结构由两组带传动模组和一组驱动模块构成，驱动模块安装在移动机构前端，用于驱动小臂的抬起（图2-4）。这种结构在智能机器人的2个端部各有1个节，每个节上都有2条履带，共计4条履带，用于提供智能机器人的移动力和稳定性，具有分段灵活、稳定平衡、高承载力等优点，适用于灵活移动和稳定运动的场景。

多节多履带式移动机构其主体由多个连接的节（或模块）组成，每个节配备多条履带用于移动（图2-5），其主要由履带、驱动轮、辅助轮、主履带、抬升机构等构成。这种结构在机器人的整体设计中具有多个相连的模块，每个模块上都配备了多条履带，用于提供机器人的移动力和稳定性。该结构具有稳定性强、承载力高等优点。

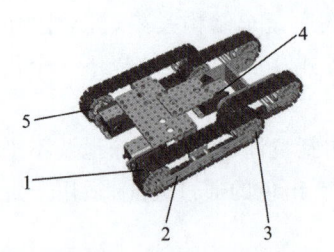

1—履带；2—台车架；3—承重轮；
4—驱动模块；5—驱动轮

图 2-4　双节四履带式移动机构

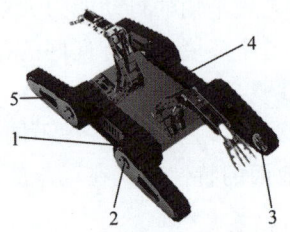

1—履带；2—驱动轮；3—辅助轮；
4—主履带；5—抬升机构

图 2-5　多节多履带式移动机构

2.3.2　轮式移动机构

轮式移动机构是一种常见的智能机器人移动系统，它使用轮子作为主要的移动装置，其特点为效率高，能在平坦的地面上自由移动，质量较轻，制作简单，可广泛应用于不同领域的智能机器人系统中。

轮式移动机构可根据不同的分类标准进行分类。按照轮子布局方式分类，可分为单轮式移动机构、双轮式移动机构、三轮式移动机构、四轮式移动机构及多轮式移动机构。按照驱动方式分类，可分为前驱式、后驱式及四轮驱动。按照轮子类型分类，可分为固定轮、转动轮及全向轮。下面按照轮子的布局方式分类介绍常用的轮式移动机构。

1. 单轮式移动机构

单轮式移动机构仅配备一个轮子用于移动。这种移动机构通常将轮子安装在智能机器人的底部，通过单个轮子的旋转来实现智能机器人在地面上的移动。单轮式移动机器人是一个多变量、强耦合、非线性的复杂动力学系统，其产生稳定运动所需要解决的动态平衡问题，是一个很好的动力学和控制理论研究模型。

六自由度单轮式移动机器人如图2-6所示，该设计针对五自由度独轮机器人不能自由转向的缺点，设计了转向机构。该设计主要由电动机、车轮、支撑杆、张紧轮和垂直转子等构成。该结构体采用铝合金框架构成刚性机器人躯体，由前进车轮部分和侧平衡机构构成总体平衡控制结构，旋转装置为转向机构，传动机构、驱动机构等部分及其他辅助机构相互配合，实现整体机构的运动。

(a)总体结构　　　　　(b)总体尺寸　　　　　(c)机器人实物

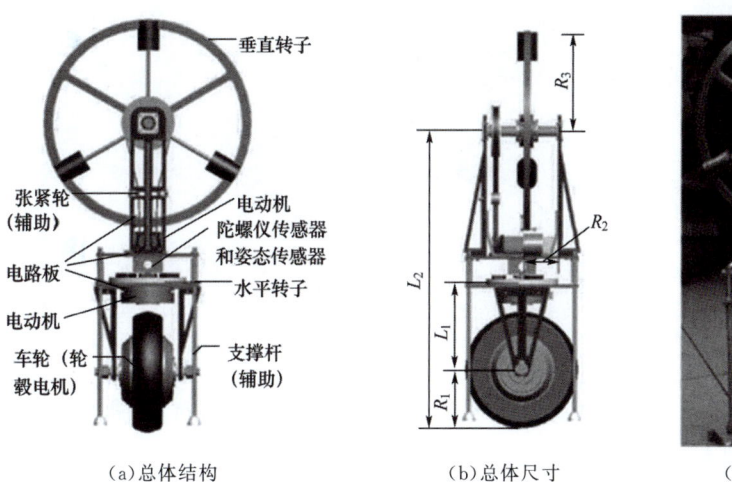

图 2-6　六自由度单轮式移动机器人

2. 双轮式移动机构

双轮式移动机构主体配备 2 个轮子用于移动。这种移动机构通常将 2 个轮子安装在智能机器人的底部,通过 2 个轮子的旋转来实现智能机器人在地面上的移动。

该移动机构主要由一个驱动轮和一个舵轮组成,驱动轮提供动力源,舵轮控制方向的变化,但是这种结构的智能机器人在速度、倾斜等的检测和控制精度方面很难得到提高。此外,在这样的智能机器人上使用简单可靠的传感器也存在困难,而且在制动或低速运行时,稳定性难以保证。因此,目前的研究主要集中在提高其稳定性能(图 2-7)。

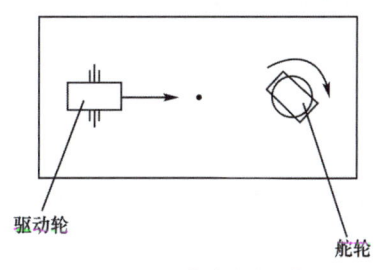

图 2-7　双轮式移动机构

(1) 差速轮式移动机构

差速轮式移动机构使用 2 个轮子,但是 2 个轮子的转速可独立控制。通过差速控制,可实现智能机器人在转弯时内外轮子转速不同,从而实现转弯半径的调节和转向的精确控制。常见应用差速轮式移动机构底盘的设备有扫地机器人、无人仓 AGV 小车、轮椅等。该机构具有控制简单、里程计计算简单等特点,但是只能给定 X 轴方向速度、Z 轴方向角速度。两轮差速式移动机器人如图 2-8 所示。该移动机器人底盘由辅助导向机构、驱动轮、电动机、雷达等构成。2 个驱动轮对称分布在小车两侧,由两个电动机驱动,通过调节左右 2 个驱动轮的速度,实现小车的运动。当 2 个驱动轮速度相同时,小车做直线运动;当 2 个驱动轮速度有差异时,小车做圆周运动。两轮差速式移动机器人具有控制精确、操控性好、适应性强、稳定性高和节能高效等优点,适用于各种不同的智能机器人应用场景。

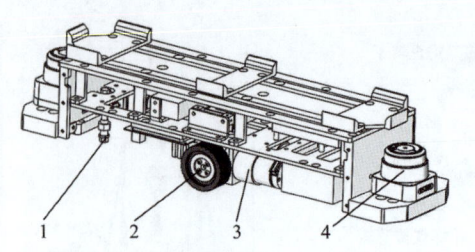

1—辅助导向机构；2—驱动轮；3—电动机；4—雷达

图 2-8 两轮差速式移动机器人

（2）自平衡双轮式移动机构

该设计通过在双轮周围安装陀螺仪和加速度计等传感器，并配备对应的控制系统，使智能机器人能自动保持平衡。自平衡双轮式移动机构常用于平衡车、自平衡机器人等交通工具中，能实现双轮上的人体平衡。

双轮自平衡小车需要建立动态平衡，不论前进还是后退或者转弯，始终利用车体姿态使其保持在平衡状态，使车体不至于摔倒（图 2-9），其主体主要由轮胎、主控模块、通信模块、传感器模块、电源模块、显示模块、驱动模块、编码器等构成，其小巧的身形使智能机器人运动更灵活。

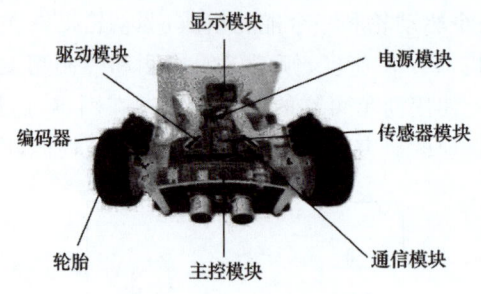

图 2-9 自平衡双轮式移动机构

3. 三轮式移动机构

三轮式移动机构配备 3 个轮子用于移动。这种移动机构通常包括 2 个后轮和一个前轮或 2 个前轮和一个后轮，通过这些轮子的旋转和转向来实现智能机器人在地面上的移动。

如图 2-10（a）所示的构型在机动三轮车中较多。图 2-10（b）中前轮兼具驱动与操舵 2 个功能，这种结构由于操舵与驱动均集中在前轮上，所以较复杂。图 2-10（c）为后两轮独立驱动，前轮使用脚轮作为辅助轮，这种机构的特点是机构组成简单、移动机器人旋转半径可从零到无限大任意设定。采用这 3 类结构的智能机器人转弯过程中形成的速度瞬心位于后两轮轴心连线上，所以即使智能机器人旋转半径为 0，旋转中心与车体的中心（位于三轮与地面形成的三角形区域内）也不一致。但三轮机构具有一个明显的优点：不需要专门的悬挂系统去保持各轮与地面的可靠接触，设计中只需要注意车体中心的位置合理。图 2-10（c）智能结构的机器人在跟踪直线或曲线轨迹时，后两轮的电动机速度必须得到精确的控制，然而诸多机械因素（如车轮滑移、驱动轴弯曲、两后车轮不同心等）均可能导致实际轨迹与期望轨迹不符。

（a）构型一　　　　　　　　　（b）构型二　　　　　　　　　（c）构型三

图 2-10　三轮式移动机构

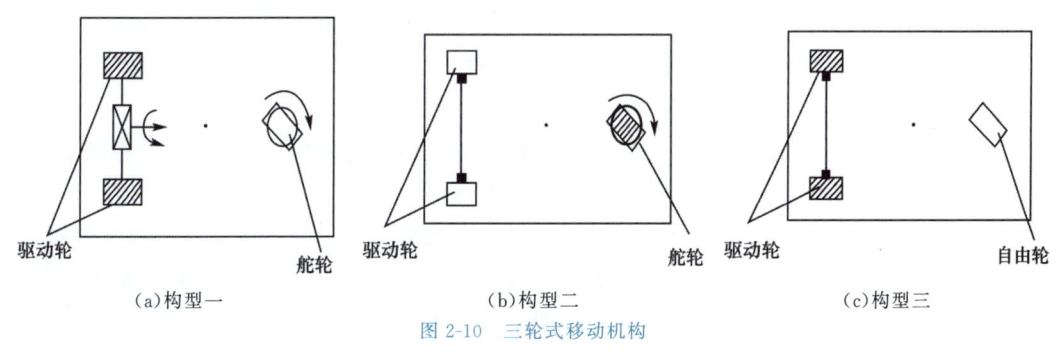

各种车轮组合和创新结构在驱动和转向的配置方面不断涌现。这些创新设计旨在提高机器人的机动性和操控性，以满足不同应用场景的需求。三轮式全向移动构型主要由电动机、麦克纳姆轮和底盘等构成（图 2-11）。这种结构采用 3 个麦克纳姆轮，分别布置在互相呈 120°的位置。这种布置不仅使智能机器人具有良好的稳定性，而且独立驱动各轮可实现智能机器人全方位移动，运动方式更灵活。

1—电动机；2—麦克纳姆轮；3—底盘

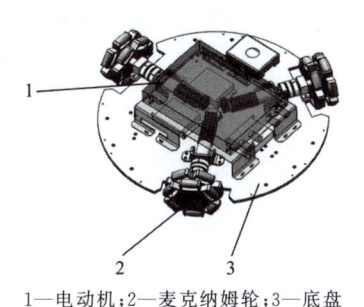

图 2-11　三轮式全向移动构型

4. 四轮式移动机构

四轮式移动机构是一种常见的机器人移动系统，其特点是配备 4 个轮子用于移动。这种移动机构通常由 2 对轮子组成，每对轮子分布在机器人的前后两端，可以独立控制。

4 个车轮布置在矩形平面的四角，后两轮差速驱动，前两轮同步转向[图 2-12（a）]；另外，还有前轮驱动兼转向方式[图 2-12（b）]；四轮转向加两轮驱动方式[图 2-12（c）]。该配置方式使轮式移动机器人具有横向移动的能力。采用四轮机构具有 2 个缺点：一是部分四轮构型的机器人移动能力受到限制，转向运动的实现需要一定的前行行程；二是这种布局需要有一个缓冲悬挂系统，以保持稳定、可靠的驱动能力，另外，部分结构的横滑运动需要考虑在内。

（a）构型一　　　　　　　　　（b）构型二　　　　　　　　　（c）构型三

图 2-12　四轮式移动机构

传统小车转向方式通常采用两轮转向,实用的同时存在不足,比如,在空间狭窄的地方不易实现转向等。四轮驱动小车能提供较强的驱动力,路面通过性较好,即使在路况不佳的情况下也可行驶(图2-13)。该四轮驱动小车由车轮、电动机、台车架、小车外壳和保险杠等构成。该四轮驱动小车具有牵引力强、通过性好、操控性强、稳定性高、适应性广和安全性高等优点,是一种常用于各种应用场景的高效移动工具。

由于麦克纳姆轮具有斜向排列的轮辐,经过适当的组合就可以实现小车的全方位移动,经过适当组合可实现小车的全方位移动(图2-14)。全向移动四轮智能小车主要由麦克纳姆轮模块、小车外壳和连接区域等构成。该四轮小车为全方向移动小车,通过特殊排列方式和轮胎形状,实现多向移动、灵活转向、平稳运动、高机动性和精准定位,适用于广泛的应用场景。

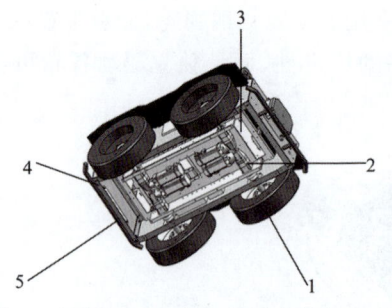

1—车轮;2—电动机;3—台车架;4—小车外壳;5—保险杠;
图2-13 四轮驱动小车

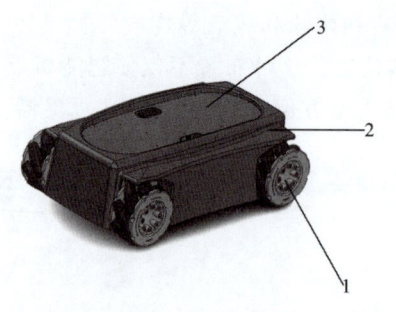

1—麦克纳姆轮模块;2—小车外壳;3—连接区域
图2-14 全向移动四轮智能小车

5. 多轮式移动机构

多轮式移动机构是机器人配备多个轮子用于移动。不同轮子的数量有着不同的作用,每种配置都有其独特的优势和适用场景。六轮智能移动小车与传统的移动四轮智能小车相比,在移动速度、爬坡能力、驱动能力和转向精度等方面都有了更大的提升,而且因其高灵活性和高机动性,可适应多种极限工况。在复杂地形环境下,移动机器人要准确可靠地完成任务,精准的轨迹跟踪和避障控制是移动机器人完成任务不可或缺的条件。该小车由车轮、小车底盘和腿式结构等构成,具有高机动性、高通过性及高自主性(图2-15)。

1—车轮;2—小车底盘;3—腿式结构
图2-15 六轮智能移动小车

2.3.3 腿足式移动机构

腿足式移动机构是一种仿生机器人移动系统。这种移动机构通常由多个腿部组成,每个腿部都配备有多个关节,以模拟生物的运动方式。腿足式移动机构通过调节腿部关节的运动来实现移动,可在各种不同的地形和环境中灵活行走,并具有良好的稳定性和适应性。

腿足式移动机构相较于轮式移动机构和履带式移动机构具有以下独特的优势：

(1)腿足式移动机构能适应各种复杂地形和环境，包括不规则地形和障碍物，因为其具备更强的越障能力和灵活性。

(2)腿足式移动机构可通过腿部的自由度和柔韧性克服各种障碍物，如越过障碍物、攀爬倾斜面等。这使其在复杂的环境中具有独特的优势。

(3)相较于轮式移动机构和履带式移动机构，腿足式移动机构通常具有更好的稳定性，尤其是在不平坦或崎岖的地形上，其可通过调整腿部姿态来保持平衡。

(4)腿足式移动机构具有较高的灵活性，可实现多种运动模式，如行走、爬行、跳跃等，适用于各种不同的任务需求。

由于其仿生设计和灵活性，腿足式移动机构被广泛应用于机器人领域，包括探索、救援、军事、医疗等领域。小型仿人机器人主要由足部、小腿、膝关节、髋旋转、髋前摆和髋侧摆等构成，具有较好的腿部空间等优点(图2-16)。

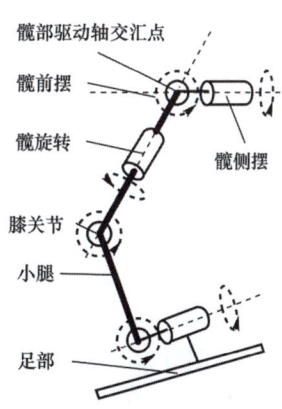

(a)仿人机器人结构　　(b)仿人机器人结构示意

图2-16　仿人机器人

2.4　机械臂结构设计

机械臂设计的重要性在于其能有效替代人力完成重复性、烦琐或危险的任务，提高生产效率、降低成本，并在需要高精度、高稳定性操作的环境中发挥重要作用，为现代工业自动化和生产提供可靠的解决方案。机械臂由基座、关节、链接、末端执行器、传动系统和控制系统等构成，以实现灵活的运动和执行多样化的任务。

2.4.1 机械臂分类

机械臂作为一种重要的工业装备,其多样化的分类标准使人能更全面地了解和归纳不同类型的机械臂。通过考虑机械臂的结构特点、动力来源、工作空间、应用领域、控制方式、自由度和工作方式等方面,能更准确地选择和设计适用于不同场景的机械臂,满足各种工业生产、服务行业、医疗保健及军事防务等领域的需求。这些分类标准为机械臂的发展和应用提供重要的指导和支持,推动机械臂技术的不断创新和进步。下面根据结构特点进行分类:

1. 串联机械臂

串联机械臂的各个关节依次相连,形成一个链式结构,类似于人的手臂。这种结构通常具有较高的灵活性和自由度,适用于需要完成复杂动作和精细操作的场景。串联机构具有工作空间大、末端执行器运动较灵活及易于控制等特点,故在当前的工业机械臂市场中应用较广泛。六自由度工业机械臂由 6 个轴构成,其中第一轴至第三轴为腰部至肘部,第四轴至第六轴为手腕至指尖,前 3 个轴的作用主要为将手腕移动至特定位置,后三轴为实现手腕的自由移动,最终像人一样自由移动(图 2-17)。

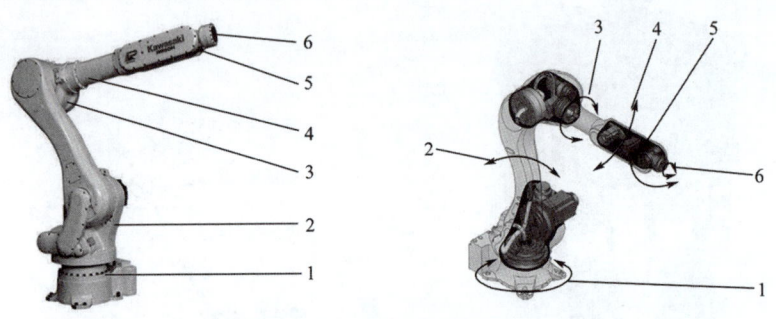

1—关节一(腰部),旋转;2—关节二(肩部),向前或向后;3—关节三(肘部),旋转;
4—关节四(手腕),向上和向下;5—关节五(手腕),弯曲;6—关节六(指尖),旋转

图 2-17 六自由度工业机械臂构型

在上述的串联机械臂中,可机械臂由许多部件构成。其中,驱动器、减速齿轮、编码器和传动装置,在机械臂设计过程中尤为重要。

驱动器是作为机械臂关节的部件,它可以让机械臂的手臂上下移动或旋转,并将能量转化为机械运动。为实现机械臂的位置和速度控制,工业机械臂一般采用伺服电动机中的高功能电动机作为驱动器,驱动器驱动方式一般会选择电力、液压或者气动。驱动器所在位置如图 2-18 所示。

减速齿轮是一种增加电动机功率的装置。电动机本身可输出的功率有限。为产生巨大的功率,电动机基本上与减速齿轮结合使用。图 2-19 中圈出的区域为减速齿轮。

编码器是一种指示电动机旋转轴位置(角度)的装置。编码器通过读取信号来确定旋转角度和速度,伺服电动机能间接精确控制定位和速度。

机械臂中使用的电动机通常放置在关节附近,但也可通过使用皮带和齿轮等传动机构将其放置在远离关节的地方。例如,在上述工业机械臂的手腕上,由于电动机可通过传导机构安装在手臂的肘部,因此紧凑的手腕可行。

图 2-18　驱动器所在位置　　　　　图 2-19　减速器所在位置

2. 并联机械臂

并联机械臂的各个执行器(通常为液压缸或电动机)通过多个连接杆同时连接到一个固定平台和一个移动平台,形成平行的结构。并联机械臂通常具有较高的刚性和稳定性,适用于需要承载重量或执行高速运动的场景。

Delta 机械臂是一种常见的并联机械臂,其结构主要由静平台、主动臂、从动臂、动平台和旋转伸缩轴等构成(图 2-20)。这些臂杆通过球关节连接到底座,使平台能在三维空间内进行高速、高精度的运动。Delta 机械臂通常被用于需要快速、准确操作的应用场景,如装配线、包装线、食品加工等,其特点包括运动速度快、精度高、负载能力强等。由于其并联结构,Delta 机械臂在进行运动时通常具有较好的稳定性和刚性,适用于要求高速度和高精度的自动化生产线。

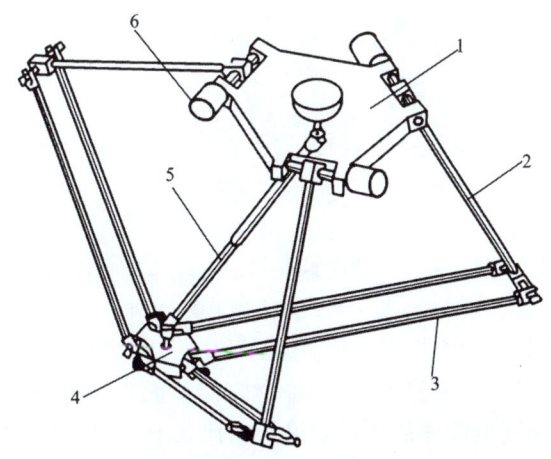

1—静平台;2—主动臂;3—从动臂;4—动平台;5—旋转伸缩轴;6—驱动机构
图 2-20　Delta 机械臂

3. 柔性机械臂

柔性机械臂通常由柔性材料制成,具有一定的变形能力。这种机械臂适用于需要在狭窄空间中操作或与不规则形状接触的场景,如医疗手术或灵活生产线上的装配任务。

柔性机械臂的柔性主要表现在关节的柔性和连杆的柔性。关节的柔性是指机械臂传动机构和关节转轴的扭曲变形(关节控制策略中的柔性,如力反馈控制,自适应控制等),连杆柔性则指机械臂连杆的弹性变形。

吉村折纸柔性机械臂共由 6 段构成,整体按照驱动器尺寸不同可分为 2 段,整机由首端连接板、中部连接板、末端连接板、74 mm 直径吉村驱动器和末端执行器等构成。该驱动器为中空六角结构,共有 18 个封闭驱动器型腔,每个驱动器的气腔相互独立,单个驱动器性能减弱时,其他驱动器不受影响(图 2-21)。

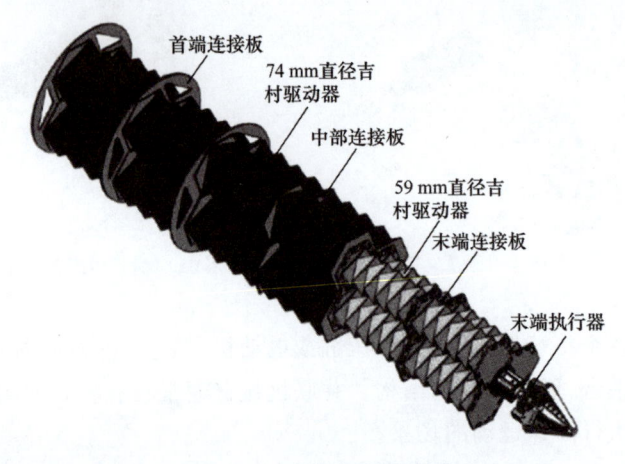

图 2-21 吉村折纸柔性机械臂

玻纹管式气动柔性机械臂主要由 3 根并联的执行器单元、上连接板、下连接板、弹簧和结构保持架等构成(图 2-22)。

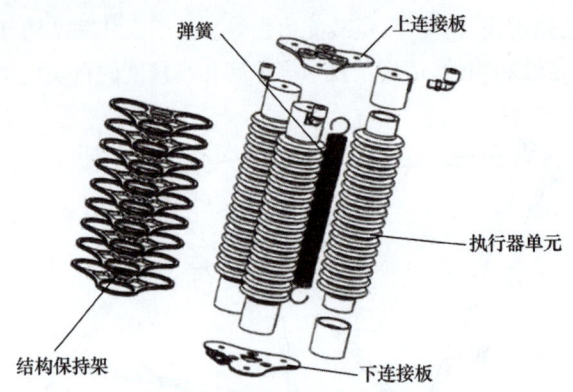

图 2-22 波纹管式气动柔性机械臂

上述 2 种机械臂均为气动柔性机械臂,但它们在腔体材料和结构上存在差异。吉村折纸柔性机械臂采用吉村折纸作为腔体材料,每个腔体都能独立进行驱动。这意味着即使一个腔体损坏,也不会影响其他腔体的运行效果。相比之下,波纹管式气动柔性机械臂使用硅胶波纹管构成,多个波纹管并联组成整个柔性机械臂的结构。

除腔体材料的不同外,这 2 种机械臂具有关节柔性。这使机械臂的运动更柔顺,减少对杆件或产品的冲击,并能有效补偿力矩变化。关节柔性在实现机械臂运动过程中起到了关键作用,使机械臂的操作更灵活且具有更高的适应性。

4. 仿生机械臂

仿生机械臂是受到生物学启发而设计的一种机械臂,其结构、运动方式或功能特性与生物体有相似之处。这种机械臂通常模仿生物体的骨骼、肌肉、关节等结构,以实现更灵活、适应性强、高效的运动和操作。仿生机械臂的设计可借鉴生物体的运动原理和机制,如人类的手臂、动物的触角等,以实现更人性化、更自然的动作和操作。仿蛇形机械臂采用电动机绳驱式的全驱动方式,有 9 个全驱动关节,18 个自由度,通过 27 个电动机拉动钢绳进行运动,每个关节之间由 2 个转向节和万向块连接组成(图 2-23)。

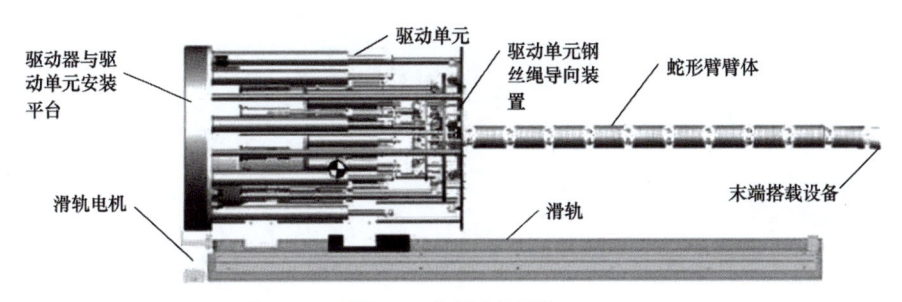

图 2-23　仿蛇形机械臂

仿生机械臂具有生物相似性、强适应性、高效能、高精准度、高能源效率和强自适应性等优点,但是同时存在制造和维护困难、性能不稳定性、生物材料限制及技术挑战带来的成本较高等问题。

2.4.2 机械臂设计流程

机械臂设计是一项复杂而细致的工程任务,通常需要多个专业领域的人员共同协作。设计过程不仅要考虑客户需求,还需要与客户密切合作,全面分析和理解用户的要求,以确保设计方案的准确性和实用性。此外,设计者需要具备丰富的加工工艺和技术知识,以确保所设计的机械臂能够顺利地制造。机械臂设计流程一般需要以下 7 个步骤:

1. 需求分析

确定机械臂的使用场景、功能需求、性能指标和约束条件,包括工作空间、负载能力、精度要求等。

2. 概念设计

根据需求分析结果,进行创意激发和概念生成,提出多种设计方案,并进行评估和筛选,选择最优方案进行进一步设计。

3. 详细设计

对选定的概念进行详细设计,包括机械结构设计、传动系统设计、控制系统设计等,确定各个部件的尺寸、材料、连接方式等。

4. 制造

根据详细设计图纸,进行零部件的加工和制造,包括机械加工、焊接、装配等过程,同时进行质量控制和检验。

5. 测试与验证

对制造完成的机械臂进行功能测试和性能验证,包括静态测试、动态测试、负载测试等,确保机械臂能满足设计要求。

6. 优化与改进

根据测试结果和用户反馈,对机械臂进行优化和改进,提高其性能、稳定性和可靠性,不断完善设计。

7. 生产和应用

完成测试验证后,将机械臂投入生产和应用阶段,实现其在实际工作场景中的应用和价值。

以上流程是一个通用的机械臂设计过程,具体的实施可能会根据所设计的机械臂特点和要求进行调整。

2.5 腕部及手部结构设计

2.5.1 腕部结构设计

最常见的腕关节构型由 2～3 个正交的旋转关节组成,第一个腕关节通常为操作臂的第四个关节。

3 个正交轴的构形可确保机械臂到达任意方位(假设没有关节角度限制)。具有 3 个连续相交轴的机械臂具有一个封闭的运动学解。因此,3 个正交轴的腕关节可随意地以任何期望的方位布置在机械臂的末端。

有些工业机械臂的腕部关节缺乏相交轴。这意味着运动学解不是封闭的。然而,如果将这种腕部关节安装在铰接式机械臂上,第四个关节轴与第二、第三个关节轴平行,就可获得一个封闭的运动学解(图 2-24)。同样,将缺乏相交轴的腕部关节安装在笛卡儿机器人上也会产生一个封闭解的机械臂。

为确保腕关节能达到任意方向,需要腕关节实现三维空间下的运动,即 X(偏转)、Y(俯仰)、Z(回转)3 个自由度(图 2-25)。通常把腕关节的回转称为"Roll(R)",腕关节的俯仰称为"Pitch(P)",腕部的偏转称为"Yaw(Y)"。

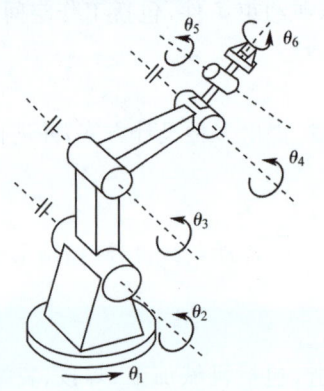

图 2-24 腕关节轴不相交

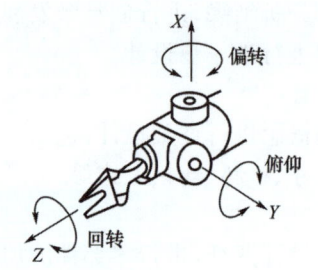

图 2-25 典型腕关节

2.5.2 手部结构设计

仿人机械手是一种设计灵感源自人类手臂和手指构造的机械装置,通常具备多个关节和自由度,以模拟人类手部的运动和操作能力。这种仿人机械手具有灵活性、精准性和安全性等特点,可用于各种工业生产、医疗保健、服务机器人和科研等领域,以完成需要高精度、复杂操作的任务,或者协助人类完成重复性、危险性较高的工作。仿人机械手的设计考虑了人体工程学,以实现与人类手部类似的运动和手感,从而提高操作效率和用户体验。

仿人机械手作为机器人与环境交互的最后环节,赋予其类人手的抓取能力对提升智能机器人智能化作业水平具有重要意义。现有的刚性仿人机械手较难实现与环境的刚度匹配,阻碍其适应外部复杂环境。软体仿人机械手虽然具有良好的柔顺性,但在仿生性、灵巧性等方面仍存在不足。为此,如何提升仿人机械手在实际应用中的抓取能力,实现其灵巧、安全、可靠的作业,是当前智能机器人研究领域的难点问题之一。

借鉴人类手指天然的刚软柔性结构及抓取特征进行仿人手指刚软耦合设计与运动性能分析。基于提出的仿人手指刚软耦合设计原理,建立含软体变形的手指运动特性模型,快速、准确的预测手指的运动形态。刚软耦合机械手采用模块化设计思想,所设计的仿人手由5个相同的手指(拇指末端增加了斜齿轮传动机构)和1个独立手掌构成,方便拆装及维护。拇指具有4个自由度,可实现其内外展运动和屈伸运动,其余4个手指各有3个自由度,可实现其屈伸运动。整个仿人手共计16个自由度。该仿人手的外形尺寸与成年人手近似,总重量约为600 g,所有的电气系统、驱动系统都集成于仿人手机构内部,拇指的内外展运动由1个电动机驱动斜齿轮传动机构实现,5个手指的屈伸运动分别由1个电动机驱动绳实现(图 2-26)。

(a)模块化手指　　(b)仿人手　　(c)手掌结构及手指分布

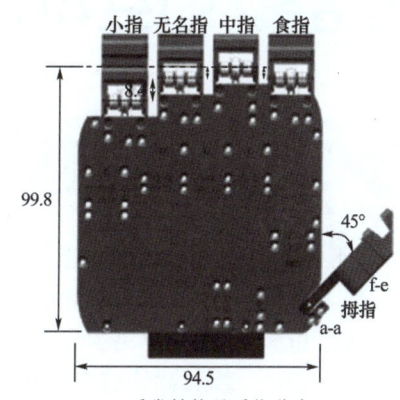

图 2-26　刚软耦合机械手

上述刚软耦合机械手具有出色的灵巧性,能够高度精确地执行抓取和操作任务,不仅可适应各种形状和尺寸的工件,还能在狭小空间内进行精准操作。同时,这些仿人机械手在设计上考虑了安全因素,采用了多重安全措施,确保在工作过程中不会对人员或周围环境造成伤害。此外,它们具备可靠的抓取作业效果,能稳定抓取、搬运和放置工件,保证生产过程的连续性和效率。

习题

2-1 履带式、轮式、腿足式3种移动机构各有何优缺点?
2-2 在机械臂设计过程中,应该注意哪些方面?
2-3 举出常见的六自由度工业机械臂。
2-4 波纹管式气动柔性机械臂相较于常见的机械臂有哪些优点?
2-5 列举常见的仿人机械手的类型。

第 3 章
机器人运动学与动力学

3.1 概 述

智能机器人运动学关注智能机器人的姿态和位置,它涉及描述机器人关节之间的运动关系,如旋转、平移和旋转关节之间的约束和关系。运动学分析可帮助预测智能机器人的轨迹、可达性和工作空间、解决逆运动学问题,可根据目标位置确定智能机器人关节角度。这些信息对于路径规划、碰撞避免和任务执行都非常关键。

智能机器人动力学是研究智能机器人在执行任务时受到的力和力矩的学科,它涉及运动学、力学和控制论等知识。通过研究智能机器人的动力学,可确定机器人在特定任务中所需的力和力矩,从而帮助智能机器人规划和执行复杂的运动。这对于实现精确和安全的操作非常重要,特别是在需要与人类共同工作的环境中。

本章讲述智能机器人运动学、动力学相关的基础知识,如位姿描述、正运动学、逆运动学、速度、静力、奇异性和动力学问题,为智能机器人的控制、路径规划、任务执行和与环境交互提供基础。

3.2 位形空间

智能机器人的机构是指关节连接的刚体所构成的系统,刚体在空间中的位置和姿态统称为"位姿"。因此,智能机器人运动学描述的是位姿、速度、加速度,以及构成机构的物体位姿高阶导数。在学习运动学与动力学前,首先需要学会对刚体在空间中的位姿进行表示。

3.2.1 位置描述

对空间中位置进行的描述,需要建立一个坐标系,以便使用一个位置矢量准确定位空间中的任意点。由于在空间中可定义多个坐标系,因此需要通过在矢量上的标注来说明其所属坐标系。在本书中,通常使用左上标来表示坐标系,如 $^A\boldsymbol{P}$,表示 $\boldsymbol{P}$ 点在坐标系 $\{A\}$ 上的位

置矢量。坐标系 P 点相对于 A 的位置也可表示为 3×1 的矢量(图 3-1):

$$^A\boldsymbol{P} = \begin{pmatrix} \boldsymbol{P}_x \\ \boldsymbol{P}_y \\ \boldsymbol{P}_z \end{pmatrix} \tag{3-1}$$

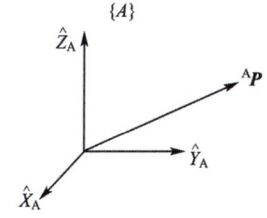

图 3-1　P 点在坐标系$\{A\}$上的位置矢量

3.2.2　姿态描述

在机器关节中,矢量可直接确定操作端某点,但操作端位置需已知姿态才能确定。为描述物体姿态,可在物体上固定坐标系并给出相对参考系的表达。已知坐标系$\{B\}$以某种方式固定在物体上,点的位置可用矢量描述,姿态用物体上固定的坐标系描述。描述物体坐标系$\{B\}$的是利用坐标系$\{A\}$的 3 个主轴单位矢量来表示(图 3-2)。

用 $\hat{\boldsymbol{X}}_B$、$\hat{\boldsymbol{Y}}_B$、$\hat{\boldsymbol{Z}}_B$ 来表示坐标系主轴方向的单位矢量。当用坐标系$\{A\}$的坐标表达时,被写成$^A\hat{\boldsymbol{X}}_B$、$^A\hat{\boldsymbol{Y}}_B$、$^A\hat{\boldsymbol{Z}}_B$。将这 3 个单位矢量$^A\hat{\boldsymbol{X}}_B$、$^A\hat{\boldsymbol{Y}}_B$、$^A\hat{\boldsymbol{Z}}_B$ 按照顺序排列组成一个 3×3 的矩阵,将其称为"旋转矩阵",式(3-2)旋转矩阵是坐标系$\{B\}$相对于坐标系$\{A\}$的表达,所以用符号^A_BR 来表示。

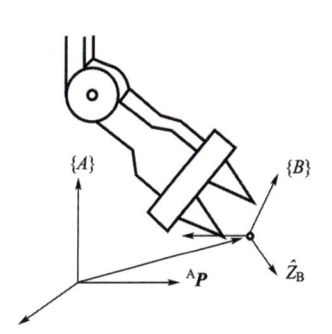

图 3-2　物体位置和姿态的确定

$$^A_B R = \begin{bmatrix} ^A\hat{\boldsymbol{X}}_B & ^A\hat{\boldsymbol{Y}}_B & ^A\hat{\boldsymbol{Z}}_B \end{bmatrix} = \begin{bmatrix} r_{11} & r_{12} & r_{13} \\ r_{21} & r_{22} & r_{23} \\ r_{31} & r_{32} & r_{33} \end{bmatrix} \tag{3-2}$$

在式(3-2)中,标量 r_{ij} 可用每个矢量在其参考坐标系中单位方向上投影的分量来表示。式中^A_BR 的各个分量可用一对单位矢量的点积来表示。由 2 个单位矢量的点积可得到二者之间夹角的余弦,因此旋转矩阵的各分量常被称作"方向余弦",同时可看出矩阵的行是单位矢量$\{A\}$在坐标系$\{B\}$中的表达,如式(3-3)所示。

$$^A_B R = \begin{bmatrix} ^A\hat{\boldsymbol{X}}_B & ^A\hat{\boldsymbol{Y}}_B & ^A\hat{\boldsymbol{Z}}_B \end{bmatrix} = \begin{bmatrix} \hat{\boldsymbol{X}}_B\hat{\boldsymbol{X}}_A & \hat{\boldsymbol{Y}}_B\hat{\boldsymbol{X}}_A & \hat{\boldsymbol{Z}}_B\hat{\boldsymbol{X}}_A \\ \hat{\boldsymbol{X}}_B\hat{\boldsymbol{Y}}_A & \hat{\boldsymbol{Y}}_B\hat{\boldsymbol{Y}}_A & \hat{\boldsymbol{Z}}_B\hat{\boldsymbol{Y}}_A \\ \hat{\boldsymbol{X}}_B\hat{\boldsymbol{Z}}_A & \hat{\boldsymbol{Y}}_B\hat{\boldsymbol{Z}}_A & \hat{\boldsymbol{Z}}_B\hat{\boldsymbol{Z}}_A \end{bmatrix} = \begin{bmatrix} ^B\hat{\boldsymbol{X}}_A^T \\ ^B\hat{\boldsymbol{Y}}_A^T \\ ^B\hat{\boldsymbol{Z}}_A^T \end{bmatrix} \tag{3-3}$$

因此,^A_BR 为坐标系$\{A\}$相对于$\{B\}$的描述,即

$$^A_B R = {^A_B R}^T \tag{3-4}$$

这表明旋转矩阵的逆矩阵等于其转置,简单证明如下:

$$^A_B R^{\mathrm{T}} {}^A_B R = \begin{bmatrix} ^B\hat{\boldsymbol X}^{\mathrm{T}}_A \\ ^B\hat{\boldsymbol Y}^{\mathrm{T}}_A \\ ^B\hat{\boldsymbol Z}^{\mathrm{T}}_A \end{bmatrix} \begin{bmatrix} ^A\hat{\boldsymbol X}_B & ^A\hat{\boldsymbol Y}_B & ^A\hat{\boldsymbol Z}_B \end{bmatrix} = \boldsymbol I_3 \qquad (3\text{-}5)$$

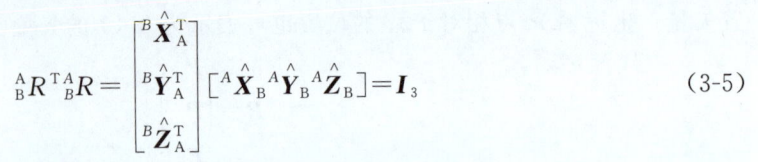

I_3 是 $3×3$ 的单位矩阵。因此,有

$$^A_B R = {}^B_A R^{\mathrm{T}} = {}^B_A R^{-1} \qquad (3\text{-}6)$$

3.2.3 一般坐标点的位姿描述

已知矢量相对某坐标系 $\{B\}$ 的描述,想求出它相对于另一个坐标系 $\{A\}$ 的描述。现在考虑映射的一般情况。此时,坐标 $\{B\}$ 的原点和坐标系 $\{A\}$ 的原点不重合,有一个矢量偏移。确定 $\{B\}$ 原点的矢量用 $^A\boldsymbol P_{\mathrm{BORG}}$ 表示,同时 $\{B\}$ 相对 $\{A\}$ 的旋转用 $^A_B R$ 描述(图 3-3)。

首先将 $^B\boldsymbol P$ 变换到一个中间坐标系。这个坐标系和 $\{A\}$ 的姿态相同、原点和 $\{B\}$ 的原点重合。然后仍用简单的矢量加法将原点平移,并得到

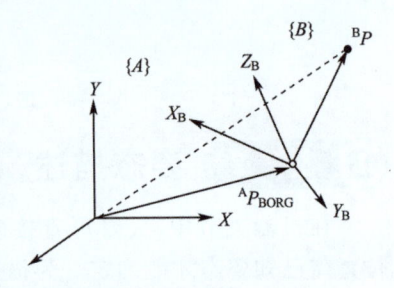

图 3-3　一般情况下的矢量变换

$$^A\boldsymbol P = {}^A_B R\, {}^B\boldsymbol P + {}^A\boldsymbol P_{\mathrm{BORG}} \qquad (3\text{-}7)$$

为更好地表达,故用式(3-7)矩阵算子的形式写出式(3-8)的数学表达式,定义一个 $4×4$ 的矩阵算子并使用 $4×1$ 位置矢量,式(3-7)变为

$$\begin{bmatrix} ^A\boldsymbol P \\ 1 \end{bmatrix} = \begin{bmatrix} ^A_B R & ^A\boldsymbol P_{\mathrm{BORG}} \\ 0\ \ 0\ \ 0 & 1 \end{bmatrix} \begin{bmatrix} ^B\boldsymbol P \\ 1 \end{bmatrix} \qquad (3\text{-}8)$$

3.2.4 刚体运动

1. 空间刚体位置描述

一个刚体的运动状态描述,可利用刚体的各个自由度的微分,将位移和姿态转化为速度和加速度等运动状态。移动是以向量 $\boldsymbol P$ 来描述 B 刚体的质心相对于坐标系的状态,由此可以掌握刚体随着时间在空间移动的位置。向量 $\boldsymbol P$ 可以代表 3 个自由度,可看出刚体的质心在空间中的状态,表示刚体在空间中移动的位置(图 3-4)。

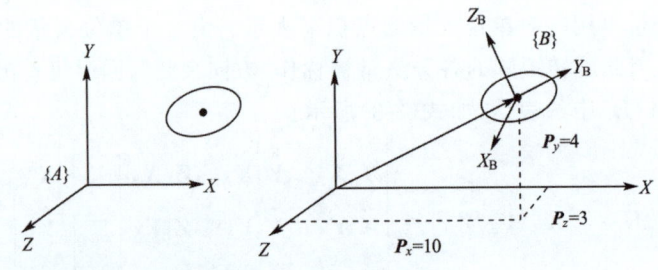

图 3-4　刚体在空间中移动

2. 空间刚体姿态描述

描述刚体 B 相对于坐标 $\{A\}$ 的姿态,在刚体 B 上建立坐标 $\{B\}$(图 3-5)。假设将坐标系 $\{A\}$ 与坐标系 $\{B\}$ 的原点重合,则 B 相对于 A 的状态可用旋转矩阵 $^A_B R$ 进行表示。坐

系$\{B\}$的单位矢量$^A\hat{\boldsymbol{X}}_B$、$^A\hat{\boldsymbol{Y}}_B$、$^A\hat{\boldsymbol{Z}}_B$的值可看作投影在坐标系$\{A\}$上的值。

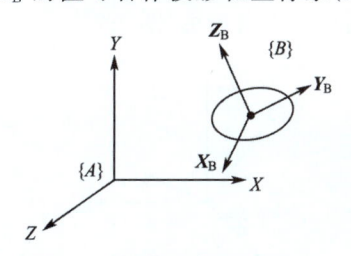

图 3-5　在刚体上建立坐标系$\{B\}$

向量$\boldsymbol{P}$在坐标系$\{A\}$中的$^A\boldsymbol{P}$分量计算如下：

$$^A\boldsymbol{P} = {}^A_B R \, ^B\boldsymbol{P} \tag{3-9}$$

3. 平移变换

平移是将空间中的一个点沿着一个已知的矢量方向移动一定距离(图 3-6)。

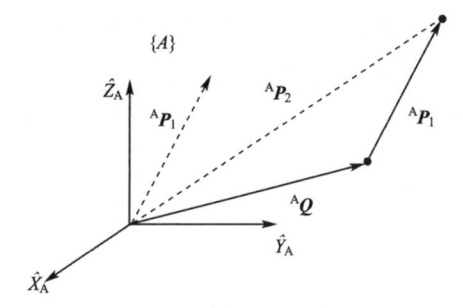

图 3-6　空间中一个点的移动

用矩阵算子写出平移变换为

$$^A\boldsymbol{P}_2 = D_Q(q) \, ^A\boldsymbol{P}_1 \tag{3-10}$$

式中，q为沿矢量$\hat{\boldsymbol{Q}}$方向平移的数量。

算子D_Q可作一个特殊形式的齐次变换：

$$D_Q(q) = \begin{bmatrix} 1 & 0 & 0 & q_x \\ 0 & 1 & 0 & q_y \\ 0 & 0 & 1 & q_z \\ 0 & 0 & 0 & 1 \end{bmatrix} \tag{3-11}$$

4. 旋转算子

旋转矩阵可用旋转算子来定义，它将一个矢量$^A\boldsymbol{P}_1$用旋转矩阵R变换为一个新的矢量$^A\boldsymbol{P}_2$。

$$^A\boldsymbol{P}_2 = R \, ^A\boldsymbol{P}_1 \tag{3-12}$$

矢量经过旋转得到的旋转矩阵与一个坐标系相对于参考坐标系旋转得到的旋转矩阵相同。符号$R_K(\theta)$是一个旋转算子，表示绕$\hat{K}$轴旋转θ角度。

$$^A\boldsymbol{P}_2 = R_K(\theta) \, ^A\boldsymbol{P}_1 \tag{3-13}$$

例如，绕$\hat{Z}$轴旋转θ的算子：

$$R_{\hat{Z}}(\theta) = \begin{bmatrix} \cos\theta & -\sin\theta & 0 & 0 \\ \sin\theta & \cos\theta & 0 & 0 \\ 0 & 0 & 1 & 0 \\ 0 & 0 & 0 & 1 \end{bmatrix} \tag{3-14}$$

旋转矩阵用来描述物体的转动状态，以 3 个标准坐标轴为基础，将一般旋转矩阵所表达的姿态拆成 3 个旋转角度，以对应 3 个自由度(图 3-7)。

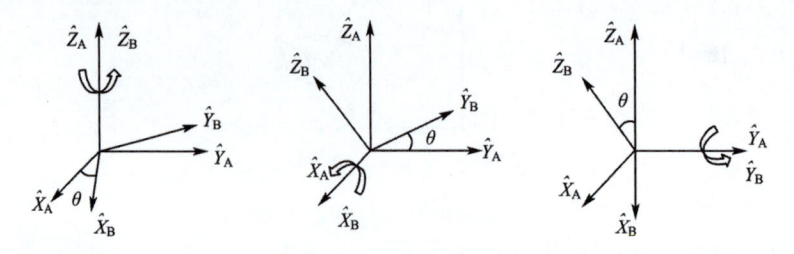

图 3-7 空间中坐标轴的旋转

5. X-Y-Z 固定角坐标系

首先将坐标系$\{B\}$和一个已知参考坐标系$\{A\}$重合。先将$\{B\}$绕$\hat{X}_A$旋转γ角，再绕$\hat{Y}_A$旋转β角，最后绕$\hat{Z}_A$旋转α角。每次旋转都是绕着固定参考坐标系$\{A\}$的轴，规定这种姿态的表示法为"X-Y-Z 固定角坐标系"。

推导等价旋转矩阵${}_B^A R_{XYZ}(\gamma,\beta,\alpha)$：

$${}_B^A R_{XYZ}(\gamma,\beta,\alpha) = R_Z(\alpha)R_Y(\beta)R_X(\gamma) = \begin{bmatrix} c\alpha c\beta & c\alpha s\beta s\gamma - s\alpha c\gamma & c\alpha s\beta c\gamma + s\alpha s\gamma \\ s\alpha c\beta & s\alpha s\beta s\gamma & c\alpha c\gamma \\ -s\beta & c\beta s\gamma & c\beta c\gamma \end{bmatrix}$$

(3-15)

式中，$c\alpha c\beta$ 为 $\cos\alpha \times \cos\beta$ 的缩写，其余符号同理。

同样，利用已知旋转矩阵中的值可计算旋转角度，如式(3-16)所示。

$$\beta = A\tan2(-r_{31}, \sqrt{r_{11}^2 + r_{21}^2})$$
$$\alpha = A\tan2(r_{21}/c\beta, r_{11}/c\beta)$$
$$\gamma = A\tan2(r_{32}/c\beta, r_{33}/c\beta)$$

(3-16)

式中，$A\tan2(y,x)$为一个双参变量的反正切函数，r_{31} 为矩阵中的第三行第一列，其余 r_{ij} 符号同理。

6. Z-Y-X 欧拉角

首先将坐标系$\{B\}$和一个已知参考坐标系$\{A\}$重合。先将$\{B\}$绕$\hat{Z}_B$旋转α角，再绕$\hat{Y}_B$旋转β角，最后绕$\hat{X}_B$旋转γ角。在这种表示法中，每次都是绕运动坐标系$\{B\}$的各轴旋转，这样 3 个一组的旋转被称作"欧拉角"。绕$\hat{Z}$轴旋转α角使$\hat{X}$旋转到$\hat{X}'$、$\hat{Y}$旋转到$\hat{Y}'$等。每次旋转得到的轴被附加一个"撇号"。由 Z-Y-X 轴欧拉角参数化的旋转矩阵用${}_B^A R_{Z'Y'X'}(\alpha,\beta,\gamma)$表示。

$${}_B^A R_{Z'Y'X'} = R_Z(\alpha)R_Y(\beta)R_X(\gamma)$$

$$= \begin{bmatrix} c\alpha & -s\alpha & 0 \\ s\alpha & c\alpha & 0 \\ 0 & 0 & 1 \end{bmatrix} \begin{bmatrix} c\beta & 0 & s\beta \\ 0 & 1 & 0 \\ -s\beta & 0 & c\beta \end{bmatrix} \begin{bmatrix} 1 & 0 & 0 \\ 0 & c\gamma & -s\gamma \\ 0 & s\gamma & c\gamma \end{bmatrix}$$

$$= \begin{bmatrix} c\alpha c\beta & c\alpha s\beta s\gamma - s\alpha c\gamma & c\alpha s\beta c\gamma + s\alpha s\gamma \\ s\alpha c\beta & s\alpha s\beta s\gamma + c\alpha c\gamma & s\alpha s\beta c\gamma - c\alpha s\gamma \\ -s\beta & c\beta s\gamma & c\beta c\gamma \end{bmatrix}$$

(3-17)

这个结果与绕固定轴相反顺序旋转 3 次得到的结果相同。

需要注意的是,对于不同的旋转形式所得到的值是不同的。先对 X 轴旋转 $60°$、后对 Y 轴旋转 $30°$,与先对 Y 轴旋转 $30°$、后对 X 轴旋转 $60°$ 的矩阵 ${}_B^A R$ 是不同的。

将刚体的移动与转动整合后进行如下描述:

$$
{}_B^A T = \begin{bmatrix} {}_B^A R & {}^A P_{\text{BORG}} \\ 0 \quad 0 \quad 0 & 1 \end{bmatrix} \tag{3-18}
$$

3.3　正运动学

正运动学是机器人学中的一个基本概念,用于描述机器人末端执行器(如夹持工具或传送带)在各个关节角度和长度下的位置和姿态。通过正运动学,可确定机器人末端执行器相对于机器人基座的位置和姿态,从而控制机器人完成特定任务。

3.3.1　连杆描述

在机器人学中,连杆通常指机器人的机械臂部分,由多个关节和连接它们的刚性杆件组成。每个连杆可视为一个刚体,其位置和姿态可通过正运动学计算得出。在机械臂的机构设计时,优先选择具有一个自由度的关节作为连杆的连接方式。本章仅对单自由度关节的机械臂进行研究。

在三维空间中,2 个轴之间的距离始终为一个特定值,可通过计算两轴之间公垂线的长度来确定。当 2 个轴不平行时,只存在一条公垂线,当 2 个关节轴平行时,则可能存在无数条长度相等的公垂线。关节轴 $i-1$ 和关节轴 i 之间公垂线的长度为 a_{i-1},a_{i-1} 为连杆长度。α_{i-1} 用来定义 2 个关节轴相对位置的第二个参数,α_{i-1} 为连杆转角,表示关节轴 $i-1$ 和关节轴 i 之间的夹角(图 3-8)。

相邻 2 个连杆之间有一个公共的关节轴。沿 2 个相邻连杆公共轴线方向的距离可用一个参数描述,该参数称为"连杆偏距"。在关节轴 i 上的连杆偏距记为 d_i,用另一个参数描述两相邻连杆绕公共轴线旋转的夹角,该参数称为"关节角",记为 θ_i。机器人的每个连杆都可用 4 个运动学参数来描述,其中 2 个参数用于描述连杆本身,另外两个参数用于描述连杆之间的连接关系。这种用连杆参数描述机构运动关系的规则称为"Denavit-Hartenberg 参数法",简称"D-H 参数法"。

通常按照下面的方法确定连杆上的固连坐标系:坐标系 $\{i\}$ 的 $\hat{Z}$ 轴称为"$\hat{Z}_i$",并与关节轴 i 重合,坐标系 $\{i\}$ 的原点位于公垂线 a_i 与关节轴 i 的交点处。$\hat{X}_i$ 沿 a_i 方向由关节 i 指向关节 $i+1$。当 $a_i=0$ 时,$\hat{X}_i$ 垂直于 $\hat{Z}_i$ 和 $\hat{Z}_i$ 所在的平面。$\hat{Y}_i$ 轴由右手定则确定,从而完成对坐标系 $\{i\}$ 的定义(图 3-8)。

在连杆坐标系中对连杆参数归纳,连杆参数可定义如下:

(1) a_i 沿 $\hat{X}_i$ 轴,从 $\hat{Z}_i$ 移动到 $\hat{Z}_{i+1}$ 的距离。

(2) α_i 绕 $\hat{X}_i$ 轴,从 $\hat{Z}_i$ 旋转到 $\hat{Z}_{i+1}$ 的角度。

(3) d_i 沿 $\hat{Z}_i$ 轴,从 $\hat{X}_{i-1}$ 移动到 $\hat{X}_i$ 的距离。

(4) θ_i 绕 $\hat{Z}_i$ 轴,从 $\hat{X}_{i-1}$ 旋转到 $\hat{X}_i$ 的角度。

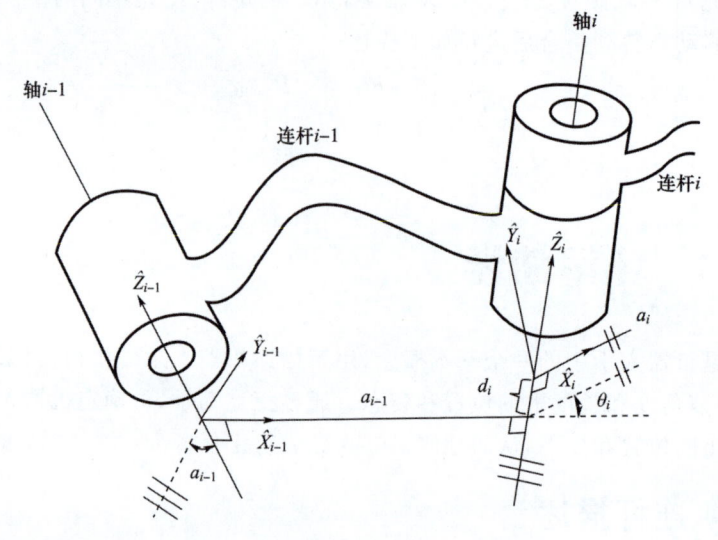

图 3-8 固连于连杆 i 上的连杆坐标系 $\{i\}$

平面三连杆操作臂如图 3-9 所示,在此机构上建立连杆坐标系并写出 D-H 参数。

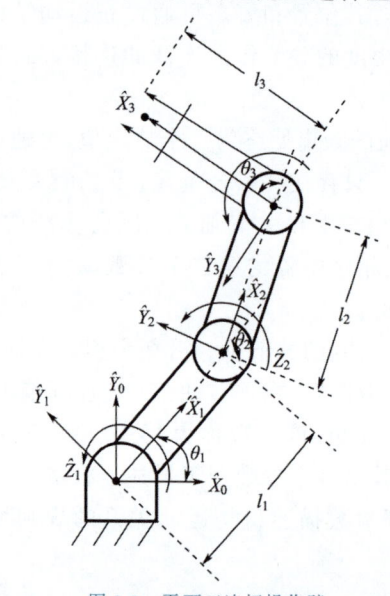

图 3-9 平面三连杆操作臂

首先定义参考坐标系,即坐标系 $\{0\}$,它固定在基座上。当第一个关节变量值 (θ_1) 为 0 时,坐标系 $\{0\}$ 与坐标系 $\{1\}$ 重合,因此我们建立的坐标系 $\{0\}$ 的平面三连杆操作臂的连杆参数见表 3-1,且 $\hat{Z}_0$ 轴与关节 1 轴线重合。这个操作臂所有的关节轴线都与操作臂所在的平面垂直。由于该操作臂位于一个平面,因此所有的 $\hat{Z}$ 轴相互平行,没有连杆偏距,所有的 d_i 都为 0。所有关节都是旋转关节。因此,当转角都为 0 时,所有的 $\hat{X}$ 轴一定在同一条直线上。

表 3-1　　　　　　　　　　　平面三连杆操作臂的连杆参数

i	α_i	a_{i-1}	d_i	θ_i
1	0	0	0	θ_1
2	0	l_1	0	θ_2
3	0	l_2	0	θ_3

3.3.2 连杆变换的推导

建立坐标系$\{i\}$相对于坐标系$\{i-1\}$的变换，首先应为每个连杆定义3个中间坐标系$\{P\}$、$\{Q\}$和$\{R\}$（图3-10）。由于旋转α_{i-1}、位移a_{i-1}、转角θ_i、位移d_i，坐标系$\{R\}$与坐标系$\{i-1\}$位置不同，坐标系$\{Q\}$与坐标系$\{R\}$位置不同；坐标系$\{i\}$与坐标系$\{P\}$位置不同。如果想要将矢量在坐标系$\{i-1\}$中描述变换成矢量在坐标系$\{i\}$中的描述。这个变换矩阵可写成

$$^{i-1}P = {}^{i-1}_R T {}^R_Q T {}^Q_P T {}^P_i T {}^i P = {}^{i-1}_i T {}^i P \tag{3-19}$$

$$^{i-1}_i T = {}^{i-1}_R T {}^R_Q T {}^Q_P T {}^P_i T = T_{\hat{X}_{i-1}}(\alpha_{i-1}) T_{\hat{X}_R}(a_{i-1}) T_{\hat{Z}_Q}(\theta_i) T_{\hat{Z}_P}(d_i) \tag{3-20}$$

$$\begin{aligned}
{}^{i-1}_i T &= T_{\hat{X}_{i-1}}(\alpha_{i-1}) T_{\hat{X}_R}(a_{i-1}) T_{\hat{Z}_Q}(\theta_i) T_{\hat{Z}_P}(d_i) \\
&= \begin{bmatrix} c\theta_i & -s\theta_i & 0 & a_{i-1} \\ s\theta_i c\alpha_{i-1} & c\theta_i c\alpha_{i-1} & -s\alpha_{i-1} & -s\alpha_{i-1}d_i \\ s\theta_i s\alpha_{i-1} & c\theta_i s\alpha_{i-1} & c\alpha_{i-1} & c\alpha_{i-1}d_i \\ 0 & 0 & 0 & 1 \end{bmatrix}
\end{aligned} \tag{3-21}$$

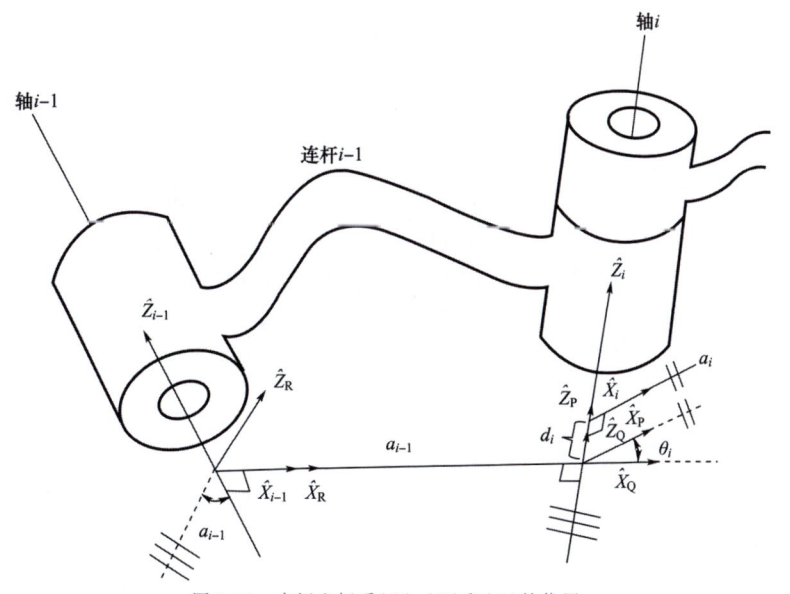

图 3-10　中间坐标系$\{P\}$、$\{R\}$和$\{Q\}$的位置

3.4 逆运动学

在本节中将研究逆运动学的问题：已知工具坐标系相对于工作台坐标系的期望位置和姿态，计算一系列满足期望要求的关节角。

3.4.1 解的存在性

求解操作臂运动学方程是一个非线性问题。已知 ^0_NT 的数值，试图求 $\theta_1,\theta_2,\cdots,\theta_N$，解是否存在取决于操作臂的工作空间。工作空间是操作臂末端执行器可到达的区域，若解存在，则目标点在工作空间内。灵巧工作空间指机器人末端执行器能从各方向到达的空间，机器人末端执行器可从任意方向到达灵巧工作空间的每个点。可达工作空间是机器人至少从一个方向上可达的空间。灵巧工作空间是可达工作空间的子集。

求解运动学方程时，可能遇到多重解的问题，一个具有 3 个旋转关节的平面操作臂，由于从任何方位均可到达工作空间内的任何位置。因此，在平面中有较大的灵巧工作空间。因为系统最终只能选择一个解，因此操作臂的多重解现象会产生一些问题。解的选择标准是变化的，然而，比较合理的选择应取"最短行程"。

3.4.2 代数解法

以平面三连杆操作臂为例（图 3-9），其连杆参数见表 3-1。应用这些参数得到机械臂的运动学方程：

$$^B_WT = {}^0_3T = \begin{bmatrix} c_{123} & -s_{123} & 0 & l_1c_1+l_2c_{12} \\ s_{123} & c_{123} & 0 & l_1s_1+l_2s_{12} \\ 0 & 0 & 1 & 0 \\ 0 & 0 & 0 & 1 \end{bmatrix} \tag{3-22}$$

假设腕部坐标系相对于基坐标系的变换，即 ^B_WT 已完成，因此目标点的位置已确定。由于研究的是平面三连杆操作臂，因此通过确定 3 个量 x,y 和 ϕ 很容易确定这些目标点的位置。因此，最好给出 ^B_WT，以确定目标点的位置，假定这个变换矩阵如下：

$$^B_WT = \begin{bmatrix} c_\phi & -s_\phi & 0 & x \\ s_\phi & c_\phi & 0 & y \\ 0 & 0 & 1 & 0 \\ 0 & 0 & 0 & 1 \end{bmatrix} \tag{3-23}$$

所有可达目标点必须位于式(3-23)所描述的子空间内。令式(3-22)和式(3-23)相等，可求得 4 个非线性方程，进而求 θ_1、θ_2 和 θ_3：

$$c_\phi = c_{123} \tag{3-24}$$

$$s_\phi = s_{123} \tag{3-25}$$

$$x = l_1c_1 + l_2c_{12} \tag{3-26}$$

$$y = l_1s_1 + l_2s_{12} \tag{3-27}$$

现在用代数方法求解方程(3-24)至方程(3-27)。将式(3-26)和式(3-27)同时开平方后

相加得到
$$x^2+y^2=l_1^2+l_2^2+2l_1l_2c_2 \tag{3-28}$$

由式(3-28)求解 c_2,得到
$$c_2=\frac{x^2+y^2-l_1^2-l_2^2}{2l_1l_2} \tag{3-29}$$

在这个解法中,约束条件可用来检查解是否存在。如果不满足约束条件,则操作臂与目标点的距离太远。

假定目标点在工作空间内,s_2 的表达式为
$$s_2=\pm\sqrt{1-c_2^2} \tag{3-30}$$

最后,应用式(3-16)幅角反正切公式计算 θ_2,得
$$\theta_2=A\tan 2(s_2,c_2) \tag{3-31}$$

式(3-30)是多解的,可选择"正"解或"负"解确定其符号。在确定 θ_2 时,再次应用求解运动学参数的方法,即常用的先确定期望关节角的正弦和余弦,然后应用式(3-16)幅角反正切公式的方法。这样可确保得出所有的解,且所求的角度均在适当的象限。

求出 θ_2 后,可根据式(3-26)和式(3-27)求出 θ_1。将式(3-26)和式(3-27)写成如下形式:
$$x=k_1c_1-k_2s_1 \tag{3-32}$$
$$y=k_1s_1+k_2c_1 \tag{3-33}$$
$$k_1=l_1+l_2c_2$$
$$k_2=l_2s_2 \tag{3-34}$$

为求解这种形式的方程,可进行变量代换,实际上是改变常数 k_1 和 k_2 的形式,若
$$r=+\sqrt{k_1^2+k_2^2} \tag{3-35}$$

并且
$$\gamma=A\tan 2(k_2,k_1) \tag{3-36}$$

则
$$k_1=r\cos\gamma$$
$$k_2=r\sin\gamma \tag{3-37}$$

式(3-32)和式(3-33)可写成
$$\frac{x}{r}=\cos\gamma\cos\theta_1-\sin\gamma\sin\theta_1 \tag{3-38}$$
$$\frac{y}{r}=\cos\gamma\sin\theta_1+\sin\gamma\cos\theta_1 \tag{3-39}$$

因此
$$\cos(\gamma+\theta_1)=\frac{x}{r} \tag{3-40}$$
$$\sin(\gamma+\theta_1)=\frac{y}{r} \tag{3-41}$$

利用式(3-16)幅角反正切公式,得
$$\gamma+\theta_1=A\tan 2\left(\frac{y}{r},\frac{x}{r}\right)=A\tan 2(y,x) \tag{3-42}$$

从而

$$\theta_1 = A\tan 2(y,x) - A\tan 2(k_2, k_1) \tag{3-43}$$

注意，θ_1 符号的选取将导致符号的变化，因此影响 θ_2。应用式(3-35)和式(3-37)进行变换求解的方法经常出现在求解运动学问题中，即式(3-32)或式(3-33)的求解方法。同时注意，如果 $x=y=0$，则式(3-43)不确定，此时 θ_1 可取任意值。

θ_1、θ_2 和 θ_3 之和为

$$\theta_1 + \theta_2 + \theta_3 = A\tan 2(s_\phi, c_\phi) = \phi \tag{3-44}$$

由于 θ_1 和 θ_2 已知，从而解出 θ_3。

3.4.3 几何解法

在几何方法中，为求出操作臂的解，须将操作臂的空间几何参数分解成平面几何参数。对于三自由度的操作臂来说，由于操作臂是平面的，因此可以利用平面几何关系直接求解（图 3-11）。对于实线表示的三角形，利用余弦定理求解 θ_2。

$$x^2 + y^2 = l_1^2 + l_2^2 - 2l_1 l_2 \cos(180 + \theta_2) \tag{3-45}$$

因 θ_2 为

$$\cos(180 + \theta_2) = -\cos\theta_2 \tag{3-46}$$

所以有

$$c_2 = \frac{x^2 + y^2 - l_1^2 - l_2^2}{2l_1 l_2} \tag{3-47}$$

图 3-11 三自由度的操作臂

应用式(3-16)幅角反正切公式：

$$\beta = A\tan 2(y, x) \tag{3-48}$$

再利用余弦定理解 ψ：

$$\cos\psi = \frac{x^2 + y^2 + l_1^2 - l_2^2}{2l_1\sqrt{x^2 + y^2}} \tag{3-49}$$

$$\theta_1 = \begin{cases} \beta + \psi, & \theta_2 < 0° \\ \beta - \psi, & \theta_2 > 0° \end{cases} \tag{3-50}$$

$$\theta_3 = \phi - \theta_1 - \theta_2 \tag{3-51}$$

含有未知量的超越（如指数、对数、三角函数、反三角函数等）方程，往往很难求解，即使只有一个变量（如 θ），因为它一般常以 $\sin\theta$ 和 $\cos\theta$ 的形式出现。可进行下列变换，用单一变量 u 表示：

$$u = \tan\frac{\theta}{2}$$

$$\cos\theta = \frac{1 - u^2}{1 + u^2} \tag{3-52}$$

$$\sin\theta = \frac{2u}{1 + u^2}$$

3.5 雅可比矩阵

本节将讨论机器人操作臂的静态位置外的问题,研究刚体线速度和角速度的表示方法并运用这些概念去分析操作臂的运动及作用于刚体上的力,然后运用这些概念去研究操作臂的静力学问题,给出由速度和静力研究得出的结果,称为"雅可比矩阵"。

3.5.1 位置矢量的微分

速度及加速度是需要研究的基本问题,位置矢量的速度可看作用位置矢量描述空间一点的线速度,可用下式表示:

$$^B V_Q = \frac{\mathrm{d}^B}{\mathrm{d}t} Q = \lim_{\Delta t \to 0} \frac{^B Q(t+\Delta t) - {^B Q(t)}}{\Delta t} \tag{3-53}$$

式(3-53)计算 Q 相对于坐标系$\{B\}$的微分,像其他矢量一样,速度矢量能在任意坐标系中描述,其参考坐标系可用左上标注明。因此,在坐标系$\{A\}$中表示式(3-53)的速度矢量可写为

$$^A(^B V_Q) = \frac{^A \mathrm{d}^B}{\mathrm{d}t} Q \tag{3-54}$$

参考坐标系变换旋转矩阵表明坐标系$\{B\}$相对$\{A\}$的关系,可得到下式:

$$^A(^B V_Q) = {^A_B R} {^B V_Q} \tag{3-55}$$

3.5.2 线速度

坐标系$\{B\}$固连在刚体上,$^B Q$ 描述其相对坐标系$\{A\}$的运动(图 3-12)。坐标系$\{B\}$相对于坐标系$\{A\}$的位置用位置矢量$^A P_{\mathrm{BORG}}$和旋转矩阵$^A_B R$来描述。

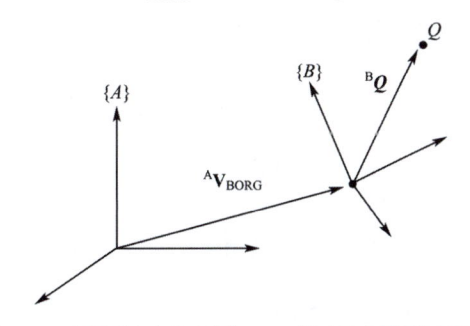

图 3-12 坐标系$\{B\}$以速度$^A V_{\mathrm{BORG}}$相对于坐标系$\{A\}$平移

求解坐标系$\{A\}$中 Q 点的线速度,只要写出坐标系$\{A\}$中的 2 个线速度分量$^B V_Q$和$^A V_{\mathrm{BORG}}$,求其和为

$$^A V_Q = {^A V_{\mathrm{BORG}}} + {^A_B R} {^B V_Q} \tag{3-56}$$

该方程只适用于坐标系$\{B\}$和坐标系$\{A\}$的相对方位保持不变的情况。

3.5.3 角速度

$^A \boldsymbol{\Omega}_B$ 描述了坐标系$\{B\}$相对于坐标系$\{A\}$的旋转,$^A \boldsymbol{\Omega}_B$ 的方向是$\{B\}$相对于$\{A\}$的瞬

时旋转轴，$^A\boldsymbol{\Omega}_B$ 表示旋转速度。现在讨论两坐标系的原点重合、相对线速度为 0 的情况。已知矢量确定了坐标系 $\{B\}$ 中一个固定点的位置。假设从坐标系 $\{B\}$ 看矢量 $\boldsymbol{Q}$ 是不变的，即 $^B\boldsymbol{V}_Q=0$（图 3-13）。

既然相对于 $\{B\}$ 不变，用 2 个瞬时量表示矢量 $\boldsymbol{Q}$ 绕 $^A\boldsymbol{\Omega}_B$ 旋转，$\boldsymbol{Q}$ 的速度为旋转角速度 $^A\boldsymbol{\Omega}_B$（图 3-13）。由图 3-14 可知，计算这个从坐标系 $\{A\}$ 中观测到的矢量的方向和大小的变化。第一，显然 $^A\boldsymbol{Q}$ 微分增量一定垂直于 $^A\boldsymbol{\Omega}_B$ 和 $^A\boldsymbol{Q}$；第二，由图 3-14 可知，微分增量的大小为

$$|\Delta\boldsymbol{Q}|=(|^A\boldsymbol{Q}|\sin\theta)(|^A\boldsymbol{\Omega}_B|\Delta t) \tag{3-57}$$

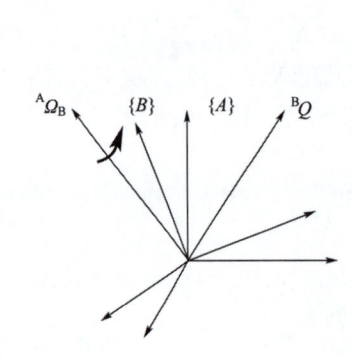

图 3-13 固定在坐标系 $\{B\}$ 中的矢量 $^B\boldsymbol{Q}$ 以角速度 $^A\boldsymbol{\Omega}_B$ 相对于坐标系 $\{A\}$ 旋转

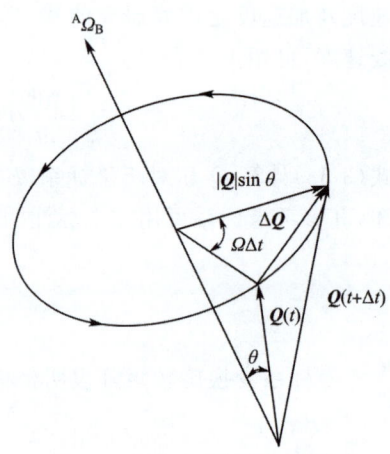

图 3-14 用角速度表示的点的速度

有了大小和方向这些条件，可得矢量积：

$$^A\boldsymbol{V}_Q={}^A\boldsymbol{\Omega}_B\times{}^A\boldsymbol{Q} \tag{3-58}$$

矢量 $\boldsymbol{Q}$ 是相对于坐标系 $\{B\}$ 变化的，因此要加上此分量：

$$^A\boldsymbol{V}_Q={}^A(^B\boldsymbol{V}_Q)+{}^A\boldsymbol{\Omega}_B\times{}^A\boldsymbol{Q} \tag{3-59}$$

利用旋转矩阵消掉双上标，注意在任一瞬时矢量 $^A\boldsymbol{Q}$ 的描述为 $^A_BR^B\boldsymbol{Q}$，最后得

$$^A\boldsymbol{V}_Q={}^A_BR^B\boldsymbol{V}_Q+{}^A\boldsymbol{\Omega}_B\times{}^A_BR^B\boldsymbol{Q} \tag{3-60}$$

线速度与角速度同时存在的情况：

$$^A\boldsymbol{V}_Q={}^A\boldsymbol{V}_{\text{BORG}}+{}^A_BR^B\boldsymbol{V}_Q+{}^A\boldsymbol{\Omega}_B\times{}^A_BR^B\boldsymbol{Q} \tag{3-61}$$

3.5.4 机器人连杆的运动

在机器人连杆运动的分析中，一般使用连杆坐标系 $\{0\}$ 作为参考坐标系。因此，$\boldsymbol{V}_i$ 是连杆坐标系原点 $\{i\}$ 的线速度，$\boldsymbol{\omega}_i$ 是连杆坐标系 $\{i\}$ 的角速度。在任一瞬时，机器人的每个连杆都具有一定的线速度和角速度。

每一个连杆的运动都与其相邻杆有关。由于这种结构的特点，我们可由基坐标系依次计算各连杆的速度。连杆 $i+1$ 的速度就是连杆 i 的速度加上那些附加到关节 $i+1$ 上的新的速度分量。

将机构的每一个连杆看作一个刚体，可用线速度矢量和角速度矢量描述其运动。当 2

个 $\boldsymbol{\omega}$ 矢量都是相对于同一个坐标系时,那么这些角速度能相加。因此,连杆 $i+1$ 的角速度等于连杆 i 的角速度加上一个由于关节 $i+1$ 的角速度引起的分量(图 3-15)。参照坐标系 $\{i\}$,上述关系可写成

$$^{i}\boldsymbol{\omega}_{i+1}={}^{i}\boldsymbol{\omega}_{i}+{}^{i}_{i+1}R\dot{\theta}_{i+1}{}^{i+1}\hat{Z}_{i+1} \tag{3-62}$$

$$\dot{\theta}_{i+1}{}^{i+1}\hat{Z}_{i+1}={}^{i+1}\begin{bmatrix}0\\0\\\dot{\theta}_{i+1}\end{bmatrix} \tag{3-63}$$

利用坐标系 $\{i\}$ 与坐标系 $\{i+1\}$ 之间的旋转变换矩阵表达坐标系 $\{i\}$ 中由于关节运动引起的附加旋转分量。这个旋转矩阵绕关节 $i+1$ 的旋转轴进行旋转变换,变换为该旋转矩阵在坐标系 $\{i\}$ 中的描述后,这 2 个角速度分量才能相加。

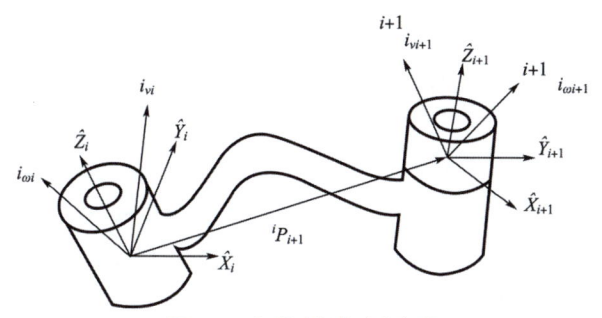

图 3-15 相邻连杆的速度矢量

$$^{i+1}\boldsymbol{\omega}_{i+1}={}^{i+1}_{i}R\,{}^{i}\boldsymbol{\omega}_{i}+\dot{\theta}_{i+1}{}^{i+1}\hat{Z}_{i+1} \tag{3-64}$$

在方程式(3-62)两边同时左乘 $^{i+1}_{i}R$,得到连杆 $i+1$ 的角速度相对于坐标系 $\{i+1\}$ 的表达式。坐标系 $\{i+1\}$ 原点的线速度等于坐标系 $\{i\}$ 原点的线速度加上一个由于连杆 i 的角速度引起的新的分量。因此

$$^{i+1}\boldsymbol{v}_{i+1}={}^{i}\boldsymbol{v}_{i}+{}^{i}\boldsymbol{\omega}_{i}\times{}^{i}P_{i+1} \tag{3-65}$$

式(3-65)右边左乘 $^{i+1}_{i}R$:

$$^{i+1}\boldsymbol{v}_{i+1}={}^{i+1}_{i}R({}^{i}\boldsymbol{v}_{i}+{}^{i}\boldsymbol{\omega}_{i}\times{}^{i}P_{i+1}) \tag{3-66}$$

对于关节 $i+1$ 为移动关节的情况,相应的关系式为

$$^{i+1}\boldsymbol{\omega}_{i+1}={}^{i+1}_{i}R\,{}^{i}\boldsymbol{\omega}_{i} \tag{3-67}$$

$$^{i+1}\boldsymbol{v}_{i+1}={}^{i+1}_{i}R({}^{i}\boldsymbol{v}_{i}+{}^{i}\boldsymbol{\omega}_{i}\times{}^{i}P_{i+1})+\dot{d}_{i+1}{}^{i+1}\hat{Z}_{i+1}$$

例题 3-1

两连杆操作臂及其坐标系布局如图 3-16(a)所示。计算操作臂末端的速度,将其表达成关节速度的函数。给出 2 种形式的解答,一种是用坐标系{3}表示的,另一种是用坐标系{0}表示的。

运用式(3-64)和式(3-66)从基坐标系{0}开始依次计算每个坐标系原点的速度,其中基坐标系的速度为 0。由于式(3-64)和式(3-66)将应用到连杆变换,因此先将计算如下:

$$^{0}_{1}T=\begin{bmatrix}c_{1}&-s_{1}&0&0\\s_{1}&c_{1}&0&0\\0&0&1&0\\0&0&0&1\end{bmatrix}$$

$${}^{1}_{2}T = \begin{bmatrix} c_2 & -s_2 & 0 & l_1 \\ s_2 & c_2 & 0 & 0 \\ 0 & 0 & 1 & 0 \\ 0 & 0 & 0 & 1 \end{bmatrix}$$

$${}^{2}_{3}T = \begin{bmatrix} 1 & 0 & 0 & l_2 \\ 0 & 1 & 0 & 0 \\ 0 & 0 & 1 & 0 \\ 0 & 0 & 0 & 1 \end{bmatrix}$$

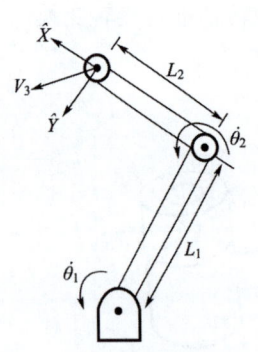

(a)两连杆操作臂　　　　(b)两连杆操作臂坐标系布局

图 3-16　两连杆操作臂及其坐标系布局

对各连杆依次使用式(3-64)和式(3-66),计算如下:

$${}^{1}\boldsymbol{\omega}_1 = \begin{bmatrix} 0 \\ 0 \\ \dot{\theta}_1 \end{bmatrix}$$

$${}^{1}\boldsymbol{v}_1 = \begin{bmatrix} 0 \\ 0 \\ 0 \end{bmatrix}$$

$${}^{2}\boldsymbol{\omega}_2 = \begin{bmatrix} 0 \\ 0 \\ \dot{\theta}_1 + \dot{\theta}_2 \end{bmatrix}$$

$${}^{2}\boldsymbol{v}_2 = \begin{bmatrix} c_2 & s_2 & 0 \\ -s_2 & c_2 & 0 \\ 0 & 0 & 1 \end{bmatrix} \begin{bmatrix} 0 \\ l_1\dot{\theta}_1 \\ 0 \end{bmatrix} = \begin{bmatrix} l_1 s_2 \dot{\theta}_1 \\ l_1 c_2 \dot{\theta}_1 \\ 0 \end{bmatrix}$$

$${}^{3}\boldsymbol{\omega}_3 = {}^{2}\boldsymbol{\omega}_2$$

$$\boldsymbol{v}_3 = \begin{bmatrix} l_1 s_2 \dot{\theta}_1 \\ l_1 c_2 \dot{\theta}_1 + l_2(\dot{\theta}_1 + \dot{\theta}_2) \\ 0 \end{bmatrix}$$

为了得到这些速度相对于固定基坐标系的表达，利用旋转矩阵 ${}_3^0R$ 使其进行旋转变换，即

$$
{}_3^0 R = {}_1^0 R\, {}_2^1 R\, {}_3^2 R = \begin{bmatrix} c_{12} & -s_{12} & 0 \\ s_{12} & c_{12} & 0 \\ 0 & 0 & 1 \end{bmatrix}
$$

$$
{}^0 v_3 = \begin{bmatrix} -l_1 s_1 \dot{\theta}_1 - l_2 s_{12}(\dot{\theta}_1 + \dot{\theta}_2) \\ l_1 c_1 \dot{\theta}_1 + l_2 c_{12}(\dot{\theta}_1 + \dot{\theta}_2) \\ 0 \end{bmatrix}
$$

3.5.5 雅可比矩阵

雅可比矩阵表示机构部件随时间变化的几何关系，它可将单个关节的微分运动或速度转换为所需要的点的微分运动或速度，也可将单个关节的运动与整个机构的运动联系起来。雅可比矩阵的行数等于操作臂在笛卡儿空间的自由度，雅可比矩阵的列数等于操作臂的关节数量。

想要计算 y_i 的微分关于 x_i 的微分的函数，可简单应用多元函数求导法则计算，得到

$$
\begin{aligned}
\delta y_1 &= \frac{\partial f_1}{\partial x_1}\delta x_1 + \frac{\partial f_1}{\partial x_2}\delta x_2 + \cdots + \frac{\partial f_1}{\partial x_6}\delta x_6 \\
\delta y_2 &= \frac{\partial f_2}{\partial x_1}\delta x_1 + \frac{\partial f_2}{\partial x_2}\delta x_2 + \cdots + \frac{\partial f_2}{\partial x_6}\delta x_6 \\
&\vdots \\
\delta y_6 &= \frac{\partial f_6}{\partial x_1}\delta x_1 + \frac{\partial f_6}{\partial x_2}\delta x_2 + \cdots + \frac{\partial f_6}{\partial x_6}\delta x_6
\end{aligned} \tag{3-68}
$$

将式(3-68)写成更简单的矢量表达式，6×6 偏导数矩阵即雅可比矩阵：

$$
\delta Y = \frac{\partial F}{\partial X}\delta X = J(X)\delta X \tag{3-69}
$$

将式(3-69)两端同时除以时间的微分，可将雅可比矩阵看作 X 中的速度向 Y 中速度的映射：

$$
\dot{Y} = J(X)\dot{X} \tag{3-70}
$$

在机器人学中，通常用雅可比矩阵将关节速度与操作臂末端的笛卡儿速度联系起来，Θ 是操作臂关节角矢量，v 是笛卡儿速度矢量：

$$
{}^0 v = {}^0 J(\Theta)\dot{\Theta} \tag{3-71}
$$

可以定义任何维数的雅可比矩阵(包括非方阵形式)。对两连杆的操作臂，可写出一个 2×2 雅可比矩阵，利用例题 3-1 的结果，写出坐标系{3}中雅可比表达式：

$$
{}^3 J(\Theta) = \begin{bmatrix} l_1 s_2 & 0 \\ l_1 c_2 + l_2 & l_2 \end{bmatrix} \tag{3-72}
$$

写出坐标系$\{0\}$中的雅可比表达式：

$$^0J(\boldsymbol{\Theta}) = \begin{bmatrix} -l_1s_1 - l_2s_{12} & -l_2s_{12} \\ l_1c_1 + l_2c_{12} & l_2c_{12} \end{bmatrix} \tag{3-73}$$

已知坐标系$\{B\}$中的雅可比矩阵：

$$\begin{bmatrix} ^B\boldsymbol{v} \\ ^B\boldsymbol{\omega} \end{bmatrix} = {^B\boldsymbol{v}} = {^BJ(\boldsymbol{\Theta})\dot{\boldsymbol{\Theta}}} \tag{3-74}$$

已知坐标系$\{B\}$中6×1笛卡儿速度矢量，可以通过如下变换得到相对于坐标系$\{A\}$的表达式：

$$\begin{bmatrix} ^A\boldsymbol{v} \\ ^A\boldsymbol{\omega} \end{bmatrix} = \begin{bmatrix} ^A_BR & 0 \\ 0 & ^A_BR \end{bmatrix} \begin{bmatrix} ^B\boldsymbol{v} \\ ^B\boldsymbol{\omega} \end{bmatrix} \tag{3-75}$$

因此可得

$$\begin{bmatrix} ^A\boldsymbol{v} \\ ^A\boldsymbol{\omega} \end{bmatrix} = \begin{bmatrix} ^A_BR & 0 \\ 0 & ^A_BR \end{bmatrix} {^BJ(\boldsymbol{\Theta})\dot{\boldsymbol{\Theta}}} \tag{3-76}$$

利用下列关系式可完成雅可比矩阵参考坐标系的变换：

$$^AJ(\boldsymbol{\Theta}) = \begin{bmatrix} ^A_BR & 0 \\ 0 & ^A_BR \end{bmatrix} {^BJ(\boldsymbol{\Theta})} \tag{3-77}$$

3.5.6 奇异性

假设存在一个线性变换，它将关节速度和笛卡儿速度相互联系。这引发了以下问题：这个线性变换是否可逆？这个变换的矩阵是否是非奇异的？如果这个矩阵是非奇异的，那么在已知笛卡儿速度矢量的情况下，可通过求逆运算来计算对应的关节速度。

$$\dot{\boldsymbol{\Theta}} = J^{-1}(\boldsymbol{\Theta})\boldsymbol{v} \tag{3-78}$$

这是一个重要的关系式，要求机器人的手部在笛卡儿空间内以特定的速度向量进行移动。应用这个关系式，可计算沿着这条路径每个瞬时点所需要的关节速度。然而，问题在于雅可比矩阵是否对所有情况都是可逆的。

大多数机械臂有导致雅可比矩阵出现奇异的值。这些情况被称为"机构的奇异位形"，简称"奇异位形"。所有机械臂在其工作空间边界上都存在奇异位形，并且大多数机械臂在其工作空间内部也存在奇异位形。奇异位形可大致分为两类：工作空间边界的奇异位形发生在机械臂完全展开或收缩时，使末端执行器处于工作空间边界附近或非常接近的情况；工作空间内部的奇异位形发生在远离工作空间边界的位置，通常是由2个或2个以上的关节轴线共线引起的。

当机械臂处于奇异位形时，它会失去一个或多个自由度（在笛卡儿空间中观察）。这意味着它无法按预先规划的末端轨迹进行运动，而是可能以意想不到的方式移动。

▷ 例题 3-2

例题 3-1 中的两连杆机器人，末端执行器沿着i轴以1.0 m/s的速度运动。当操作臂远离奇异位形时，关节速度都在允许范围内。但是当$\theta_2 = 0$时，操作臂接近奇异位形，此时关节速度趋向于无穷大（图 3-17）。

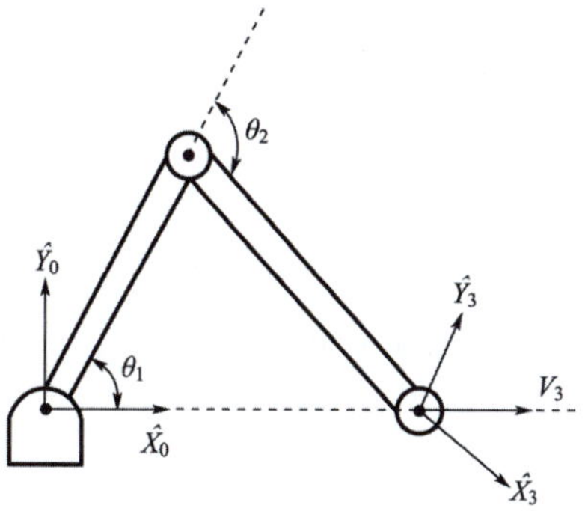

图 3-17　末端以恒定的线速度运动的两连杆操作臂

首先计算坐标系{0}中雅可比矩阵的逆矩阵：

$$^0J^{-1}(\boldsymbol{\Theta}) = \frac{1}{l_1 l_2 s_2} \begin{bmatrix} l_2 c_{12} & l_2 s_{12} \\ -l_1 c_1 - l_2 c_{12} & -l_1 s_1 - l_2 s_{12} \end{bmatrix}$$

当末端执行器以 1 m/s 沿 $\hat{X}$ 方向运动时，按操作臂位形的函数计算关节速度：

$$\dot{\theta}_1 = \frac{c_{12}}{l_1 s_2}$$

$$\dot{\theta}_2 = -\frac{c_1}{l_2 s_2} - \frac{c_{12}}{l_1 s_2}$$

显然，当操作臂伸展到接近 $\theta_2 = 0$ 时，2 个关节的速度都趋近于无穷大。

3.6　动力学

在之前的小节中已研究静态位置、静态力和速度，在本节中将考虑操作臂的运动方程——由驱动器施加的力矩或施加在操作臂上的外力使操作臂运动。

现在分析刚体的加速度问题。在任一瞬时，对刚体的线速度和角速度进行求导，可分别得到线加速度和角加速度。即

$$^B\dot{V}_Q = \frac{\mathrm{d}}{\mathrm{d}t} {}^B V_Q = \lim_{\Delta t \to 0} \frac{{}^B V_Q(t+\Delta t) - {}^B V_Q(t)}{\Delta t} \tag{3-79}$$

$$^A\dot{\Omega}_B = \frac{\mathrm{d}}{\mathrm{d}t} {}^A \Omega_B = \lim_{\Delta t \to 0} \frac{{}^A \Omega_B(t+\Delta t) - {}^A \Omega_B(t)}{\Delta t} \tag{3-80}$$

参考坐标为世界坐标系{U}时，用以下符号表示刚体的速度，即

$$\dot{v}_A = {}^U\dot{V}_{\text{AORG}} \tag{3-81}$$

$$\dot{\omega}_A = {}^U\dot{\Omega}_A \tag{3-82}$$

旋转关节操作臂连杆的线加速度为

$$^A\dot{V}_Q = {}^B\dot{V}_{\text{BORG}} + {}^A\Omega_B \times ({}^A\Omega_B \times {}^A_B R\, {}^B Q) + {}^A\Omega_B \times {}^A_B R\, {}^B Q \tag{3-83}$$

操作臂连杆的角加速度为

$$^A\dot{\Omega}_C = {}^A\dot{\Omega}_B + {}^A_B R\,^B\dot{\Omega}_C + {}^A\Omega_B \times {}^A_B R\,^B\Omega_C \tag{3-84}$$

🔒 3.6.1 质量分布

单自由度系统中考虑刚体质量,定轴转动用惯量矩。在三维空间自由运动的刚体可能有无穷个旋转轴。旋转时需要一种能表征质量分布的方法,因此引入惯性张量作为广义度量。

惯性张量通常在固连于刚体的坐标系中定义,用左上标指明参考坐标系。惯性张量用 3×3 矩阵表示,如下:

$$^A I = \begin{bmatrix} I_{xx} & -I_{xy} & -I_{xz} \\ -I_{xy} & I_{yy} & -I_{yz} \\ -I_{xz} & -I_{yz} & I_{zz} \end{bmatrix} \tag{3-85}$$

I_{xx}、I_{yy} 和 I_{zz} 称为"惯量矩"。它们是单元体质量 ρdv 乘以单元体到相应转轴垂直距离的平方在整个刚体上的积分,其余 3 个交叉项称为"惯量积"。

平移轴定理是参考坐标系平移时惯性张量如何变化的计算方法,即一个以刚体质心为原点的坐标系平移到另一个坐标系时惯性张量的变换关系。假设{C}是以刚体质心为原点的坐标系,{A}为任意平移后的坐标系,则平移轴定理可表示为

$$\begin{aligned} ^A I_{zz} &= {}^C I_{zz} + m(x_c^2 + y_c^2) \\ ^A I_{xy} &= {}^C I_{xy} - m x_c y_c \end{aligned} \tag{3-86}$$

🔒 3.6.2 牛顿方程与欧拉方程

将操作臂的连杆看作刚体,已知其连杆的质心及惯性张量,但要使连杆运动则需要对连杆进行加速与减速。牛顿方程及描述旋转运动的欧拉方程描述了力、惯性张量和加速度之间的关系。

1. 牛顿方程

如图 3-18 所示,刚体质心正以加速度 $\dot{v}_C$ 做加速运动,式中 m 代表刚体的总质量。牛顿方程作用在质心上的力 F 引起刚体的加速度为

$$F = m\dot{v}_C \tag{3-87}$$

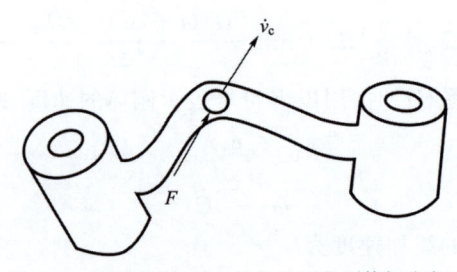

图 3-18 作用于刚体质心的力 F 引起刚体加速度 $\dot{v}_C$

2. 欧拉方程

一个旋转刚体的角速度和角加速度分别为 ω、$\dot{\omega}$（图 3-19）。此时，由欧拉方程可得作用在刚体上的力矩 N 引起刚体的转动为

$$N = {}^C I \dot{\omega} + \omega \times {}^C I \omega \tag{3-88}$$

式中，${}^C I \omega$ 是刚体在坐标系中的惯性张量。刚体的质心在坐标系 $\{C\}$ 的原点上。

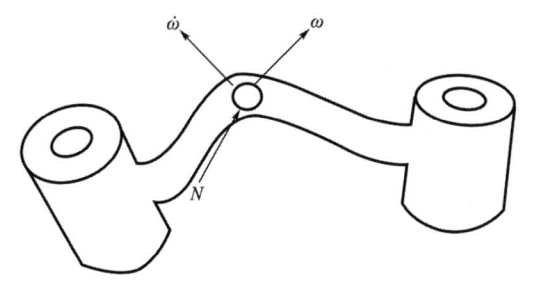

图 3-19　作用在刚体上的力矩 N，刚体旋转角速度 ω 和角加速度 $\dot{\omega}$

3. 牛顿-欧拉迭代动力学方程

讨论对应于操作臂给定运动轨迹的力矩计算问题，假设已知关节的位置、速度和加速度 $(\Theta, \dot{\Theta}, \ddot{\Theta})$，结合机器人运动学和质量分布方面的知识，可计算驱动关节运动所需的力矩。

4. 计算速度和加速度的外向迭代法

为计算作用在连杆上的惯性力，需要计算操作臂每个连杆在某一时刻的角速度、线加速度和角加速度。

角加速度变换的方程：

$$\dot{\omega}_{i+1} = {}^{i+1}_i R \, {}^i\dot{\omega}_i + {}^{i+1}_i R \, {}^i\omega_i \times \dot{\theta}_{i+1} {}^{i+1}\hat{Z}_{i+1} + \ddot{\theta}_{i+1} {}^{i+1}\hat{Z}_{i+1} \tag{3-89}$$

连杆坐标系原点的线加速度：

$${}^{i+1}\dot{v}_{i+1} = {}^{i+1}_i R [{}^i\omega_i \times {}^i P_{i+1} + {}^i\omega_i \times ({}^i\omega_i \times {}^i P_{i+1}) + {}^i\dot{v}_i] \tag{3-90}$$

每个连杆质心的线加速度：

$${}^i\dot{v}_{C_i} = {}^i\dot{\omega}_i \times {}^i P_{C_i} + {}^i\omega_i \times ({}^i\omega_i + {}^i P_{C_i}) + {}^i\dot{v}_i \tag{3-91}$$

计算出每个连杆质心的线加速度和角加速度后，运用牛顿-欧拉公式便可计算作用在连杆质心上的惯性力和力矩。即

$$F_i = m\dot{v}_{C_i}$$
$$N_i = {}^{C_i}I\dot{\omega}_i + \omega_i \times {}^{C_i}I\omega_i \tag{3-92}$$

式中，坐标系 $\{C\}$ 的原点位于连杆质心，各坐标轴方位与原连杆坐标系方位相同。

5. 计算速度与加速度的内向迭代法

每个连杆都受到相邻连杆的作用力和力矩及附加的惯性力和力矩。f_i 为连杆 $i-1$ 作用在连杆 i 上的力，n_i 为连杆 $i-1$ 作用在连杆 i 上的力矩（图 3-20）。

将所有作用在连杆 i 的力相加，得到力平衡方程：

$${}^iF_i = {}^if_i - {}^i_{i+1}R \, {}^{i+1}f_{i+1} \tag{3-93}$$

将所有作用在质心上的力矩相加，并令它们的和为 0，得到力矩平衡方程：

$${}^iN_i = {}^in_i - {}^in_{i+1} + (-{}^iP_{C_i}) \times {}^if_i - ({}^iP_{i+1} - {}^iP_{C_i}) \times {}^if_{i+1} \tag{3-94}$$

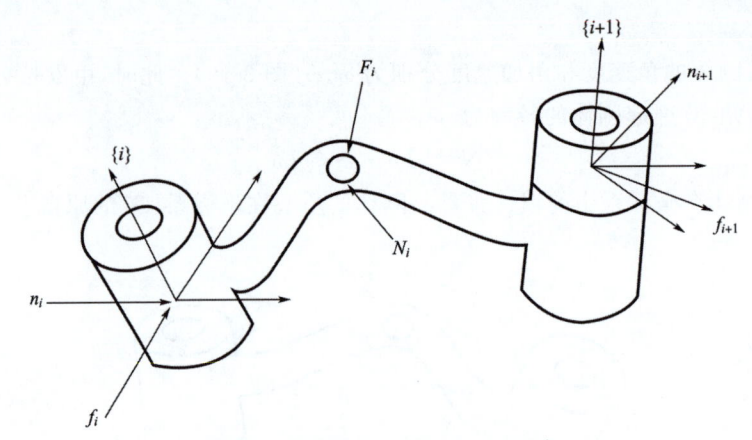

图 3-20 对于单个操作臂连杆的力平衡

重新排列力和力矩方程，形成相邻连杆从高序号向低序号排列迭代关系：

$$^{i}f_{i}={}_{i+1}^{i}R{}^{i+1}f_{i+1}+{}^{i}F_{i} \tag{3-95}$$

$$^{i}n_{i}={}^{i}N_{i}+{}_{i+1}^{i}R{}^{i+1}n_{i+1}+{}^{i}P_{C_{i}}\times{}^{i}F_{i}+{}^{i}P_{i+1}\times{}_{i+1}^{i}R{}^{i+1}f_{i+1} \tag{3-96}$$

在静力学中，可通过计算一个连杆施加于相邻连杆的力矩在 $\hat{Z}$ 方向的分量，求得关节力矩，其中符号 τ 表示线性驱动力，为保证系统静平衡所需的关节力矩，应计算关节轴矢量和施加在连杆上的力矩矢量的点积：

$$\tau={}^{i}n^{\mathrm{T}i}\hat{Z} \tag{3-97}$$

对于移动关节 i，有关节驱动力

$$\tau_{i}={}^{i}f_{i}^{\mathrm{T}i}\hat{Z}_{i} \tag{3-98}$$

注意：如果机器人与环境接触，$^{N+1}f_{N+1}$ 和 $^{N+1}n_{N+1}$ 不为 0，力平衡方程中包含接触力和力矩。

3.6.3 牛顿-欧拉迭代动力学算法

关节运动计算关节力矩的完整算法由 2 个部分组成：第一部分是对每个连杆应用牛顿-欧拉方程，从连杆 1 到连杆 n 向外迭代计算连杆的速度和加速度；第二部分是从连杆 n 到连杆 1 向内迭代计算连杆间的相互作用力和力矩及关节驱动力矩。

外推：$i:0\to 5$

$$^{i+1}\omega_{i+1}={}_{i}^{i+1}R{}^{i}\omega_{i}+\dot{\theta}_{i+1}{}^{i+1}Z_{i+1} \tag{3-99}$$

$$^{i+1}\dot{\omega}_{i+1}={}_{i}^{i+1}R{}^{i}\dot{\omega}_{i}+{}_{i}^{i+1}R{}^{i}\omega_{i}\times\dot{\theta}_{i+1}{}^{i+1}\hat{Z}_{i+1}+\ddot{\theta}_{i+1}{}^{i+1}\hat{Z}_{i+1} \tag{3-100}$$

$$^{i+1}\dot{v}_{i+1}={}_{i}^{i+1}R({}^{i}\dot{\omega}_{i}\times{}^{i}P_{i+1}+{}^{i}\omega_{i}\times({}^{i}\omega_{i}\times{}^{i}P_{i+1})+{}^{i}\dot{v}_{i}) \tag{3-101}$$

$$^{i+1}\dot{v}_{C_{i+1}}={}^{i+1}\dot{\omega}_{i+1}\times{}^{i+1}P_{C_{i+1}}+{}^{i+1}\omega_{i+1}\times({}^{i+1}\omega_{i+1}\times{}^{i+1}P_{C_{i+1}})+{}^{i+1}\dot{v}_{i+1} \tag{3-102}$$

$$^{i+1}F_{i+1}=m_{i+1}{}^{i+1}\dot{v}_{C_{i+1}} \tag{3-103}$$

$$^{i+1}N_{i+1}={}^{C_{i+1}}I_{i+1}{}^{i+1}\dot{\omega}_{i+1}+{}^{i+1}\omega_{i+1}\times{}^{C_{i+1}}I_{i+1}{}^{i+1}\omega_{i+1} \tag{3-104}$$

内推：$i:6\to 1$

$$^{i}f_{i}={}_{i+1}^{i}R{}^{i+1}f_{i+1}+{}^{i}F_{i} \tag{3-105}$$

$$^{i}n_{i}={}^{i}N_{i}+{}_{i+1}^{i}R{}^{i+1}n_{i+1}+{}^{i}P_{C_{i}}\times{}^{i}F+{}^{i}P_{i+1}\times{}_{i+1}^{i}R{}^{i+1}f_{i+1}$$

$$\tau_{i}={}^{i}n_{i}^{\mathrm{T}i}\hat{Z}_{i} \tag{3-106}$$

式中,令 $^0\dot{v}_0 = G$ 将重力因素包括动力学方程,其中,G 与重力矢量大小相等、方向相反。

> 例题 3-3

计算平面二连杆操作臂的封闭式动力学方程,设每个连杆的质量集中于连杆的末端,设其质量分别为 m_1 和 m_2 (图 3-21)。

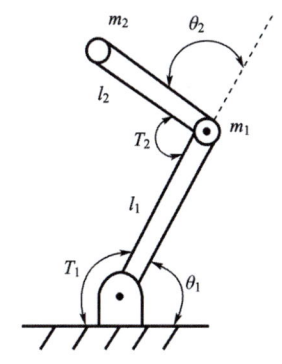

图 3-21　质量集中在连杆末端的平面二连杆操作臂

首先,确定牛顿-欧拉迭代公式中各参量的值。每个连杆质心的位置矢量为

$$^1P_{c_1} = l_1 \hat{X}_1$$

$$^2P_{c_2} = l_2 \hat{X}_2$$

由于假设为集中质量,因此每个连杆质心的惯性张量为零矩阵:

$$^{c_1}I_1 = 0$$

$$^{c_2}I_2 = 0$$

末端执行器上没有作用力,因而有

$$f_3 = 0$$

$$n_3 = 0$$

机器人基座不旋转,因而有

$$\omega_0 = 0$$

$$\dot{\omega}_0 = 0$$

包括重力因素,有

$$^0\dot{v}_0 = g\hat{Y}_0$$

相邻连杆坐标系之间的相对转动由下式给出:

$$^{i}_{i+1}R = \begin{bmatrix} c_{i+1} & -s_{i+1} & 0 \\ s_{i+1} & c_{i+1} & 0 \\ 0 & 0 & 1 \end{bmatrix}$$

$$^{i+1}_{i}R = \begin{bmatrix} c_{i+1} & s_{i+1} & 0 \\ -s_{i+1} & c_{i+1} & 0 \\ 0 & 0 & 1 \end{bmatrix}$$

对连杆 1 用外向迭代法求解如下：

$$^1\omega_1 = \dot{\theta}_1 \,^1\hat{Z}_1 = \begin{bmatrix} 0 \\ 0 \\ \dot{\theta}_1 \end{bmatrix}$$

$$^1\dot{\omega}_1 = \ddot{\theta}_1 \,^1\hat{Z}_1 = \begin{bmatrix} 0 \\ 0 \\ \ddot{\theta}_1 \end{bmatrix}$$

$$^1\dot{v}_1 = \begin{bmatrix} c_1 & s_1 & 0 \\ -s_1 & c_1 & 0 \\ 0 & 0 & 1 \end{bmatrix} \begin{bmatrix} 0 \\ g \\ 0 \end{bmatrix} = \begin{bmatrix} g\,s_1 \\ g\,c_1 \\ 0 \end{bmatrix}$$

$$^1\dot{v}_{C_1} = \begin{bmatrix} 0 \\ l_1 \ddot{\theta}_1 \\ 0 \end{bmatrix} + \begin{bmatrix} -l_1 \dot{\theta}_1^2 \\ 0 \\ 0 \end{bmatrix} + \begin{bmatrix} g\,s_1 \\ g\,c_1 \\ 0 \end{bmatrix} = \begin{bmatrix} -l_1 \dot{\theta}_1^2 + g\,s_1 \\ l_1 \ddot{\theta}_1 + g\,c_1 \\ 0 \end{bmatrix}$$

$$^1F_1 = \begin{bmatrix} -m_1 l_1 \dot{\theta}_1^2 + m_1 g\,s_1 \\ m_1 l_1 \ddot{\theta}_1 + m_1 g\,c_1 \\ 0 \end{bmatrix}$$

$$^1N_1 = \begin{bmatrix} 0 \\ 0 \\ 0 \end{bmatrix}$$

对连杆 2 用向外迭代法求解如下：

$$^2\omega_2 = \begin{bmatrix} 0 \\ 0 \\ \dot{\theta}_1 + \dot{\theta}_2 \end{bmatrix}$$

$$^2\dot{\omega}_2 = \begin{bmatrix} 0 \\ 0 \\ \ddot{\theta}_1 + \ddot{\theta}_2 \end{bmatrix}$$

$$^2\dot{v}_2 = \begin{bmatrix} c_2 & s_2 & 0 \\ -s_2 & c_2 & 0 \\ 0 & 0 & 1 \end{bmatrix} \begin{bmatrix} -l_1 \dot{\theta}_1^2 + g\,s_1 \\ l_1 \ddot{\theta}_1 + g\,c_1 \\ 0 \end{bmatrix} = \begin{bmatrix} l_1 \ddot{\theta}_1 s_2 - l_1 \dot{\theta}_1^2 c_2 + g\,s_{12} \\ l\ddot{\theta}_1 c_2 + l_1 \dot{\theta}_1^2 s_2 + g\,c_{12} \\ 0 \end{bmatrix}$$

$$^2\dot{v}_{C_2} = \begin{bmatrix} 0 \\ l_2(\ddot{\theta}_1 + \ddot{\theta}_2) \\ 0 \end{bmatrix} + \begin{bmatrix} -l_2(\dot{\theta}_1 + \dot{\theta}_2)^2 \\ 0 \\ 0 \end{bmatrix} + \begin{bmatrix} l_1 \ddot{\theta}_1 s_2 - l_1 \dot{\theta}_1^2 c_2 + g\,s_{12} \\ l_1 \ddot{\theta}_1 c_2 + l_1 \dot{\theta}_1^2 s_2 + g\,c_{12} \\ 0 \end{bmatrix}$$

$$^2F_2 = \begin{bmatrix} m_2 l_1 \ddot{\theta}_1 s_2 - m_2 l_1 \dot{\theta}_1^2 c_2 + m_2 g\,s_{12} - m_2 l_2 (\dot{\theta}_1 + \dot{\theta}_2)^2 \\ m_2 l_1 \ddot{\theta}_1 c_2 + m_2 l_1 \dot{\theta}_1^2 c_2 + m_2 g\,c_{12} + m_2 l_2 (\ddot{\theta}_1 + \ddot{\theta}_1) \\ 0 \end{bmatrix}$$

$$^2N_2 = \begin{bmatrix} 0 \\ 0 \\ 0 \end{bmatrix}$$

对连杆 2 用向内迭代法求解如下：

$$^2f_2 = {}^2F_2$$

$$^2n_2 = \begin{bmatrix} 0 \\ 0 \\ m_2 l_1 l_2 c_2 \ddot{\theta}_1 + m_2 l_1 l_2 s_2 \dot{\theta}_1^2 + m_2 l_2 g c_{12} + m_2 l_2^2 (\ddot{\theta}_1 + \ddot{\theta}_2) \end{bmatrix}$$

对连杆 1 用向内迭代法求解如下：

$$^1f_1 = \begin{bmatrix} c_2 & -s_2 & 0 \\ s_2 & c_2 & 0 \\ 0 & 0 & 1 \end{bmatrix} \begin{bmatrix} m_2 l_2 s_2 \ddot{\theta}_1 - m_2 l_1 c_2 \dot{\theta}_1^2 + m_2 g s_{12} - m_2 l_2 (\dot{\theta}_1 + \dot{\theta}_2)^2 \\ m_2 l_1 c_2 \ddot{\theta}_1 + m_2 l_1 s_2 \dot{\theta}_2^2 + m_2 g c_{12} + m_2 l_2 (\ddot{\theta}_1 + \ddot{\theta}_2) \\ 0 \end{bmatrix} + \begin{bmatrix} -m_1 l_1 \dot{\theta}_1^2 + m_1 g s_1 \\ m_1 l_1 \ddot{\theta}_1 + m_1 g c_1 \\ 0 \end{bmatrix}$$

$$^1n_1 = \begin{bmatrix} 0 \\ 0 \\ m_2 l_1 l_2 c_2 \ddot{\theta}_1 + m_2 l_1 l_2 c_2 \dot{\theta}_1^2 + m_2 l_2 g c_{12} + m_2 l_2^2 (\ddot{\theta}_1 + \ddot{\theta}_2) \end{bmatrix} + \begin{bmatrix} 0 \\ 0 \\ m_1 l_1^2 \ddot{\theta}_1 + m_1 l_1 g c_1 \end{bmatrix}$$

$$+ \begin{bmatrix} 0 \\ 0 \\ m_2 l_1^2 \ddot{\theta}_1 - m_2 l_1 l_2 s_2 (\dot{\theta}_1 + \dot{\theta}_2)^2 + m_2 l_1 g s_2 s_{12} + m_2 l_1 l_2 c_2 (\ddot{\theta}_1 + \ddot{\theta}_2) + m_2 l_1 g c_2 c_{12} \end{bmatrix}$$

取 $^i n_i$ 中的 $\hat{Z}$ 方向分量，得关节力矩：

$$\tau_1 = m_2 l_2^2 (\ddot{\theta}_1 + \ddot{\theta}_2) + m_2 l_1 l_2 c_2 (2\ddot{\theta}_1 + \ddot{\theta}_2) + (m_1 + m_2) l_1^2 \ddot{\theta}_1 - m_2 l_1 l_2 s_2 \dot{\theta}_2^2$$
$$- 2 m_2 l_1 l_2 s_2 \dot{\theta}_1 \dot{\theta}_2 + m_2 l_2 g c_{12} + (m_1 + m_2) l_1 g c_1$$

3.6.4 操作臂动力学的拉格朗日公式

牛顿-欧拉公式被认为是一种解决动力学问题的力平衡方法，而拉格朗日公式是一种基于能量的动力学方法。

首先讨论操作臂动能的表达式。第 i 根连杆的动能 k_i 可表示为

$$k_i = \frac{1}{2} m_i v_{C_i}^T v_{C_i} + \frac{1}{2} {}^i \omega_i^T {}^i I_i {}^i \omega_i \tag{3-107}$$

式(3-107)中第一项是由连杆质心线速度产生的动能，第二项是由连杆的角速度产生的动能。整个操作臂的动能是各个连杆动能之和，即

$$k = \sum_{i=1}^{n} k_i \tag{3-108}$$

式(3-107)中的 v_{C_i} 和 $^i\omega_i$ 是 Θ 和 $\dot{\Theta}$ 的函数。由此可知，操作臂的动能从 $k(\Theta, \dot{\Theta})$ 可描述为关节位置和速度的标量函数。事实上，操作臂的动能可写成

$$k(\Theta,\dot{\Theta})=\frac{1}{2}\dot{\Theta}^{\mathrm{T}}M(\Theta)\dot{\Theta} \tag{3-109}$$

这里 $M(\Theta)$ 为操作臂的质量矩阵。式(3-109)的表达是一种二次型，将这个矩阵展开后，方程全部是由二次项组成的。而且，由于总动能永远是正的，因此操作臂质量矩阵一定是正定矩阵。正定矩阵的二次型永远是正值。式(3-109)类似于我们熟悉的质点动能表达式：

$$k=\frac{1}{2}mv^2 \tag{3-110}$$

第 u_i 根连杆的势能可表示为

$$u_i=-m_i{}^0g^{\mathrm{T}\,0}P_{C_i}+u_{\mathrm{ref}_i} \tag{3-111}$$

这里 ${}^0g$ 为 3×1 的重力矢量，${}^0P_{C_i}$ 是位于第 i 根连杆质心的矢量，u_{ref_i} 是使 u_i 的最小值为 0 的常数。操作臂的总势能为各个连杆势能之和，即

$$u=\sum_{i=1}^{n}u_i \tag{3-112}$$

拉格朗日动力学公式给出一种从标量函数推导动力学方程的方法，我们称这个标量函数为"拉格朗日函数"，即一个机械系统的动能和势能的差值。操作臂的拉格朗日函数可表示为

$$\mathscr{L}(\Theta,\dot{\Theta})=k(\Theta,\dot{\Theta})-u(\Theta) \tag{3-113}$$

操作臂的运动方程为

$$\frac{\mathrm{d}}{\mathrm{d}t}\frac{\partial\mathscr{L}}{\partial\dot{\Theta}}-\frac{\partial\mathscr{L}}{\partial\Theta}=\tau \tag{3-114}$$

$$\frac{\mathrm{d}}{\mathrm{d}t}\frac{\partial k}{\partial\dot{\Theta}}-\frac{\partial k}{\partial\Theta}+\frac{\partial u}{\partial\Theta}=\tau \tag{3-115}$$

3.6.5 建立笛卡儿空间的规范化操作臂动力学方程

上述动力学方程均是按照操作臂关节角（关节空间）对位置和时间的导数建立的，其一般形式为

$$\tau=M(\Theta)\ddot{\Theta}+V(\Theta,\dot{\Theta})+G(\Theta) \tag{3-116}$$

应用笛卡儿变量的一般形式建立操作臂的动力学方程：

$$\mathscr{F}=M_x(\Theta)\ddot{\chi}+V_x(\Theta,\dot{\Theta})+G_x(\Theta) \tag{3-117}$$

$\mathscr{F}$ 是作用于机器人末端执行器上的力和力矩矢量，$\ddot{\chi}$ 是一个能恰当表达末端执行器位姿的笛卡儿矢量，$M_x(\Theta)$ 是笛卡儿质量矩阵，$V_x(\Theta,\dot{\Theta})$ 是笛卡儿空间的速度项矢量，$G_x(\Theta)$ 是笛卡儿空间的重力项矢量。

$$\tau=J^{\mathrm{T}}(\Theta)F \tag{3-118}$$

利用雅可比矩阵的逆左乘法可得

$$F=J^{-\mathrm{T}}M(\Theta)\ddot{\Theta}+J^{-\mathrm{T}}V(\Theta,\dot{\Theta})+J^{-\mathrm{T}}G(\Theta) \tag{3-119}$$

求关节空间和笛卡儿空间加速度之间的关系，由雅可比矩阵的定义得

$$\dot{\chi}=J\dot{\Theta} \tag{3-120}$$

求导得

$$\dot{\mathcal{X}} = \dot{J}\dot{\Theta} + J\ddot{\Theta} \tag{3-121}$$

关节空间的加速度：

$$\ddot{\Theta} = J^{-1}\ddot{\mathcal{X}} - J^{-1}\dot{J}\dot{\Theta} \tag{3-122}$$

将式(3-122)代入式(3-119)得

$$\mathcal{F} = J^{-T}M(\Theta)J^{-1}\ddot{\mathcal{X}} - J^{-T}M(\Theta)J^{-1}\dot{J}\dot{\Theta} + J^{-T}V(\Theta,\dot{\Theta}) + J^{-T}G(\Theta) \tag{3-123}$$

由此可得笛卡儿空间动力学方程中各项的表达式：

$$\begin{aligned} M_x(\Theta) &= J^{-T}(\Theta)M(\Theta)J^{-1}(\Theta) \\ V_x(\Theta,\dot{\Theta}) &= J^{-T}(\Theta)(V(\Theta,\dot{\Theta}) - M(\Theta)J^{-1}(\Theta)\dot{J}(\Theta)\dot{\Theta}) \\ G_x(\Theta) &= J^{-T}(\Theta)G(\Theta) \end{aligned} \tag{3-124}$$

例题 3-4

对例题 3-3 中的平面二连杆机械臂，求笛卡儿空间形式的动力学方程。按固连于第二根连杆末端的坐标系，写出其动力学方程。

$$J(\Theta) = \begin{bmatrix} l_1 s_2 & 0 \\ l_1 c_2 + l_2 & l_2 \end{bmatrix}$$

计算雅可比逆矩阵：

$$J^{-1}(\Theta) = \frac{1}{l_1 l_2 s_2} \begin{bmatrix} l_2 & 0 \\ -l_1 c_2 - l_2 & l_1 s_2 \end{bmatrix}$$

将这个雅可比矩阵对时间求导，得

$$\dot{J}(\Theta) = \begin{bmatrix} l_1 c_2 \dot{\theta}_2 & 0 \\ -l_1 s_2 \dot{\theta}_2 & 0 \end{bmatrix}$$

$$M_x(\Theta) = \begin{bmatrix} m_2 + \dfrac{m_1}{s_2^2} & 0 \\ 0 & m_2 \end{bmatrix}$$

$$V_x(\Theta,\dot{\Theta}) = \begin{bmatrix} -(m_2 l_1 c_2 + m_2 l_2)\dot{\theta}_1^2 - m_2 l_2 \dot{\theta}_2^2 - \left(2 m_2 l_2 + m_2 l_1 c_2 + m_1 l_1 \dfrac{c_2}{s_2^2}\right)\dot{\theta}_1 \dot{\theta}_2 \\ m_2 l_1 s_2 \dot{\theta}_1^2 + l_1 m_2 s_2 \dot{\theta}_1 \dot{\theta}_2 \end{bmatrix}$$

$$G_x(\Theta) = \begin{bmatrix} m_1 g \dfrac{c_1}{s_2} + m_2 g s_{12} \\ m_2 g c_{12} \end{bmatrix}$$

习 题

3-1 三自由度操作臂的关节轴1与另外两轴不平行。轴1和轴2之间的夹角为90°，求解连杆参数和运动学方程 $^B_W T$（图 3-22）。（注意：不需要定义 l_3。）

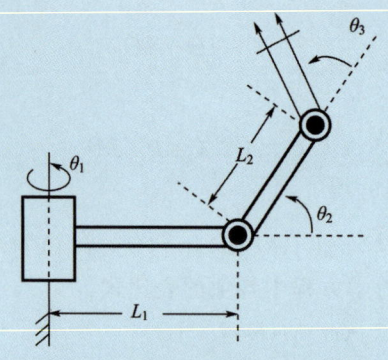

图 3-22　三自由度操作臂(习题 3-1)

3-2　推导习题 3-1 的三自由度操作臂的逆运动学方程。
3-3　求习题 3-1 中的三自由度操作臂的雅可比矩阵。
3-4　求匀质的、坐标原点建立在其质心的刚性圆柱体的惯性张量。
3-5　推导图 3-21 中的平面二连杆操作臂基坐标下的笛卡儿空间方程。

第 4 章
智能机器人轨迹规划

4.1 概 述

　　智能机器人轨迹规划是机器人底层次规划,是在机器人运动学和动力学的基础上,讨论关节空间或笛卡儿空间中运动的轨迹生成方法。智能机器人的轨迹规划一般是对其末端执行器位姿变化的描述。在轨迹规划中常用点表示智能机器人在某一时刻的状态或某一时刻的轨迹,或用其表示末端执行器的位姿。

　　轨迹规划既可在关节空间中进行,也可在笛卡儿空间中进行。在关节空间中,智能机器人的轨迹生成一般先给定轨迹上的若干个点,将其经运动学反解映射到关节空间,对关节空间中的相应点建立运动方程,按运动方程对机器人关节进行插值,进而用于机器人关节运动的控制。在笛卡儿空间中,将机器人末端的位姿、速度和加速度表示为时间的函数,相应的关节位置、速度和加速度由末端信息得到。

　　智能机器人的运动可看作工具坐标系相对工件坐标系的运动。这是一种通用的作业描述方法。该描述方法适用于不同的机器人,也适用于在同一机器人上搭载不同的末端执行器。在对机器人的运动进行描述时,要规定机器人的起始点和目标点,同时得规定起始点与目标点之间的中间点。必须采用平滑连续的轨迹描述函数,且描述函数的一阶导数、二阶导数也必须连续,以保证智能机器人能够平稳运动。

4.2 关节空间与笛卡儿空间描述

　　智能机器人从空间某一位置 S 点向 G 点运动,使用机器人逆运动学可计算智能机器人到达 G 点时关节的总位移,通过智能机器人控制器可驱动机器人运动到新的关节值。采用关节变量描述智能机器人运动,称为"关节空间描述"。

　　笛卡儿空间轨迹通常在直角坐标空间中表示,可直观看到智能机器人末端执行器的轨迹。在笛卡儿空间中的轨迹可能存在奇异点(图 4-1),也可能存在使机器人关节值发生突

变的点(图 4-2),若要解决此类问题,需要指定机器人从起始点到目标点之间的中间点,用于避开障碍物或其他奇异点。与关节空间轨迹相比,笛卡儿空间轨迹计算量大,需要较快的处理速度才能达到与关节空间轨迹一致的计算精度。

图 4-1 轨迹穿入机器人

图 4-2 轨迹使机器人关节值发生突变

4.3 关节空间轨迹规划

关节空间中的轨迹规划是指给定起始点、目标点或中间点的位置、速度、加速度等,生成各关节变量变化曲线的过程。其主要是用光滑插值函数对机器人进行轨迹规划,使机器人的运动是平滑连续的,插值函数主要有高阶多项式插值、抛物线插值、B 样条插值等。

当起始点和目标点的约束条件已知,机器人的轨迹规划称为"点到点轨迹规划"。除起始点和目标点外,还指定了两者之间的中间点,并要求机器人严格遵循一条特定的运动轨迹。这种规划称为"连续轨迹规划"。

已知机器人的起始点和目标点,以及这两点之间的中间点,可根据机器人逆运动学将中间点转换成一组期望的关节矢量角度值,为每个关节拟合一个平滑函数,使其从起始点开始,通过所有的中间点,最后到达目标点。对每个关节而言都是独立的,所有关节可同时到达中间点,某个关节期望的关节角度函数与其他关节的函数无关,从而可利用关节空间轨迹规划的方法得到中间点的期望位姿。

关节空间中的轨迹规划步骤如下:

(1)首先使用变换方程,根据节点序列 $p_0, p_1, \cdots, p_n$,求解机器人变换矩阵 $^0_6T_0$, $^1_6T_1, \cdots, ^0_6T_n$。

(2)根据变换矩阵,利用机器人逆运动学求出关节矢量角度值 $q_1, q_2, \cdots, q_n$。

(3)在每个轨迹段,分别对每个关节的位置矢量和旋转矩阵进行插值,得到轨迹序列 $\{q(t), \dot{q}(t), \ddot{q}(t)\}$。

4.3.1 五次多项式轨迹规划

当机器人的运动轨迹更为复杂,约束条件更多时,需要用高阶多项式对运动轨迹的轨迹段进行插值。需要指定起始点和目标点的位置和速度,以及起始点和目标点的加速度。约束条件数量为 6 个,可采用五次多项式来规划轨迹:

$$\theta(t) = a_0 + a_1 t + a_2 t^2 + a_3 t^3 + a_4 t^4 + a_5 t^5 \tag{4-1}$$

对式(4-1)求导得关节角速度为

$$\dot{\theta}(t) = a_1 + 2a_2 t + 3a_3 t^2 + 4a_4 t^3 + 5a_5 t^4 \tag{4-2}$$

对式(4-2)求导得关节角加速度为

$$\ddot{\theta}(t) = 2a_2 + 6a_3 t + 12a_4 t^2 + 20a_5 t^3 \tag{4-3}$$

其约束条件为

$$\begin{cases} \theta_0 = a_0 \\ \theta_f = a_0 + a_1 t_f + a_2 t_f^2 + a_3 t_f^3 + a_4 t_f^4 + a_5 t_f^5 \\ \dot{\theta}_0 = a_1 \\ \dot{\theta}_f = a_1 + 2a_2 t_f + 3a_3 t_f^2 + 4a_4 t_f^3 + 5a_5 t_f^4 \\ \ddot{\theta}_0 = 2a_2 \\ \ddot{\theta}_f = 2a_2 + 6a_3 t_f + 12a_4 t_f^2 + 20a_5 t_f^3 \end{cases} \tag{4-4}$$

将式(4-4)代入式(4-1)、式(4-2)、式(4-3)中可确定一个具有6个未知数的线性方程组，其解为

$$\begin{cases} a_0 = \theta_0 \\ a_1 = \dot{\theta}_0 \\ a_2 = \dfrac{\ddot{\theta}_0}{2} \\ a_3 = \dfrac{20\theta_f - 20\theta_0 - (8\dot{\theta}_f + 12\dot{\theta}_0)t_f - (3\ddot{\theta}_0 - \ddot{\theta}_f)t_f^2}{2t_f^3} \\ a_4 = \dfrac{30\theta_0 - 30\theta_f + (14\dot{\theta}_f + 16\dot{\theta}_0)t_f + (3\ddot{\theta}_o - 2\ddot{\theta}_f)t_f^2}{2t_f^4} \\ a_5 = \dfrac{12\theta_f - 12\theta_0 - (6\dot{\theta}_f + 6\dot{\theta}_0)t_f - (\ddot{\theta}_0 - \ddot{\theta}_f)t_f^2}{2t_f^5} \end{cases} \tag{4-5}$$

根据式(4-5)可确定五次多项式插值函数。

以某关节为例，从初始角30°运动到目标角75°，运动时间为5.0 s，初始加速度和目标加速度均为5°/s^2。图4-3、图4-4、图4-5所示分别为五次多项式规划的关节轨迹、关节角速度、关节角加速度。

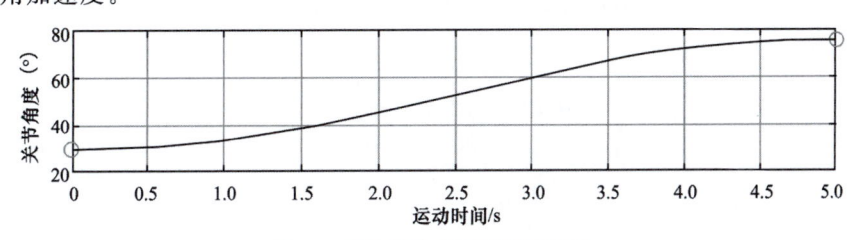

图4-3 五次多项式规划的关节轨迹

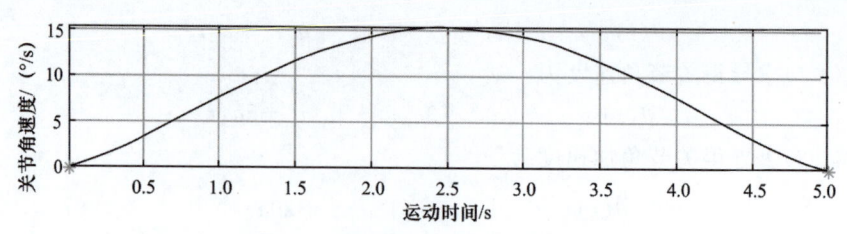

图 4-4　五次多项式规划的关节角速度

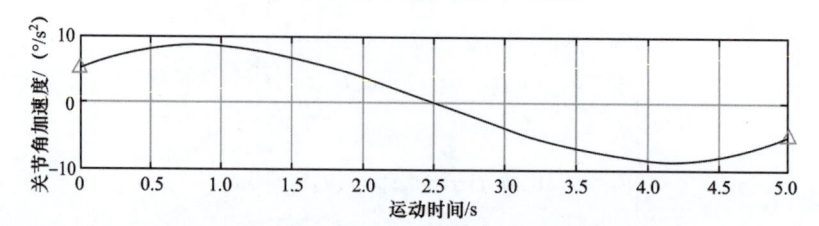

图 4-5　五次多项式规划的关节角加速度

4.3.2 抛物线过渡轨迹规划

若使机器人的关节以恒定的速度从起始点运动到目标点，其轨迹方程可看作线性函数，速度为常数，加速度为 0。这是机器人轨迹规划的一种方法，但会导致起始点和目标点的关节速度不连续，加速度无限大。采用线性插值时，在每个节点增加一段抛物线拟合区域，抛物线对时间的二阶导数是常数，可使机器人关节位置和速度是连续的。线性函数与抛物线函数平滑地衔接而形成的轨迹称为"带抛物线过渡的线性轨迹"。

抛物线过渡的线性规划方法如图 4-6 所示，假设在 $t=0$ 和 t_f 时刻对应的起始点和目标点的位置为 θ_0 和 θ_f，两端的抛物线过渡段具有相同的持续时间且加速度相同、方向相反。

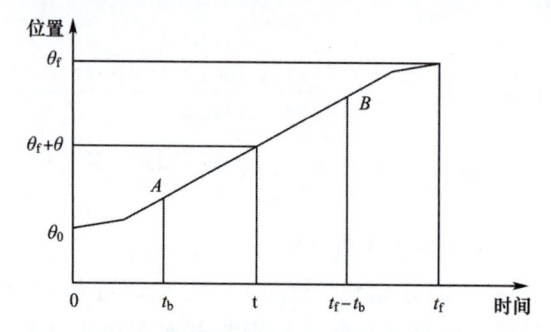

图 4-6　抛物线过渡的线性规划方法

抛物线与直线部分的过渡段在时间 t_b 和 t_f-t_b 处是对称的，可得出抛物线过渡段的插值函数为

$$\theta(t)=a_0+a_1t+\frac{1}{2}a_2t^2 \qquad (4-6)$$

对式(4-6)求导得

$$\dot{\theta}(t)=a_1+a_2t \qquad (4-7)$$

对式(4-7)求导得

$$\ddot{\theta}(t) = a_2 \tag{4-8}$$

将约束条件代入式(4-6)、式(4-7)、式(4-8)得

$$\begin{cases} \theta(0) = \theta_0 = a_0 \\ \dot{\theta}(0) = 0 = a_1 \\ \ddot{\theta}(t) = a_2 \end{cases} \tag{4-9}$$

解方程组得

$$\begin{cases} a_0 = \theta_0 \\ a_1 = 0 \\ a_2 = \ddot{\theta} \end{cases} \tag{4-10}$$

将式(4-10)代入式(4-6)得抛物线段的方程为

$$\theta(t) = \theta_0 + \frac{1}{2}\ddot{\theta}t^2 \tag{4-11}$$

$$\dot{\theta}(t) = \ddot{\theta}t \tag{4-12}$$

$$\ddot{\theta}(t) = \ddot{\theta} \tag{4-13}$$

将初始点和目标点速度为 0、线性段恒定速度为 ω 代入式(4-11)和式(4-12)中可得 A、B 点及目标点的关节位置和速度：

$$\begin{cases} \theta_A = \theta_0 + \frac{1}{2}\ddot{\theta}t_b^2 \\ \dot{\theta}_A = \ddot{\theta}t_b = \omega \\ \theta_B = \theta_A + \omega((t_f - t_b) - t_b) = \theta_A + \omega(t_f - 2t_b) \\ \dot{\theta}_B = \dot{\theta}_A = \omega \\ \theta_f = \theta_B + (\theta_A - \theta_0) \\ \dot{\theta}_f = 0 \end{cases} \tag{4-14}$$

由式(4-14)可求得过渡时间：

$$t_b = \frac{\theta_0 - \theta_f + \omega t_f}{\omega} \tag{4-15}$$

显然，t_b 不能大于总时间的一半，由式(4-15)可计算最大速度 $\omega_m = 2(\theta_f - \theta_0)/t_f$。

目标点的抛物线段与起始点的抛物线段对称，其加速度为负，可表示为

$$\begin{cases} \theta(t) = \theta_f - \frac{\omega}{2t_b}(t_f - t)^2 \\ \dot{\theta}(t) = \frac{\omega}{t_b}(t_f - t) \\ \ddot{\theta}(t) = -\frac{\omega}{t_b} \end{cases} \tag{4-16}$$

如果机器人的某个关节在运动中有多个中间点,即机器人运动到第一个中间点后,还将向下一点运动,此时要采用各个节点过渡的方法,在每两个相邻的节点之间采用线性函数相连,节点附近采用抛物线过渡,使用每一点的边界条件计算抛物线段的系数。

4.3.3 B样条轨迹规划

B样条插值曲线方程为

$$p(u) = \sum_{i=0}^{n} d_i G_{i,k}(u), u \in [0,1] \tag{4-17}$$

式中,$d_i(i=0,1,\cdots,n)$为控制顶点,$p(u)$为u时刻上插值点(时间节点$u_j(i=0,1,\cdots,m)$),$G_{i,k}(u)(i=0,1,\cdots,n)$为$k$阶($k-1$次)B样条的基函数。

$G_{i,k}(u)$基函数可定义为

$$\begin{cases} G_{i,0}(u) = \begin{cases} 1, & u_i \leqslant u_{i+1} \\ 0, & \text{else} \end{cases} \\ G_{i,k}(u) = \dfrac{u-u_i}{u_{i+k}-u_i} G_{i,k-1}(u) + \dfrac{u_{i+k+1}-u}{u_{i+k+1}-u_{i+1}} G_{i,k-1}(u) \end{cases} \tag{4-18}$$

式中,u为参数,k为B样条个数,$G_{i,k}(u)$的区间间隔为(u_i, u_{i+k+1}),节点矢量$\boldsymbol{U}=[u_0, u_1, \cdots, u_{n+2k-1}, u_{n+2k}]$。

构造五次B样条函数,起始点和终止点的时间节点重复度为6,通过累计弦长法进行时间节点归一化处理,即

$$\begin{cases} u_0 = u_1 = \cdots = u_5 = 0 \\ u_i = u_{i-1} + \dfrac{|\Delta t_{i-k-1}|}{\sum\limits_{j=0}^{n=1} |\Delta t_j|} i = 6, 7, \cdots, n+4 \\ u_{n+5} = u_{n+6} = \cdots = u_{n+10} = 1 \end{cases} \tag{4-19}$$

其控制顶点的d次导数表示为

$$P^j(u) = \sum_{j=i-k+l}^{i} d_j^l G_{j,k-1}(u), u \in (u_k, u_{n+k}), i = 0, 1, 2, \cdots, n \tag{4-20}$$

式中,

$$d_j^l = \begin{cases} d_{j,l} = 0 \\ \dfrac{(k+1-l)(d_j^{l-1} - d_{j-1}^{l-1})}{u_{j+k-l+1} - u_j}, l = 1, 2, \cdots, m; j = i-k+1, \cdots, i \end{cases} \tag{4-21}$$

已有$n+1$个方程,求解$n+5$个控制顶点,还需要4个约束方程:起始点速度ω_0和加速度a_0,终止点速度ω_e和加速度a_e,满足下式:

$$\begin{cases} \dot{p}_0 = \dot{p}(u_5) \sum\limits_{j=1}^{5} d_j^1 G_{j,4}(u_5) = 5 \dfrac{d_1 - d_0}{u_6 - u_1} = w_0 \\ \dot{p}_e = \dot{p}(u_{n+5}) \sum\limits_{j=n}^{n+4} d_j^1 G_{j,4}(u_5) = 5 \dfrac{d_{n+4} - d_{n+3}}{u_{n+9} - u_{n+4}} = w_e \end{cases} \tag{4-22}$$

$$\begin{cases} \ddot{p}_0 = \ddot{p}(u_5) = \sum_{j=2}^{5} d_j^2 N_{j,3}(u_5) \\ \quad = \dfrac{20 d_2}{(u_6-u_2)(u_7-u_2)} - \left[\dfrac{20}{(u_6-u_2)(u_7-u_2)} + \dfrac{20}{(u_6-u_2)(u_6-u_1)} \right] d_1 \\ \quad\quad + \dfrac{20 d_0}{(u_6-u_2)(u_6-u_1)} \\ \quad = a_0 \end{cases}$$

(4-23)

$$\begin{cases} \ddot{p}_e = \ddot{p}(u_{n+5}) = \sum_{j=2}^{n+4} d_j^2 N_{j,3}(u_{n+5}) \\ \quad = \dfrac{20 d_{n+4}}{(u_{n+8}-u_{n+4})(u_{n+9}-u_{n+4})} \\ \quad\quad - \left[\dfrac{20}{(u_{n+8}-u_{n+4})(u_{n+9}-u_{n+4})} + \dfrac{20}{(u_{n+8}-u_{n+4})(u_{n+8}-u_{n+3})} \right] d_{n+3} \\ \quad\quad + \dfrac{20}{(u_{n+8}-u_{n+4})(u_{n+8}-u_{n+3})} \\ \quad = a_e \end{cases}$$

(4-24)

根据式(4-24)得矩阵方程：

$$B_n d = p \tag{4-25}$$

式中，$d = [d_0, d_1, \cdots d_{n+3}, d_{n+4}]^\mathrm{T}$，$p = [p_0, p_1, \cdots, p_{n-1}, p_n, w_0, w_e, a_0, a_e]$。

$$B_n = \begin{bmatrix} 1 & & & & & & & & \\ & G_{1,5}(u_6) & G_{2,5}(u_6) & \cdots & G_{5,5}(u_6) & & & & \\ & & G_{2,5}(u_7) & G_{3,5}(u_7) & \cdots & G_{6,5}(u_7) & & & \\ & & \ddots & \ddots & & \ddots & & & \\ & & & G_{n-2,5}(u_{n+3}) & G_{n-1,5}(u_{n+3}) & \cdots & G_{n+2}(u_{n+3}) & & \\ & & & & G_{n-1,5}(u_{n+4}) & G_{n,5}(u_{n+4}) & \cdots & G_{n+3}(u_{n+4}) & \\ & & & & & \cdots & & & \\ & & & & & & & & 1 \\ S_{01} & S_{02} & & & & & & S_{e1} & S_{e2} \\ a_{01} & a_{02} & a_{03} & & & & & a_{e1} & a_{e2} & a_{e3} \end{bmatrix}$$

$S_{01} = \dfrac{-5}{u_6-u_1}$，$S_{02} = \dfrac{5}{u_6-u_1}$，$S_{e1} = \dfrac{-5}{u_{n+9}-u_{n+4}}$，$S_{e2} = \dfrac{5}{u_{n+9}-u_{n+4}}$

$a_{01} = \dfrac{20}{(u_6-u_2)(u_6-u_1)}$，$a_{02} = -\dfrac{20}{(u_6-u_2)(u_7-u_2)} - \dfrac{20}{(u_6-u_2)(u_6-u_1)}$，

$a_{03} = \dfrac{20}{(u_6-u_2)(u_7-u_2)}$

$$a_{e1} = \frac{20}{(u_{n+8}-u_{n+4})(u_{n+8}-u_{n+3})},$$

$$a_{e2} = -\frac{20}{(u_{n+8}-u_{n+4})(u_{n+9}-u_{n+4})} - \frac{20}{(u_{n+8}-u_{n+4})(u_{n+8}-u_{n+3})},$$

$$a_{e3} = \frac{20}{(u_{n+8}-u_{n+4})(u_{n+9}-u_{n+4})}$$

由矩阵求逆可得控制顶点 d：

$$d = B_n^{-1} p \tag{4-26}$$

4.4 笛卡儿空间轨迹规划

智能机器人在笛卡儿空间的轨迹是由机器人末端执行器的笛卡儿坐标节点序列组成的，每个节点由 6 个量组成，其中 3 个量描述位置，另外 3 个量描述姿态。笛卡儿轨迹规划是指给定智能机器人末端执行器位姿的约束条件，可采用笛卡儿位姿关于时间的函数来描述轨迹的形状，常见的轨迹形状主要是直线、圆弧、样条曲线等。

笛卡儿空间轨迹规划步骤如下：

(1) 将节点的位姿采用位置矢量和旋转矩阵的形式表示，即 $p_0, p_1, \cdots, p_n$ 和 $R_0, R_1, \cdots, R_n$。

(2) 用 $p(t) = [px(t), py(t), pz(t)]$ 对节点坐标进行曲线拟合，得到轨迹曲线对时间的参数方程。

(3) 对位置矢量的 3 个分量分别进行插值；将旋转矩阵通过 RPY 角法得到等效旋转矩阵，再进行线性插值。

(4) 将得到的等效旋转矩阵和位置矢量转换成齐次变化矩阵，即机器人末端位姿矩阵，采用逆运动学求解关节变量。

4.4.1 点到点直线轨迹规划

在工业实际应用中，最实用的轨迹是点到点之间的直线运动，需要计算起始点到目标点的位姿变换，并将该变换划分成许多小段，求取直线轨迹中间点的位置和姿态。总变换 R 是指从起始点位姿 T_0 到目标点位姿 T_f 直接的变换，可通过下面的方程进行计算：

$$\begin{cases} T_f = T_0 R \\ T_0^{-1} T_f = T_0^{-1} T_0 R \\ R = T_0^{-1} T_f \end{cases} \tag{4-27}$$

总变换划分成很多小段的方法有很多，主要有：

(1) 采用微分方程，将末端执行器的坐标系在每一小段的位姿与微分运动、雅可比矩阵以及关节速度联系在一起，但这种方法仅当雅可比矩阵的逆存在时才有效。

(2) 将起始点和目标点之间的变换 R 分解成 1 个平移和 2 个旋转，平移是指将坐标原点从起点移动到终点，第一个旋转是指将末端执行器坐标系与期望位姿对准，第二个旋转是指将末端坐标系绕其自身轴转到最终的姿态,3 个变换会同时进行。

(3)将起始点和目标点之间的变换 R 分解成 1 个平移和 1 个绕 q 轴的旋转,平移与(2)中相同。旋转是指将末端坐标系与最终的期望姿态对准,2 个变换同时进行。

各个中间点的位置和姿态通过以下的公式求出:

$$\begin{cases} x = x_1 + \lambda \Delta x \\ y = y_1 + \lambda \Delta y \\ z = z_1 + \lambda \Delta z \\ \alpha = \alpha_1 + \lambda \Delta \alpha \\ \beta = \beta_1 + \lambda \Delta \beta \\ \gamma = \gamma_1 + \lambda \Delta \gamma \end{cases} \tag{4-28}$$

式(4-28)中,位置和 RPY (x_1, y_1, z_1)、$(\alpha_1, \beta_1, \gamma_1)$、$(x, y, z)$、$(\alpha, \beta, \gamma)$ 分别是中间点的位置和 RPY 变换姿态角,λ 为归一化因子,$(\Delta x, \Delta y, \Delta z)$、$(\Delta \alpha, \Delta \beta, \Delta \gamma)$ 分别为位置和姿态角的增量。求解可得

$$\begin{cases} \Delta x = x_2 - x_1 \\ \Delta y = y_2 - y_1 \\ \Delta z = z_2 - z_1 \\ \Delta \alpha = \alpha_2 - \alpha_1 \\ \Delta \beta = \beta_2 - \beta_1 \\ \Delta \gamma = \gamma_2 - \gamma_1 \end{cases} \tag{4-29}$$

式中,目标点的位置和姿态角分别用 (x_2, y_2, z_2)、$(\alpha_2, \beta_2, \gamma_2)$ 表示。

归一化因子 λ 可通过采用抛物线过渡的线性函数求出,设抛物线过渡的线性函数的直线段速度为 v,抛物线段的加速度为 a,抛物线段的运动时间和位移分别为

$$T_p = \frac{v}{a} \tag{4-30}$$

$$L_p = \frac{1}{2} a T_p^2 \tag{4-31}$$

直线运动总位移和时间分别表示为

$$L = \sqrt{(x_2-x_1)^2 + (y_2-y_1)^2 + (z_2-z_1)^2} \tag{4-32}$$

$$T = 2T_p + \frac{L - 2L_p}{v} \tag{4-33}$$

将抛物线段的位移、时间、加速度分别归一化处理得

$$\begin{cases} L_{p\lambda} = \dfrac{L_p}{L} \\ T_{p\lambda} = \dfrac{T_p}{T} \\ a\lambda = \dfrac{2L_{p\lambda}}{T_{p\lambda}^2} \end{cases} \tag{4-34}$$

则 λ 的值可得

$$\lambda = \begin{cases} \dfrac{1}{2}a_\lambda t^2, & (0 \leqslant t \leqslant T_{p\lambda}) \\ \dfrac{1}{2}a_\lambda T_{p\lambda}^2 + a_\lambda T_{p\lambda}(t - T_{p\lambda}), & (T_{p\lambda} < t < 1 - T_{p\lambda}) \\ \dfrac{1}{2}a_\lambda T_{p\lambda}^2 + a_\lambda T_{p\lambda}(t - T_{p\lambda}) - \dfrac{1}{2}a_\lambda(t + T_{p\lambda} - 1)^2, & (1 - T_{p\lambda} < t < 1) \end{cases} \quad (4\text{-}35)$$

式(4-35)中,$t = (i/N)$,$i = 0, 1, 2, \cdots, N$,$0 \leqslant \lambda \leqslant 1$,$\lambda = 0$ 时为智能机器人的起始点,$\lambda = 1$ 时为目标点。

4.4.2 平面圆弧插补轨迹规划

假设平面内有3个不共线的点 P_1、P_2、P_3 与智能机器人末端的位姿相对应(图4-7)。

沿圆弧运动的速度为 v,插补周期为 T_s。根据 P_1、P_2、P_3 的坐标,求出圆弧的半径 R 和圆心角 θ,根据圆的公式得

$$\begin{cases} \theta_1 = \arccos \dfrac{[(x_2 - x_1)^2 + (y_2 - y_1)^2 - 2R^2]}{2R^2} \\ \theta_2 = \arccos \dfrac{[(x_3 - x_2)^2 + (y_3 - y_2)^2 - 2R^2]}{2R^2} \end{cases} \quad (4\text{-}36)$$

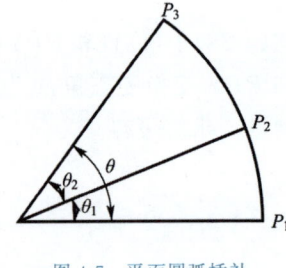

图 4-7 平面圆弧插补

根据圆弧的数学关系计算各个插补点坐标值,判断插补过程是匀速、匀加速或匀减速的,得总时间 t。求解插补过程的中间点数 $N = t/T_s$。若插补过程是匀速,则角位移量 $\Delta\theta = vT_s/R$,进而可计算圆弧上任意插补点 P_{i+1} 的坐标为

$$\begin{cases} x_{i+1} = R\cos(\theta_i + \Delta\theta) = x_i \cos\theta - y_i \sin\Delta \\ y_{i+1} = R\sin(\theta_i + \Delta\theta) = y_i \cos\theta + x_i \sin\Delta \\ \theta_{i+1} = \theta_i + \Delta\theta \end{cases} \quad (4\text{-}37)$$

4.5 最优轨迹规划

除以上经典的轨迹规划方法外,还可结合智能算法对轨迹进行优化,使智能机器人末端执行器沿着最优轨迹运动。常见的优化目标为最优时间、最优能量、最优组合等。

最优时间是指在一定的约束条件下,智能机器人能以最短的时间从起始点到达终点,提升工作效率。最优能量是指使智能机器人完成轨迹运动所需要的能耗最低,以能量为目标的轨迹是所有可运行轨迹中最平滑的。

针对优化问题的求解,较普遍的是遗传算法,模仿达尔文提出的进化论,模拟生物在大自然环境中的自然选择和遗传机制,可在全局范围内获得最优解。差分进化算法是一种高效的启发式并行搜索技术,需要进行选择、交叉、变异的操作。另一种较普遍应用的是粒子群优化算法,基于群体协作的随机搜索,在计算过程中实时获取当前搜索情况,进而采用不同策略,适用于连续函数的极值问题求解,针对非线性优化问题,其可收敛于全局最优解。

4.5.1 最优时间轨迹规划

本节将介绍采用粒子群算法,对应用广、普适性强的"3-5-3"混合多项式插值进行最优时间轨迹规划的方法。

"3-5-3"混合多项式的通式为

$$\begin{cases} h_{j1}(t)=a_{j13}t^3+a_{j12}t^2+a_{j11}t+a_{j10} \\ h_{j2}(t)=a_{j25}t^5+a_{j24}t^4+a_{j23}t^3+a_{j22}t^2+a_{j21}t+a_{j20} \\ h_{j3}(t)=a_{j33}t^3+a_{j32}t^2+a_{j31}t+a_{j30} \end{cases} \tag{4-38}$$

式中,$h_{j1}(t)$、$h_{j2}(t)$、$h_{j3}(t)$ 分别代表第 j 个关节第一段的三次多项式轨迹、第二段的五次多项式轨迹和第三段的三次多项式轨迹。a_{j1i}、a_{j2i}、a_{j3i} 是第 j 个关节轨迹第一段、第二段、第三段插值函数的第 i 个系数。

根据已知约束条件:第 j 个关节各段的初始点 X_{j0}、中间点 X_{j1} 和 X_{j2}、目标点 X_{j3} 及初始点和目标点的速度及加速度为 0,中间点之间的速度与加速度连续,可求得多项式系数的矩阵表示:

$$A = \begin{bmatrix} t_1^3 & t_1^2 & t_1 & 0 & 0 & 0 & 0 & 0 & -1 & 0 & 0 & 0 & 0 & 0 \\ 3t_1^2 & 2t_1 & 1 & 0 & 0 & 0 & 0 & -1 & 0 & 0 & 0 & 0 & 0 & 0 \\ 6t_1 & 2 & 0 & 0 & 0 & 0 & -2 & 0 & 0 & 0 & 0 & 0 & 0 & 0 \\ 0 & 0 & 0 & t_2^5 & t_2^4 & t_2^3 & t_2^2 & t_2 & 1 & 0 & 0 & 0 & 0 & -1 \\ 0 & 0 & 0 & 5t_2^4 & 4t_2^3 & 3t_2^2 & 2t_2 & 1 & 0 & 0 & 0 & 0 & -1 & 0 \\ 0 & 0 & 0 & 20t_2^3 & 12t_2^2 & 6t_2 & 2 & 0 & 0 & 0 & 0 & -2 & 0 & 0 \\ 0 & 0 & 0 & 0 & 0 & 0 & 0 & 0 & 0 & t_3^3 & t_3^2 & t_3 & 1 \\ 0 & 0 & 0 & 0 & 0 & 0 & 0 & 0 & 0 & 3t_3^2 & 2t_3 & 1 & 0 \\ 0 & 0 & 0 & 0 & 0 & 0 & 0 & 0 & 0 & 6t_3 & 2 & 0 & 0 \\ 0 & 0 & 0 & 1 & 0 & 0 & 0 & 0 & 0 & 0 & 0 & 0 & 0 & 0 \\ 0 & 0 & 1 & 0 & 0 & 0 & 0 & 0 & 0 & 0 & 0 & 0 & 0 & 0 \\ 0 & 1 & 0 & 0 & 0 & 0 & 0 & 0 & 0 & 0 & 0 & 0 & 0 & 0 \\ 0 & 0 & 0 & 0 & 0 & 0 & 0 & 0 & 0 & 0 & 0 & 0 & 0 & 1 \\ 0 & 0 & 0 & 0 & 0 & 0 & 0 & 0 & 1 & 0 & 0 & 0 & 0 & 0 \end{bmatrix} \tag{4-39}$$

式中,t_1,t_2,t_3 为第 j 个关节的三段多项式插值的时间。

关节角的位移矩阵为

$$\theta = [0 \ 0 \ 0 \ 0 \ 0 \ 0 \ X_{j3} \ 0 \ 0 \ X_{j0} \ 0 \ 0 \ X_{j2} \ X_{j1}]^T \tag{4-40}$$

由式(4-40)可得系数的求解方程为

$$A^{-1}\theta = [a_{j13} \ a_{j12} \ a_{j11} \ a_{j10} \ a_{j25} \ a_{j24} \ a_{j23} \ a_{j22} \ a_{j21} \ a_{j20} \ a_{j33} \ a_{j32} \ a_{j31} \ a_{j30}]^T \tag{4-41}$$

最优时间的目标函数为

$$f(t) = \min \sum_{j=0}^{n}(t_{j1} + t_{j2} + t_{j3}) \qquad (4-42)$$

$$\begin{cases} \max\{V_{j1}\} \leqslant V_{\max} \\ \max\{V_{j2}\} \leqslant V_{\max} \\ \max\{V_{j3}\} \leqslant V_{\max} \end{cases} \qquad (4-43)$$

式(4-43)中，V_{j1}、V_{j2}、V_{j3} 为第 j 个关节的三段多项式插值的速度。

粒子群优化算法是一种基于群体智能的优化算法。它是一种模拟鸟群飞行觅食行为并通过个体之间的协作来寻找最优解的进化计算技术。假定其搜索空间是 N 维，粒子总数为 n，第 i 个粒子在 N 维空间的位置为 x_i，飞行速度为 v_i，p_i 为粒子 i 所经历的最好的位置，p_g 是群体粒子目前所经历的最好的位置。粒子的位置和速度如式(4-44)、式(4-45)所示。

$$v_{id}^{k+1} = \omega \times v_{id}^{k} + c_1 \times r_1 \times (p_{id} - x_{id}^{k}) + c_2 \times r_2 \times (p_{gd} - x_{id}^{k}) \qquad (4-44)$$

$$x_{id}^{k+1} = x_{id}^{k} + v_{id}^{k+1} \qquad (4-45)$$

式中，v_{id}^{k} 为第 i 个粒子第 k 次迭代时飞行速度的第 d 维分量，x_{id}^{k} 为第 i 个粒子第 k 次迭代时位置的第 d 维分量，p_{gd} 为群体最好位置 p_g 的第 d 维分量，p_{id} 为第 i 个粒子最好位置 p_i 的第 d 维分量，r_1 和 r_2 为随机数，c_1 和 c_2 为权重因子，ω 为惯性权重。

对每个关节单独进行优化，第 j 个关节的优化目标函数为

$$f(t) = \min(t_{j1} + t_{j2} + t_{j3}) \qquad (4-46)$$

在待优化时间的搜索空间里进行优化，把粒子群搜索维数降低。在满足智能机器人运动学约束时，进行时间最优的优化迭代，具体步骤如下：

(1) 在第 j 个关节的三段插值函数时间的搜索空间中随机产生 M 个粒子(共 $M \times 3$ 个)构成种群 POP_{t_1}、POP_{t_2}、POP_{t_3}，初始化粒子的位置和速度。

(2) 根据产生的 M 组 3-5-3 多项式插值时间组合，代入式(4-39)、式(4-40)和式(4-41)，求解系数矩阵。

(3) 将求解的系数矩阵代入式(4-38)中求得"3-5-3"混合多项式。多项式对时间求导，得到三段多项式的速度函数，判断多项式的最大速度是否符合式(4-39)。

(4) 计算粒子适应度值，若三段的速度全部满足式(4-39)，则适应度函数采用式(4-46)，粒子群算法以减小每段关节运行时间为优化目标进行迭代。若三段中任一速度不满足式(4-39)，则适应度函数采用 $|v(m,n)|$，进行迭代使其变小，直至满足式(4-39)，m 为 M 组种群中的第 m 组，n 为不满足条件的段数。

(5) 根据适应度函数选择第 k 次迭代的最佳值和群组的最佳值，计算式(4-44)。

(6) 根据"3-5-3"混合多项式函数的性质，对不同阶次的多项式采用不同的控制策略。若第一段和第三段不满足最大速度的约束，则该段下一运行时间为 $t_{jd}^{k+1} = t_{jd}^{k} + |v_{jd}^{k+1}|$。若第二段不满足约束，则该段下一运行时间为 $t_{jd}^{k+1} = t_{jd}^{k} - |v_{jd}^{k+1}|$。若三段都满足约束，则每段下一运行时间为 $t_{jd}^{k+1} = t_{jd}^{k} + v_{jd}^{k+1}$。

(7) 重新整合种群，构成 3 个新的由 $M \times 3$ 个粒子构成的种群 POP_{t_1}、POP_{t_2}、POP_{t_3}。

(8) 满足终止条件则算法结束，否则转第(2)步。

(9) 完成所有关节的时间优化，每段时间取各关节该段时间的最大值。

4.5.2 最优能量轨迹规划

本节将介绍采用遗传算法,对五次 B 样条曲线进行最优能量轨迹规划。

设智能机器人轨迹由关节空间中的型值点 $P_1, P_2, \cdots, P_m$ 组成,控制点为 $V_0, V_1, \cdots, V_{m+3}$。一段 B 样条曲线连接相邻的 2 个型值点,整个轨迹由 $m-1$ 段 B 样条曲线组成。第 i 段曲线由 P_i、P_{i+1} 连接,第 i 段曲线控制点为 $V_i, V_{i+1}, V_{i+2}, V_{i+3}, V_{i+4}, V_{i+5}$。智能机器人第 j 个关节的第 i 段 B 样条函数表达为

$$\theta_i(u) = \sum_{n=1}^{6} [N_n(u) V_{i+n-1}] \tag{4-47}$$

式中,$\theta_i(u)$ 为关节位移,$N_n(u)$ 为 B 样条基函数,n 为控制点数,V_{i+n-1} 为控制点,$u \in [0,1]$。

根据连续条件和边界条件可得第 i 段 B 样条曲线的表达式为

$$\theta_i(u) = \frac{1}{120} \begin{bmatrix} u^5 & u^4 & u^3 & u^2 & u & 1 \end{bmatrix} \begin{bmatrix} -1 & 5 & -10 & 10 & -5 & 1 \\ 5 & -20 & 30 & -20 & 5 & 0 \\ -10 & 20 & 0 & -20 & 10 & 0 \\ 10 & 20 & 60 & 20 & 10 & 0 \\ -5 & -50 & 0 & 50 & 5 & 0 \\ 1 & -26 & 66 & 26 & 1 & 0 \end{bmatrix} \begin{bmatrix} V_i \\ V_{i+1} \\ V_{i+2} \\ V_{i+3} \\ V_{i+4} \\ V_{i+5} \end{bmatrix} \tag{4-48}$$

设控制点的坐标分别为
$V_i(t_i, q_i), V_{i+1}(t_{i+1}, q_{i+1}), V_{i+2}(t_{i+2}, q_{i+2}), V_{i+3}(t_{i+3}, q_{i+3}), V_{i+4}(t_{i+4}, q_{i+4}), V_{i+5}(t_{i+5}, q_{i+5})$

第 i 段曲线上的点的横坐标与纵坐标分别为

$$t_i(u) = \frac{1}{120} \begin{bmatrix} u^5 & u^4 & u^3 & u^2 & u & 1 \end{bmatrix} \begin{bmatrix} -1 & 5 & -10 & 10 & -5 & 1 \\ 5 & -20 & 30 & -20 & 5 & 0 \\ -10 & 20 & 0 & -20 & 10 & 0 \\ 10 & 20 & 60 & 20 & 10 & 0 \\ -5 & -50 & 0 & 50 & 5 & 0 \\ 1 & -26 & 66 & 26 & 1 & 0 \end{bmatrix} \begin{bmatrix} t_i \\ t_{i+1} \\ t_{i+2} \\ t_{i+3} \\ t_{i+4} \\ t_{i+5} \end{bmatrix} \tag{4-49}$$

$$q_i(u) = \frac{1}{120} \begin{bmatrix} u^5 & u^4 & u^3 & u^2 & u & 1 \end{bmatrix} \begin{bmatrix} -1 & 5 & -10 & 10 & -5 & 1 \\ 5 & -20 & 30 & -20 & 5 & 0 \\ -10 & 20 & 0 & -20 & 10 & 0 \\ 10 & 20 & 60 & 20 & 10 & 0 \\ -5 & -50 & 0 & 50 & 5 & 0 \\ 1 & -26 & 66 & 26 & 1 & 0 \end{bmatrix} \begin{bmatrix} q_i \\ q_{i+1} \\ q_{i+2} \\ q_{i+3} \\ q_{i+4} \\ q_{i+5} \end{bmatrix} \tag{4-50}$$

由式(4-38)可得速度约束:

$$|\dot{\theta}_i(u)| = \frac{q'}{t'} \leqslant \dot{\theta}_{j\max} \tag{4-51}$$

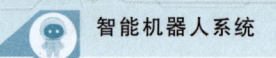

加速度约束：

$$|\ddot{\theta}_i(u)| = \frac{q''t' - q't''}{t'^3} \leqslant \ddot{\theta}_{j\max} \tag{4-52}$$

加加速度约束：

$$|\dddot{\theta}_i(u)| = \frac{q'''t'^2 - 3q''t' + 3q't''^2 - q't't'''}{t'^5} \leqslant \dddot{\theta}_{j\max} \tag{4-53}$$

以六自由度机器人工作过程中的动能为目标能量函数。设机器人插值点 $i+1$ 到 i 的时间间隔为 T_i，$T_i = t_{i+1} - t_i$，t_i 是机器人经过中间点 i 的时刻。则第 j 个关节在 T_i 时间段内的动能变化为

$$K_{ji} = \int_{t_i}^{t_{i+1}} \dot{\theta}_i(u) M \ddot{\theta}_i(u) \mathrm{d}t \tag{4-54}$$

n 个关节机器人总动能为

$$E = \sum_{j=1}^{n} K_{ji} \tag{4-55}$$

能量最优的目标函数为

$$\min E = \sum_{j=1}^{n} K_{ji} \tag{4-56}$$

遗传算法是一种模仿自然界的选择和遗传机制的进化算法。在满足智能机器人运动学约束时，进行能量最优的优化迭代，具体步骤如下：

(1) 初始化遗传算法参数设置。设置种群规模、迭代次数、选择概率、变异概率。
(2) 设置约束条件，即式(4-51)、式(4-52)和式(4-53)。
(3) 进行实数编码，即个体的每个基因值用具体范围内的实数表示。
(4) 产生初始种群。在一定范围内生成指定数量的初始种群，并初始化个体满足相关约束条件。
(5) 计算适应度值。
(6) 选择。将适应度最高的个体直接复制到下一代，不在本代进行交换和变异。
(7) 交叉与变异。将优秀的个体进行交叉生成新个体。新个体进行变异。
(8) 产生新种群。
(9) 重复步骤(4)至(8)，直至完成遗传迭代次数。

4.5.3 最优组合轨迹规划

最优组合轨迹规划是指将最优时间、最优能量等组合起来。本节将介绍由最优时间和最优能量组合的轨迹规划。

采用五次 B 样条进行轨迹插值，五次 B 样条曲线方程为

$$Q_i(u) = \sum_{j=0}^{5} d_{i+j-1} N_{j,5}(u) \tag{4-57}$$

式中，d_{i+j-1} 为控制点，$i=1,2,\cdots,n-1$，$u \in (0,1)$，$Q_i(u)$ 为第 i 段 B 样条曲线上的关节节点，$N_{j,5}(u)$ 为五次规范 B 样条基函数。

根据机器人关节空间节点求出与节点对应的控制点，一组控制点为 $d_{i-1}, d_i, d_{i+1}, d_{i+2}, d_{i+3}, d_{i+4}$。设 $P_1, P_2, P_3, \cdots, P_n$ 为利用逆运动学计算得到的关节空间节点，由轨迹

的连续性可得下列条件：

$$\begin{cases} Q_{i-1}(1) = Q_i(0) = P_i \quad (i=1,2,\cdots,n-1) \\ Q_{i-1}(1) = Q_i(0) = \dfrac{1}{120}(d_{i-1} + 26d_i + 66d_{i+1} + 26d_{i+2} + d_{i+3}) \end{cases} \quad (4\text{-}58)$$

式(4-58)中的未知数比已有的方程数多 4 个，因此要添加 4 个边界条件，采用轨迹的起始点和目标点的速度和加速度为边界条件，如下：

$$\begin{cases} \dot{Q}_1(0) = v_s, \dot{Q}_{n-1}(1) = v_e \\ \ddot{Q}_1(0) = a_s, \ddot{Q}_{n-1}(1) = a_e \end{cases} \quad (4\text{-}59)$$

式中，v_s、a_s 分别为关节起始点的速度、加速度；v_e、a_e 分别为关节目标点的速度、加速度；$\dot{Q}_i(u)$、$\ddot{Q}_i(u)$ 分别为第 i 段 B 样条轨迹关节速度、加速度。

令起始点和目标点的速度、加速度均为 0，可求得 $n+4$ 个控制点。

由 $d_{i-1}, d_i, d_{i+1}, d_{i+2}, d_{i+3}, d_{i+4}$ 控制点构造一条 B 样条曲线，如下：

$$Q_i(u) = \frac{1}{120}\begin{bmatrix} 1 & u & u^2 & u^3 & u^4 & u^5 \end{bmatrix} \begin{bmatrix} 1 & 26 & 66 & 26 & 1 & 0 \\ -5 & -5 & 0 & 50 & 5 & 0 \\ 10 & 20 & -60 & 20 & 10 & 0 \\ -10 & 20 & 0 & -20 & 10 & 0 \\ 5 & 20 & 30 & 20 & 5 & 0 \\ -1 & 5 & -10 & 10 & -5 & 1 \end{bmatrix} \begin{bmatrix} d_i \\ d_{i+1} \\ d_{i+2} \\ d_{i+3} \\ d_{i+4} \\ d_{i+5} \end{bmatrix}$$

$$(4\text{-}60)$$

式中，$Q_i(u)$ 为曲线上的点，u 为参数，$0 \leqslant u \leqslant 1$，其上点的横、纵坐标分别用 $t(u)$、$q(u)$ 表示。其中，

$$t(u) = \frac{1}{120}\begin{bmatrix} 1 & u & u^2 & u^3 & u^4 & u^5 \end{bmatrix} \begin{bmatrix} 1 & 26 & 66 & 26 & 1 & 0 \\ -5 & -5 & 0 & 50 & 5 & 0 \\ 10 & 20 & -60 & 20 & 10 & 0 \\ -10 & 20 & 0 & -20 & 10 & 0 \\ 5 & 20 & 30 & 20 & 5 & 0 \\ -1 & 5 & -10 & 10 & -5 & 1 \end{bmatrix} \begin{bmatrix} t_i \\ t_{i+1} \\ t_{i+2} \\ t_{i+3} \\ t_{i+4} \\ t_{i+5} \end{bmatrix}$$

$$(4\text{-}61)$$

$$q(u) = \frac{1}{120}\begin{bmatrix} 1 & u & u^2 & u^3 & u^4 & u^5 \end{bmatrix} \begin{bmatrix} 1 & 26 & 66 & 26 & 1 & 0 \\ -5 & -5 & 0 & 50 & 5 & 0 \\ 10 & 20 & -60 & 20 & 10 & 0 \\ -10 & 20 & 0 & -20 & 10 & 0 \\ 5 & 20 & 30 & 20 & 5 & 0 \\ -1 & 5 & -10 & 10 & -5 & 1 \end{bmatrix} \begin{bmatrix} q_i \\ q_{i+1} \\ q_{i+2} \\ q_{i+3} \\ q_{i+4} \\ q_{i+5} \end{bmatrix}$$

$$(4\text{-}62)$$

可得三次 B 样条轨迹的方程为

$$Q_i(u) = \frac{1}{6}\begin{bmatrix} 1 & u & u^2 & u^3 \end{bmatrix} \begin{bmatrix} 1 & 4 & 1 & 0 \\ -3 & 0 & 3 & 0 \\ 3 & -6 & 3 & 0 \\ -1 & 3 & -3 & 1 \end{bmatrix} \begin{bmatrix} d_{i-1} \\ d_i \\ d_{i+1} \\ d_{i+2} \end{bmatrix} \quad (4\text{-}63)$$

由式(4-63)对参数 u 进行求导,可得其一阶、二阶和三阶导数,分别用 $\omega(u)$、$\varepsilon(u)$、$\psi(u)$ 表示:

$$\dot{Q}_i(u) = \frac{\mathrm{d}Q_i(u)}{\mathrm{d}t} = \frac{q'}{t'} \quad (4\text{-}64)$$

$$\ddot{Q}_i(u) = \frac{\mathrm{d}^2 Q_i(u)}{\mathrm{d}t^2} = \frac{q''t' - t''q'}{t'^3} \quad (4\text{-}65)$$

$$\dddot{Q}_i(u) = \frac{(q'''t' - t'''q')t' - 3t''(q''t' - t''q')}{t'^5} \quad (4\text{-}66)$$

综合考虑时间和能量对轨迹的影响,采用线性加权法并加以改进,定义目标函数如下:

$$f = \omega_1 \sum h_i + \omega_2 [\alpha \sum (\dot{Q}_i \dot{T}_i)^2 h_i] \quad (4\text{-}67)$$

式中,h_i 为2个节点之间的时间间隔,$\dot{Q}_i$ 为驱动关节的速度,$\dot{T}_i$ 为驱动关节的力矩,ω_1、ω_2 为加权系数,$\omega_1 + \omega_2 = 1$。α 为转化系数,可消除时间和能量在数量级上的差别,进而实现机器人动作时间与能耗达到综合最优。

4.6 实 例

硅片传输机器人的工作过程要求其保持高的稳定性,采用同步带传动作为机器人的减速机构,导致传动系统刚度较低。在速度和加速度突变或变化很大时容易引起振动。机器人要运行平滑,应避免关节速度、加速度的突变,即对机器人运动轨迹速度、加速度曲线进行控制。

机器人关节空间轨迹规划将工作空间已规划好的路径节点,用机器人逆运动学方程转化为关节空间节点,然后利用适当的插值函数将这些节点光滑的连接。在此路径上,每个关节的运动时间是一致的。轨迹规划流程如图 4-8 所示。

采用遗传算法,利用格雷码进行编码,结合目标函数确定适应度函数为

$$F(X) = \frac{1}{f(X)} \quad (4\text{-}68)$$

在非线性约束问题的求解中,由于约束条件的存在,采用罚函数方法进行处理,对没有相应可行解的个体,施加一个罚函数以减小其适应度,将式(4-68)调整为

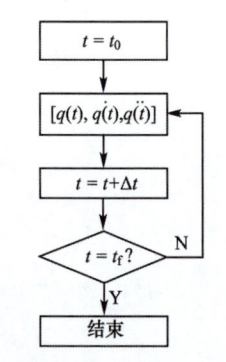

图 4-8 轨迹规划流程

$$F'(X) = \begin{cases} F(x), & \text{满足约束条件} \\ F(x) - P(X), & \text{不满足约束条件} \end{cases} \quad (4\text{-}69)$$

式中，$F(X)$ 为原适应度，$F'(X)$ 为施加了惩罚函数后适应度，$P(X)$ 为罚函数。

遗传算子 P_c 和 P_m 在遗传算法的搜索进程中随着种群的变化而不断改善。这种具有自适应性能的算法具有更好的鲁棒性且收敛速度得到改善。

将改进的遗传算法与随机方向搜索法结合，设计一种自适应混合遗传算法。计算步骤如下：

(1) 在遗传操作的结果中选择一些在可行域内的初始点 $X^{(0)}$。

(2) 利用在 $(-1,1)$ 区间产生的伪随机数 $q_i^{(j)}(i=1,2,\cdots,n;j=1,2,\cdots,N)$ 计算随机单位向量：

$$e^{(j)} = \frac{\begin{bmatrix} q_1^{(j)} & q_2^{(j)} & \cdots & q_n^{(j)} \end{bmatrix}}{\left[\sum_{n}^{i=1}(q_1^{(j)})^2\right]^{\frac{1}{2}}} \tag{4-70}$$

(3) 选取一个初始步长 α_0，计算 N 个随机点：

$$X^{(j)} = X^{(0)} + \alpha_0 e^{(j)} \tag{4-71}$$

(4) 检验 N 个随机点 $X^{(j)}(j=1,2,\cdots,N)$ 是否为可行点，取出非可行点，计算剩下的可行随机点 $X^{(j)}(j=1,2,\cdots,N_1)$（$N_1$ 为可行随机点个数）的目标函数值 $f[X^{(j)}]$，挑选目标函数值最小的点 $X^{(L)}$：

$$X^{(L)}: f(X^{(L)}) = \min\{f[X^{(j)}](j=1,2,\cdots,N_1)\} \tag{4-72}$$

(5) 比较 $X^{(L)}$ 与 $X^{(0)}$ 两点的目标函数值的大小，若 $f(X^{(L)}) < f(X^{(0)})$，则取 $X^{(L)}$ 与 $X^{(0)}$ 两点连线方向作为可行搜索方向 $S = X^{(L)} - X^{(0)}$。否则，将步长 α_0 缩小，直到出现 $f(X^{(L)}) < f(X^{(0)})$。

(6) 最后从初始值 $X^{(0)}$ 出发，以步长 α 沿着已确定的搜索方向 S 进行迭代计算，直到搜索到一个满足所有约束条件，且目标函数值不继续下降的点 X，即

$$X^{(k+1)} = X^{(k)} + \alpha_k S, \tau\alpha_k \to \alpha_{k+1} \tag{4-73}$$

式中，k 为迭代次数；α 为步长，初始步长 $\alpha = \alpha_0$；τ 为步长加速系数。

算法的运行过程是从随机生成的初始群体出发，在可行空间中搜索全局的最优解。算法流程如图 4-9 所示。

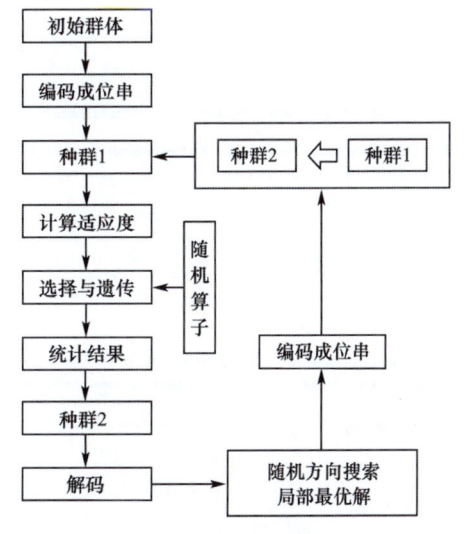

图 4-9 算法流程

以硅片传输机器人为例进行轨迹规划仿真,获得硅片传输机器人 3 个轴的优化轨迹。优化轨迹如图 4-10 所示。

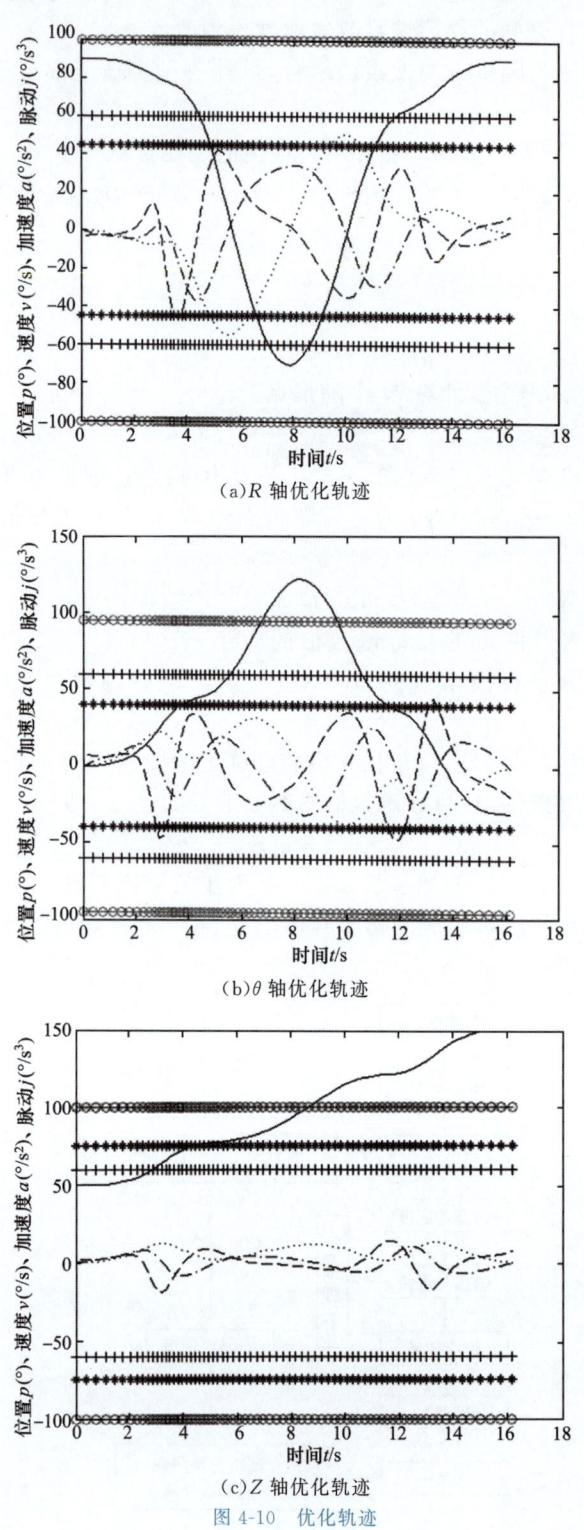

(a) R 轴优化轨迹

(b) θ 轴优化轨迹

(c) Z 轴优化轨迹

图 4-10 优化轨迹

由图 4-10 可知,得到的轨迹曲线在给定的约束范围内,各关节起始点、目标点的速度和加速度均为 0,轨迹曲线具有关节速度、加速度与脉动曲线连续的特点,具有较好的平滑性,有利于降低机器人跟踪轨迹时的关节轨迹跟踪的误差。

习 题

4-1 智能机器人轨迹规划的方法有哪些?

4-2 机器人的第 2 个关节用 5 s 由初始角度 20°移动到 80°的中间角,再用 5 s 运动到 20°的目标点。假设该关节在停止后再运动,计算关节空间五次多项式的系数,并绘关节角度、角速度和角加速度曲线。

4-3 要求用一个五次多项式来控制机器人在关节空间的运动,求五次多项式的系数,使得该机器人关节用 3 s 由起始角 0°运动到目标角 75°,机器人的起点和终点速度为 0,初始加速度和终点减加速度均为 $10°/s^2$。

4-4 要求机器人的关节用 4 s 以速度 30°/s 由起始角 30°运动到目标 120°。若使用抛物线过渡的线性运动来规划轨迹,求线性段与抛物线之间所必需的过渡时间,并绘制关节角度、速度和加速度曲线。

第 5 章 智能机器人控制技术

5.1 概述

在智能机器人技术的研究与发展中,自动控制技术起着至关重要的作用。自动控制是指在没有人工直接干预的情况下,利用外加的设备或装置(称为"控制器"或"控制装置"),由系统自身完成某个或某些参数的调节,从而使被控制的对象(简称"被控对象")完成指定规律、动作的过程。其广泛应用于工业自动化领域及日常生活。自动控制是现代社会发展中不可或缺的部分。

本章主要讨论智能机器人控制技术。多数智能机器人的结构是一个空间开链(开环)式结构,各个关节的运动是相互独立的,而为实现对机器人末端执行器的控制,通常需要多关节协调运动,因而机器人控制系统与普通的控制系统相比更复杂。智能机器人控制系统具有多变量输入、运动描述复杂、信息运算量大等特点。因此,智能机器人控制系统是一个与运动学和动力学密切相关的、强耦合且非线性的多变量控制系统。随着实际工作情况和需求的不同,其必须建立有效的动态模型并采用各种控制方式、方法,以实现更高精度、更优动态性能的复杂控制。智能机器人控制方式按作业需求可分为位置控制与力(力矩)控制。前者又分为点到点控制和连续轨迹控制 2 种方式。当机器人运动过程中存在与外界环境接触的情况时,为保证任务完成,不仅要实现末端沿指定路径运动的基本要求,还要控制作业过程中与环境之间的接触作用力,这便要求对机器人进行力(力矩)控制。该控制方式要求系统具有力反馈功能,即必须存在力(力矩)传感器,使机器人与环境相适应。

5.2 智能机器人控制理论基础

5.2.1 控制基本理论

1. 控制系统分类

控制系统按控制方式可分为开环控制系统、闭环控制系统及复合控制系统等;按元件类型可分为电气系统、液压系统、机械系统、机电系统等;按系统功能可分为位置/速度控制系统、温度控制系统、压力控制系统等;按系统性能可分为线性系统和非线性系统、定常系统和时变系统、连续系统和离散系统等。为全面反映自动控制系统的特点,常将上述分类方法中的控制系统组合应用。

自动控制理论又分为以传递函数为基础的经典控制理论和以状态空间表达式为基础的现代控制理论。经典控制理论主要用于分析和设计单输入单输出(SISO)的线性时不变系统,其对于系统的时域、频域响应分析,动态性能分析等十分便利。现代控制理论则更适用于分析各类复杂的多输入多输出(MIMO)系统,其中的状态向量能很好地反映系统的内部状态变化。现代控制理论是一种高性能、高精度,适用于多耦合系统控制问题的高效分析方法。

2. 控制系统的组成

一个完整的控制系统包含系统输入、控制器、被控对象及系统输出等。而为实现复杂且能进行自我调节,以达到系统控制目的的控制任务,系统中常加入反馈。反馈是指将系统的某部分输出量(通常为系统输出)重新返回系统前向通路的比较器,再与比较器的另一输入(通常为参考输入信号)并通过计算后,将比较结果输入系统,以影响系统后续的响应的过程。反馈的主要目的是监测和调整系统的行为,以确保系统被控对象能够按照期望的方式运行并满足特定的性能指标和要求。反馈控制即闭环控制,与之对应的是开环控制。开环控制系统如图 5-1 所示,即系统缺少反馈回路,该类控制方式中参考输入按照希望的规律恒定输入,作为被控对象的输入量,输出情况却无法反馈到参考输入,因此开环控制系统不会自动纠正系统中的误差或干扰,也不会适应系统变化。这对于控制系统的精度和稳定性有较大影响,因而开环控制常用于一些简单的控制系统,其中系统行为可预测或可容忍一定误差。

图 5-1 开环控制系统

反馈控制是控制系统最基本的控制方式。闭环控制系统如图 5-2 所示。

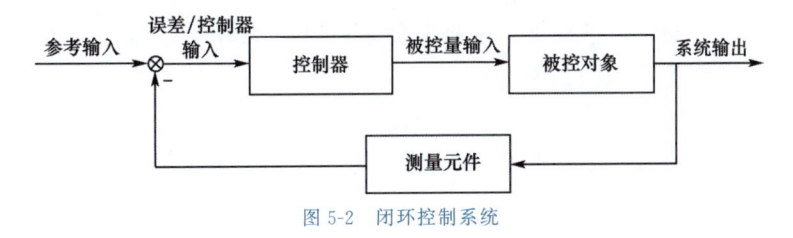

图 5-2 闭环控制系统

3. 传递函数

传递函数是指零初始条件下线性系统响应(输出)量的拉普拉斯变换(或 z 变换)与激励(输入)量的拉普拉斯变换之比。记作 $G(S) = \dfrac{Y(S)}{U(S)}$,其中 $Y(S)$、$U(S)$ 分别为输出量和输入量的拉普拉斯变换(图 5-3)。传递函数是描述线性系统动态特性的基本数学工具之一,是经典控制理论的主要研究方法,如频率响应法和根轨迹法都建立在传递函数的基础上。传递函数是研究经典控制理论的主要工具之一。

图 5-3 传递函数系统

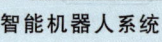

🔒 5.2.2 独立关节位置控制

通常情况下,智能机器人控制系统是一个多输入多输出(MIMO)系统。本节我们将这一系统简化,把每个关节作为一个单独的系统,即单输入单输出(SISO)系统进行讨论。任何由于其他关节运动而引起的耦合效应,我们都将其视为干扰处理。SISO 反馈系统基本结构如图 5-4 所示。

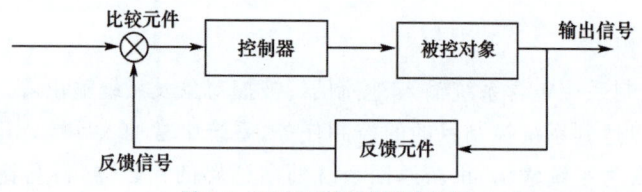

图 5-4 SISO 反馈系统基本结构

系统控制的主要目标是选择适当的补偿控制器,以实现输出紧密跟随参考输入。然而,实际系统的输入不仅包括参考信号,还可能受到干扰信号的影响。因此,控制器必须经过设计,以最大限度减少干扰对输出的影响。如果成功实现这个目标,我们可以认为该系统能有效"抵御"干扰的影响。确保跟踪参考输入信号和对抗干扰是任何控制系统的核心目标。

在机器人领域,对其运动进行适当的数学表达至关重要。这些数学表达式被称为"数学模型"(简称"模型")。控制机器人运动的计算机利用这些数学模型来预测和控制即将发生的运动过程。

在设计模型时,通常提出以下 2 个假设:

(1)机器人的各连杆是理想刚体,因而所有关节都是理想的,不存在机械摩擦和间隙等。

(2)机器人相邻的二连杆间只有一个自由度,要么是完全旋转的,要么是完全平移的。

大部分机器人通常采用每个关节配备一个直流(DC)永磁电动机作为驱动方式。这种直流永磁电动机以电枢励磁方式工作,可实现连续旋转,具有高力矩-功率比、平滑的性能曲线及较小的时间常数等。

如果直流永磁电动机定子产生一个径向磁通 Φ,并且转子中电流为 i,那么在转子上会产生一个扭矩使其旋转,扭矩 τ_m 大小为

$$\tau_m = K_1 \Phi i_a \tag{5-1}$$

电动机扭矩单位为 N·m;Φ 为磁通量,单位为 Wb;i_a 为电枢电流,单位为 A;K_1 为一个物理常量。

当导体在磁场中运动时,导体两端会产生一个电压 V_b,被称为"反电动势"。它与导体在磁场中的运动速度成正比,并倾向于阻碍导体中的电流流动。反电动势有如下表示:

$$V_b = K_2 \Phi \omega_m \tag{5-2}$$

式中,ω_m 表示转子的角速度,rad/s;K_2 为一个比例常数。

定子为永久磁铁,我们假定磁通量为定值,即转子的扭矩可通过调节电枢电流 i_a 来控制。电枢控制的直流电动机电路如图 5-5 所示,其中 $V(t)$ 为电枢电压,L 为电枢电感,R 为电枢电阻,θ_m 为转子位置,τ_l 为负载转矩。

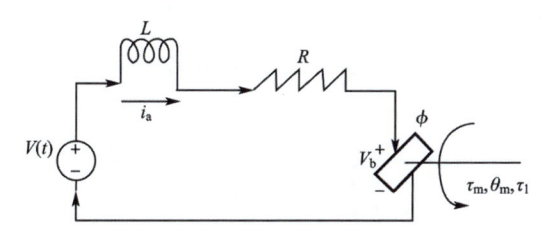

图 5-5 电枢控制的直流电动机电路

电枢电流 i_a 对应的微分方程为

$$L\frac{di_a}{dt}+Ri_a=V-V_b \tag{5-3}$$

由于磁通量为恒定值,则电动机产生扭矩又可表示为

$$\tau_m=K_1\Phi i_a=K_m i_a \tag{5-4}$$

式中,K_m 为扭矩常数,N·m/A。

另外,由式(5-2)可推导:

$$V_b=K_2\Phi\omega_m=K_b\omega_m=K_b\frac{d\theta_m}{dt} \tag{5-5}$$

式中,K_b 为反电动势常数。

若 K_m 和 K_b 使用相同的单位,则它们的值相等。

扭矩常数可用扭矩-速度曲线来确定(图 5-6)。这些曲线对应不同的电枢施加电压 V。

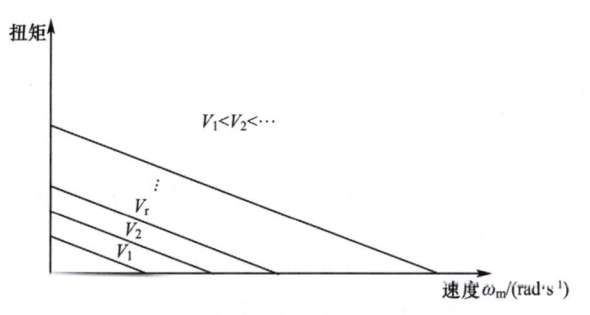

图 5-6 直流电动机扭矩-速度曲线

当电动机堵转时,额定电压 V_r 对应的被阻塞转子扭矩(堵转扭矩)表示为 τ_0。当 $V_{b=0}$,$\frac{di_a}{dt}=0$ 时,使用式(5-3)和式(5-4)可得

$$V_r=Ri_a=\frac{R\tau_0}{K_m} \tag{5-6}$$

所以,扭矩常数为

$$K_m=\frac{R\tau_0}{V_r} \tag{5-7}$$

就机械臂单个关节而言,独立关节机械传动原理如图 5-7 所示,其中,直流电动机通过传动比为 r 的齿轮系与负载,即机械臂的关节相连接,J_a、J_g 及 J_l 分别表示驱动器、齿轮和负载的转动惯量,B_m 为电动机的摩擦系数。我们设定电动机的转动惯量为 $J_m=J_a+J_g$,即驱动器与齿轮惯量的总和。

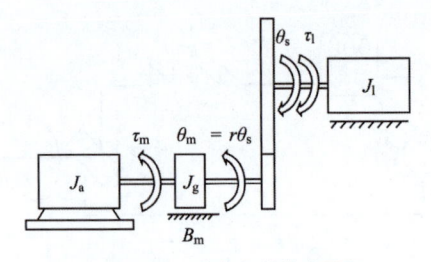

图 5-7 独立关节机械传动原理

电动机转角为 θ_m，则该系统的运动方程为

$$J_m \frac{d^2\theta_m}{dt^2} + B_m \frac{d\theta_m}{dt} = \tau_m - \frac{\tau_1}{r} = K_m i_a - \frac{\tau_1}{r} \tag{5-8}$$

将式(5-8)作拉氏变换，同时在拉氏域内联立式(5-3)及式(5-5)可得

$$(J_m s^2 + B_m s)\Theta_m(s) = K_m I_a(s) - \frac{\tau_1(s)}{r} \tag{5-9}$$

$$(Ls + R)I_a(s) = V(s) - K_b s \Theta_m(s) \tag{5-10}$$

依据式(5-9)及式(5-10)，可作永磁直流电动机的控制系统。独立关节位置控制系统如图 5-8 所示。

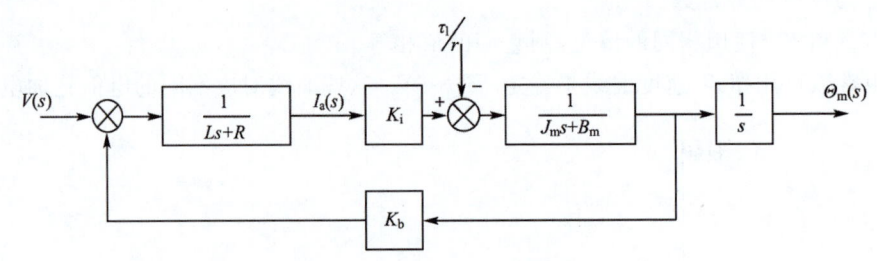

图 5-8 独立关节位置控制系统

当其中 $\tau_1 = 0$，即干扰为 0 时，可得从输入 $V(s)$ 到输出 $\Theta_m(s)$ 的传递函数为

$$\frac{\Theta_m(s)}{V(s)} = \frac{K_m}{s[(Ls+R)(J_m s + B_m) + K_b K_m]} \tag{5-11}$$

当输入 $V(s)$ 为 0 时，从负载力矩 $\tau_1(s)$ 到输出 $\Theta_m(s)$ 的传递函数为

$$\frac{\Theta_m(s)}{\tau_1(s)} = \frac{-(Ls+R)/r}{s[(Ls+R)(J_m s + B_m) + K_b K_m]} \tag{5-12}$$

从式(5-12)得到负载力矩对电动机转角的影响被减速齿轮降低 r 倍。

我们通常假定电气时间常数 L/R 比机械时间常数 J_m/B_m 小，进而可推导电动机驱动的一个简易降阶模型，即将式(5-11)和式(5-12)的分子与分母同时除以 R，并将电气时间常数 L/R 忽略为 0，则可得简化后的传递函数分别为

$$\frac{\Theta_m(s)}{V(s)} = \frac{K_m/R}{s\left(J_m s + B_m + \frac{K_b K_m}{R}\right)} \tag{5-13}$$

$$\frac{\Theta_m(s)}{\tau_1(s)} = \frac{-1/r}{s\left(J_m s + B_m + \frac{K_b K_m}{R}\right)} \tag{5-14}$$

将式(5-13)、式(5-14)再转换到时域下,根据叠加原理可得如下二阶微分方程:

$$J_m \ddot{\theta}_m(t) + \left(B_m + \frac{K_b K_m}{R}\right)\dot{\theta}_m(t) = \left(\frac{K_m}{R}\right)V(t) - \frac{\tau_1(t)}{r} \quad (5\text{-}15)$$

进而将式(5-15)简化为

$$J_m \ddot{\theta}_m(t) + B\dot{\theta}(t) = u(t) - d(t) \quad (5\text{-}16)$$

式中,$B = B_m + \frac{K_b K_m}{R}$ 为系统等效阻尼,$u = \left(\frac{K_m}{R}\right)V(t)$ 为系统控制输入,而 $d(t) = \frac{\tau_1(t)}{r}$ 为系统干扰输入。简化的独立关节控制系统如图5-9所示。

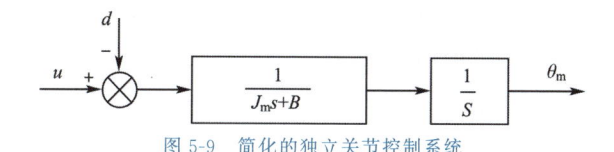

图5-9 简化的独立关节控制系统

5.2.3 补偿控制器

在系统控制过程中,我们不仅需要确保被控对象的输出能有效跟随输入信号,还需要保证系统在受到干扰作用的同时仍能维持期望的输出。干扰是不受控的外部输入,但通过选择适当的补偿控制器,我们可减少甚至消除干扰对受控对象输出的影响,从而实现预定的控制目标。在本节中,我们将讨论点到点运动控制中的补偿控制器问题,其中包括比例-微分(PD)补偿控制器和比例-积分-微分(PID)补偿控制器。在点到点运动控制中,我们的目标是追踪恒定或阶跃的输入参考命令 θ^d,使系统的输出达到预期,即 θ。

PID 由 P 比例、I 积分、D 微分 3 个部分组成,是一种基本的控制规律(控制器),同时可根据不同的需要构成比例 P 控制器、比例-积分 PI 控制器、比例-微分 PD 控制器等。它被广泛应用于各类控制系统的调节与校正中,并能实现大多数的系统稳态、动态性能需求,PID 控制器的输出 $u(t)$ 可表示为

$$u(t) = K_P\left[e(t) + \frac{1}{T_I}\int_0^t e(t)\mathrm{d}t + T_D \frac{\mathrm{d}e(t)}{\mathrm{d}t}\right] = K_P\left[e(t) + K_I\int_0^t e(t)\mathrm{d}t + K_D \frac{\mathrm{d}e(t)}{\mathrm{d}t}\right] \quad (5\text{-}17)$$

式中,K_P 为比例系数;T_I 为积分时间常数;T_D 为微分时间常数;K_I 为积分系数;K_D 为微分系数。

从表达式得出:比例控制是对"当前"误差的作用,积分控制是对"过去"所累积误差的作用,微分控制则是通过对误差变化率的引入,对"未来"误差进行作用。很明显积分时间常数越大,积分系数越小,积分作用越弱;微分时间常数越大,微分系数越大,积分作用则越强。

1. 比例-微分补偿控制器

在简化的独立关节位置控制系统中加入比例-微分控制器,得到比例-微分控制下的系统(图5-10)。

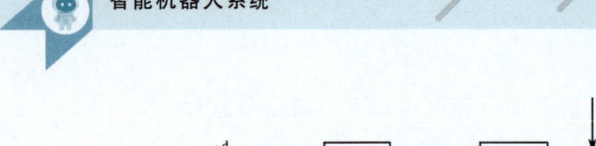

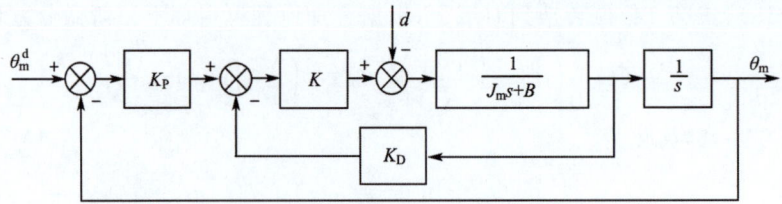

图 5-10 比例-微分控制下的系统

系统在 S 域下的输入 $U(s)$ 为

$$U(s) = K_P[\Theta^d(s) - \Theta(s)] - K_D s\Theta(s) \tag{5-18}$$

式中,K_P、K_D 分别为比例-微分控制器的比例增益和微分增益。

最终得到在 $\Theta^d(s)$ 输入下的输出 $\Theta(s)$ 为

$$\Theta(s) = \frac{K_P}{\Omega(s)}\Theta^d(s) - \frac{1}{\Omega(s)}D(s) \tag{5-19}$$

式中,$\Omega(s)$ 为闭环系统的闭环特征多项式,表示为

$$\Omega(s) = Js^2 + (B + K_D)s + K_P \tag{5-20}$$

令闭环特征多项式 $\Omega(s)$ 等于 0,得到闭环特征方程,根据特征方程的解,即闭环系统的极点就可以判断出当前系统的稳定性。

系统的跟踪误差 $E(s)$ 可表示为

$$E(s) = \Theta^d(s) - \Theta(s) = \frac{Js^2 + (B + K_D)s}{\Omega(s)}\Theta^d(s) + \frac{1}{\Omega(s)}D(s) \tag{5-21}$$

比例-微分控制器下的闭环系统为二阶系统,因此闭环特征多项式满足:

$$\Omega(s) = s^2 + (B + K_D)s/J + K_P/J = s^2 + 2\xi\omega s + \omega^2 \tag{5-22}$$

即有 $K_P = \omega^2/J$,$K_D = 2\xi\omega J - B$,在机器人应用计算中通常取阻尼系数 $\xi = 1$ 使满足临界阻尼下的响应。这产生了最快的非振动响应。在这种情况下,ω 决定响应的速度。

2. 比例-积分-微分补偿控制器

使用 PD 控制器时,为保证较小的稳态误差,通常要选取较大的增益系数。而在积分控制中,可在实现零稳态误差的同时保持较小的增益系数。基于这一思路,我们在比例-微分控制器的基础上引入积分器,得到比例-微分(PID)-积分控制器(图 5-11)。

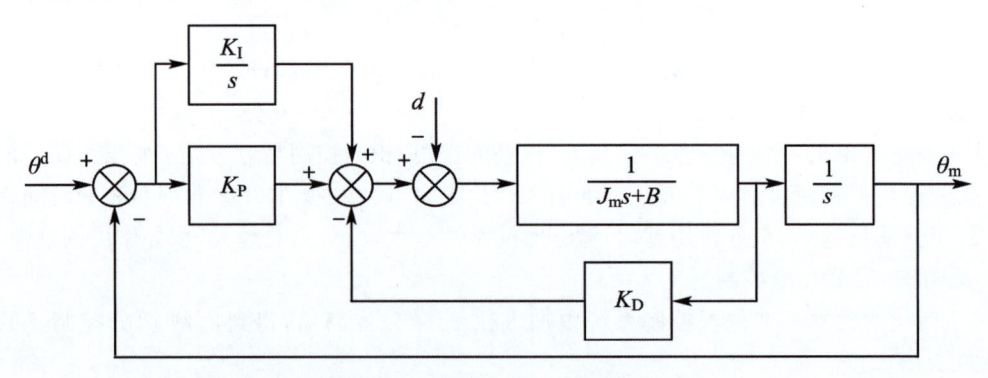

图 5-11 比例-微分(PID)-积分控制器

使用 PID 控制器时,系统在 S 下的输入 $U(s)$ 为

$$U(s) = \left(K_P + \frac{K_I}{s}\right)[\Theta^d(s) - \Theta(s)] - K_D s\Theta(s) \tag{5-23}$$

式中，K_I 为控制器的积分增益。最终得到 $\Theta^d(s)$ 输入下的输出 $\Theta(s)$ 为

$$\Theta(s) = \frac{K_P s + K_I}{\Omega(s)} \Theta^d(s) - \frac{s}{\Omega(s)} D(s) \tag{5-24}$$

式中，$\Omega(s)$ 为闭环系统的闭环特征多项式，表示为

$$\Omega(s) = J s^3 + (B + K_D) s^2 + K_P s + K_I \tag{5-25}$$

对于该特征多项式，可以使用劳斯-赫尔维茨判据对其进行稳定性判别。判别后可以得到，在增益系数为正的前提下，闭环系统稳定，并且有

$$K_I < \frac{(B + K_D) K_P}{J} \tag{5-26}$$

由于该系统为 II 型系统，因此其对于阶跃输入可实现零稳态误差精确跟踪。

5.3 智能机器人控制方法

鉴于实际控制系统中难以避免地受到干扰和噪声的影响，因此构建高性能控制系统的关键途径采用反馈控制。在图 5-10 和图 5-11 所展示的控制系统中，通过比较系统的实际行为（输出）与预期行为之间的差异，并通过纠正这些差异来达到期望的系统性能，从而形成闭环控制系统。这种方法提升了系统的控制精度及各种性能指标。因此，（负）反馈控制是实现智能机器人控制的必要前提。

5.3.1 位置控制

机械臂常用于控制其末端的位置和姿态，以实现点到点或连续路径的操作。因此，实现智能机器人的位置控制是其最基本的控制任务之一，也称为智能机器人的"位姿控制"或"轨迹控制"。然而，在某些任务中，如装配、研磨，仅进行位置控制是不够的。在这些情况下，还需要实施更复杂的复合控制，包括力控制等。

机器人的位置控制结构主要有 2 种形式，即关节空间控制结构和直角坐标空间控制结构（图 5-12）。

(a) 关节空间控制结构　　　　　　　(b) 直角坐标空间控制结构

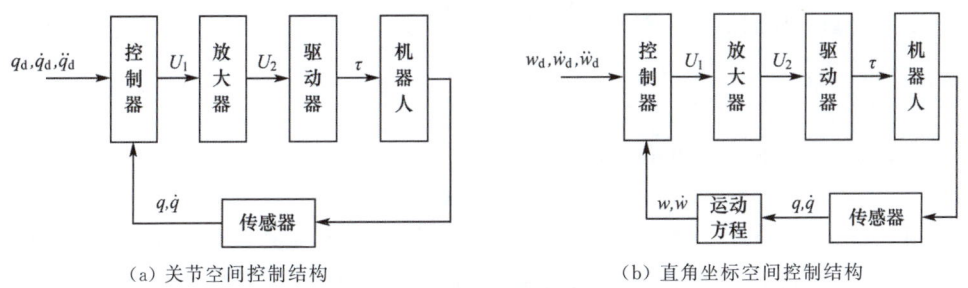

图 5-12　机器人位置控制结构

在图 5-12(a)中，$q_d = [q_{d_1}, q_{d_2}, \cdots, q_{d_n}]^T$ 是期望的关节位置矢量，$\dot{q}_d$ 和 $\ddot{q}_d$ 是期望的关节速度矢量和加速度矢量，q 和 $\dot{q}$ 是实际关节的位置矢量和速度矢量。$\tau = [\tau_1, \tau_2, \cdots, \tau_n]^T$ 是关节驱动力矩矢量，U_1 和 U_2 是相应的控制矢量。

在图 5-12(b)中，$w_d = [p_d^T, \phi_d^T]^T$ 是期望的工具位姿，其中 $p_d = [x_d, y_d, z_d]^T$ 和 ϕ_d 分别表示期望的工具位置和姿态。$\dot{w}_d = [v_d^T, \omega_d^T]^T$，其中 $v_d = [v_{d_x}, v_{d_y}, v_{d_z}]^T$ 和 $\omega_d = [\omega_{d_x}, \omega_{d_y}, \omega_{d_z}]^T$ 是期望的工具线速度和角速度，$\ddot{w}_d$ 则是期望的工具加速度，w 和 $\dot{w}$ 分别表示实际的工具位姿和工具速度。

运行中的工业机器人通常采用如图 5-12(a)所示的控制结构。这种结构旨在实现关节的位置、速度和加速度控制，使期望轨迹得以实现。然而，该控制结构存在一个主要问题：由于通常需要在笛卡儿坐标空间内控制机械臂末端的运动轨迹，因此为实现轨迹跟踪，必须经过逆运动学计算，将末端的期望轨迹转化为在关节空间中表示的期望轨迹。

5.3.2 力(力矩)控制

在前面的章节中，我们讨论了智能机器人轨迹控制问题，即如何精准地控制智能机器人的位置，以实现焊接、搬运和喷涂等任务。然而，对于其他一些任务，如切削、打磨和装配，智能机器人在执行过程中需要与外界环境进行接触。在这种情况下，仅依靠位置控制是不够的，还需要具备力(力矩)控制的能力。

力控制意味着智能机器人需要能够感知外部施加在它身上的力，并做出相应反应。为实现这一点，通常会在智能机器人的关节或末端安装力传感器，用于检测接触时的力和力矩。机器人通过这些传感器获取实时的力信息，然后利用力控制器进行计算，以修正位置控制的指令或直接控制关节力矩，从而使智能机器人能够与不确定的、复杂的环境进行交互。

这种从仅追求智能机器人轨迹控制到融合轨迹和力控制的方法，使智能机器人在操作中更加智能化。从单纯的位置控制到能感知并适应外部力的控制，推动智能机器人技术朝着更智能化的方向不断发展。

1. 对偶基

为描述智能机器人与环境之间的相互作用，令向量 $\xi = (v^T, \omega^T)^T$ 表示末端执行器的瞬时线速度和瞬时角速度，同时令向量 $F = (f^T, n^T)^T$ 表示作用在末端执行器上的瞬时力和瞬时力矩。向量 ξ 和 F 均为 6 维向量空间中的元素，分别将运动空间和力空间记为 $\mathcal{M}$ 和 $\mathcal{F}$。向量 ξ 和 F 分别被称为"运动旋量"和"力旋量"，我们将二者共同简称为"速度和力"。

如果 $\{e_1, e_2, \cdots, e_6\}$ 是向量空间 $\mathcal{M}$ 中的一个坐标基，同时 $\{f_1, f_2, \cdots, f_6\}$ 是向量空间 $\mathcal{F}$ 中的一个坐标基。我们认为这些坐标基向量是对偶的，如果它们满足：

$$e_i^T f_j = 0 \text{ 若 } i \neq j \tag{5-27}$$

$$e_i^T f_j = 1 \text{ 若 } i = j \tag{5-28}$$

运动旋量 $\xi \in \mathcal{M}$ 和力旋量 $F \in \mathcal{F}$，如果满足式(5-29)关系被认为是对偶的。

$$\xi^T F = v^T f + \omega^T n = 0 \tag{5-29}$$

使用对偶基向量的优点在于：相对于从一个对偶坐标系到另一个对偶坐标系的线性变换，乘积 $\xi^T F = 0$ 保持不变。这表示约束力在与运动约束兼容的方向不做功。因此，式(5-29)给出的对偶条件相对于 $\mathcal{M}$ 和 $\mathcal{F}$ 的对偶坐标基保持不变。这种对偶条件的保持性使其可以被用来设计参考输入，以实现运动和力控制任务。

2. 自然约束和人工约束

在实际控制中，环境约束通常分为 2 类，即自然约束和人工约束。自然约束是指在末端与外界环境接触时自动产生的约束条件。这些约束与环境的几何特性相关,而与末端的运动轨迹无关。这类约束通过对偶条件来定义。另一种类型是人工约束。这是在运动控制过程中人为设定的约束,用于描述机器人期望的运动或力控制任务的参考输入。

我们首先定义柔性坐标系 $o_c x_c y_c z_c$,也称为"约束坐标系"。在该坐标系中,容易描述将要执行的任务。为空间 M 和 F 选取 6 维空间标准正交基,分别为 $(v_x, v_y, v_z, \omega_x, \omega_y, \omega_z)$ 和 $(f_x, f_y, f_z, n_x, n_y, n_z)$,并满足:

$$\xi^T F = v_x f_x + v_y f_y + v_z f_z + \omega_x n_x + \omega_y n_y + \omega_z n_z \tag{5-30}$$

根据实际情况,结合对偶条件进行自然约束分析,并指定相应的人工约束来满足任务的力控制。

3. 阻抗控制

力控制方法通常可分为间接力控制和直接力控制 2 类。在间接力控制中,通过运动控制实现对力的控制,无须进行力反馈闭环。其中,顺应控制和阻抗控制是经典的方法。这 2 种方法将接触力转化为位置误差,然后通过运动控制来间接实现力的控制。本节将详细介绍间接力控制中的阻抗控制方法。

对偶条件 $\xi^T F = 0$ 的结论在机器人与外界环境没有任何摩擦且都在完全刚性的理想条件下成立。然而,在实际应用中,机器人与环境之间的柔性和摩擦力会改变运动约束和力约束之间的明确分隔。以擦黑板为例,因为黑板在受力时可能会在垂直方向发生变形,所以在这种情况下会存在与表面垂直的力和运动。这导致在这个方向上的 $\xi^T F$ 乘积不为 0。假设环境的刚度用 k 表示,刚度值越大,环境就越抵制末端执行器的运动。因此,引入机械阻抗的概念,来描述力和运动之间的关系。

阻抗控制是一种将力偏差信号加入位置伺服环的方法,用于实现力的控制。阻抗控制旨在调节机器人在任务空间中的动力学特性与外部施加在它上面的力之间的关系。当机械臂与环境接触时,在关节空间内的机械臂运动方程会得到改进,如下式所示:

$$M(q)\ddot{q} + C(q,\dot{q})\dot{q} + g(q) + J^T(q) F_e = u \tag{5-31}$$

考虑一个改进的逆动力学控制规律,它具有如下形式:

$$u = M(q) a_q + C(q,\dot{q})\dot{q} + g(q) + J^T(q) a_f \tag{5-32}$$

式中,a_q 和 a_f 分别为外环控制中具有加速度和力的单位的参数。

导出关节空间和任务空间之间的关系式,有

$$\ddot{x} = J(q)\ddot{q} + \dot{J}(q)\dot{q} \tag{5-33}$$

$$a_x = J(q) a_q + \dot{J}(q)\dot{q} \tag{5-34}$$

我们将式(5-32)至式(5-34)代入式(5-31)中,可得

$$\ddot{x} = a_x + W(q)(F_e - a_f) \tag{5-35}$$

式中,$W(q)$ 被称为"运动性张量"。

假设 a_x 仅是位置和速度的函数,a_f 仅是力的函数。这样可将位置控制和力控制分离,从而具有概念上的优势。然而,为简单起见,我们取 $a_f = F_e$ 来抵消环境力,从而可得

$$\ddot{x} = a_x \tag{5-36}$$

在标准的内环/外环控制结构中,可通过合理地设计 a_x 来实现阻抗控制。令 $x^d(t)$ 表示定义在任务空间坐标系中的一个参考轨迹,令 M_d、B_d、K_d 分别代表期望惯量、阻尼及刚

度的 6×6 矩阵,令 $\tilde{x}(t)=x(t)-x^d(t)$ 表示任务空间中的跟踪误差,同时设定:

$$a_x = \ddot{x}^d - M_d^{-1}(B_d\dot{\tilde{x}} + K_d\tilde{x} + F) \tag{5-37}$$

式中,F 为测量得到的环境力。

将式(5-37)代入式(5-36),可得下列闭环系统:

$$M_d\ddot{\tilde{x}} + B_d\dot{\tilde{x}} + K_d\tilde{x} = -F \tag{5-38}$$

式(5-38)使机械臂末端执行器实现期望的阻抗特性。对于 $F=0$,实现对参考轨迹 $x^d(t)$ 的跟踪;而对于环境力非 0 的情形,不一定能实现跟踪。

一个常规质量-弹簧-阻尼系统的描述方程有

$$M\ddot{x} + B\dot{x} + Kx = F \tag{5-39}$$

其形式与式(5-38)一致。像前一节将智能机器人复杂的轨迹控制简化为各独立关节下的单自由度控制问题一样,我们可采取类似方法,将涉及智能机器人末端与环境接触的力控制问题简化(等效)为质量-弹簧-阻尼系统的力控制问题。通过调节惯性、阻尼和刚度等参数,我们能调整智能机器人末端位置与接触力之间的关系,从而实现阻抗控制。

5.3.3 多变量控制

在第 5.2.2 节中,我们基于单输入单输出模型讨论了独立关节下的控制问题。在该讨论中,我们将关节间的耦合效应视为干扰,并以此简化控制模型。然而,在实际应用中,智能机器人的控制系统是一个复杂、非线性且强耦合的多变量系统。因此,简单的简化方法无法很好地反映真实控制情况。我们需要具备处理非线性和多变量情况的能力,以便更好地理解控制分析方法,设计满足需求的控制器,并实现更复杂且高性能的控制任务。

多变量系统指的是具有多个输入或输出信号的系统,又称"多输入多输出系统"。这类系统的特点是一个输入信号的变化会影响多个输出信号,并且一个输出信号往往受多个输入信号的影响。多变量系统可用下式表示:

$$Y(s) = \begin{bmatrix} Y_1(s) \\ \vdots \\ Y_p(s) \end{bmatrix} = W(s)U(s) = \begin{bmatrix} W_{11}(s) & \cdots & W_{1q}(s) \\ \vdots & \ddots & \vdots \\ W_{p1}(s) & \cdots & W_{pq}(s) \end{bmatrix} \begin{bmatrix} U_1(s) \\ \vdots \\ U_q(s) \end{bmatrix} \tag{5-40}$$

多变量系统的分析通常采用状态空间方法。其中,$W(s)$ 为多变量系统的传递函数矩阵(简称"传递矩阵"),$W_{ij}(s)$ 表示第 i 个输入量与第 j 个输出量之间的传递函数。

在处理耦合系统的控制问题时面临着复杂的挑战。在工程应用中,通常希望通过某种方式实现输出量仅受单独的输入量控制。这种控制策略被称为"解耦控制",相应的系统称为"解耦系统"。解耦系统的输入向量和输出向量具有相同的维度,其传递矩阵必然呈对角阵的形式,即

$$\begin{bmatrix} Y_1(s) \\ \vdots \\ Y_m(s) \end{bmatrix} = \begin{bmatrix} W_{11}(s) & \cdots & 0 \\ \vdots & \ddots & \vdots \\ 0 & \cdots & W_{mm}(s) \end{bmatrix} \begin{bmatrix} U_1(s) \\ \vdots \\ U_m(s) \end{bmatrix} \tag{5-41}$$

解耦系统是由 m 个独立的单输入-单输出系统组成的。

$$Y_i(s) = G_{ii}(s)U_i(s), i=1,2,\cdots,m \tag{5-42}$$

为实现每个输入量的独立控制,$G_{ii}(s)$ 不得为 0,即解耦系统的对角化传递矩阵必须是非奇异的。为达到这个目标,我们在系统中引入适当的校正环节,从而实现传递矩阵的对角

化,这一过程被称为"解耦"。通过引入适当的串联补偿器或前馈补偿器,系统可实现解耦效果。解耦的目的是将复杂的多输入多输出问题分解成单独的控制问题,从而更方便地处理多变量情况。然而,解耦只能无限降低耦合度,而不能完全消除。否则,系统之间会失去相互关联,从而丧失存在意义。

5.3.4 自适应控制

在机器人领域中,自适应控制已得到广泛应用。本节将综述机器人自适应控制的进展,以及自适应控制器的结构与状态模型。根据不同的设计方法,机器人自适应控制可分为 3 类,即模型参考自适应控制、自校正自适应控制和线性摄动自适应控制。

当操作智能机器人的工作环境和目标性质随时间变化时,控制系统会呈现未知和不确定的特性。这种未知因素和不确定性会导致控制系统性能下降,无法满足控制要求。即使采用反馈技术或开环补偿方法,也难以很好地解决这个问题。为解决这一问题,需要控制器能在运行过程中持续测量受控对象的特性,并根据当前特性信息自动实施闭环控制,以实现最优控制。自适应机器人和智能机器人都能满足这种控制要求。

自适应机器人通过自适应控制器进行操作控制。自适应控制器具备感知装置,在不完全确定和局部变化的环境中保持自适应,并通过各种搜索和自动导引方式执行各种循环操作。智能机器人配备人工智能装置,借助人工智能元件和智能系统,在运行过程中感知和识别环境、建立环境模型、自动做出决策并执行。

自适应控制器的结构主要有 2 种,即模型参考自适应控制器和自校正自适应控制器(图 5-13)。现有的机器人自适应控制系统,基本上是基于这些设计方法建立的。

(a) 模型参考自适应控制器

(b) 自校正自适应控制器

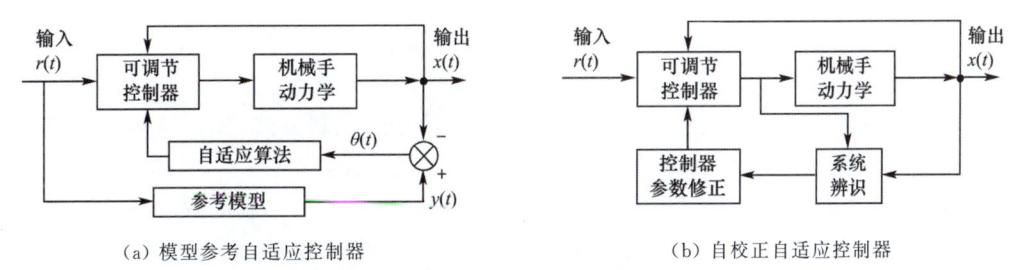

图 5-13 机器人自适应控制器的结构

以上述两种基本结构为基础又提出了许多有关操作机器人自适应控制器的设计方法,并取得相应进展,在此不做详细介绍。

5.3.5 智能控制

在智能机器人控制系统中,传统控制技术(如开环控制、反馈控制等)和现代控制技术(如柔顺控制、变结构控制、自适应控制等)都得到不同程度的应用。同时,智能控制技术(如递阶控制、模糊控制、神经控制等)也常在智能机器人上得到开发。本节将重点探讨智能控制的发展历程、基本概念及特点,同时将简要介绍典型的智能控制技术。

1. 智能控制的发展

自动控制科学技术为现代社会的发展做出重要贡献,为人类社会带来巨大进步。然而,现代科技的快速发展和重大进步对控制和系统科学提出更新、更高的要求,智能机器人控制

系统也面临着新的机遇和挑战。经过应用与验证，传统的控制理论在实际中遇到了各种困难。因此长期以来，智能机器人控制一直在寻求新的发展方向，其中之一是将智能机器人控制系统智能化，以应对所面临的问题。

传统控制理论在实际应用中面临的困难包括：

（1）传统控制系统的设计和分析基于已知的系统精确/确定数学模型进行，但实际系统常具有复杂性、非线性、时变性、不确定性及不完全性等，因此难以获得准确的数学模型。

（2）在研究此类系统时，通常需要提出和遵循严格的假设，然而这些假设在实际应用中往往与真实情况不一致。

（3）对于一些复杂且包含不确定性的对象，很难甚至无法进行建模。

（4）为提升性能，传统控制系统可能会变得复杂，从而增加设备的初始投资和维护成本，降低系统的可靠性。

因此，智能控制作为自动化领域的重要分支，正在以前所未有的速度发展。随着人工智能、机器学习和深度学习等技术的不断成熟和应用，智能控制系统的应用范围不断扩大。智能控制不仅局限于传统的 PID 控制，而是涵盖了更复杂和灵活的控制算法和方法，如模糊控制、神经网络控制、遗传算法优化、强化学习等。这些新技术使控制系统能更好地适应不确定性、非线性和复杂性，并具备更高的自适应性、智能化和自主性。智能控制的发展正推动着各行各业的自动化和智能化进程，应用于工业生产、智能交通、智能家居、医疗健康等领域，为人类社会带来巨大的便利和效益。未来，随着技术的不断创新和发展，智能控制将继续发挥重要作用，推动时代的发展。

2. 智能控制的定义和特点

虽然至今尚无一个公认的智能控制定义，但为规范概念和技术、推动智能控制的新性能和方法的发展，并比较不同研究者和国家的成果，对智能控制需要有一些共同的理解。

智能控制是指驱动智能机器在无须人为干预的情况下，自主实现其预定目标的过程。或者说，智能控制是一类能使智能机器自动实现其目标的控制方式，无须依赖人的持续干预。它是具有智能信息处理、智能信息反馈和智能控制决策的控制方式，是控制理论发展的高级阶段，主要用来解决那些用传统方法难以解决的复杂系统的控制问题。智能控制研究对象的主要特点是具有不确定性的数学模型、高度的非线性和复杂的任务要求。

智能控制的 2 个主要特点表现：

（1）同时具有以知识表示的非数学广义模型和以数学模型表示的混合控制过程，也往往是那些含有复杂性、不完全性、模糊性或不确定性，以及不存在已知算法的非数字过程，并以知识进行推理，以启发来引导求解过程。因此，在研究和设计智能控制系统时，重点不再仅放在数学公式的表示、计算和处理上，而是关注任务和世界模型，对符号和环境的识别，以及知识库和推理机的设计与开发。换句话说，智能控制系统的设计侧重于智能机模型，而非传统的控制器。

（2）智能控制的核心在于高层控制，即组织级控制。在高层控制中，主要任务是对实际环境或过程进行组织，涉及决策和规划，以实现广义问题的求解。为完成这些任务，需要采用符号信息处理、启发式程序设计、知识表示、自动推理和决策等相关技术。这些问题的解决过程在某种程度上类似人脑的思维过程，具有不同程度的智能。当然，低层控制级也是智能控制系统的重要组成部分。

3. 典型的智能控制——模糊逻辑控制

模糊逻辑控制是一类基于模糊数学的基本思想和理论发展的控制方法,由扎德(Zadeh)于 1965 年提出。在传统的 PID 控制中,被控量误差通过精确的比例-积分-微分运算得到精确的控制动作,作用于被控对象,达到被控量追踪其参考值的效果。而在模糊逻辑控制中,从被控量误差得到控制动作不再依赖具体的数学表达式,而是通过人类模糊的经验获得。以控制电动机转速为例:如果电动机转速稍大于参考速度,那么我们就稍微降低电动机速度,而如果电动机转速远大于目标转速,那么我们就显著降低电动机速度。这里的"稍大于""稍微减小""远大于和显著减小"都是比较抽象模糊的概念,而不是像比例-积分-微分运算那样精确。

模糊逻辑控制是一种以模糊集合论、模糊语言变量和模糊逻辑推理为基础的计算机数字控制技术,实质上属于非线性控制,属于智能控制的范畴。模糊控制器主要包含模糊化、规则库、模糊推理及解模糊 4 个部分。控制规则是模糊控制器的核心,它的正确与否直接影响控制器的性能,其数目也是一个衡量控制器性能的重要因素。控制规则的取得方式包括专家的经验知识、操作员的操作模式及学习等。

作为智能控制的一种,模糊逻辑控制不依赖被控对象的精确数学模型,利用控制法则来描述系统变量间的关系,大大简化系统设计的复杂性,特别适用于非线性、时变、滞后、模型不完全系统的控制。同时,模糊控制器是一种语言控制器,便于操作人员使用自然语言进行人机对话,也是一种容易控制、掌握的较理想的非线性控制器,具有较好的鲁棒性、适应性及容错性。但其设计尚缺乏系统性,难以建立一套系统的模糊控制理论,以解决模糊控制的机理、稳定性分析、系统化设计方法等问题。如何获得模糊规则及隶属函数(系统的设计办法),完全凭经验进行。信息简单的模糊处理将导致系统的控制精度降低和动态品质变差。若要提高精度,就必然要增加量化级数,导致规则搜索范围扩大,降低决策速度,甚至不能进行实时控制。同时,如何保证模糊控制系统的稳定性(如何解决模糊控制中关于稳定性和鲁棒性问题)还有待解决。

5.4 智能机器人行为控制方法

自智能机器人诞生以来,人类在不断探索与智能机器人便捷自然的交流方式,不管是计算机时代的键盘,还是智能手机时代的触屏,都是顺应时代发展方向的创新探索。而随着技术的不断发展,智能机器人也逐渐衍生更简易直接的交互控制方法,其行为控制可根据控制输入的不同方式进行分类,常见的包括语音控制、手势控制和遥操作。

5.4.1 语音控制

语音是人类社会进行信息交换的最便捷的方式之一。近年来,随着计算机、通信技术的发展,语音识别技术的重要性得以体现。智能机器人系统综合运用了多种人工智能技术,让智能机器人能听懂人的语言,从而实现智能机器人便捷控制。其中,语音识别是一门研究如何采用数字信号处理技术自动提取及决定语音信号中最基本、最有意义的信息的、新兴的边

缘学科,也是语音控制中涉及的关键技术。目前,常用的语音识别算法有基于模板匹配的动态时间规整法(DTW)、基于统计模型的隐马尔柯夫模型法(HMM)及基于神经网络的识别法等。20世纪80年代后,语音识别技术的研究更活跃,研究的重点也由小词汇量、特定人非连续的语音识别逐渐转向大词汇量、非特定人连续语音识别。在研究思路上发生重大变化,即由传统的基于标准模板匹配的技术思路开始转向基于统计模型、特别是HMM的技术思路。但是,在识别词汇量不大的应用场合中,基于模板匹配的语音识别技术不仅简单方便、实时性好,而且有着较高的识别率,所以仍有着广泛的应用前景。同时大规模预训练语言模型(Large Language Model,LLM)的出现更推动了智能机器人语音控制的发展。这些模型通过在大规模文本数据上进行预训练,可学习丰富的语言知识和语义表示,然后,这些模型可通过微调来适应特定的任务或领域。

语音控制通过语音识别技术将用户的语音指令转换为机器可理解的指令,然后智能机器人系统解释和执行这些指令。其可使用户在不需要直接接触智能机器人的情况下进行控制,提高了控制的灵活性和便利性。此外,语音控制可让智能机器人更易于使用,特别是对于一些特殊场景,如残障人士或操作人员需要保持双手自由的情况下。但语音控制的准确性会受到环境噪声、语音质量及语音识别技术的限制。此外,某些环境下语音控制可能不适用,如嘈杂的环境或需要保持安静的环境。

语音控制适用于需要用户保持双手自由或需要远程控制的场景,如智能家居、智能助理、移动机器人等。

5.4.2 手势控制

随着智能机器人控制技术和图像识别技术的快速发展,智能机器人的手势控制受到人们的广泛关注,它涉及机器人的感知、理解和响应人类的手势信号,即智能机器人与人类之间的交互。手势控制通过摄像头或深度传感器捕捉用户的手势或姿势,然后使用手势识别算法并将手势转换为控制命令,最终在智能机器人系统中解释和执行这些指令。由于手势控制具有并行性,在短时间内,一个手势能传达较多的信息和语义,通过手势来控制智能机器人,不仅可提高交互的效率,同时能减轻繁杂的通信设备,具有重要的现实意义。在智能机器人手势识别与控制领域,主要技术包括四大部分。首先是手势识别,智能机器人通过视觉、触摸、声音等传感器感知人类的手势信号并将这些信号转换为能够识别处理的数字信息。其次是手势控制,智能机器人根据手势信号进行相应的处理操作,如移动、抓取、旋转等。再次是为智能机器人感知,智能机器人通过各种传感器感知周围环境,以便更好地理解人类的指令。最后是机器人决策,智能机器人根据感知到的信息进行决策,以便选择最佳的操作方案。以上技术中核心便是手势识别技术,其为智能机器人与人类交互提供接口。目前,手势识别算法通常采用计算机视觉技术进行分析和处理,例如,基于特征点匹配、模板匹配、深度学习等方法。

手势控制无须用户携带额外的设备,直接利用人体动作来进行控制,操作简便且自然。此外,手势控制可使智能机器人系统更智能化,因为它可根据用户的手势行为进行实时调整和反馈。但它的准确性和稳定性受摄像头或传感器的性能及手势识别算法的限制。手势图像的平移、旋转、缩放等特点也会影响手势关键信息的提取和识别。在某些情况下,特别是在复杂背景或者光线不足的环境下,手势识别可能会受影响。

手势控制适用于需要直观、自然的控制方式的场景，如虚拟现实、交互式展示、机器人协作等。

5.4.3 遥操作

遥操作是通过遥控器或其他遥控设备发送控制信号到智能机器人系统，然后智能机器人系统解释和执行这些指令。遥控器通常包含按钮、摇杆或其他控制手柄。用户通过操作这些控制装置来控制智能机器人的运动和动作。遥控器通常采用无线电、红外线、蓝牙等无线通信技术与智能机器人系统进行通信，智能机器人系统需要具备相应的接收设备和解析算法来接收并解析遥控信号。

实现遥操作智能机器人控制的基本步骤包括：

1. 选择合适的遥控设备

首先需要选择一种适合的遥控设备，如遥控器、游戏手柄、手机 App 等。遥控设备应具备足够的控制按钮或者手柄，以便用户控制智能机器人的运动。

2. 设计遥控界面

根据遥控设备的类型和功能，设计相应的遥控界面。界面应包括控制智能机器人运动的各种按钮、摇杆或触摸屏等，以便用户操作。

3. 建立通信连接

在机器人和遥控设备之间建立通信连接，以便实现控制指令的传输。通常使用无线通信技术，如蓝牙、Wi-Fi、红外线等，来实现智能机器人和遥控设备之间的数据传输。

4. 编写控制程序

在智能机器人端编写控制程序，用于接收来自遥控设备的控制指令，并根据指令控制智能机器人的运动。控制程序通常包括数据接收模块、指令解析模块和运动控制模块等功能模块。

5. 实现远程控制

在遥控设备端实现远程控制功能，通过遥控界面向智能机器人发送控制指令。用户可通过操作遥控设备上的控制按钮、摇杆或触摸屏等控制元素，实现对智能机器人运动的控制。

6. 反馈与监控

在遥控界面或机器人端实现反馈与监控功能，用于显示智能机器人当前的状态信息（如位置、姿态、电量等）及控制指令的执行情况，这可帮助用户及时了解智能机器人的运动状态，并进行必要调整和控制。

遥操作可提供实时的、精确的控制，用户可直接操作智能机器人的运动和动作。遥操作适用于需要实时、精确控制的场景，如无人机操控、遥控车辆、远程操控智能机器人等。但它通常需要用户处于一个相对固定的位置且需要手持遥控器进行操作。这在某些情况下可能不太方便。此外，遥控器的操作需要一定的技能和训练。对一些不熟悉操作的用户，可能需要一定的学习过程。

5.5 实　　例

智能机器人的控制系统是整个智能机器人系统的关键组成部分，也是实现智能机器人高度自主性的核心技术。本节接下来将以下肢外骨骼机器人控制及智能机器人抓取与放置控制为例，详细介绍智能机器人控制的实际应用。

1. 下肢外骨骼机器人控制实例

柔性下肢外骨骼机器人的关节控制策略如图 5-14 所示，包括变刚度主动元控制系统、主动控制系统、被动控制系统和步态识别系统 4 个部分。

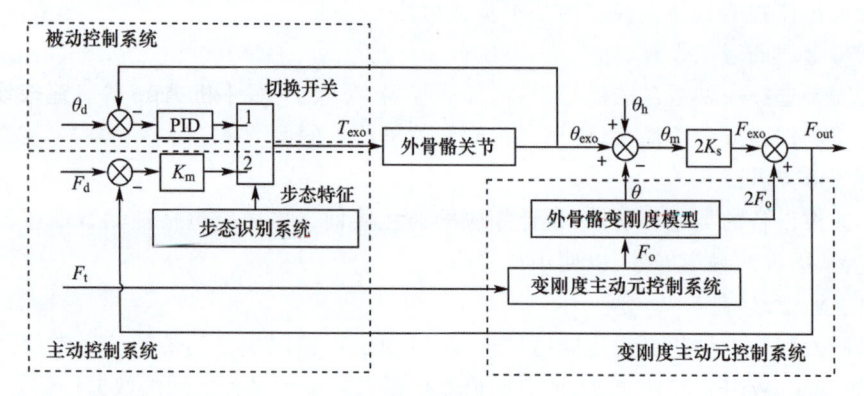

图 5-14　柔性下肢外骨骼机器人的关节控制策略

首先借助于形状记忆合金（SMA）动力学模型、本构模型等，构建变刚度主动元控制系统（图 5-15）。由于变刚度主动元体积太小，无法安装力传感器，所以变刚度主动元的控制系统采用半闭环控制策略，由热电偶检测 SMA 丝的温度形成反馈，以计算输出力 F_o，通过 F_o 与 F_d 的差值来实现变刚度主动元控制。为简化控制系统，使用 Bang-Bang 控制器作为核心控制器，其是一种简单但有效的控制器，通常用于二元控制系统中，基于当前状态和设定点之间的误差来控制输出。

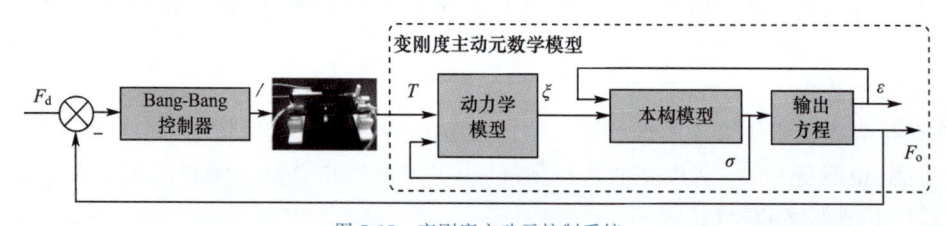

图 5-15　变刚度主动元控制系统

阻抗控制的本质是研究力与位移的关系，因此该系统基于阻抗控制建立了外骨骼机器人膝关节的主动控制策略（图 5-16）。通过比较人机实时接触力 F_1（输出）与目标人机接触力 F_t（输入），得到接触力差值 F_e 以控制柔性下肢外骨骼机器人的膝关节。由图 5-16 可知，关节主动控制系统包括变刚度主动元控制系统等，并且将外力闭环控制和内部速度环控制简化为比例（P）控制器，比例增益分别为 C_t 和 C_ω。

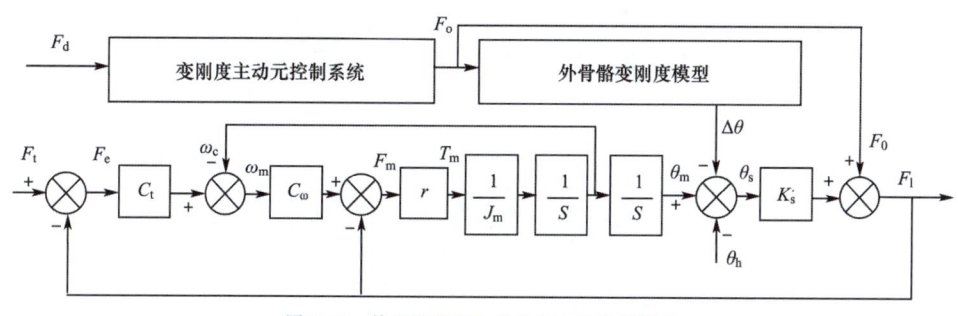

图 5-16　外骨骼机器人膝关节主动控制策略

为分析膝关节刚度变化对系统主动控制影响,采用状态空间法分析了系统在相同控制参数下,刚度变化时系统频域的变化情况。状态空间表达式的通式为

$$\dot{x}=Ax+Bu \\ y=Cx+Du \tag{5-43}$$

根据不同的刚度得出不同的矩阵,绘制 Bode 图来分析刚度变化对系统主动控制的影响。

柔性下肢外骨骼机器人被动控制策略如图 5-17 所示,主要用于穿戴者处于固定步态运动的情况。

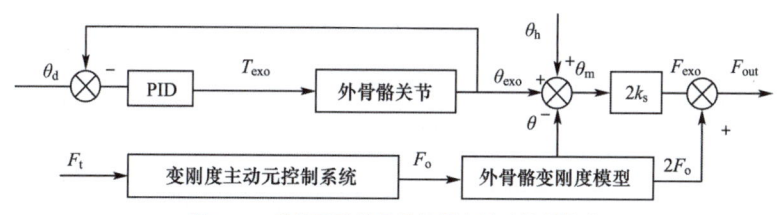

图 5-17　柔性下肢外骨骼机器人被动控制策略

被动控制模式是以位置 θ 为目标的控制策略。在运动开始前需要存储所需要的运动轨迹数据,在运动开始后,柔性下肢外骨骼机器人按照缓存区的轨迹数据运动。预设轨迹 θ_d 能够根据不同使用者设定,电动机编码器用来检测外骨骼机器人的各关节轨迹 θ_{exo},作为控制系统的反馈。系统通过调整变刚度主动元控制系统目标输出力,调整关节整体等效刚度,并采用传统的 PID 作为被动控制状态控制器。

2. 智能机器人抓取与放置控制实例

应用于工业领域的大部分智能机器人执行的主要操作为抓取与放置,其中通过视觉传感器赋予智能机器人场景理解能力对增强智能机器人抓取能力具有重要意义。但当目标物体形状不规则且摆放较杂乱时,仅通过二维识别算法获取物体的位置信息与旋转角度不满足复杂抓取要求。传统的三维识别算法运行速度较慢、不满足实时性要求,并且在背景复杂存在遮挡的场景下表现不佳。

智能机器人在执行放置操作时,仅采用位置控制容易与放置平台发生刚性接触,易损伤抓取物体。通过力觉传感器引导放置,可很好地保护易破损物体。采取基于导纳原理的柔顺控制方法进行放置作业,通过力觉传感器对接触力进行感知,之后对智能机器人末端位置进行调整,避免损伤物体。本节将对基于导纳原理的柔顺控制方法进行详细介绍。

导纳控制首先使用力传感器来测量智能机器人与环境接触时的实际接触力与期待力的

差，之后将测量所得的力偏差转换至对应的位置修正量，最后结合末端执行装置的实际位置、位置修正量及期望位置进行控制使得智能机器人准确到达期望位置。导纳控制结构如图 5-18 所示。

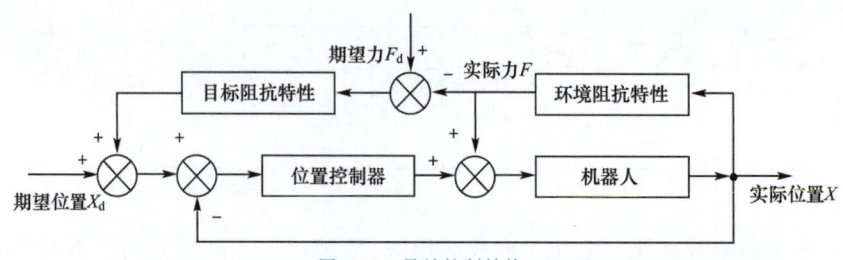

图 5-18 导纳控制结构

导纳控制系统的输入是实际接触力与期望力的偏差，输出为智能机器人期待的位置或速度。其优势是误差主要来自智能机器人的位置控制精度，目前，这点实现难度不高，通过导纳控制可有效降低实验误差且导纳控制方法的计算量较少、鲁棒性较强。

采用 UR3e 机器人内集成的六维力传感器对实际接触力进行检测，进而调整机器人末端的位置，实现导纳控制，完成放置动作（图 5-19）。

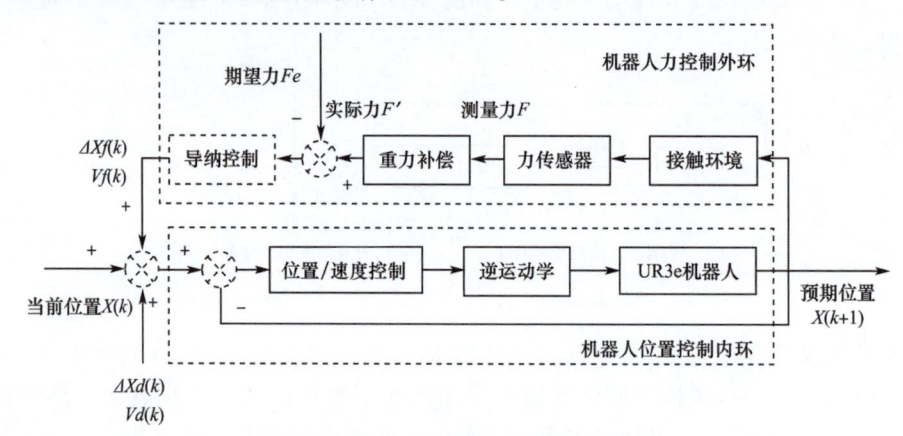

图 5-19 基于导纳原理的柔顺控制方法结构

设抓取物体重量为 m，将其位移记作 x，期望位移记作 x_0，同时抓取物体受到外界接触力 F_{ext}，控制抓取物体的力为 F，控制目的是将质量块受到的外力转化为相对期望位移的偏差位移。首先由加速度公式可得

$$m\ddot{x} = F + F_{ext} \tag{5-44}$$

将抓取物体位移与期待位移的差值记作 e，有

$$e = x - x_0 \tag{5-45}$$

$$M_d \ddot{e} + D_d \dot{e} + K_d e = F_{ext} \tag{5-46}$$

在控制系统中加入 PD 位置控制器，有

$$F = K_p(x_d - x) - K_d \dot{x} \tag{5-47}$$

将式(5-47) F 表达式代入式(5-44)可得

$$m\ddot{x} + K_d \dot{x} + K_p(x - x_d) = F_{ext} \tag{5-48}$$

最终得到导纳控制器的原理为

$$M_d(\ddot{x}_d - \ddot{x}_0) + D_d(\dot{x}_d - \dot{x}_0) + K_d(x_d - x_0) = F_{ext} \tag{5-49}$$

机器人受到外力后,为产生柔顺作用,轨迹会发生变化,导纳控制器会生成期望轨迹 x_d。通过闭环控制结构,机械臂由当前位置 x 运动到 x_d,外力与位移保持式(5-44)所示的关系,而不仅是控制对象跟踪期望位移。导纳控制方程表征导纳控制特性,其中 M_d 为惯性特性,D_d 为阻尼特性,K_d 为刚度特性,对这 3 个参数进行调整、机器人的动力学特性也会随之改变。

进行柔顺控制需要保证六维力传感器的准确度,因此对六维力传感器进行校正并对机械臂末端工具进行重力补偿,以尽可能地降低测量误差。最终测试的实验结果显示采用导纳控制—柔顺控制模型可较好地实现柔顺控制。

习 题

5-1 智能机器人控制系统具有哪些特点?

5-2 列举出几种智能机器人控制方式和控制方法,并说明各个控制方法的特点和不足。

5-3 简述 PID 控制器中 3 个基本调节参数对控制系统性能的影响。

5-4 已知控制系统框图如图 5-20 所示,请设计合理的串联校正(PID 控制器)装置,使系统满足下列性能指标:

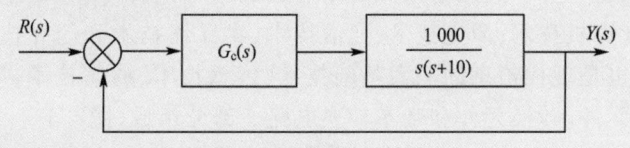

图 5-20 控制系统框图

(1)闭环系统对斜坡输入的稳态误差为零;
(2)开环剪切频率 $\omega_c = 2$ rad/s,相角裕度为 $\gamma = 45°$。

5-5 考虑耦合非线性系统

$$\ddot{y}_1 + 3y_1 y_2 + y_2^2 = u_1 + y_2 u_2$$

$$\ddot{y}_2 + \cos y_1 \dot{y}_2 + 3(y_1 - y_2) = u_2 - 3(\cos y_1)^2 y_2 u_1$$

式中 u_1 和 u_2 为输入,而 y_1 和 y_2 为输出。
(1)状态空间的维度是多少?
(2)选择状态变量,并将系统写成状态空间中的一组一阶微分方程。

5-6 什么是智能控制?它有什么特点?为什么要采用智能控制?

第6章 智能机器人感觉与多信息融合

6.1 概　述

传感器可按一定规律将被测的非电学量(如力、温度、光、声、化学成分等)转换为电学量(如电压、电流等)或电路的通断,从而便于测量、传输、处理或自动控制。在国际上,传感技术与计算机技术、激光技术、通信技术、半导体技术和超导技术并称为"六大核心技术",传感技术也是现代信息的三大基础技术(传感技术、通信技术、计算机技术)之一。传感器一般由敏感元件、转换元件和基本转换电路3部分组成(图6-1)。

被测量 → 敏感元件 → 转换元件 → 基本转换电路 → 电学量

图 6-1　传感器的组成

智能机器人传感器是能感知周围环境和状态的关键部件,是智能机器人高效实现各类任务的基础。目前,使用较多的智能机器人传感器有视觉传感器、力觉传感器、惯性传感器等,不同类型的传感器可用于不同应用场景。传感器工作在智能机器人系统的感知层,具有感知环境的能力,可对未知环境做出相应反应。如何选取合适的传感器,通过多信息融合技术将多个传感器获取的环境信息加以融合处理,控制智能机器人进行智能作业,是提高智能机器人在非结构化环境中工作能力的重要研究内容。

6.2 智能机器人感觉

6.2.1 传感器的分类

(1)根据传感器检测原理的不同,传感器可分为电阻传感器、电容传感器、电感传感器、光电传感器、压电传感器、热电传感器、磁电传感器、磁阻传感器、霍尔传感器等。

(2) 根据传感器检测物理量的不同,传感器可分为视觉传感器、嗅觉传感器、听觉传感器、触觉传感器、接近觉传感器、力觉传感器、滑觉传感器、压觉传感器等。

(3) 根据传感器检测对象的不同,传感器可分为内部传感器和外部传感器。内部传感器是用来确定智能机器人在其自身坐标系内的位置姿态的,检测量多为位移、速度、加速度和应力等。外部传感器用于智能机器人本身相对于其周围环境的定位,检测量多为距离、外力、声音、图像等。

(4) 根据传感器输出信号性质的不同,传感器可分为模拟型传感器、数字型传感器和开关型传感器等。

6.2.2 传感器的参数

在选择智能机器人传感器时,关键是要明确智能机器人需要传感器完成什么任务,达到怎样的性能要求。以下是一些常用传感器的参数:

1. 灵敏度

灵敏度指传感器的输出信号达到稳态时,输出信号变化与传感器输入信号变化的比值。假如传感器的输出信号 y 和输入信号 x 呈线性关系,则其灵敏度 S 可表示为

$$S = \Delta y / \Delta x \tag{6-1}$$

量纲表征物理量的性质(类别),传感器的输出和输入一般具有不同的量纲。当输出和输入具有相同的量纲时,传感器的灵敏度也可称为"放大倍数"。通常情况下,我们希望传感器的灵敏度越高越好。这样可以提高传感器的输出信号精确度和线性程度。然而,过高的灵敏度有时会影响传感器输出的稳定性,因此在选择传感器时需要考虑智能机器人的要求,并选择适当的传感器灵敏度。

2. 噪声

噪声指在测量过程中由于各种因素引起的不确定性和干扰信号,为传感器输出的随机误差信号。噪声越小,传感器输出信号的稳定性和精确性越高。不同类型的传感器具有不同的噪声特性和抗噪能力,因此我们要选择满足需求的传感器来有效减少噪声。传感器的噪声影响只能降低,不能消除,可以通过优化设计、信号处理、定期对传感器进行校准和矫正来提高测量的准确性并降低噪声的影响。

3. 线性度

线性度是衡量传感器的输出信号和输入信号之比值是否保持为常数的指标。假设传感器的输出信号为 y,输入信号为 x,则 y 和 x 之间的关系为

$$y = bx \tag{6-2}$$

如果 b 是一个常数或接近一个常数,则传感器的线性度较高。如果 b 是一个变化较大的量,则传感器的线性度较差。智能机器人控制系统应采用线性度较高的传感器。实际上,只有在少数理想情况下,传感器的输出信号和输入信号才呈直线关系。大多数情况下,b 都是 x 的函数,即

$$b = f(x) = a_0 + a_1 x + a_2 x^2 + \cdots + a_n x^n \tag{6-3}$$

如果传感器的输入信号变化不大,且 $a_1, a_2 \cdots$ 都远小于 a_0,那么可取 $b = a_0$,近似地把传感器的输出信号和输入信号的关系视为线性关系。传感器的线性化是指通过不同方法将传感器的输出信号与输入信号之间的关系近似为线性函数。这个过程在智能机器人控制方案中起简化工作的重要作用。

4. 精度

精度指传感器测量结果与实际值之间的差值。高精度意味着传感器测量结果与实际值之间的差异较小，因此精度越高，测量结果越准确。如果传感器的精度无法满足智能机器人工作的精度要求，智能机器人将无法完成预定的任务。然而，如果对于传感器的精度要求过高，将会增加制造难度并且成本也会增加。因此，在选择传感器时需要权衡精度和成本，满足工作要求的同时可以控制制造成本。

5. 分辨力

分辨力指传感器在整个测量范围内所能辨别的被测量的最小变化量，或者所能辨别的不同被测量的个数。较小的分辨力表示传感器能够分辨更小的变化或更多的被测量值。无论是示教再现型智能机器人还是可编程型智能机器人，对传感器的分辨力都有一定的要求。传感器的分辨力直接影响智能机器人的可控性和控制质量。

6. 响应时间

响应时间指从传感器接收到输入信号到输出反应的时间间隔，它是一个衡量传感器对外界变化的动态特性指标。在传感器中，输出信号在达到某一稳定值之前时，会发生短时间的振荡。振荡非常容易影响智能机器人的精度，导致输出信号不准确。因此，传感器的响应时间越短，它越能更快地检测到环境变化，并及时做出响应。传感器的响应时间受到多种因素的影响，包括传感器的工作原理、信号传输的速度、信号处理的时间等。

7. 动态范围

动态范围指传感器能够测量的最小和最大输入值之间的范围。较宽的动态范围表示传感器可测量广泛的输入范围，适用于不同范围的应用。

8. 重复性

重复性指传感器在相同条件下反复测量同一物理量时的一致性。测试结果的变化越小，传感器的测量误差就越小，重复性越好。对多数传感器来说，重复性指标都优于精度指标。传感器的重复性是一个非常重要的指标，特别是对示教再现型智能机器人等对重复性要求较高的应用。

6.2.3 传感器的选择

1. 精度和可靠性

根据传感器的常用性能指标可知，选择一款合适的传感器至关重要，它直接关系到智能机器人能否独立完成人类指定的作业及完成情况的好坏。其中，高精度、高可靠性是关键指标。假如传感器的精度较低，便会直接影响智能机器人的作业质量；传感器的可靠性不高，也会使智能机器人运转出现故障。例如，视觉引导抓取微小零件时，需要选取合适精度的传感器，若精度不足，会导致智能机器人夹取失败。当在一些特殊环境中，比如在水下环境中的水下智能机器人，就常需要选用MEMS加速度计和陀螺仪等元件。这类传感器不但占用空间小，对一些弱模拟信号的变换更及时。

2. 抗干扰能力

由于智能机器人的传感器常作业在未知环境中，所以要选择具有抗电磁、抗振荡、抗油污等特点，且可在恶劣环境下工作的传感器。智能机器人传感器通常安装在智能机器人手臂上或手腕上，随着智能机器人一起运动。它也是智能机器人手臂驱动器负载的一部分。

对于此类智能机器人,要防止传感器影响智能机器人运动功能,造成部件的损坏。

3. 输出形式

常见的传感器信号输出形式包括机械运动、电压、电流、压力、液面高度等。而在现代智能机器人控制中,通常更倾向选择传感器输出为计算机可直接接收的数字式电压信号。由于计算机是目前主要用于控制智能机器人的设备,因此数字式电压信号更易于与计算机进行数据交互和处理。这种输出形式的传感器通常会将传感器测量的物理量转换为数字信号输出。例如,使用模数转换器将模拟信号转换为数字信号。在选择传感器时,特别是在智能机器人控制领域中,应优先选择输出为计算机可接收的数字式信号的传感器。这有助于简化数据处理过程并提高系统的可靠性。但具体选择哪种输出形式的传感器,还需要根据应用需求和系统的性能要求进行综合考虑。

6.3 智能机器人内部传感器

测量可变位置和角度,即测量智能机器人关节线位移和角位移的传感器,是智能机器人位置反馈控制中必不可少的元件。常用的有位置传感器、惯性传感器等。

6.3.1 位置传感器

电位计是一种最常见的位置传感器,也称"电位差计"或"分压计"。它由一个线绕电阻和一个滑动触点组成。其中滑动触点通过机械装置受被检测量的控制。当被检测的位置量发生变化时,滑动触点也发生位移,改变了滑动触点与电位计各端之间的电阻值和输出电压值。根据这种输出电压值的变化,可检测智能机器人各关节的位置和位移量。

线性电位计如图 6-2 所示。在载有物体的工作台下面有同电阻接触的触头,当工作台左右移动时,触头也随之移动,从而移与电阻接触的位置。检测的是以电阻中心为基准位置的移动距离。

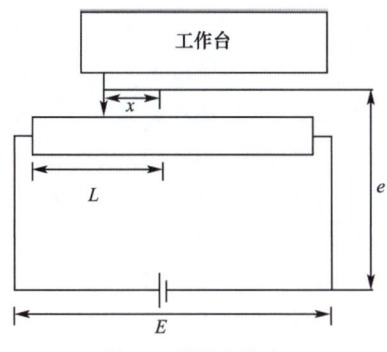

图 6-2 线性电位计

假定输入电压为 E,最大移动距离(从电阻中心到一端的长度)为 L,在可动触头从中心向左端只移动 x 的状态,假定电阻右侧的输出电压为 e。若在图 6-2 所示电路中流过一定的电流,由于电压与电阻的长度成正比例(全部电压按电阻长度进行分压),所以左、右的电压比等于电阻长度比,即

$$(E-e)/e = (L-x)/(L+x) \tag{6-4}$$

因此，可得移动距离 x 为

$$x = \frac{L(2e-E)}{E} \tag{6-5}$$

6.3.2 惯性传感器

惯性测量单元（Inertial Measurement Unit，IMU）是一种最常见的惯性传感器，用于测量和传递物体 3 个基本线性运动（加速度）和 3 个基本角运动（角速度）的信息（图 6-3）。其基于惯性导航原理，利用惯性传感器测量载体在惯性参考系下的角速度和加速度，并对时间进行积分运算，得到速度和相对位置，且把它变换到导航坐标系。这样结合最初的位置信息可得载体现在所处的位置。IMU 通常包括一组加速度计和陀螺仪，以提供更全面的姿态和运动信息。它们大多被安装在机器人的主体或核心结构内，这有助于测量整个机器人的旋转运动。IMU 广泛应用于测量和跟踪物体运动，为导航、姿态控制和运动追踪提供数据支持，常结合其他传感器，为智能机器人实时提供姿态和运动信息，帮助其确认物体位置、方向和速度。

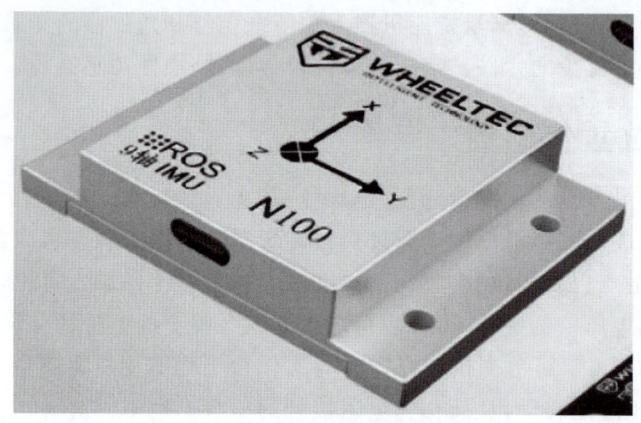

图 6-3 IMU 外形

加速度计是一种测量物体加速度的传感器，通常使用 MEMS 技术制造。它的工作原理基于牛顿第二定律，通常能测量沿 X、Y、Z 轴的加速度，提供物体在三维空间中的加速度信息，在智能机器人姿态控制、轨迹追踪、移动导航等方面得到广泛应用。

加速度计内部包含微小的质量块，通常挂在弹簧上。加速度计内部通常包含一对电容，其中一个与悬挂的质量块相关联。质量块的运动导致电容之间的距离发生变化，从而引起电容值的变化。在静止状态下，质量块受到重力作用，与弹簧的拉力平衡，加速度计的输出为 0。当传感器受到加速度时，质量块会受到惯性力的作用，其相对于传感器发生位移。通过测量电容的变化，加速度计产生电信号。该信号表示物体的加速度。电子电路对这个信号进行放大和处理，最终输出一个与物体加速度成正比的电压或数字信号。

陀螺仪，又称"角速度传感器"，是一种测量物体旋转速度的传感器，其工作原理基于角动量守恒定律。当一个物体旋转时，角动量会保持不变。陀螺仪具有定轴性和进动性，具体如下：

1. 定轴性

当陀螺转子以高速旋转时，在没有任何外力矩作用在陀螺仪上时，陀螺仪的自转轴在惯性空间中的指向保持稳定,即指向一个固定的方向,同时反抗任何改变转子轴向的力量。

2. 进动性

当转子高速旋转时,若外力矩作用于外环轴,陀螺仪将绕内环轴转动。若外力矩作用于内环轴,陀螺仪将绕外环轴转动,其转动角速度方向与外力矩作用方向互相垂直。

6.4 智能机器人外部传感器

6.4.1 距离传感器

激光雷达是一种利用激光技术测量距离和提取环境特征的距离传感器(图 6-4)。如今,有很多激光雷达通过多传感器阵列与扫描装置的组成设计实现一维和二维的扫描测量。在智能机器人领域,激光雷达通常被用来完成构建地图、定位和检测障碍物等任务。它可通过测量激光光束的反射时间和光强,得出传感器到测量点的距离和反射点的位置信息。而从多个位置获取这些信息,可构建一个智能机器人所处环境的 3D 点云地图,在实时的探索和

图 6-4 激光雷达

移动中,可通过与预先构建的环境地图匹配,定位智能机器人的位置并计算出最优路径。

激光雷达的工作原理可划分为测距原理(图 6-5)和扫描原理,三角测距由激光器、图像传感器和凸透镜等组成,已知激光器和图像传感器的距离与夹角 θ,可得所测距离。但是被测物体距离越远,折射在图像传感器上的点位越接近。因此,三角测距无法保证高精度。相对而言,飞行时间(Time of Flight,TOF)测距利用时间飞行原理,激光器发射一个激光脉冲,通过计时器进行测距,精度较高。

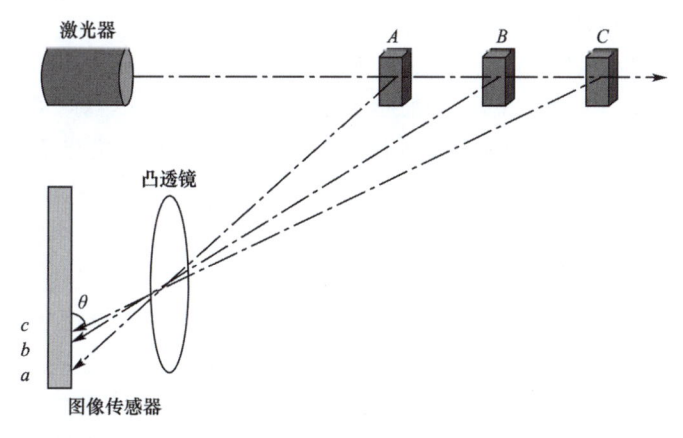

图 6-5 测距原理

绝大部分的超声波测距设备采用时间飞行的原理进行测距,发射器发射高频超声波脉冲,它在介质中行进一段距离,遇到障碍物后返回,并由接收器接受,发射器和物体之间的距离等于超声波行进距离的一半,行进距离则等于传输时间与声速的乘积。超声波系统结构坚固、简

单、能耗低,很适合智能机器人导航和测距。但声波的波长、传输介质中的温度和传播速度不一致,会导致其分辨率受到限制。此外,最大距离的限制来自介质对超声波能量的吸收。

6.4.2 视觉传感器

对于智能机器人而言,视觉传感器相当于给智能机器人装上了一双"眼睛",其主要可分为3种相机:单目相机、双目相机和RGB-D(红绿蓝-深度)相机。顾名思义,单目相机只有一个镜头,双目相机有两个镜头,RGB-D相机包含发光设备,也可称为"结构光相机"(图6-6)。

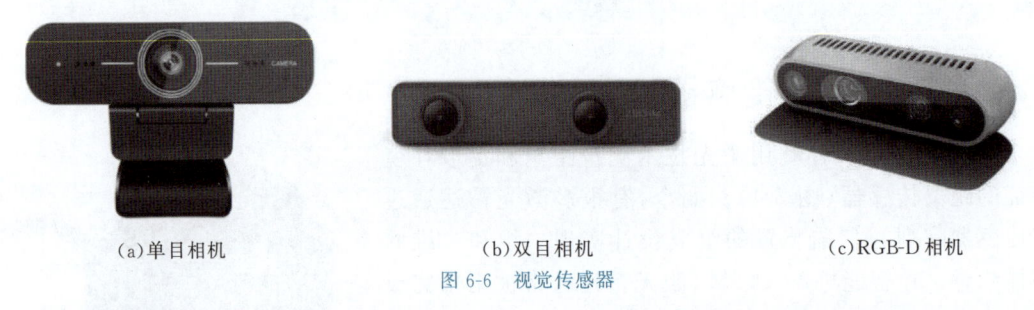

(a) 单目相机　　　　　　　(b) 双目相机　　　　　　　(c) RGB-D 相机

图 6-6　视觉传感器

1. 单目相机

单目相机包含镜头、成像芯片(CMOS/CCD)。电荷耦合器件(CCD)摄像机同太阳能电池阵列一样基于光电效应原理。当快门开启时,光线会照射CCD芯片表面,此时光子被半导体材料中的光敏区域激发,释放半导体中的电子。这些释放的电子会被存储在各个像素的电容器中。每个像素的电荷会被定期转移至一个特定的电容器中。该容器的电压会被拾取并放大。相比于其他图像传技术,CCD具有高灵敏度和低噪声的优势。现在,互补金属氧化物半导体(CMOS)技术也在图像传感领域崭露头角。CMOS技术与集成电路使用相同的生产工艺,使信号调理和计算功能直接融入感测元器件成为一种可能。

小孔成像原理与凸透镜原理共同组成单目相机成像原理。小孔成像时,仅有部分光线通过小孔,成像光线明显变暗。凸透镜可将光线聚焦到成像芯片上,成像时光线更亮。

2. 双目相机与结构光相机

2D相机可以获取到物体的 x、y 坐标,深度相机也可称为"3D相机",它和普通2D相机的区别在于可获取物体到相机的距离信息,加上2D平面的 x、y 坐标,可计算每个点的三维坐标,为三维重建、目标定位、导航避障等提供参数坐标。双目相机与结构光相机都可称为"深度相机",双目相机可看作2个单目相机的结合。通过左右2个摄像头同时拍摄同一物体,利用算法计算2个摄像头之间的视差,从而得出物体的深度信息。双目相机不主动对外发射光源,因此也被称为"被动深度相机"。

由于双目视觉相机对环境光照强度较敏感,且较依赖图像本身特征,因此在光照不足、缺乏纹理等情况下很难提取有效特征。基于结构光法的深度相机是为了解决上述双目匹配算法的复杂度和鲁棒性问题而提出的。结构光法不依赖于物体本身的颜色和纹理,采用主动投影已知图案的方法来实现快速鲁棒的匹配特征点,能达到比较高的精度,大大扩展了适用范围。结构光相机工作原理可简单概括为以下5个步骤:

(1) 发射结构光:相机会利用一个特定的光源(通常为一个红外激光器)发射一束具有特定结构的光。这种光可以是一系列的光线、特定的编码等。

(2)投影结构光：发射的结构光会经过透镜系统，被聚焦后投射到被拍摄物体表面。结构光以不同的角度照射物体，形成一系列光的交叠和变形。

(3)三角测量：物体表面上的物点被照射后，会根据物体到相机的距离和物体在相机图像上的位置，形成一组亮暗的图案或位移。相机会记录这一组图案或位移的信息。

(4)深度计算：通过对记录的图案或位移信息进行分析，相机可计算拍摄物体表面各个点到相机的距离信息。这些距离信息即物体的深度。

(5)彩色图像获取：除获取深度信息外，结构光相机通常能同时获取彩色图像。通过结合深度信息和彩色图像，可得到具有深度信息的彩色图像。

整个过程中，相机会通过计算机进行数据处理和分析，以获取物体表面的深度信息。结构光相机广泛应用于三维重建、增强现实、人脸识别等领域。

6.4.3 触觉传感器

智能机器人的触觉是模仿人的触觉功能。通过触觉传感器与被识别物体相接触或相互作用来实现智能机器人对物体表面特征和物理性能的感知。

1. 接触觉传感器

智能机器人的接触觉传感器是一种用于测量智能机器人是否接触物体的传感器。接触觉传感器输出的信号通常为0或1，最常见的形式是各种微动开关。常用的微动开关部件通常包括滑片、弹簧、基板和引线，具有性能可靠、成本低、易于使用等特点。简单的接触觉传感器以阵列形式排列组合形成触觉传感器，并按特定的次序向控制器发送接触和形状信息。

当接触觉传感器与物体接触时，不同的接触传感器根据物体形状和尺寸，将会以不同的次序对接触做出不同反应，从而提供物体信息。控制器可利用这些信息来确定物体的大小和形状。接触觉传感器可提供的物体信息如图6-7所示。每个物体都会使触觉传感器产生一组唯一的特征信号，以确定接触的物体。

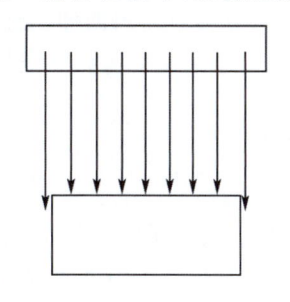

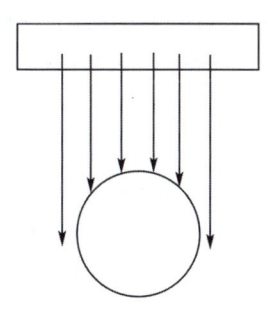

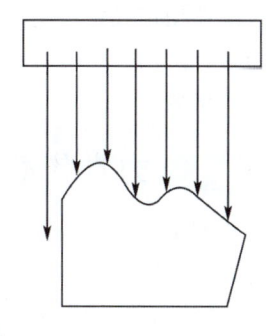

图 6-7 接触觉传感器可提供的物体信息

类皮肤触觉传感器如图6-8所示。它能模仿人类皮肤中的感受器，实现对物体压力、质地、形状和温度等的感知。该技术基于电容原理和机器学习算法实现，通过感应器将物体接触表面时产生的压力转化为电压信号，然后将信号传入计算机进行处理和分析。类皮肤触觉传感器通过与智能机器人相结合，可实现更细腻的互动和更精准的控制。

2. 压觉传感器

压觉是指用手指把持物体时的感觉，智能机器人的压觉传感器装在末端夹爪，可在把持

物体时检测物体同夹爪间产生的压力及其分布情况。检测时需要使用压电元件，压觉传感器可通过计测压电元件产生的电流来完成对压力的测量。压电元件也可用于测量力和加速度，通过在电路中加入电阻和电容构成的积分电路，可求得速度输出，再经过进一步的积分求解，可获得移动距离。由此可知，压电元件具有广泛的应用价值，可被构建成振动传感器等形式。

将多个压电元件和弹簧排列成平面状，用于识别各处的压力大小和分布。虽然不是智能机器人形状，但把手放在一种压电元件的感压导电橡胶板上，通过识别手的形状来鉴别人的系统，也是一种压觉传感器的应用。合理应用压觉传感器，智能机器人既能抓取书本等坚硬物体，也能抓取豆腐等易碎物体（图6-9）。

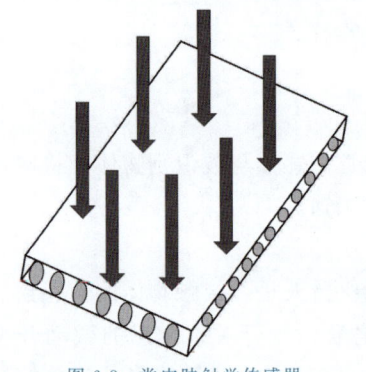

图6-8　类皮肤触觉传感器

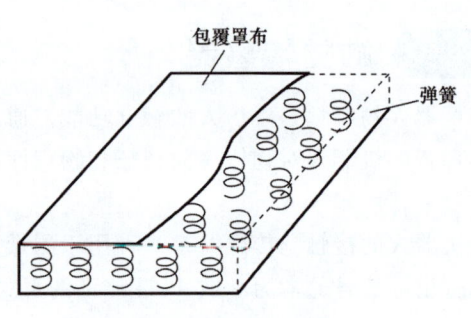

图6-9　压觉传感器

3. 滑觉传感器

当智能机器人需要抓取未知属性的物体时，它应能确定最适宜的握力范围。当握力不够时，需要检测被握物体的滑动情况并利用这个检测信号，在不损坏物体的前提下，考虑最可靠的夹持方法。为实现这个功能，需要用到滑觉传感器。当物体在传感器表面上滑动时，会与滚轮或环相接触，将滑动变为转动。磁力式滑觉传感器利用磁铁和静止的磁头，或光感器来检测滚轮的滚动，从而检测物体的滑动。这种传感器只能检测一个方向的滑动。球式滑觉传感器用球代替滚轮，可检测所有方向的滑动。振动式滑觉传感器表面伸出触针，在物体滚动时，触针会与物体接触而产生振动。这个振动由压敏传感器或磁场线圈结构的微小位移计来检测。

6.4.4　力觉传感器

感知并度量力的传感器可称为力觉传感器，如测量物体的重力、握手时的握力、零件装配时的预紧力、机床加工时的切削力等。通常将智能机器人的力觉传感器分为关节力觉传感器、腕力觉传感器、指力觉传感器3类。

关节力觉传感器是安装在关节驱动器上，用于测量驱动器本身的输出力和力矩的力觉传感器。它被广泛应用于控制中的力反馈，以实现更精确和稳定的智能机器人运动。

腕力觉传感器是一种安装在智能机器人末端执行器和最后一个关节之间的力觉传感器，能直接检测末端执行器上的力和力矩。

指力觉传感器是一种安装在智能机器人手指关节上的传感器，主要用于测量智能机器人夹持物体时的受力情况。

按照测量维度，力觉传感器可分为一至六维力传感器。其中一、三、六维力传感器最常见。体重秤是标准的一维力传感器。六维力传感器广泛应用于智能机器人领域（图 6-10），在指定的直角坐标系内，六维力传感器能同时测量沿 3 个坐标轴方向的力，绕 3 个坐标轴方向的力矩。

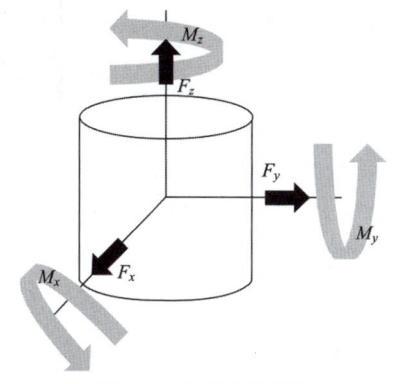

图 6-10　六维力传感器

六维力传感器的工作原理主要基于应变测量技术和压阻传感技术，其工作原理概况如下：

1. 应变测量

六维力传感器通常使用应变片或弹性元件来测量受力和力矩的作用。这些应变片或弹性元件会在受到外力时发生形变，通过测量形变量的变化来推断施加在传感器上的力和力矩及其大小。

2. 压阻传感

六维力传感器还可采用压阻传感技术，将敏感材料或结构应用于传感器内部。当受到外力时，这些材料或结构的电阻值会变化。通过测量电阻值的变化，可判断受力和力矩的大小。

日本大和制衡株式会社林纯一在 JPL 实验室研制的腕力传感器基础上提出的一种改进结构是整体轮辐式结构，传感器在十字架与轮缘接触处有一个柔性环节，因而可简化弹性体的受力模型（在受力分析时可简化为悬臂梁）。在 4 根交叉梁上总共贴有 32 个应变片，组成 8 路全桥输出，六维力的获得必须通过解耦计算。六维腕力传感器一般将十字交叉主杆与手臂的连接件设计成弹性变形限幅的形式，可有效起到过载保护作用，是一种较实用的结构（图 6-11）。

美国斯坦福大学研制的六维腕力传感器如图 6-12 所示。它由一只直径为 75 mm 的铝管铣削而成，具有 8 个窄长的弹性梁，每一个梁的颈部开有小槽以使颈部只传递力，转矩作用很小。由于智能机器人各个杆件通过关节连接，运动时各杆件相互联动，所以单个杆件的受力情况很复杂。但我们可根据刚体力学的原理，刚体上任何一点的力都可表示为笛卡儿坐标系 3 个坐标轴的分力和绕 3 个轴的分力矩，只要测出这 3 个分力和分力矩，就能计算该点的合力。

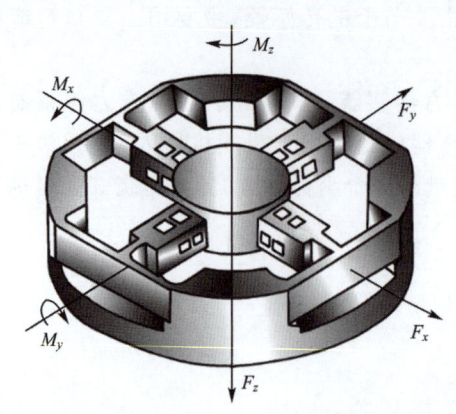

图 6-11 林纯一六维腕力传感器 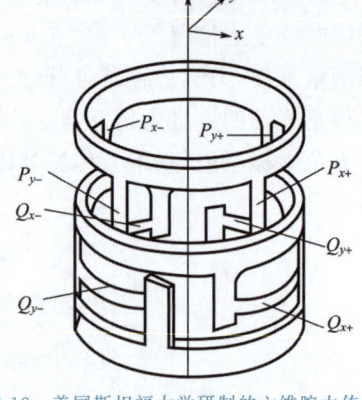　　　图 6-12 美国斯坦福大学研制的六维腕力传感器

梁的另一头两侧贴有应变片,若应变片的阻值分别为 R_1、R_2,美国斯坦福大学研制的六维腕力传感器应变片的连接方式如图 6-13 所示。R_1、R_2 所受应变方向相反,输出比使用单个应变片时大 1 倍。用 P_{x+}、P_{x-}、P_{y+}、P_{y-}、Q_{x+}、Q_{x-}、Q_{y+}、Q_{y-} 代表 8 根应变梁的变形信号输出,则六维力/力矩可表示为

$$F_x = k_1(P_{y+} + P_{y-}) \tag{6-6}$$

$$F_y = k_2(P_{x+} + P_{x-}) \tag{6-7}$$

$$F_z = k_3(Q_{x+} + Q_{x-} + Q_{y+} + Q_{y-}) \tag{6-8}$$

$$M_x = k_4(Q_{y+} - Q_{y-}) \tag{6-9}$$

$$M_y = k_5(Q_{x+} - Q_{x-}) \tag{6-10}$$

$$M_z = k_6(P_{x+} - P_{x-} + P_{y-} - P_{y+}) \tag{6-11}$$

式中,k_1、k_2、k_3、k_4、k_5、k_6 为结构系数,由实验测定。

ATI 六维力/力矩传感器由美国著名的工业自动化 ATI 公司制造,采用硅应变原理,将机械负载转化为力和力矩值,并能测量六维数值(图 6-14)。传感器使用灵敏度高的硅应变片,极大地提高信噪比,传感器内部结构稳固,稳定性极高。相较于单轴压力传感器,使用六轴力/力矩传感器可感受六维的力和力矩而非一维的数据。它可测量在任何方向、任何轴上的应用负载,并能承受额定测量范围在 5～20 倍的负载。同时 ATI 六维力/力矩传感器有多种型号和通信方式可选,量程范围从最小 12 N 和 50 N·mm 到 88 000 N 和 6 000 N·m,可满足不同智能机器人型号及应用的选择。

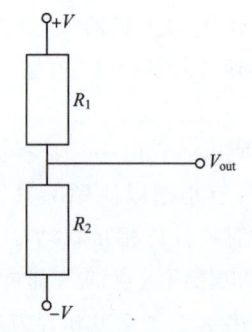

图 6-13 美国斯坦福大学研制的六维腕力传感器应变片的连接方式 　　　图 6-14 ATI 六维力/力矩传感器

瑞士 BOTA SYSTEMS 公司推出一款 FC-MegaONE 六维力矩传感器/多维力传感器（图 6-15）。该传感器采用特殊的铝合金制造，具有长期稳定的应变、高屈服强度并进行热处理，为长期可靠的测量提供优异的蠕变特性。FC-MegaONE 六维力矩传感器/多维力传感器是由力和扭矩在结构体上产生的应变，然后使用电阻、电容和光学等检测技术进行测量。与其他技术相比，电阻式应变计可在钢、铝或钛等金属上有效应用，在智能机器人领域应用广泛。

图 6-15　FC-MegaONE 六维力矩传感器/多维力传感器

6.5　多传感器信息融合

6.5.1　多传感器信息融合介绍

多传感器信息融合是利用计算机技术将来自多传感器或多源的信息和数据，在一定的准则下加以自动分析和综合，以完成所需要的决策和估计而进行的信息处理过程。多传感器信息融合可提高系统的稳定性、准确性和鲁棒性，扩展智能机器人的感知和决策能力。在多传感器信息融合过程中，首先需要对传感器数据进行预处理，如噪声滤波、数据校准和标定。接下来，使用合适的融合算法将传感器数据进行融合。最后，通过融合后的信息来进行目标识别、位置定位、环境感知等。

多传感器信息融合广泛应用于智能机器人导航与定位、环境感知与理解、目标跟踪与识别等领域。通过综合利用多种传感器的信息，智能机器人可获取更全面、准确的环境信息，并做出更合理和可靠的决策与行动。为使信息分类与多传感器信息融合的形式相对应，将传感器信息分为 2 个部分：互补信息和改进信息。

1. 互补信息

在一个多传感器系统中，每个传感器提供的环境特征都是相互独立的，即它们从不同的侧面感知环境。将这些特征综合起来可构建一个更完整的环境描述。这些信息被称为"互补信息"。通过互补信息的融合，可减少由于缺乏某些环境特征而导致的对环境理解的不明确性，提高系统对环境描述的完整性和准确性，并增强系统正确决策的能力。然而，互补信息来自不同的传感器，它们在测量精度、测量范围、输出形式等方面存在较大差异。因此，在进行信息融合前，将不同传感器的信息抽象为相同的表达形式是非常重要的。这样可以消除传感器之间的差异，使得它们能够以统一的方式进行融合，从而获得可靠、全面的环境信息。

2. 改进信息

在多传感器系统中，多个独立的传感器会提供关于环境信息中同一特征的多个信息或单个传感器在一段时间内对同一信息进行多次测量。由于系统必须根据这些信息形成统一描述，因此需要对这些信息进行改进，用来提高系统的容错率和可靠性。改进信息的融合可减少或消除测量噪声等引起的不确定性，提高系统精度。由于环境的不确定性，感知环境中同一特征的2个传感器也可能得到彼此差别很大甚至矛盾的信息，改进信息的融合必须解决传感器间的冲突，所以同一特征信息在改进信息融合前要进行传感数据的一致性检验。

6.5.2 多传感器信息融合结构

多传感器系统是信息融合的物质基础。传感器信息是信息融合的加工对象。多传感器信息融合如图 6-16 所示。多传感器组经过数据预处理，再进行下一步特征提取与融合计算，从而输出融合结果。其中，特征提取与融合计算是多传感器融合的关键，关系着多传感器系统的性能优劣。

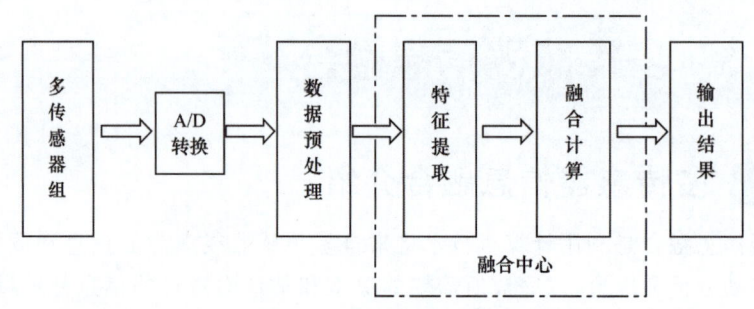

图 6-16 多传感器信息融合

多个传感器输出的信息，经过数据关联、数据融合得出最终的融合结果。这个过程可称为"初级融合"（图 6-17）。这种融合的优点是能保证大量的原始数据，提供许多细致信息。但它所要处理的传感器数据量太大、处理代价高、处理时间长、实时性差。传感器原始信息的不确定性、不完全性和不稳定性对最终结果影响较大。

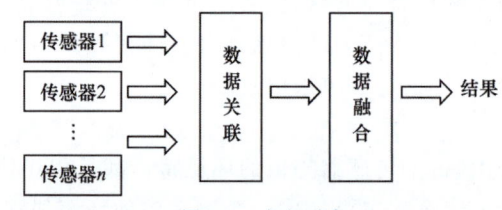

图 6-17 初级融合

次级融合是指多个传感器输出的信息先进行特征提取，再进行特征关联、特征融合，得到结果（图 6-18）。每种传感器提供从观测数据中提取的有代表性的特征。这些特征融合成单一的特征向量，然后处理得到融合结果。这种方法处理快捷、省时，但由于数据的丢失，其准确性下降。

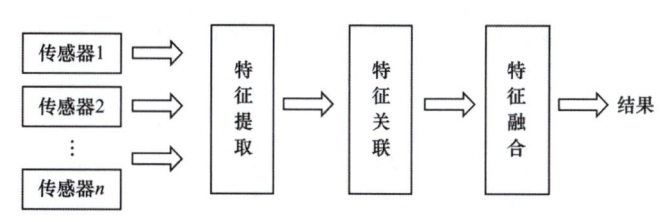

图 6-18　次级融合

高级融合则相当于多个初级融合的升级,将多个初级融合的结果进行高级融合计算,得到结果(图 6-19)。高级融合的结果优于初级融合。

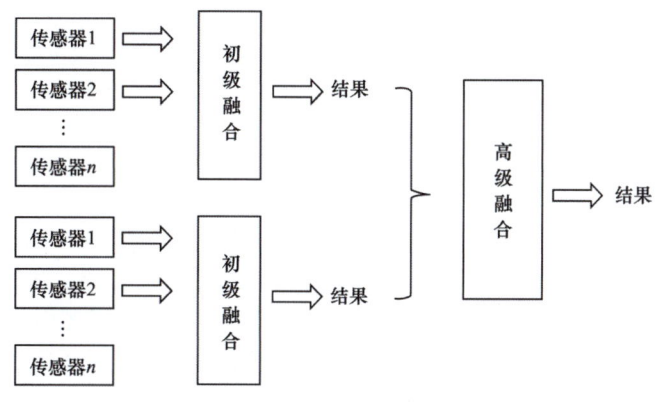

图 6-19　高级融合

6.5.3　多传感器信息融合的方法

1. 常用方法

多传感器信息融合要靠各种具体的融合方法来实现。在一个多传感器系统中,各种信息融合方法将对系统所获得的各类信息进行一系列的处理,多传感器信息融合方法可分为 2 大类:概率贝叶斯估计与人工智能方法。

概率贝叶斯估计可细化为以下几种方法:

(1)加权平均法

加权平均法是一种最简单的实时处理信息的融合方法,适用于传感器输出具有线性关系的情况。在这种方法中,每个传感器的输出被赋予权重,然后将各个传感器的输出按权重进行加权平均,得到结果。加权平均法的目标是将不同传感器的信息综合起来,以获得更准确和可靠的结果。权重反映传感器的可信度和准确度。一般情况下,准确度更高的传感器会被赋予更高的权重。然而,在某些情况下,加权平均法可能存在一些局限性。比如,传感器之间存在相互影响或相关性的情况,需要采用更复杂的信息融合方法处理。

(2)D-S 证据理论方法

这种方法是贝叶斯推理的一种扩展,其中包含 3 个基本要素:基本概率赋值函数、信任函数和似然函数。D-S 证据理论方法的推理结构是自上而下的,分为 3 个级别:第一级是目标合成,其作用是将来自多个独立传感器的观测结果合并为总的输出结果(目标报告);第二级是推断,其作用是根据传感器的观测结果进行推断,并将这些观测结果扩展为目标报告,这种推理的基础是对于一定的传感器报告,通过逻辑上的可信度产生可信的目标报告;第三级是更新,由于各传感器通常存在随机误差,因此来自同一传感器的一组连续报告在时间上

相互独立,比单个报告更可靠。在进行推理和多传感器合成前,需要先组合(更新)传感器的观测数据。

(3)卡尔曼滤波

卡尔曼滤波用于动态环境中冗余传感器信息的实时融合。如果系统具有线性动力学模型,且系统和传感器噪声是高斯分布的白噪声,则卡尔曼滤波为融合信息提供的一种统计意义下的最优估计。核心思想是利用系统的动态模型和传感器的观测信息,结合协方差矩阵来动态调整滤波器的增益,从而实现最优的状态估计。通过递归地进行预测和更新步骤,卡尔曼滤波能适应系统的动态变化并在复杂的动态环境中有效融合多个传感器的信息,提高系统状态估计的准确性和鲁棒性。

人工智能方法包括模糊逻辑推理和人工神经网络法:

(1)模糊逻辑推理

模糊逻辑是多值型逻辑,通过指定一个 0 到 1 的实数表示真实度,允许将多个传感器信息融合过程中的不确定性直接表示在推理过程中。如果采用某种系统化的方法对融合过程中的不确定性进行推理建模,则可产生一致性模糊推理。与概率统计方法相比,逻辑推理存在许多优点,在一定程度上克服了概率论所面临的问题,对信息的表示和处理更加接近人类的思维方式,一般比较适合在高层次上的应用(如决策)。此外由于逻辑推理对信息的描述存在很多的主观因素,所以信息的表示和处理缺乏客观性。模糊集合理论对于数据融合的实际价值在于它外延到模糊逻辑。模糊逻辑是一种多值逻辑,隶属度可视为一个数据真值的不精确表示。对于不确定性可以直接用模糊逻辑表示,然后使用多值逻辑推理,根据模糊集合理论的各种演算对各种命题进行合并,进而实现数据融合。

(2)人工神经网络法

神经网络具有很强的容错性,以及自学习、自组织及自适应能力,能模拟复杂的非线性映射。神经网络的这些特性和强大的非线性处理能力,恰好满足多传感器数据融合技术处理的要求。在多传感器系统中,各信息源所提供的环境信息都具有一定程度的不确定性。对这些不确定信息的融合过程实际上是一个不确定性推理过程。神经网络根据当前系统所接受的样本相似性确定分类标准。这种确定方法主要表现在网络的权值分布上,同时可采用学习算法来获取知识,得到不确定性推理机制。利用神经网络的信号处理能力和自动推理功能,即实现多传感器数据融合。

2. 卡尔曼滤波及其改进

(1)卡尔曼滤波

当使用卡尔曼滤波进行传感器信息融合时,可分为预测阶段和更新阶段 2 个部分。根据上一时刻($k-1$ 时刻)的后验估计值来估计当前时刻(k 时刻)的状态,得到 k 时刻的先验估计值,完成预测;使用当前时刻的测量值更正预测阶段估计值,得到当前时刻的后验估计值,完成更新。

卡尔曼滤波可分为时间更新方程和测量更新方程。时间更新方程(预测阶段)根据前一时刻的状态估计值推算当前时刻的状态变量先验估计值和误差协方差先验估计值。

计算先验状态估计:

$$\hat{x}_{\bar{k}} = A\hat{x}_{k-1} + Bu_{k-1} \qquad (6\text{-}12)$$

计算先验状态估计误差协方差矩阵:

$$P_{\bar{k}} = AP_{k-1}A^{\mathrm{T}} + Q \tag{6-13}$$

测量更新方程(更新阶段)负责将先验估计和新的测量变量结合起来构造改进的后验估计。

计算卡尔曼增益：

$$K_k = \frac{P_{\bar{k}} - H^{\mathrm{T}}}{HP_{\bar{k}}H^{\mathrm{T}} + R} \tag{6-14}$$

计算后验状态估计：

$$\hat{x}_k = \hat{x}_{\bar{k}} + K_k(Z_k - H\hat{x}_{\bar{k}}) \tag{6-15}$$

更新后验状态估计误差协方差矩阵：

$$P_k = (I - K_k H)P_{\bar{k}} \tag{6-16}$$

式中，$\hat{x}_{k-1}$ 和 $\hat{x}_k$ 分别为 $k-1$ 时刻和 k 时刻的后验状态估计值；

$\hat{x}_{\bar{k}}$ 为 k 时刻的先验估计值。

P_{k-1} 和 P_k 分别为 $k-1$ 时刻和 k 时刻的后验估计协方差($\hat{x}_{\bar{k}}$ 和 $\hat{x}_k$ 的协方差，表示状态的不确定度)；

$P_{\bar{k}}$ 为 k 时刻的先验估计值($\hat{x}_{\bar{k}}$ 的协方差)。

K_k 为卡尔曼增益；H 为观测矩阵；A 为状态转移矩阵；B 为控制输入矩阵；u_{k-1} 为控制输入；Z_k 为传感器提供的观测值；Q 为过程噪声协方差；R 为测量噪声协方差。

(2) 非线性卡尔曼滤波

卡尔曼滤波的推导都是基于线性系统，在线性条件下服从正态分布的先验状态估计和测量值才能融合为后验状态估计值。在实际应用中，许多系统的动态模型并不总是线性的，而正态分布变量经过非线性系统后，不再符合正态分布。因此，对于非线性系统使用卡尔曼滤波器，需要相应的处理或方法的改进。

扩展卡尔曼滤波(Extend Kalman Filter, EKF)是将非线性系统近似为线性系统，其核心思想是引入了雅可比矩阵，它用于线性化非线性方程。虽然非线性系统在状态更新和测量方程中无法简单地通过矩阵相乘来表达，但通过线性化的方法，可在每次迭代中将非线性问题近似为线性问题。

无迹卡尔曼滤波(Unscented Kalman Filter, UKF)使用一组被称为"sigma"点的采样点，通过这些点来近似非线性系统的均值和协方差。相比于 EKF，UKF 避免了对雅可比矩阵的计算，因此对非线性度更高的系统更为鲁棒。

粒子滤波(Particle Filter)通过使用一组粒子来代表状态的概率分布，从而能够更灵活地适应非线性系统。每个粒子都代表了一个可能的系统状态。通过对粒子进行加权更新，粒子滤波能够适应各种非线性和非高斯的系统。

高斯混合模型卡尔曼滤波(Gaussian Mixture Model Kalman Filter, GMKF)通过引入高斯混合模型来逼近非线性系统的后验分布，可以灵活地适应非高斯和非线性系统。

(3) 自适应卡尔曼滤波

前文公式中 Q、R 取值是常数，应用时需要基于物理模型、传感器特性或者实际测量数据分析进行选取，有时也通过在线学习的方法进行估计。自适应卡尔曼滤波是卡尔曼滤波的一种改进版本，它允许滤波器的过程噪声协方差 Q 和测量噪声协方差 R 在滤波过程中进

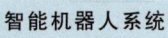

行动态调整,以适应不断变化的系统条件或传感器性能。自适应性的引入使滤波器更具灵活性和鲁棒性,能适应不同的工作环境和测量条件。

自适应卡尔曼滤波中,过程噪声协方差 Q 和测量噪声协方差 R 的更新通常遵循一些自适应规则,其中一种常见的方法是基于残差的统计特性。具体而言,可使用滑动窗口内的残差均值和方差来动态调整协方差,如式(6-17)和式(6-18)所示,其中 α、β 为调整参数,var[residuals(k)]表示滑动窗口内残差的方差。

$$Q_{\text{adapt}}(k) = Q + \alpha \times \text{var}[\text{residuals}(k)] \quad (6\text{-}17)$$

$$R_{\text{adapt}}(k) = R + \beta \times \text{var}[\text{residuals}(k)] \quad (6\text{-}18)$$

(4) 结合机器学习的卡尔曼滤波

传统的卡尔曼滤波主要面临系统模型搭建和噪声模型参数识别的问题,可以将机器学习技术与卡尔曼滤波相结合。

将卡尔曼滤波与神经网络相结合,对多传感器信息融合是一种有效的方法,可提高系统对于环境的感知能力和对状态的准确估计。在多传感器信息融合中,不同传感器可提供互补的信息,而结合卡尔曼滤波和神经网络,可更好地利用这些信息并处理传感器数据之间的不确定性。

具体来说,可将不同传感器的数据作为神经网络的输入,让神经网络学习各个传感器数据之间的相关性和权重分配,以及系统的非线性动态特性。神经网络可通过大量数据的学习来建模复杂的传感器数据关系,从而提供更准确的信息融合结果。

一旦神经网络学习了传感器数据的关系,可将神经网络的输出结果作为卡尔曼滤波的观测值,进而结合卡尔曼滤波对系统状态进行估计和预测。卡尔曼滤波可以有效融合不同传感器的信息,消除传感器噪声,并提高对系统状态的估计精度。

通过这种结合方式,系统可充分利用多传感器提供的信息,同时通过神经网络和卡尔曼滤波的联合作用,实现对系统状态的更准确、更稳定的估计。这种方法在自动驾驶、无人机导航等领域有广泛应用,可提高系统的鲁棒性和性能表现。

6.6 实 例

轮式移动机器人的精准定位是完成其他任务的基础,实现定位功能常使用到的传感器有 2D 激光雷达、轮式里程计、IMU 等。单一的定位传感器很难提供准确的定位信息,需要进行多传感器信息融合定位。主要采用扩展卡尔曼滤波融合轮式里程计与 IMU 数据信息的方法,解决轮式移动机器人在运动过程中,因更换工作环境需要调整传感器,以及轮子与地面之间打滑而造成定位不准确的问题。

1. 基于扩展卡尔曼滤波的多传感器融合定位研究

轮式里程计在测量速度、位移和角度时,由于工作环境的影响,轮式移动机器人会出现车轮与地面打滑、车轮空转等问题,造成累计误差。因此,单独使用轮式里程计会造成定位不准确等问题,使用 EKF 算法融合轮式里程计和 IMU 数据信息,提高轮式移动机器人的定位精度。

EKF 融合定位流程如图 6-20 所示,EKF 将轮式里程计和 IMU 数据进行融合后,结合 2D 激光雷达数据,实现机器人定位。EKF 融合轮式里程计和 IMU 时,根据当前时刻的机器人运动状态,预测下一时刻的运动状态,然后根据里程计数据对机器人的观测进行更新,得到更新后的机器人状态,再将轮式里程计更新后的状态作为 IMU 状态更新前的预测状态,再根据 IMU 数据进行观测更新,得到其融合轮式里程计和 IMU 后的机器人状态。

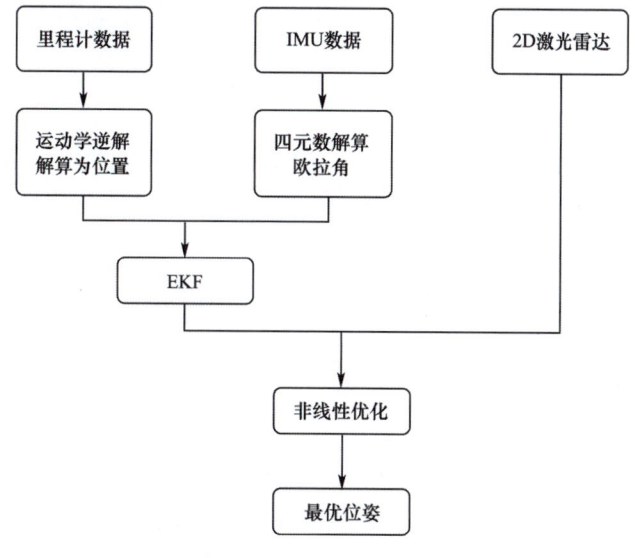

图 6-20 EKF 融合定位流程

已知轮式移动机器人得到状态量为 $\boldsymbol{x}=[x,y,\theta,v_x,v_y,\omega]^T$,控制量为轮式移动机器人的前景方向的加速度 a_x 和横向加速度 a_y,控制向量为 $\boldsymbol{u}=[a_x,a_y]^T$。

系统的状态方程为

$$\begin{cases} x_t = x_{t-1} + (v_x \cos\theta_{t-1} - v_y \sin\theta_{t-1})\Delta t \\ y_t = y_{t-1} + (v_x \sin\theta_{t-1} + v_y \cos\theta_{t-1})\Delta t \\ \theta_t = \theta_{t-1} + \omega \Delta t \\ v_{xt} = v_{xt-1} + a_x \Delta t \\ v_{yt} = v_{yt-1} + a_y \Delta t \\ \omega_t = \omega_{t-1} \end{cases} \quad (6\text{-}19)$$

雅可比矩阵 F 为

$$F = \begin{bmatrix} 1 & 0 & -\sin\theta v_x \mathrm{d}t - \cos v_y \mathrm{d}t & \cos\theta \mathrm{d}t & -\sin\theta \mathrm{d}t & 0 \\ 0 & 1 & \cos\theta v_x \mathrm{d}t - \sin\theta v_y \mathrm{d}t & \sin\theta \mathrm{d}t & \cos\theta \mathrm{d}t & 0 \\ 0 & 0 & 1 & 0 & 0 & \mathrm{d}t \\ 0 & 0 & 0 & 1 & 0 & 0 \\ 0 & 0 & 0 & 0 & 1 & 0 \\ 0 & 0 & 0 & 0 & 0 & 1 \end{bmatrix} \quad (6\text{-}20)$$

控制矩阵 B 为

$$B = \begin{bmatrix} \frac{1}{2}\cos\theta\,\mathrm{d}t^2 & -\frac{1}{2}\sin\theta\,\mathrm{d}t^2 \\ \frac{1}{2}\sin\theta\,\mathrm{d}t^2 & \frac{1}{2}\cos\theta\,\mathrm{d}t^2 \\ 0 & 0 \\ \mathrm{d}t & 0 \\ 0 & \mathrm{d}t \\ 0 & 0 \end{bmatrix} \tag{6-21}$$

轮式里程计的观测值为机器人位姿和前后、横向及旋转角速度 $x,y,\theta,v_x,v_y,\omega$，观测方程与轮式移动机器人之间的位姿关系为

$$\begin{cases} x_{\text{里程计}} = x_t \\ y_{\text{里程计}} = y_t \\ \theta_{\text{里程计}} = \theta_t \\ v_{x\text{里程计}} = v_{xt} \\ v_{y\text{里程计}} = v_{yt} \\ \omega_{\text{里程计}} = \omega_t \end{cases} \tag{6-22}$$

IMU 可测得的轮式移动机器人沿三轴的加速度及三轴的角速度 $a_x,a_y,a_z,\omega_x,\omega_y,\omega_z$，根据积分运算可得到 $x,y,\theta,v_x,v_y,\omega$。由于只考虑轮式移动机器人在二维平面内的运动，因此其观测方程为轮式移动机器人位姿之间的关系为

$$\begin{cases} x_{\text{IMU}} = x_t \\ y_{\text{IMU}} = y_t \\ \theta_{\text{IMU}} = \theta_t \\ v_{x\text{IMU}} = v_{xt} \\ v_{y\text{IMU}} = v_{yt} \\ \omega_{\text{IMU}} = \omega_t \end{cases} \tag{6-23}$$

当使用 EKF 融合定位时，首先接收轮式里程计和 IMU 的观测数据，根据轮式里程计的观测数据初始化轮式移动机器人的位姿。在预测阶段，根据式(6-12)与式(6-13)，结合前一时刻轮式移动机器人的位姿，以及状态方程和控制量，预测当前时刻轮式移动机器人的位姿 $\hat{x}_{\bar{k}}$ 和预测协方差矩阵 $P_{\bar{k}}$。

在更新阶段，根据式(6-14)至式(6-16)，使用轮式里程计的观测矩阵 $H_{\text{里程计}}$ 计算卡尔曼增益 $K_{k\text{里程计}}$，综合轮式里程计感测数据 $Z_{k\text{里程计}}$ 更新轮式移动机器人的位姿 $\hat{x}_{k\text{里程计}}$ 和 $P_{\bar{k}\text{里程计}}$，再根据 IMU 的观测矩阵 H_{IMU} 计算卡尔曼增益 $K_{k\text{IMU}}$，综合 IMU 的感测数据 $Z_{k\text{IMU}}$ 更新轮式移动机器人的位姿 $\hat{x}_{k\text{IMU}}$ 和 $P_{\bar{k}\text{IMU}}$。最后将融合后的机器人位姿作为估计后的位姿传入 SLAM 中用作初始位姿，完成 k 时刻的轮式里程计与 IMU 数据的融合。$k+1$ 时刻流程如上，完成轮式移动机器人的定位。

2. 实验场景搭建

轮式移动机器人精准定位实验场地如图 6-21 所示，实验所用的移动小车内置激光雷达、里程计、IMU 与 2D 相机。实验过程中，小车从工位 1 移动到工位 2，在工位 2 上完成 2 次定位操作。第一次定位仅使用轮式里程计，后续定位使用里程计与 IMU 融合数据融合的方法，提高定位精度，定位成功后小车静止。在小车微调定位过程中，不断使用 2D 相机拍摄位于工位中心的二维码，获取小车当前位置与理想位置之间的偏差，并输出该偏差值。

轮式移动机器人精准定位过程如图 6-22 所示，小车正逐步到达工位中心位置。

图 6-21　轮式移动机器人精准定位实验场地

图 6-22　轮式移动机器人精准定位过程

3. 实验结果分析

使用轮式里程计的误差为 −0.015 6 m，0.058 9 m，多传感器融合（最终定位）的误差为 0.011 7 m，−0.007 4 m（表 6-1）。由此可知，由 EKF 算法融合轮式里程计与 IMU 之后，轮式移动机器人的定位误差更小。因此 EKF 融合多个传感器数据信息后，能够提高轮式移动机器人的定位精度。

表 6-1　　　　　　　　　　　　轮式移动机器人定位误差

定位误差	使用轮式里程计	多传感器融合（第一次定位）	多传感器融合（第二次定位）	多传感器融合（第三次定位）	多传感器融合（最终定位）
x/m	−0.015 6	0.029 2	−0.034 6	0.028 9	0.011 7
y/m	0.058 9	0.051 4	−0.036 8	0.022 0	−0.007 4
θ/rad	0.007 4	0.017 6	0.018 5	0.018 1	0.016 5

习题

6-1　智能机器人传感器的分类有哪些？

6-2　IMU 通常由什么组成并概述其工作原理。

6-3　智能机器人的内部传感器有哪些？

6-4　多传感器信息融合的方法有哪些？

6-5　生活中有哪些场景运用了传感器并加以描述。

第 7 章 智能机器人视觉系统

7.1 概　述

　　机器视觉是指利用视觉传感器，配合机器视觉算法，使机器具有和生物视觉系统类似的场景感知能力。智能机器人视觉系统通过感知层的视觉传感器获取图像信息，经过理解层的分析和解释，再由语义推理与决策层进行推理和决策，制订适当的行动计划。机器视觉不仅为智能机器人提供了必要的基础信息，基于视觉的智能机器人还体现高度的智能性和可开发性。智能机器视觉系统仅算是机器人领域的一个微小分支，但却已经是一个非常新颖并且发展十分迅速的研究方向。

　　机器视觉的主要任务是对计算机输入图像，通过机器视觉处理生成所需要的图片信息。机器视觉技术的原理涉及图像处理、机械工程技术、控制、电光源照明、光学成像、传感器、模拟与数字视频技术、计算机软硬件技术等。它利用计算机对图像进行处理和分析，以实现自动检测、识别和分析。机器视觉的发展对于提高产品质量、加快生产速度、优化制造和物流过程具有重要意义。

7.2 视觉系统组成

　　常见的视觉系统主要由光源、相机、显示屏和扫码器等组成（图7-1）。

图 7-1　视觉系统组成

7.2.1 光源

光源在智能机器人视觉系统中扮演着重要角色,它直接影响输入数据的质量和应用效果。对于每个特定的应用实例,选择合适的光源至关重要。以下是一些常见的光源类型及其特点:

1. LED 环形光源

提供均匀的环形照明,适用于需要均匀光照的应用,如物体表面检测和形状分析。

2. 低角度光源

产生较强的投射光线,适用于需要突出表面细节和纹理的应用,如表面缺陷检测和测量。

3. 背光源

将光源放置在被观察物体的背后,适用于需要检测物体边缘和轮廓的应用,如物体定位和边缘检测。

4. 条形光源

产生狭窄而均匀的光线,适用于需要高对比度和清晰边缘的应用,如条形码扫描和字符识别。

光源还可以分为点光源和面光源。点光源在实际中并不存在,其源于空间的某个位置,一个点光源具有强度和色谱,即在波长上的分布 $L(\lambda)$。光源强度随着与光源距离的增加而衰减。

面光源可看作多个点光源集合而成的发光面,其光照范围较大且更复杂,通常用于外形轮廓检测场合。

7.2.2 工业镜头

工业镜头在机器视觉系统中承担光束调制和信号传递的关键作用。不同的机器视觉应用需要使用不同类型的工业镜头,其中常见的工业镜头类型包括:

1. 标准镜头

适用于一般的拍摄需求,具有中等的视场角和放大率。

2. 远心镜头

具有较长的焦距,适用于需要从较远距离进行观察和拍摄的应用,如监控和远程检测。

3. 广角镜头

具有较宽广的视场角,适用于需要捕捉更大范围场景的应用,如安防监控和环境监测。

选择合适的工业镜头类型通常基于以下 4 个因素:

(1)相机接口:确保镜头能够与相机兼容。

(2)拍摄物距:根据拍摄物体与镜头的距离选择合适的焦距。

(3)拍摄范围:根据需要捕捉的场景范围选择合适的视场角。

(4)焦距和光圈:根据场景的光照条件和焦距需求选择合适的镜头参数。

工业镜头的选择对机器视觉系统的成像质量和性能有着重要影响,因此在设计和配置机器视觉系统时需要综合考虑各个因素,做出合适决策。

7.2.3 工业相机

工业相机通过感知周围环境,并将其解析为计算机能够使用的数字信息。常用的工业相机为 CCD 和 CMOS 两种。CCD 相机相较于 CMOS 相机具有更广的动态范围,更好的鲁棒性,能得到更好的图像质量,但尺寸较大,搭载难度较高。与 CCD 相机相比,CMOS 相机的响应性更好、电路更简单、集成更高、功耗更低、尺寸更小,但成像的分辨率较低、系统的灵活性较差。

7.2.4 图像采集卡

图像采集卡在机器视觉系统中扮演着重要角色,它决定了摄像头与计算机之间的接口类型,如黑白、彩色、模拟和数字等。

以下是一些常见的图像采集卡类型:

1. PCI 采集卡

基于 PCI 总线接口的图像采集卡,适用于连接计算机的标准 PCI 插槽。它可支持不同类型的摄像头,并提供高速数据传输。

2. 1394 采集卡(又称"FireWire"或"i. LINK")

基于 IEEE 1394 标准的图像采集卡,适用于连接计算机的 1394 接口。它提供高速数据传输和实时性能,适用于需要快速数据传输的应用。

3. VGA 采集卡

用于连接模拟摄像头的图像采集卡,适用于采集模拟视频信号。它可以将模拟信号转换为数字信号,并传输到计算机进行处理。

4. GigE 千兆网采集卡

基于千兆以太网接口的图像采集卡,适用于通过网络连接计算机的摄像头。它提供高速数据传输和远程图像采集的能力。

一些图像采集卡还具有内置的多路开关,可连接多个摄像头,并同时采集多路图像信息。这对于需要同时处理多个视觉源的应用非常有用。

选择合适的图像采集卡取决于具体的应用需求,包括所需要的接口类型、数据传输速度、实时性能,以及是否需要支持多路图像采集等。在设计机器视觉系统时,需要综合考虑这些因素,并选择适合的图像采集卡来满足系统需求。

7.2.5 机器视觉软件

OpenCV 和 MATLAB 都是计算机视觉和图像处理领域常用的工具,它们有着各自的特点和应用场景。

OpenCV 是一款开源计算机视觉库,支持多种编程语言,包括 C++ 和 Python,提供丰富的图像处理和计算机视觉算法,适用于实际的图像处理和计算机视觉应用。其广泛应用于物体检测、人脸识别、图像分割等领域,由于开源特性,更适合大规模项目和实际应用。MATLAB 是一种高性能的数值计算和编程环境,适用于科学计算和工程应用,能提供强大的矩阵计算功能和易用的编程语言,支持快速实现算法和进行理论研究,广泛用于算法开发、数学建模、信号处理等领域。选择使用何种工具取决于具体的项目需求和开发阶段。

机器视觉软件在机器视觉系统中起着关键作用,可实现图像采集、显示、存储和处理的自动化等工作。在选择这类软件时,需留意开发所需要的硬件环境、操作系统和开发语言,以确保其正常使用,同时便于进行后续的二次开发工作。

7.3 图像处理

7.3.1 图像预处理

由于环境、设备等因素,相机采集的实际图像往往与理想中的图像有很大差异。如果直接对图像进行处理和分析,定位精度和识别效果会很差,因此对图像进行预处理非常重要。预处理的主要步骤有灰度直方图、直方图均衡化、图像变换和灰度阈值变换,具体如下。

1. 灰度直方图

假设现在有一个班级的学生成绩统计表,那么为直观学生的成绩分布情况,可采用直方图避免冗余的计算过程。

当然,对图像也有类似的运算,即先对一张灰度图进行遍历,再按照 0~255 的间隔将其分割为不同的灰度图。若要求其灰度概率,只需对其进行归一化(图 7-2)。

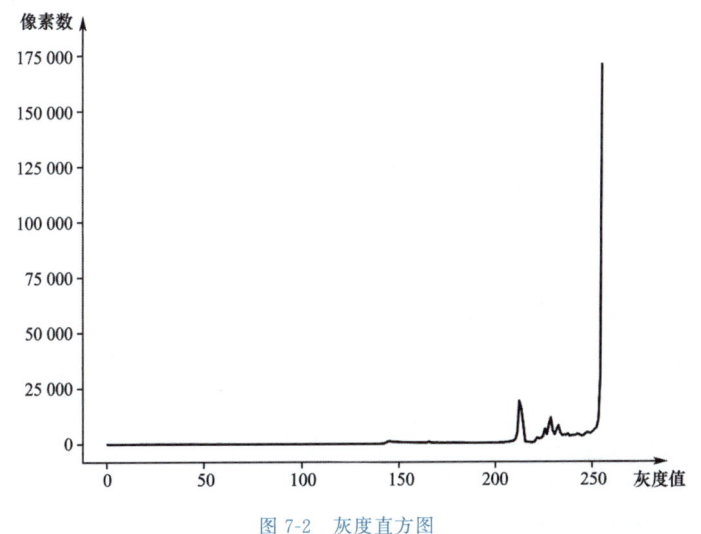

图 7-2 灰度直方图

2. 直方图均衡化

直方图均衡化的目的是避免灰度呈两级或多级分化现象,使其均匀分布。均匀的灰度分布图,其对比效果较明显。

目标:给定一幅图像,通过一定的处理,得到对比度强的输出(均衡化的直方图);则概率分布 p 满足:$p(x), 0 \leqslant x \leqslant 1$。

由概率分布函数的性质可知:$\int p(x) = 1$,则概率总和为 1。

设转换前的概率为 $p_r(r)$,转换后的概率为 $p_s(s)$,转化 $\int p(x) = 1$ 射函数为 f,即 $s = f(r)$,即

$$p_s(s) = p_r(r) \frac{dr}{ds} \tag{7-1}$$

得到灰度均衡转换方程：

$$D_B = f(D_A) = D_{\max} \int_0^{D_A} P_{D_A}(u) \mathrm{d}u \tag{7-2}$$

3. 图像变换

图像变换在图像处理中起重要作用，常见的图像变换为线性变换、对数变换、伽马变换等。线性变换的公式可表示为

$$D_B = f(D_A) = f_A D_A + f_B \tag{7-3}$$

式中，f_A 是线性函数的斜率；f_B 为线性函数在 y 轴的截距；D_A 为输入图像的灰度；D_B 为输出图像的灰度。

$$t = c^* \log(1+s) \tag{7-4}$$

式中，c^* 为尺度比例常数；s 为源灰度值；t 为变换后的目标灰度。

伽马变换是一种非线性变换，伽马(Gama)指的是指数，其表达式如下：

$$y = (x+\varepsilon)^\gamma \tag{7-5}$$

式中，ε 为补偿系数；γ 为伽马系数；x 为输入图像；y 为输出图像。

4. 灰度阈值变换

灰度图像的二值化可有效减少计算量，以满足高效准确的图像处理要求。二值化的最重要的部分是二值化阈值的选择，这也是其被称为"灰度阈值变换"的原因。

数学公式：

$$f(x) = \begin{cases} 0 & x \leqslant T \\ 255 & x \leqslant T \end{cases} \tag{7-6}$$

式中，T 为阈值；x 为输入的灰度；$f(x)$ 为输出。

简言之，把小于或等于阈值的全部设为黑，大于阈值的设为白。灰度图像二值化的阈值选取有很多方法，如 OTSU 大津法阈值、固定阈值、自适应阈值等。

7.3.2 色域空间转换

RGB 是工业界常用的色域空间。通过叠加三原色，可产生各种颜色的原理。例如，黑色的 RGB 表示为(0,0,0)，白色的 RGB 表示为(255,255,255)。

1978 年，A. R. Smith 根据颜色的直观特性提出 HSV(Hue, Saturation, Value)。HSV 中颜色的参数分别为色相(H)、饱和度(S)、色明度(V)，HSV 也被称作"六角锥体模型"。

在图像处理中，最常用的颜色空间为 RGB 模型。RGB 模型常用于颜色显示和图像处理。当 HSV 模型应用于指定的颜色分割时，相较于 RGB 模型更容易操作。图像从 RGB 模型转换为 HSV 模型的过程如图 7-3 所示。

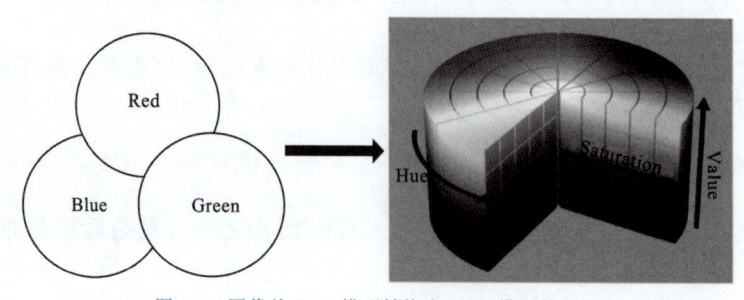

图 7-3 图像从 RGB 模型转换为 HSV 模型的过程

RGB 与 HSV 通过以下公式相互转换：

$$V \leftarrow \max(R,G,B) \tag{7-7}$$

$$S \leftarrow \begin{cases} \dfrac{V-\min(R,G,B)}{V} \\ 0 \end{cases} \tag{7-8}$$

当 $H \leqslant 0$ 时，有

$$H = H + 360 \tag{7-9}$$

通过色域空间转换，可以得到图像在 RGB(HSV)色域中的 R、G、B(H、S、V) 3 个通道值。

7.3.3 图像分割

在图像识别前，需要将目标与背景分割，以便于后续识别(图 7-4)。图像分割通过将图像中的元素分割为多个特定区域，使得提取目标的过程更准确、简易。灰度图像将灰度划分为 256 个不同的灰度值，便于后期的图像处理工作。

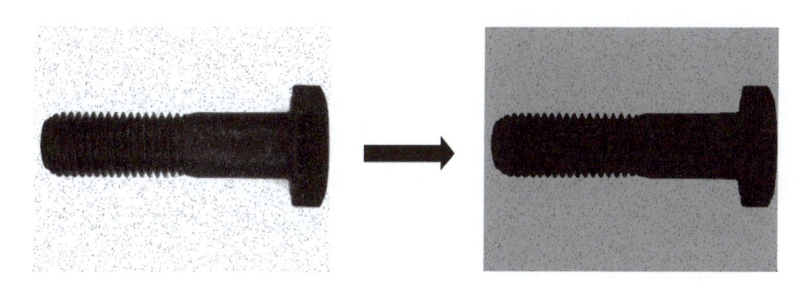

图 7-4 图像分割

目前，主流的图像分割方法为基于区域分割、基于阈值分割、基于边缘分割及基于特定理论分割。

阈值分割方法是最常用的图像分割手段之一。具体实现的变换如下：

(1)将图像转换为灰度图像，如果原始图像已是灰度图像，则可跳过这一步骤。

(2)根据阈值的选取方式(如手动设定阈值、使用 OTSU 方法自动选择阈值等)，将灰度图像中的像素值分成 2 个类别：背景和前景。

(3)通过比较每个像素的灰度值与阈值，将其归类为背景或前景。通过比较灰度值与阈值的大小进行归类，即将灰度值大于阈值的像素设置为前景，而小于或等于阈值的像素设置为背景。

(4)可根据实际需求对二值图像进行后续处理，如去除噪声、填充空洞等。

阈值分割方法简单易懂且计算效率高，适用于一些具有明显对比度的图像分割任务。但它也具有固有的缺点，如对于光照变化较大的图像会产生不理想的结果。因此，在实际应用中，需要根据具体情况选择适合的图像分割方法。

阈值分割方法的关键是确定合适的分割阈值，选用合适的阈值可得到更高质量的分割效果。

7.3.4 形态学处理

形态学处理是图像处理中使用最广泛的技术之一。形态学处理的主要应用是利用特定形状的结构元素处理图像并得到结果,用于简化或优化识别工作,使其能捕捉最可区分的目标形状特征。形态学处理是一种图像处理技术,用于分析和处理图像中的形状和结构。它基于数学形态学的原理,包括腐蚀(Erosion)、膨胀(Dilation)、开运算、闭运算等操作。通过对图像进行这些操作,可改变图像中对象的形状、大小、连接性或几何特征。形态学处理常用于图像分割、边缘检测、噪声去除等领域。值得注意的是,使用形态学处理时,需要选择合适的结构元素和操作方法,以使结果符合实际需求。其中图像的膨胀和腐蚀是最基础的图像形态学操作,其主要的功能如下:

1. 腐蚀

图像处理中的腐蚀是一种基本的形态学运算,它用于减少或消除图像中的噪声、分割物体以及改善形状等。腐蚀操作按结构元素(Structuring Element)的大小和形状来对图像进行操作。它的主要原理是将结构元素沿图像的边界向内移动,只有当结构元素完全包含于图像中时才保留中心像素的值,否则该像素值被设为0。

2. 膨胀

膨胀是图像处理中的一种基本操作,用于对目标区域进行扩张和填补空洞。它可以通过合并目标边界上与背景相连的背景点,使目标区域逐渐向外扩张。

膨胀操作通常使用一个结构元素(也称为"核"或"窗口")。该结构元素定义了扩张的方式。对每个像素,膨胀操作都会检查其周围的邻域是否与结构元素相匹配,如果有至少一个匹配的像素,则将当前像素设置为目标区域的一部分。

膨胀操作可用于填补目标区域中的空洞。如果目标区域内部存在小的孔洞或空白区域,膨胀可通过将周围的背景点合并到目标区域中来填补这些空洞,从而得到一个更完整的目标。

此外,膨胀操作可用来消除包含在目标区域的小颗粒噪声。如果目标区域中存在一些不必要的小颗粒或噪声点,膨胀操作可通过将其与周围的背景点合并,以消除它们,使目标区域更平滑。

7.4 视觉识别

7.4.1 物体识别

假定对一张图片进行分析,在这张图片中对每个可能的子窗口应用某类识别算法。这类算法可能既慢又易出错。相反,构建特殊目的的检测器(Detector)是更有效的方法,它们的任务是快速找到可能出现物体的区域。以下详细介绍工业缺陷检测与行人检测。

1. 工业缺陷检测

在工业生产中经常遇到裂痕、划痕和变色等产品的表面缺陷问题,而这些问题不管对人工检测还是机器视觉检测,都极富挑战性(图7-5)。

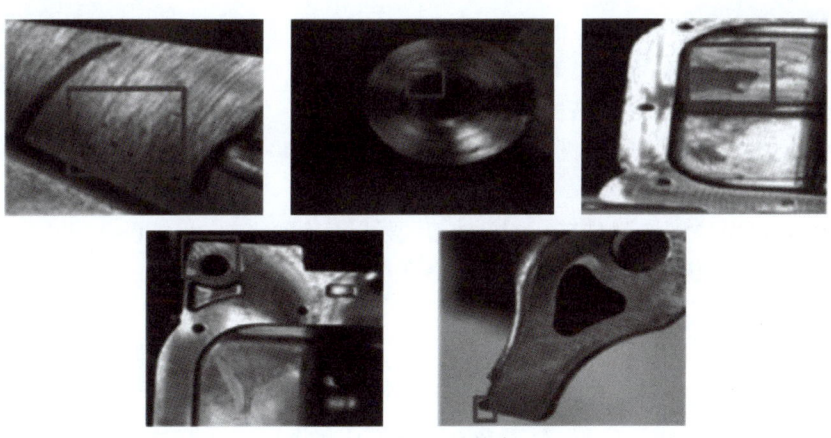

图 7-5 常见工业缺陷

表面缺陷检测的难度在于缺陷形状不规则、深浅对比度低及受到产品表面纹理或图案的干扰。因此,要求正确的光照条件、合适的相机分辨率、被检测部件与工业相机的相对位置及复杂的机器视觉算法。工业缺陷检测硬件设备如图 7-6 所示。

图 7-6 工业缺陷检测硬件设备

通常情况下,缺陷部分的灰度值相对周围正常部分要暗,即灰度值较小。此外,缺陷通常出现在光滑表面,导致整幅图像的灰度变化总体上非常均匀,缺乏纹理特征。因此,一般的缺陷检测方法会使用基于统计的灰度特征或阈值分割标出划痕部分。通过分析缺陷区域与正常区域之间的灰度差异,可将缺陷部分提取。

铝合金压铸件作为汽车主要采用的零部件,在生产中由于模具等设备故障、合金成分质量差或者工作人员操作不当等,不可避免地产生各种缺陷。这些铸件外观缺陷主要包括缺肉、缩孔、多肉、气孔和冷隔等。在实际生产中,这些外观缺陷的检测大多依靠人工检查,而生产线检查工人的劳动量大、效率低、误检率高,并且存在无法实时跟踪产品质量指标等问题。

针对特征明显的缺陷,工厂中往往采用基于传统的机器视觉的缺陷检测方法。这些方法主要包括 2 种形式:

(1) 通过数字图像处理技术进行缺陷检测。
(2) 通过人工设计复杂的特征提取器进行特征提取,并采用分类器进行缺陷的识别。

而铸件外观缺陷检测主要存在以下难点:

(1)缺陷部位体积小,下采样的过程中会造成像素点的丢失,增加检测难度;待检测物体固定的位置会为小型缺陷保留上下文信息,而这些上下文信息会增加小型缺陷的误检率;

(2)铸件的背景复杂,对缺陷检测的干扰大;

(3)各种缺陷数据样本数量极不平衡,数据量少的缺陷无法实现端到端检测,为训练增加了难度。

综上所述,表面缺陷检测具有一定的难度,要求正确的光照、相机设备、相对位置及复杂的算法。针对不同图像情况,需要综合考虑各种处理手段来获取有效的缺陷检测结果。

(1)基于纹理特征的方法

基于纹理特征的方法可分为统计方法、信号处理方法、结构方法和模型方法。

①统计方法:通过将物体表面的灰度值分布视为随机分布,利用直方图特征、灰度共生矩阵、局部二值模式、自相关函数、数学形态等来描述灰度值的空间分布。

②信号处理方法:将图像看作二维信号,并从信号滤波器设计的角度对图像进行分析。常见方法包括傅立叶变换法、Gabor 滤波器法、小波变换法等。

③结构方法:基于纹理原语理论,认为纹理是由一些按照一定规则在空间中重复出现的最小图案(纹理原语)组成。

④模型方法:常用的工业产品表面缺陷检测模型包括 MRF 模型和分形模型。

基于纹理特征的工业缺陷检测结果如图 7-7 所示。

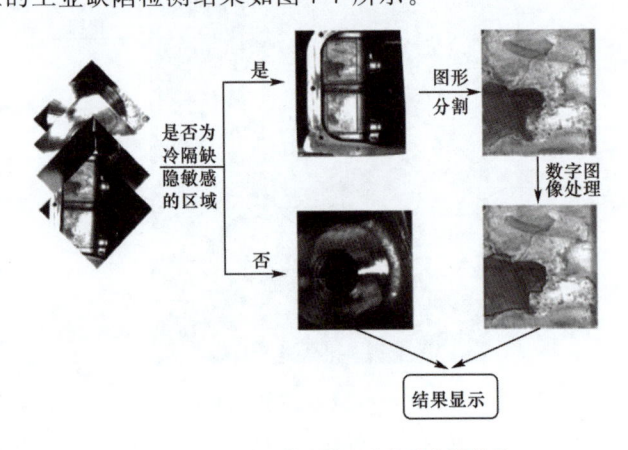

图 7-7 基于纹理特征的工业缺陷检测结果

(2)基于颜色特征的方法

颜色特征在图像检索中被广泛使用,具有计算量小、对图像大小、方向和视角的依赖性小及高鲁棒性等特点。

颜色直方图是一种全局统计结果,描述了图像中不同颜色的比例,但它不考虑颜色分布的空间位置,无法描述图像中的物体。

颜色矩的主要思想是利用每个阶的矩来表示图像中的颜色分布。通常只需要使用颜色的一阶矩(均值)、二阶矩(方差)和三阶矩(偏移)就足以表示图像表面的颜色分布。

颜色相干向量是颜色直方图的改进算法,将直方图中的颜色簇分为聚合和非聚合两部分,并通过比较相似度综合权衡得到相似值。基于颜色特征的工业缺陷检测如图 7-8 所示。

基于颜色特征的方法在检测物体特征与背景存在较明显色差的情况下,有着无可替代的检测效果,能高效、准确地分辨特征与背景,被广泛应用于工业、医疗、化工等领域,具有极佳的应用前景及科研潜力。

图 7-8　基于颜色特征的工业缺陷检测

除颜色直方图、颜色矩和颜色相干向量外,工业产品表面缺陷检测还常使用颜色集和颜色相关图作为颜色特征。颜色集是一种二值特征向量,通过构造二叉搜索树可加快检索速度,经过二值化处理后的图像如图 7-9 所示。颜色相关图描述了图像中某种颜色的像素数所占比例,反映了不同颜色之间的空间相关性,但通常需要较高的硬件条件。

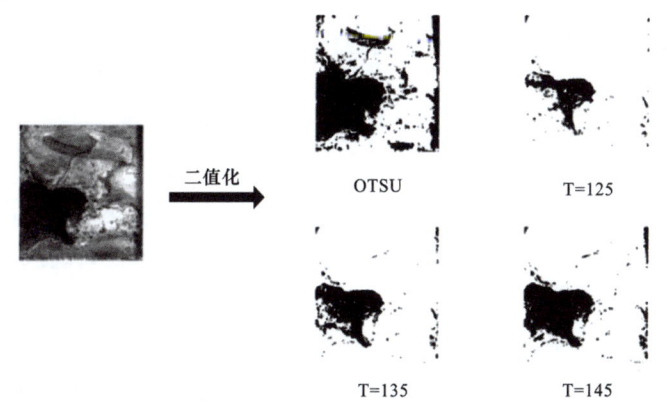

图 7-9　经过二值化处理后的图像

(3) 基于深度学习的方法

深度学习的快速发展使其在缺陷检测领域得到广泛应用,基于深度学习的缺陷检测框架如图 7-10 所示。本部分将从基于深度学习的常见分类:监督方法、无监督方法、弱监督方法入手,简要介绍深度学习在工业缺陷检测领域的研究现状。

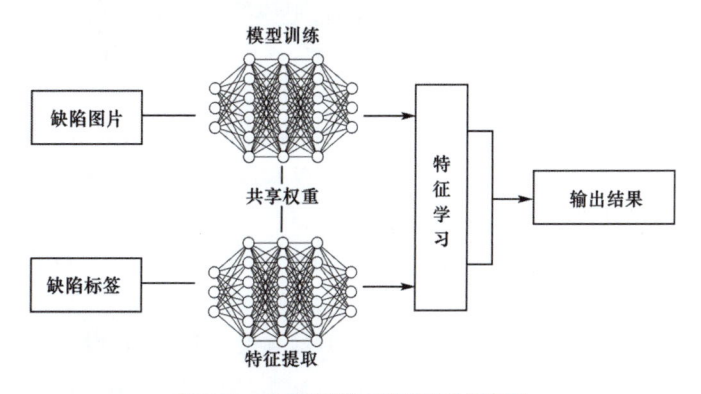

图 7-10　基于深度学习的缺陷检测框架

监督方法要求训练集和测试集都是必需的。训练集中的样本需要进行标记,并用于找出样本的内在规律,然后将这些规律应用到测试集中。监督方法可分为基于度量学习和基于表示学习的方法。

在有监督的表面缺陷检测方法中,基于度量学习的常见模型为 Siamese Network。根据缺陷检测的 3 个阶段,基于表示学习的方法大致可分为分类网络、检测网络和分割网络。其中,常用的分类网络为 ShuffleNet,通常用作检测网络的为 Faster R-CNN,而常用的分割网络包括 FCN 和 Mask R-CNN 等。

在无监督学习方法中,常见的表面缺陷检测方法包括基于重建的方法和基于嵌入相似性的方法。

基于重建的方法:这种方法使用神经网络结构进行训练,仅用于正常训练图像的重建。异常图像由于不能很好地重建而容易被发现,异常分数通常用重建误差表示。其中最常见的方法为自动编码器(AE)和生成对抗网络(GAN)。

基于嵌入相似性的方法:这种方法使用深度神经网络提取描述整幅图像的有意义的向量。异常分数通常由测试图像的嵌入向量与训练数据集中表示正态性的参考向量之间的距离表示。一些典型的算法包括 SPADE、PaDIM 和 PatchCore 等。

除以上 2 种方法外,还可使用 Deep Belief Network(DBN)和 Self-Organizing Map(SOM)进行表面缺陷检测。

与监督方法和非监督方法相比,弱监督方法可在减少标记成本的同时获得更好的性能。目前,工业表面缺陷检测中常用的弱监督方法包括不完全监督法和不准确监督法。不完全监督法可以在没有人工干预的情况下,自动开发未标记的样本数据,以提高学习效果。不精确监督侧重给出监控信息,但信息不精确,即只包含粗粒度标签的情况。对更多包含像素级标签的任务,图像级标签是粗粒度标签。目前,弱监督方法在工业产品表面缺陷检测领域比较少见,但由于同时具有监督方法和非监督方法的优点,这类方法的应用前景也很广阔。

2. 行人检测

行人检测(Pedestrian Detection)一直是计算机视觉研究中的热点和难点。行人检测要解决的问题是找出图像或视频帧中所有的行人,包括位置和大小,一般用矩形框表示。与人脸检测类似,这也是典型的目标检测问题。行人检测流程如图 7-11 所示。

图像采集 → 生成先验框 → 分类或回归 →后处理→ 模板匹配 → 输出结果

图 7-11 行人检测流程

行人检测技术有很强的使用价值,它可与行人跟踪,行人重识别等技术结合,可拓展到汽车无人驾驶系统(ADAS)、智能机器人、智能视频监控、人体行为分析、客流统计系统、智能交通等领域。行人检测实例如图 7-12 所示。

由于行人的姿态存在不确定性,以及外观、姿态、视角等外部因素对检测效果的影响较大。行人检测成为计算机视觉领域中一个极具挑战性的课题。

早期的算法主要使用基于图像处理和模式识别领域的简单方法,但由于计算机算力的限制,这些算法的准确率较低。然而,随着时间的推移,训练样本规模的增加起到了关键作用。大量训练数据的引用,如 INRIA、Caltech 和 TUD 等数据库,使算法可以有更多样本进行学习和训练,促使算法的精度逐渐提高。

(a)初始图像　　　(b)行人目标检测结果

图 7-12　行人检测实例

同时,算法的运行速度得到显著改善。这在很大程度上得益于计算机硬件和优化技术的进步。随着更高效的计算资源和并行处理能力的出现,基于运动检测和基于机器学习的算法都能更快地处理图像数据,从而实现实时性能。

总体而言,早期的简单方法在图像处理和模式识别中准确率较低,但随着训练数据增加及计算效率的提升,基于运动检测和机器学习的算法都达到了更高的精度和更快的运行速度。

(1) 基于运动检测的算法

如果摄像机静止不动,则可利用背景建模算法提取运动的前景目标,然后利用分类器对运动目标进行分类,判断是否包含行人。常用的背景建模算法为高斯混合模型、ViBe 算法、帧差分算法、样本一致性建模算法、PBAS 算法等方法。

背景建模算法具有简便、高效等特点,但依然存在以下问题:
① 只能检测处于运动状态的目标
② 受光照、阴影的影响很大
③ 如果目标的颜色背景很接近,容易出现漏检情况
④ 容易受到恶劣天气影响
⑤ 如果多个目标粘连、重叠,则无法处理

(2) 基于机器学习的方法

基于机器学习的方法是行人检测算法的主要流派,其中常见的方法是结合人工设计的特征与分类器的策略。

人工特征与分类器:在行人检测中,人体具有自身的外观特征。这些特征可手动设计,然后用于训练分类器,从而区分行人和背景。这些人工特征包括颜色、边缘、纹理等。这些人工特征在机器学习中常用作输入。一旦特征被提取,各种分类器如神经网络、支持向量机(SVM)、AdaBoost、随机森林等常见的计算机视觉领域算法都可被用来进行分类任务。

HOG 与行人检测的里程碑:在行人检测领域,具有里程碑意义的成果为 Navneet Dalal 在 2005 年的 CVPR(计算机视觉与模式识别领域的重要会议)中提出的基于梯度方向直方图(Histogram of Oriented Gradients,HOG)与 SVM 的行人检测算法。

梯度方向直方图(HOG):HOG 是一种用于提取边缘特征的方法。它利用边缘的方向和强度信息,后来被广泛用于车辆检测、车牌检测等视觉目标检测问题。HOG 方法首先在

固定大小的图像上计算梯度,然后将图像划分为网格,每个网格内计算像素的梯度方向和强度。接着,在每个网格内形成梯度方向分布的直方图,最终将这些直方图特征汇总形成整个图像的特征表示。

基于机器学习的方法通常结合人工设计的特征与分类器,而HOG+SVM算法被认为是一个行人检测中的重要里程碑。HOG算法能高效提取图像的局部梯度特征。这些特征捕捉了行人的形状和纹理信息。这使算法对人体姿态在图像中的变化不敏感,从而提高算法的鲁棒性。SVM算法在行人检测中得到广泛应用,能有效分割正负样本,并对输入特征进行非线性变换。这使SVM能建模复杂的决策边界,从而提高行人检测的精度。HOG算法在提取特征时计算效率较高,而SVM算法在分类阶段也表现良好实时性能。这使HOG+SVM算法适用于实时行人检测应用。HOG+SVM算法能有效提取图像特征并进行准确分类,因此被认为是行人检测领域的重要里程碑,对后续行人检测算法产生深远影响。

7.4.2 人脸识别

人脸识别作为一种生物特征识别技术,具有非侵扰性、非接触性、友好性和便捷性等优点。人脸识别的一般流程包括:

1. 人脸检测

此阶段旨在从图像中定位和提取人脸区域,以去除图像中的干扰,主要受图像质量、光线条件和遮挡等因素的影响。

2. 人脸裁剪

在获得人脸位置后,将人脸区域从原始图像中裁剪出来,以便进一步处理和分析。

3. 人脸校正

此步骤的目标是将人脸图像进行校正,使其在角度和姿态上一致,以提高后续处理的准确性。

4. 深度卷积模型

深度卷积模型是人工智能的一种,通过将输入的图片特征信息进行提取,经过网络模型的多次学习迭代,得到需要的特征信息。

5. 特征提取

在此阶段,从裁剪后的人脸图像中提取关键特征,通常使用各种人脸特征提取算法,如主成分分析(PCA)、线性判别分析(LDA)、局部二值模式(LBP)、深度学习中的卷积神经网络(CNN)等。

6. 人脸识别

通过比较提取的特征与已知的人脸特征数据库进行匹配,从而实现对识别目标的认定。人脸识别流程如图7-13所示。

在目标检测领域,人脸检测属于特定类别目标检测。特定类别目标检测主要针对检测某一特定类别的目标,如人脸、行人、车辆等。与通用目标检测不同,特定类别目标检测通常只需要进行目标与背景的二次分类。由于特定类别目标检测通常需要实时性能,模型相对较小且需要高速处理。

综上所述,人脸识别的流程涵盖多个步骤,其中人脸检测是整个流程的重要组成部分。在目标检测领域,人脸检测属于特定类别目标检测,要求模型小巧高效。

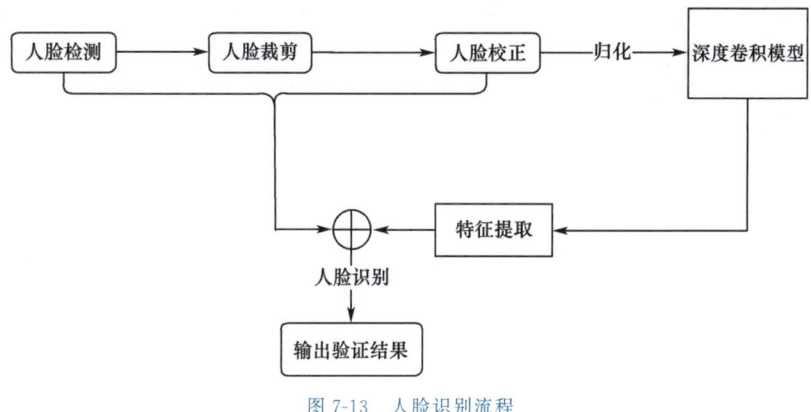

图 7-13　人脸识别流程

7.5　视觉检测

视觉检测作为机器视觉领域的核心问题,旨在通过检测算法获取图像中的特征信息。由于视觉检测过程中易受外部噪声及场景变换等外界因素的干扰,且待检测物体存在不同的外观、形状、姿态,导致视觉检测一直是机器视觉领域最具挑战性的难题之一。本节选取具有代表性的深度学习方法和机器学习方法 YOLO 和 SVM 来展示在不同应用场景下各类方法的原理及特点。

7.5.1　YOLO

随着深度学习技术的飞速发展,一种名为 YOLO(You Only Look Once)的算法应运而生,它以其独特的处理方式和卓越的性能改变了物体检测领域的格局。YOLO 不仅提高了检测速度,而且保持了较高的准确率,使其在实时视频分析、自动驾驶车辆、监控系统等应用场景中展现出巨大潜力。

YOLO 的核心思想是将物体检测任务视为单一的回归问题,直接从图像像素到边界框坐标和类别概率的映射(图 7-14)。与传统的物体检测算法不同,YOLO 不需要一个独立的区域提议步骤,它通过一次前向传播即可预测物体的类别和位置。这种设计大大提高了检测的速度,使 YOLO 能在接近实时的帧率上运行,同时维持较高准确性。

图 7-14　YOLO 的检测原理

YOLO 通过输入的图像分割为一个个格子(Cells),每个格子负责预测在该格子中心的物体。主干网络会为每个格子预测多个边界框(Bounding Boxes)和这些边界框对应的置信度(Confidence Scores)。置信度反映边界框中含有物体的概率及预测的准确度。

对每个边界框,YOLO 都会预测 5 个参数:边界框的中心 (x,y)、边界框的宽度和高度

(w, h),以及边界框的置信度。通过最小化一个损失函数来完成迭代优化。从 YOLOv3 开始,YOLO 采用多尺度预测的策略,允许模型在不同尺度上进行物体检测。使模型能更好地检测不同大小的物体,尤其在小物体的检测性能上得到显著提升。

网络的输出需要经过后处理才能得到最终的检测结果。后处理步骤包括非极大值抑制(Non-maximum Suppression,NMS),以消除多余的边界框。若出现多个边界框重叠,并且预测为同一个类别的情况,NMS 会保留置信度最高的边界框,并移除其他重叠的边界框。特别的是,YOLO 的单次前向传播设计,允许直接从图像数据到检测结果的映射。这大大减少了计算时间,使 YOLO 特别适合实时视觉检测应用。

7.5.2 SVM

尽管深度学习的方法已成为如今视觉检测方法的主流,然而深度学习的方法对训练样本的质量和数量都有较高要求。这使检测时往往难以得到高质量的数据集,但深度学习依然在各个领域有的重要作用。

支持向量机(SVM)是一种广泛应用于分类和回归分析的强大的机器学习模型。它属于监督学习算法,最初是为解决二分类问题设计的。SVM 的核心思想是在特征空间中寻找一个最优的超平面,使得不同类别的数据被该超平面分隔且距离最近的数据点(支持向量)到这个超平面的距离最大化(图 7-15)。这个最大化的间隔使 SVM 具有良好的泛化能力。

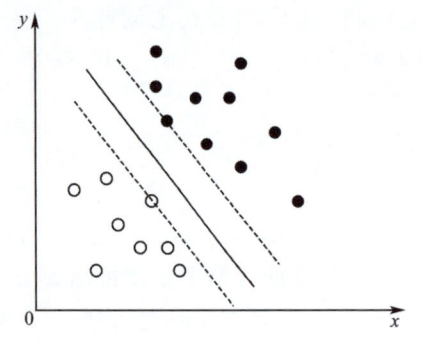

图 7-15 SVM 的实现原理

在二维空间中,SVM 通过找到一条直线(在更高维度中是一个超平面),使 2 个类别的数据点到这条直线的最小距离(间隔)最大化。如果数据是线性可分的,那么这个最优超平面可完美分类 2 个类别的数据点。

对非线性可分的数据,SVM 使用一种名为"核技巧"的方法,通过将数据映射到更高维的空间来寻找一个能有效分隔 2 类数据的超平面。常用的核函数包括线性核、多项式核、径向基函数(RBF)核等。

SVM 的优势在于其出色的泛化能力,尤其是在数据维度高于样本数量的情况下。然而,对大规模数据集,SVM 的训练过程可能比较耗时且模型的性能表现较大程度取决于其选取的超参数(核函数和参数调优)。

上述内容分别介绍了基于深度学习的视觉检测方法和基于机器学习的视觉检测算法。基于深度学习的视觉检测算法能通过模型训练自动学习和提取复杂的特征,在大规模数据集和复杂视觉任务通常有较好表现;而基于机器学习的视觉检测算法通常需要人为进行特征工程,更适用于数据量较小,问题较特定的场景。因此,在处理不同的视觉检测任务时,应该针对任务特性选取更合适的方法，以获取更出色的视觉检测结果。

7.6 视觉定位

人们总是希望智能机器人能更快速地完成复杂任务，因此智能机器人的视觉定位技术成为不可或缺的技术。机器人视觉系统的核心是导航定位、路径规划、避障、多传感器融合等。在机器人和计算机视觉领域，视觉技术可分为不同类型，包括单目、双目、多目和RGBD等。这些技术可视为机器人的"眼睛"，也被称为"视觉里程计"（Visual Odometry，VO）。视觉里程计通过分析处理图像序列来确定智能机器人在三维空间中的位置和姿态。

随着数字图像处理和计算机视觉技术的快速发展，越来越多的研究者选择使用摄像机作为全自主移动机器人的感知传感器。这是因为传统的超声波或红外传感器在感知信息方面受限，鲁棒性较差，而视觉系统可在很大程度上弥补其不足。然而，需要注意的是，现实世界是三维的，而投射在摄像机镜头（CCD/CMOS）上的图像是二维的。因此，视觉处理的主要目标是从这些感知到的二维图像中提取关于三维世界的信息。

不同类型的视觉技术具有各自的优势和应用场景。单目视觉技术使用单个摄像机，可以通过分析运动和特征来估计智能机器人的运动。双目视觉技术利用2个摄像机之间的视差信息，能提供更准确的深度估计。多目视觉系统可进一步增强深度感知和环境理解。RGB-D技术结合彩色图像和深度信息，提供更丰富的环境感知能力。

视觉技术在机器人和计算机视觉领域扮演关键角色。通过分析图像序列，实现机器人的定位和姿态估计。随着技术的不断发展，视觉技术将继续在各种应用中发挥重要作用。机器人视觉系统组成主要可分为软件系统和硬件系统。机器人视觉系统组成如图7-16所示。

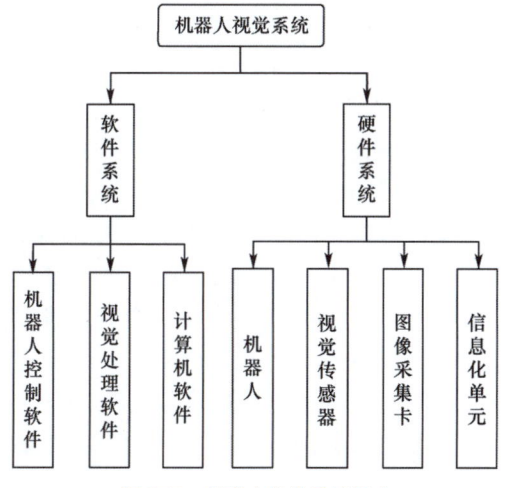

图7-16 机器人视觉系统组成

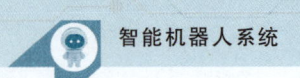

CCD/CMOS 为一行硅成像元素，在一个衬底上配置光敏元件和电荷转移器件，通过电荷的依次转移，将多个像素的视频信号分时、有顺序地取出，如面阵 CCD 传感器采集的图像的分辨率可从 32×32 到 1 024×1 024 像素等。

图像信号一般为二维信号，一幅图像通常由 512×512 个像素组成（当然有时也有 256×256 或 1 024×1 024 像素），每个像素有 256 级灰度或 3×8 bit，RBG 16 M 种颜色，一幅图像有 256 KB 或 768 KB（对于彩色）数据。将图像信息数字化，以便完成视觉处理的传感、预处理、分割、描述、识别和解释。

视觉导航定位系统运用摄像头捕捉周围环境图像，经过图像处理和学习子系统的深入分析，将处理后的图像信息与机器人的实际位置相关联，使智能机器人能在未知环境中自主地导航、定位和移动。系统利用神经网络和统计学方法，从图像中学习环境特征和拓扑关系，进而为机器人提供导航决策，使其能根据环境情况规划路径、避开障碍物，并准确到达目标位置。视觉导航定位系统中的环境图像处理流程如图 7-17 所示。

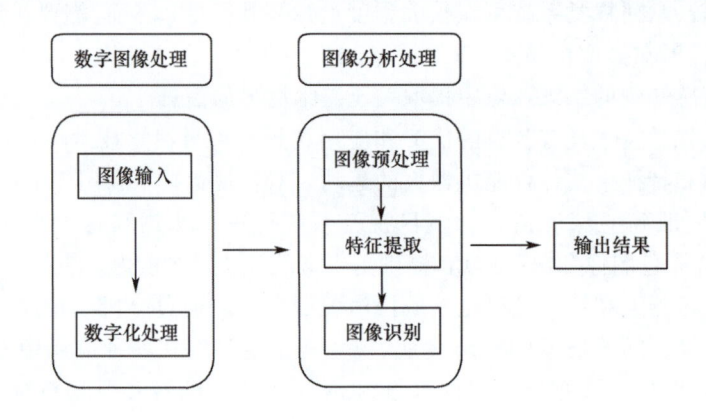

图 7-17　视觉导航定位系统中的环境图像处理流程

1. 输入

通过摄像头获取的视频流，记录摄像头在 t 和 $t+1$ 时刻获得的图像为 P_t 和 P_{t+1}，通过相机标定获得其具体值，再通过 MATLAB 或者 OpenCV 等计算机软件及软件库将其计算为固定量值。

2. 摄像头标定算法（2D-3D 映射求参）

摄像头标定是计算机视觉中的重要任务，用于将图像中的像素坐标映射到真实世界中的物理坐标。这个过程涉及相机的内参（内部参数）和外参（外部参数）的估计，以及像素坐标和物理坐标之间的转换关系。在摄像头标定中，2D-3D 映射求参是一个核心步骤，通过已知的 3D 图像点和对应的 2D 图像点来估计相机的参数。

摄像头标定的目标是获得相机的内参矩阵和外参矩阵，从而能准确地将图像中的点映射到世界坐标系中。这对于许多计算机视觉任务如物体跟踪、姿态估计、增强现实等都至关重要。

3. 机器视觉与图像处理

（1）预处理：灰度化处理、降噪处理、滤波处理、二值化阈值分割处理、边缘检测处理等。

（2）特征提取：从特征空间到参数空间的映射。

(3)图像分割:将图像从 RGB(红、绿、蓝)颜色空间转换为 HSV(色调、强度、饱和度)颜色空间。

(4)图像描述识别。

4. 输出

计算每一帧相机的位置和姿态,输出计算结果。

5. 基本过程

(1)通过视觉传感器采集,获得图像 P_t 和 P_{t+1}。

(2)对获得图像进行畸变处理。

(3)对图像 P_t 进行特征检测,跟踪这些特征到图像 P_{t+1}。如果跟踪特征有所丢失,特征数小于阈值,则重新进行特征检测。

(4)通过特征信息估计 2 幅图像的本质矩阵。

(5)对尺度信息进行估计,最终确定旋转矩阵和平移向量。

在这里介绍一种具有代表性的标定算法,张正友标定法(Zhang's Calibration Method),以便更深度地理解视觉标定的过程。张正友标定法是一种基于平面模板的自标定技术,能仅通过拍摄放置在不同姿态下的平面标定板来估计相机的内部参数和外部参数。这种方法因其实现简便、不需要昂贵的标定设备而得到广泛应用。

(1)数据采集:用户需要准备一个带有明显图案(如棋盘格)的平面标定板,并在不同的角度和位置下对其拍照。通常,至少需要拍摄 3 张具有不同视角的照片,以确保获得足够信息进行标定。

(2)特征提取:通过图像处理技术检测标定板上的特征点,如棋盘格的角点。通过图像二值化、角点检测等操作,旨在准确找到每个特征点在图像中的像素坐标。

(3)求解相机参数:利用特征点在图像上的位置和它们在世界坐标系中的已知位置,张正友算法使用数学模型来建立二者之间的映射关系。该方法首先估计相机的内在参数(如焦距、主点坐标、畸变系数)和每张照片的外在参数(相机相对于标定板的姿态和位置)。

(4)精细调整:通过非线性最小二乘法进一步优化内外参数,以减小重投影误差,提高标定的准确性。避免相机的径向畸变和其他可能影响图像质量的因素。

张正友标定法的优势在于它的高效性和灵活性,可在没有专业标定设备的情况下,仅通过打印的标定板和普通相机完成相机的精确标定,使其在学术和工业领域得到广泛应用。

7.7 实 例

基于神经网络的机器人视觉抓取:在工业领域中,机器视觉引导机器人进行抓取任务应用广泛(图 7-18)。然而,由于环境多变、复杂,抓取物体形状不规则且存在堆叠、截断等现象。因此,如何利用机器视觉协助机器人实现在复杂环境下的高精度快速抓取和装配技术仍有很大挑战(图 7-19)。

图 7-18　机器视觉引导机器人进行抓取任务

图 7-19　机器人抓取不同物体

机器人视觉抓取任务的根本目的是建立外界视觉传感器信息与机器人抓取位姿之间的关系。快速、可靠地获取抓取目标的位置信息是完成该任务的关键。首先,通过视觉传感器获取抓取目标的图像信息,然后将图片数据集传入神经网络进行训练。训练后的神经网络可定位抓取目标并获取相关位置信息,随后传递至机械臂。最后,机械臂选择合适的抓取策略进行抓取。基于神经网络的机器人视觉抓取方法可分为 3 个部分:抓取位置检测、抓取位姿估计及抓取可行性评估。机器人视觉抓取流程如图 7-20 所示。第一阶段主要采用端到端思想,建立了以 Mask-RCNN 为核心的抓取位置初步检测方法,获取初步的抓取框。第二阶段进一步提取抓取特征,建立一种抓取角度评估网络 Y-Net,并采用 Q-Net 神经网络对抓取物体的可行性进行评估。选取可行性最高点作为抓取点并结合抓取角度,最终获取机器人抓取位姿。

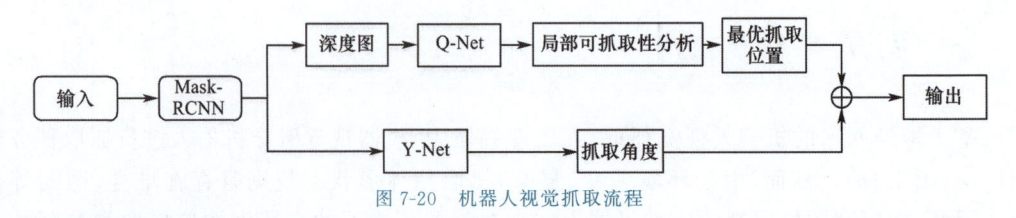

图 7-20　机器人视觉抓取流程

1. 网络模型结构

以抓取框内的局部抓取特征图像作为 Y-Net 神经网络的输出。该模型主要由 4 层卷积层和 1 层全连接层组成。卷积层在神经网络中扮演关键角色,其利用卷积核来提取网络中的特征。卷积层计算方法如图 7-21 所示。

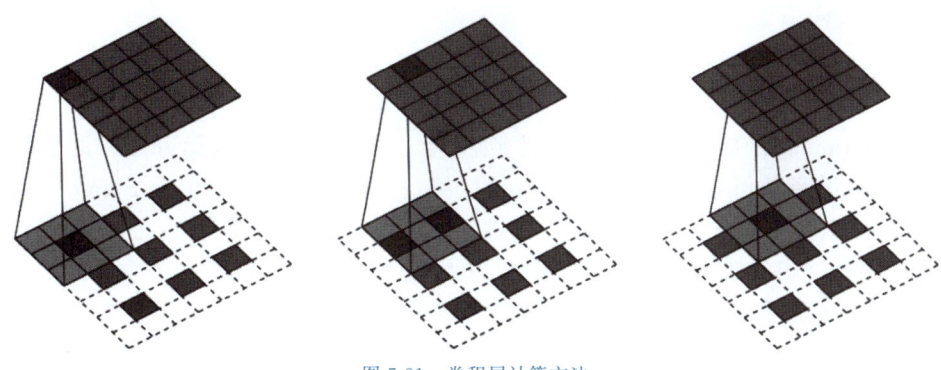

图 7-21 卷积层计算方法

为减小网络的深度和计算量，卷积层的卷积核个数分别设置为 16、32、64 和 128。此外，全连接层用于识别抓取角度的 180 个类别，对应 −180°至 180°。因为抓取系统采用二指夹爪，具有对称性，全连接层的神经元个数为 4 096。网络结构如图 7-22 所示。

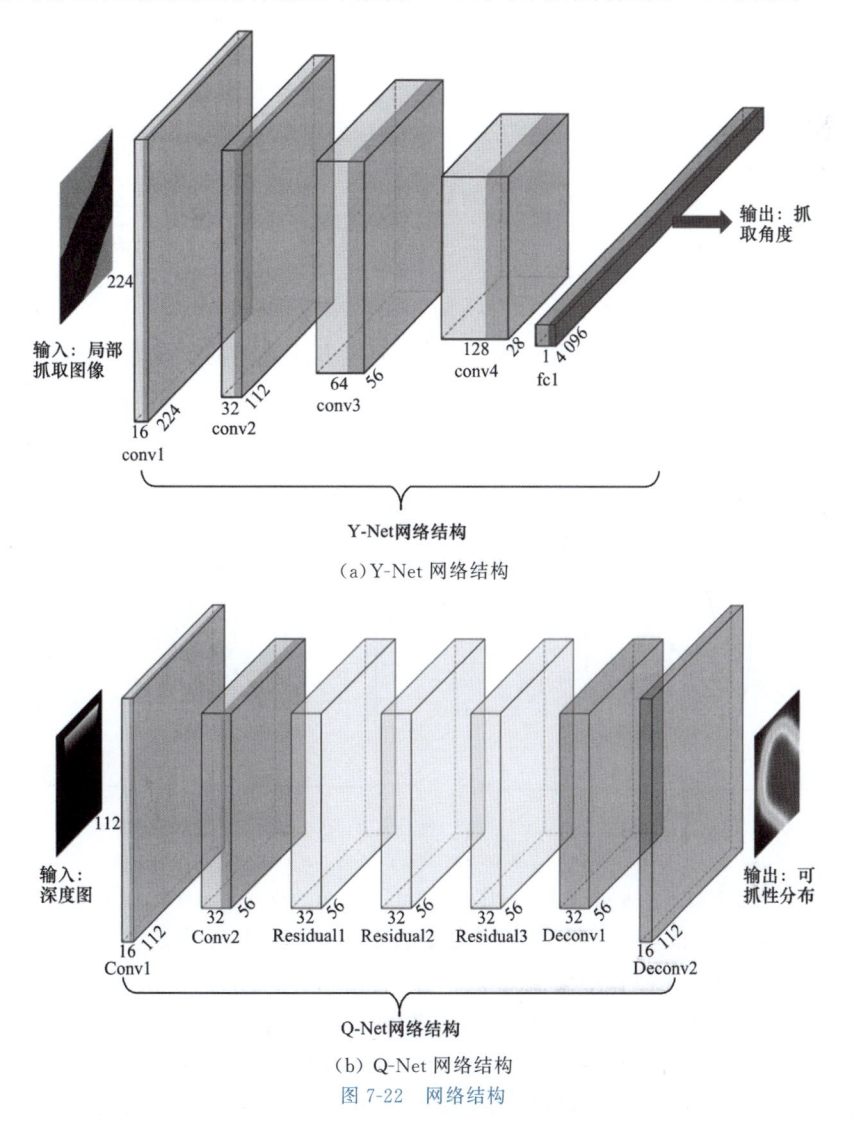

(a) Y-Net 网络结构

(b) Q-Net 网络结构

图 7-22 网络结构

2. 激活函数

在神经网络模型中，激活函数不可或缺。常见的激活函数包括 Tanh 激活函数、Sigmoid 激活函数等。激活函数的引入为模型加入非线性因素，其可有效提高网络模型的表达能力。Sigmoid 函数是主流的非线性拟合器之一，其可将正负无穷之间的数映射到 $[0,1]$。Sigmoid 函数可有效将全连接层神经网络进行非线性拟合。但是 Sigmoid 函数在零点附近的曲率变化很小（图 7-23(a)）。当神经网络中的参数距离原点较近时，反向传播会导致梯度消失。而 ReLU 激活函数的一个重要特性是不会导致梯度在正数区间消失。当输入大于 0 时，梯度始终为 1。与传统的激活函数（如 Sigmoid 或 Tanh）在大部分区间上的梯度都很小形成鲜明对比。因此，ReLU 对于解决梯度消失的问题十分有效（图 7-23(b)）。

(a) Sigmoid 激活函数　　(b) ReLU 激活函数

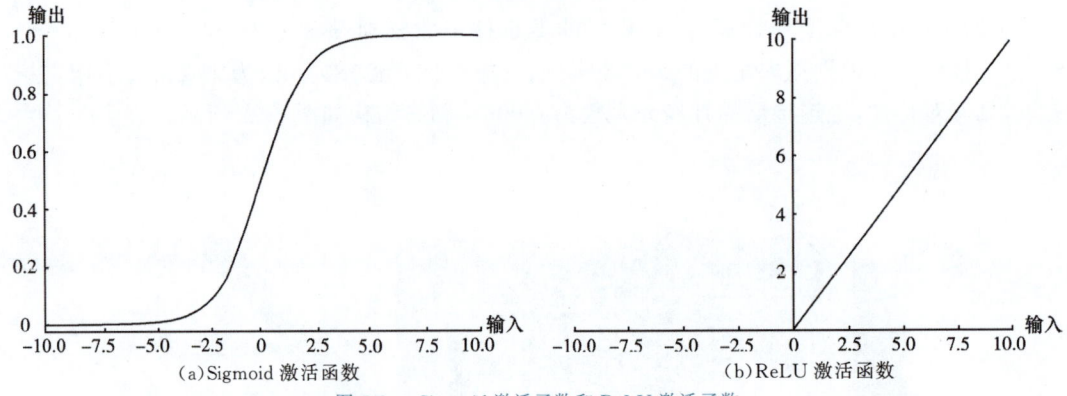

图 7-23　Sigmoid 激活函数和 ReLU 激活函数

3. 损失函数及归一化方法

神经网络存在尺度不变性，即输入样本的尺度通常是不确定的。因此，参数反向传播后的数学分布会发生偏移。归一化方法被引入神经网络。通过对模型进行线性变换，归一化方法可实现数据的标准化。这是在搜索最优梯度时，使其速度优于未标准化的方法（图 7-24）。

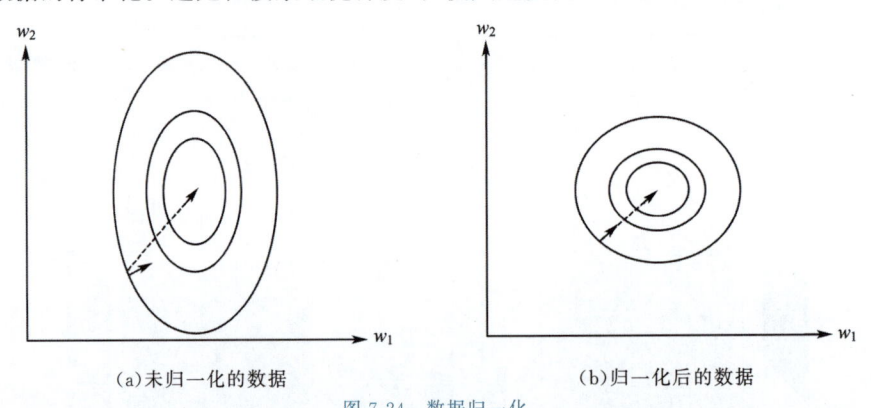

(a) 未归一化的数据　　(b) 归一化后的数据

图 7-24　数据归一化

常用的归一化方法包括批量归一化（Batch Normalization，BN）和层归一化（Layer Normalization，LN）。批量归一化作为优化方法之一，可看作在两层卷积层之间加了计算层，并对其中的神经元进行归一化。

在获取抓取框内图像对应的深度图后，首先对深度图的空洞进行填充。这些空洞是由相机获取深度图时的反光、透明物体和噪点等因素造成的。这导致深度图中的一些像素值呈现纯黑色（像素值为 255）。因此，采用深度填充方法对深度图进行预处理。这种方法适用于基于 RGB-D 图像的单目相机搭建的机器人抓取与装配系统。

4. 模型训练

对于机器学习及深度学习方法而言，数据集对模型的效果起重要作用。

本实例采用的抓取数据集可分为 Cornell 数据集及自建的机器人抓取数据集。自建的抓取样本数据集由拍摄的 RGB 图像组成，以平整的纯白色桌面为背景，包含 24 类常见的生活物品，如笔、订书器、黑板擦、胶带、剪刀、杯子等。自建视觉抓取数据集如图 7-25 所示。

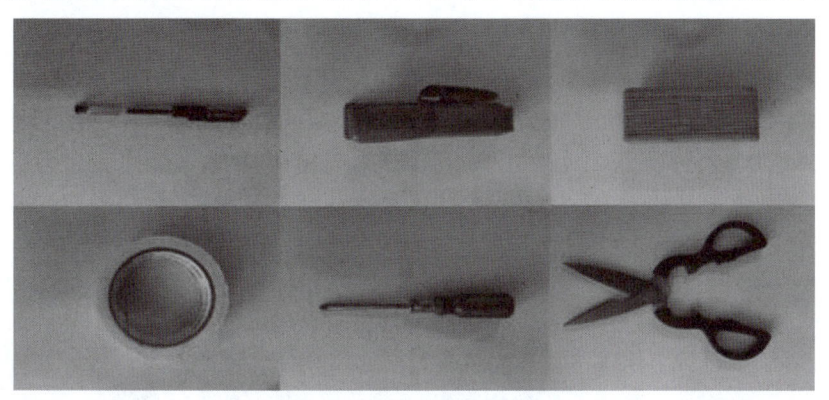

图 7-25　自建视觉抓取数据集

Cornell 抓取数据集是由 855 张不同的 224 种日常物体的图片组成。其包含物体 RGB 图像、点云数据、可行抓取位置及不可行抓取位置。可行抓取位置及不可行抓取位置由 2 组坐标组成，分别表示抓取框的 2 个对角点的坐标。其中包含 8 019 个抓取位置。Cornell 数据集包含不同位姿、不同位置的物体，其可有效表示不同物体的抓取位姿并用于机器人训练当中（图 7-26）。

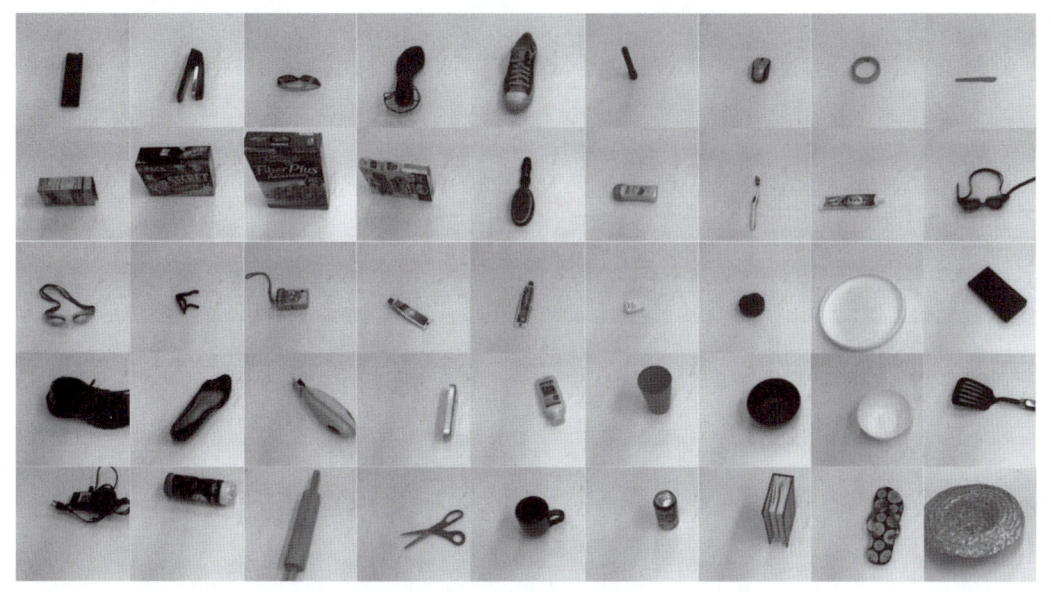

图 7-26　Cornell 抓取数据集

通过旋转方法扩充数据集，以模拟不同抓取物体的形态。首先，拍摄每类 50 张不同物体的 RGB-D 图像作为初始数据集，随后将其调整为新的 RGB 图像，并对每张图片进行标注，确保抓取目标位于图像中心，避免因后续旋转而导致抓取目标超出图片边缘。接着，采

用仿射变换对图像进行旋转,并对抓取框坐标进行变换。以图像中心为圆心,每隔5°旋转360°,生成新的图片,最终生成86 400张不同角度的抓取图片。

为保证后续网络的检测速度和适应较浅层的神经网络,本章选取抓取框内的图像作为训练样本,以 1°为间隔旋转至图像中心旋转180°(由于Robotiq夹爪为平行二指夹爪,仅需旋转半周),共生成432 000张图片。每种抓取角度的样本都转换为 Tfrecords 格式,以便后续网络训练。

5. 可信性分析

在 Cornell 数据集上,将本算法与其他抓取位姿检测方法进行比较。本书选择 Cornell 数据集中几类不同的物体对算法进行测试,以上述定义的抓取框来表示抓取位置和抓取角度,热图的颜色从蓝色(外部)到红色(内部)依次表示可抓性从低到高。为验证 Mask-RCNN 所得到的抓取框的准确性,将待抓取物体的全局热图表示出来,并将抓取框内的局部热图表示在右上角,白点为最终确定的抓取点(图7-27至图7-28)。

(a)可抓性分布

(b)抓取位置

图 7-27 类长条形物体的抓取可行性分析

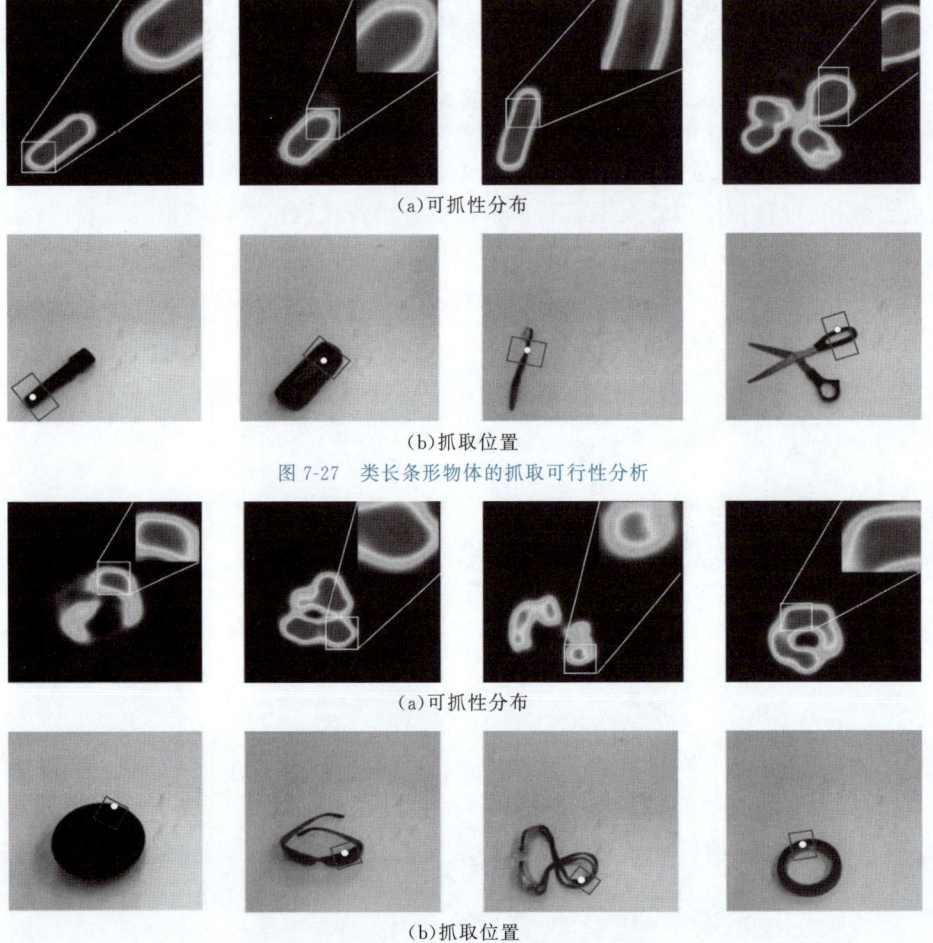

(a)可抓性分布

(b)抓取位置

图 7-28 类环形物体的抓取可行性分析

智能机器人抓取前,首先,通过离线学习过程采集实验数据;其次,用以上述训练数据建立装配经验数据库,并初始化模型参数;最终,以此模型进行在线装配抓取(图7-29至图7-30),其在真实场景下可有效完成智能机器人抓取实验。然而,在实际生产中,面临的生产环境往往更复杂。因此,应在更复杂的实际生产场景下部署本算法并进行实验。

图 7-29 智能机器人对不规则物体的抓取

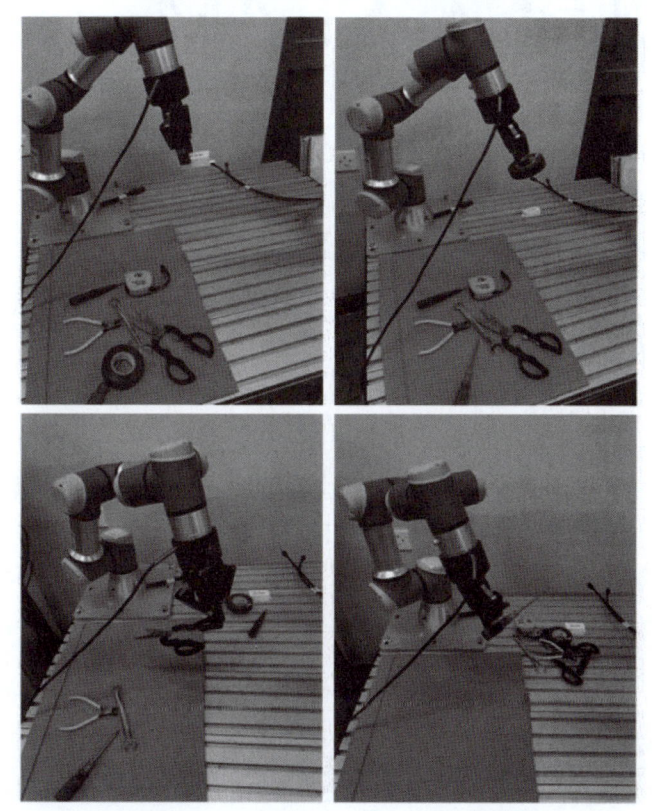

图 7-30 复杂环境下智能机器人对物体的抓取

习 题

7-1 机器视觉系统主要由什么组成?

7-2 图像处理主要由哪几部分组成?它们各自的作用是什么?

7-3 RGB 及 HSV 中各元素代表的意义是什么?

7-4 机器人视觉系统中的硬件单元和软件单元中各组成部分是什么?

第 8 章
智能机器人 SLAM

8.1 概 述

  机器人在未知环境中进行自主探索和运动,至少需要知道两件事:一是要清楚自身的状态(定位),二是要了解外在的环境(建图)。"定位"和"建图"可看作感知的"内外之分"。最初机器人定位问题和建图问题被看作 2 个独立的问题来研究。机器人定位问题是在已知全局地图的条件下,通过机器人传感器测量环境,利用测量信息与地图之间存在的关系,以求解机器人在地图中的位姿。定位问题的关键是必须事先给定环境地图。机器人建图问题是在已知机器人全局位姿的条件下,通过机器人搭载的传感器测量环境,利用测量地图路标时的机器人位姿、距离和方位信息,求解观测的地图路标点坐标值。建图问题的关键是必须事先给定机器人观测时刻的全局位姿。

  显然,建立在环境先验基础上的定位和建图有很大局限性,当机器人位于未知环境(如火星探测车、地下矿洞等)中时,先验信息将不复存在,机器人会陷入进退两难的局面:没有全局地图信息,位姿无法求解;而位姿未知,又无法创建地图。1986 年,Smith 和 Cheeseman 将定位和建图中的机器人位姿和地图路标点作为统一的估计量进行整体状态估计,开创了同时定位与建图问题研究的先河。

  同时定位与建图(Simultaneous Localization and Mapping,SLAM)是指机器人在未知环境中通过运动过程中重复观测的地图特征进行自身位姿的估计,并结合自身位置构建增量式地图,从而达到自身定位和地图构建的目的。SLAM 是机器人领域的关键问题,也是大量相关应用的基石,如自动驾驶、无人机、智能物流、智能服务机器人、增强现实、外太空探索等。机器人在所处环境中的位置,以及对所处环境的理解是后续相关决策(如路径规划、避障、任务相关操作等)的基础,越高层次的任务对环境的理解能力要求越高。SLAM 问题已成为机器人在未知环境下进行自主导航必须解决的基础问题。

8.2 SLAM 问题的数学表述

8.2.1 状态估计问题

机器人在未知环境中运动,用 x_k 表示机器人位姿,m_i 表示环境中的路标点,机器人在运动轨迹上的每一个位姿都能观测对应的路标特征(如 $z_{k-1,i+1}$ 表示机器人在 x_{k-1} 处观测到路标特征 m_{i+1}),运动轨迹上相邻的 2 个位姿可以用 u_k 表示其运动位移量(图 8-1)。在实际运动中,机器人的运动位移量 u_k 一般由轮式里程计或惯性传感器获得,观测 z 通常由机器人上的激光雷达或相机完成,运动方程和观测方程可由式(8-1)表示。

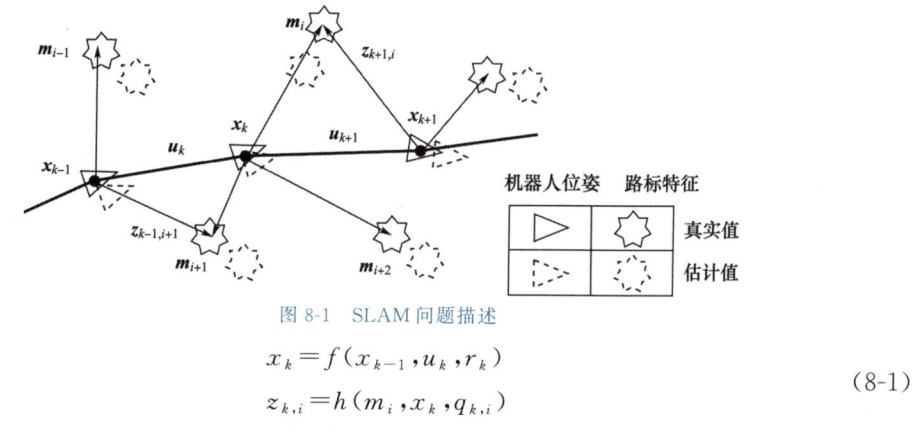

图 8-1 SLAM 问题描述

$$\begin{cases} x_k = f(x_{k-1}, u_k, r_k) \\ z_{k,i} = h(m_i, x_k, q_{k,i}) \end{cases} \tag{8-1}$$

式中,r_k 为运动过程携带的噪声;$q_{k,j}$ 为观测过程携带的噪声。

随着时间推移,描述机器人位姿的 x_k 受误差影响将偏离真实位姿,观测的路标特征坐标也会因观测误差而偏离真实坐标值。

SLAM 问题可看作一个状态估计问题,待估计量是机器人位姿和路标点,通过运动过程和观测过程所提供的信息,逐步减小状态估计量与真实值的偏差,从而完成对机器人位姿和路标点的估计。状态估计问题的求解与 2 个方程的具体形式,以及噪声服从哪种分布有关。按照运动和观测方程是否为线性,噪声是否服从高斯分布进行分类,分为线性/非线性和高斯/非高斯系统,其中线性高斯系统是最简单的,其无偏最优估计可由卡尔曼滤波器(Kalman Filter,KF)给出。而在复杂的非线性高斯系统中,可用扩展卡尔曼滤波器(Extended Kalman Filter,EKF)和非线性优化 2 类方法求解。

8.2.2 滤波方法

根据对噪声模型处理方式的不同,滤波方法可分为参数滤波和非参数滤波。参数滤波包括卡尔曼滤波和信息滤波。卡尔曼滤波采用矩参数表示高斯分布,具体实现有线性卡尔曼滤波、扩展卡尔曼滤波和无迹卡尔曼滤波;信息滤波采用正则参数表示高斯分布,具体实现有线性信息滤波、扩展信息滤波。首先以线性卡尔曼滤波为例做详细介绍。

当讨论线性高斯系统时,机器人的运动方程和观测方程可写成式(8-2)和式(8-3),

$$\begin{cases} x_k = A_k x_{k-1} + B_k u_k + r_k \\ z_k = C_k + q_k \end{cases} \quad k = 1, 2, \cdots, N \tag{8-2}$$

式中，A_k 为状态转移矩阵；B_k 为控制输入矩阵；C_k 为观测矩阵；x_k 为系统在 k 时刻的状态向量；u_k 为系统在 k 时刻的输入向量；r_k 和 q_k 分别为运动过程和观测过程中的噪声，假设其服从零均值高斯分布：

$$r_k \sim N(0, R), q_k \sim N(0, Q) \tag{8-3}$$

那么依据式(8-2)可写出运动模型的概率分布 $P(x_k | x_{k-1}, u_k)$ 和观测模型的概率分布 $P(z_k | x_k)$ 的具体高斯分布形式，如式(8-4)和式(8-5)所示。利用机器人的具体测量数据，能求出式(8-4)和式(8-5)的具体取值。

$$P(x_k | x_{k-1}, u_k) = \frac{1}{\sqrt{(2\pi)^n \det(R_k)}} \exp\left(-\frac{1}{2}[x_k - (A_k x_{k-1} + B_k u_k)]^T R_k^{-1}[x_k - (A_k x_{k-1} + B_k u_k)]\right) \tag{8-4}$$

$$P(z_k | x_k) = \frac{1}{\sqrt{(2\pi)^n \det(Q_k)}} \exp\left[-\frac{1}{2}(z_k - C_k x_k)^T Q_k^{-1}(z_k - C_k x_k)\right] \tag{8-5}$$

经典卡尔曼滤波流程如下：

(1)预测：根据上一时刻的状态和输入预测当前时刻的先验估计状态值和先验估计误差协方差矩阵[本章用 $\check{x}$（下帽子）表示先验估计，用 $\hat{x}$（上帽子）表示后验估计]：

$$\begin{aligned} \check{x}_k &= A_k \hat{x}_{k-1} + B_k u_k \\ \check{P}_k &= A_k \hat{P}_{k-1} A_k^T + R_k \end{aligned} \tag{8-6}$$

(2)更新：计算卡尔曼增益 K_k

$$K_k = \check{P}_k C_k^T (C_k \check{P}_k C_k^T + Q_k)^{-1} \tag{8-7}$$

然后得到状态值及其误差协方差矩阵的后验分布

$$\begin{aligned} \hat{x}_k &= \check{x}_k + K_k(z_k - C_k \check{x}_k) \\ \hat{P}_k &= (I - K_k C_k)\check{P}_k \end{aligned} \tag{8-8}$$

参数滤波在非线性问题和计算效率方面有很多弊端，而非参数滤波在这些方面表现更好，常见的有直方图滤波和粒子滤波。粒子滤波是一种能够处理非高斯噪声、非线性观测模型和运动模型的实用技术，它通过寻找一组在状态空间中传播的随机样本来近似表示概率密度函数，用样本均值代替积分运算，进而获得系统状态的最小方差估计的过程。这些样本被形象地称为"粒子"，故而叫"粒子滤波"。其实用之处在于它很容易实现，甚至不需要知道运动方程和观测方程的解析表达式，也不需要求偏导。粒子滤波器有很多版本，这里采用重要性重采样（Sample Importance Resampling）方法。其主要步骤如下：

(1)假设机器人运动方程和观测方程分别为

$$\begin{cases} x_k = f(x_{k-1}, u_k) + r_k \\ z_k = h(x_k) + q_k \end{cases} \quad k = 1, 2, \cdots, N \tag{8-9}$$

从由先验和运动噪声的联合概率密度中抽取 m 个样本：

$$\begin{bmatrix} \hat{x}_{k-1, m} \\ r_{k, m} \end{bmatrix} \leftarrow p(x_{k-1} | \check{x}_0, u_{1:k-1}, y_{1:k-1}) p(r_k) \tag{8-10}$$

式中, m 为唯一的粒子序号。

（2）将每个先验粒子和噪声样本代入非线性运动模型：

$$\check{x}_{k,m} = f(\hat{x}_{k-1,m}, u_k, r_{k,m}) \tag{8-11}$$

（3）结合 y_k 对后验概率进行校正,主要分为 2 步：

第一步,根据每个粒子的期望后验和预测后验的收敛程度,对每个粒子赋予权值 $r_{k,m}$:

$$r_{k,m} = \frac{p(\check{x}_{k,m} | \check{x}_0, u_{1:k}, y_{1:k})}{p(\check{x}_{k,m} | \check{x}_0, u_{1:k}, y_{1:k-1})} = \eta p(y_k | \check{x}_{k,m}) \tag{8-12}$$

式中, η 为归一化系数。在实践中,通常使用非线性观测模型来模拟期望的传感器读数 $\check{y}_{k,m}$:

$$\check{y}_{k,m} = h(\check{x}_{k,m}, 0) \tag{8-13}$$

接着假设 $p(y_k | \check{x}_{k,m}) = p(y_k | \check{y}_{k,m})$,其中等式右边的概率密度已知(如高斯分布)。

第二步,根据赋予的权重,对每个粒子进行重要性重采样：

$$\hat{x}_{k,m} \xleftarrow{\text{重要性重采样}} \{\check{x}_{k,m}, r_{k,m}\} \tag{8-14}$$

即可计算得机器人状态 x 的后验分布。粒子滤波的框图表示如图 8-2 所示。

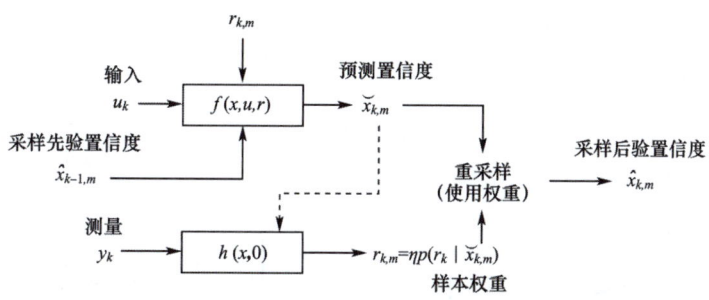

图 8-2 粒子滤波的框图表示

粒子滤波的一个关键要素在于它需要根据分配给当前每个样本的权重重新采样出后验密度。一种方法是假设有 M 个样本,并且每个样本都被赋予了一个非归一化的权重 $r_m \in \mathcal{R} > 0$。根据权重,建立以 β_m 为边界的小区间：

$$\beta_m = \frac{\sum_{n=1}^{m} r_n}{\sum_{l=1}^{M} r_l} \tag{8-15}$$

各个 β_m 形成区间 $[0,1]$ 上 M 个边界：

$$0 \leqslant \beta_1 \leqslant \beta_2 \leqslant \cdots \leqslant \beta_{M-1} \leqslant 1 \tag{8-16}$$

注意到 β_m。然后,生成在区间 $[0,1]$ 上服从均匀分布的随机数 ρ。对 M 次迭代,将包含 ρ 的小区间中的样本加入新的样本列表。在每次迭代中,将 ρ 增加 $1/M$。这保证长度大于 $1/M$ 的所有小区间的样本都在新样本列表中。

滤波方法可看成一种增量算法,机器人需要实时获取每一时刻的信息,并把信息分解到贝叶斯网络的概率分布中,状态估计只针对当前时刻。计算信息都存储在平均状态矢量及对应的协方差矩阵中,而协方差矩阵的规模随地图路标数量的二次方增长,也就是说其具有

$O(n^2)$ 计算复杂度。在每一次观测后，滤波方法都要对该协方差矩阵执行更新计算，当地图规模很大时，计算将难以进行，因此滤波方法不适合闭环地图构建和大规模高度的非线性的 SLAM 任务。

8.2.3 优化方法

优化方法简单累计获取的信息，然后利用之前所有时刻累积的全局性信息，离线计算机器人的轨迹和路标点。这样就可以处理大规模地图。优化方法的计算信息存储在各个待估计量之间的约束中，利用这些约束条件构建目标函数进行优化求解。本节对非线性优化方法中主流的光束平差法（Bundle Adjustment，BA）进行详细介绍。

光束是指在相机模型中，三维空间中的点投影到像素平面的光路（图 8-3）。平差即最小二乘，由于测量仪器的测量误差不可避免，观测值的个数一般要求多于确定未知量所必需的观测个数。光束平差法是指从视觉图像中提炼最优的 3D 模型和相机参数（内参数和外参数）。考虑从任意特征点发射的几束光线，它们会在几个相机的成像平面上变成像素或检测的特征点。如果我们调整各相机姿态和各特征点的空间位置，使得这些光线最终收束到相机的光心，称为"BA"。

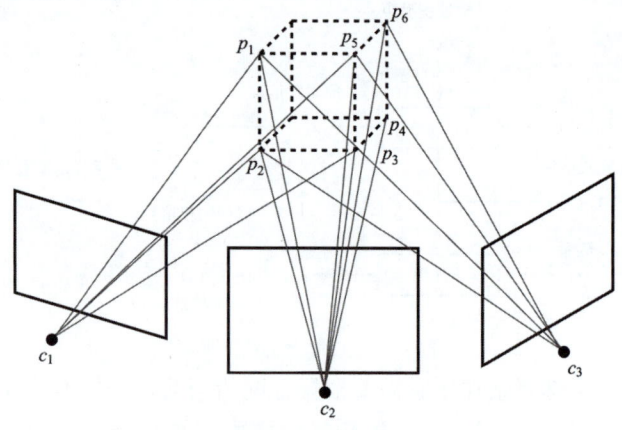

图 8-3 光束示意

光束包含相机相对于观察对象的空间位置信息，可用于计算重投影误差。重投影误差是指真实三维空间点在图像平面上的投影（图像像素）和重投影（根据估计的相机内外参数计算出来的像素）之间的坐标差值。光束平差法通过最小化重投影误差来估计最优相机位姿参数和路标点三维空间坐标。光束平差法模型以相机位姿点 c_i 和路标点 p_j 为节点。光束平差法模型如图 8-4 所示。

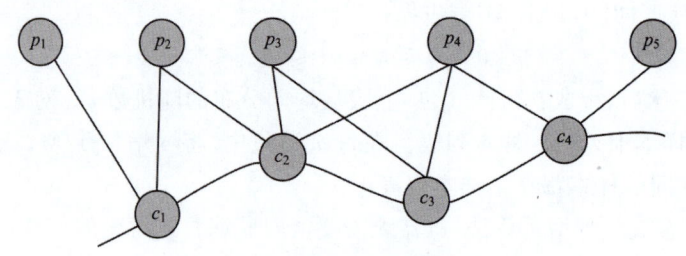

图 8-4 光束平差法模型

对每个相机位姿点 $^w c_i$，均有观测的路标点 $^w p_j$，令每个路标点 $^w p_j$ 在相机位姿点 $^w c_i$ 处成像的像素坐标为(u_{ij}, v_{ij})，记为${}^p p_{ij}$。对于每个路标点，根据其在世界坐标系下的坐标$({}^w x, {}^w y, {}^w z)$，通过相机内参和外参计算其在像素平面上的重投影像素坐标$({}^p x, {}^p y)$，记为$h({}^w p_i, {}^w p_j)$。定义相机位姿点${}^w c_i$处观测路标点${}^w p_j$的观测误差为

$$e_{ij} = \| {}^p p_{ij} - h({}^w c_i, {}^w p_j) \|^2 \tag{8-17}$$

考虑所有相机位姿点和观测点的重投影误差，得到优化目标函数：

$$\min_{C,P} \frac{1}{2} \sum_{i=1}^{m} \sum_{j=1}^{n} \| {}^p p_{ij} - h({}^w c_i, {}^w p_j) \|^2 \tag{8-18}$$

通过最小化重投影误差，即可实现对当前相机位姿信息和路标点信息的整体优化。

重投影误差代价函数中包含$h({}^w p_i, {}^w p_j)$，该函数是非线性函数，需要采用非线性优化方法进行求解，大致有2种方法：一种方法是先对该非线性问题进行线性化近似处理，然后直接求解线性方程得到待估计量；另一种方法并不直接求解，而是通过迭代策略，让目标函数快速下降到最小值处，从而得出待估计量。常见的迭代策略有梯度下降法、高斯-牛顿法、列文伯格-马夸尔特算法等。下面以高斯-牛顿法为例做详细介绍。

描述 SLAM 问题的最小二乘形式通常如式(8-19)所示。

$$\min_{x} F(x) = \frac{1}{2} \| f(x) \|_2^2 \tag{8-19}$$

高斯-牛顿法是最优化算法中最简单的算法之一，它的思路是先将$f(x)$进行一阶泰勒展开：

$$f(x + \Delta x) \approx f(x) + J(x)^T \Delta x \tag{8-20}$$

式中，$J(x)^T$是$f(x)$关于x的一阶导数。当前的目标是寻找增量Δx，使得$\frac{1}{2} \| f(x + J(x)^T \Delta x) \|^2$达到最小，即需要解一个线性最小二乘问题：

$$\frac{1}{2} \| f(x) + J(x)^T \Delta x \|^2 = \frac{1}{2} [f(x) + J(x)^T \Delta x]^T [f(x) + J(x)^T \Delta x]$$

$$= \frac{1}{2} [\| f(x) \|^2 + 2 f(x) J(x)^T \Delta x + \Delta x^T J(x) J(x)^T \Delta x] \tag{8-21}$$

求式(8-21)关于Δx的倒数，并令其为零：

$$f(x) J(x) + J(x) J(x)^T \Delta x = 0 \tag{8-22}$$

解得

$$J(x) J(x)^T \Delta x = -J(x) f(x) \tag{8-23}$$

这个方程是关于变量Δx的线性方程组，称为"增量方程"或"高斯牛顿方程"。求解增量方程是整个优化问题的核心所在。高斯-牛顿法的算法步骤可写成：

(1) 给定初始值x_0。

(2) 对于第k次迭代，求出当前的雅可比矩阵$J(x_k)$和误差$f(x_k)$。

(3) 求解增量方程：$H \Delta x_k = g$。

(4) 若Δx_k足够小，则停止迭代，否则，令$x_{k+1} = x_k + \Delta x_k$，返回第(2)步。

滤波方法和优化方法是最大似然和最小二乘的区别。滤波方法为增量式算法，能实时在线更新机器人位姿和路标点，而优化方法是非增量式算法，要计算机器人位姿和地图路标

点,每次都需要在历史信息中推算一遍,因此无法做到实时。相比于滤波方法较大的计算复杂度,优化方法的局限在于存储。研究优化方法中约束结构的稀疏性,能大大降低存储压力,利用位姿图简化优化过程的结构,能极大提高计算实时性。时至今日,优化技术已明显优于滤波器技术,成为 SLAM 中主流状态估计方法。

8.3 实时定位

定位是在回答机器人"我在哪"的问题,是其对自身所处环境的综合判断,对后续执行具体任务至关重要。迄今为止,定位问题仍是机器人学研究领域的核心问题之一。机器人实时定位可分为被动定位和主动定位 2 种,被动定位依赖外部人工信标,主动定位则不依赖外部人工信标。

8.3.1 被动定位

全球卫星导航技术(Global Navigation Satellite System,GNSS)是目前应用最成功的室外被动定位技术之一,其通过测量自身与地球周围各卫星的距离来确定位置,而与卫星的距离主要通过测量时间间隔来确定。一个卫星信号从卫星上发出时,带有一个发送时间,地面 GNSS 接收机接收信号时,又有一个接收时间,通过比较接收时间与发送时间,能估算各卫星的距离,从而实现定位。目前世界范围内,可接收的卫星信号主要来自 4 个系统:美国的全球定位系统(Global Positioning System,GPS)、中国的北斗卫星导航系统(Beidou Navigation Satellite System,BDS)、俄罗斯的格洛纳斯系统(GLONASS)及欧盟的伽利略系统(GALILEO)。

当卫星信号受到遮挡时,GNSS 定位精度降低,因此在室内通常会借助移动网络或 Wi-Fi 进行定位,在定位精度要求更高的场合会使用超宽带无线通信技术(Ultra-Wide Band,UWB)进行定位。这些室内定位方法与室外卫星定位方法原理类似,都是通过外部基站提供的人工信标进行三角定位。在物流仓储等特殊场合,会在环境中放置人工信标(如二维码、磁条等),使机器人在移动过程中检测信标时获取相应位姿信息。

思政微课堂

8.3.2 主动定位

被动定位有诸多缺点,一方面是搭建提供人工信标基站成本高昂,另一方面是许多场合不具备基站搭建条件(如地下深坑、岩洞等)。这时,主动定位技术的优点凸显。

主动定位是机器人依靠自身传感器对未知环境进行感知并获取定位信息。Dieter Fox 等人最早提出"主动定位"概念,它的目的是更有效地控制机器人,迅速降低机器人自身位置的不确定性。目前,常见的主动定位方法有激光定位、视觉定位、红外线标识定位、超声波定位等。

激光定位主要是利用光的反射原理,通过测定光束反射的时间差和角度,计算光束出发点和反射面的相对距离,进而计算传感器在当前路标坐标系下的位置和方向,达到实时定位的目的。视觉定位是通过相机对环境信息进行采集,再将这些信息与当前位置进行关联,从而实现机器人主动定位。由于相机具有成本低、信息量丰富、探测范围广等优点,因此视觉定位技术得到广泛研究与应用。

单一类型的传感器难免会受诸如环境、天气、介质、障碍物等的限制与约束,导致感知盲区。因此,机器人通常会搭载多种传感器,形成感知矩阵,多维度采集融合各类环境特征信息,实现高精度定位。

8.4 环境建模

环境建模即构建环境地图。地图可用于定位,也可用于避障。定位用的地图与避障用的地图并不一定相同。环境地图有许多种,如特征地图、点云地图、栅格地图、拓扑地图等。视觉 SLAM 通常以构建特征地图和拓扑地图为主,激光 SLAM 以构建点云地图和栅格地图为主。下面简要介绍几种典型的地图形式。

8.4.1 拓扑地图

拓扑地图(Topological Map)采用紧凑的方式对整个环境信息进行抽象化表达(图 8-5)。它不需要记录精确的物理坐标和尺寸,只需要记录节点及节点之间的拓扑关系。在拓扑地图中,节点代表环境中的关键位置,即地标,如房间、门、走廊等,而边代表节点之间的邻接关系,如门连接 2 个房间、走廊连接 2 个节点等。由于去掉了环境中的诸多细节。拓扑地图存储资源消耗大幅降低。拓扑地图保存着拓扑点前后的对应关系,使整个地图的访问也更加便捷高效。在构建拓扑地图的过程中,拓扑节点的选择是生成整个拓扑图的关键,采取不同的拓扑点生成方式将会产生完全不同的拓扑地图。

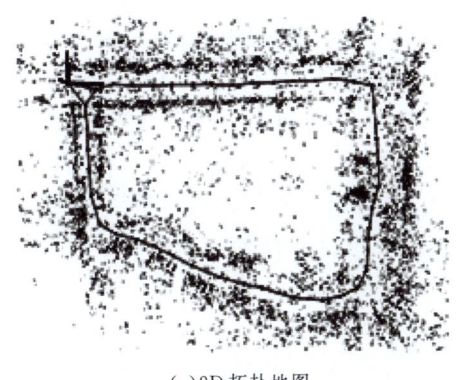

(a)2D 拓扑地图 (b)3D 拓扑地图

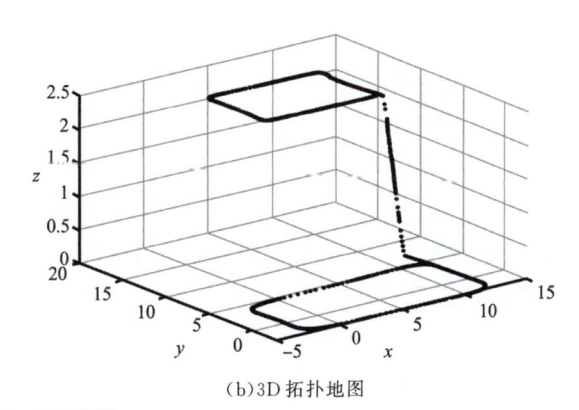

图 8-5 拓扑地图

基于拓扑地图的机器人导航,机器人通过特定的传感器获取环境信息,并将这一信息与拓扑地图进行匹配,以确定自身位置。当完成定位后,再利用拓扑地图上的节点和边计算到达目标位置的最短路径,并根据特定的控制算法沿着路径移动。相比于更复杂的环境地图,基于拓扑地图的导航有许多优势:

1. 地图的简洁性

拓扑地图通过提取环境中的关键点及其之间的连接关系简化了地图表示,更易存储和处理。

2. 抽象级别

拓扑地图提供了一种对环境进行高层次抽象的方法。这使机器人能更好地理解环境中的结构和关系。这种抽象级别有助于机器人规划路径和避免障碍物。

3. 地图更新和维护

拓扑地图中的节点和边可轻松地添加、删除或更新。这使地图的维护和更新变得相对容易。这对于机器人在动态环境中导航尤为重要。

8.4.2 栅格地图

栅格地图(Grid Map)是用一个个栅格组成的网格来代表地图。根据维度的不同又可分为二维栅格地图和三维栅格地图。

二维栅格地图比较简单,是将二维连续空间用栅格进行离散划分。机器人通常采用二维占据栅格地图,其是对划分的每个栅格用一个占据概率值进行量化。概率为 1 的栅格被标记为占据状态,概率为 0 的栅格被标记为非占据状态,概率在 0 到 1 的栅格被标记为未知状态。在导航过程中,机器人要避开占据状态的栅格,在非占据状态的栅格中通行。机器人通过传感器来探明未知状态的栅格的状态(图 8-6)。

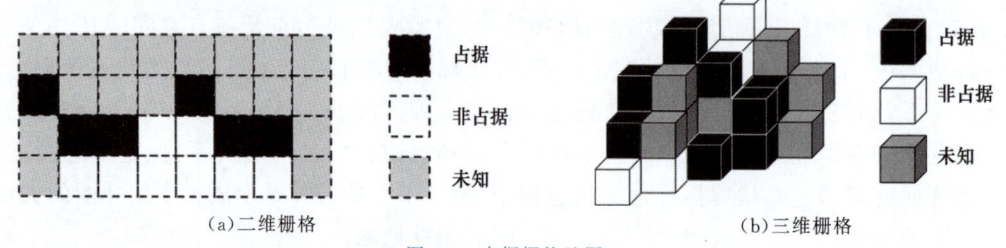

(a)二维栅格　　　　(b)三维栅格

图 8-6　占据栅格地图

二维栅格地图无法描述立体障碍物的详细状态,因此其对环境的描述并不完备。按同样思路,将三维空间用立体栅格进行离散划分,可得三维栅格地图。三维占据栅格地图是对划分出来的每个立体栅格用一个占据概率值进行量化(图 8-6)。相比二维栅格,三维栅格的数量更多。为提高三维栅格地图数据处理效率,通常采用八叉树(Octree)对三维栅格数据进行编码存储。这样就得到了八叉树地图(OctoMap),如图 8-7 所示。具体来说,是将一个立体空间划分成 8 个大的立体栅格,然后对每个栅格继续进行同样划分。这样就形成了一个八叉树结构。利用八叉树,可很容易得到不同分辨率的地图。

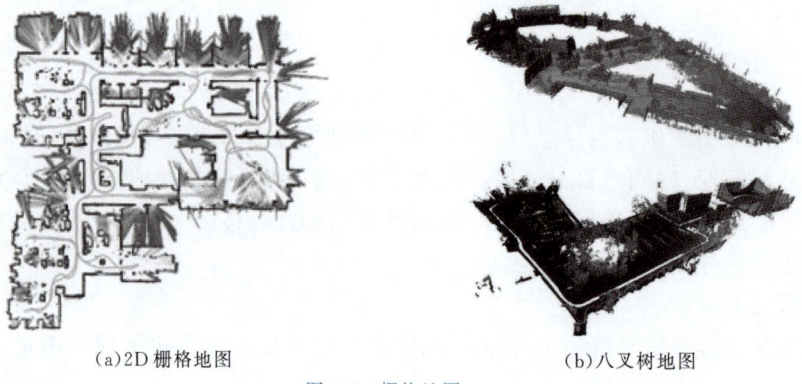

(a)2D 栅格地图　　　　(b)八叉树地图

图 8-7　栅格地图

栅格地图有良好的扩展性,可根据具体应用场景的要求选择合适的栅格大小和分辨率,同时,每个栅格单元可表示不同属性和特征,使地图内容更清晰。另一方面,栅格地图需要存储和处理大量的栅格数据,对存储空间和计算资源要求较高,其地图信息是以离散的网格单元表示的,无法准确地反映地形细节和连续性,存在一定精度限制。

8.4.3 语义地图

传统地图缺乏高级语义信息,使机器人无法准确执行避障、识别、交互等复杂任务。随着计算机硬件计算能力不断提升,以及相关理论的不断完善,深度学习技术取得长足进步,并在大量视觉任务中体现了统治性的性能,如分类、语义分割、目标检测等。于是,研究人员将深度神经网络提取的语义特征引入传统 SLAM 系统,构建语义地图(Semantic Map),如图 8-8 所示。相较于低层次的手工特征,语义特征在视角、环境、光照变化的条件下仍能保持一致性,具有更好的泛化能力,但同时对计算机算力、存储及实时性提出更高要求,因此其适用范围仍有较大局限。

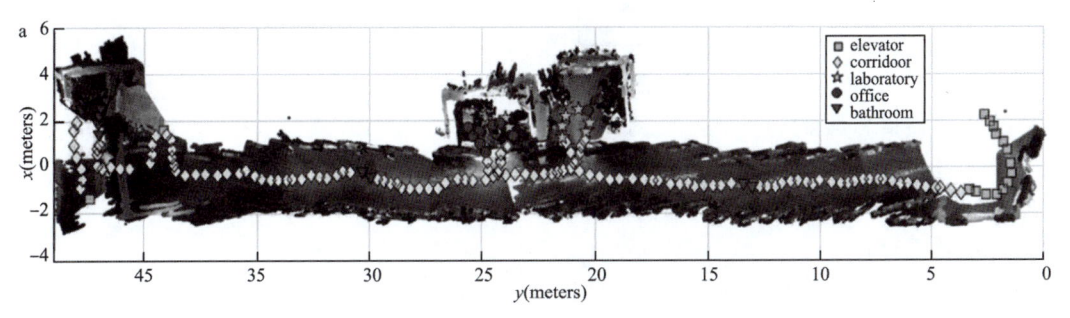

(a)带标签的室内语义地图

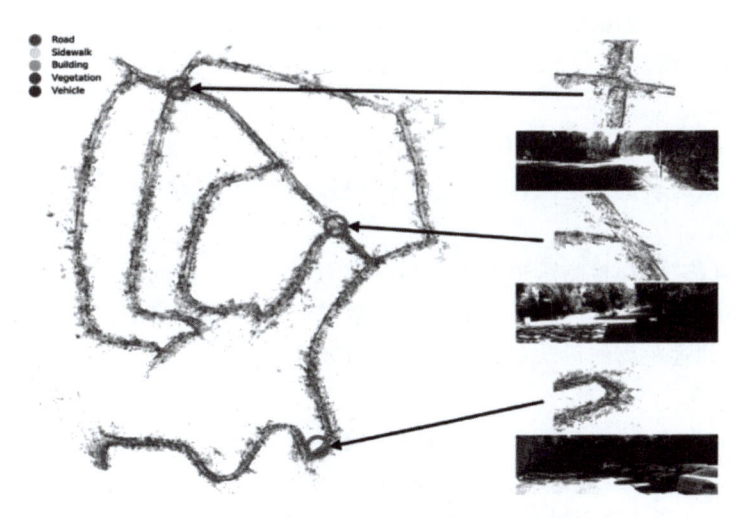

(b)带标签的室外语义地图

图 8-8 语义地图

8.5 经典 SLAM 系统

8.5.1 视觉 SLAM

视觉 SLAM 即利用相机解决定位和建图问题,常用的相机包括单目、双目和深度相机 3 类,此外,还有全景相机、事件相机等特殊或新型种类。视觉 SLAM 框架如图 8-9 所示。

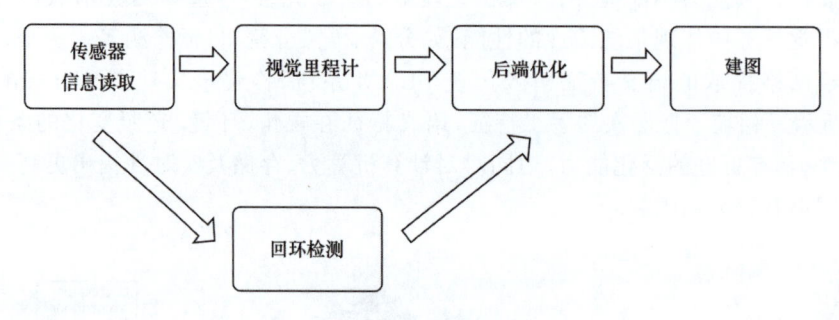

图 8-9 视觉 SLAM 框架

1. 传感器信息读取

视觉 SLAM 主要为相机图像信息的读取和预处理。如果是在机器人中,其还可能有编码器、惯性传感器等信息的读取和同步。

2. 视觉里程计

视觉里程计的任务是估算相机在相邻图像之间运动参数的过程,又称为"前端"。视觉里程计的工作方式为增量模式,即当前时刻的估计误差会传递到下一时刻,导致一段时间后的估计轨迹与实际轨迹出现较大偏差,即累计漂移。为解决漂移问题,视觉 SLAM 要进行后端优化和回环检测。

3. 后端优化

后端接受不同时刻的视觉里程计测量的相机位姿,以及回环检测的信息,对其进行优化,得到全局一致的轨迹和地图,由于接在 VO 后,又称为"后端"。

4. 回环检测

回环检测又称"闭环检测",主要用于解决位置估计的漂移问题。回环检测模块通过识别机器人回到历史时刻到过的点,进而对估计值进行闭环约束,消除这段时间内的累计估计误差,对于长时间远距离的运动参数估计具有重要作用。

5. 建图

根据估计的轨迹,建立与任务要求对应的地图。

根据前端对数据图像处理方式的不同,视觉 SLAM 又可分为特征点法、直接法和半直接法(图 8-10)。特征点法通过特征点匹配来估计相邻图像间的相机运动参数,其主要步骤包括特征点提取、特征点描述、特征点匹配和相机运动估计。特征点法对环境光照敏感度较低,已成为视觉里程计主流且成熟的解决方案。但特征点法也有一定缺陷,例如,特征点提取与描述子计算较耗时,只利用图像的特征点信息,导致除特征点外的大部分图像信息被忽略,对纹理信息较弱的图像难以提取大量特征点,因而难以找到足够的匹配点进行运动估计。为解决以上不足,直接法被提出。直接法可根据像素灰度的差异,直接计算相机运动参数。由于直接法是直接对像素灰度进行计算,因此省去了特征点匹配的时间,并且可用于特征点缺失但有图像灰度梯度的弱纹理场景。相对于特征点法,其仅能构建稀疏地图,直接法可根据使用像素的数量来构建稀疏或稠密的地图。直接法也有其局限性,例如,基于灰度不变假设,对相机性能要求高;依赖图像灰度梯度进行搜索,当相机运动距离过大时,会导致图像灰度不规则变化,使优化算法陷入局部最优解。半直接法结合特征点法和直接法的思路,在处理速度和鲁棒性方面有一定提升。

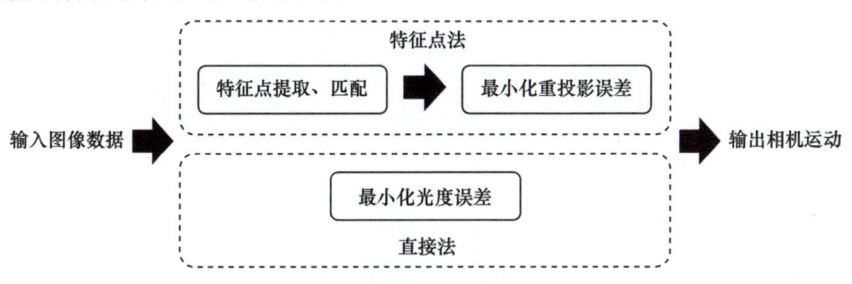

图 8-10 特征点法和直接法流程

常见的视觉 SLAM 算法见表 8-1。

表 8-1 常见的视觉 SLAM 算法

算法		传感器	前端	后端	闭环	地图	发布时间
特征点法	MonoSLAM	单目	数据关联与 VO	EKF 滤波	—	稀疏	2007 年
	PTAM	单目		优化	—	稀疏	2007 年
	ORB-SLAM2	单目 双目 RGB-D			BoW	稀疏	2016 年
直接法	DTAM	单目			—	稠密	2011 年
	LSD-SLAM	单目 双目 全景			FabMap	半稠密	2014 年
	DSO	单目				稀疏	2016 年
半直接法	SVO	单目		—		稀疏	2014 年

8.5.2 激光 SLAM

与视觉传感器相比,激光雷达具有测距精度高、不易受光照与视角变化等外部干扰和地图构建直观方便等优点,广泛应用于大型复杂室内外场景地图的构建。激光雷达按激光线数不同分为 2D 激光雷达和 3D 激光雷达(图 8-11)。2D 激光 SLAM 技术发展较成熟,已在服务机器人和工业现场得到应用。2D 激光雷达可同时发射和接受单线的激光,其结构简单、扫描速度高、角度分辨率高,功耗低且精度可达厘米级,但受限于平面环境而无法适用于全地形环境,在有起伏或存在坡道等场景就不能实现定位和地图构建。3D 激光雷达通过发射多束激光测量其与未知环境中物体的几何信息,获取包含精准的距离和角度信息的点云数据,体现三维空间结构信息,且线数越多,获得的激光点个数越多,对环境结构的描述更清晰。

(a)单线激光雷达 　　　　　　　　(b)128线激光雷达

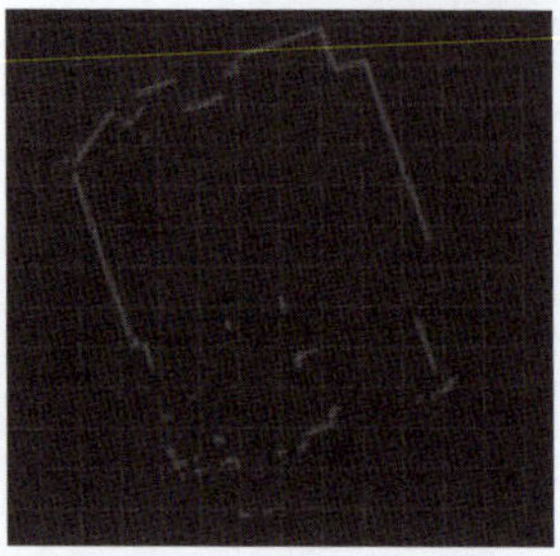

(c)2D激光点云数据 　　　　　　　(d)3D激光点云数据

图 8-11　激光雷达及其激光点云数据

激光 SLAM 算法框架包括前端数据关联和后端优化两部分(图 8-12)。前端根据激光雷达测得的点云数据,通过扫描匹配进行帧间配准,不断更新位置估计,并存储相应的地图信息;后端通过维护和优化前端得到的机器人位姿和观测约束,计算得到所构建地图的最大似然估计与机器人当前位姿。

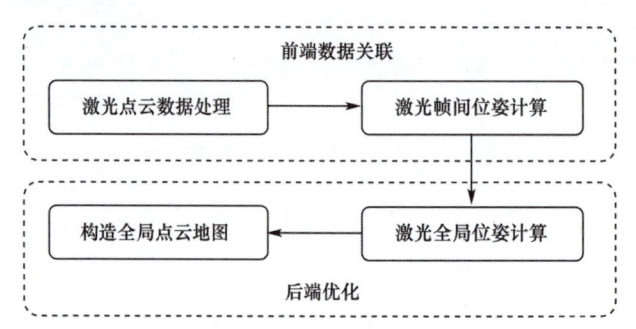

图 8-12　激光 SLAM 算法框架

激光雷达 SLAM 中的前端匹配与视觉 SLAM 中的视觉里程计类似,目标为获得两帧间的传感器位姿变换。目前,主流的前端扫描匹配算法包括基于优化的方法、正态分布变换、相关性扫描匹配、迭代最临近点及其变种、基于特征匹配的方法等。基于优化的方法通常将激光数据扫描匹配问题建模为非线性最小二乘问题,该方法可显著降低累计误差,但其对初值敏感,且计算量较大。正态分布变换将地图看作多个高斯分布的集合,不需要通过搜索,直接最小化目标函数便可得到转换关系,其计算量小、速度较快,在三维激光雷达 SLAM 与纯定位中应用较广泛。相关性扫描匹配通过暴力匹配可避免初值敏感的影响。扫描匹配算法流程如图 8-13 所示,由于暴力匹配计算量较大,一般可采用加速策略(如分支定界方法)以降低计算量。

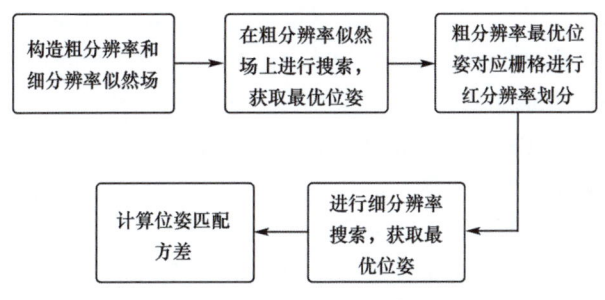

```
构造粗分辨率和        在粗分辨率似然        粗分辨率最优位
细分辨率似然场  →   场上进行搜索,  →   姿对应栅格进行
                     获取最优位姿         细分辨率划分
                                              ↓
        计算位姿匹配        进行细分辨率
              方差      ←    搜索,获取最
                              优位姿
```

图 8-13　扫描匹配算法流程

传统迭代最邻近点方法(Point Cloud Registration,ICP)较经典,其通过最小化两帧待匹配图像点云的欧氏距离,恢复相对位姿变换信息,但其对初值选择较敏感,可能出现不收敛的情况而导致匹配失败。ICP方法的变种主要有 PL-ICP、PP-ICP 等方法。PL-ICP 方法采用的误差函数为点到直线的距离函数,适用于二维激光雷达 SLAM,其求解精度较高,但对初始值的选择更敏感且在存在大角度旋转干扰的情况下,其鲁棒性较低。PP-ICP 方法采用的误差函数为点到平面的距离函数,适用于三维激光雷达 SLAM,其求解精度高,但需要从大量的三维点云数据中提取特征点才可进行后续计算。ICP、PL-ICP、PP-ICP 的误差函数可统一表达为

$$T_{opt} = \arg\min_T \sum_i [(T^w p_{1i} - {}^w p_{2i}) n_i]^2 \quad (8\text{-}24)$$

式中,T_{opt} 为包含旋转及平移的齐次矩阵,为估计得到的最优解;t 为当前迭代值;${}^w p_{1i}$ 为一个计算点;${}^w p_{2i}$ 为一个匹配点;n_i 为投影向量,在 ICP 方法中为与 $M^w p_{2i}$ 平行的单位向量,在 PL-ICP 方法中为匹配点处拟合曲线的单位法向量,在 PP-ICP 方法中为匹配点处拟合曲面的单位法向量。

基于特征匹配的方法类似于视觉 SLAM 中的特征点法。由于激光 SLAM 应用场景的几何信息较显著,一般利用线、面特征进行匹配。

常见的激光 SLAM 算法见表 8-2。

表 8-2　常见的激光 SLAM 算法

算法	传感器	优化方法	特点
EKF-SLAM	2D 激光	基于滤波器	构建特征地图,计算量复杂,鲁棒性较差
FastSLAM	2D 激光	基于滤波器	最早实时输出栅格地图;消耗内存,粒子耗散严重
Gmapping	2D 激光	基于滤波器	缓解粒子耗散,非常依赖于里程计信息
Karto SLAM	2D 激光	基于图优化	首个基于图优化框架的开源方案,耗时较长
LOAM	3D 激光	基于图优化	实时性好;匀速运动假设,无闭环检测
Cartographer	2D 激光	基于图优化	CSM 与梯度优化的前端,图优化的后端,加速的闭环检测
LIO-SAM	3D 激光、IMU	基于图优化	紧耦合,鲁棒性更好;关键帧之间的特征被完全丢弃,信息损失多

8.5.3　多传感器融合 SLAM

随着应用场景复杂性不断提高,SLAM 在实际应用中仍面临挑战。在自动驾驶领域,

移动机器人不仅需要实时定位与建图,还需要识别行人和路标,即要求传感器可获得更丰富的语义信息;在救援领域,地形往往较复杂,运动存在较高的不确定性,要求位姿估计精度较高且需克服场景快速变化的影响。单一传感器通常具有局限性:超声波传感器有效距离短、方向性较差,无法获得除距离外的丰富信息;红外传感器方向性好,但进行动态测量时精度较低;视觉传感器可获得较丰富的语义信息,但易产生运动模糊;激光雷达传感器可快速响应动静态下的环境变化,但难以获取语义信息。因此,为提高定位和建图的精度,机器人通常不会只携带一种传感器,往往是多种传感器的融合,如在这种应用背景下,基于多传感器融合的 SLAM 方案应运而生,如激光和视觉融合的 SLAM、视觉和 IMU 融合的 SLAM、激光和 IMU 融合的 SLAM 等(表 8-3)。

表 8-3　　　　　　　　　　　多传感器融合 SLAM 算法

融合方式		模型	性能与贡献
视觉+IMU	松耦合	Konolige 等(2010)	越野地形中跟踪 10 km 运动,误差下雨 10 m(0.1%)
		Tardif 等(2010)	郊外跟踪 2 503 m,最大速度为 33 km/h,误差为 0.05%
	紧耦合	MSCEKF	推导测量模型,表达静态特征的多视图几何约束,状态量无须 3D 特征位置
		VINS-mono	单目视觉惯性估计器,具有 IMU 预计分、初始化和在线标定等解决方案
激光雷达+IMU	松耦合	LOAM	将 SLAM 分为里程计估计与点云配准 2 种算法,58 m 走廊精度可达 0.9%
		LeGO-LOAM	基于 LOAM,加入地平面优化,平移与旋转精度相对 LOAM 提升 2~10 倍
	紧耦合	LIOM	提出旋转约束细化算法,将激光雷达位姿与全局地图对齐
		LIO-SAM	提出一种滑动窗口方法处理激光雷达帧,可融合 GPS、指南针和高度计
激光雷达+视觉+IMU	松耦合	DEMO	激光雷达点云深度值为视觉特征提供深度信息,提高视觉里程计性能
		V-LOAM	耦合视觉里程计和激光雷达里程计,相对位置漂移达到 0.75%
	紧耦合	LIMO	从激光雷达测量中获取相机特征轨迹的深度提取算法
		VIL-SLAM	针对走廊、隧道退化场景,实时生成六自由度位姿、1 cm 体素稠密地图

(续表)

融合方式	模型	性能与贡献
其他传感器	Jang 和 Kim(2019)	融合声学高度计、IMU 和声学多普勒速度仪,实现基于双线性面板的未知水下测深 SLAM
	Zou 等(2020)	融合 WIFI、激光雷达和相机,构建 WIFI 无线点地图,实现室内高精度定位

以视觉惯性 SLAM 为例,相机与惯性传感器结合,优势互补,可得更精确的 SLAM 系统。主要体现在以下几个方面:

(1)在低速运动下,相机能稳定成像,而在高速运动时,不仅容易造成成像模糊,而且短时间内图像差异较大,导致出现特征误匹配的问题;IMU 输出的是线加速度和角速度,在高速运动时才输出可靠的测量,在缓慢运动时测量结果不可靠。所以,在低速和高速运动下数据的可靠性方面,两者具有互补性。

(2)相机成像效果不会随时间漂移,如果相机静止不动,则输出的图像不变。该图像估计的位姿是固定的;而 IMU 在短时间内具有较高精度,在长时间使用时测量值会有明显的漂移,仅凭 IMU 无法抑制漂移,而图像可提供约束来有效估计并修正漂移。所以,在抑制漂移方面,两者具有互补性。

(3)图像的特征提取与匹配和场景的纹理丰富程度强相关,在遇到白墙、玻璃等特殊场景下,很难提取可靠的特征点;而 IMU 不受视觉场景环境的影响。所以,在使用场景方面,两者具有互补性。

(4)当相机拍摄的图像发生变化时,仅凭图像信息无法判断是相机自身运动还是外界环境发生变化;而 IMU 测量的是本体的运动,与外界环境无关。所以,在感知自身运动和环境变化方面,两者具有互补性。

(5)单目相机无法获得绝对尺度,而通过与 IMU 的数据融合,可得绝对尺度信息。所以,在确定绝对尺度方面,两者具有互补性。

总之,多传感器数据融合可实现"1+1>2"的效果,克服复杂环境光线变化、场景快速移动、动态物体等因素对定位与建图产生的不良影响,进而提高 SLAM 系统的精确度和鲁棒性。

8.5.4 深度学习 SLAM

近年来,随着深度学习技术的兴起,计算机视觉的许多传统领域都取得突破性进展,如目标检测、识别和分类等。在视觉 SLAM 中引入深度学习技术,通常的做法是利用深度学习代替 SLAM 系统的某一个或某一些模块和步骤,如视觉里程计、回环检测、建图等。这使深度学习 SLAM 系统比传统算法展现更高的精度和更强的环境适应性。

1. 基于深度学习的视觉里程计

视觉里程计通过跟踪不同时刻相邻两帧图像进行帧间估计,得到相机位姿和深度图,其中,特征检测与提取是重要步骤之一。传统手工特征非常依赖设计者的先验知识,人为调整参数耗时耗力,难以利用大量数据;而深度学习具有强大的特征提取能力,将其作为通用拟合器,自动提取任务所需特征。这一特性使深度学习模型很好地适应各种环境,特别是对于

动态环境、复杂场景、运动模糊等手动建模困难的情况。

2. 基于深度学习的闭环检测

闭环检测是为了判断机器人是否经过同一地点,一旦检测成功,即可进行全局优化,从而消除累计轨迹误差和地图误差。闭环检测本质上属于图像识别问题。传统视觉 SLAM 中的闭环检测和位置识别通常是基于视觉特征点的词袋模型来实现的,但是由于词袋使用的特征较低级,对于复杂的现实场景(如光照、天气、视角和移动物体的变化)泛化性并不好。而深度学习可通过深度神经网络训练大量的数据集,从而学习图像的不同层次特征,图像识别率可达很高水平,而且泛化性能较好,对光照、季节等环境变化有更强的鲁棒性。

3. 基于深度学习的地图构建

建图是根据任务所需,构建一张能描述周围环境的地图,具有以下作用:在复杂环境中,为使用者提供能理解的地图参考;可根据构建的地图信息完成目标任务,如路径规划、定位、导航等;作为先验模型,为全局定位提供参考。深度学习方法可以通过深度估计、语义分割等帮助传统 SLAM 实现三维重建,构建蕴含信息更丰富的稠密语义地图,用于更高级别的避障或场景理解等任务,在视角、环境、光照变化的条件下有更好的稳定性。

8.6 实例

本节以室外大尺度环境下 GPS-激光-IMU 融合 SLAM 算法为例,其由数据预处理、状态估计和后端优化 3 部分组成(图 8-14)。

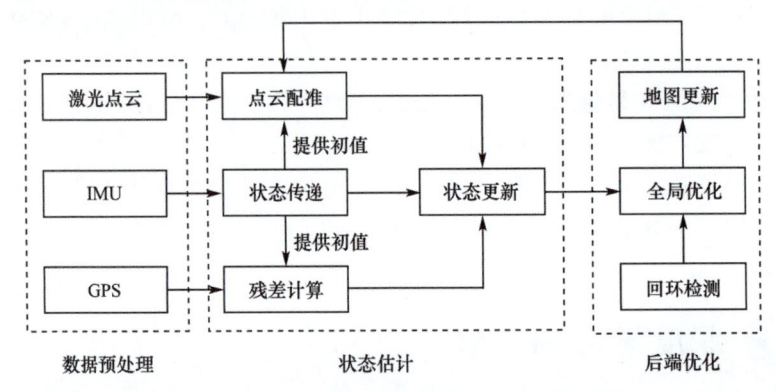

图 8-14　GPS-激光-IMU 多传感融合 SLAM 算法框架

1. 数据预处理

该模块主要对激光点云和 GPS 数据进行操作。由于激光对各点的采样存在时间差,因此需要使用 IMU 数据解算位姿将一帧激光中的所有点云数据都变换到采样结束时刻。输入系统的 GPS 数据是在经纬高坐标系下,需要将其转换到东北天坐标系(ENU)下。

2. 状态估计

使用迭代卡尔曼滤波算法融合 IMU、激光和 GPS 数据,估计机器人状态。首先使用 IMU 数据传递机器人状态,然后计算激光点云数据和 GPS 数据的残差并更新机器人状态,输出当前时刻的位姿估计,同时为后端优化提供良好初值。

3. 后端优化

由于相邻帧激光点云数据有很大一部分是重叠的,因此采用管理关键帧的方式管理点云数据可极大提高算法效率。采用 SC 全局描述子检测回环。通过 Isam2 算法融合回环因子与里程计因子,修正全局位姿并更新全局地图。新的全局地图作为下一次点云匹配的基准。

自建小车实验平台搭载 16 线激光雷达、九轴 IMU、GPS 等传感器模块,采用大疆妙算 Manifold 2-C 作为上位机,配备 Ubuntu18.04 ROS Melodic,Intel(R)Core(TM)i7-11800H CPU 及 16G 内存的笔记本计算机作为计算平台(图 8-15)。

测试算法在大尺度场景下的建图与定位精度。小车行驶轨迹如图 8-16 所示。移动平台的行驶轨迹全长超 6 km,由于硬件平台速度的限制,行驶时间约为 1.5 h。

图 8-15 自建小车硬件平台

图 8-16 小车行驶轨迹

大尺度场景建图效果如图 8-17 所示。GPS 数据可提供机器人的绝对位置信息,因此融合 GPS 数据可以提高 SLAM 系统鲁棒性,及时修正误差,有效遏制里程计漂移。

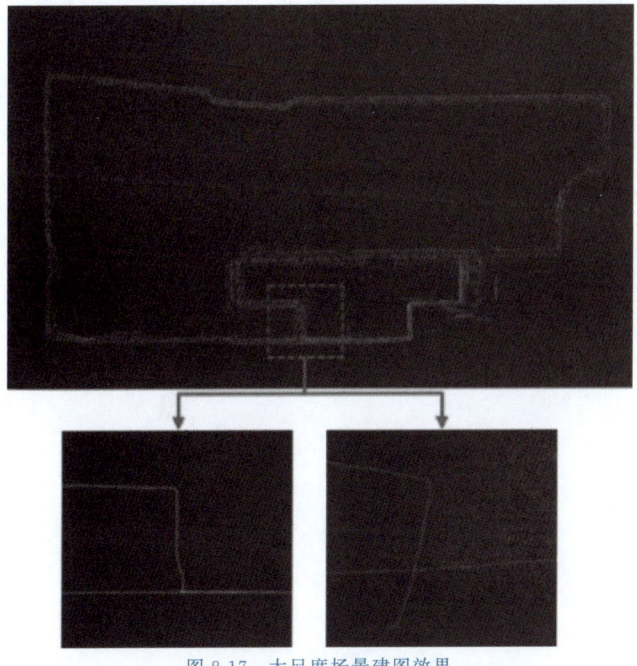

图 8-17 大尺度场景建图效果

习题

8-1 经典视觉 SLAM 框架由哪几个部分组成？各个部分分别有什么作用？

8-2 编程实现 SIFT、SURF、ORB 特征点提取。

8-3 简述各种类型地图的优缺点及适用场景。

8-4 简述激光 SLAM 与视觉 SLAM 的优缺点及其融合方式。

8-5 本章介绍了一些 SLAM 算法，试查阅相关资料，并在计算机上运行自己感兴趣的算法。

第 9 章 智能机器人路径规划

9.1 概　述

路径规划是指在给定起点和终点的情况下,通过计算、优化和搜索等方法,找到连接起点和终点的最佳路径。路径规划是机器人技术中的核心技术之一,是完成后续基础任务的前提。路径规划可应用于自动驾驶车辆、无人机、机器人等领域,其目的是使机器人在复杂环境中能自主导航,完成任务并尽可能降低风险和成本。因此,路径规划是机器人的关键技术。路径规划算法是关键技术的核心。

路径规划主要分为全局路径规划与局部路径规划。全局路径规划通常用于在静态环境下规划从起点到终点的路径。这种规划需要对整个环境进行建模,并使用搜索算法(如 A^* 算法、Dijkstra 算法等)来寻找全局最优路径。全局路径规划的优点是能找到最优解,但缺点是计算复杂度高,对实时性的要求较高。局部路径规划是指在机器人或车辆行驶过程中,根据当前环境实时规划适合的路径。局部路径规划通常只考虑机器人或车辆周围的局部环境,使用路径跟踪算法来跟踪全局路径。局部路径规划的优点是计算速度快、对实时性要求不高,但缺点是无法保证全局最优解。

通常情况下,全局路径规划和局部路径规划是相互配合的。全局路径规划提供全局最优路径,局部路径规划在全局路径的基础上进行实时调整,以保证机器人或车辆在复杂环境中能够安全、高效地行驶。在不同的应用场合下,机器人的周围环境也会变化,同时现场其他因素也会限制路径规划,并没有哪一种路径规划算法适用全部场合。

9.2 全局路径规划方法

9.2.1 Dijkstra 算法

Dijkstra 算法又叫"迪杰斯特拉算法",它是一种用于解决单源最短路径问题的算法。

该算法的目标是找到从一个源节点到其他所有节点的最短路径。该算法的基本思想是从源节点开始,通过不断扩展当前已知最短路径的节点集,不断寻找其他节点的最短路径。在具体实现过程中,需要维护一个距离数组和一个已访问节点的集合。初始时,源节点的距离被设置为0,其余节点的距离被设置为无穷大。然后,从距离数组中找到距离最小的节点,并将其加入已访问节点的集合中。接下来,通过比较源节点到其他节点的距离和已知的最短路径长度,来更新距离数组。不断重复这个过程,直到所有节点都被加入已访问节点的集合中。

Dijkstra算法流程如图9-1所示。

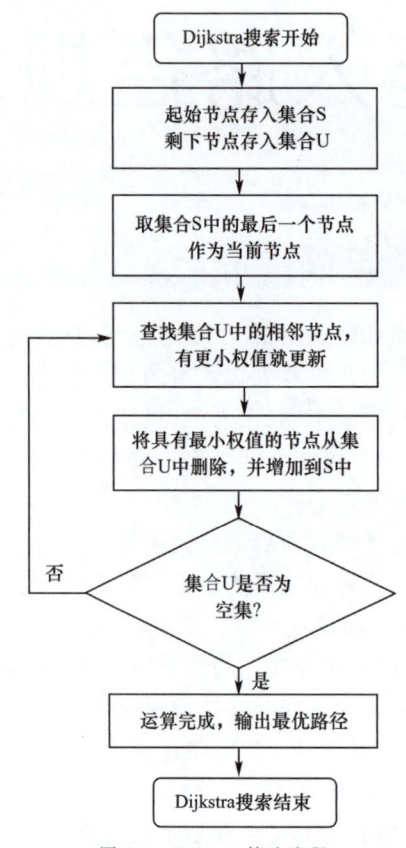

图9-1 Dijkstra算法流程

Dijkstra算法的实现过程可描述如下:

(1)初始化阶段,根据图中节点信息构建集合 S 和集合 U,将已找到最短路径的节点储存在集合 S 中,将还未遍历的节点储存在集合 U 中。初始化阶段,集合 $S=\{v\}$,节点 v 代表起始群节点,而图中除节点 v 外的所有节点都存放在集合 U 中,准备被遍历寻找。

(2)根据两点间构成边的距离参数,从集合 U 中找出距离 v 最近的节点 u,将 u 加入集合 S 中并从集合 U 中删除。此时集合 $S=\{v,u\}$。使用 $D[v,u]$ 表示两点间的距离。

(3)更新 u 节点为新的源点,重新计算集合中各节点与源点 u 距离。找出新节点的 k,通过判断条件:若 $D[v,k]+D[k,u]<D[v,u]$,则将节点 k 加入集合 S,同时将节点 k 从集合 U 中删除,更新 k 为新的中间节点。

(4)重复步骤(2)和(3),直到集合 U 中的所有节点都加入集合 S。

(5)根据以上步骤输出最短的路径结果。

Dijkstra算法的优点是能在带权重图中高效找到从起点到其他所有节点的最短路径。对没有负权边的图,算法的正确性得到保证。Dijkstra算法在离散图中规划的路径如图9-2所示。

图 9-2　Dijkstra算法在离散图中规划的路径

Dijkstra算法在离散图中进行路径规划时,生成的路径中转折点较多,累计转弯角度过大。在实际应用时,机器人在沿着路径前进过程中,需要频繁停下转向,导致运行时间延长,降低机器人工作效率。

然而,Dijkstra算法存在一些缺点。首先,Dijkstra算法只能用于求解单源最短路径,即从一个起点到其他所有节点的最短路径。如果需要求解多源最短路径,则需要对每个源点分别运行Dijkstra算法。这将导致较大的时间复杂度。其次,Dijkstra算法要求所有边的权重都为非负数,否则算法可能会得到错误的结果。最后,Dijkstra算法使用堆优化可提高算法的效率,但对于稀疏图,堆优化的开销可能会超过直接使用一个数组实现的开销,从而导致算法效率下降。为解决Dijkstra算法的缺点,研究人员提出了一些改进算法,如A*算法、Bellman-Ford算法、SPFA算法等。这些算法在不同的图结构和应用场景下有不同的优势和适用性。

9.2.2　A*算法

A*算法是一种基于启发式搜索的最短路径规划算法,广泛应用于路径规划、游戏开发、人工智能等领域。A*算法在Dijkstra算法的基础上增加了启发式函数,通过评估节点到目标节点的距离来指导搜索过程,从而提高搜索效率。A*算法搜索节点原理如图9-3所示。

从起点 S 开始,每次搜索当前节点周围 8 个方向的点,并根据评价函数进行筛选,选取代价值较小的点作为候选节点,直至搜索到终点 T。A*算法的基本思想是维护 2 个列表:开放列表(Open List)和关闭列表(Closed List)。开放列表用来存储待扩展的节点,关闭列表用来存储已经扩展过的节点。算法过程如下:

$$f(n)=g(n)+h(n) \tag{9-1}$$

式中,$f(n)$为起点到当前点 n 的代价与当前点 n 到目标点的估计代价的总和;$g(n)$为起点到当前点所花费的代价;$h(n)$为当前点到目标点的估计代价。

A*算法的优势在于其可根据启发式函数尽可能避免扩展无用的节点,从而提高搜索效

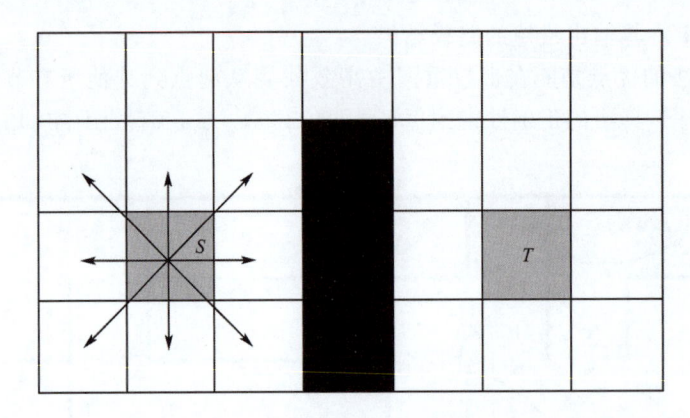

图 9-3　A* 算法搜索节点原理

率,同时保证找到的路径是最短的。常用的启发式函数包括曼哈顿距离、欧氏距离、切比雪夫距离等(图 9-4)。

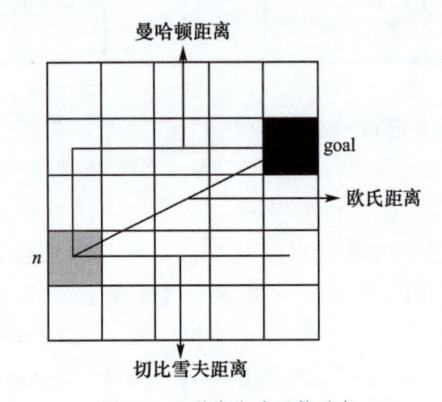

图 9-4　3 种启发式函数示意

1. 曼哈顿距离

表示中间节点和目标节点的坐标系差值之和。

$$H(n)=|x_1-x_2|+|y_1-y_2| \tag{9-2}$$

2. 欧式距离

表示中间节点到目标节点的直线距离。

$$H(n)=\sqrt{(x_1-x_2)^2+(y_1-y_2)^2} \tag{9-3}$$

3. 切比雪夫距离

表示中间节点和目标节点对应的 x 和 y 的坐标差值的最大值。

$$H(n)=\max(|x_1-x_2|,|y_1-y_2|) \tag{9-4}$$

A* 算法的数据结构如下:描述环境的数组或图 Graph、描述数组或图的节点 Node、开启列表 OpenList 及关闭列表 ClosedList。每一节点拥有前文讲到的实际代价 $g(n)$、启发函数 $h(n)$ 及与之相连的孩子节点数组 Children[]。开启列表 OpenList 的每个节点都要被检测,并按照估价值 $f(n)$ 的大小进行排序。关闭列表 ClosedList 存放被访问过的节点,放入关闭列表的节点的父节点都会被遍历且当目标点被加入关闭列表时算法结束。A* 算法实现描述见表 9-1,A* 算法流程如图 9-5 所示。

表 9-1　　　　　　　　　　　A^* 算法实现描述

算法：A^*
1：Openlist.Clear()；ClosedList.Clear()；
2：currentNode = nil；
3：startNode.g(x) = 0；
4：Openlist.Push(startNode)；
5：While currentNode ！= goalNode
6：currentNode = OpenList.Pop()；
7：for each s in currentNode.Children[]
8：s.g(x) = currentNode.g(x) + c(currentNode, s)；
9：OpenList.Push(s)；
10：end for each
11：ClosedList.Push(currentNode)；
12：End while

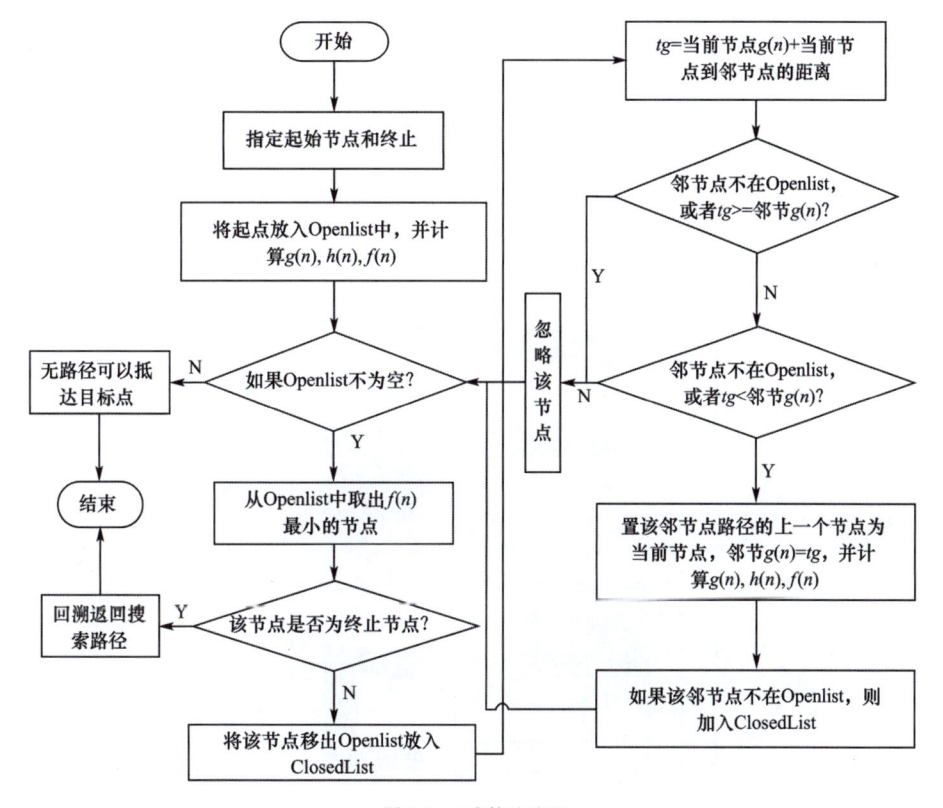

图 9-5　A^* 算法流程

9.2.3　D^* 算法

D^* 算法又称"动态的 A^* 算法"，曾用在火星探测器的路径规划算法。在未知环境或有动态障碍出现时，采用以前的 A^* 算法需要丢弃运算的当前节点的开启列表和关闭列表及启发函数的估价值等，以重新进行规划。这样无疑产生了巨大的计算信息损失。在此种情景下，A^* 算法无法很好地使用，因此诞生 D^* 算法。D^* 算法的核心思想如下：先采用 Dijkstra 或 A^* 算法从目标点 G 向起始点进行反向搜索，在搜索的过程中存储了网络中目

标点到各个节点的最短路径 h 到该节点目标节点的实际路径最短长度 k，并且搜索的路径中每个节点包含上一节点到目标点的最短路径信息。这是通过反向搜索建立一个"路径场"，并将节点路径信息保存在 OPEN 和 CLOSE 中。在遇到动态或临时添加的障碍时，"路径场"信息能避免不必要的重新路径规划带来的庞大运算量。

当"路径场"建立后，机器人便沿着最短路开始向目标点移动，在移动的过程中，如果下一节点没有变化时（$k=h$），无须重新计算，利用反向搜索时 Dijstra 算法计算的路径继续向目标点靠近，当在 Y 点发现下一节点 X 状态发生变化（$k<h$），如 X 点被障碍物占据等因素导致从 Y 到 X 的权值发生变化。此时，机器人需要更新自己从当前位置 Y 到目标点 G 的实际值 $h(Y)$。$h(Y)=c(X,Y)+h(X)$，其中 $c(X,Y)$ 代表相邻两点 X 与 Y 中 X 到 Y 的新权值，$h(X)$ 为 X 到目标点的原实际值。其中 k 值取 h 值变化前后的最小值。

D^* 算法首先通过 Dijkstra 算法或 A^* 算法建立"路径场"，相较于直接 A^* 算法重新路径规划可节省路径信息计算量。在机器人行走的过程中，如果发现节点的 $k<h$，称"RAISE 状态"，此时可能遇到障碍物，而如果发现节点的 $k=h$，我们称之为"LOWER 状态"，路径代价降低，当 X 从 OPEN 表中移走时会将更新信息传播到相邻节点。当按最短路径行移动时发现某一节点被障碍物占据，从而发生 RAISE，并随着其离开 OPEN 表而更新相邻节点的路径代价值。此时机器人将以当前位置节点为起点重新进行路径规划，由于其反向搜索的特性，起始点不断向目标点靠近，每次重规划目标节点附近的信息可以被重复利用。D^* 算法在仿真情况下的路径规划结果如图 9-6 所示。

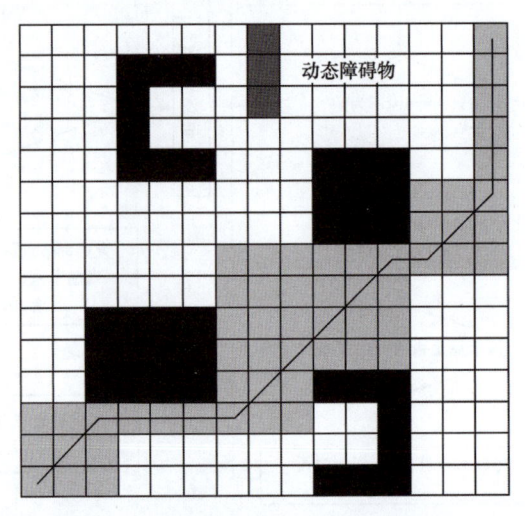

图 9-6 D^* 算法在仿真情况下的路径规划结果

D^* 算法的优点很多。对动态环境的路径规划，D^* 算法能快速更新路径，以适应环境变化。D^* 算法能处理环境不确定性的情况，如传感器误差和障碍物的运动。D^* 算法能对路径进行增量式更新，从而避免重新规划整条路径的开销。D^* 算法具有较强的可扩展性和适应性，能应用于不同的机器人或车辆，并且能适应不同环境。

D^* 算法缺点为实现较复杂，需要考虑很多细节和特殊情况。D^* 算法的性能受启发式函数的影响，如果启发式函数不合理，算法可能得到较差路径。D^* 算法需要不断更新节点的代价估计值。这可能会导致算法的开销较大。

总的来说，D*算法在动态环境下的路径规划方面表现出色，但是在静态环境下，A*算法或其他算法可能更优秀。

9.2.4 LPA*算法

LPA*（Lifelong Planning A*）算法是增量式A*算法，即在使用A*算法进行路径规划时，使用 rhs 为每个栅格节点保存父节点的路径规划代价值，一旦此节点遇到障碍，还可以利用保存的父节点的规划信息重新规划，而不必做全局规划。当执行路径规划的路线时遇到障碍，只是简单将相应栅格填充为障碍点，重复利用已计算的路径规划信息，只对估价值改变的栅格（增量）重新计算，因此需要对已经计算的栅格估价信息做存储，增加了 $rhs(s)$ 参数。即LPA*算法维护3个参数：从起始点到 s 的实际代价 $g(s)$、当前节点位置 n 到目标点的估计值 $h(s)$ 及保存遍历的节点花销 $rhs(s)$，前两者与A*中的意义一样，$rhs(s)$ 代表栅格点 s 的父节点的 $g(s)$ 值，因此有等式 $rhs(s) = \min[Pres(s)+1]$ 成立。$rhs(s)$ 记录栅格节点的父节点的 $g(s)$。此部分是增量搜索的关键，计算公式为

$$rhs(s) = \begin{cases} 0, & s = s_{\text{start}} \\ \min_{s' \subseteq \text{Pred}(s)}[g(s')+c(s,s')], & \text{otherwise} \end{cases} \quad (9-5)$$

在正常的计算过程中，$rhs(s_2) = g(s_1) + c(s_1, s_2) = A + B = g(s_2)$，即 $g(s_2) = rhs(s_2)$。这被称为"本地一致性"（图9-7）。

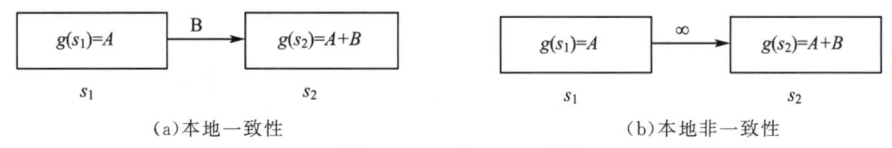

(a)本地一致性 (b)本地非一致性

图9-7 $g(s)$ 与 $rhs(s)$ 关系

在评价栅格点的估价值时LPA*引入 $k(s)$ 值用于对开启列表OpenList中的节点进行比较排序，其中 $k(s)$ 包含2个值 $[k(s_1); k(s_2)]$，分别满足以下公式：

$$k_1(s) = \min[g(s), rhs(s)] + h(s, s_{\text{goal}}) \quad (9-6)$$

$$k_2(s) = \min[g(s), rhs(s)] \quad (9-7)$$

路径规划过程就是从当前节点 s 的邻节点中选择 $k(s)$ 较小或相等的点作为前进节点，对于任意相邻节点 s' 判断其 $k(s)$ 大小的公式为

$$k(s)k(s') => \begin{cases} k_1(s) \leqslant k_1(s') \\ k_1(s) = k_1(s') \text{且} k_2(s) \leqslant k_2(s') \end{cases} \quad (9-8)$$

式中，$k_1(s)$ 为A*算法中的估价函数 $f(s)$；$k_2(s)$ 为A*算法中的启发函数 $g(s)$。

LPA*算法中节点 s 的搜索启发函数包括2部分：节点 s 到节点 s' 的代价 $c(s,s')$ 及 s' 到目标点 s_{goal} 的启发函数值：

$$h(s, s\{goal\}) = \begin{cases} 0, & s = s_{\text{goal}} \\ c(s,s') + h(s, s_{\text{goal}}), & \text{otherwise} \end{cases} \quad (9-9)$$

对地图中任一节点 s，如果满足 $g(s) = rhs(s)$，则认为节点 s 为局部一致的，而在路径规划时，需要使用一个优先对列来维护局部不一致的节点，并采用类似A*中计算最小估价值的节点进行扩展的方式计算最小 $k(s)$ 的节点进行扩展。

LPA* 算法中的数据结构有地图数组或图 Graph、节点 Node 及开启列表 OpenList。节点 Node 含有实际代价 $g(s)$、启发函数 $h(s)$、$rhs(s)$ 函数、key 函数、节点 s 可去往的节点数组 Children[] 及可抵达节点 s 的节点数组 Parents[]。

9.2.5 D* Lite 算法

D* Lite 算法之于 LPA* 算法犹如 D* 算法之于 A* 算法。与 LPA* 算法采用的正向搜索算法不同，D* Lite 采用反向搜索方式，效果与 D* 算法相当。反向搜索算法能很好地处理这种情况。D* 算法虽然可实现未知环境的路径规划，但效率较低，基于 LPA* 算法的 D* Lite 算法可很好地应对环境未知的情况，其算法核心在于假设未知区域都是自由空间，以此为基础，增量式实现路径规划。通过最小化 rhs 值，找到目标点到各个节点的最短距离。

若前行过程中发现障碍物，则将障碍物所对应环境地图位置设置为障碍物空间，并再以之为起点，利用"路径场"信息重新规划一条路径。此时，不仅应更新规划路径的节点数据，也要更新智能体遍历过的节点。D* Lite 搜索示意如图 9-8 所示，黑点是在按反向搜索的路径执行时发现的障碍点，在遇到不能通行的障碍点后便更新地图信息，重新规划一条新的路径，继续前行。

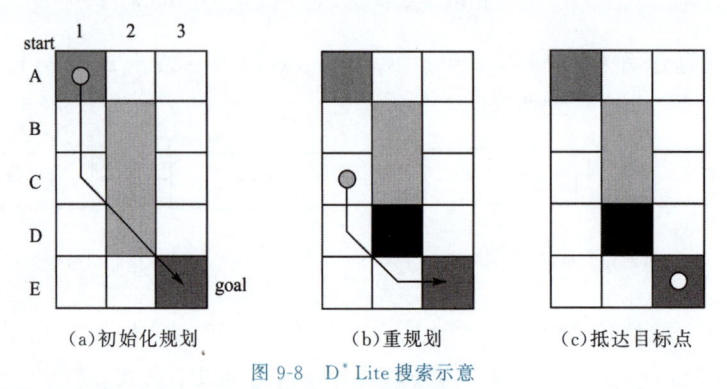

(a) 初始化规划   (b) 重规划   (c) 抵达目标点

图 9-8 D* Lite 搜索示意

D* Lite 算法的原理类似 D* 算法，起初需要根据已知的环境信息，未知部分视作自由空间，规划从目标点到起始点的全局最优路径，此时即建立一个"路径场"信息，为增量靠近目标点 1 000 提供择优依据。D* Lite 算法是反向搜索的，因此 LPA* 中的 $g(s),h(s)$ 有新定义，即分别代表从目标点到当前 s 点的代价值及当前 s 点到出发点的启发值。$rhs(s)$ 记录栅格节点 s 的父节点的 $g(s)$，有公式

$$rhs(s) = \begin{cases} 0, & s = s_{\text{stat}} \\ \min_{s' \subseteq \text{Pred}(s)} [g(s') + c(s,s')], & \text{otherwise} \end{cases} \tag{9-10}$$

在评价栅格点的估价值时，D* Lite 算法引入 $k(s)$ 值进行比较，其中 $k(s)$ 包含 2 个值 $[k(s_1), k(s_2)]$，分别满足以下公式：

$$k_1(s) = \min[g(s), rhs(s)] + h(s, s_{\text{goal}}) \tag{9-11}$$

$$k_2(s) = \min[g(s), rhs(s)] \tag{9-12}$$

与 LPA* 算法相对应，可以很容易得出以下公式：

$$h(s, s_{\text{goal}}) = \begin{cases} 0, & \text{if } s = s_{\text{goal}} \\ c(s, s') + h(s, s_{\text{goal}}), & \text{otherwise} \end{cases} \tag{9-13}$$

9.2.6 RRT 算法

RRT(Rapidly-exploring Random Trees)算法是一种基于随机采样的快速搜索随机树算法。该算法通过不断随机采样,在已有的树结构上进行快速探索,生成一棵覆盖整个空间的树结构,从而找到一条连接起点和终点的可行路径。快速搜索随机树算法大概率可规划路径,但是规划时间可能较长,规划的路径一般来说不是最优,因为树的分支和扩展是随机的,路径会有跳跃的情况出现。

RRT 算法解算流程如图 9-9 所示。

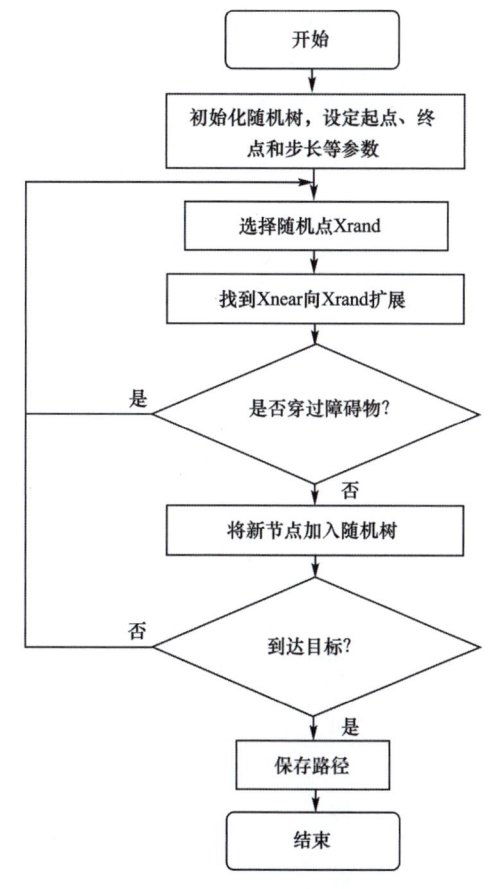

图 9-9　RRT 算法解算流程

(1)初始化随机树,树的根节点设定为路径规划起始节点 x_{start},目标节点为 x_{goal},每次进行扩展节点步长为 k。

(2)选取下一个随机扩展节点 x_{rand},此节点为非障碍物区域节点,标记为 x_{free},满足 $x_{\text{rand}} \in x_{\text{free}}$。

(3)在已搜索到的随机树全部节点中找到距离点 x_{rand} 最近的点 x_{near},按照步骤 1 中设定的步长 k 从 x_{near} 向 x_{rand} 进行扩展,得到新的节点 x_{new}。

(4)判断从 x_{near} 向 x_{rand} 进行扩展新节点过程中是否穿过障碍物,若没有穿过障碍物,算法继续往下执行,若穿过障碍物,则转到步骤 2 重新选取下一个随机扩展节点 x_{rand}。

(5)将步骤 3 中得到的新节点 x_{new} 加入随机树。

(6)判断 4 中得到的新节点 x_{new} 与目标节点之间的距离是否小于 k，若是，则认为已找到目标节点，路径规划任务完成；若否，则转到步骤 2，算法继续进行。

因为 RRT 算法在环境空间内随机采样进行节点扩展，所以只要算法能探索足够多的节点，则一定可找到可行路径。RRT 算法仿真结果如图 9-10 所示，图中左上角的点为起始点，位置坐标[1,1]，右下角的点为目标点，位置坐标[750,750]，两点之间的实线为规划所得的路径。

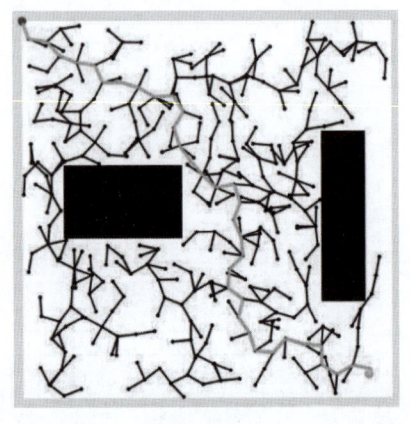

图 9-10 RRT 算法仿真结果

RRT 算法的路径规划解算过程伪代码见表 9-2。

表 9-2　　　　　　　　　　**RRT 算法的路径规划解算过程伪代码**

Build_ RRT(x_{init}, x_{goal}, k)

1： T . init(x_{init})
2： for $k=1$ to K do
3：　　$x_{rand} \leftarrow$ RANDOM( )；
4：　　$x_{near} \leftarrow$ NEAREST(x_{rand}, T)
5：　　if OBS_NOT_ FREE(x_{near}, x_{rand})
6：　　　　continue
7：　　$X_{new} \leftarrow$ NEW _STATE(x_{near}, x_{rand}, k)
8：　　$V \leftarrow$ T. add_ vertex(x_{new})；
9：　　$E \leftarrow$ T. add_edge(x_{near}, x_{new})；
10： if dis[x_{near}, x_{goal}] $<r$
11：　　return T

图中第 1 至 2 行为 RRT 算法初始化，包括初始位置、目标位置和每次扩展节点步长 k，K 为设定的最大循环迭代次数。当初始化完成后，算法开始进行循环计算，利用第 3 行的 RANDOM 随机函数在环境空间内产生 x_{rand} 节点，然后利用第 4 行的 NEAREST 函数选择距离最近的节点。这里计算距离可选择欧式距离，选择的几点标记为 x_{near}，继续进行判断是否与障碍物发生碰撞，即 x_{rand} 节点与 x_{near} 节点之间连线是否穿过障碍物，判断完成后决定新节点抛弃还是保留，然后算法进入下一轮循环，如果 x_{rand} 节点与 x_{near} 节点之间无障碍物，则执行第 7 行的 NEW_STATE 函数进行节点扩展，即以 x_{near} 节点向 x_{rand} 节点扩展 k 长度距离得到新节点 x_{near}。NEW_STATE 函数扩展新节点过程如图 9-11 所示。

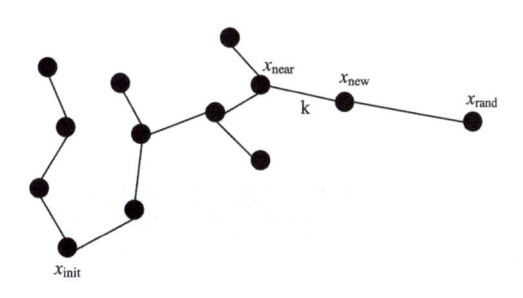

图 9-11 NEW_STATE 函数扩展新节点过程

9.3 局部路径规划方法

9.3.1 DWA 算法

DWA(Dynamic Window Approach)算法是一种基于动态窗口的机器人路径规划算法,用于在机器人控制中生成高质量的轨迹。该算法通过在机器人运动空间中定义一个动态窗口,利用机器人的动力学模型和环境信息,选择最佳的速度和角速度,从而生成一条平滑且安全的轨迹。具体实现过程中,DWA 算法首先根据机器人当前状态和运动空间的限制,计算速度和角速度的候选集合。然后,通过评估每个候选速度和角速度的得分,选择具有最高得分的速度和角速度,作为机器人下一步的运动控制指令。

DWA 算法的得分计算主要考虑两个方面:一是轨迹的安全性,即避免与环境障碍物碰撞;二是轨迹的平滑性,即避免机器人的运动突兀。DWA 算法的实现过程可描述如下:

(1) 根据机器人当前状态和运动空间的限制,生成速度和角速度的候选集合。

(2) 对每个速度和角速度的候选组合,根据机器人的动力学模型和环境信息,计算一条轨迹并评估其得分。

(3) 选择得分最高的速度和角速度组合,作为机器人下一步的运动控制指令。

(4) 重复步骤 1 至 3,直到机器人到达目标点或无法继续运动为止。

动态窗口法运动学模型。首先,假设机器人在动态窗口内的线速度 v 和角速度 ω 可独立控制。由于动态窗口法采用的是瞬时速度,因此机器人在运动过程中相邻 2 个时刻的轨迹可看作一条直线。因此,相邻时刻机器人在工作环境中的姿态状态可用下式表示:

$$\begin{cases} \Delta x = v \cdot \Delta t \cdot \cos(\varphi_t) \\ \Delta y = v \cdot \Delta t \cdot \sin(\varphi_t) \end{cases} \tag{9-14}$$

由式(9-14)可以得到机器人在 t 时刻的位姿变化:

$$\begin{cases} x = x + v \cdot \Delta t \cdot \cos(\varphi_t) \\ y = y + v \cdot \Delta t \cdot \sin(\varphi_t) \\ \varphi_t = \varphi_t + \omega \Delta t \end{cases} \tag{9-15}$$

DWA 算法将机器人的避障问题简化为具有速度约束的优化问题。机器人的动态窗口如图 9-12 所示。

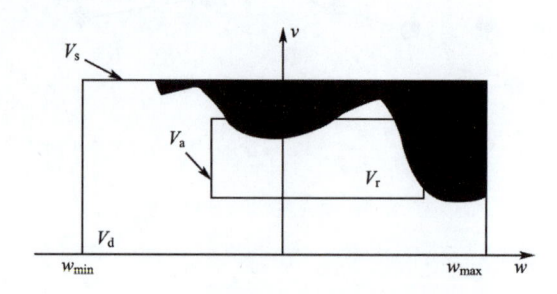

图 9-12 机器人的动态窗口

由于机器人所处环境地图限制,机器人被允许运行的最大速度范围集合 V_s 为

$$V_s = \{(v,\omega) \mid v_{\min} \leqslant v \leqslant v_{\max}, \omega_{\min} \leqslant \omega \leqslant \omega_{\max}\} \quad (9\text{-}16)$$

为保证机器人的安全,在最大减速度条件下,机器人的当前速度应能在碰到障碍物前停住,所以机器人在避障时速度范围集合 V_a 为

$$V_a = \left\{(v,\omega) \Big| \begin{array}{l} v \leqslant \sqrt{2\mathrm{dist}(v,\omega)\dot{v}_b} \\ \omega \leqslant \sqrt{2\mathrm{dist}(v,\omega)\dot{\omega}_b} \end{array}\right. \quad (9\text{-}17)$$

式中,$\dot{v}_b$ 为最大线减速度;$\dot{\omega}_b$ 为最大角减速度;$\mathrm{dist}(v,\omega)$ 为路径和障碍物之间的最小距离的评价子函数。

由于电动机扭矩限制,机器人在一定周期内存在最大、最小的线速度和角速度,会不断限制动态窗口的范围。给定当前线速度 v_c 和角速度 ω_c,则满足电动机扭矩限制的速度集合 V_d 为

$$V_d = \left\{(v,\omega) \Big| \begin{array}{l} v_c - \dot{v}_b \Delta t \leqslant v \leqslant v_c + \dot{v}_a \Delta t \\ \omega_c - \dot{\omega}_b \Delta t \leqslant \omega \leqslant \omega_c + \dot{\omega}_a \Delta t \end{array}\right. \quad (9\text{-}18)$$

式中,$\dot{v}_a$ 为最大线加速度;$\dot{\omega}_a$ 为最大角加速度。

最终机器人的速度窗口范围 V_r 为以上 3 组速度集合的交集,如下:

$$V_r = V_s \cap V_a \cap V_d \quad (9\text{-}19)$$

采用 DWA 算法对 V_r 进行离散化处理,以获得离散采样点 (v,ω),通过设计评价函数,对机器人的运动轨迹进行选取,在速度窗口范围内选取最优轨迹定义局部规划的评价函数 $G(v,\omega)$ 为

$$G(v,\omega) = k[\alpha \times \mathrm{head}(v,\omega) + \beta \times \mathrm{vel}(v,\omega) + \gamma \times \mathrm{dist}(v,\omega)] \quad (9\text{-}20)$$

式中,k 为平滑函数;α,β,γ 为各子函数的权值系数;$\mathrm{head}(v,\omega)$ 为方位角评价子函数,表示不断调整机器人的方位角朝向终点位置的函数;$\mathrm{vel}(v,\omega)$ 为速度评价子函数。

DWA 算法路径规划的仿真结果如图 9-13 所示。

DWA 算法的优点是可在保证安全的前提下,生成平滑且高效的轨迹。同时,DWA 算法可适应各种不同的机器人和环境,具有一定通用性。但是,该算法的计算量较大,需要较强的计算能力支持。

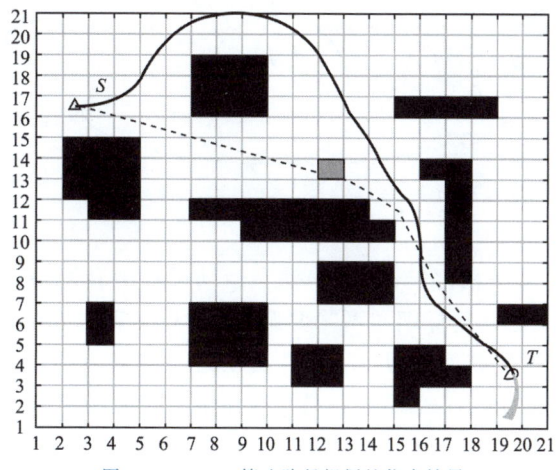

图 9-13　DWA 算法路径规划的仿真结果

9.3.2　TEB 算法

TEB(Time-Elastic Band)算法是一种基于时间弹性带的机器人路径规划算法,用于在机器人控制中生成平滑、安全、高效的轨迹。该算法通过将机器人的运动状态表示为一个时间弹性带,将机器人的运动控制问题转化为一个带约束的优化问题,从而得到一条平滑且安全的轨迹。

具体实现过程中,TEB 算法首先根据机器人的动力学模型和环境信息,生成一条时间弹性带。时间弹性带由一条中心线和 2 条边界线组成。边界线代表了机器人在不同时间下的运动约束。然后,通过优化时间弹性带的形状和机器人运动控制指令,得到一条平滑且安全的轨迹。

TEB 算法核心思想在于约束目标函数的构建。通过约束函数的构建和优化往往能带来不错的局部路径规划的效果。

式中,由 n 个机器人空间位姿组成的构型序列可表示为

$$S=\{s_i\}_{i=0,1,\cdots,n}, n\in \mathcal{N} \tag{9-21}$$

由 n 个空间位姿生成的时间间隔序列可表示为

$$\tau=\{\Delta T_i\}_{i=0,1,\cdots,n-1} \tag{9-22}$$

则包含机器人位姿序列和时间间隔序列的 TEB 轨迹表达式为

$$B=(S,\tau) \tag{9-23}$$

在此基础上通过构建速度、加速度和最短路径等目标约束函数来优化一条满足条件的局部最优轨迹 B^*,其函数表达式为

$$\begin{cases} f(B)=\sum_k \gamma_k f_k(B) \\ B^*=\underset{B}{\arg\min}\min f(B) \end{cases} \tag{9-24}$$

式中,γ_k 为约束目标函数 k 的权重系数;$f(B)$ 为多个约束目标函数之和。

假设一段已知起始位置、目标点的二维路径,而这段二维路径可用一个橡皮筋表示。这段路径可通过橡皮筋的变形来改变局部的路径(图 9-14)。

图 9-14　橡皮筋模拟 TEB 算法

TEB 算法和 DWA 算法相比较,TEB 算法在运动过程中会调整位姿朝向,当到达目标点时,通常机器人的朝向也是目标朝向不需要旋转。DWA 算法先到达目标坐标点,然后原地旋转到目标朝向。对两轮差速底盘,TEB 算法在运动中调节朝向会使运动路径不流畅,在启动和将到达目标点时出现不必要的后退。这在某些应用场景里是不允许的。因为后退可能会碰到障碍物。原地旋转到合适的朝向再径直走开是更合适的运动策略。这也是 TEB 算法需要根据场景优化的地方。

TEB 算法的优点是可在保证安全的前提下,生成平滑且高效的轨迹。同时,TEB 算法可适应不同的机器人和环境,具有通用性。但是,该算法的计算量较大,需要较强的计算能力支持。

9.3.3　MPC 算法

模型预测控制(Model Predictive Control,MPC)算法在局部路径规划中的应用涉及在每个时刻通过优化问题来生成未来一系列最优的控制输入,以最小化某个性能指标。在局部路径规划中,通常涉及生成一个轨迹,使机器人或车辆能沿着这条轨迹安全、高效行驶。

MPC 算法的局部路径规划的实现过程如下:

1. 运动学模型

在低速行驶时,无人驾驶车辆轮胎的侧偏角较小,不考虑动力学问题。此时,可使用三自由度的单车模型作为无人驾驶汽车的模型。

如图 9-15 所示,(X,Y) 为车辆后轴中心坐标,δ 为前轮转角;θ 为横摆角;v 为车辆后轴中心速度;L 为车辆轴距。

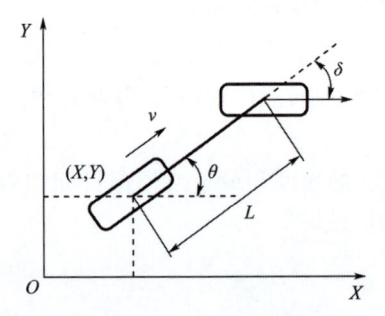

图 9-15　X-O-Y 为固定在地面的惯性坐标系

由图 9-15 可知,惯性坐标系下的横向速度 $\dot{X}$ 和纵向速度 $\dot{Y}$ 分别为

$$\dot{X} = v\cos\theta \tag{9-25}$$

$$\dot{Y} = v\sin\theta \tag{9-26}$$

所以可以得到车辆的横摆角速度为

$$\dot{\theta} = \frac{v \tan \delta}{L} \tag{9-27}$$

此时,车辆的运动学模型为

$$\begin{bmatrix} \dot{X} \\ \dot{Y} \\ \dot{\theta} \end{bmatrix} = \begin{bmatrix} \cos \theta \\ \sin \theta \\ \dfrac{\tan \delta}{L} \end{bmatrix} v \tag{9-28}$$

模型预测控制算法具有预测模型、滚动优化和反馈校正 3 个特征,首先是建立能预测系统未来状态的预测模型;其次是建立适当的目标函数,并综合考虑车辆行驶的稳定和迅速的要求,建立合适的约束条件,在每个采样时刻计算有限时段的最优控制序列,实现系统的滚动优化;最后将最优控制序列中的第一个控制量作为输入,实现反馈校正功能。

2. 预测模型

由式(9-28)可知,系统的状态量为 $\lambda = [X, Y, \varphi]^T$,控制量为 $u = [v]^T$。因此,连续状态方程为

$$\dot{\lambda} = f(\lambda, u) \tag{9-29}$$

参考轨迹可表示为

$$\dot{\lambda}_r = f(\lambda_r, u_r) \tag{9-30}$$

式(9-30)中,$\lambda_r = [X_r, Y_r, \theta_r]^T$,$u_r = [v_r, \delta_r]^T$。

将式(9-29)在参考轨迹点泰勒展开,只保一阶项并忽略高阶项,得到线性化的无人驾驶车辆误差模型:

$$\dot{\lambda} = f(\lambda_r, u_r) + \frac{\partial f}{\partial \lambda}\bigg|_{\lambda=\lambda_r, u=u_r} (\lambda - \lambda_r) + \frac{\partial f}{\partial u}\bigg|_{\lambda=\lambda_r, u=u_r} (u - u_r) \tag{9-31}$$

式(9-31)减去式(9-30)得

$$\dot{\tilde{\lambda}} = A\tilde{\lambda} + B\tilde{u} \tag{9-32}$$

对式(9-32)进行离散化,得到离散形式的状态空间表达式:

$$\begin{cases} \tilde{\lambda}(k+1) = A_a \tilde{\lambda}(k) + B_a \tilde{u}(k) \\ y(k) = D_a \tilde{\lambda}(k) \end{cases} \tag{9-33}$$

在控制器设计过程中,为防止系统的控制量发生突变,对式(9-33)做如下转换,将其中的控制量转化为控制增量形式:

$$\xi(k) = \begin{bmatrix} \tilde{\lambda}(k) \\ \tilde{u}(k-1) \end{bmatrix} \tag{9-34}$$

得到一个新的状态空间表达式:

$$\begin{cases} \xi(k+1) = \tilde{A}\xi(k) + \tilde{B}\Delta\tilde{u}(k) \\ \eta(k) = \tilde{D}\xi(k) \end{cases} \tag{9-35}$$

经过推导,得系统的预测输出表达式:

$$Y = F\xi(k) + \beta \Delta U \tag{9-36}$$

由此,可通过当前的状态量 $\xi(k)$ 和控制增量 ΔU,预测系统未来的状态变量和输出变量。

(1) 目标函数

系统的控制增量无法直接测量,因此,需要建立优化目标函数进行求解,下面为目标函数:

$$J = \sum_{i=1}^{N_p} \| \eta(t+i \mid t) - \eta_{\text{ref}}(t+i \mid t) \|_Q^2 + \sum_{i=1}^{N_p-1} \| \Delta U(t+i \mid t) \|_R^2 + \rho \varepsilon^2 \tag{9-37}$$

式中,N_p 为系统的预测时域;实时变化的系统为了避免目标函数无解,设置了松弛因子 ε,同时加入权重系数 ρ 对目标函数进行软化处理。

(2) 约束条件

在控制过程中,需要满足控制量和控制增量的约束,表达形式为

$$\begin{aligned} u_{\min}(t+k) \leqslant u(t+k) \leqslant u_{\max}(t+k) \\ k = 0, 1, \cdots, N_c - 1 \\ \Delta u_{\min}(t+k) \leqslant \Delta u(t+k) \leqslant \Delta u_{\max}(t+k) \\ k = 0, 1, \cdots, N_c - 1 \end{aligned} \tag{9-38}$$

式中,N_c 为系统的控制时域。

将式(9-38)标函数转为标准二次型形式,得到如下带有约束条件的公式:

$$\min J = \frac{1}{2} \begin{bmatrix} \Delta U \\ \varepsilon \end{bmatrix}^T H \begin{bmatrix} \Delta U \\ \varepsilon \end{bmatrix} + G \begin{bmatrix} \Delta U \\ \varepsilon \end{bmatrix} \tag{9-39}$$

$$\begin{bmatrix} A & 0 \\ -A & 0 \end{bmatrix} \begin{bmatrix} \Delta U \\ \varepsilon \end{bmatrix} \leqslant \begin{bmatrix} U_{\max} & -U_t \\ -U_{\min} & U_t \end{bmatrix} \tag{9-40}$$

至此,连续系统的模型预测控制问题转化为最优规划问题。

在每个控制周期对式(9-40)完成最优求解后,得到控制时域内的一系列控制输入增量:

$$\Delta U_t^* = [\Delta u_t^*, \Delta u_{t+1}^*, L, \Delta u_{t+N_c-1}^*]^T \tag{9-41}$$

将计算得到的第一个控制增量作用于系统:

$$u(t) = u(t-1) + \Delta u_t^* \tag{9-42}$$

系统根据状态信息得到新的控制增量序列,通过对控制过程进行周期性重复,完成对期望轨迹的规划。

MPC 的优点是其能考虑系统的未来行为,从而更好地控制系统,同时可适应系统的非线性、时变等复杂特性。然而,MPC 的计算成本较高,需要进行大量数学计算,因此对计算能力要求较高。

9.3.4 人工势场法

人工势场法(Artificial Potential Field, APF)是一种机器人路径规划算法,它通过将环境建模为一个势场来指导机器人移动。APF 的基本思想是将机器人看作一个带电荷的粒子,其移动受到环境中其他物体对其的引力和斥力的影响。

人工势场法是通过在机器人进行运动时建立势力场,并使在目标点的合势力为全局最优值。对于机器人在二维空间中任意一点 $q = [x, y]$,人工势场法通过在空间中目标点 $q_g = [x_g, y_g]$ 建立引力势场,在各个障碍物 $q_o = [x_o, y_o]$ 处建立斥力势场。在目标点引力

F_{att} 及障碍物排斥力 F_{rep} 的作用下,通过两者的合力 F 及给定的步长 λ_0 确定机器人下一步的运动方向(图 9-16)。

人工势场法的目标点引力场函数模型如下:

$$U_{att}(-q) = \frac{1}{2} K_{att}(-q-q_0)^2 \qquad (9\text{-}43)$$

式中,K_{att} 为所述引力势场的增益系数。

对应的引力为

$$F_{att}(q) = -\text{grad}[U_{att}(q)] = -K_{att}(q-q_0) \qquad (9\text{-}44)$$

障碍物点处斥力场函数模型如下:

$$U_{rep}(q) = \begin{cases} \frac{1}{2} K_{rep} \left(\frac{1}{\rho} - \frac{1}{\rho_0} \right)^2, & \rho \leqslant \rho_0 \\ 0, & \rho > \rho_0 \end{cases} \qquad (9\text{-}45)$$

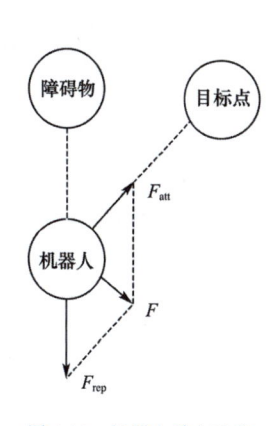

图 9-16 机器人受力示意

式中,K_{rep} 为所述斥力势场的增益系数;ρ 为机器人当前点 q 与障碍物点 q_0 的直线距离;ρ_0 为障碍物点影响距离。

对应的斥力为

$$F_{rep}(q) = -\text{grad}[U_{rep}(q)] = \begin{cases} K_{rep} \left(\frac{1}{\rho} - \frac{1}{\rho_0} \right) \frac{1}{\rho^2} \frac{\partial \rho}{\partial q}, & \rho \leqslant \rho_0 \\ 0, & \rho > \rho_0 \end{cases} \qquad (9\text{-}46)$$

机器人所受的合势场及合力为

$$U(-q) = U_{att}(-q) + U_{rep}(-q) \qquad (9\text{-}47)$$

$$F(q) = -\text{grad}[U(q)] = F_{att}(q) + \sum_{i=1}^{N} F_{rep}(q) \qquad (9\text{-}48)$$

式中,N 为障碍物的数目。

机械臂的受力如图 9-17 所示,图中黑色质点分别表示机械臂和目标点,蓝色圆形表示圆形,而外围的虚线圆表示障碍物产生的排斥力的影响范围,因为机械臂在斥力场范围内,所以会受斥力影响。F_{att} 和 F_{rep} 分别表示机械臂所受的吸引力和排斥力,F_{tot} 为二者的合力,方向满足平行四边形准则,合力引导机械臂朝着目标点运动。

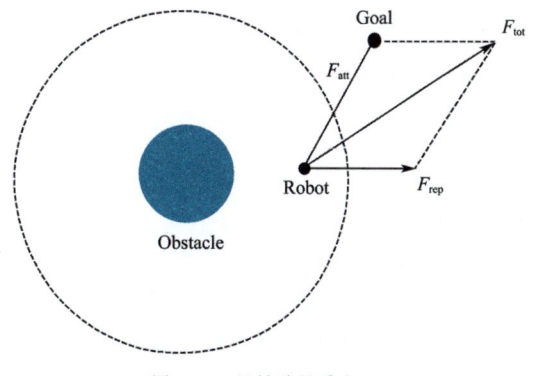

图 9-17 机械臂的受力

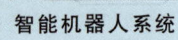

笛卡儿空间中的引力势场表达式为

$$U_{att} = \frac{1}{2} k_{att} (X - X_g)^2 \tag{9-49}$$

式中，$X = (x, y, z)$、$X_g = (x_g, y_g, z_g)$分别为机械臂末端执行器当前位置与目标点的坐标向量；k_{att}为引力势场的系数且$k_{att} > 0$。

斥力势场表达式为

$$U_{rep} = \begin{cases} \frac{1}{2} k_{rep} \left(\frac{1}{X - X_0} - \frac{1}{\rho} \right)^2, & X - X_0 \leqslant \rho \\ 0, & X - X_0 > \rho \end{cases} \tag{9-50}$$

式中，$X_0 = (x_0, y_0, z_0)$为障碍物坐标向量；ρ为障碍物产生的排斥力的影响范围；k_{rep}为斥力势场的系数，且$k_{rep} > 0$。

因此总势能函数为

$$U_{tot} = U_{att} + U_{rep} \tag{9-51}$$

吸引力用引力势场的负梯度表示：

$$F_{att} = -\text{grad}(U_{att}) = k_{att}(X_g - X) \tag{9-52}$$

排斥力用斥力势场的负梯度表示：

$$F_{rep} = \begin{cases} k_{rep} \left(\frac{1}{X - X_0} - \frac{1}{\rho} \right) \frac{1}{(X - X_0)^2} \frac{\partial (X - X_0)}{\partial X}, & X - X_0 \leqslant \rho \\ 0, & X - X_0 > \rho \end{cases} \tag{9-53}$$

因此，机械臂所受的合力表达式为

$$F_{tot} = F_{att} + F_{rep} \tag{9-54}$$

APF的优点是算法简单，容易实现并且能处理动态环境中的路径规划问题。但也存在一些缺点，如可能会陷入局部最优解、无法保证全局最优解等问题。

综上所述，智能机器人路径规划是一个机器人技术中的重要方向，其目的是为机器人提供高效、安全、自适应的运动规划，使其能在复杂的环境中自主移动和执行任务。机器人路径规划需要依赖传感器获取环境信息，如激光雷达、视觉传感器等。同时，机器人的定位也是路径规划的重要前提，可通过GPS、惯性导航等方式进行定位。针对不同应用场景，路径规划有不同要求。

总的来说，智能机器人路径规划是机器人技术中的核心问题之一，其研究和应用对于推动机器人技术的发展和应用具有重要意义。

9.4 实 例

机器人路径规划的实施步骤通常涉及选择合适的路径规划算法、准备地图和传感器数据、配置参数及实现机器人控制。下面为搭建的真实实验平台，以完成移动机器人自主探索建图相关实验。该方法融合鼠脑边界感知RRT进行自主探索。类鼠脑感知自主探索建图功能实现如图9-18所示。根据室内实际情况选出RRT算法和动态窗口法分别完成全局路径规划和局部路径规划。利用RRT自主探索方法获取最优探索边界点作为导航目标点，通过不断重复这一过程，移动机器人遍历未知环境，完成自主探索建图。对于和移动机器人自主探索建图相关技术分别进行测试，包括建图测试、路径规划测试和基于 RRT 自主探索建图测试。

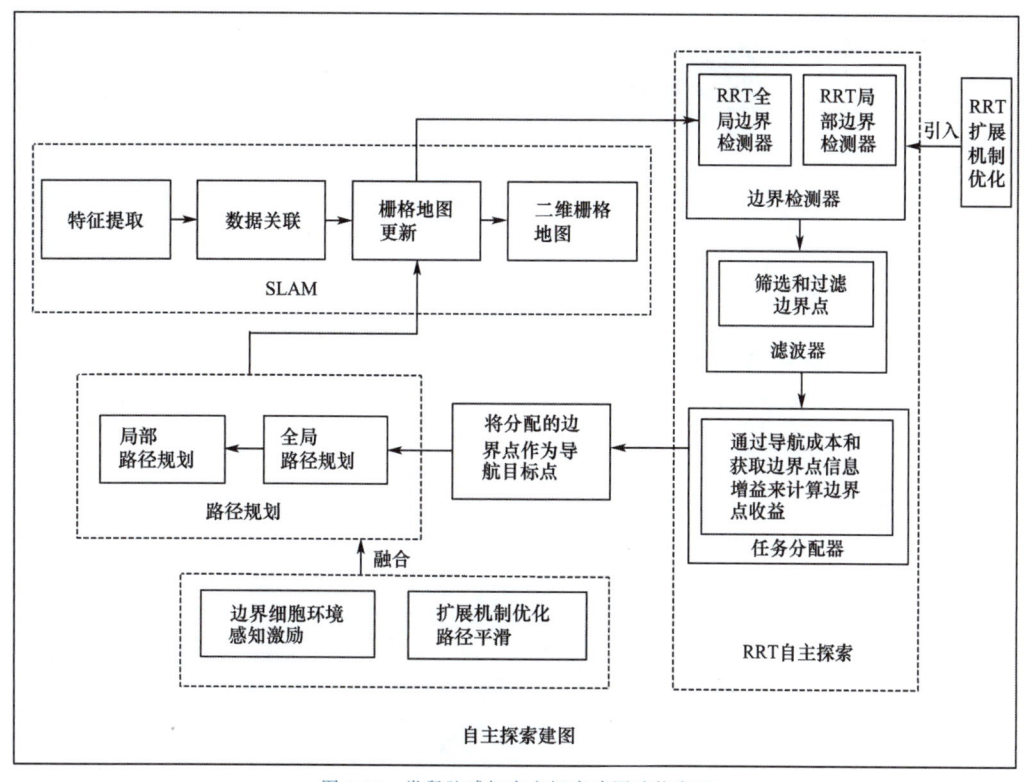

图 9-18　类鼠脑感知自主探索建图功能实现

实验平台采用 Ubuntu18.04 下的机器人操作系统 ROS。实验所用差速履带式移动机器人如图 9-19 所示，其搭载激光雷达传感器扫描环境信息、深度相机、惯性传感器可帮助实现机器人的自身定位，通过直流电动机、编码器，控制小车底盘运动，工控机、显示器、电源等。实验所用移动机器人系统架构如图 9-20 所示。

自主探索建图方法中所用的移动机器人路径规划算法在室内真实环境中的规划效果，在实验室外走廊环境对二维栅格地图进行路径规划测试，路径规划测试前已提前构建好走廊环境地图。路径规划测试环境如图 9-21

图 9-19　实验所用差速履带式移动机器人

所示，移动机器人位于初始位置，高纸板分布在环境中 2 处，作为移动机器人运动过程中需要躲避的障碍物。在地图中随机选定一个导航目标点观察移动机器人能否通过有效路径规划，到达指定的目标地点，并在途中避开障碍。采用 RRT 算法实现全局路径规划，采用 DWA（动态窗口）算法实现局部路径规划。

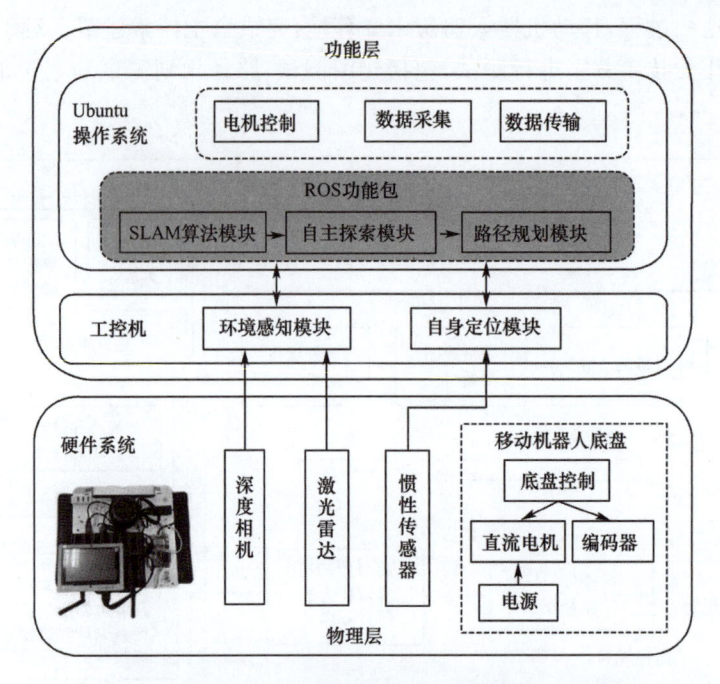

图 9-20　实验所用移动机器人系统架构

图 9-21　路径规划测试环境

利用可视化图形界面 Rviz 对移动机器人在运动过程中的运动轨迹和避障过程进行观察和分析。二维栅格地图下的路径规划测试如图 9-22 所示。图 9-22(a)至图 9-22(f)为机器人小车在 2D 栅格地图上由起点至终点的路径规划过程。整个路径规划基于已有的二维栅格地图，利用传感器获取的外部环境信息和车辆本身的里程数创建全局代价地图和局部代价地图，分别用于全局路径规划和局部路径规划。

其中，图 9-22(a)为无人小车从初始位置开始导航(箭头为设定的导航目标点位置及姿态)；图 9-22(b)至图 9-22(e)为移动机器人小车向目标位置规划移动过程中检测并躲避障碍物；图 9-22(f)为移动机器人小车到达目标位置。通过二维栅格地图下的路径规划测试可知，机器人能通过 RRT 算法规划一条有效的路径向目标位置移动，并在此过程中通过 DWA 算法躲避障碍。

(a) (b)

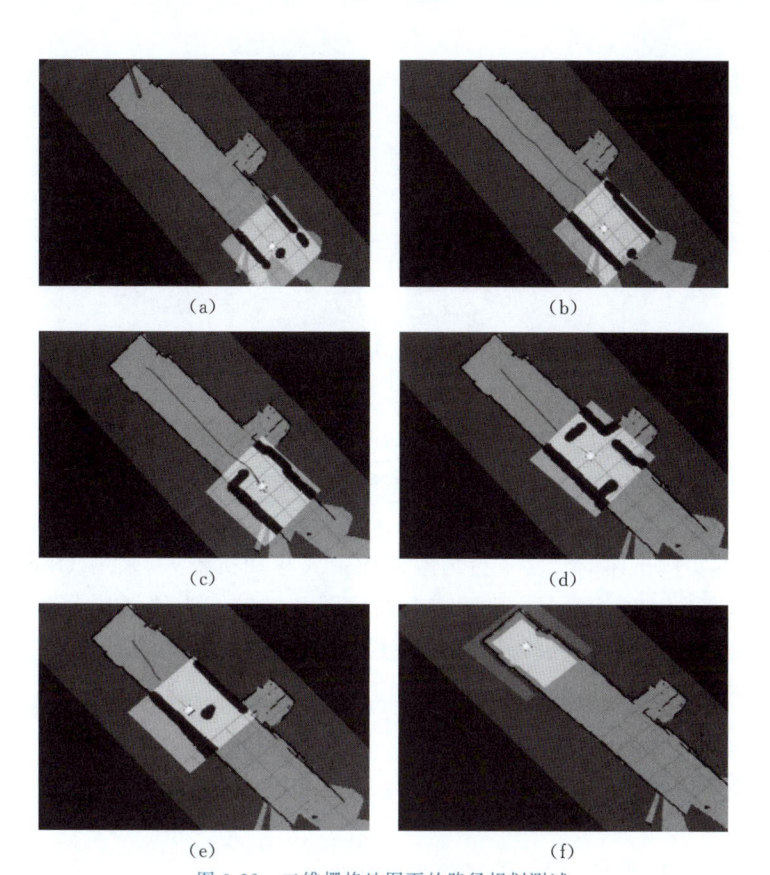

(c) (d)

(e) (f)

图 9-22　二维栅格地图下的路径规划测试

在长走廊环境进行自主建图探索(图 9-23)，粗实线框区域为移动机器人的自由活动空间区域，地面平整无阶梯，存在小房间且多拐角。长走廊环境展开移动机器人自主探索实验的目的在于其在较大尺寸环境下定位是否有误差，能否通过回环检测纠偏；其二狭长走廊能否有效探索，会不会陷入局部区域循环。

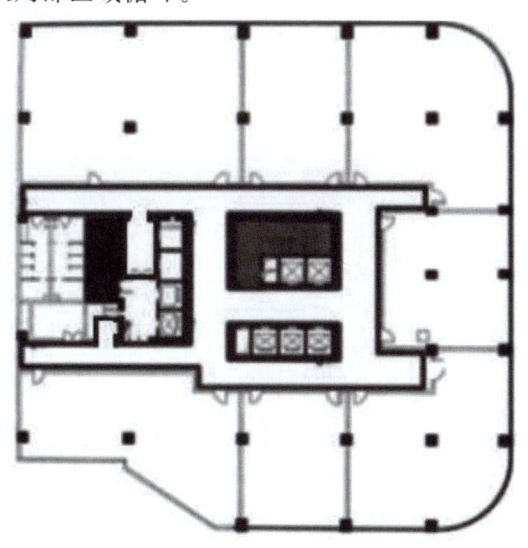

图 9-23　长走廊环境布局

移动机器人探索轨迹路线如图 9-24 所示，环境有多种探索路径可选择，基于本方法的移动机器人自主探索路径较合理。在没有区域的重复探索和绕路的情况下,能规划以较短的路径长度遍布探索全局。

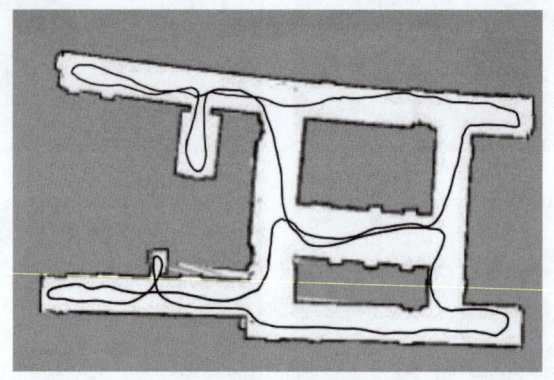

图 9-24 移动机器人探索轨迹路线

综上所述,本实例搭建的实验平台为差速履带式移动机器人,采用 Ubuntu18.04 下的机器人操作系统 ROS,对自主探索建图需要的建图和导航行为规划技术进行测试,分别在复杂会议室环境和长走廊环境进行机器人自主探索建图相关实验。实验过程中,移动机器人探索路径规划合理,探索过程高效,准确构建环境地图。

习题

9-1 A^* 算法相对于 Dijkstra 算法有什么优点?

9-2 LPA^* 算法与 D^* Lite 算法有哪些异同点,各有哪些优缺点?

9-3 RRT 算法的优缺点都有哪些? 应用领域有哪些?

9-4 DWA 算法与 MPC 算法有哪些异同点? 各有哪些优缺点?

9-5 智能机器人路径规划未来会面临哪些挑战?

第 10 章
智能机器人任务规划、决策与学习

10.1 概 述

智能机器人的任务规划、决策与学习是实现高度自主性和适应性的关键技术。其中,任务规划涉及为智能机器人设计一系列动作,以达成特定目标,通常包括评估当前环境状态,确定达到目标状态所需要的步骤,以及规划一条执行这些步骤的最优或次优路径等。决策是智能机器人根据当前环境和可用信息做出选择的过程。这包括识别可用的行动选项,评估每个选项的潜在结果,并选择一个最佳行动方案。智能机器人学习是改善机器人对环境的理解、任务执行能力和决策过程的关键机制。通过学习,智能机器人可从经验中获取知识、识别模式、优化性能,并适应新的任务和环境。

这 3 项技术共同协作,才能使智能机器人在复杂的、动态变化的环境中执行任务。因此,将任务规划、决策和学习集成到一个连贯的框架中,对开发高度自主的智能机器人至关重要。这意味着智能机器人可在执行任务的同时学习和适应,不断改善其性能。

10.2 智能机器人任务规划方法

10.2.1 任务规划概述

智能机器人任务规划涉及将复杂任务细化为多个可操作的子任务,使机器人控制系统生成相应操作序列,实现特定功能的自主性。

最初,通过使用 STRIPS 算法格式的逻辑语言描述智能机器人的基本动作组合,在一定的现实条件限制和假设下,模拟智能机器人完成任务的过程,以生成从起始状态到目标状态的行为序列。接着,采用图形结构描述任务规划问题,并尝试通过图搜索算法来寻找解决方案。然而,由于图搜索是一种全局搜索,其在处理复杂规划问题时效率不高。为改进这一点,引入了启发式算法来加速状态空间的搜索,大幅提高解决问题的速度,尽管这种方法有

时会忽略最优解,导致结果的不稳定。目前,分层任务网络(HTN)规划方法得到广泛应用,其中 SIPE 和 SHOP 等任务规划器通过将目标任务在不同层级上递归分解成更细小的任务,显著提高规划效率。规划领域定义语言(PDDL 规划器)是一种用于解决智能任务规划问题的标准定义语言。

10.2.2 分层网络规划法(HTN)

分层网络规划法是一种人工智能规划技术,也是一种特殊的智能规划语言。HTN 的核心概念是将所有的非原子任务,通过已有的分解方法进行分解和递归,递归成更小级别的子任务,当所有的非原子任务都被递归成原子任务时,得到规划的结果序列。HTN 的出现打破了经典规划的传统方法,任务网络表示任务的不同层次,逐层细化任务的思想很好地体现"自上而下"的思维模式。HTN 系统概述如图 10-1 所示,HTN 整体分为任务域、规划域、世界状态、运行列表和传感器 5 个部分,任务列表将任务按一定顺序排列后,同传感器一起传向世界状态(目标状态),得到相应状态后再重新传回任务列表,直到所有的任务都被分解为原子任务。

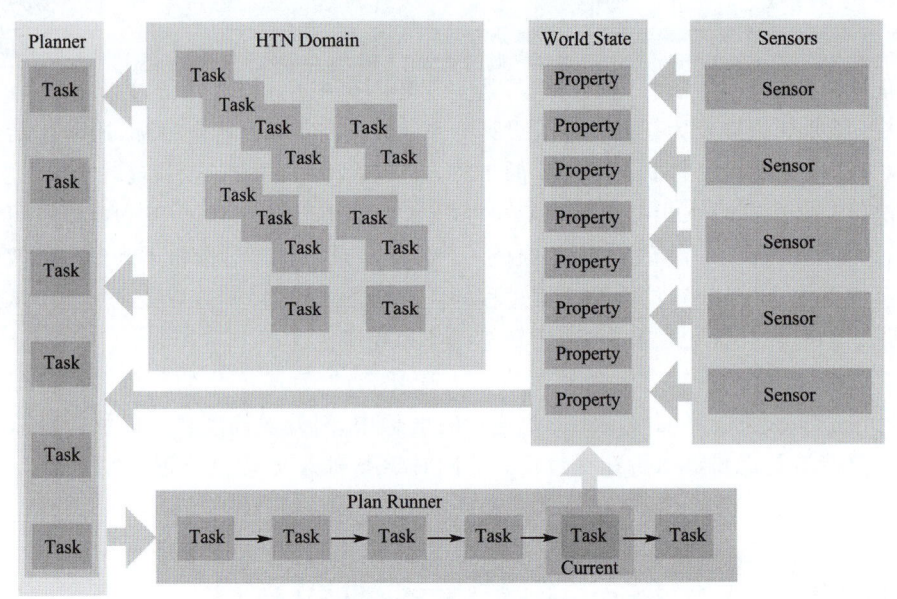

图 10-1 HTN 系统概述

HTN 的规划流程一般如下:假设初始的规划列表为空,若任务列表为空则直接输出规划列表,否则,选取任务列表中的子任务,如果这个子任务是满足当前世界状态的原子任务,则直接执行任务,同时修改当前的世界状态,如果该任务不是原子任务,则规划器会从操作列表中进行查询,从方法的集合中选取分解方法将任务继续分解,直到所有的任务都被分解为原子任务,所有的原子任务构成规划列表并最终输出。

HTN 算法流程如图 10-2 所示,总的来说,是把任务序列中的所有任务逐一细分,直到最后的结果序列中有且仅有原子任务。HTN 规划的目标是得到一个原子任务的集合。HTN 算法具体的流程如下:

(1)在案例的 HTN 任务规划的问题域和规划域中,寻找侦察任务的初始状态和任务列表 (S,T,D)。式中,S 表示问题域初始状态的状态,T 表示问题域任务列表的信息;D 表示知识域所有的规则信息,令初始列表 P 为空并从任务集合 T 中任意选取一个任务 t_i。

(2)判断 t_i 是否为原子任务,如果是,执行步骤(3),如果不是,则执行步骤(4)。

(3)从操作域中选择解决原子任务的操作符 O,并将操作符 O 加入规划列表。

(4)从方法域中选择可以分解复合任务 t_i 的方法 m,并将分解后的任务加入规划列表 P。

(5)不断重复步骤(2)、(3)、(4),直到任务列表 T 中的所有任务均被执行,即所有的复合任务都被分解为原子任务为止。

(6)输出规划的结果序列,即规划列表 P。

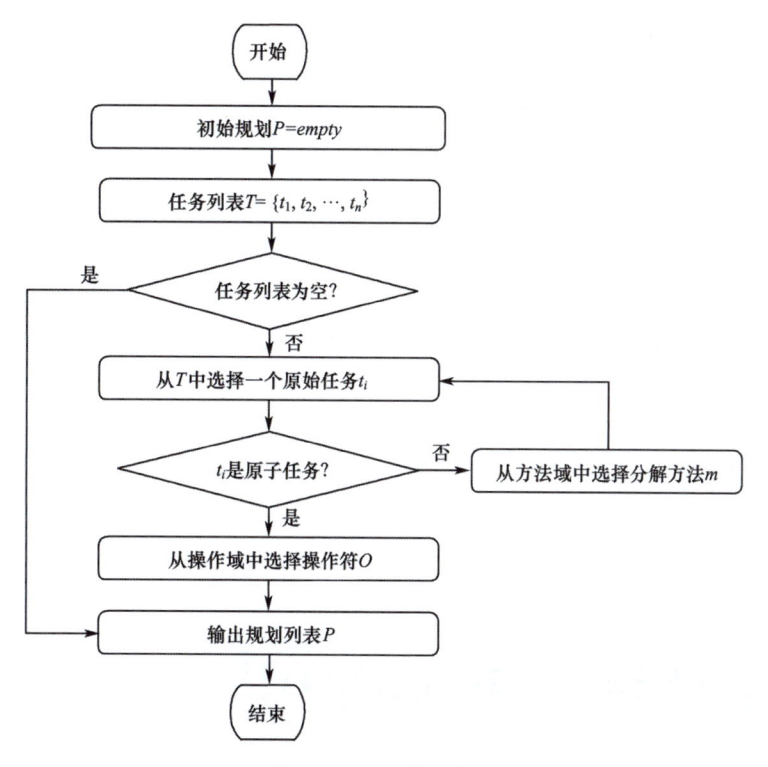

图 10-2 IITN 算法流程

10.2.3 规划领域定义语言(PDDL)

规划领域定义语言是一种用于解决智能任务规划问题的标准定义语言。PDDL 提供了构建规划领域标准的基础,使应用程序驱动的社区的领域模型可共享,并推动规划领域向实际应用的发展。

PDDL 在 STRIP(Stanford Research Institute Problem Solver)形式上扩展,提供一种用于描述层次结构领域的标准语法,适用层次任务网络的规划人员。与 STRIP 相比,PDDL 能表达动作分解的整个域结构,使层次分解的规划器更彻底,因为领域描述通常包含超出领域行为描述范围的结构。一个基本的 PDDL 规划任务定义包括 5 个部分:对象、谓词、初始状态、目标、行动或操作符,其含义分别为

(1)对象:令我们感兴趣的事物。

(2)谓词:我们感兴趣的事物的属性,可以是对或错。

(3) 初始状态:我们开始的世界状态。

(4) 目标:我们想要成为现实的事情。

(5) 行动或操作符:改变世界状况的方式。

作为一种对物理世界进行抽象表达的标准,PDDL 只提供一种描述和表达的能力,其语言设计不会影响实际规划流程。PDDL 把与任务规划搜索相关的算法设计交给领域人员完成,通常情况下,最终都会实现为领域无关的规划器。作为规划器底层通用的表达形式,PDDL 需要经过解析转换为其他高级语言才能使用,如转换为 JAVA 或 LSP 等。

以家庭服务任务为例,定义服务任务中的智能机器人常用的可执行的基本动作(原子动作)利用任务规划器对服务策略进行求解,从而实现复杂任务到原子动作序列的转换。

原子动作序列由 PDDL 求解,针对具体问题从领域描述中选取最高效的原子动作序列,来完成各个问题描述从初始状态到目标状态的转变。由于任务规划逻辑严谨,从初始状态到目标状态的过程会补全一些服务策略里缺失的步骤,可使动作序列更加完善,更适用于实际环境。

基于 PDDL 的自主原子动作序列规划算法包括以下 3 个主要步骤:

(1) 定义领域描述:领域描述包括所有服务机器人能执行的原子动作,以及每一种动作对应的参数、前置条件与动作影响。

(2) 定义问题描述:问题描述包括服务机器人常见的基本子任务的信息,包括完成该子任务的初始状态与目标状态。

(3) 自主任务规划:将领域描述与问题描述输入任务规划器,其中问题描述根据服务策略自主生成,然后规划器在各个原子任务组合中搜索一条合法的路径,得到从初始状态到目标状态的原子动作序列。

10.3 智能机器人决策方法

10.3.1 行为决策概述

智能机器人行为决策是智能机器人系统中的核心功能,它使智能机器人能根据其感知到的环境信息自主做出反应和执行任务。这一过程涉及多个步骤,包括环境感知、数据处理、决策制定和行为执行。环境感知是通过智能机器人的传感器系统完成的。这些传感器可以是视觉、触觉、声音和距离感应器等。感知的数据随后被处理和分析,以识别环境中的对象、事件和智能机器人的状态。

行为决策常用方法包含 2 类:基于统计学的方法和贝叶斯网络。基于统计学的方法考虑环境的不确定性,最常用的模型为 POMDP(Partially Observable Markov Decision Process),即部分可观测马尔科夫决策法。智能机器人利用预设的算法或学习的知识来制定决策。这可能包括路径规划、目标选择、避障和任务分配等。决策过程中,智能机器人需要考虑当前的目标、可能的行动方案、行动后果及环境变化。

10.3.2 部分可观测马尔科夫决策法

部分可观测马尔科夫决策法是一种描述智能机器人在不确定性环境中序贯决策问题的数学模型。POMDP 模型是马尔科夫决策过程的一种扩展形式,可表达环境的 2 类不确定性:行动效果的随机性和状态的部分可观察性。它源于运筹学领域,后在人工智能和智能规划等领域被广泛研究,可应用在移动机器人导航、无人机避碰等领域。

POMDP 模型可定义为七元组:①状态集合;②行动集合;③观察集合;④状态转移函数;⑤回报函数,表示在状态采取行动转移到状态的概率;⑥观察函数,表示在状态采取行动能获得的期望立即回报;⑦折扣因子,表示机器人在采取行动转移到状态后得到观察的概率。在部分可观测马尔科夫决策法规划中,常见的目标之一是找到最大化期望累积折扣回报的最优行动方案。其中,折扣因子(γ)的取值影响立即回报和未来回报在期望折扣累积回报中的重要程度。当折扣因子 γ 的取值接近 0 时,机器人关注的是使期望立即回报最大化的行动;当折扣因子的取值趋近 1 时,它更倾向选择能带来更大期望未来回报的行动。因此,折扣因子在平衡立即回报与未来回报的重要性中起到关键作用,指导着行动方案的选择,以达到长期的最优策略。

由于状态不是完全可观察的,智能机器人仅能推算其在各个可能状态的概率。这个概率分布用信念状态描述。POMDP 模型可看成定义在信念状态空间的马尔科夫决策过程。其策略是从信念状态到行动的映射。

POMDP 规划算法可分为精确算法和近似算法。精确算法的目标是找到定义在所有信念状态上的最优行动方案。这类方法不能高效求解复杂的 POMDP 问题。近似算法可分为离线算法和在线算法。离线算法的目标是找到从初始信念状态开始的最优行动方案,代表性的算法有基于点的值迭代方法。在线算法的目标是计算当前信念状态处的最优行动方案,包括蒙特卡洛树搜索等方法。

10.3.3 贝叶斯网络

贝叶斯网络(BN)是采用有向图描述概率关系的理论,它适用于不确定性和概率性事物,应用于有条件依赖多种控制因素的相关问题。在解决许多实际问题的过程中,需要从不完全的、不精确的或不确定的知识和信息中做出推理与判断,而 BN 正是一种概率推理技术,它使用概率理论处理各知识之间因条件相关性而产生的不确定性。简单地说,BN 图是一种非循环有向图(Directed Acyclic Graph,DAG)及其有关参数属性。它由 2 个元素组成。

1. 模型结构

以非循环有向图表示模型结构属性,非循环有向图的节点对应模型中的变量。有向边代表变量的条件依赖关系(Conditional Dependen-cies)。

2. 相关参数

模型的参数是指为每一个变量指定的条件概率表(Conditional Probability Tables,CPT)。CPT 为变量的每一个实例指定了条件概率。

BN 的每一个节点代表一个系统变量,用一个大写字母表示,如 A、B、C、D 等,其相应的变量用相应小写字母表示,如 A 代表一个开关状态,a_1 开,a_2 关,则有 $P_{(a_1)} = 0.7$,

$P_{(a_2)}=0.7$。其总和 $P_{(a_1)}+P_{(a_2)}=1$。任一节点 A 具有多种状态 $a_1,a_2,\cdots,a_n$ 等，简记为 a，节点 B 具有状态 $b_1,b_2,b_3,\cdots,b_n$ 等。在 BN 中，用节点代表变量，它们之间的联系用有向弧表示，通常由表示起因的节点指向结果节点。这样可在各个节点之间画出其因果关系，并用概率描述一个变量可能影响另一个变量的程度。在概率推理中，随机变量用于代表世界上的事件或事物，通过将这些随机变量实例化成各种实例，可将一系列事件或事物的现有状态模型化。依据贝叶斯概率理论，可计算某种条件下的联合概率，即

$$P(A_1,A_2,A_3,A_4)=P(A_1|A_2,A_3,A_4)P(A_2|A_3,A_4)P(A_3|A_4)P(A_4) \quad (10-1)$$

BN 处理概率过程首要的是观察各变量相互逻辑关系。当某些变量的信息已知时，可变成相互独立的节点，于是把这些条件概率项替换成更小的概率项，通过计算更小的条件概率求出联合概率。

动态贝叶斯网络(DBN)是普通 BN 在时间领域的拓展，即在原来网络结构上加上时间属性的约束。所以说，DBN 依然是一个有向无环图，它可用来表示因果关系、先后关系、条件关系。一般来说，其可通过常识或专家知识构造，但对于不太熟悉的领域，通过常识构造是不太可能的，因此出现从大量样本数据中挖掘网络结构的算法，即 DBN 的结构学习，或称为"DBN 的发现"。近年来，越来越多的研究者开始研究如何从大量样本数据中发现 BN 并提出诸多学习算法，由于 DBN 与 BN 的相似性及关联性，故这些学习算法的很多思想也可推广至 DBN 发现。

10.3.4 POMDP 与 BN 的应用

POMDP 侧重在部分可观测性和时间序列决策的情况下提供一个框架，允许智能机器人在不完全了解当前环境状态的情况下做出最优决策。它通过维护一个关于可能环境状态的概率分布(信念状态)来操作，使智能机器人可在每一时间步骤考虑所有可能的未来状态和动作的后果。这种方法特别适合处理智能机器人与环境交互密切、环境动态变化且环境信息可能不完整或有噪声的复杂任务，如动态路径规划和自适应探索。BN 侧重于表示和计算变量之间的概率依赖关系，为智能机器人决策提供一种强大的推理工具。通过 BN，智能机器人可利用已知信息来估计未知参数或状态的概率，从而在不确定性环境中进行基于概率的推理和决策。这种方法适用于需要处理大量因果关系和不确定性的情境，如感知和理解复杂环境、诊断和故障排除，以及在给定不完全或不准确信息时进行复杂决策任务。

10.4 智能机器人学习方法

10.4.1 智能机器人学习的基本概念

智能机器人学习旨在模仿人类的学习行为，通过持续的学习过程不断提升其性能，从而显著增强自适应和智能化能力。这个过程，即智能机器人从未掌握到掌握新"技能的过程"，被称为技能习得。传统上，智能机器人技能的习得主要依赖于预设的编程方法。这通常涉及人工示教，不但耗时耗力，还需要在机械部件磨损导致参数变化时进行重新校准。此外，

随着智能机器人应用场景的不断深入和复杂化,特别是在面对多变的非结构化环境时,这种方法的局限性愈发明显。因此,开发能在不断变化的未知环境中通过环境交互自主学习的智能机器人技能学习系统,具有多模态感知和自主决策能力,成为一条更具前景的路径。

10.4.2 基于模仿学习的方法

模仿学习,也称为"示教学习",与传统的强化学习相比,在简化学习过程的搜索空间、减少所需要的样本量、加速学习进度等方面表现明显优势。它免除智能机器人在传统编程中所需要的标定步骤,通过观察示教者的行为轨迹,智能机器人可通过动作编码和回归分析获得一条优化的运动轨迹。智能机器人模仿学习流程涵盖了示教、引导和回放 3 个阶段,如图 10-3 所示。

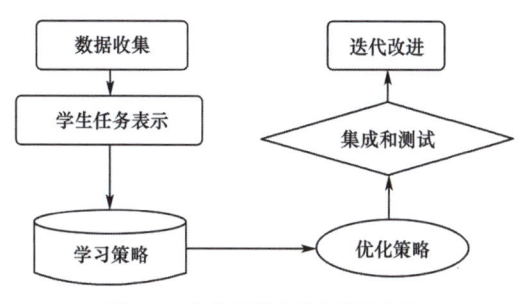

图 10-3 智能机器人模仿学习流程

模仿学习的应用领域广泛,涵盖控制策略、人的物体操纵策略及人类教学轨迹及其简化形式等。通过分析人类的教学轨迹来进行学习。通常,通过让人类向智能机器人展示技能,实现技能从人转移到智能机器人。在重力补偿模式中,人可直接引导智能机器人完成特定任务的示教,过程中智能机器人利用自身的传感器、动力学和视觉系统记录关键数据,如关节角度、末端的位置和姿态、施加的力和力矩及环境状况(如物体位置、障碍物及其他参与者的状态)。随后,模仿学习算法对收集的数据进行处理,以学习这些示教技能(图 10-4),经过学习算法处理后,智能机器人能在新场景中复现或改进这些技能,生成新的位置和姿态轨迹(第二排、第三排)。

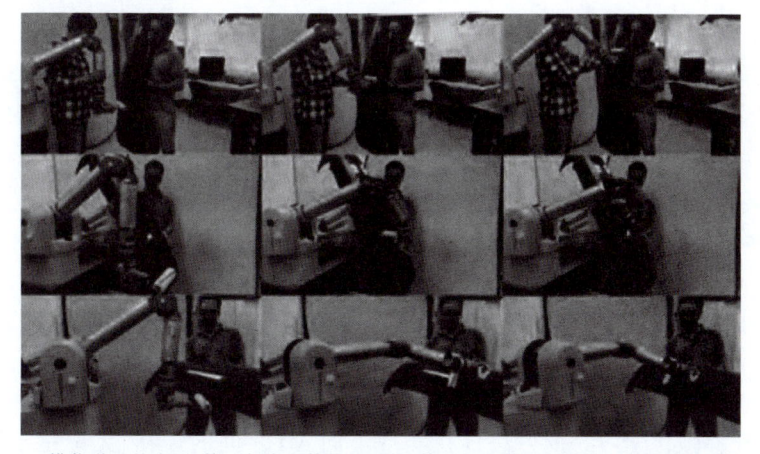

图 10-4 模仿学习的应用(第一行表示技能的示教,第二行和第三行分别对应新情形下的泛化)

10.4.3 基于强化学习的方法

强化学习(RL)是机器人学习领域的关键分支,它依赖于智能体与环境的持续互动,并通过试错法学习最优策略。这一过程基于马尔科夫决策过程(MDP),旨在最大化累积回报。最早,强化学习源于最优控制问题的探索,标志性的事件是 1957 年 Bellman 提出的马尔科夫决策过程。这一概念为强化学习的后续发展和形式化提供基础。此外,对动物行为的观察对强化学习的起源有重要贡献。研究表明,动物会在重复遇到的情景下展现不同的反应,倾向重复那些能带给它们满足感的行为,并避免不适行为。这一行为模式,即通过不断试错以适应环境,与强化学习中智能体通过环境交互以学习的机制相吻合。

强化学习的框架包含 4 个主要元素:状态集合 S、动作集合 A、状态转移概率矩阵 P 及奖励函数 R。在此框架下,智能体在当前状态 s_t 时根据策略 π 选择动作 a_t,并对环境产生影响,随后根据奖励函数接收到环境的反馈奖励 r_t,并以一定的转移概率 $p^a_{s_i s_{i+1}}$ 进入下一个状态 s_{t+1}。为评估策略效果,强化学习定义了 2 个核心函数:状态值函数 V 和动作值函数 Q。这 2 个函数分别用于衡量在特定策略下某状态或某状态下采取特定动作的期望回报。如式(10-2)和式(10-3)所示:

$$V^\pi(s) = E\left(k = \sum_{k=0}^{H-t} \gamma^k r_{t+k} \mid s_t = s; \pi\right) \tag{10-2}$$

$$Q^\pi(s,a) = E\left(\sum_{k=0}^{H-t} \gamma^k r_{t+k} \mid s_t = s, a_t = a; \pi\right) \tag{10-3}$$

在强化学习的框架中,轨迹序列的长度表示为 H,而折扣因子 γ,其值位于 0 和 1 之间,用于调节未来奖励的当前价值。智能机器人学习过程在强化学习框架内可分为 3 个主要阶段:策略执行、样本收集及策略优化。首先,在策略执行阶段,智能机器人根据当前策略 π 与环境进行持续交互,直至达到终止状态。随后进入样本收集阶段,此时会根据智能机器人的经历(轨迹序列 $\tau: s0, a0, s1, a0, \cdots, sH$)来计算总累积奖励 $R(\tau)$。

$$R(\tau) = \sum_{t=0}^{H} \gamma^t r_t \tag{10-4}$$

在策略优化的过程中,智能机器人利用状态值函数 $V\pi(s)$ 和动作值函数 $Q\pi(s,a)$ 来对其策略进行细化和改进。

强化学习与依赖于大量标注数据的神经网络学习不同,强化学习通过与环境的互动实现了自主学习,能在没有大规模标记数据集的情况下掌握新技能,并提供可靠理论支持。正是因为其通用性、灵活性及强大的泛化能力,强化学习在智能机器人学习方面得到广泛应用和认可。

10.4.4 基于迁移学习的方法

迁移学习可在仅有少量训练数据的情况下让机器人掌握新技能。这种方法让机器人能通过重用以往的经验或知识来加速新任务的学习过程,实现技能之间的转换。在这里,与已学习技能相关的任务称作"源任务",而待学习的新任务则被称为"目标任务"。在机器人学习中,迁移学习经常与强化学习结合,把迁移任务视为强化学习框架下的马尔科夫决策过程(MDP),形成迁移强化学习。此方法旨在实现不同 MDP 间的迁移,无论是动作空间、状态空间还是状态转移方程的差异。

尽管直接在实体机器人上应用迁移学习进行任务迁移是可能的,但是这种做法会导致过多的机器人与环境之间的交互,加速机械部件磨损并缩短使用寿命。针对上述问题,首先在仿真环境中进行训练,然后将训练成果部署到真实世界中(从仿真到真实的迁移)。通过迁移学习,可将仿真环境中训练得到的稳定策略迁移到现实环境,使策略能通过极少的探索在新环境中达到性能要求。然而,仿真环境与现实环境通常因差距过大而不匹配,即产生现实鸿沟。这是迁移学习中面临的一个重要问题。为克服这个问题,一种方法是开发更真实的物理模拟器,让仿真环境及其数据更贴近现实。通过改善物理模拟器并学习可靠策略,可在仿真环境中学习的步态控制技能如奔跑等,成功迁移到实际环境中。

10.4.5 基于发展学习的方法

与模仿学习不同,发展学习着眼于显式地借鉴人的认知发展机制来培养机器人技能。皮亚杰提出了儿童认知发展4个阶段——感知运动阶段、前运算阶段、具体运算阶段和形式运算阶段。这些阶段展示儿童如何逐渐以更复杂的方式理解世界,这为机器人学习奠定了理论基础。智能发展的4个核心元素包括发展、社交、具身和融合,基于这些要素,可设计类人的智能系统。机器人自主心智发展的概念认为,通过模仿人类从婴儿到成年的智能成长过程,结合机器人的传感器和执行器与环境交互,可在这一过程中逐步提升其智能水平。认知发展机器人(CDR)提出一种新的设计仿人机器人的方法,使基于认知发展的机器人学习方法——发展机器人学成为机器人学领域的一个关键研究方向。

常采用内在动机来驱动机器人自主探索和学习。这一概念源自心理学,指的是生物体在没有外部目标的情况下自发进行的行为。内在动机分为基于知识的和基于能力的2种。基于知识的内在动机进一步分为寻求新奇性和预测性的动机。而基于能力的内在动机关注如手臂趋近这样的能力。举例来说,研究者借鉴婴儿发展手臂趋近能力的机理,设计了一个基于机器人手臂趋近能力的自主学习三阶段框架,包括发展本体感觉的自动编码器模型、简化模拟注视功能的策略,以及新的正演模型和2个反演模型。这一框架在 PKU-HR6.0 Ⅱ 机器人上的应用验证了其良好的适应性(图10-5)。

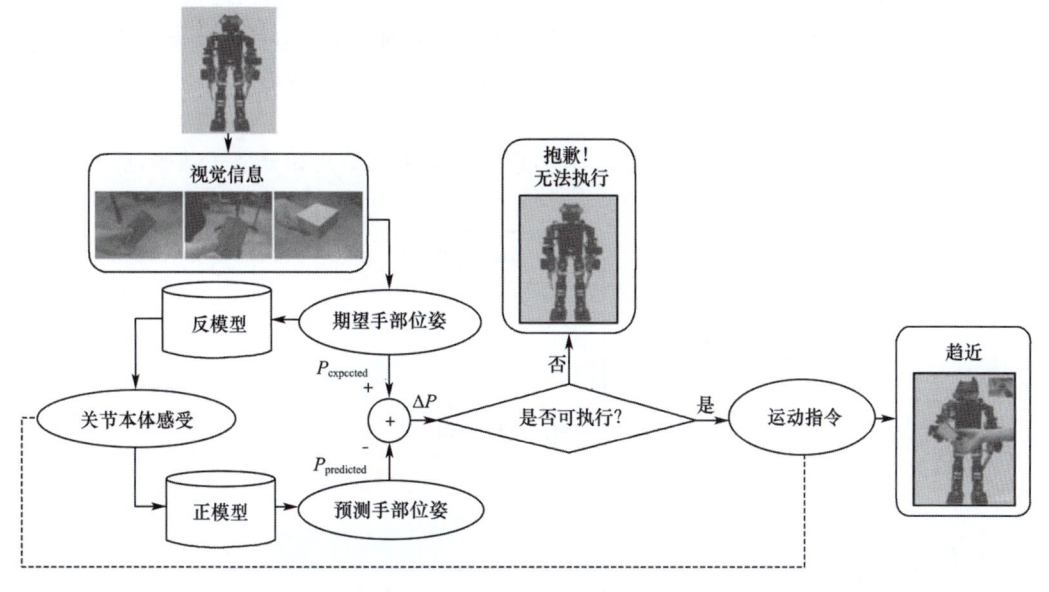

图 10-5 机器人手臂趋近能力的自主学习三阶段框架

与传统方法相比，发展学习的方法在开放式学习、技能重用及层次化学习方面有显著优势。不同于依赖大量标签数据的强化学习方法，它们无须预先标注的数据就能学习新技能，并提供坚实理论基础。然而，强化学习需要通过不断与环境的互动和试错。这可能导致对机器人硬件的不可逆损伤。模仿学习方法虽然避免了与环境互动的需要，却依赖大量的示范数据，同样伴随高昂成本。迁移学习方法通过减少数据获取的成本有效解决了一部分问题，但仍然面临现实差距和灾难性遗忘的挑战。发展学习方法采取了一种不同的路径，它不仅依赖数据驱动的训练模式来获得技能，而且通过模仿人类的行为机制，使机器人能学习到新技能。

10.5　多机器人

多机器人系统是指通过组织多智能体结构，并协作完成某一共同任务的机器人群体。其中，协作性是多机器人系统的重要特征和关键指标，最早由 Noreils 定义为多个机器人协同工作，完成单个机器人无法完成的任务或改善工作过程，并获得更优的系统性能。通过适当的协作机制，多机器人系统可获得系统级的非线性功能增量，从而突破单机器人系统在感知、决策及执行能力等方面受到的限制，从本质上提高系统性能，甚至完成单个机器人无法实现的任务。此外，相对于单个机器人系统，多机器人系统拥有时间、空间、功能、信息和资源上的分布特性，从而在任务适用性、经济性、最优性、鲁棒性、可扩展性等方面表现极大的优越性，因此在军事、工业生产、交通控制等领域具有良好应用前景。

本节主要讲述多机器人组织结构与多机器人环境感知与建模等内容。

10.5.1　多机器人组织结构与通信方式

多机器人组织结构涉及系统内机器人之间的信息和控制关系及其解决问题的能力分布模式。这个框架定义机器人间的相互作用、功能划分并决定信息流通、逻辑结构，以及任务分配、规划与执行的机制，为机器人的活动和交互提供基础。选择恰当的体系结构对确保多机器人系统的有效和高效运作至关重要，是构建这类系统的基本考虑。

1. 多机器人组织结构

多机器人组织结构根据控制方式的不同，可分为集中式结构和分散式结构，后者还细分为分布式结构和混合式结构（图 10-6）。

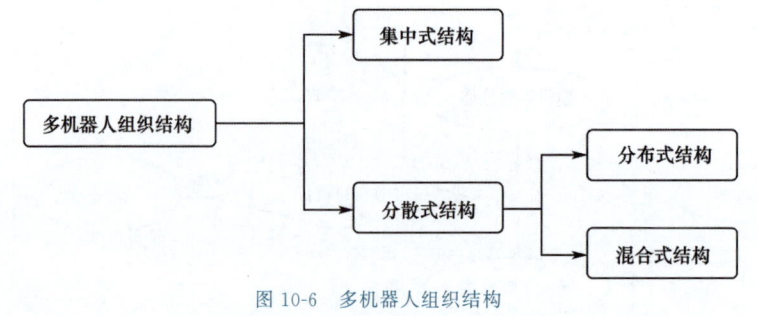

图 10-6　多机器人组织结构

（1）集中式结构

适合需要强协调的任务，采用主从机器人的模式，其中主机器人担任系统的协调角色，享有全面的控制权。这种结构能减少协商通信的负担并可能获得全局最优解,但缺点包括较差的实时性、动态性、灵活性和鲁棒性。例如,多数微型足球机器人队伍采用这一结构。

(2)分布式结构

适合协调要求较低的任务,机器人间没有从属关系,通过交互或通信来实现协调。这种方式可降低系统的复杂性,增强其扩展性和鲁棒性,但对通信的要求较高且不能保证达到全局最优解。

(3)混合式结构

实质上是一种层级结构,其中上层的领导机器人是动态生成的,并且只对下层机器人具有部分控制能力。这种方式试图结合集中式和分布式结构的优点,提升系统的灵活性和协调效率,但由于其高复杂性,实现较困难。

2. 多机器人通信方式

通信是多机器人系统的核心组成部分,它决定了系统内机器人如何相互作用。为确保机器人之间的同步和协调,信息交换成为一个不可或缺的过程。实践表明,有效通信机制能显著提升系统的运行效率。总体上,机器人之间的通信方式主要分为隐式通信和显式通信2类(图10-7)。

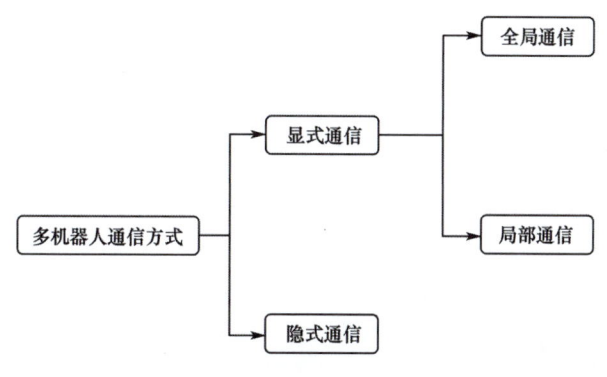

图 10-7 多机器人通信方式

(1)隐式通信

通过机器人行为引起的环境变化来间接影响其他机器人,是一种通过环境作为介质进行的交互方式。个体可通过使用或改变环境中的信息来激发自己或其他个体的行动,从而实现信息的交流和群体的自组织。这种通信方式的优势在于其依赖局部交互和简单的信息表示且不会因为群体规模的扩大而遭遇通信瓶颈,表现极高的简洁性、效率和可靠性。

(2)显式通信

通常依赖专门的硬件通信设备和复杂的信息表示模式,允许机器人直接交换信息。这是一种成本较高、可靠性较低的通信方式。显式通信又细分为全局通信和局部通信。

①全局通信:在这种模式下,所有机器人能在全局范围内进行符号通信,但随着机器人数量的增加,系统的通信效率急剧下降,且通信干扰和延迟问题会严重影响系统的可靠性,通常只适合小规模的多机器人系统。

②局部通信:受通信距离和通信拓扑的限制,仅在局部范围内发生,但是通过设计合理的通信策略,可在效率和可靠性之间取得平衡。

10.5.2 多机器人环境感知与建模

在多机器人系统中实现优化决策和高效协调控制的关键在于具备精确且可靠的环境感知能力。随着技术进步，多种先进的传感器和相关软件的开发使机器人的感知范围和能力得到显著扩展。然而，如何有效整合多机器人的传感资源以提升协同感知的精度和效率，对于这些系统来说至关重要。

1. 信息融合

信息融合是增强环境感知能力的关键手段。通过将不同机器人搭载的多种传感器收集的信息进行有效融合，可处理并整合成更全面的环境感知数据。这有助于提升感知的全面性和效率。信息融合既包括单个机器人内不同传感器之间的融合，也涉及不同机器人之间信息的整合。例如，在异构机器人团队进行环境勘测时，可通过将视觉数据与激光雷达或声呐数据结合，生成单个机器人的局部地图，进而将多机器人生成的局部地图融合为全局地图。

2. 同定位与地图创建

多机器人通过协同定位操作，可互为参照物，在未知环境中实现比单一机器人更准确的定位。这一过程要求运用非线性算法来对机器人的移动和观测模型进行精确建模。常用的模型包括扩展卡尔曼滤波算法（EKF）和粒子滤波器（PF），EKF 通过对非线性系统进行局部线性化，以适用卡尔曼滤波进行估算，而 PF 采用序列蒙特卡罗算法进行滤波和估算。实践证明，基于 EKF 和 PF 的多机器人协作定位的精度显著优于单机器人定位结果，但这些方法的应用需要满足特定条件，以避免过于乐观的位置估计。

10.6 实 例

以堆叠物块抓取为任务，应用一种 RGB-D 图像引导下基于 HMM 的机器人模仿学习方法，其含有运动时序逻辑及中间相关逻辑的表达。使用基于 HMM 的环境特征识别方法，实现任务完成过程中的环境识别，用于判断和预测下一步的单一任务。通过连续的识别、判断、预测单一子任务，完成整体任务。

采用基于 RGB-D 图像引导下基于 HMM 的机器人模仿学习框架分为 3 部分。第一部分利用 RGB-D（彩色-深度）视觉传感器实现环境特征的识别和预测，通过判断环境状态，来推断所需要执行的子任务，并进行下一步的目标选择与执行。第二部分为获得状态标志，采用离散 HMM 模型进行状态标志，通过特征矢量算法确定 HMM 模型的观测序列的观测值，进而确定环境特征状态，并通过环境特征状态参数算法训练出不同的环境特征下的 HMM 模型参数。第三部分为推断与预测，根据 RGB-D（彩色-深度）视觉传感器所获得的图像信息构建观测序列，通过 HMM 模型计算似然性，并将当前环境与已有状态标志匹配，识别环境特征，之后机械臂执行对应动作，完成相应子任务。

1. 仿真平台搭建

仿真实验平台主要由 UR5 协作机械臂、Kinect V1 相机和 Robotiq 夹爪组成，另外添加

BASE 模型作为整个平台的基础支架和世界坐标系。选用 Gazebo 实现物理仿真,使用 MoveIt! 规划器的笛卡儿路径规划方法进行机械臂和 Robotiq 运动规划等操作,使用 Rviz 实现仿真环境的可视化和 MoveIt 规划器的可视化。案例学习任务为纯色立方体定序抓取任务即将水平桌面上散乱摆放的纯色立方体,按照规定顺序抓取并竖直堆叠。仿真模型如图 10-8 所示。

2. 仿真平台搭建物体识别与定位

感知信息来源于 Kinect V1 相机的 RGB 图像和深度图。采用 HSV 颜色空间检测对 RGB 图像中待抓取物体进行识别,用平均长宽方法获取物体的中心点 $[x_A, y_A]$,结合深度图获取待抓取物体在相机坐标系下的三维位姿 $[x_{AC}, y_{AC}, z_{AC}]$。

坐标系建立如图 10-9 所示,坐标系在 ROS 中建模,利用 urdf 文件的 tf-tree 可得世界坐标系到机械臂末端执行器的齐次变换矩阵 T_W^{eef}。通过手眼标定的方法得机器人末端执行器到相机坐标系的变换矩阵 T_{eef}^{cam}。于是可得相机坐标系到世界坐标系的变换矩阵 $T_W^{cam} = T_W^{eef}$,物体在世界坐标系下的三维坐标 $[x_{AW}, y_{AW}, z_{AW}]^T = T_{eef}^{cam} \times [x_{AC}, y_{AC}, z_{AC}]^T$,完成世界坐标系和相机坐标系间的统一,可根据 HSV 颜色空间识别结果在世界坐标系下定位并操作物体。

图 10-8 仿真模型

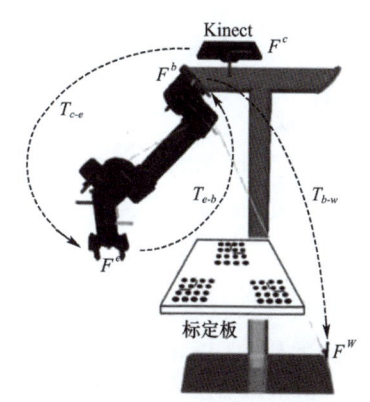

图 10-9 坐标系建立

3. 机械臂示教

用物体集合 $OBJ = \{obj_1, obj_2, \cdots, obj_N\}$ 表示环境中的 N 个物体,用高层动作集合 $A = \{a_1, a_2, \cdots, a_I\}$ 表示机械臂在完成任务的过程中所需要执行的 I 个动作,用 $D = \{d_1, d_2, \cdots, d_n\}$ 表示整个任务的示教轨迹集合,则单个子任务的示教过程可表示为 $d = \{(s_{obj1}, s_{r1}, a_1), (s_{obj2}, s_{r2}, a_2), \cdots (s_{objT}, s_{rT}, a_T)\}$ 其中每一个元素代表一个时间步 t 对应的示教轨迹 dt。

在案例抓取任务中,$N = 3$,$OBJ = \{\text{red\_cube, blue\_cube, yellow\_cube}\}$ 机械臂的运动包括移动、抓取和放下,其中后两者可与移动合并,因此合并后主要为抓(pick)和放(place)2个任务。引入机械臂复位动作 $init$ 解决机械臂对相机造成遮挡的问题,即 $I = 3$。机器人动作集合 $A = \{a_1, a_2, a_3\} = \{\text{init, pick, place}\}$。

假定物块堆积顺序为蓝—红—黄,示教过程描述见表 10-1,每一个时间步 t,都可收集对应的机械臂末端姿态、夹爪状态、三物体坐标、动作状态及目标物块信息。堆积物块示意及示教获取流程数据(图 10-10)。获得的示教数据为后面机械臂的模仿学习奠定基础。

表 10-1　　　　　　　　　　　　　示教过程描述

步骤	目标物体	动作选择	运动描述
1	red_cube	pick	机械臂将移动到 red_cube 上方并抓取物块
2	无	init	机械臂抓取 red_cube 移动到初始位置
3	blue_cube	place	机械臂将移动到 blue_cube 上方并放下 red_cube
4	无	init	机械臂移动到初始位置
5	yellow_cube	pick	机械臂将移动到 yellow_cube 上方并抓取物块
6	无	init	机械臂抓取 yellow_cube 移动到初始位置
7	red_cube	place	机械臂将移动到 red_cube 上方并放下 yellow_cube
8	无	init	机械臂移动到初始位置
示教结束			

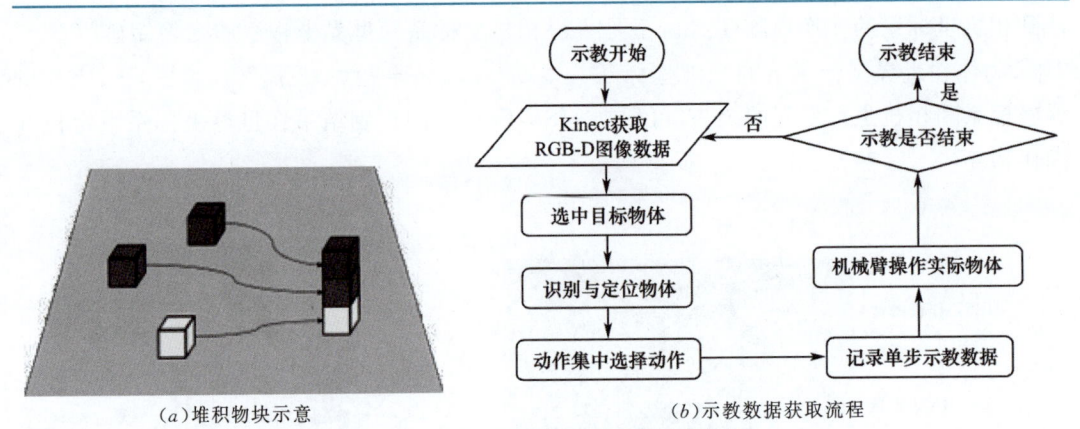

（a）堆积物块示意　　　　　　　　　（b）示教数据获取流程

图 10-10　堆积物块示意及示教获取流程数据

4. 机械臂示教任务分割

将完整任务(Task) 堆积三物块的每步视为一个子任务,对应子任务集将完整任务堆积 3 物块的每步视为 1 个子任务,对应子任务集(表 10-2)。

表 10-2　　　　　　　　　　　　　示教过程描述

序号	状态标志	环境特征状态	子任务名称	任务描述
1	λ_1	3 个物块散放	Task1	选择 red_cube 并抓取
2	λ_2	2 个物块散放,1 个抓起	Task2	选择 blue_cube 并放置 red_cube,
3	λ_3	2 个物块堆积,1 个散放	Task3	选择 yellow_cube 并抓取
4	λ_4	2 个物块堆积,1 个抓起	Task4	选择 red_cube 并放置 yellow_cube,
5	λ_5	3 个物块堆积	Task5	初始化机械臂或无动作

根据 3 个物块间的状态有 5 种环境特征状态,依次为:①3 个物块随机平铺摆放;②2 个物块随机摆放,一个被抓取;③2 个物块堆积,一个随机摆放;④2 个物块堆积,一个被抓取;⑤3 个物块堆积。5 种环境特征状态分别对应 5 种子任务和 5 个 HMM 模型(图 10-11)。

通过判断环境状态,来推断所需要执行的子任务,并进行下一步的目标选择与执行。每一步的执行只与当前环境有关,与上一环境无关。此方法直接提高堆积物块任务完成的有效性与可行性。

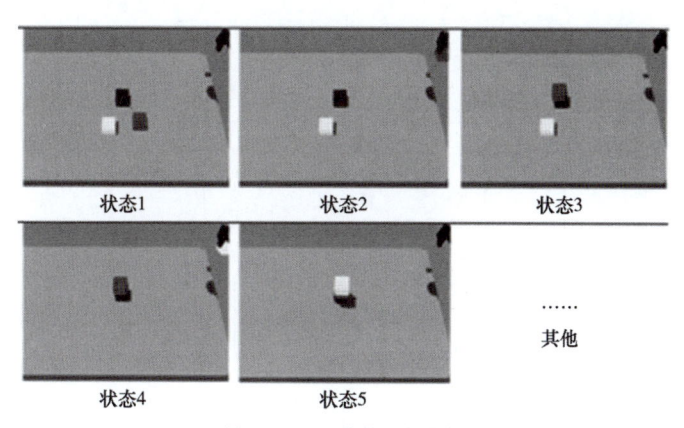

图 10-11　环境特征状态集

5. 获得状态标志

本案例采用离散 HMM 模型进行状态标志 $\lambda=\{\lambda_1,\lambda_2,\lambda_3,\lambda_4,\lambda_5\}$ 的学习。对一个 HMM 模型 $\lambda=\{A,B,\pi\}$ 与被隐藏的状态集相关,通过实验尝试取 $A_{6\times6}$ 效果较好。B 与观测序列有关,每个观测值对应一种环境特征状态。离散 HMM 模型要求观测值为整数,所以,应将物体的三维位姿转换为物块间的矢量关系并根据矢量所在象限进行离散化处理。用矢量 V 表示物体间关系,将特征状态数据化。采用离散 HMM 模型进行状态标志(图 10-12):

$$\lambda=\{A,B,\pi\} \tag{10-5}$$

离散 HMM 模型要求观测值为整数,所以将物体的三维位姿转换为物块间的矢量关系,并根据矢量所在象限进行离散化处理。

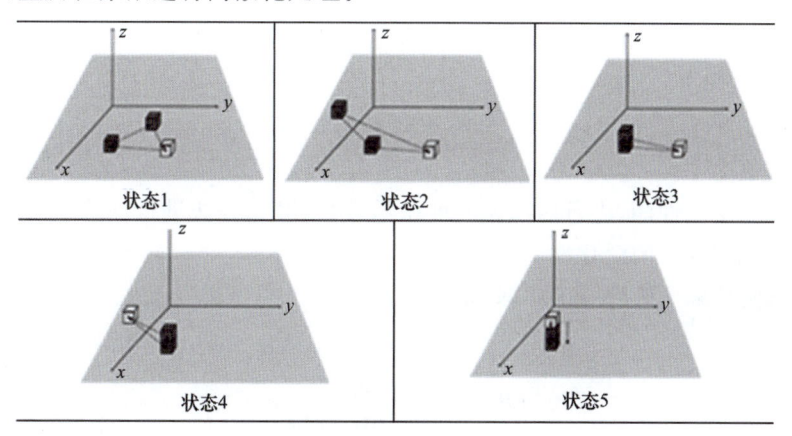

图 10-12　特征状态对应矢量关系

通过特征矢量算法确定 A,B 系数,使用 Baum-Welch 算法进行 HMM 模型参数求解。

6. 推断与预测

获得状态标志的具体数值后,将当前环境与已有状态标志匹配,识别环境特征后机械臂执行对应动作,完成相应子任务。

Kinect V1 相机采集的当前图像信息,将其观测值输入已有的 5 个模型 $\lambda=\{\lambda_1,\lambda_2,\lambda_3,\lambda_4,\lambda_5\}$,计算观测序列 O 在每个 HMM 模型下产生的最大概率,比较每个 HMM 生成的似然性,根据最大似然性得出当前环境特征状态。识别与推断预测过程如图 10-13 所示。

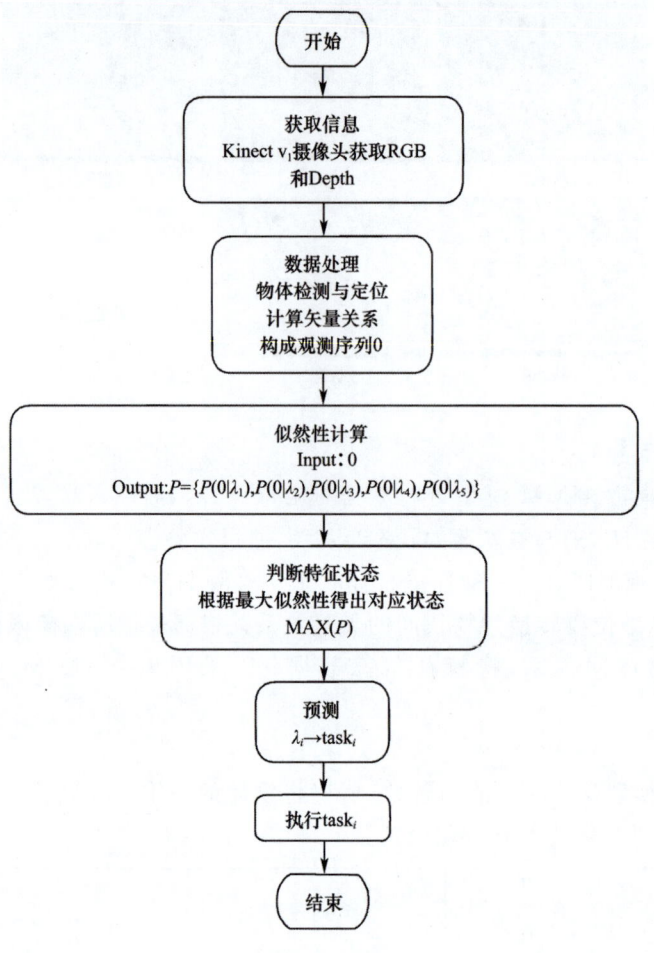

图 10-13 识别与推断预测流程

7. 泛化实验

为验证方法泛化性能,进行四物体的堆积示教,用案例方法进行训练学习,在仿真平台验证了方法堆积四物块的泛化性。

设定堆积物块顺序为红-蓝-黄-绿,则

$$OBJ = \begin{Bmatrix} \text{red\_cube} \\ \text{blue\_cube} \\ \text{yellow\_cube} \\ \text{green\_cube} \end{Bmatrix} \qquad (10\text{-}6)$$

动作集合 A 没有变化 $A = \{a_1, a_2, a_3\} = \{\text{init}, \text{pick}, \text{place}\}$,观测序列变为 $O = \{v_{12}, v_{23}, v_{34}, v_{45}\}$,环境特征状态由 5 个变为 7 个,即需要模型组成为 $\lambda = \{\lambda_1, \lambda_2, \lambda_3, \lambda_4, \lambda_5, \lambda_6, \lambda_7\}$,所对应的子任务增多,任务组变成为 $\text{task} = \{\text{task}_1, \text{task}_2, \text{task}_3, \text{task}_4, \text{task}_5, \text{task}_6, \text{task}_7\}$,其中 $\{\text{task}_1, \text{task}_2, \text{task}_3, \text{task}_4\}$ 与堆积 3 个物块时相同。泛化实验任务描述见表 10-3。

表 10-3　　　　　　　　　　　泛化实验任务描述

Task5	Task6	Task7
抓取 green_cube	选择 yellow_cube 并放置 green_cube	机械臂初始化

则

$$d = \begin{cases} (s_{\text{red\_cube}}, s_{r1}, a_2), (-, -, a_1) \\ (s_{\text{blue\_cube}}, s_{r2}, a_3), (-, -, a_1) \\ (s_{\text{yellow\_cube}}, s_{r3}, a_2), (-, -, a_1) \\ (s_{\text{red\_cube}}, s_{r4}, a_3), (-, -, a_1) \\ (s_{\text{green\_cube}}, s_{r5}, a_2), (-, -, a_1) \\ (s_{\text{yellow\_cube}}, s_{r6}, a_3), (-, -, a_1) \end{cases} \tag{10-7}$$

在仿真平台进行实验，每次获取环境信息，计算观测序列，分别输入已训练好的 λ 中，获取最大似然性模型对应的特征状态，选择下一步子任务。泛化实验过程如图 10-14 所示。

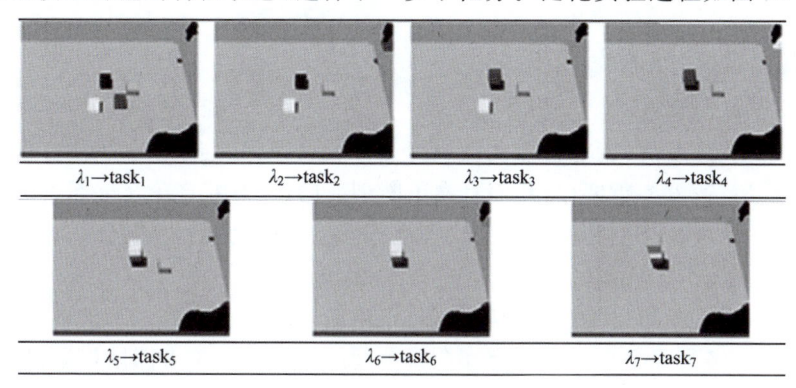

图 10-14　泛化实验过程

实验结果证明，案例的模仿学习方法可从 3 个物块顺序堆叠问题泛化到 4 个物块顺序堆叠问题上，具备一定的泛化能力和通用性。

习题

10-1　机器人任务规划有哪几种方法？其分别适用的场景是哪些？
10-2　简述智能机器人学习的方法，并说明相关应用场景。
10-3　简述多机器人组织结构的优缺点及适用场景。
10-4　简述行为决策方法中部分可观测 POMDP 与 BN 的区别。分别应用场景是什么？

第 11 章
智能机器人系统实例

11.1 概 述

随着科技的飞速发展,智能机器人已成为当今社会不可或缺的一部分。它们不仅在制造、医疗、服务等行业发挥重要作用,而且在不断创新的过程中,产生了一系列的应用。本章将围绕作者团队的 3 个典型智能机器人案例进行阐述,分别为仿生机器人、智能复合机器人和自主抓取灵巧手。

仿生机器人通过模拟自然界中生物的外形、运动原理或行为方式来从事生物特点工作,其机构较复杂,大多为冗余自由度或超冗余自由度的机器人。笔者团队根据机械仿生原理,综合考虑人体下颌的冗余特性及颞下颌关节的运动特点,提出一种新型的冗余驱动的仿下颌运动机器人。

智能复合机器人是多学科、多领域交叉的高新技术产品,贯穿生物力学、机械学、人工智能、电子学、材料学、计算机科学与技术及机器人学等学科或领域,是当今世界机器人领域的前沿方向。拟开发的智能复合机器人具有生物感知决策、智能移动与人机交互作业等能力,可完成倒水、取物、开关按钮等动作。

自主抓取灵巧手的稳定可靠的抓取是智能机器人领域的重要挑战。欠驱动仿人手在抓取中具有自适应性,但是抓取的灵活性和精确性不足,欠驱动仿人手较难应用于自主抓取。受到人类能预测匹配物体抓取手势的启发,基于深度学习方法与欠驱动仿人手抓取的互补性,提出一种基于抓取模式识别的刚软仿人手自主抓取方法。

11.2 仿生机器人

11.2.1 仿生下颌机理

人类口颌系统主要由上颌骨、下颌骨、肌肉和颞下颌关节等组成。上颌骨与其他颅骨固定相连,下颌骨通过肌肉和颞下颌关节与上颌骨相连。下颌由若干肌肉驱动,相对上颌在三维空间内作复杂的功能性运动。颞下颌关节作为人体内最复杂的关节之一,能进行纯转动、纯滑动和转动与滑动的复合运动,共同参与完成咀嚼、言语等功能活动。上下颌骨侧视如图11-1(a)所示,在下颌运动过程中,最重要的是颞下颌关节中的髁突运动,根据下颌开口度大小的不同,髁突既有转动又有滑动。虽然人体下颌运动由面部的二十多块肌肉共同完成,但起主要作用的是咬肌、颞肌和翼状肌3组肌肉,呈对称分布。主要咀嚼肌肉及力作用线如图11-1(b)所示。由于颞下颌关节的约束作用,下颌骨只具有4个自由度的运动。故下颌系统冗余驱动特性表现为驱动肌肉数大于下颌的自由度。

(a)上下颌骨侧视　　　　　　(b)主要咀嚼肌肉及力作用线

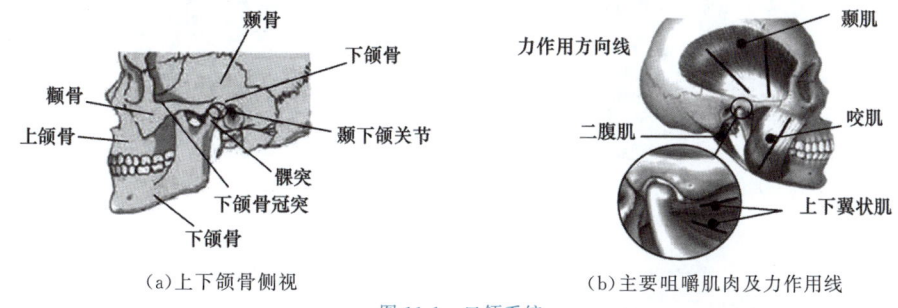

图 11-1　口颌系统

下颌系统中最基本的运动功能运动包括开闭运动、前后运动和侧方运动。其中,咬肌上提下颌骨并使下颌骨微向前伸,也参与下颌侧方运动;颞肌使下颌骨上提,后部肌束可拉下颌骨向后;翼外肌使下颌骨向前并降下颌骨。

颞下颌关节允许下颌上提、下降、前进、后退及侧方运动。在开、闭口运动中,髁突在关节腔内沿额状轴转动实现下颌的下降和上提。在进行前、后运动时,关节盘连同下颌头一起在上关节腔内围绕位于关节结节内的额状轴,进行弧形滑动。进行前、后运动时,关节盘连同下颌头一起在上关节腔内围绕位于关节结节内的额状轴,作弧形滑动。侧方运动由一侧下颌头在下关节腔内原位作垂直轴上旋转,而对侧下颌头连同关节盘在上关节腔内向前移动。

11.2.2　机器人设计

冗余驱动仿下颌运动机器人主要尺寸及结构根据人类下颌肌肉与颞下颌关节的生理学参数设计。采用6PUS-2HP并联机构模拟下颌6组最重要的咀嚼肌肉和颞下颌关节的运动,并设计并联机构的静平台为上颌结构和动平台为仿生下颌骨,移动副P是主动副,虎克铰U代表咀嚼肌肉与上颌骨的连接,球副S代表咀嚼肌肉与下颌骨的连接,2个点接触高副HP代表颞下颌关节(图11-2)。

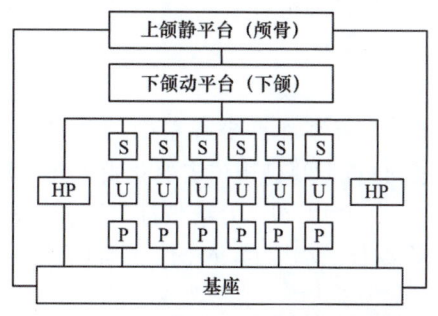

图 11-2　仿下颌运动机器人内部结构关系

根据咀嚼肌肉的位置参数和力作用线方向，确定支链对机器人下颌动平台的驱动力的方向和作用点，采用一种点接触高副结构来模拟颞下颌关节髁状突的转动和滑动，仿生颞骨关节面固定在基座上，仿生髁状突固定在下颌动平台上并可沿仿生颞骨关节面运动。仿下颌运动机器人虚拟样机示意如图 11-3 所示，通过电动机改变滑块位置，实现下颌的空间运动。

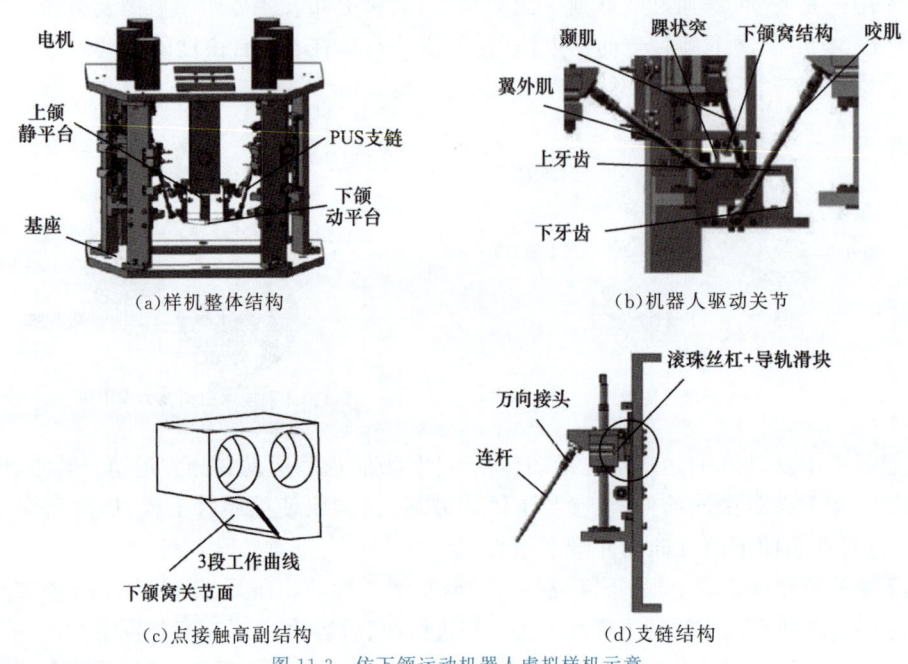

图 11-3 仿下颌运动机器人虚拟样机示意

11.2.3 运动学分析

运动学逆解是机构学的重要研究内容之一，也是后续仿下颌运动机器人轨迹规划的理论基础。分别在静平台和动平台（下颌机构）建立静坐标系 $OXYZ_b$ 和下颌坐标系 $OXYZ_m$，下颌坐标系置于左侧髁状突球心，由矢状面（X-Z 面）、正平面（Y-Z 面）和水平面（X-Y 面）组成，静坐标系在动坐标系正下方，下颌坐标系到静坐标系的坐标系变换矩阵如下：

$$^b_m R = \begin{bmatrix} c\gamma \times c\beta & -s\gamma \times c\alpha + c\gamma \times s\beta \times s\alpha & s\gamma \times s\alpha + c\gamma \times s\beta \times c\alpha & ^bO_{mx} \\ s\gamma \times c\beta & c\gamma \times c\alpha + s\gamma \times s\beta \times s\alpha & -c\gamma \times s\alpha + s\gamma \times s\beta \times c\alpha & ^bO_{my} \\ -s\beta & c\beta \times s\alpha & c\beta \times c\alpha & ^bO_{mz} \\ 0 & 0 & 0 & 1 \end{bmatrix} \quad (11\text{-}1)$$

式中，c 代表 cos；s 代表 sin。

$^bO_{mx}$、$^bO_{my}$、$^bO_{mz}$ 代表下颌坐标系在静坐标系中的位置，α、β、γ 代表绕 X 轴、Y 轴、Z 轴旋转的偏航角、俯仰角和滚动角，下颌机构位姿变化由上述 2 组变量决定。

单支链简图如图 11-4 所示。其中，O_m 为动坐标系原点，O_b 为静坐标系原点，C_i 为移动副的位置，B_i 是每条支链支撑板的固定位置，M_i 为肌肉连接点，由机构中任意一条分支链可知

$$B_iM_i = B_iO_b + O_bO_m + O_mM_i \tag{11-2}$$

即

$$B_iM_i = -\begin{bmatrix} B_{xi} \\ B_{yi} \\ B_{zi} \end{bmatrix} + \begin{bmatrix} {}^bO_{mx} \\ {}^bO_{my} \\ {}^bO_{mz} \end{bmatrix} + {}^b_mR\begin{bmatrix} B_{xi} \\ B_{yi} \\ B_{zi} \end{bmatrix} \tag{11-3}$$

式中,B_iO_b 由 B_i 在定坐标系中的位置确定,O_bO_m 由初始姿态确定,O_mM_i 由 M_i 在下颌坐标系中的位置确定。

向量 B_iM_i 还可表示为

$$B_iM_i = B_iC_i + C_iM_i \tag{11-4}$$

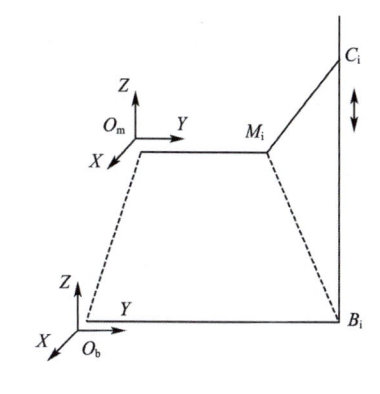

图 11-4 单支链简图

式(11-4)改写为

$$C_iM_i = B_iM_i - B_iC_i \tag{11-5}$$

式(11-5)两边同时平方得

$$\|C_iM_i\|^2 = \|B_iM_i\|^2 - 2 \times B_iM_i \times B_iC_i + \|B_iC_i\|^2 \tag{11-6}$$

式中,$\|C_iM_i\| = L_i(i=1,2,\cdots,6)$ 表示各杆的长度,B_iM_i 可由式(11-6)求出,设

$$\|B_iM_i\|^2 = r_i^2 \tag{11-7}$$

B_iC_i 的矢量方向为 $e = [0,0,1]^T$,则有

$$B_iM_i \times B_iC_i = B_iM_i \times e \times q_i \tag{11-8}$$

式中 $q_i = \|B_iC_i\|$,即滑块相对于导轨的运动变化量。

假设 $C_i = B_iM_i \times e$,则式(11-8)可写为

$$B_iM_i \times B_iC_i = c_i \times q_i \tag{11-9}$$

将式(11-8)和式(11-9)代入式(11-6)中可得

$$q_i^2 - 2 \times c_i \times q_i + r_i^2 - L_i^2 = 0 \tag{11-10}$$

则下颌运动平台的位姿变化反解表示为

$$q_i^2 = c_i \pm \sqrt{c_i^2 - r_i^2 + L_i^2} \tag{11-11}$$

11.2.4 轨迹规划与驱动形式

仿下颌运动机器人的功能运动包括开闭运动、前后运动、侧方运动。下颌运动与髁状突运动的对应关系见表 11-1。轨迹规划的重点是将下颌运动形式与髁状突运动形式对应,即对髁状突进行轨迹规划,从而实现下颌的各种运动。

表 11-1　　下颌运动与髁状突运动的对应关系

下颌运动	髁状突运动
小开颌运动	对称、转动
大开颌运动	对称、转动+滑动
最大开颌运动	对称、转动
前伸运动	对称、滑动
侧方运动	不对称、一侧滑动、一侧转动

智能机器人系统

开闭运动分为开颌运动和闭颌运动。正常情况下,开颌运动时两侧颞下颌关节运动是对称的,开颌运动又分为小开颌运动、大开颌运动和最大开颌运动。小开颌运动时,髁状突仅做转动运动;大开颌运动时,髁状突不仅有转动运动,还有滑动运动,髁状突沿关节结节后斜面向前下方滑动,在向前滑动的同时稍向后方旋转;最大开颌运动时,髁状突停止在关节结节处仅做转动运动而不再向前滑动;闭颌运动时,循开颌运动原轨迹做相反方向运动。开颌运动时仿生髁状突位置如图 11-5 所示,位置 1 表示下颌初始闭颌状态时仿生髁状突的位置,位置 2 至位置 4 分别代表小开颌、大开颌和最大开颌时仿生髁状突的位置。下颌开颌运动侧面如图 11-6 所示。

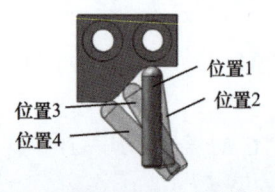

图 11-5 开颌运动时仿生髁状突位置

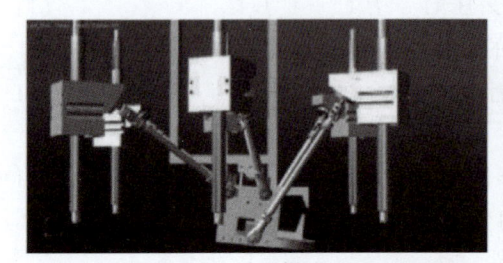

(a)小开颌 　　　　　(b)大开颌

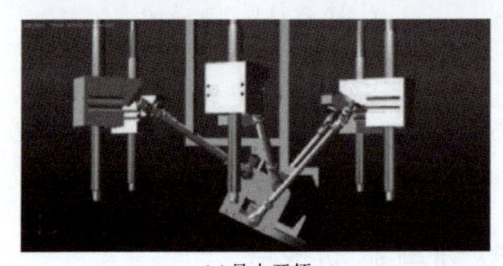

(c)最大开颌
图 11-6 下颌开颌运动侧面

前后运动分为前伸运动和后退运动。前伸运动时,两侧髁状突沿关节结节后斜面向下方滑动;后退运动时,大致是循前伸运动原轨迹做相反方向运动。前伸运动时仿生髁状突位置如图 11-7 所示,位置 1 为下颌闭颌状态时的仿生髁状突位置;做前伸运动时,髁状突运动到位置 2,即相对位置 1 只有一个向前的滑动运动,无转动运动。下颌前伸运动侧面如图 11-8 所示。

图 11-7 前伸运动时仿生髁状突位置

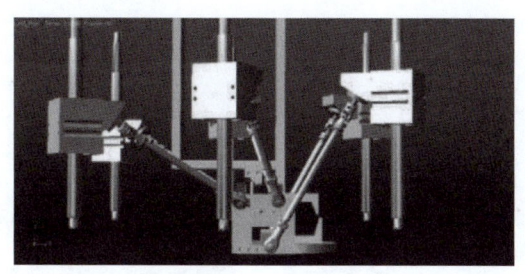

图 11-8　下颌前伸运动侧面

侧方运动是一种不对称运动，一侧髁状突滑动，另一侧基本上做转动运动。侧方运动时，工作侧髁状突在初始与颞骨关节面接触的位置做旋转运动，并向内侧水平滑动微小距离，非工作侧的髁状突沿颞骨关节面曲线向下、向前滑动。左侧运动时仿生髁状突位置侧视如图 11-9 所示，仿真下颌左侧运动如图 11-10 所示。

(a)初始位置　　　　(b)左侧运动位置

图 11-9　左侧运动时仿生髁状突位置侧视

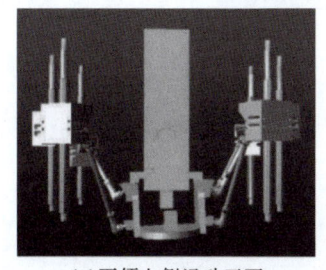

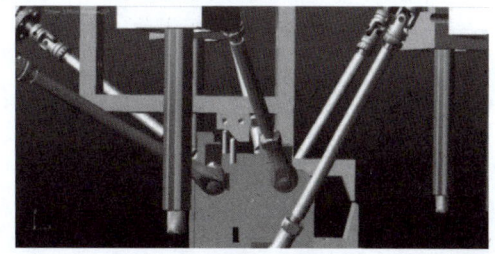

(a)下颌左侧运动正面　　　　(b)下颌左侧运动侧面

图 11-10　仿真下颌左侧运动

在 Adams 的后处理模块 Postprocesser 中记录左侧仿生髁状突球心直角坐标 (x, y, z) 和欧拉角 (α, β, γ) 的坐标值，将运动过程中的坐标提取为数据的形式，在 PEC6A00 中写入 6 自由度 6-PUS 机构的逆运动数学模型，通过 VB 编程和计算机 PC 串口分别将开闭运动、前后运动和侧方运动中的左侧髁状突球心的 x、y、z 和 3 个欧拉角的坐标值发送给 PEC6A00，采用连续曲线运动指令接收坐标，当 PEC6A00 接收到串口发来的坐标值时，PEC6A00 内部通过数学模型转换为 6 个电动机的驱动脉冲，驱动机器人执行 3 种功能运动，并且保证在运动过程中仿生髁状突与仿生颞骨关节面接触，仿生髁状突沿仿生颞骨关节面运动。

11.2.5　实验结果与分析

本节设计的含有点接触高副的并联机构具有 4 个自由度和 6 个驱动器，属于冗余驱动并联机构，能很好地模拟人体下颌系统的冗余特性。机器人样机实物如图 11-11 所示，电气系统方面采用可编程控制器 PEC6A00 对仿下颌运动机器人进行逻辑控制。

(a)样机整体　　　　　　　　　　　　(b)样机局部

图 11-11　机器人样机实物

开颌运动如图 11-12 所示。整个运动过程中，仿生髁状突沿着仿生颞骨关节面运动：小开颌运动时，仿生髁状突只做转动运动；大开颌运动时，仿生髁状突在转动的同时向前滑动；最大开颌时，仿生髁状突在关节结节处做转动运动，仿生下颌开口达到最大。

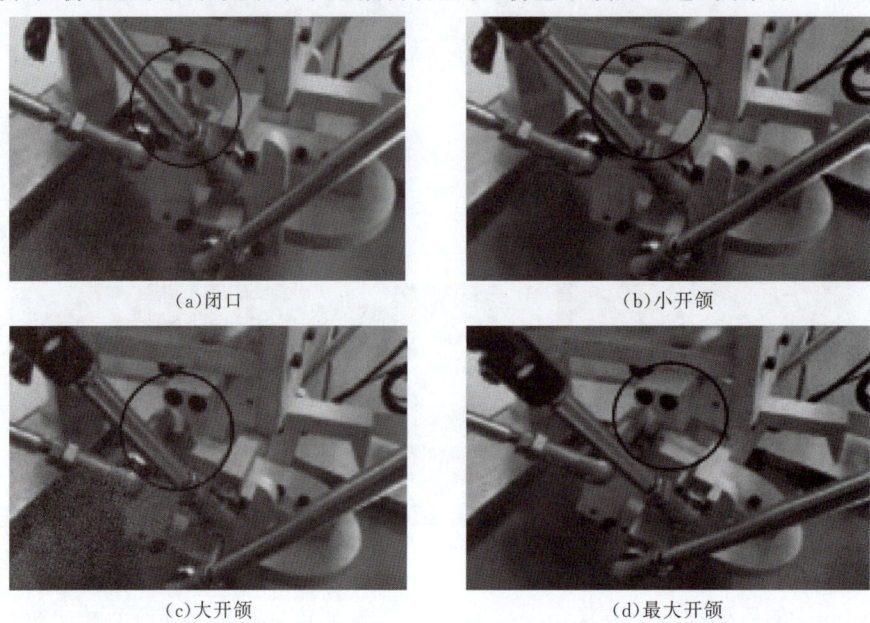

(a)闭口　　　　　　　　　　　　(b)小开颌

(c)大开颌　　　　　　　　　　　　(d)最大开颌

图 11-12　开颌运动

前后运动如图 11-13 所示。仿生髁状突与仿生颞骨关节面接触并向前滑动，无转动运动，仿生下颌向前运动。

(a)闭口　　　　　　　　　　　　(b)前后运动

图 11-13　前后运动

左侧运动如图 11-14 所示。左侧髁状突主要做旋转运动,右侧髁状突沿仿生颞骨关节面向前滑动,从而实现下颌向左侧的非对称运动。

(a)右侧下颌关节　　　　　　(b)左侧下颌关节

图 11-14　左侧运动

从以上 3 组样机实验可知,仿生髁状突是按照上节中的轨迹规划运动的,并且基本保证仿生髁状突与仿生颞骨关节面的接触,实现下颌常规的 3 种功能运动,从而验证轨迹规划方法的可行性。

11.3　智能复合机器人

11.3.1　智能复合机器人的结构

为研究智能复合机器人的关键技术,本节首先进行智能复合机器人的整体方案与结构设计,搭建具备全向移动底盘、升降机构、云台、机械臂和控制系统等的智能复合机器人。智能复合机器人系统如图 11-15 所示。

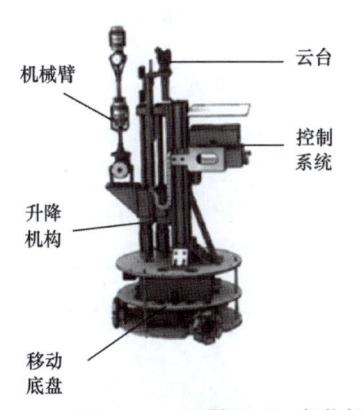

图 11-15　智能复合机器人系统

全向移动底盘是自主研发的具有 3 个全向轮的移动机器人(图 11-16),其具备移动方向上的 2 个自由度(X 轴和 Y 轴)及旋转方向的 1 个自由度(Z 轴),可实现平面内的全向运动,相比于传统方式的移动底盘,其具有转弯半径小、能运行特定曲线、结构紧凑且成本低的优点。

二级升降机构是为配合四轴机械臂实现更大范围的抓取,其主要由丝杠、滑块、导柱、电动机及驱动器组成，共有 2 层模组，协调机械臂达到预定的行程，同时该升降机构配备光电传感器，并将光电传感器位置定为升降机构运行的零点，防止升降机构运行过程中超出限位，对升降模组起保护作用。升降机构模型如图 11-17 所示。

(a)移动底盘样机　　　(b)全向轮

图 11-16　全向移动底盘

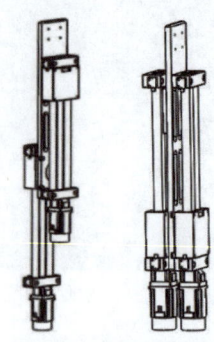

图 11-17　升降机构模型

为完成端水、从书柜拿东西等任务，结合智能机器人自身的底盘与直线单元结构形式，设计制造四自由度机械臂(图 11-18)。其中 2 个俯仰关节(1 和 3)用于改变机械臂的空间位置，2 个自转关节(2 和 4)用于改变机械臂的姿态，经过实验验证搭载此方式机械臂的机器人可满足不同场景的抓取任务。

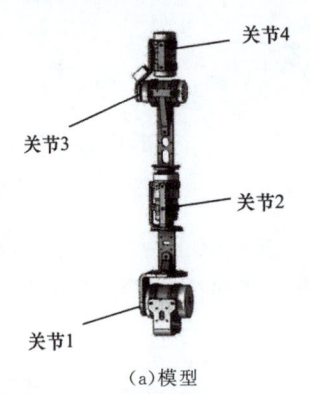

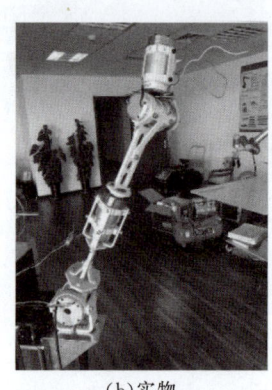

(a)模型　　　(b)实物

图 11-18　四自由度机械臂

云台主要作用是检测空间中的物体，因此为让移动机器人获得更大的检测范围，云台应具备自动调节角度的能力。因此设计二自由度云台，设计的样机及三维图，二自由度云台如图 11-19 所示。该方式将云台安装在机器人上，其移动上的自由度可由移动底盘弥补，而实际观测空间中任意位置的物体，只需要水平旋转和垂直俯仰 2 个自由度。

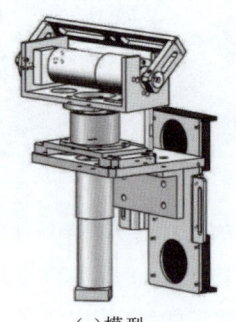

(a)模型　　　(b)实物

图 11-19　二自由度云台

除以上全向移动底盘、四自由度机械臂、两级升降机构及二自由度云台的设计外,智能机器人在结构方面还有分系统之间的转接件及控制系统的安装件等,共同构成了智能复合机器人的结构。

11.3.2 智能复合机器人的控制系统

智能复合机器人可理解为由硬件系统(如机械结构、电气元件、控制器件及传感器等)及软件系统(如底层控制程序、通信程序、交互界面及上层算法等)共同构成的庞大而复杂的集成化系统,主要通过各种传感器、执行单元与控制系统相互协调配合完成相应的任务。智能复合机器人需要与人有大量的交互工作。这对控制系统的要求是极高的,需要保证控制的准确性、稳定性、安全性等。所以,智能复合机器人的控制系统是一项极具挑战性的工程。

本节基于模块化的设计思想进行智能复合机器人控制系统的设计。智能复合机器人的硬件系统组成如图 11-20 所示。

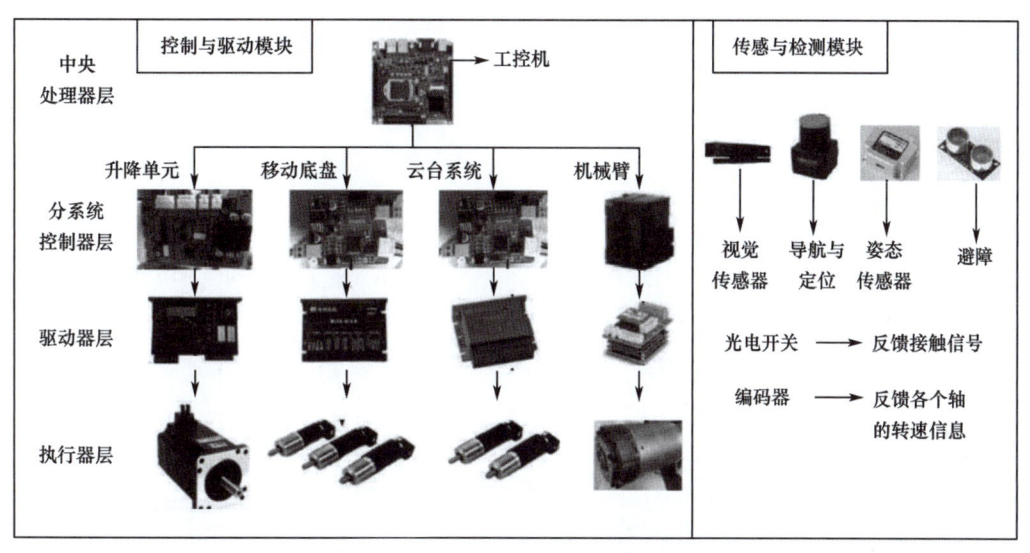

图 11-20 智能复合机器人的硬件系统组成

智能复合机器人的硬件系统由控制与驱动模块及传感与检测模块构成。控制与驱动模块可分为 4 层,采用工控机作为中央处理器层,通过集成在其内部的控制算法,对各个系统的控制器进行控制,达到机器人整体协调工作的目的。对于移动底盘、云台系统及升降单元的控制器层采用嵌入式控制板进行信息的传输与控制指令的解析,而对于机械臂,采用成熟的多轴控制器作为子模块的控制器。

传感与检测模块大致分为 2 类,一部分是用于外部感知决策的传感器,另一部分是用于内部信息与状态的反馈。用于外部感知的传感器按功能分为视觉传感器、激光传感器、姿态传感器及超声波传感器等。视觉传感器可实现机器人的自主识别,用于智能抓取,也可实现视觉定位,用于机器人的自主导航;激光传感器主要用于机器人的地图构建与激光导航,也在实时避障中起关键作用;姿态传感器可实时反馈机器人的姿态信息,用于机器人位姿修正;超声波传感器可和激光结合实现更多方位、更大空间的避障功能,通过多传感器融合,实现机器人的智能感知、自主决策与任务执行。

用于内部信息反馈与状态反馈的传感器一部分是各个模块电动机的编码器,可实时反馈电动机的运行速度、运行角度,实现电动机的速度环与位置环的闭环控制;另一部分是用于实现限位与寻零的光电传感器,可通过其反馈的开关量信息,设置电动机的零位,作为控制程序的起点,也可用于模块的软件限位,通过信息反馈控制模块的极限位置,起防撞与保护的功能。

基于 ROS 系统设计具有分布式和模块化特征的机器人软件系统。由于智能复合机器人系统庞大,为使机器人各部分协调运行,采用 ROS 作为中间层,设计具有智能算法模块、驱动程序模块、通讯模块、底层控制与执行模块的软件系统,使智能复合机器人系统在各个模块的协调下高效运作。智能复合机器人软件架构如图 11-21 所示。

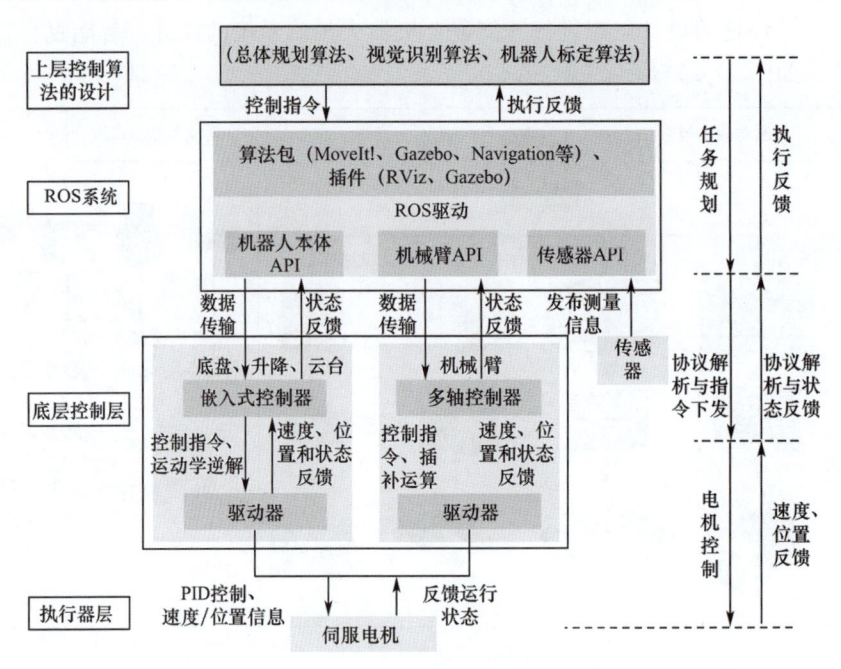

图 11-21　智能复合机器人软件架构

智能复合机器人软件主要包括上层控制算法的设计,针对本节设计的机器人大致分为:总体规划算法,用于机器人系统的任务分配,高效快速地协调各分系统功能;视觉识别算法,用于机器人的智能抓取以及人机交互,实现机器人的智能化;机器人标定算法,用于硬件参数修正的标定算法,主要包括移动机器人的里程计校准及机械臂的 D-H 参数修正,让机器人运行更加平稳、精度更高;ROS 系统层主要分为 2 部分,一是利用 ROS 自带的各种插件进行算法仿真及可视化显示,二是缩写 ROS 驱动,用于各子系统的控制指令下发与状态反馈与监测;底层控制层主要接收控制指令,进行正逆运动学的解算,进行电动机的 PID 控制;执行器层主要接收底层控制下发的速度指令,反馈电动机信息用于闭环处理。传感器直接通过自身的接口函数对测量的数据进行处理,并反馈给上层控制算法,用于最终决策。智能复合机器人软件按功能可分为通信模块、控制模块、激光导航模块及视觉识别模块等。

1. 通信模块

机器人的通信模块包含智能复合机器人系统的通信协议有 4 种，分别为 Modbus RS485、Modbus TCP、EtherCAT 和 CAN。Modbus RS485 协议主要用于顶层系统与底层移动系统、升降系统、云台系统、接口系统进行通信。Modbus TCP 协议主要用于顶层系统与底层手臂系统进行通信。EtherCAT 协议主要用于手臂系统内部通信。CAN 协议主要应用于移动系统、云台系统内部通信。通过各种通信协议实现各个模块的控制器与上层控制系统的信息交互，能按应用层下发的指令进行运动并反馈运行结果。

2. 控制模块

机器人系统的控制模块包含全向底盘控制、二级升降控制、云台控制及机械臂控制，通过主节点接收消息，利用手柄、键盘或自动控制程序给出的控制信号对机器人进行控制。如在机械臂的规划过程中，通过上层 MoveIt！得到规划的轨迹点及速度信息，并将其发送给机械臂的底层硬件控制模块，实现机械臂的轨迹规划。

3. 激光导航模块

激光导航模块在机器人系统中起关键作用，首先利用 ROS 系统内部的标准导航模块实现未知环境的地图构建，通过 Amcl 算法进行机器人环境中的位置估计，然后利用 Move_base 内的算法计算全局与局部代价地图，并通过局部规划与全局规划算法获得机器人的运行轨迹与速度信息，达到自主定位与导航的目的。

4. 视觉识别模块

机器人在自主抓取过程中需要视觉提供待抓取物体的位姿信息，当机器人处于视觉传感器的检测范围内，会通过视觉检测算法获取机器人的位姿信息，并将其以话题形式进行反馈，供决策层进行规划判断。

11.3.3 智能复合机器人的作业流程与关键技术

作业过程中，当智能复合机器人接收到任务指令时，通过上层控制器对智能机器人进行运动规划（图 11-22）。首先判断智能复合机器人是否需要运动。当智能复合机器人需要运动到给定目标点时，基于自主定位与导航算法，让移动底盘移动到目标位置；当上层控制系统接收到达位置信号后，开始进行视觉搜索，主要通过云台的俯仰及偏航运动来进行目标的位置搜索；当搜索完成后，基于视觉测量的方法进行目标位置的测量，基于测量结果判定目标位姿是否在机械臂的工作空间范围。如果在范围内，直接执行抓取模块，通过机械臂的轨迹规划使软体手到达抓取点，并控制气动元件实现目标的抓取；如果不在范围内，通过升降机构和底盘的运动，使目标点在机械臂的工作范围内。

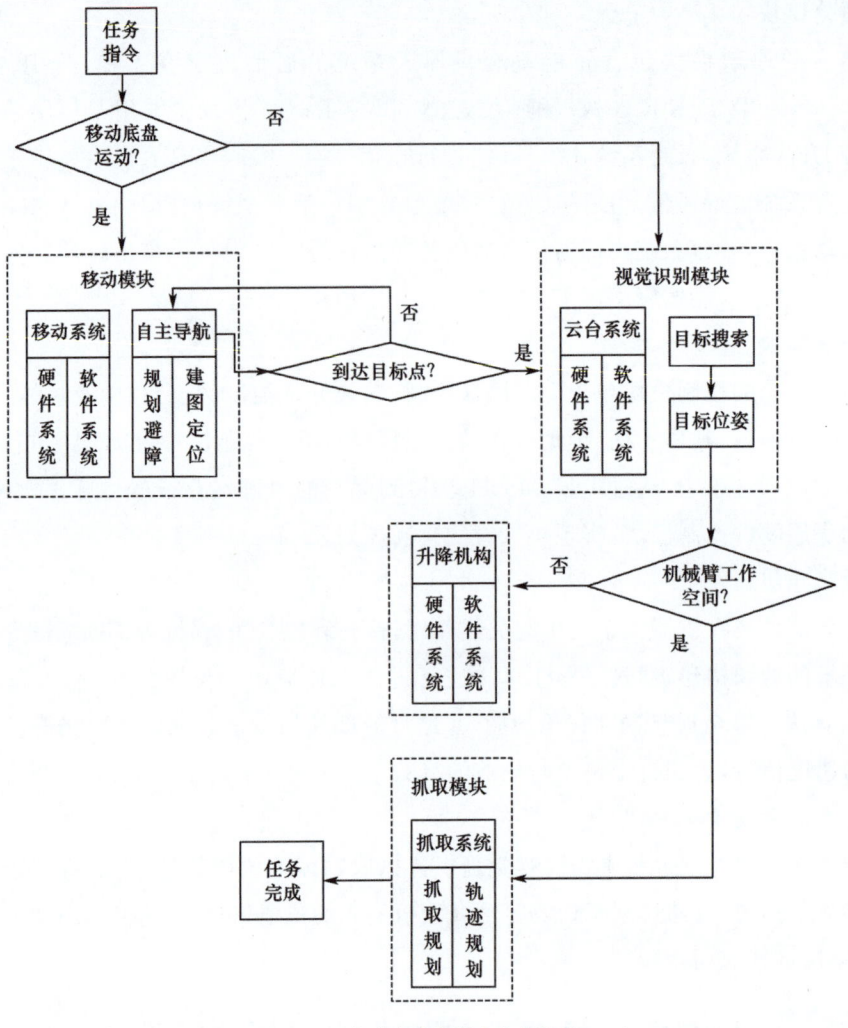

图 11-22 智能复合机器人作业流程

为实现智能复合机器人的抓取与关灯等操作,为机械臂末端配置两指的气动软体手。机器人样机如图 11-23 所示。

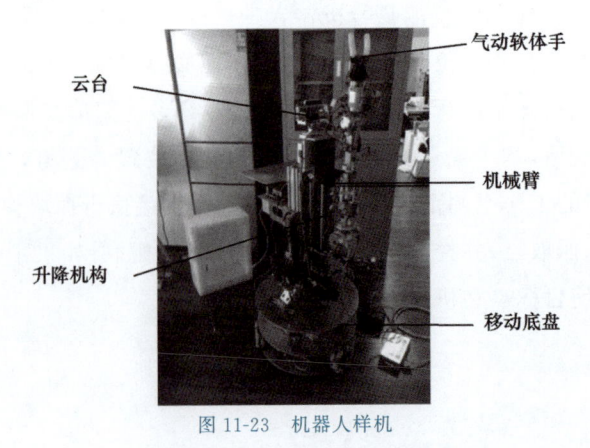

图 11-23 机器人样机

1. 地图构建与导航

机器人能实现移动抓取的基础是机器人的自主定位与导航。利用 ROS 的标准框架进行导航，由于该模块内不含有地图构建部分，所以先通过激光进行建图，使用 Slam_mapping 的方法对环境进行建图，获得二维栅格地图。通过 ROS 导航的标准框架，接收移动底盘提供的包含机器人实时位姿的里程计信息和激光建图提供的栅格地图信息，通过自适应定位方法给机器人定位，当机器人接收目标位置指令信息时，利用内部的全局规划器对初始位置到终点位置的全局轨迹规划，并利用局部规划器对全局轨迹进行拟合，以及动态环境下的避障处理，以速度信息发送给自定义的功能包，来实现对机器人的导航控制。

机器人处于实验室内的地图中的某一个位置，然后给定机器人运动的终点信息，在理想行进轨迹上存在方形障碍物的情况下进行导航(图 11-24)。

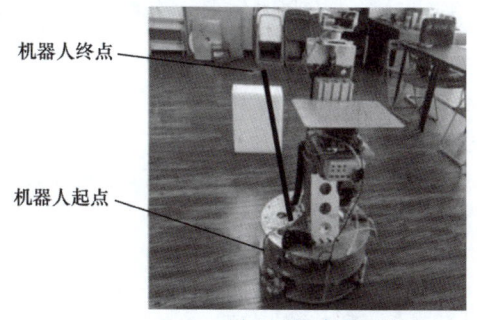

图 11-24　场景布置

机器人在当前位置基于定位算法进行全局定位。机器人在已知地图中通过激光扫描加入障碍物，生成全局的规划路径；当机器人检测临时增加的障碍物时，能通过局部路径规划实现避障功能，并且基于全局路径规划算法更新全局路径，最后达到设置的目标位置。图 11-25 为机器人导航与避障过程，截取了机器人的 3 个位置，分别是起始位置、越过障碍物位置及终点位置。

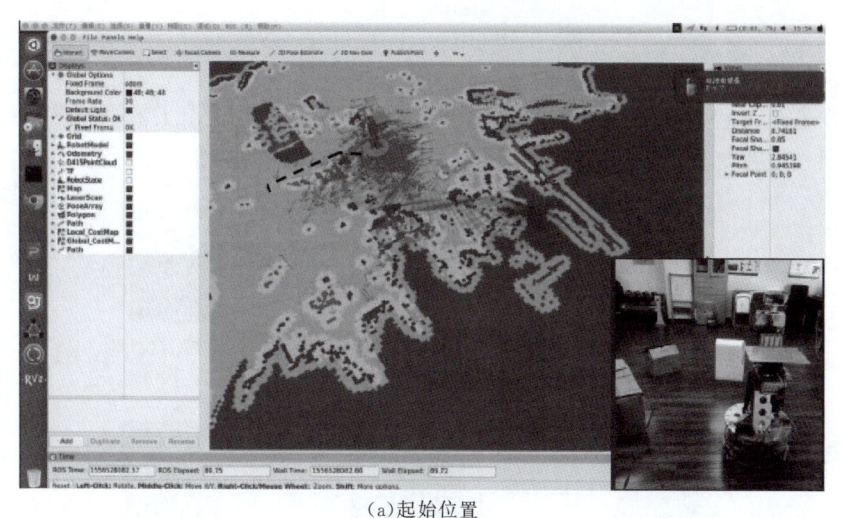

(a)起始位置

图 11-25　机器人导航与避障过程

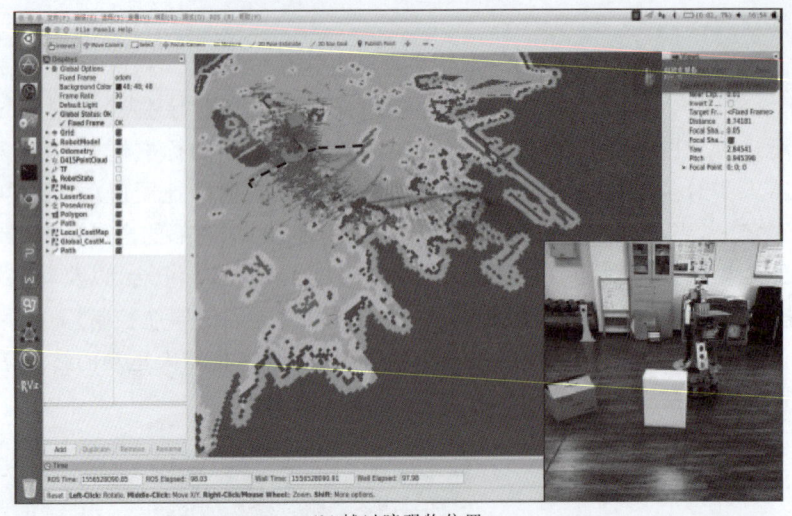

(b)越过障碍物位置

(c)终点位置

续图 11-25　机器人导航与避障过程

2. 识别物体中心位置

对图像处理过程，HSV 颜色空间对彩色图片进行预处理，结合 Canny 算子进行边缘检测。视觉识别过程如图 11-26 所示，最后得出待识别物体的中心位置。

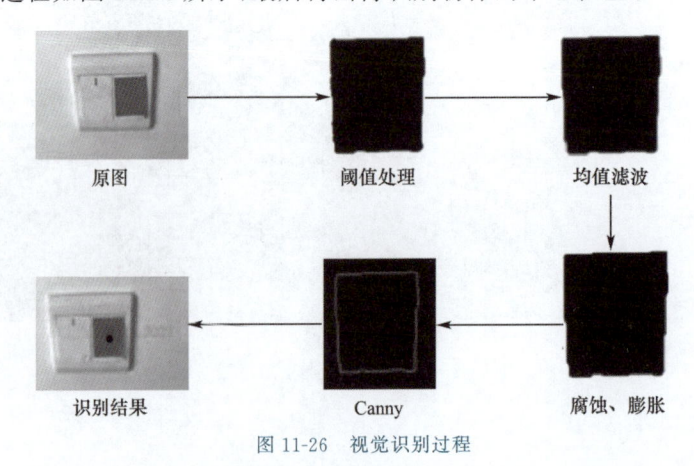

原图　→　阈值处理　→　均值滤波

识别结果　←　Canny　←　腐蚀、膨胀

图 11-26　视觉识别过程

3. 机械臂轨迹规划

MoveIt 是 ROS 内集成的包含功能包与插件的规划算法库，主要用于机械臂等移动操作物体的规划问题。MoveIt！包含用于运动规划、运动学解算、碰撞检查、控制和导航的最先进软件。

将设计的机器人三维模型转化成统一的机器人描述文件（URDF），然后通过规划算法库 MoveIt！进行机械臂的配置，通过 RViz 进行显示，然后在 Gazebo 仿真环境下，建立机械臂的仿真模型（图 11-27）。

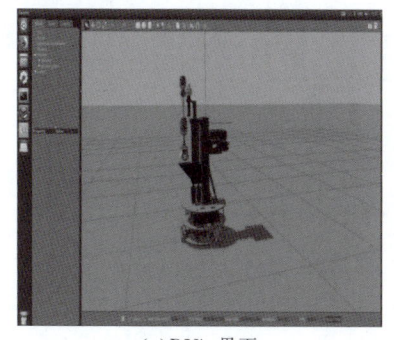

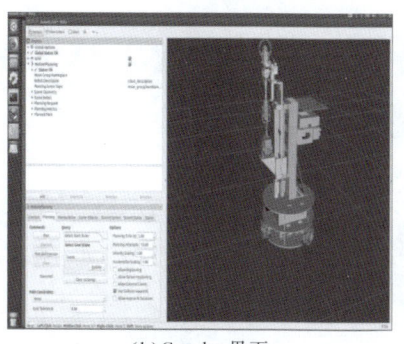

(a) RViz 界面　　　　(b) Gazebo 界面　　　　(c) 现实环境

图 11-27　机器人初始位置

机械臂在关节模式下，设定 4 个关节电动机的弧度值，上层通过 MoveIt！进行轨迹规划，得到规划好的一系列轨迹点，含有位置、时间及速度信息，并通过接口函数下发给底层控制器，并在底层控制器中利用 PVT 模式（位置-速度-时间模式）进行速度平滑控制。先在 Gazebo 环境下进行仿真再进行验证，规划的路径在 RViz 中的显示、仿真结果及真实验证的结果如图 11-28 所示。

机械臂在笛卡儿模式下给定一组末端姿态值，同关节模式相同，先进行仿真然后再进行验证。笛卡儿模式下机械臂如图 11-29 所示。

(a) RViz 界面　　　　(b) Gazebo 界面　　　　(c) 现实环境

图 11-28　关节模式下机械臂

(a) RViz 界面　　　　(b) Gazebo 界面　　　　(c) 现实环境

图 11-29　笛卡儿模式下机械臂

11.3.4 实验结果与分析

对机器人进行 2 组实验。实验一中,首先机器人自主通过障碍物,经自主导航到达指定位置并停止运动,然后机械臂从工作位(机器人运行过程中机械臂所处的位置,非零位)开始运动,视觉传感器识别待抓取目标的位置,并将识别结果传给上层控制器;其次,根据待抓取物体的不同高度调节升降机构,机械臂进行轨迹规划并控制各关节运行到指定位置,运行移动底盘到达待抓取位置;最后,通过二指气动夹手进行物体抓取(图 11-30)。

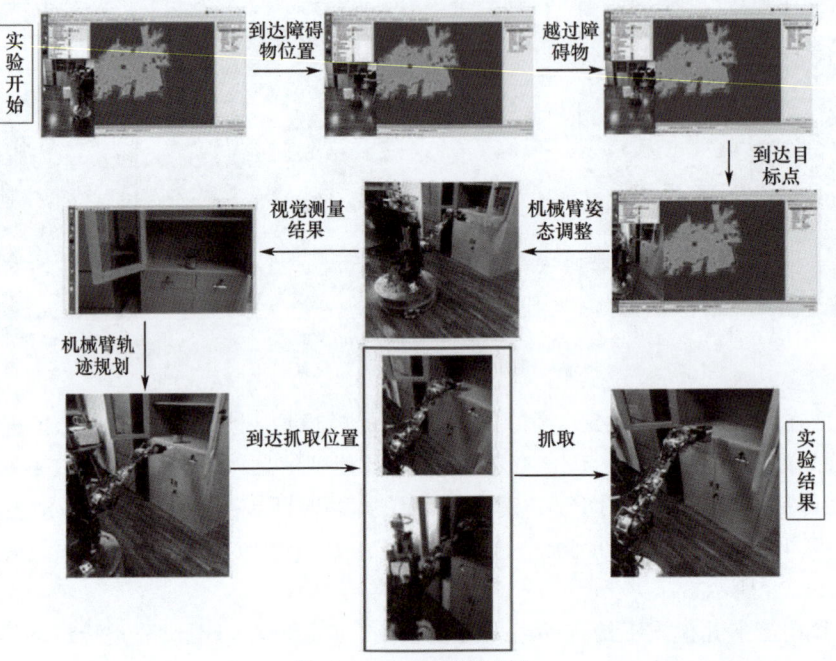

图 11-30 机器人抓取实验

实验过程中,机械臂反馈的速度、位置信息如图 11-31 所示。由图 11-31 可知,机械臂运行的速度平稳并能达到预期位置。

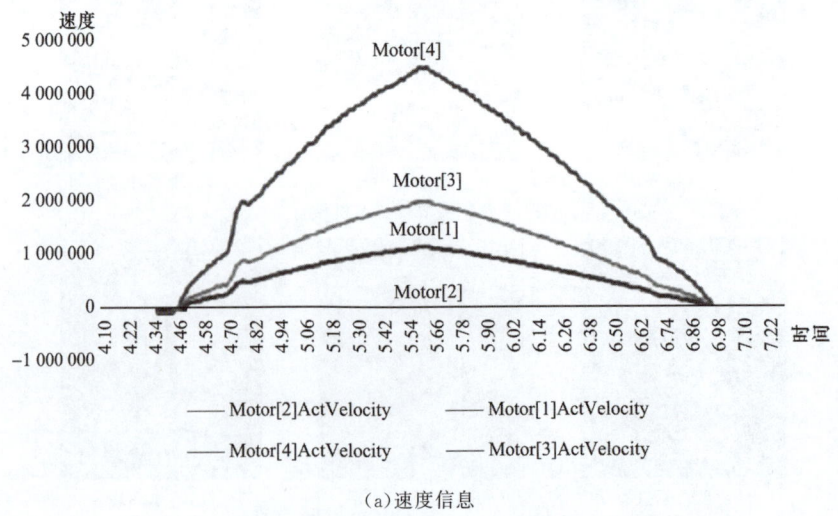

(a)速度信息

图 11-31 机械臂反馈的速度、位置信息

(b）位置信息

续图 11-31　机械臂反馈的速度、位置信息

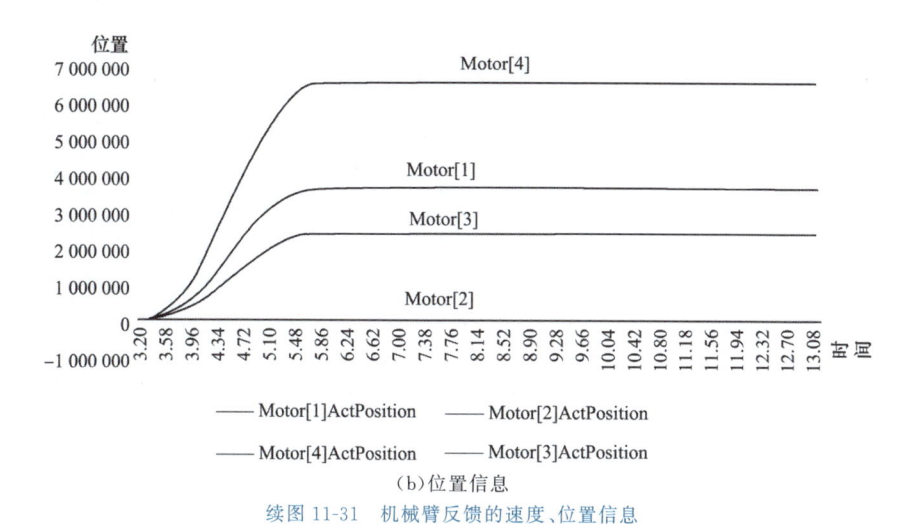

实验二场景为机器人在某一位置出发，已知电源开关在地图中的某一位置，机器人自主导航到指定位置附近停止，然后通过视觉识别开关的位置，最后通过二级升降机构的运动扩展四自由度机械臂的可达空间，并对机械臂进行轨迹规划，使末端达到识别的位姿。实验中，需要先在环境内通过激光建立地图，然后将机器人导航算法及视觉识别算法写入上层控制器，让机器人从地图中某一位置出发，机器人通过导航算法运行到指定位置并按下开关。机器人关灯实验如图 11-32 所示。

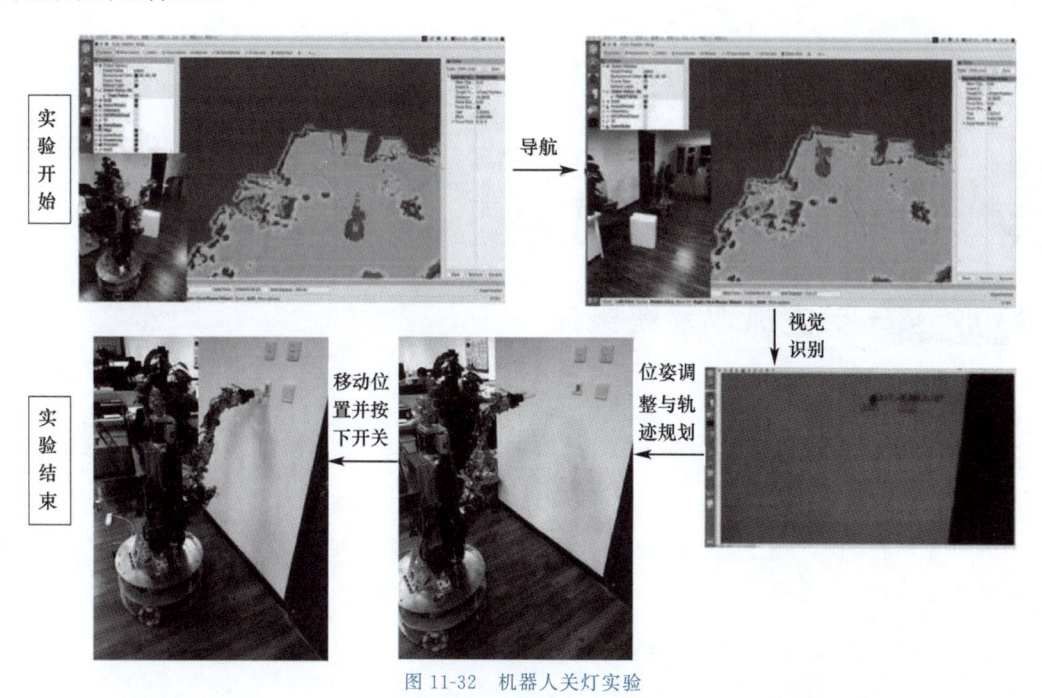

机器人关灯实验中机械臂反馈的速度、位置信息如图 11-33 所示，实验数据显示机械臂对上层发送的速度信息进行插值处理，得到平滑的速度曲线并根据各轴的位置指令，使末端到达视觉识别位置。

图 11-32　机器人关灯实验

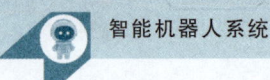

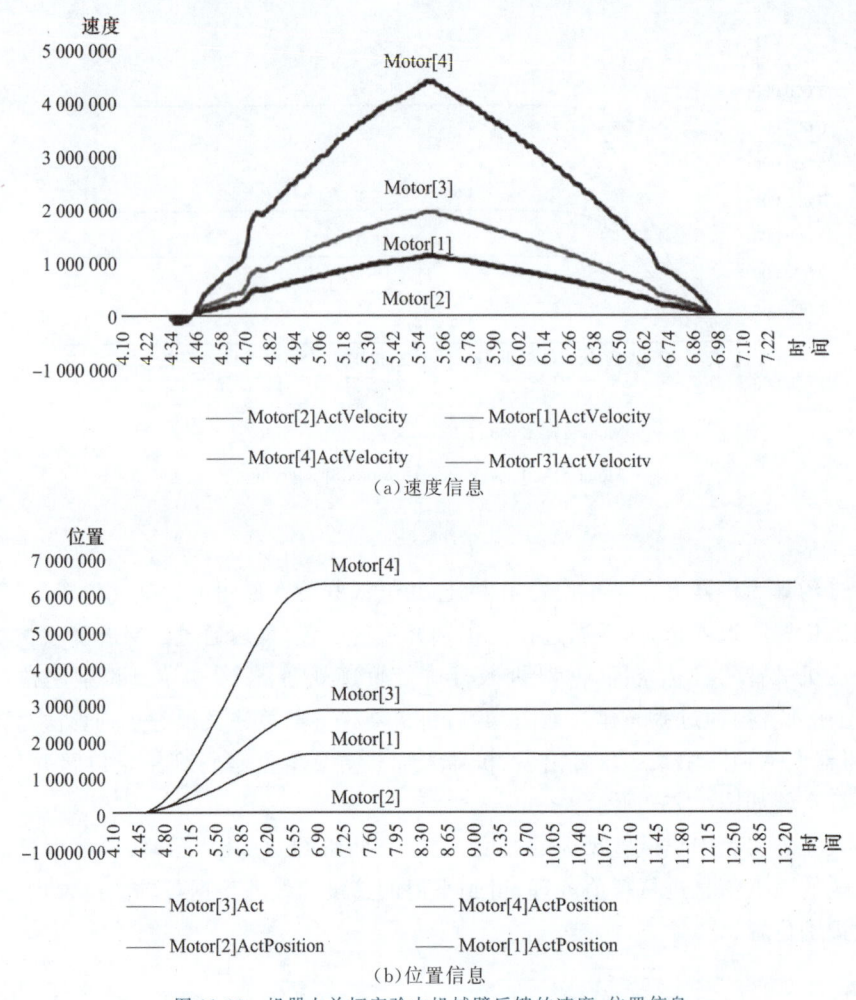

图 11-33　机器人关灯实验中机械臂反馈的速度、位置信息

11.4　自主抓取灵巧手

11.4.1　自主抓取系统概述

自主抓取系统框架如图 11-34 所示,首先使用深度相机获取物体的 RGB 图像,将图像输入到基于深度神经网络模型的 YOLOv3 目标检测算法中,预测输出物体的抓取模式和抓取区域;然后利用图像处理方法中的 Canny 边缘检测算子,输出得到物体抓取区域和抓取角度,并根据物体姿态选择欠驱动灵巧手的抓取模式,同时将得到的抓取区域和抓取角度从图像坐标系转换到相机坐标系,再转换到机械臂坐标系;最后控制机械臂配合完成欠驱动灵巧手的自适应抓取。

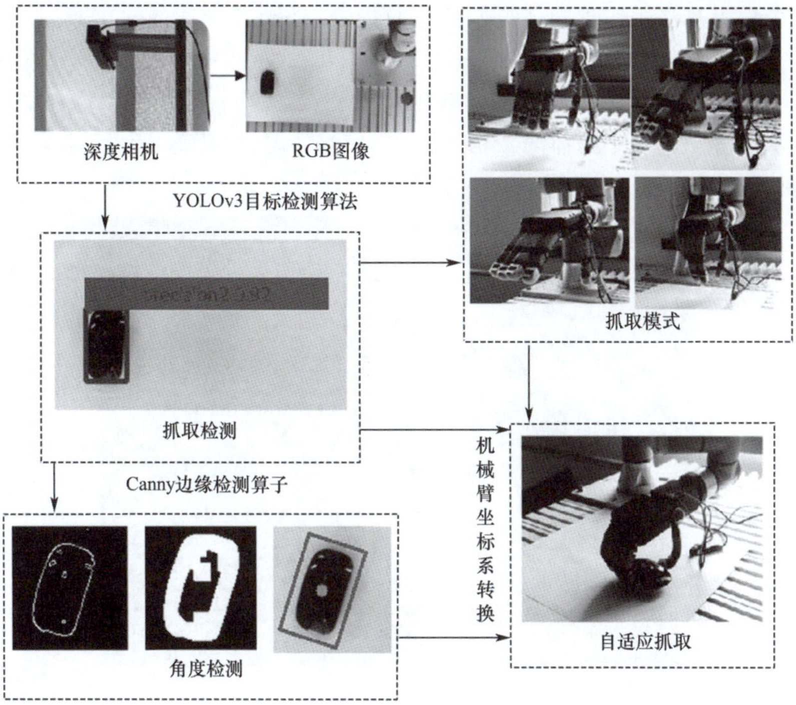

图 11-34 自主抓取系统框架

11.4.2 抓取检测系统设计

抓取检测任务包括识别物体的抓取模式、抓取区域和抓取角度 3 部分。抓取检测系统包含 2 个阶段：第一阶段使用先进的目标检测网络 YOLOv3 实现抓取区域识别和抓取模式的分类；第二阶段基于 OpenCV 的图像处理方法获得抓取区域的抓取角度。

人手抓取模式丰富多样，主要可分为强力抓取和精确抓取 2 类。强力抓取是指抓取过程中手指与手掌共同形成包络物体的形态，抓取较稳固；精确抓取由手指单独完成对物体的捏取，抓取较为灵活，强力抓取通常涉及 5 根手指，并以物体和手指之间的多点接触或连续接触为特征；精确抓取主要涉及拇指、食指和中指且物体与手指一般为单点接触。随着仿人型假肢手的不断发展，人们希望在末端执行器上使用较少的模式进行物品抓取，由此提炼几种典型的抓取模式，如柱形抓取、侧边抓取、三指抓取和球形抓取。

考虑平面上物体抓取，将物体分为 4 类抓取模式，即柱形包络、球形包络、精细捏取和宽型捏取(图 11-35)。柱形包络和球形包络属于强力抓取，适合抓取较厚的物体，由于柱形和球形的区别，对应拇指的摆动角度不同，而精细捏取和宽型捏取属于精确抓取，适合抓取较薄的物体，由于物体宽细的区别，对应拇指和其余四指的开合宽度不同。

(a) 柱形包络　　(b) 球形包络　　(c) 精细捏取　　(d) 宽型捏取

图 11-35 典型物体抓取模式分类

采用深度学习算法来实现物体抓取模式的识别，必须在合适的数据集上进行训练和验证。本节建立一个用于物体抓取模式识别的数据集。数据集共选取 80 个常见日用物体（图 11-36）。其中有 17 个物体属于柱形包络，如易拉罐、水瓶等；有 22 个物体属于球形包络，如网球、苹果等；有 14 个物体属于精细捏取，如签字笔、胶棒等；有 27 个物体属于宽型捏取，如眼镜盒、鼠标等。

图 11-36 抓取数据集物体

物体抓取模式的划分考虑物体的形状和大小，具体划分参数为物体的厚度和宽度。当物体厚度小于 30 mm 且宽度小于 30 mm 时，物体属于精细捏取；当物体厚度小于 30 mm 且宽度大于 30 mm 时，物体属于宽型捏取；当物体厚度大于 30 mm 且形状偏柱形时，物体属于柱形包络；当物体厚度大于 30 mm 且形状偏球形时，物体属于球形包络。

将 KinectV2 深度相机固定于抓取平台上方，拍摄并存储单个物体的 RGB 图片，物体随机以不同位置和不同旋向平放于平台上，每个物体拍摄 16 张照片，个别物体除平放外还以横放姿态再拍摄 16 张照片，共拍摄照片 1 344 张。最后使用 LabelImg 软件对图片进行抓取模式和抓取区域的标注，柱形包络被标注类别为"power1"，球形包络被标注类别为"power2"，精细捏取被标注类别为"precision1"，宽型捏取被标注类别为"precision2"，抓取区域的标注使用一个水平的矩形框，标注矩形框的中心与物体的重心位置大致重合，而矩形框的边框尽量包围住物体的轮廓。

采用 YOLOv3 目标检测算法对数据集进行训练和测试。YOLOv3 是一个实现回归功能的深度卷积神经网络，相对于 FASTR-CNN 目标检测模型中使用候选区域进行特征提取，YOLOv3 选择对于图片的全局区域进行训练。在速度加快的同时，能更好地区分目标和背景，采用多尺度预测，以及更好的基础分类网络和分类器，使其具有通用性强、背景误检率低的特点。

训练前先从 1 344 张照片的数据集中随机选择 241 张照片作为测试集，其余图片作为训练集（图 11-37），经过 1 000 次训练后再使用测试集测试，识别的整体准确率达 98.70%，其中柱形包络(power1)准确率为 99.50%，球形包络(power2)准确率为 99.50%，精细捏取(precision1)准确率为 96.60%，宽型捏取(precision2)准确率为 99.30%，此外拍摄一些未知物体照片进行测试，同样具有良好的检测效果，对 24 个未知物体的识别准确率达 82.75%。抓取模式识别与抓取定位如图 11-38 所示。

(a)全类平均精度   (b)精确率   (c)召回率

图 11-37　训练结果

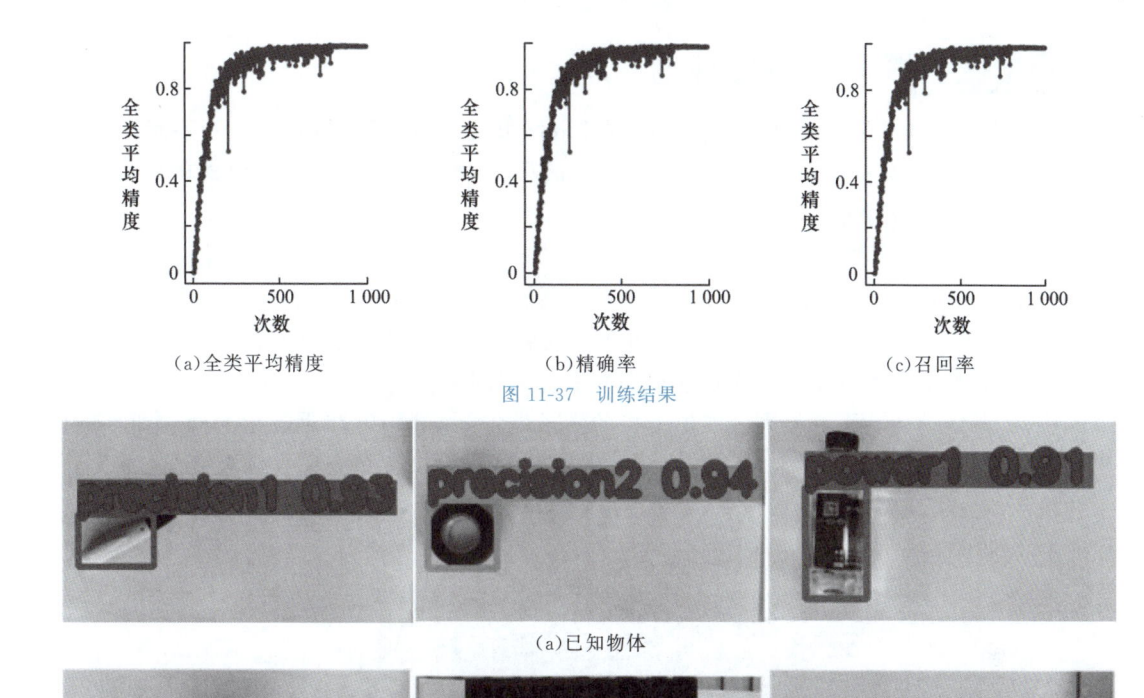

(a)已知物体

(b)未知物体

图 11-38　抓取模式识别与抓取定位

获得抓取区域后,使用基于 OpenCV 的图像处理方法获得抓取角度(图 11-39)。首先通过调节 Canny 算子中的检测阈值实现物体的边缘检测,然后利用腐蚀、膨胀函数将检测物体的轮廓形状填充完整,最后使用最小外接矩形函数包围物体的外轮廓,进一步区分外接矩形的长边和短边,输出长边抓取的矩形旋转角。对不规则物体,采用先膨胀再腐蚀的闭运算形态学操作,可填补不规则物体形状内的空缺,并可去除不规则形状的纤细边缘,相对半滑地将物体轮廓填充完整,从而实现抓取角度识别,经过识别验证,该方法适用于不同颜色、形状的日常物体。

(a)边缘检测   (b)腐蚀和膨胀   (c)最小外接矩形

图 11-39　抓取角度识别

11.4.3 抓取控制与规划

机器人的具体抓取策略如下：首先，根据抓取区域和角度，机械臂搭载灵巧手运动到抓取点正上方一定距离的准备位置；其次，根据抓取模式，灵巧手做出预抓取模式构型；再次，根据抓取高度，机械臂竖直向下运动，使灵巧手抓取末端点到达桌面；最后，灵巧手完成自适应抓取并保持抓握，机械臂向上运动抓起物体。

欠驱动灵巧手共有 5 根手指，由 6 个电动机通过腱绳驱动，每根手指由 1 个电动机驱动 1 根腱绳实现弯曲和伸展，其中拇指还另由 1 个电动机专门实现摆动，所有电动机集成在手掌中，相应的 6 个驱动控制器集成在手掌外的手腕中（图 11-40）。手指由刚性关节和柔性指节组成，负责传动的腱绳一端固定在电动机的转子处，另一端固定在手指指尖处，中间绕过所有关节中的定滑轮，并穿过所有指节中的通孔，每根手指都有 3 个刚性关节，保留了灵巧手的机动性且刚性关节处设有扭簧，能使手指自动复位；柔性锯齿状指节与物体接触时可弯曲变形，使抓取时最大程度贴合物体。

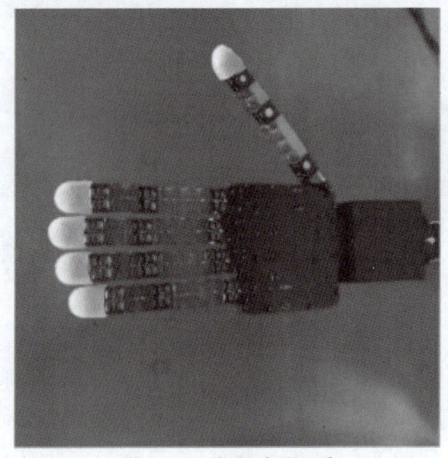

图 11-40 欠驱动灵巧手

得益于腱绳传动的欠驱动结构，欠驱动灵巧手能实现自适应抓取，当手指未接触物体时，各个转动关节和柔性指节在腱绳拉力和扭簧扭矩的共同作用下运动，当手指接触物体时，受阻碍的指节和关节被迫先停止转动，但随着电动机驱动腱绳的拉力继续增大，其余指节和关节将继续转动，直至接触物体，从而完成对物体的自适应包络（图 11-41）。

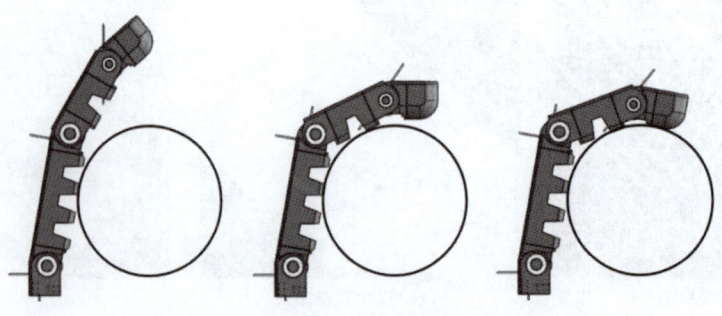

图 11-41 欠驱动自适应抓取

结合欠驱动灵巧手的结构特点,建立基于组网模式下电动机驱动控制器的通信协议(图 11-42),控制 6 个电动机完成灵巧手的抓取动作。首先,在空载情况下进行初始化,设置电动机的初始位置标记,以便抓取完成后恢复初始状态,进行下一次抓取;其次,采用位置控制方式来精确控制驱动电动机的转动圈数,使灵巧手各手指达到预抓取位置;再次,采用速度控制来控制各手指弯曲速度,实现协调的抓取动作;最后,采用电流控制实现手指的制动,当实时采集的电动机工作电流值超过设定阈值时,电动机停转,其中串口通信的电流反馈延迟为 50 ms 内,保证制动的及时性。由于电动机驱动电流与力矩呈正相关,因此相当于利用了电流反馈,间接实现抓取动作的力反馈。

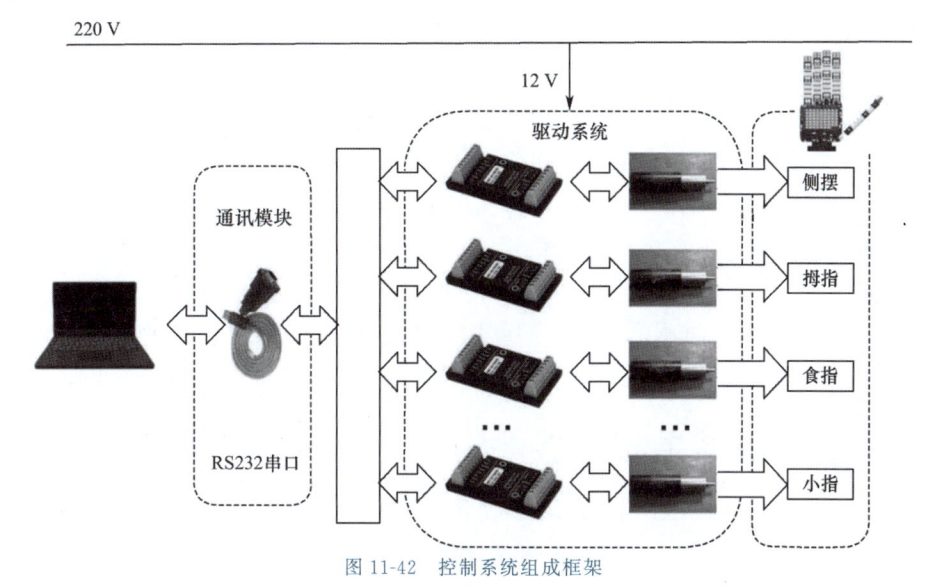

图 11-42 控制系统组成框架

每种抓取模式在位置、速度、电流控制参数上略有不同,抓取参数的配置是根据相应抓取模式的特点决定的。在预抓取的位置控制中,柱形包络拇指摆动角度小,球形包络拇指摆动角度大,精细捏取时拇指与食指中指的开合宽度小,宽型捏取时拇指与其余四指的开合宽度大,在自适应抓取的速度控制中,拇指与其余手指开合较大,速度参数也较大,反之较小。在抓取制动的电流控制中,柱形包络和球形包络属于强力抓取,电流阈值参数较大;精细捏取和宽型捏取则属于精确抓取,电流阈值参数较小。

在同一抓取模式下,抓取控制能适应不同大小的物体。抓取参数的自动调整通过电流反馈来实现,随着物体大小发生改变,自适应抓取过程中较快接触物体的手指,其接触力也增加较快,当实时反馈的电流达到阈值时,位置参数和速度参数因此失效,自适应抓取也可完成。

抓取检测时,当获得图像坐标系下的抓取框中心点二维坐标(u, v)后,利用深度相机检测到深度值z_c和相机内参矩阵K,在相机驱动软件中转换得到相机坐标系下的抓取点三维坐标(x_c, y_c, z_c),转换公式为

$$\begin{bmatrix} x_c \\ y_c \\ z_c \end{bmatrix} = z_c K^{-1} \begin{bmatrix} u \\ v \\ 1 \end{bmatrix}; \quad K = \begin{bmatrix} f_x & 0 & u_0 \\ 0 & f_y & v_0 \\ 0 & 0 & 0 \end{bmatrix} \quad (11\text{-}12)$$

式中,f_x和f_y为相机的焦距;u_0和v_0为相机光心在图像中的投影位置。

通过机械臂和深度相机的手眼标定,得到从相机坐标系到机械臂基坐标系的转换矩阵 R 和 T,再使用机器人操作系统(ROS)中的变换框架(TF)坐标转换软件得到机械臂基坐标系下的抓取点三维坐标(x,y,z),转换公式为

$$\begin{bmatrix} x \\ y \\ z \\ 1 \end{bmatrix} = \begin{bmatrix} R & T \\ 0 & 1 \end{bmatrix} \begin{bmatrix} x_c \\ y_c \\ z_c \\ 1 \end{bmatrix} \tag{11-13}$$

另外,定义欠驱动灵巧手的抓取末端点为精确捏取模式下中指与拇指指尖自然抓取的交汇点,最后结合欠驱动灵巧手的抓取末端点坐标,并考虑误差补偿,转换得到机械臂基坐标系下的机械臂末端位置的 x、y、z 坐标。

机械臂的姿态 r、p、q 值分别代表机械臂末端绕 X、Y、Z 轴旋转角的弧度值,同时根据本研究的灵巧手结构特点,机械臂末端朝前略微倾斜且保持固定倾斜角度,即机械臂在运动过程中,固定末端绕 X、Y 轴的旋转,其 r、p 值保持初始值不变。当物体处于不同位置、旋向时,检测得到的抓取角度直接对应机械臂末端绕竖直方向 Z 轴的旋转角,抓取角度的弧度值即机械臂的姿态 q 值。

机械臂的运动规划通过 ROS 软件系统实现,在 MoveIt! 中规划路径,在 Gazebo 中实现仿真运动,通过编程输入末端位置 x、y、z 坐标和姿态 r、p、q 值实现机械臂的运动控制。

11.4.4 实验结果与分析

机器人自主抓取平台如图 11-43 所示,使用 UR3e 六自由度机械臂搭载欠驱动灵巧手将待抓物体放置于工作台上。工作台上方架设一个 Kinect V2 深度相机,视角朝下,抓取条件包括获取物体的深度信息,物体应为非透明物体或半透明物体,物体摆放的位置和角度应在机器人工作空间内。

对 12 个已知物体和 12 个未知物体共进行 120 次自主抓取实验。实验抓取对象如图 11-44 所示。在已知物体中,每类抓取模式的物体各有 3 个,在未知物体中同样如此,每个物体以不同放置位置和角度分别进行 5 次抓取。机器人自主抓取实验结果如图 11-45 所示。

图 11-43 机器人自主抓取平台

(a) 已知物体 　　　　　(b) 未知物体

图 11-44　实验抓取对象

(a) 预抓取　　　　　(b) 抓取接近　　　　　(c) 抓取保持

图 11-45　机器人自主抓取实验结果

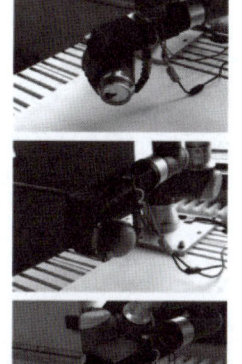

抓取实验结果见表 11-2。

表 11-2　　　　　　　　　　　　抓取实验结果

抓取模式	抓取次数	成功次数	成功率
柱形包络	30	29	96.70%
球形包络	30	27	90.00%
精细捏取	30	26	86.70%
宽型捏取	30	27	90.00%

将实验提出的方法与其他基于抓取模式识别的灵巧手抓取方法进行比较(表 11-3),在足够广泛的物体抓取实验中,本节方法的综合抓取成功率有所提高。

表 11-3　　　　　　　　　　　灵巧手抓取方法比较

方法	物体个数	抓取次数	成功率
Pisa/IIT Soft Hand	20	111	81.10%
Shadow Hand	10	50	88.00%
本方法	24	120	90.80%

习题

11-1　在仿下颌运动机器人的案例中，6PUS-2HP并联机构中的P、U、S、HP都表示哪种运动副？

11-2　在仿下颌运动机器人的案例中，右侧运动时，仿生髁状突如何运动？

11-3　在智能复合机器人的案例中，移动底盘为何不选用差速轮和四轮机构？

11-4　在智能复合机器人的案例中，机器人本体结构由哪几部分组成？并简述各部分的作用。

11-5　在自主抓取灵巧手的案例中，抓取物体检测，需要识别物体的哪些信息？

11-6　在自主抓取灵巧手的案例中，强力抓取和精确抓取有什么区别？

参考文献

[1] 闻邦椿. 机械设计手册:机器人与机器人装备[M]. 北京：机械工业出版社,2020.

[2] 王晓华,李珣,卢健,李佳斌. 移动机器人原理与技术[M]. 西安：西安电子科技大学出版社,2022.

[3] 刘峡壁,马霄虹,高一轩. 人工智能-机器学习与神经网络[M]. 北京:国防工业出版社,2020.

[4] Yongyao Li, Ming Cong, Dong Liu, Yu Du, et al. Development of a Novel Robotic Hand with Soft Materials and Rigid Structures [J]. Industrial Robot, 2021, 48(6): 823-835.

[5] Dong Liu, Xianwei Wang, Ming Cong, Yu Du, et al. Object Transfer Points Predicting Based on Human Comfort Model for Human-to-robot Handover[J]. IEEE Transactions on Instrumentation & Measurement, 2021.

[6] John J. Crai. 机器人学导论[M]. 贠超,译. 北京：机械工业出版社,2015.

[7] 朱大昌,张春良,吴文强. 机器人机构学基础[M]. 北京:机械工业出版社,2022.

[8] 戴亚平,马俊杰,王笑涵. 多传感器数据智能融合理论与应用[M]. 北京:机械工业出版社,2021.

[9] 李新德,朱博,谈英姿. 机器人感知技术[M]. 北京：机械工业出版社,2023.

[10] 于靖军,贾振中. 现代机器人学:机构、规划与控制[M]. 北京：机械工业出版社,2020.

[11] Angeles J. Spatial Kinematic Chains: Analysis, Synthesis, Optimization [M]. Berlin: Springer Science, 2012.

[12] Levitin A. Introduction to the Design and Analysis of Algorithms[M]. America: Addison Wesley, 2011.

[13] 熊有伦,李文龙,陈文斌. 机器人学建模、控制与视觉[M]. 武汉:华中科技大学出版社,2020.

[14] 丛明,张佳琦,刘冬. 基于形状记忆合金的变刚度外骨骼设计与建模[J]. 华中科技大学学报(自然科学版),2021,49(04):26-31.

[15] Bai Y, Yan B, Zhou C, et al. State of Art on State Estimation: Kalman filter driven by Machine Learning[J]. Annual Reviews in Control, 2023, 56: 100909.

[16] 张虎. 机器人 SLAM 导航核心技术与实战[M]. 北京:机械工业出版社,2021.

[17] Minghao Wang, Ming Cong, Yu Du, Dong Liu, Xiaojing Tian. Multi-robot Raster map Fusion without Initial Relative Position[J]. Robotic Intelligence and Automation, 2023, 43(5): 498-508.

[18] 高翔,张涛. 视觉 SLAM 十四讲[M]. 北京:电子工业出版社,2019.

[19] 周治国,曹江微,邸顺帆. 3D 激光雷达 SLAM 算法综述[J]. 仪器仪表学报, 2021, 42(9):15

[20] 程小六. 视觉惯性 SLAM:理论与源码解析[M]. 北京:电子工业出版社,2023.

[21] 陈孟元. 移动机器人 SLAM 目标跟踪及路径规划[M]. 北京:北京航空航天大学出版社,2017.

[22] 余伶俐,周开军,陈白帆. 智能驾驶技术路径规划与导航控制[M]. 北京:机械工业出版社,2020.

[23] Qiang Zou, Ming Cong, Dong Liu, Yu Du. A Neurobiologically Inspired Mapping and Navigating Framework for Mobile Robots[J]. Neurocomputing, 2021, 46: 181-194.

[24] Haiying Wen, Ming Cong, Zhisheng Zhang, Guifei Wang, Yan Zhuang. A Redundantly Actuated Chewing Robot Based on Human Musculoskeletal Biomechanics: Differential Kinematics, Stiffness Analysis, Driving Force Optimization and Experiment[J]. Machines, 2021, 9(8), 171.

[25] Wenlong Qin, Ming Cong, Dong Liu, Xiang Ren, Yu Du. CPG-based Generation Strategy of Variable Rhythmic Chewing Movements for a Dental Testing Chewing Robot[J]. Proceedings of the Institution of Mechanical Engineers, Part H: Journal of Engineering in Medicine. 2022, 236(5): 711-721.

[26] Yongyao Li, Ming Cong, Dong Liu, Yu Du. Modeling and Analysis of Soft Bionic Fingers for Contact State Estimation[J]. Journal of Bionic Engineering, 2022, 19: 1699-1711.

[27] Dong Liu, Xiantong Tao, Liheng Yuan, Yu Du, Ming Cong. Robotic Objects Detection and Grasping in Clutter Based on Cascaded Deep Convolutional Neural Network[J]. IEEE Transactions on Instrumentation and Measurement, 2022, 71: 5004210.

[28] Du Yu, Jian Jipan, Zhu Zhiming, Pan Dehua, Liu Dong and Tian Xiaojing. A Syntactic Method for Robot Imitation Learning of Complex Sequence Task[J]. Robotic Intelligence and Automation, 2023, 43(2): 132-143.

[29] 袁利恒. 基于智能感知与学习的机器人抓取与装配方法[D]. 大连理工大学,2021.

[30] Della Santina C, Arapi V, Averta G, et al. Learning from Humans How to Grasp: a Data-driven Architecture for Autonomous Grasping with Anthropomorphic Soft Hands[J]. IEEE Robotics and Automation Letters, 2019, 4(2): 1533-1540.

自　序

关于本书,我想讲个故事。

2006年,中国的电子商务发展如火如荼,似火的暑假是我在南京大学担任教职的开始。当时,系(当时为信息管理系)里安排了一个暑期小学期的项目,是给选课的本科生讲一些新的信息技术应用进展。当然,我就把硕士、博士读书期间研究方向上的收获做了梳理和总结,给同学们讲了电子政务上的最新进展。同时,也开始筹备即将到来的新学期课程。我的感受是淘宝网发展很快,大街上的公交车身都是淘宝网的广告,eBay、易趣的市场份额受到很大挤压;当当网上购买图书可以货到付款,服装、食品、化妆品等由于质地、运输、保鲜等原因是否适合电子商务争议还很多,支付保障也可能是制约电子商务发展的瓶颈,等等。

直觉告诉我,电子商务的发展已是一股难以抵挡的大潮,而且在公共领域的应用,如政府网上采购、电子招标等也日益被看好,有利于提升政府商务活动的公开透明度。从博士研究期间对电子政务发展与应用模式的思考来看,政府业务的电子化与商务活动的电子化应该有异曲同工之处。那么,这个"同"是什么?是否具有规律性?有相对稳定的结构吗?是否具有学理上的体系,并可以作为知识体系来讲授?

由于系里正推进课程体系建设,希望新入职的教师能开设新的课程。但恰逢有位教授出国访学,《电子商务概论》《网络营销》两门课程暂由我代上,开新课的事情就暂时搁置下来。一学年下来,通过讲授电子商务的课程,加上在电子政务研究工作方面的深入,对基于互联网(Internet)的业务活动有了更多的认识。毕竟一个学年结束还需要开设新课,能否与信息管理专业的学生共同思考、讨论互联网平台上各类业务发展应用的问题呢?这与电子商务等课程一脉相承,又有独特的意义与价值。

在Google(当时还不叫谷歌)搜索"互联网业务","Internet Business Models and Strategies"出现在屏幕上。由于之前的课题组对B2B、B2C、C2C等电子商务模式有研究,我对商务模式也了解一二。又看到关于2000—

2001年互联网泡沫的破裂主要是由于商务模式的同质化过于严重所致,加上当时自己的感受,不禁自问:难道商务模式(Business Model)具有如此威力(破坏力)?今天淘宝网的成功也是商务模式的成功吗?当时没有找到中文版,的确也没有中文版,就想买原著看。于是跑了当时位于南京湖南路的外文书店(不知道现在是否还在)、图书发行大厦、新街口新华书店(南京最大的书店),都没有销售!当当网也没有,Amazon(最早的网上书店)还没有收购卓越,所以没有国内业务。联系国外的朋友,原版图书非常昂贵!试试淘宝网吧,Great!还真找到一家店,销售原版二手书,且仅有1本!欣喜之余赶紧下单买下。图书在贝索斯创立Amazon时被认为是最适合网上销售的商品,果真不负众望,收到后感觉不错,淘宝网不错,电子商务不错!到底商务模式是何方神物?一口气读完。

Internet Business Models and Strategies 的结构并不复杂,内容也不难懂,介绍了互联网商务模式的分析框架、IT和价值网、互联网的特性、互联网商务模式的组成部分、动力机制、分类方法、价值结构、评价方法、环境和案例等,体系脉络比较清晰,完全可以支撑一门课程。它突破了电子商务的范畴,拓展到整个互联网平台的视角,对培养电子商务管理人才、实操人才,尤其是创新创业人才应该具有很大价值。2007年,清华大学出版社出版了它的译本——《电子商务教程与案例》。可见,教育界也认可了!

于是2007年我决定开设《互联网商务模式》的专业课,向信息管理专业大学二年级的学生讲授,随后面向全校开放,还在南京大学"三三制"改革中开设了创业指导课。备课的过程中体会到商务模式对电子商务、电子政务、互联网公益等的重要性,综合了头脑风暴、情景教学、案例教学、商业计划实践等方法,逐渐发现要讨论清楚《互联网商务模式》的知识体系,需要补充大量的内容。特别是,互联网商务模式是不断变化的,受宏微观环境的影响,受技术发展的影响,受用户习惯的影响,受国情民风的影响,不单一般意义上的淘宝网、当当网、亚马逊网等电子商务的标杆在不断地发展变化,门户网站、社交平台、游戏平台、点评平台、众筹平台等也相继出现,丰富了互联网商务的内涵与知识体系。

经历了近五年"讲授—更新—讲授"的往复循环,2010年萌生了编写一部带有更多新内容和更丰富场景教材的想法。时至今日,从开始讲授到编写完成,已历经10年,互联网平台上的商务类型已经大大扩展,由单纯的电子商务拓展而来的社交媒体、共享经济、共创经济等,每种经济模式的背后都是商务模式的创新或者互联网特性的增殖。特别是,随着我国物联网、大数据、"互联网+"等国家战略的实施,乃至"新一代人工智能发展规划"(国发[2017]35号)的发布,意味着更新商务模式的孕育,也意味着对商务模式进行研究、思考、变革、构建的重要性。在这种波澜壮阔的发展大潮中,尤其希望能尽快推出一部专业的著作,以达到共同探讨、思考、推进互联网商务健康发展的目的。

简单而言,商务模式是一组营利逻辑的组合,互联网商务模式就是在互联网这个平台上开展商务活动而达到营利目的的一组逻辑的组合。当然,表现在企业、政府、社会组织(比如NGO)以及个人不同主体之间业务活动收益的衡量指标可能有所区别。经济价值与社会价值均需考虑,政府、社会组织的业务模式,企业参与的商务模式,以及政府、企业等之间的混合模式都会为社会的价值创造做出贡献,也都在本书讨论的范畴。

本书共有十一章。第一章有关互联网商务(业务)的概念,涵盖营利组织、政府组织、非营利组织三类主体有关的互联网商务类型,也阐述了互联网商务的发展脉络;第二章从战略管理的角度构建了互联网商务模式的分析框架,用系统、全局的思想阐述了互联网商务模式在战略管理中的位置;第三章为互联网商务模式的主体,系统讨论了互联网商务模式的组成部分以及不同视角的分类方法;第四章为"互联网+"环境下的商务模式,主要有16种,并择重点给出了案例;第五章阐述了互联网商务模式的动态性特征以及有哪些类型的技术模型在推动它的变革,被热炒的"破坏性创新"模型位列其中;第六章为价值结构,从更为系统的视角看待互联网商务的价值创造逻辑;第七章为评价方法,告诉我们如何比较和评价一个商务模式;第八章有关互联网创业,涉及投融资的相关知识;第九章提供了集中环境分析方法,特别是产业环境分析中常用的Porter教授的"五力模型"、宏观环境分析的"PEST"模型等;第十章有关管理,重点是从战略管理的视角讨论管理者的角色定位;最后是案例,精挑细选了9个互联网商务模式的经典案例,以供思考、讨论。

本书历经多年,材料亦是精挑细选,凝结了很多人的汗水与付出。感谢温倩宇、杨金龙、罗雨宁、白玥、杨安琪、阮振秋、孔嫒嫒、张佚凡、陈雨儿、司文峰、刘柳、李妍、徐蕾、沈晶、徐铭等多位博士、硕士研究生在编撰期间的辛勤工作!在历时两年多的材料整理、选材、编写、校改过程中的认真工作!感谢南京大学出版社施敏、卢文婷两位老师的辛勤编校!感谢我的家人,在编写期间给予的支持与理解!感谢国家自然科学基金面上项目"电子政务服务价值共创机制及实现模式实证研究"(编号:71573117)、江苏省"六大人才高峰"项目"政务大数据资源开发技术与实证方法研究"(编号:2015—XXRJ—001)、南京大学国家双创示范基地项目以及南京大学信息管理学院的资助。也感谢近10年的教学工作中给出建设性意见的专家、学者、学生等,让我得以不断思索、不断完善!

  互联网商务模式是一个不断发展变化的事物,本书的编写,是对近30年来本领域知识的一个系统梳理,可能被未来所证实或证伪,不足之处敬请批评指正。

谨志于南京大学仙林校区

2017年7月

目　录

第1章　互联网商务 001
1.1　社会中的组织 001
1.1.1　社会组织 001
1.1.2　营利组织 001
1.1.3　政府组织 002
1.1.4　非营利组织 002
1.2　组织的商务类型 003
1.2.1　营利组织的商务类型 003
1.2.2　政府组织的商务类型 005
1.2.3　非营利组织的商务类型 006
1.3　互联网商务 008
1.3.1　概念 008
1.3.2　互联网商务的主要类型 010
1.4　中国互联网商务的美国IPO历程 013
1.5　典型案例 019
1.5.1　亚马逊——电子商务的传奇 019
1.5.2　政府网上采购——网络时代政府采购新途径 021
1.5.3　壹基金官方公益店——开启互联网公益新模式 022
思考与练习 024

第2章　互联网商务模式的战略框架 025
2.1　商务组织的业绩 025
2.1.1　利润 025
2.1.2　现金流 025
2.1.3　经济附加值(EVA) 026
2.1.4　市场价值 026
2.1.5　每股收益 027

         2.1.6　销售量 ………………………………………………………… 027
         2.1.7　销售回报率 …………………………………………………… 028
         2.1.8　资产回报率 …………………………………………………… 028
         2.1.9　经济租金 ……………………………………………………… 029
         2.1.10　股权回报 …………………………………………………… 029
         2.1.11　会计利润 …………………………………………………… 029
   2.2　商务组织业绩的影响因素 …………………………………………… 030
         2.2.1　商务模式 ……………………………………………………… 030
         2.2.2　内部环境 ……………………………………………………… 033
         2.2.3　宏观环境 ……………………………………………………… 036
         2.2.4　竞争环境 ……………………………………………………… 040
         2.2.5　战略环境 ……………………………………………………… 041
         2.2.6　变革 …………………………………………………………… 041
   2.3　互联网发展对商务环境的影响 ……………………………………… 046
         2.3.1　协作(Coordination) …………………………………………… 046
         2.3.2　商务(Commerce) ……………………………………………… 047
         2.3.3　社区(Community) ……………………………………………… 048
         2.3.4　内容(Content) ………………………………………………… 048
         2.3.5　交流(Communication) ………………………………………… 049
   2.4　互联网商务简史 ……………………………………………………… 049
         2.4.1　Web1.0 ………………………………………………………… 049
         2.4.2　Web2.0 ………………………………………………………… 050
         2.4.3　Web3.0—4.0 …………………………………………………… 059
         2.4.4　发展轨迹比较 ………………………………………………… 063
   2.5　典型案例 ……………………………………………………………… 069
         2.5.1　Web1.0的旗手的终结——Netscape …………………………… 069
         2.5.2　基于Web2.0——Google AdSense与客户共赢 ………………… 071
         2.5.3　PayPal——互联网金融支付体系的破坏性创新 ……………… 071
   思考与练习 …………………………………………………………………… 072

第3章　互联网商务模式 ……………………………………………………… 073
   3.1　互联网商务模式 ……………………………………………………… 073
         3.1.1　产生背景——互联网泡沫 ……………………………………… 073
         3.1.2　互联网商务模式概念 ………………………………………… 074

3.2 互联网商务模式的组成部分 ………………………………………… 075
3.2.1 利润点 ………………………………………………………… 075
3.2.2 客户价值 ……………………………………………………… 075
3.2.3 范围 …………………………………………………………… 076
3.2.4 定价 …………………………………………………………… 077
3.2.5 收入来源 ……………………………………………………… 078
3.2.6 关联活动 ……………………………………………………… 078
3.2.7 实施 …………………………………………………………… 079
3.2.8 能力 …………………………………………………………… 082
3.2.9 持久性 ………………………………………………………… 084
3.2.10 成本结构 …………………………………………………… 084

3.3 互联网商务模式的分类方法 …………………………………………… 085
3.3.1 利润点 ………………………………………………………… 088
3.3.2 盈利模式 ……………………………………………………… 090
3.3.3 商业策略 ……………………………………………………… 090
3.3.4 定价模式 ……………………………………………………… 092

3.4 互联网商务模式的主要类型 …………………………………………… 093
3.4.1 基于价值链的分类 …………………………………………… 093
3.4.2 基于产业类型的分类 ………………………………………… 095
3.4.3 基于收入模式的分类 ………………………………………… 098

3.5 互联网商务模式新生代 ………………………………………………… 102
3.5.1 跨界与O2O …………………………………………………… 102
3.5.2 互联网思维与"互联网＋" …………………………………… 104
3.5.3 App与微应用 ………………………………………………… 107
3.5.4 原生App与WebApp ………………………………………… 115
3.5.5 封闭与开放 …………………………………………………… 116
3.5.6 UGC与LBS …………………………………………………… 120

3.6 典型案例：Google Analytics——免费革命 …………………………… 123
思考与练习 …………………………………………………………………… 124

第4章 "互联网＋"商务模式 ……………………………………………… 125
4.1 "互联网＋"的本质 …………………………………………………… 125
4.1.1 "互联网＋"的技术背景 ……………………………………… 125
4.1.2 "互联网＋"的内涵 …………………………………………… 126

  4.1.3 "互联网＋"的进程 …………………………………………… 127
4.2 "互联网＋"的组织模式——云端制 …………………………………… 128
  4.2.1 组织结构：云端制 …………………………………………… 128
  4.2.2 组织过程：自组织化 ………………………………………… 129
  4.2.3 组织边界：开放化 …………………………………………… 130
  4.2.4 组织规模：小微化 …………………………………………… 130
4.3 "互联网＋"商务模式应用 ……………………………………………… 131
  4.3.1 "互联网＋消费者" …………………………………………… 131
  4.3.2 "互联网＋营销" ……………………………………………… 133
  4.3.3 "互联网＋零售" ……………………………………………… 134
  4.3.4 "互联网＋产业集群" ………………………………………… 135
  4.3.5 "互联网＋制造" ……………………………………………… 136
  4.3.6 "互联网＋外贸" ……………………………………………… 137
  4.3.7 "互联网＋三农" ……………………………………………… 138
  4.3.8 "互联网＋金融" ……………………………………………… 140
  4.3.9 "互联网＋信用" ……………………………………………… 141
  4.3.10 "互联网＋物流" …………………………………………… 142
  4.3.11 "互联网＋医疗" …………………………………………… 143
  4.3.12 "互联网＋教育" …………………………………………… 145
  4.3.13 "互联网＋旅游" …………………………………………… 146
  4.3.14 "互联网＋文化" …………………………………………… 149
  4.3.15 "互联网＋政务" …………………………………………… 150
  4.3.16 "互联网＋公益" …………………………………………… 152
4.4 典型案例：虾米音乐——"平台＋个人"模式的探索 ………………… 153
  4.4.1 虾米音乐人的探索——打破旧有规则 …………………… 153
  4.4.2 《寻光集》——中国第一张纯互联网唱片 ………………… 154
  4.4.3 寻光计划——"平台＋个人"模式闪光 …………………… 154
思考与练习 ……………………………………………………………………… 155

第5章 互联网商务模式的动力机制 …………………………………… 156
5.1 互联网商务模式的动力机制 …………………………………………… 156
  5.1.1 商务模式的动力机制 ………………………………………… 156
  5.1.2 互联网商务模式的动力机制 ………………………………… 156
5.2 辅助资产模型与策略 …………………………………………………… 162

       5.2.1　辅助资产模型 …………………………………………………… 162
       5.2.2　保持竞争优势的三类策略 …………………………………… 164
       5.2.3　辅助资产模型的战略意义 …………………………………… 167
       5.2.4　确定辅助资产的方法 ………………………………………… 168
   5.3　影响商务模式演变的互联网技术特性 …………………………… 168
       5.3.1　媒介技术 ……………………………………………………… 169
       5.3.2　无处不在 ……………………………………………………… 169
       5.3.3　网络外部性 …………………………………………………… 169
       5.3.4　分销渠道 ……………………………………………………… 170
       5.3.5　消除时间局限 ………………………………………………… 171
       5.3.6　减少信息的不对称 …………………………………………… 171
       5.3.7　无限虚拟容量 ………………………………………………… 171
       5.3.8　低成本标准 …………………………………………………… 171
       5.3.9　创造性破坏 …………………………………………………… 172
       5.3.10　减少交易成本 ………………………………………………… 172
   5.4　互联网技术变革模型 ……………………………………………… 173
       5.4.1　激进/渐进变革模型 …………………………………………… 173
       5.4.2　结构创新模型 ………………………………………………… 175
       5.4.3　破坏性变革模型 ……………………………………………… 176
       5.4.4　创新增值链模型 ……………………………………………… 178
       5.4.5　技术生命周期模型 …………………………………………… 180
   5.5　互联网技术发展下常见商业模式的变革 ………………………… 181
       5.5.1　企业间电子商务(B2B) ……………………………………… 181
       5.5.2　企业与客户间电子商务(B2C) ……………………………… 182
       5.5.3　消费者间电子商务(C2C) …………………………………… 182
       5.5.4　消费者与企业间电子商务(C2B) …………………………… 183
       5.5.5　生产者与消费者间电子商务(P2C) ………………………… 183
       5.5.6　线上与线下电子商务(O2O) ………………………………… 183
   5.6　典型案例——苏宁云商 …………………………………………… 184
       5.6.1　互联网环境变化 ……………………………………………… 184
       5.6.2　变革——渐进模型 …………………………………………… 184
       5.6.3　苏宁的竞争策略 ……………………………………………… 185
   思考与练习 ……………………………………………………………… 186

第6章 互联网商务价值结构 ··· 187

6.1 价值创造与组织技术 ··· 187
6.1.1 价值结构 ··· 187
6.1.2 价值创造的组织技术分类 ··· 187
6.1.3 价值结构的类型 ··· 188

6.2 价值链 ··· 189
6.2.1 价值链的活动 ··· 189
6.2.2 互联网对价值链活动的影响 ··· 190

6.3 价值商店 ··· 193
6.3.1 价值商店的活动 ··· 193
6.3.2 互联网对价值商店活动的影响 ··· 195

6.4 价值网络 ··· 197
6.4.1 价值网络的组成 ··· 197
6.4.2 价值网络的主要活动 ··· 199
6.4.3 价值网络的实施与构建 ··· 201
6.4.4 互联网对价值网络的影响 ··· 203
6.4.5 三种价值结构的比较 ··· 204

6.5 典型案例：难以模仿的 App Store ··· 206
6.5.1 什么是 App Store ··· 206
6.5.2 App Store 的价值结构 ··· 207
6.5.3 App Store 的独特性 ··· 207

思考与练习 ··· 208

第7章 互联网商务模式的评价方法 ··· 209

7.1 层次要素评价方法 ··· 209
7.1.1 对盈利性的衡量 ··· 210
7.1.2 对利润预测因素的衡量 ··· 210
7.1.3 对商务模式各个部分的衡量 ··· 210

7.2 评价体系方法 ··· 213
7.2.1 确定评价指标的原则 ··· 213
7.2.2 商务模式的评价指标 ··· 214
7.2.3 评价指标体系的建立 ··· 215

7.3 典型案例 ··· 218
7.3.1 Juniper Networks 的商务模式评价 ··· 218

  7.3.2 某农产品企业的商务模式评价 …………………………… 223
思考与练习 ………………………………………………………………… 225

第8章 初创互联网企业的融资和估值 ……………………………… 226
 8.1 企业的生命周期与利润收回方法 ………………………………… 226
  8.1.1 企业的生命周期 ……………………………………… 226
  8.1.2 利润收回方法 ………………………………………… 227
 8.2 初创企业的融资 ……………………………………………… 228
  8.2.1 融资的原因 …………………………………………… 228
  8.2.2 常见的融资方式 ……………………………………… 228
  8.2.3 融资的阶段 …………………………………………… 233
 8.3 IPO ……………………………………………………………… 236
  8.3.1 IPO 的概念 …………………………………………… 236
  8.3.2 IPO 的过程 …………………………………………… 237
  8.3.3 企业做出 IPO 决策的原因 …………………………… 237
  8.3.4 关于 IPO 时机的选择 ………………………………… 238
  8.3.5 互联网对 IPO 过程的影响 …………………………… 238
  8.3.6 上市的不利影响 ……………………………………… 239
 8.4 对初创企业的估值 …………………………………………… 239
  8.4.1 基本概念 ……………………………………………… 239
  8.4.2 估值方法 ……………………………………………… 240
  8.4.3 风险投资的决策过程 ………………………………… 244
  8.4.4 项目评价指标体系 …………………………………… 245
 8.5 互联网企业的估值 …………………………………………… 246
  8.5.1 定性＋定量方法 ……………………………………… 246
  8.5.2 定量分析 ……………………………………………… 246
  8.5.3 按生命周期划分估值方式 …………………………… 247
  8.5.4 按融资阶段划分估值方式 …………………………… 252
 8.6 初创互联网企业其他估值项目 ……………………………… 253
  8.6.1 对尚未营利业务的估值 ……………………………… 253
  8.6.2 对智力资本的估值 …………………………………… 254
 8.7 典型案例 ……………………………………………………… 256
  8.7.1 谷歌(Google)的上市之路 …………………………… 256
  8.7.2 京东上市融资案例分析 ……………………………… 259

思考与练习 ………………………………………………………………… 261

第9章　互联网商务环境分析 ……………………………………… 262
9.1　环境对企业业绩的影响 …………………………………………… 262
9.2　环境因素 …………………………………………………………… 263
9.2.1　竞争环境 ……………………………………………………… 263
9.2.2　宏观环境 ……………………………………………………… 263
9.2.3　战略环境 ……………………………………………………… 264
9.3　产业结构分析 ……………………………………………………… 266
9.3.1　互联网对产业环境的影响 …………………………………… 267
9.3.2　产业竞争力分析 ……………………………………………… 270
9.4　合作/竞争者和产业动力机制 …………………………………… 273
9.4.1　合作/竞争者 ………………………………………………… 273
9.4.2　产业动力机制和发展 ………………………………………… 273
9.5　宏观环境 …………………………………………………………… 274
9.5.1　融资支持和回报：IPO和风险资本 ………………………… 274
9.5.2　容忍失败的文化 ……………………………………………… 275
9.5.3　相关产业、大学和其他研究机构的存在 …………………… 275
9.5.4　政府政策 ……………………………………………………… 276
9.6　典型案例：沃尔玛 ………………………………………………… 276
9.6.1　诞生与发展 …………………………………………………… 276
9.6.2　影响沃尔玛营销模式的因素 ………………………………… 277
9.6.3　新的挑战 ……………………………………………………… 277
9.6.4　沃尔玛的应对 ………………………………………………… 278
　　思考与练习 ………………………………………………………………… 279

第10章　互联网商务战略与管理 …………………………………… 280
10.1　战略与战略管理 ………………………………………………… 280
10.1.1　战略的概念 ………………………………………………… 280
10.1.2　战略管理过程 ……………………………………………… 281
10.2　战略规划与实现 ………………………………………………… 282
10.2.1　战略分析 …………………………………………………… 283
10.2.2　战略选择 …………………………………………………… 293
10.2.3　战略实施与控制 …………………………………………… 298

10.3	管理者在战略中的作用	301
10.3.1	管理者的作用	301
10.3.2	管理者的角色	302
10.4	典型案例:奇虎360——免费策略捅破行业规则	303
思考与练习		305

第11章 互联网商务模式案例 ········· 306

- 案例1 "裂帛"价值链的塑造路径 ········· 306
- 案例2 马云背后的"菜鸟"网络 ········· 309
- 案例3 互联网医疗:由互联网思维引发的医疗革命 ········· 315
- 案例4 蚂蚁金服:普惠金融+区块链技术 ········· 320
- 案例5 网络直播:零距离互动的新型商务模式 ········· 326
- 案例6 互联网金融:传统金融模式的变革与创新 ········· 331
- 案例7 网络安全智能化:自适应安全架构 ········· 337
- 案例8 共享经济下的Uber(优步) ········· 340
- 案例9 "Buy+"计划:阿里巴巴的VR+AR新模式 ········· 347

参考文献 ········· 351

后记 ········· 360

第 1 章 互联网商务

1.1 社会中的组织

1.1.1 社会组织

在社会的演进过程中,功能性的群体逐渐演化成正规的组织(Organization),一些社会群体的正式化,也促进了组织的形成。20 世纪初叶,马克斯·韦伯(Max Weber)最早把组织作为基本研究对象加以界定,并做出系统研究,被后人称为"组织理论之父"。

从广义上说,组织是指由诸多要素按照一定方式相互联系起来的系统。从狭义上说,组织就是指人们为实现一定的目标,互相协作结合而成的集体或团体,如企业、政府、学校、医院、社会团体,等等。在现代社会生活中,组织是人们按照一定的目的、任务和形式编制起来的社会集团,组织不仅是社会的细胞、社会的基本单元,而且可以说是社会的基础。

1.1.2 营利组织

营利组织(Profit Organization),顾名思义,是指以营利为目的的组织。就中国而言,指经工商行政管理机构核准登记注册的以营利为目的,自主经营、独立核算、自负盈亏的具有独立法人资格的单位,如企业、公司及其他各种经营性事业单位。

具体阐述"营利性组织"的含义,首先有必要区分几个概念,即"营利"与"赢利"、"盈利"的区别。从现代汉语的基本含义上,我们知道"赢"意为"赚",相对于"赔",从而,"赢利"指赚得利润(用作动词),或者指利润(用作名词)。"盈",意为充满、多余,"盈利"即指利润,或者较多的利润。而"营"的意思是谋求,"营利"相应地是指以利润为目的。因而,"营利性"的含义,并不是经济学意义上的一定有利润,而是一个用以界定组织性质的词汇,它指这种组织的经营、运作目的是获取利润。

1.1.3 政府组织

政府(Government)的概念有广义和狭义之分。广义的政府指行使国家权力的所有机关,包括国家的立法、司法与行政机关,其中立法机关负责制定法律,行政机关负责执行法律,司法机关负责运用法律审判案件。狭义的政府仅仅指国家的行政机关,即根据宪法和法律组建的、执掌行政权力、执行行政职能、推行政务、管理国家公共事务的机关体系,是国家权力机关的执行机关。

政府作为国家机构的重要组成部分,具有阶段性、系统性、服务性、法制性的特点。本书所涉及的均为广义上政府的概念。

1.1.4 非营利组织

非营利组织(Non-Profit Organization,NPO)是指那些具有为公众服务的宗旨,不以营利为目的,组织所得不为任何个人牟取私利,组织自身具有合法的免税资格并可为捐赠人减免税的组织。

非营利组织一词源于美国的国家税收法,因其涉及的范围广泛,包含的组织团体种类繁多,关于非营利组织的称谓也五花八门。除了非营利组织之外,非政府组织(Non-Government Organization,NGO)、第三部门(The Third Sector)、独立部门(Independent Sector)、慈善组织(Chariable Sector)、志愿组织(Voluntary Sector)、免税组织(Tax-exempt Sector)、公民社会(Civil Society)、邻里组织(Neighborhood Organization)、社区组织(Community Organization)等称谓同时并用。

作为一种组织形态,非营利组织在人类历史的早期就已经存在,但作为一种在20世纪后半期发挥重要作用的社会政治现象,这类组织的界定并不完全确定,不同国家的用法也有所不同。目前,国际上广为接受的是美国研究非营利组织的专家、约翰·霍普金斯大学的莱斯特·萨拉蒙(Lester M. Salamon)教授在他的非营利组织国际比较研究项目中的界定。萨拉蒙指出,非营利组织有六个最关键的特征:(1)组织性(正规性),即有一定的组织机构,是根据国家法律注册的独立法人;(2)民间性,即非营利组织在组织机构上独立于政府,既不是政府机构的一部分,也不是由政府官员来主导;(3)非营利性,即不是为其拥有者积累利润,非营利组织可以盈利,但所得利润必须用于组织使命所规定的工作,而不能在组织的所有者和经营者中进行分配;(4)自治性,非营利组织有不受外部控制的内部管理程序,自己管理自己的活动;(5)志愿性,在组织的活动和管理中都有相当程度的志愿参与,特别是形成有志愿者组成的董事会和广泛使用志愿人员;(6)公益性,即服务于某些公共目的和为公众奉献。

简而言之,非营利组织是指在政府部门和以营利为目的的企业之外的一切志愿团体、社会组织或民间协会,是介于政府与营利性企业之间的"第三部门"。

1.2 组织的商务类型

1.2.1 营利组织的商务类型

1.2.1.1 营利组织之间的商务

营利组织之间的商务即企业之间的商务,是指以企业为主体,企业与企业之间进行的商务活动。可以是企业及其供应链成员之间进行的,也可以是企业和任何其他企业之间进行的。企业之间的商务活动包括上下游厂商之间的磋商、订货、单证交换、付款等行为,交易过程中一般还包括信息中介、金融中介、物流中介等中介活动。当然企业间的交易对象不仅仅是产品,还有服务,如银行、保险、管理咨询和证券交易等服务类行业。

由于企业与企业之间的商务类型繁多,关系复杂,所以本书从供应链的角度来理顺企业之间的商务关系,即从供应商处购买服务和原材料,包装和运送到分销商和零售商处,终点是消费者的最终购买,而连接供应链每一环节的商务行为就是购买和销售。

首先,从买方企业的角度来详细说明企业之间最常见的一个商务类型:采购。

采购(Purchasing)是指企业在一定条件下,从供应市场获取产品或服务作为企业资源,以保证企业生产及经营活动正常开展的一项企业经营活动。基本采购流程包括:采购申请,接收采购计划,收集信息,询价、比价、议价,评估,索样,决定,请购,订购,协调与沟通,催交,进货验收,整理付款等,如图1.1。

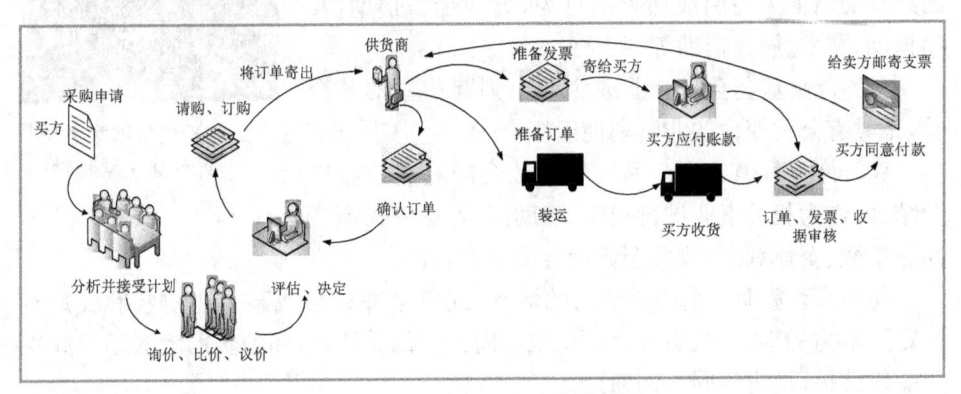

图 1.1 传统企业产品采购流程

再从卖方的角度来讲企业的另一个重要商务类型：销售。

企业需要将产品或服务销售到下游公司，此过程中他们要进行销售探查、接触前准备、接触顾客、需求识别、磋商、定价、签销售合同、完成销售、售后服务等环节。还要从自身特点与市场竞争的实际出发，选择恰当的销售方式。从销售渠道、环节和销售的组织形式来看，销售方式有直销、代销、经销、经纪销售与联营销售等方式。

1.2.1.2 营利组织和政府组织之间的商务

营利组织与政府组织之间进行的最主要的商务活动是政府采购。政府将采购的细节向大众公布，通过竞价方式进行招标，企业则要进行投标，评标委员会进行评标选出供应商。采购对象包括货物、服务和工程。类型包括购买、租赁、委托、雇佣。其中，购买特指货物所有权发生转移的政府采购行为；租赁是在一定期限内货物的使用权和收益权由出租人向承租人即政府采购方转移的行为；委托和雇佣是政府采购方请受托方或受雇人处理事务的行为，工程的招标就属于委托。采购主要方式是公开招标，但也有邀请招标、竞争谈判、单一来源采购、询价等其他方式。

1.2.1.3 营利组织和非营利组织之间的商务

营利组织与非营利组织之间的商务按合作程度从下到上分为两个层级。

第一层级：慈善营销。根据菲利普·科特勒（Philip Kotler，图1.2）等人的定义，它是"企业为了增加它们的销售收入而向一个或多个非营利组织进行捐赠的努力"。获得回报是这种捐赠行为的根本目标，因此也就需要更多的宣传活动加以辅助。其中包括企业慈善、企业基金会、善因营销和活动赞助等。

（1）企业慈善。组织直接将拥有处分权或所有权的财物交给他人使用或拥有的行为，分为金钱捐助，实物捐助，技术、服务捐助等。

（2）企业基金会。企业或企业主捐赠成立的基金会，是具有公益使命的非营利性组织。

图1.2 "现代营销学之父"菲利普·科特勒

（3）善因营销。将产品销售与社会问题或公益事业结合，作为相关事业进行捐赠、赞助同时，达到提高产品销售额、企业利润，改善企业社会形象的目的。

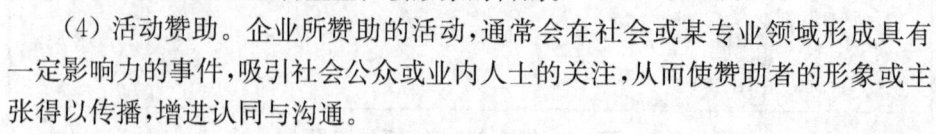

（4）活动赞助。企业所赞助的活动，通常会在社会或某专业领域形成具有一定影响力的事件，吸引社会公众或业内人士的关注，从而使赞助者的形象或主张得以传播，增进认同与沟通。

第二层级：改善竞争环境。这是一种试图将企业营利目标与社会改革目标进行有机结合的慈善行为。"通过集中精力改善对本行业和本企业战略最为重要的那些环境因素,企业将充分利用自己独有的能力来帮助捐助对象创造出更大的价值。而通过提高自己的慈善活动所创造的价值,企业也使自己的竞争环境得到更大的改善。这样,企业及其支持的慈善事业都能受益匪浅。"第二层级有以下几种商务类型。

(1) 许可证协议。是一方准许另一方使用其所有的或拥有的公司资源,被许可方按照约定得到该项使用权并获得一定利益的形式。

(2) 共同主题推广。企业与非营利机构共同策划推广一个活动,通过执行计划既保障企业利益需求,也改善当地环境,为居民增加就业机会等。

(3) 联合经营。合作的最高形式,不仅可以弥补双方在人力、财力以及知识局限等方面的不足,而且可以通过联合经营达到优化资源配置,优势互补,从而形成大规模的合作效应,实现"互利双赢"的目标。

1.2.2 政府组织的商务类型

政府组织的商务职能主要是指政府作为社会主体之一,履行与营利组织(如企业、公司)开展商品采购,与社会组织进行社会化服务采购等相关商务行为的职能。

1.2.2.1 政府组织商务类型

政府组织涉及的商务活动主要是政府采购,而政府采购就是指国家各级政府为从事日常的政务活动或为了满足公共服务的目的,使用国家财政性资金和政府借款购买货物、工程和服务的行为。这些采购包括从小笔的办公用品采购到大笔的基础设施采购,不仅是指具体的采购过程,还指采购政策、采购程序、采购过程及采购管理的总称。

按采购用途的不同可划分为内部采购与外部采购两种类型:

(1) 内部采购。用于购买维系政府运转的如办公用品等货物、清洁或技术服务以及办公大楼等工程设施的政府采购。

(2) 外部采购。用于购买加强社会基础设施工程建设、维持社会正常运转的服务以及相应消耗资源的政府采购。

1.2.2.2 政府与营利组织间的业务关系

政府与营利组织间的业务关系主要涉及三个方面:(1) 政府对营利组织的管理;(2) 营利组织对政府的支持与监督;(3) 政府与营利组织合作共建市场机制,共同治理社会,增进社会总体效益。具体表现为:

(1) 政府以招标的形式将各种营利组织引入政府的经济活动中;

(2) 政府通过调控政策吸引有实力、有资金、有技术的营利组织加入当地的经济生产活动中;

(3) 政府和营利组织分别利用自身的资源以合作的方式共同创立经济实体进行合作生产活动；

(4) 营利组织在政府的监督、引导下根据相应的政策目标开展经济生产活动；

(5) 营利组织享受政府在合法范围内提供的有关土地、税收等方面的优惠政策。

1.2.3 非营利组织的商务类型

非营利组织与政府的合作互动表现为政府从非营利组织处购买公共服务。政府作为购买者，通过合同外包的形式，广泛采用招投标机制，非营利组织作为服务提供者与企业平等参与竞标，政府根据竞标结果委托任务，中标方按照合同规定的产品或服务的质量和数量标准，提供一定的公共产品与公共服务。

非营利组织与企业之间的合作，根据其持续时间的长短、合作紧密程度和双方互动程度的不同，可以分为以下四种合作模式。

1.2.3.1 非营利组织与企业的慈善捐赠型合作模式

非营利组织与企业之间的慈善捐赠型合作模式是四种模式中合作紧密程度最低的，在实践中主要包括两种形式：一是企业直接对非营利组织进行慈善捐赠；二是企业通过非营利组织向某个对象进行捐助，在这个过程中，非营利组织充当中介和桥梁的作用。

企业对非营利组织的慈善捐赠，既有直接的善款，也有实物捐赠，包括设备及企业所生产的产品等。例如，在汶川特大地震的救援中，企业界的响应之快和捐赠数额之巨均为近年之最。除了公众所熟知的慈善捐款，企业还会进行"人力资源捐赠"，鼓励员工义务参与非营利组织的公益活动，典型例子包括德士古（Texaco）公司提供管理人员来培训其在发展中国家环境保护方面的合作伙伴。

企业的捐赠，可以使非营利组织获得新的资金来源，接触到更多的潜在合作伙伴，建立公众对组织的认识，提升所开展的公益项目的知名度。其次，企业也能通过慈善型合作改善与当地社区的关系，营造良好的企业文化和正确的价值体系，并为以后与非营利组织建立更深入的合作伙伴关系打下基础。

1.2.3.2 非营利组织与企业的交易型合作模式

相对于慈善型合作的单向性和偶然性，企业和非营利组织之间的交易型合作则更具交互性和长期性。非营利组织将自身品牌和形象与合作企业联系在一起，而企业会根据合作情况相应地进行捐赠。这种交易型合作的方式主要有公益事业关联营销、非营利组织允许企业使用其品牌标志、公益活动的赞助和企业购买非营利组织的社会服务等。

图 1.3　百胜捐一元献爱心送营养募捐活动

美国运通公司(American Express)赞助自由女神像修复的案例通常被认为是公益事业关联营销的开端。1982年运通公司开展了一项营销活动,消费者在旧金山每使用一次运通卡,运通公司就向当地的非营利团体捐赠5美分;或者每新增一单运通卡的申请和开户,运通公司捐赠2美元。在短短的3个月内,美国运通公司就向当地非营利团体捐赠了108 000美元,并且其银行卡的交易量也有了显著增加。

通过这种交易型合作,非营利组织能够获得新的资金来源,并提高其公益品牌的知名度和影响力;而企业可以为其产品注入一定的社会价值,并获得非营利部门甚至公众对其产品的认可。

1.2.3.3　非营利组织与企业的互动型合作模式

非营利组织与企业存在互补性,这些互补性促使非营利组织和企业之间的合作不仅仅停留在"交易"上,而是迈向了更深层次的互动型合作。非营利组织与企业互动型合作的主要方式有非营利组织与企业共同成立相关专业性组织、非营利组织从专业角度对企业的商业实践和经营活动做出认证、企业对特定非营利项目的深入支持、企业参与到致力于提升公益观念和开展公益教育的活动中来等。

环保类非营利组织对企业的生产活动进行环保认证就是一种很典型的互动型合作方式。例如,世界自然基金会(World Wide Found for Nature,WWF)与联合利华(Unilever)成立了国际海洋理事会(Marine Stewardship Council,MSC),这是一个独立的认证机构,来认证渔业企业生产经营中的环保可持续的捕鱼活动(图1.4)。

图 1.4　MSC 标准认证

1.2.3.4　非营利组织与企业的一体化管理联盟合作模式

虽然非营利组织与企业之间有慈善捐赠型、交易型和互动型的合作模式，但非营利组织始终在追寻与企业之间更为紧密和正式的合作方式，希望这种公益与商业的联盟能从根本上影响企业的产品生产和内部管理。同时，企业也希望通过与非营利组织更为直接的接触与合作，来帮助其解决内部涉及企业社会责任的管理问题。这样，非营利组织与企业的一体化管理联盟便应运而生。

美国第一个比较具有代表性的一体化管理联盟是 1990 年环境保护基金会（Environmental Defense Fund）与麦当劳所建立的环保创新联盟（Alliance Environmental Innovation）。新成立的环保创新联盟旨在减少麦当劳产品生产过程中的浪费，随后其他一些企业如星巴克咖啡也加入了一体化管理联盟，寻找可在其多家门店、员工和合资方中使用的具有环保效益的生产工艺。

1.3　互联网商务

1.3.1　概念

互联网商务是指各类组织基于互联网平台开展的商务活动。它依托互联网作为媒介技术的低成本、透明性、时空无限性、网络外部性等特征，为营利组织、政府组织与非营利组织提供新型的运营环境，同时组织的商务活动也丰富和推动了互联网的建设与发展。

互联网商务中大部分是电子商务和电子政务的应用，但相互之间也存在区别。具体关系如图 1.5。

交叠部分表示电子商务与电子政务中属于互联网商务的内容，主要有两种模式——G2B 模式与 B2G 模式。

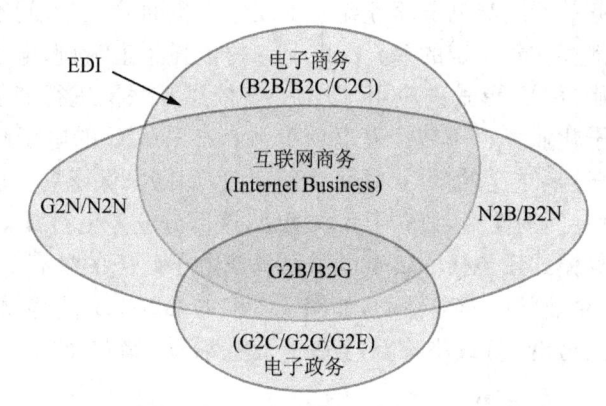

```
            EDI ──→    电子商务
                     (B2B/B2C/C2C)

                       互联网商务
       G2N/N2N       (Internet Business)      N2B/B2N

                         G2B/B2G

                      (G2C/G2G/G2E)
                         电子政务
```

图 1.5　互联网商务与电子商务、电子政务之间的关系

G2B 模式即政府与企业间的电子商务，指政府通过互联网渠道（电子商务平台等）与企业开展的商品、服务采购活动，主要表现为政府的电子采购，即政府机构在网上进行产品、服务的招标和采购。其中，政府是商务活动的发起方。B2G 模式即企业与政府间的电子商务，指企业通过互联网渠道面向政府组织开展的广告、产品与服务销售、售后服务等活动。其中，企业是商务活动的发起方。

更为常见的电子商务的模式主要有 B2B、B2C 和 C2C 模式。B2B 模式指企业间的电子商务，即依靠互联网平台实现企业间的商务交易，包括发布供求信息，订货及确认、票据签发等。阿里巴巴平台是典型的 B2B 电子商务平台。B2C 模式是企业（商家）对消费者的电子商务，主要借助互联网开展在线销售活动，如当当网等。C2C 模式指的是消费者对消费者的电子商务，主要是个人通过互联网向消费者提供产品或服务的销售。亚马逊、淘宝网、eBay 等是典型的 C2C 电子商务平台。

顺便提一下，常见的电子政务模式主要有 G2C、G2G 和 G2E（Government to Employee）模式。G2C 模式即政府与公众之间的电子政务，主要是政府通过电子网络渠道为公众公开信息、办理业务、辅助参政等，包括政务信息发布，电子身份认证、电子税务、社会保障、医疗服务、就业服务、教育培训、交通管理、环境保护等业务办理，以及市长信箱、建言献策、投票评选等。G2C 电子政务的目的除了政府给公众提供方便、快捷、高质量的服务外，更重要的是可以开辟公众参政、议政的渠道，完善公众的利益表达机制，建立政府与公众的良性互动平台。G2G 模式指政府组织间的电子政务，即纵向与横向政府间（包括上下级政府、同级不同部门和不同级不同部门之间）的电子政务活动，涉及公文传输、业务流转、数据共享等活动。G2E 模式指政府组织与公务人员之间的电子政务，主要指公务人员应用电子政务系统进行公务活动。如下载政府机关经常使用的各种表格，报销出差费用等，以节省时间和费用，提高工作效率。

互联网商务并不能与电子商务或电子政务一概而论,三者间不论参与主体还是依托渠道都存在着一定的差异。以业务的依托渠道为例,电子商务中还存在电子资金转账(EDI)形式的应用,即不完全依靠互联网进行交易。电子政务中的大多数电子化业务也不属于互联网商务,G2G、G2C的电子政务就与商务无关;部分机密性要求高的部门、垂直管理部门,如国家保密局、机要局、国家税务等,都建设有专门的网络,独立于互联网络,这部分业务也不属于互联网商务。

互联网商务模式还包括不属于电子商务或电子政务的独有部分,即非营利性组织与政府、企业间的商务活动,如图1.5中的G2N、B2N等模式。壹基金、红十字会等电子公益模式中广泛存在着商务活动,诸如N2C的认购募捐活动等。

总体来说,互联网商务是不同组织依托互联网平台开展的商务活动,主要判断依据为活动内容的性质,而不以参与主体或依托渠道为转移。

1.3.2 互联网商务的主要类型

1.3.2.1 电子商务(Electronic Business,EB)

电子商务通常是指在因特网开放的网络环境下,基于浏览器/服务器应用方式,买卖双方互不谋面地进行各种商贸活动,实现消费者的网上购物、商户之间的网上交易和在线电子支付以及各种商务活动、交易活动、金融活动和相关的综合服务活动的一种新型商业运营模式。

电子商务的形成和交易平台、平台经营者、站内经营者以及支付系统紧密相连,并由这四方相互协调开展商务活动。交易双方通过网上购物和在线支付的方式完成交易,节省了双方的交易成本,并大大提高了交易效率。

电子商务的涵盖范围十分广泛,可按不同标准划分为多种类型(表1.1),其中最为常见的是企业对企业(B2B)、企业对消费者(B2C)以及消费者对企业(C2B)三种模式。随着互联网使用人数的不断增加,4G(或更新)和无线网络技术的不断发展,利用Internet进行网络购物并完成支付的消费方式被普遍接受,已经成为商务活动中的主体。

表1.1 电子商务的类型

按照商业活动的运行方式划分	完全电子商务,非完全电子商务
按照商务活动的内容划分	间接电子商务,直接电子商务
按照开展电子交易的范围划分	区域化电子商务,跨区电子商务,跨境电子商务
按照使用网络的类型划分	基于专门增值网络(EDI)的电子商务,基于互联网的电子商务,以及基于Intranet的电子商务

	续　表
按照交易对象划分	企业对企业的电子商务(B2B),企业对消费者的电子商务(B2C),企业对政府的电子商务(B2G),消费者对政府的电子商务(C2G),消费者对消费者的电子商务(C2C),企业、消费者、代理商三者相互转化的电子商务(ABC),以消费者为中心的全新商业模式(C2B2S),以供需方为目标的新型电子商务(P2D)等

概括而言,电子商务的基本特征如下:

(1) 普遍性

电子商务作为一种新型的交易方式,将交易双方带入了一个数字化、信息化、网络化的新环境,市场份额日益增大。

(2) 方便性

电子商务打破了时间和空间的局限,大大节省了交易双方的时间成本、交通成本、询价成本等,使人们的购物方式简单便捷化,并能全天候不断地查询和下单,为客户提供更加优质、清晰服务的同时,降低了自身人、财、物上的投入。

(3) 整体性

电子商务能够规范业务处理的工作流程,将人工操作和信息处理集成为一个不可分割的整体,在提高人力和物力利用率的同时,也提高了商务系统运行的流程性、系统性等整体性能。

(4) 安全性

在电子商务中,安全性是一个至关重要的问题,它要求网络能提供一种端到端的安全解决方案,如加密机制、签名机制、安全管理、存取控制、防火墙、防病毒保护,等等,这与传统的商务活动有着很大的不同。其中最常见的安全机制有安全套接层协议(Secure Sockets Layer,SSL)及安全电子交易协议(Secure Electronic Transaction,SET)两种。

(5) 协调性

在电子商务环境中,它要求银行、配送中心、通讯部门、技术服务等多个部门的通力协作,电子商务的全过程往往是整体协作的结果。

1.3.2.2　电子政务中的商务活动

电子政务(E-government)是指政府部门运用信息通信技术(ICT)等现代化技术手段,实现政府组织结构和工作流程的优化重组,提高办公与管理效率,提升政府决策品质,向社会提供高效率和高质量服务的政务方式。电子政务包括4种应用模式:

(1) 政府部门内部(G2E)的电子化办公;

(2) 政府部门之间(G2G)通过网络进行信息共享、数据互通与业务协同;

(3) 政府部门与企业(G2B)之间的信息公开、公共服务与商务活动；

(4) 政府部门与公众(G2C)之间的信息公开、公共服务与参政议政。

相对电子政务而言，我国电子商务起步较早，它的建设与发展极大地推动了电子政务的发展，为电子政务的发展提供宝贵的经验。

在上述四类电子政务应用模式中，政府部门与企业(G2B)之间的电子政务模式、政府部门与公众(G2C)之间的电子政务模式都存在互联网商务的内容。例如，G2B中的政府网上公开招标采购，G2C中的政府网上公开招募临时用工等。

1.3.2.3 电子公益

电子公益是以志愿精神为核心，通过网络社会和现实社会的互动，推动面向全社会提供公益服务与公益价值的新生公益业态。它通过触达面广(不受时空限制)、传播效率高(瞬间可达)、互动便捷(网络社区)、交易成本低(消除信息不对称)等，可以影响更多的人投入、参与社会服务工作，为健康社会的建设注入新鲜元素。通过公益虚拟社区，公民可以锻炼、培养参与的热情，以及理性、宽容和合作技能；通过公益性组织纽带，还能积累以信任为基础的社会资本。公益价值与商业价值的和谐共生，也是电子公益发展的一种途径，通过搭建一个双赢的平台实现公益的持续、健康发展。

就我国而言，最早发布网络公益广告的是创建于1997年的www.chinabyte.com网站(比特网)，广告内容为"珍爱生命，注意交通安全"。随后网络公益广告逐渐兴起，到2000年9月，国际Webmaster协会(中国)在其站点首推网络公益广告专题频道，使得我国网络公益广告进入新时代。此后，一系列专职公益网站和各大门户网站建立，如中国公益广告网、搜狐公益网、腾讯公益网，等等。它们的网络页面上兴起了一种新形式的互动型网络公益广告。

网络募集是非营利组织应用互联网的一种募集方式，是指以网络为媒介，对募捐活动进行运营、管理的过程。其中包括慈善信息的收集、发布，善款募捐，募捐监督，互动等。据统计，2008年"5.12"地震期间，壹基金通过网络捐赠平台筹集善款4 500多万元，其中超过50%的善款是通过腾讯公益平台筹集的，创下了全球互联网公益慈善事业的最高捐赠纪录。除了募捐外，受捐者信息了解、善款使用情况、不同群体之间的互动等都可以从网络上快速传播。

2016年12月紫金传媒智库、"南京大学—腾讯互联网+"研究中心联合发布的《互联网公益大数据研究报告》揭示了互联网公益发展的情况，经历了公益项目互联网传播、公益机构互联网募款、公益项目与传统商业项目联合投放以及公益筹款、网络互助、公益P2P等不同业态的层第演进，互联网公益不仅正在悄然撬动传统公益的既有格局，而且正在渗透和影响着"拇指一代"的青年人群，孕育着大众公益的巨大机遇。

1.4 中国互联网商务的美国 IPO 历程

纳斯达克(NASDAQ)是当下世界最大的股票市场之一,通过"纳斯达克上市变现"造就了大批亿万、千万富翁,而如今我国的互联网公司在纳斯达克乃至整个股票市场中已经占有一席之地。大量互联网公司的上市推动着国内互联网商务的繁荣,也诱使更多的公司奔向巅峰,上演一幕幕的国际募资盛宴。

此部分以倒叙的方式展现了自 1999—2016 年近 18 年在纽约交所与 NASDAQ 成功上市的公司的简要情况。

图 1.6 国双上市

2016 年 9 月,中国领先的企业级大数据分析软件提供商 Gridsum Holding Inc.(国双,图 1.6)成功在美国纳斯达克全球市场挂牌上市,意味着国双成为中国首家赴美上市的大数据企业,也是 2016 年以来第五家在美国上市的中国企业。

图 1.7 阿里巴巴上市

阿里巴巴，中国最大的网络公司和世界第二大网络公司，是由马云在1999年一手创立的企业对企业的网上贸易市场平台，坐拥市值1 700亿美元（图1.7）。2014年9月19日，阿里巴巴登陆纽交所，以每股美国存托股68美元的发行价，成为美国融资额最大的公开募股（IPO），上市后，市值有望破2 000亿美元大关。

图1.8 京东上市

京东是中国最大的自营式电商企业，作为中国B2C市场的3C[3C是计算机（Computer）、通讯（Communication）和消费电子产品（Consumer Electronic）三类电子产品的简称]网购专业平台，京东商城无论在访问量、点击率、销售量以及业内知名度和影响力上，都在国内3C网购平台中具有较大影响力。2014年5月22日，京东商城在纳斯达克证交所挂牌上市，甫一上市，收盘市值近300亿美元（图1.8）。

图1.9 当当网上市

当当网,知名综合性网购商城。北京时间 2010 年 12 月 8 日,中国电子商务公司当当网于纽交所上市,成为中国第一家完全基于线上业务、在美国上市的 B2C 网上商城(图 1.9)。

图 1.10 优酷上市

优酷是中国领先的视频分享网站,由古永锵在 2006 年 6 月 21 日创立,自正式运营以来,优酷网在诸多方面保持优势,领跑中国视频行业,业绩发展迅猛。古永锵曾经是搜狐的总裁兼首席运营官,后来离职创办视频网站优酷,2010 年 12 月 8 日,古永锵在纽交所敲响了上市钟声,标志着优酷正式登陆美国资本市场。到 2014 年 9 月 19 日,优酷市值 31.99 亿美元(图 1.10)。

图 1.11 百度上市

百度是全球最大的中文搜索引擎。2005 年 8 月 5 日,百度在美国纳斯达克上市,其上市当日,即成为该年度全球资本市场上最为耀眼的新星,通过数年来的市场表现,其优异的业绩与值得依赖的回报,使之成为中国企业价值的代表,傲然屹立于全球资本市场(图1.11)。

图1.12 中华网上市

1999年,中华网作为第一只打着中国概念的互联网股票登陆纳斯达克。2000年2月,赶上了互联网史上最大泡沫"尾班车"的中华网,股价一度高达220.31美元,市值更一度超过50亿美元(图1.12)。

纳斯达克出现越来越多的中国脸,表明我国互联网商务在营利组织中的发展势不可挡。对于营利组织,它的经营、运作目的是获取利润。在营利组织的信息化基础相对薄弱时,发展战略大多是"经营战略"驱动,以"效益"作为性能评价指标。在未来发展中,随着企业信息化的完善,企业将更多地以"企业的先进性"和"顾客满意程度"来作为性能的评价指标,处于信息化的时代,互联网商务将是保证企业先进性和顾客满意程度的基础。随着中国移动用户的飞速增长和互联网的大量普及,移动性和互联网已经成为两个最热闹的话题。无线应用协议(Wireless Application Protocol,WAP)业务的推广又将这两个领域紧密地结合在一起。各种数据业务和国际发展趋势都向我们展现了一个不争的事实:移动互联网将给我们带来无限的商机。

互联网商务在非营利组织的发展前景一片光明。职业、慈善事业或其他事业的非营利组织,其核心功能都是倡议、沟通和培训。信息时代飞速发展的技术甚至可以为最小的组织提供战略性的工具,可以极大地延伸组织的能量和活动范围。根据Roseubaum(1984)的研究指出,非营利组织的发展大体上分为四个阶段:民众互助阶段、慈善赞助阶段、民众权利阶段、竞争阶段。先进国家的非营利组织大多处于第四阶段。我国随着经济的成长、社会的多元化及非营利组织不断的成立,发展即将趋近成熟阶段,在不远的将来就会进入竞争阶段。非营利组织要从战略角度出发，充分认识到信息技术对组织未来运营的影响，加速信息技术在组织中的应用。所以，非营利组织的发展与互联网商务有着密不可分的联系。

"互联网思维"不仅仅渗透到了营利组织和非营利组织，同样也对政府组织产生了不可忽视的影响。互联网思维以用户至上的原则为核心，处处体现着以人为本，这一原则既是科学发展观的要求，又与中国共产党全心全意为人民服务的宗旨一脉相承，也是人民当家做主这一社会主义民主政治本质与核心的体现。同时，互联网思维是市场经济发展的必然结果，是社会进步的表现，就像雷军所说："互联网思维像我党的群众路线，用互联网方式低成本地聚集大量的人，让他们来参与，相信群众，依靠群众，从群众中来，到群众中去。"政府只有掌握互联网思维，才能完善公民权利保护制度，充分而合理地保障人民的知情权、参与权、表达权和监督权，推动民主法治的进步；才能更好地促进市场经济的主体平等竞争、公平交易，让社会各阶层分享改革开放的红利，促进社会和谐稳定。因此，政府积极建构互联网思维是与时俱进的要求，也是将以人为本由口号转化为行动的体现。在未来，互联网商务在政府组织中的发展主要体现在政府"互联网思维"的构建中。例如：以迭代思维打造"数字化城管"，以跨界思维创建共赢生态圈，以大数据思维和平台思维勾画"产业地图"，等等。

互联网商务是近十几年来才发展起来的，算是一个比较新的领域，国际国内在互联网商务的发展差距并没有很大，我们可以从图1.13—图1.15和表1.2中，初步观察国内国际互联网商务的发展趋势。

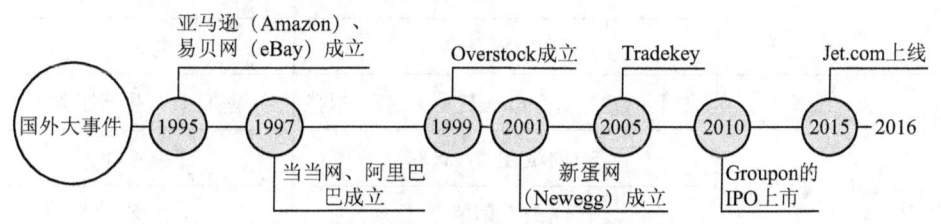

图1.13 国外国际互联网商务大事纪图

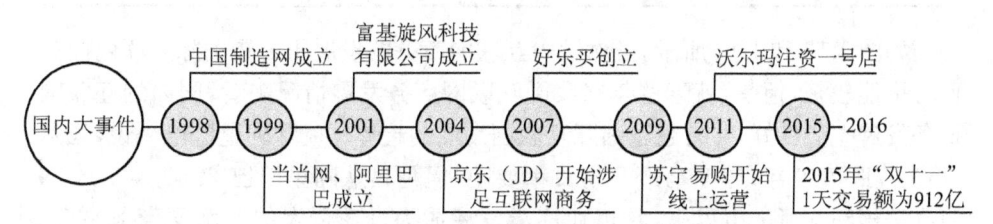

图1.14 国内国际互联网商务大事纪图

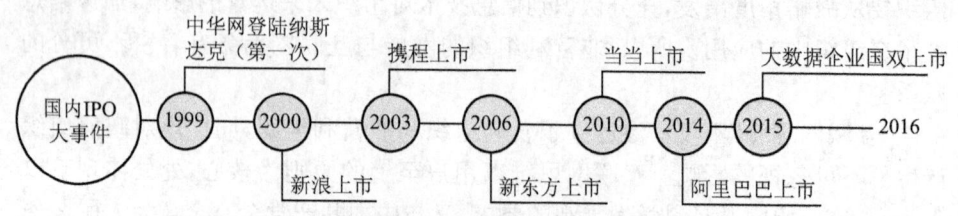

图 1.15 国内互联网商务公司美国 IPO 大事纪图（1999—2016）

表 1.2 国内互联网商务公司美国 IPO 盘点图

时间跨度(年)	代表企业	所属行业
1999	中华网	门户网站
2000	新浪、网易、搜狐	门户网站
2003—2007	携程、艺龙、51job	垂直门户、生活服务
	盛大、九城、完美世界、巨人	游戏(PC)
	新东方	教育
	百度、分众传媒	超级入口
2010—2012	高德地图、奇虎	入口
	优酷、土豆、YY、世纪佳缘、搜房网	垂直门户、生活服务
	人人	社交
	当当、唯品会	电商
2013—2015	去哪儿、途牛、汽车之家、爱康国宾、招聘	垂直门户、生活服务
	58同城、迅雷、猎豹	超级入口
	微博、陌陌	社交
	京东、聚美优品、阿里巴巴、宝尊	电商

如图 1.13 和 1.14 所示，虽然国内互联网商务的发展历史较国际互联网商务而言可能较短，但是，就近些年来我国互联网商务发展情况来看，国内的互联网商务发展态势良好，并有超越国际互联网发展的趋势。就拿阿里巴巴来说，虽然它创立于 1999 年，较亚马逊和易贝都要晚，但是自从阿里巴巴 2014 年 9 月 19 日在美国纽交所上市以来，它正在逐步发展成为全球最大的互联网商务平台。所以，我们可以看到，我国的互联网商务发展前景是极其乐观的，在国际互联网商务中扮演的角色也越来越重要。

1.5 典型案例

1.5.1 亚马逊——电子商务的传奇

B2C 是企业对消费者的电子商务模式，这种形式的电子商务一般以网络零售业为主，企业借助于互联网开展在线销售活动，通过互联网为消费者提供一个新型的购物环境——网上商店，消费者通过网络在网上购物、在网上支付。亚马逊就是一家典型的面向消费者的在线零售商。

亚马逊公司(Amazon,简称亚马逊)，是美国最大的一家网络电子商务公司，总部位于美国华盛顿州的西雅图，是网络上最早开始经营电子商务的公司之一，创始人是杰夫·贝索斯(Jeffery Bezos)。

1994 年，Web 网页吸引了全球网民的目光。时任 Banker Trust 公司最年轻副总裁的贝索斯看到了在线商场的广阔发展前景，建立了 Cadabra 公司——其性质是基本的网络书店。1995 年 7 月，贝索斯将 Cadabra 以地球上孕育最多种生物的亚马逊河重新命名，并重新开张。在随后的 16 个月里亚马逊以 34% 的月平均速度快速增长。1997 年 5 月，亚马逊在美国纳斯达克市场挂牌上市，首次公开募集资金达 5 000 万美元，1999 年 2 月再次融资 10 亿美元，注册客户在 1997 年底有 100 多万，到 2000 年底突破 2 000 万。目前已成为全球商品品种最多的网上零售商和全球第三大互联网公司。

1.5.1.1 亚马逊在中国

2004 年，亚马逊负责战略投资的高级副总裁达克访问了当时已经是中国网上第一大书店的当当，提出 1.5 亿美元收购 70%—90% 股份的具体方案。面对诱惑，当当的股东们做了讨论，提出了亚马逊少数股份的方案。对于当当的立场，亚马逊方面当即回应：如果对价格不满意，那么 1 亿到 10 亿美元之间都可以谈，但 70% 以上的绝对控股权要求不变。由于亚马逊坚持绝对控股，而当当只接受战略性投资，双方多次协商不成。8 月 6 日，当当对外宣布终止与亚马逊并购谈判的消息。

2004 年 8 月 19 日亚马逊公司宣布以 7 500 万美元收购雷军和陈年创办的卓越网，将卓越网收归为"亚马逊中国"的全资子公司，使亚马逊全球领先的网上零售专长与卓越网深厚的中国市场经验相结合，进一步提升了客户体验，并促进了中国电子商务的成长(亚马逊在中国的网址为 http://www.amazon.cn/)。2007 年将其中国子公司改名为卓越亚马逊。2011 年 10 月 27 日亚马逊正式宣布将在中国的子公司"卓越亚马逊"改名为"亚马逊中国"，并宣布启动短域名

（图1.16）。亚马逊中国为消费者提供图书、音乐、影视、手机数码、家电、家居、玩具、健康、美容化妆、钟表首饰、服饰箱包、鞋靴、运动、食品、母婴、运动、户外和休闲、IT软件等32大类上千万种的产品，通过"送货上门"服务以及"货到付款"等多种方式，为中国消费者提供便利、快捷的网购体验。

图1.16　亚马逊中国官方主页

亚马逊电子商务成功的因素有以下几点：

(1) 网站功能丰富

顾客通过亚马逊的在线平台，可以方便地实现以下功能：利用分类查询系统快速查询商品信息，对图书类产品可以阅读概要；浏览其他顾客的评价；预订商品，并得到新品送达时间承诺；等等。此外，除了基本功能外，亚马逊公司网站设计美观，精确搜索和模糊搜索功能全面地满足了消费者搜索需要，读者书评、商品概要等内容加强了消费者对产品的了解，减少消费的盲目性。总体来讲，网站通过不断的优化和完善现有功能使消费者获得了较好的购物体验。

(2) 商品品类齐全且低价

亚马逊公司初期主营图书类商品，经过十几年的不断发展，目前经营范围已涵盖20个以上的品类，并在众多领域翻新商品和交易收集品。此外，亚马逊公司利用自身的成本优势，将网络营运节省的成本大量回馈给顾客，提供大大低于传统商店的价格折扣，从而使成本优势转化为价格优势，吸引更多的消费者。

(3) 合作模式独特

亚马逊公司采用销售提成方式来鼓励其他网站链接本公司产品信息，任何一个拥有自己网站的商业或机构，都可以注册成为Amazon.com的合作伙伴，并选择亚马逊商品广告添加到自身的网站中，即当顾客通过此链接指向Amazon.com并完成整个购买流程时合作机构可以得到相应的手续费。这种独特的合作模式下,虽然亚马逊的收入被合作机构分享,但其本质为亚马逊节省了大量的营销费用,同时扩展了亚马逊宣传范围,取得了良好的效果。

(4) 配送体系完善

以美国市场为例,一方面,亚马逊充分利用美国高效率的邮政体系;另一方面,公司自建容量巨大的仓库,只要订货单到位,就可以将书打包并发送到顾客手中。此外,亚马逊还要求发行人按最快的交易方式送书,从而有利于控制存书和仓库租赁成本。按照公司创始人贝索斯的说法,亚马逊充当的是"信息经纪商"的角色,即在发行商和消费者之间建立顺畅的联系。

(5) 科学管理顾客

亚马逊公司利用网络互动了解顾客意见,从而提供基于消费者需求的服务。同时,公司通过顾客关系管理系统(Customer Relationship Management,CRM)来管理顾客,详细分析顾客的基本资料和历史交易记录,从中推断出不同顾客的消费习惯和消费心理,以及顾客忠诚度和潜在价值,对重点顾客进行差异化的重点营销,最终向顾客提供一对一的服务。这样有利于增加重点顾客的购买频率和购买数量。

1.5.2　政府网上采购——网络时代政府采购新途径

政府网上采购也称为政府电子化采购,是通过互联网来完成政府采购的全部过程。具体包括网上提交采购需求、网上确认采购资金和采购方式、网上发布采购信息、接受供应商网上投标报价、网上开标定标、网上公布采购结果以及网上办理结算手续等。

与传统的采购模式相比,电子化采购从采购需求的提出、供应商的选择和评价、采购合同的签订以及货款的支付等各个方面都发生了重大的变化,对降低政府的采购成本、提高采购效率、增加政府采购的透明度等都起到了直接的推动作用,更好地体现了政府采购所要求的"公开、公平、公正、诚信、高效"原则。

"中国政府采购网"(http://www.ccgp.gov.cn)创办于 2000 年 12 月 31 日,是由财政部开发、设计和主办的用于全国政府采购信息统一管理的专业网站(图 1.17)。"中国政府采购网"与财政部正在开发、建设中的基于政府采购业务的内部信息管理系统和包括在线招投标在内的电子商务系统共同组成中国政府采购信息网络系统。

"中国政府采购网"栏目设置主要有政策法规、理论实务、各地动态、经验交流、采购预告、招标公告、中标信息、专家库信息、供应商及商品信息等,在开通初期其主要功能是发布政府采购信息公告。随着基础条件的改善和互联网技术的发展,将开发设计标书下载、网上询价、电子投标、网上评标、网上支付等政府采购电子商务(G2B)系统。

图 1.17　中国政府采购网站

为了做到网络互联互通、减少重复建设、降低网络建设和维护的费用支出、体现信息的规模优势,中国政府采购网实行"统一开发、统一管理、集中发布、分级维护"的管理体制。即由财政部统一负责网站的开发设计、域名注册、系统建设、宣传推广及日常运行等管理工作,各级政府采购管理部门和执行部门加载信息,按统一的域名使用并维护中国政府采购网。同时,为了加强网络统一管理,减少网络设备的重复购置,财政部将通过"中国政府采购网",为各地方政府采购部门分别设计风格统一的网页并注册域名,各分网为"中国政府采购网"的有机组成部分。

1.5.3　壹基金官方公益店——开启互联网公益新模式

壹基金(图 1.18)是由李连杰于 2007 年发起成立的公益组织,是国内第一家民间公募基金会。2010 年 12 月 3 日,深圳壹基金公益基金会(http://www.onefoundation.cn/)在深圳市民政局的大力支持下正式注册成立,拥有独立从事公募活动的法律资格。"中国红十字会李连杰壹基金计划"及"上海李连杰壹基金公益基金会"已清算注销,其项目、资金及工作人员已由深圳壹基金公益基金会承接。壹基金的公益愿景为"尽我所能,人人公益";其战略模式为"一个平台＋三个领域",即搭建专业透明的壹基金公益平台,专注于灾害救助、儿童关怀及公益人才培养。

2011 年 3 月 7 日,"壹基金官方公益店"(图 1.19)在 TMALL.COM(阿里巴巴旗下天猫超市)正式开始运营,创造了一种全新的公益网络募捐模式。"壹基金官方公益店"面向淘宝买家,以虚拟交易和实物交易两种形式进行——虚拟交易即买家购买店铺内的虚拟货物,直接确认收货,便完成捐赠行为。自从开始设立以来,"壹基金官方公益店"已成功卖出数万余件虚拟"爱心产品",为其开展的多个公益资助项目募集资金。

图 1.18　壹基金官网主页

图 1.19　壹基金官方公益店主页

壹基金天猫公益店的产品规划为 4 个层面,除了实物单品外,还包括战略单品、项目单品、项目延伸单品三个虚拟单品。截至目前,"壹基金官方公益店"上线的虚拟单品包括"壹基金公益捐助个人爱心直达月捐单品"战略单品、壹基金公益捐助旱灾"旱地甘霖"爱心单品、壹基金公益捐助海洋天堂爱心单品、壹基金公益捐助壹乐园爱心单品、壹基金公益捐助洪灾温暖包爱心单品、壹基金公益捐助备灾紧急响应爱心单品等。每种产品的定价从1元到50元不等,淘宝用户只要拍下一件爱心宝贝,经客服点击"发货"后,用户点击确认收货便可完成捐赠。

思考与练习

1. 营利组织和非营利组织、政府组织有哪些区别?
2. 近年来出现了哪些新的互联网商务类型?
3. 我国互联网商务未来的发展趋势。

第 2 章　互联网商务模式的战略框架

2.1　商务组织的业绩

商务组织的业绩是指一个商务组织经营或管理行为的结果与表现。通常通过以下指标来衡量,这些指标包括:利润、现金流、经济附加值(EVA)、市场价值、每股收益、销售量、销售回报率、资产回报率、经济租金、股权回报、会计利润等。

2.1.1　利润

利润也称净利润或净收益。从狭义的收入、费用来讲,利润包括收入和费用的差额,以及其他直接计入损益的利得、损失。从广义的收入、费用来讲,利润是收入和费用的差额。利润按其形成过程,分为税前利润和税后利润。税前利润也称利润总额;税前利润减去所得税费用,即税后利润,也称净利润。

2.1.2　现金流

现金流量是指企业在一定会计期间按照现金收付实现制,通过一定经济活动(包括经营活动、投资活动、筹资活动和非经常性项目)而产生的现金流入、现金流出及其总量情况的总称,即企业一定时期的现金和现金等价物的流入和流出的数量。例如:销售商品、提供劳务、出售固定资产、收回投资、借入资金等,形成企业的现金流入;购买商品、接受劳务、购建固定资产、现金投资、偿还债务等,形成企业的现金流出。衡量企业经营状况是否良好,是否有足够的现金偿还债务,资产的变现能力等,现金流量是非常重要的指标。现金流量一般以计息周期(年、季、月等)为时间量的单位,用现金流量图或现金流量表来表示(表 2.1)。

表 2.1　一个典型的现金流量表

编制单位：A公司	2016年6月	单位：元
项目	行次	金额
一、经营活动产生的现金流量	—	—
销售商品、提供劳务收到的现金	1	124 999 006.99
收到的税费返还	3	—
收到的其他与经营活动有关的现金	8	3 621 880.99
现金流入小计	9	128 620 887.96
购买商品接受劳务支付的现金	10	118 378 581.62
支付给职工以及为职工支付的现金	12	5 000.00
支付的各种税费	13	1 379 597.39
支付的其他与经营活动有关的现金	18	12 716 599.00
现金流出小计：	20	132 497 778.01
经营活动产生的现金流量净额	21	3 585 890.05
二、投资活动产生的现金流量	—	—
收回资产收到的现金	22	
取得投资收益所收到的现金	23	

2.1.3　经济附加值（EVA）

EVA（Economic Value Added）是经济附加值的英文缩写，指从税后净营业利润中扣除包括股权和债务的全部投入资本成本后的所得。其核心是资本投入是有成本的，企业的盈利只有高于其资本成本（包括股权成本和债务成本）时才会为股东创造价值。公司每年创造的 EVA 等于税后经营利润减去债务和股本成本，是所有成本被扣除后的剩余收入（Residual Income）。EVA 是一种评价企业经营者有效使用资本和为股东创造价值能力，体现企业最终经营目标的经营业绩考核工具。

2.1.4　市场价值

市场价值，指生产部门所耗费的社会必要劳动时间形成的商品的社会价值。市场价值是指一项资产在交易市场上的价格，它是自愿买方和自愿卖方在各自理性行事且未受任何强迫的情况下竞价后产生的双方都能接受的价格。

2.1.5 每股收益

每股收益即每股盈利(Earnings Per Share,EPS),又称每股税后利润、每股盈余,指税后利润与股本总数的比率。该比率反映了每股创造的税后利润。比率越高,表明所创造的利润越多。若公司只有普通股时,净收益是税后净利;如果公司还有优先股,应从税后净利中扣除分派给优先股东的股利。

每股收益通常被用来衡量上市公司盈利能力最重要的财务指标,反映普通股的获利水平。在分析时,可以进行公司间的比较,以评价该公司相对的盈利能力;可以进行不同时期的比较,了解该公司盈利能力的变化趋势;可以进行经营实绩和盈利预测的比较,掌握该公司的管理能力。它还能反映企业的经营成果,衡量普通股的获利水平及投资风险,是投资者等信息使用者据以评价企业盈利能力,预测企业成长潜力,进而做出相关经济决策的重要的财务指标之一。

基本每股收益的计算公式如下:

基本每股收益=归属于普通股股东的当期净利润÷当期发行在外普通股的加权平均数

每股收益增加率指标使用方法:

(1) 该公司的每股收益增长率和整个市场的比较;

(2) 和同一行业其他公司的比较;

(3) 和公司本身历史每股收益增长率的比较;

(4) 以每股收益增长率和销售收入增长率的比较,衡量公司未来的成长潜力。

2.1.6 销售量

销售量是指企业在一定时期内实际促销出去的产品数量。它包括按合同供货方式或其他供货方式售出的产品数量,以及尚未到合同交货期提前交货的预交合同数量,但不包括外购产品(指由外单位购入、不需要本企业任何加工包装,又不与本企业产品一起作价配套出售的产品)的销售量。

销售量的统计方法主要有:

(1) 采用送货制(包括到港交货与出港交货)的产品,在与运输部门办好托运手续后即算销售量,统计时以承运单位的日戳为准。

(2) 采用提货制的产品,在与需方办妥货款结算手续并开出提货单后,即算销售量,统计时以提货单上的日期为准。

(3) 采用买主分类法的产品,按其不同的分类统计已售出的产品数量。如:按顾客年龄统计儿童、青年、中年、老年购买某一产品的数量,或者按顾客所在区域统计销售量等。

无论采取上述哪种统计销售量的方法,若出现下面几种情况,必须冲减销售量:

(1) 交货后退回的本年度合格产品,并再次入库的,应冲减销售量。如顾客发现对产品的品种、规格或性能购买有误时,要求退货的产品。

(2) 交货后退回修理的产品,如果修复后不变原用户而另待销售的,应冲减销售量。

通过销售量核算,可以分析企业产品促销计划完成、超额完成或未完成的原因;销售量的升降趋势;市场占有率变化趋势以及从销售量的构成上分析销售品种的变化、新用户的变化、销售地区的变化、销售对象所属部门或主管系统的变化等,从而为制定促销策略提供依据。

2.1.7 销售回报率

销售回报率是测算公司从销售额中获取利润的效率指标,以税后净利润和总销售额为基础计算。销售回报率的计算公式为:

$ROS=P/S$

式中:ROS——销售回报率;P——税后净利润;S——销售额。

一个计算销售回报率的小例子:一家公司的功能性产品卖出了3亿元的销售额,其中税后所剩的净利润是950万元。从销售额的角度看,这种产品的确很成功,意味着很多人都在寻求这种功能。下面我们就计算一下此种产品的销售回报率:

$ROS=950万/3亿=3.1\%$

从销售回报率的角度看,该公司还要提高其利润率。从另一个方面来看,该公司的市场特点也说明,3.1%是合理的销售回报率。

销售回报率有助于公司确定它们从销售额中获利的有效度,同样,这也是管理有效度的一个重要指标。销售回报率是公司营销活动盈利能力的现实晴雨表。然而,随着业务的发展成长,许多公司可能更关注利润率的增长,以让用于生产当前产品线的财力和人力、物力资源得到更好的利用。

2.1.8 资产回报率

资产回报率(Return On Assets,ROA),也叫资产收益率,是用来衡量每单位资产创造多少净利润的指标。资产回报率是评估公司相对其总资产值的盈利能力的有用指标。计算的方法为公司的年度盈利除以总资产值,资产回报率一般以百分比表示,有时也称为投资回报率。

具体计算方法为:资产回报率=税后净利润/总资产×100%

有些人士在计算回报率时在净收入上加回利息开支,以得出扣除借贷成本前的营运回报率。这点可以从另外一个角度来理解,因为总资产的资金来源于股东和债权人(资产等于股东权益加负债),所以资产回报率衡量的是企业,不论资金来源,为股东和债权人共同创造价值的能力。

2.1.9 经济租金

租金可以看成这样一种要素收入,其数量的减少不会引起要素供给量的减少。即如果从该要素的全部收入中减去这一部分并不会影响要素的供给。我们将这一部分要素收入叫作"经济租金",又叫经济剩余。经济租金的几何解释类似于所谓的生产者剩余。

经济租金是要素收入(或价格)的一个部分,该部分并非为获得该要素于当前使用中所必须,它代表着要素收入中超过其在其他场所所可能得到的收入部分。简言之,经济租金等于要素收入与其机会成本之差。

无论在发展中国家,还是在发达国家,经济租金和寻租行为都是普遍存在的,因为只要政府对市场进行干预从而影响资源配置,都会产生经济租金,有经济租金存在,就会有寻租行为(Rent-seeking Activities)发生。寻租经济学就是研究非生产性竞争活动为主的经济学,研究那种维护既得利益或对既有利益进行再分配的非生产性活动。感兴趣的话可参考信息经济学中对寻租的解释,非常有意思,也很有价值。

2.1.10 股权回报

股权回报,又称股权收益率,ROE 即净资产收益率(Rate of Return on Common Stockholders' Equity),又称股东权益报酬率。作为判断上市公司盈利能力的一项重要指标,一直受到证券市场参与各方的极大关注。分析师将 ROE 解释为将公司盈余再投资以产生更多收益的能力。它也是衡量公司内部财务、行销及经营绩效的指标。

ROE 的计算方法是:净资产收益率=报告期净利润/报告期末净资产

ROE=销售利润率×资产周转率×权益倍数=(净利润/总销售收入)×(总销售收入/平均的总资产)×(平均的总资产/平均的股东权益)

2.1.11 会计利润

会计利润(Accounting Profit)是指企业在一定会计期间的经营成果,包括收入减去费用后的净额、直接计入当期利润的利得和损失等。其计算的基本方法是,按照实现原则确认企业在一定会计期内的收入,按照配比原则确定在同一期间内的费用成本,将收入与相关的费用成本相减,即企业在这一会计期间的利润。

会计利润是账面利润,是公司在损益表中披露的利润,是由财务会计核算的,其确认、计量和报告的依据是企业会计准则、企业会计制度。对收益的确认是严格遵循会计制度确定的权责发生制原则,对成本和费用的确认是严格遵循与收入配比的原则。

会计利润是根据企业平时实际发生的对外交易计算而得的。企业每发生一笔对外交易,就加以记录。每笔经济业务在记录时都涉及定时和计价的问题,主要问题是如何将某一特定期间的费用成本与有关收入进行恰当配比,以便及时计算利润。

2.2 商务组织业绩的影响因素

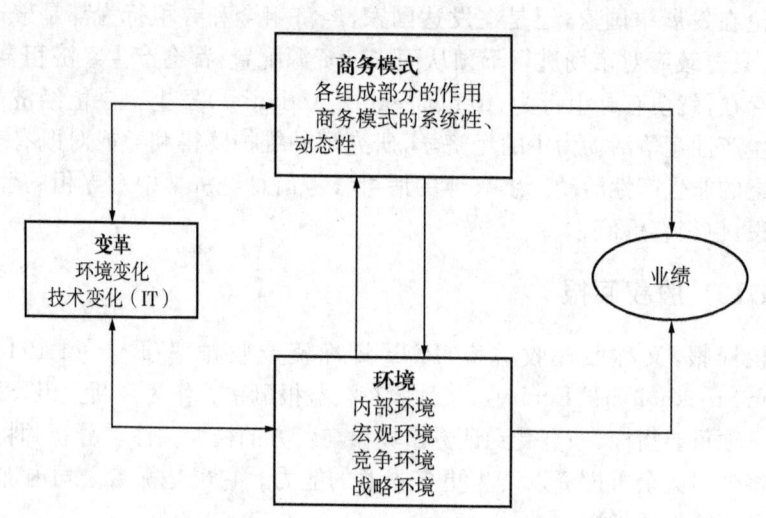

图 2.1 商务组织业绩的影响因素

2.2.1 商务模式

商务模式(Business Models)又称为商业模式、经营模式或业务模式,是企业界非常流行的术语,其最基本的含义是经营企业的方式或方法。

从源头上看,商务模式作为一个专用术语出现在管理领域的文献中大约是在20世纪70年代中期。Konczal(1975)和Dottore(1977)在讨论数据和流程的建模时,首先使用了Business Models这个术语。此后,在信息管理领域,商务模式被应用在信息系统的总体规划中,用以描述支持企业日常事务的信息系统的结构,即描述信息系统的各个组成部分及其相互联系,对企业的流程、任务、数据和通讯进行建模。

20世纪80年代,商务模式的概念开始出现在反映IT行业动态的文献中,而直到互联网在20世纪90年代中期形成并成为企业的电子商务平台之后,商务模式才作为企业界的时髦术语开始流行并逐步引起理论界的关注,但是此时的商务模式的内涵已经悄然发生了变化,即从信息管理领域扩展到了企业管理领域的更广阔的空间。

在商务模式的概念研究方面,上述关于商务模式的特征和组成要素的定义是目前商务模式研究的一条主线,另一条主线是对现有的商务模式尤其是电子商务的商务模式进行分类研究。由于互联网技术以及由此产生的电子商务是引发商务模式创新的直接原因,互联网商务模式或电子商务模式成为重要的议题:

Senge(1992)指出,商务模式是管理者认识企业和规划其发展的方式,是一个综合、一致、明确而又含混的系统。

Afuah和Tucci(2000)起初认为,商务模式就是企业如何通过因特网长期盈利的方式。

Amith和Zott(2000)提出,商务模式是企业创新的焦点和企业为自己、供应商、合作伙伴及客户创造价值的决定性来源。

Mahadevan(2000)认为,商务模式是对企业至关重要的三种流——价值流、收益流和物流的唯一混合体。

Weathersby(2000)认为,商务模式包括三个方面:清晰的价值主张,与一个或多个价值创造模型的结合,与一个或多个价值获取机制的结合。

Dubsson-Toray等(2001)认为,商务模式是企业为了对价值进行创造、营销和提供所形成的企业结构及其合作伙伴网络,是产生有利可图且得以维持的收益流的客户关系资本。

Thomas(2001)指出,商务模式是开办一项有利可图的业务所涉及流程、客户、供应商、渠道、资源和能力的总体构造。

Magretta(2002)指出,商务模式从根本上来说就是关于企业如何运作的解释,一个强健的商务模式包括:定义清晰的成员,有效合理的激励,关注于价值的视角。它回答了这样的问题:客户是谁,我们如何盈利,我们如何以合适的成本来把价值传递给客户。

Afuah和Tucci(2002)把商务模式看作公司运作的秩序,公司依据它建立,依据它使用其资源、超越竞争者、向客户提供更大的价值,并依据它盈利。

Afuah(2003)又进一步提出,商务模式是企业在给定的行业中,为了创造卓越的客户价值而将自己推到获取价值的位置上,运用其资源执行什么样的活动、如何执行这些活动以及什么时候执行这些活动的集合。

Rappa(2004)认为,商务模式明确了一个公司开展什么活动来创造价值、在价值链中如何选取上游和下游伙伴中的位置以及与客户达成产生收益的安排类型。

Mitchell 和 Coles(2004)认为,商务模式是企业组织资源向客户提供产品或服务的方式。迄今为止,对商务模式的研究大多处于概念和分析框架的提出与归纳并辅以案例分析的描述性研究阶段。专家学者往往从战略管理、对象创新、技术商业化、市场定位、商业发展趋势等角度出发讨论商务模式的概念及重要性,因而,关于商务模式的特征及要素尚无公认定义。

商务模式是指为盈利而建立的业务流程的集合,是组织运行的程序、体制和竞争战略。商务模式是一个系统(图 2.2),受变革因素的驱动,是动态变化的。

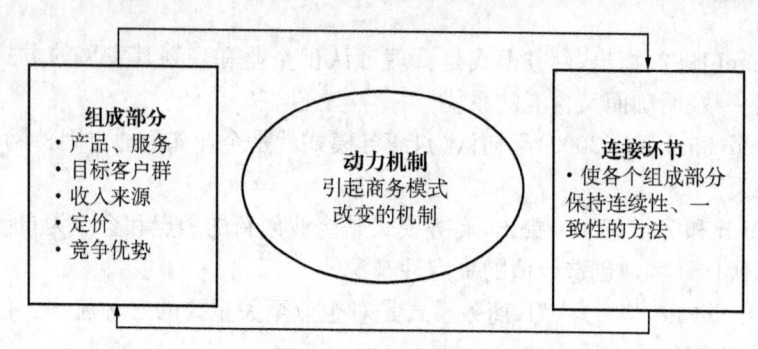

组成部分
- 产品、服务
- 目标客户群
- 收入来源
- 定价
- 竞争优势

动力机制
引起商务模式改变的机制

连接环节
- 使各个组成部分保持连续性、一致性的方法

图 2.2　商务模式系统

商务模式的作用主要体现在:
(1) 公司依据自己的商业模式来使用资源;
(2) 超越竞争者;
(3) 向客户提供价值;
(4) 获取利润;
(5) 如何获利和长远发展规划。

商务模式是影响公司业绩的首要因素。

理解目前正在发生的全球化的关键不在于贸易和资本流动政策的放宽或技术变化的速度,而在于推动经济竞争的商务模式的性质,可见在宏观上,商务模式的演变推动着经济的发展。从企业层面上来说,一个好的商务模式对于每个成功的组织来说都是至关重要的,无论"新手"还是"老手"。合适的商务模式将提升企业在向用户传递价值过程中的表现,具体涉及四个方面:更新的客户体验、更高效直接的价值传递方式、更低的成本和更优化的环境。

一些学者更是认为,商务模式是现代商业企业竞争中必不可少的重要工具。Slywotzky 等(2002)把商务模式看成一种将来能用来制订商务战略和投资战略的重要工具，他们认为，企业竞争的核心是商务模式认知之争，对商务模式的投资能够协助企业的经营者在竞争中获胜。Amlt 和 Zott(2000)认为，在 IT 技术所造就的虚拟市场上，由于企业边界和产业边界变得模糊而容易跨越，包含企业、供应商、合作伙伴及客户等利益相关者在内的商务模式的作用在于：它可以作为一种新的战略分析单元而取代传统的战略分析单元——企业或产业。Hoque 等在谈到商务模式与技术之间的关系时认为，商务模式是企业决定谁是客户及如何为客户带来价值的基础，它识别成功的机会，预测和确定与战略相关的未来行动。

由此看来，商务模式的作用在于：识别并挖掘外部市场机会，建立高效的价值传递方式进而稳固客户资源，以获取企业竞争优势。

具体来说，其包含有六个方面的功能：

（1）明确价值主张，即为客户带来怎样的价值；

（2）定义目标市场，即谁是客户；

（3）明确企业在价值链上所处的位置，及维持该位置所需要的价值支撑；

（4）在价值主张和价值链结构基础上确定成本结构（确定合理的成本结构需要了解市场支付能力）和盈利潜能；

（5）确定企业的价值网络——企业价值网络定义了利益相关者的角色，积极的价值网络将增加客户需求的网络效应，从而给价值主张带来正面促进，其包括供应商、客户以及潜在合作伙伴和竞争对手；

（6）确定竞争策略，企业从何处获得并保持竞争优势。

2.2.2 内部环境

组织内部环境是指管理的具体工作环境，即存在于组织内部的各种工作条件的总和。组织内部环境的特点主要包括：独特性、实践性、激励性。组织的内部环境主要包括组织战略、组织文化、领导和技术架构。

2.2.2.1 组织战略

组织战略是企业确定其使命，根据组织外部环境和内部条件设定的企业战略目标，为保证目标的正确落实和实现进行谋划，还要依靠企业内部能力将这种谋划和决策付诸实施。企业战略管理的主要特点包括：

（1）以绩效为导向；

（2）持续进行的过程；

（3）动态而不是静态的；

（4）以现在和未来为导向；

（5）同时关注公司内外条件。

组织战略主要分为公司层战略、事业层战略以及职能层战略（图 2.3）。

图 2.3　公司战略层次图

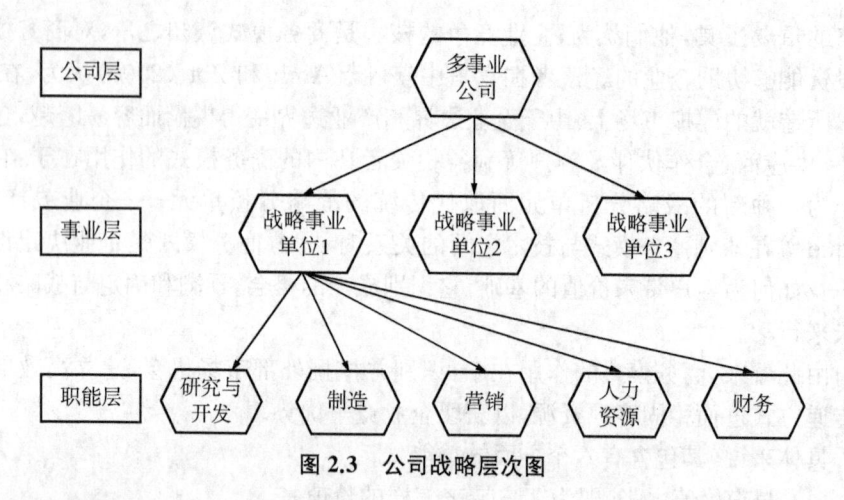

公司层战略主要寻求公司应该从事什么事业,决定组织的方向,以及每一个事业部将在公司战略中扮演的角色。公司层战略主要分为稳定战略、增长战略和紧缩战略。稳定战略的特点是基本不进行重大的变革,适用时间是组织的绩效较为满意,环境是稳定和安全的;增长战略是寻求扩大组织的经营规模,其方法主要包括直接扩张方式、纵向一体化(后向一体化和前向一体化)、横向一体化以及多元化(相关多元化和非相关多元化);紧缩战略是为了处理绩效下降的劣势,有助于使组织经营稳定、激活组织的资源和重新恢复竞争力。

事业层战略是寻求决定组织应该怎么在每项事业上展开竞争。事业层战略主要采取的就是竞争战略,以竞争战略来获取竞争优势,企业通常用的成本领先战略、差异化战略以及聚焦战略。

职能层战略用于支持事业层战略,制造、营销、人力资源、研究与开发、财务部门等的战略都需要支持事业层的战略。

2.2.2.2　组织文化

组织文化也称企业文化,是指一个企业在长期生产经营过程中,把企业内部全体员工结合在一起的理想信念、价值观念、管理制度、行为准则和道德规范的总和,是企业进行战略管理的重要前提。《中国企业管理百科全书》对组织文化的解释是:"从广义上说,是指企业在社会实践过程中所创造的物质财富和精神财富的总和。从狭义上说,是指企业在经营管理过程中所形成的独具特色的思想意识、价值观念和行为方式。企业文化通常指的是以价值观为核心的企业的内在素质及其外在表现,即狭义的企业文化。"组织文化有着独特性、稳定性、继承性、吸纳性以及可塑性等特点,起着导向、约束、凝聚、激励以及公关等作用。

组织文化主要分为物质文化、制度文化和精神文化。物质文化是指可见之于形、闻之于声的文化形象，即所谓外显部分的物质文明结晶；制度文化是指介于物质文明和精神文明之间的文化层次，包括组织的规章制度、组织机构等；精神文化是指积淀于组织及其员工心灵中的意识形态，如理想信念、道德规范、价值取向、行为准则等，即内隐部分，它决定和制约着组织文化的其他两个层次。

企业在发展过程中应分析现有的文化是否适应现行战略和新战略的需要，如果有差距，应抓紧建设新的企业文化。组织文化主要由历史感、整体感、归属感和成员间的交流四个因素组成。历史感有助于加强企业的内聚力；整体感表现在确立领导和角色模式及对规范和价值标准进行交流两个方面；归属感有助于组织的稳定；成员间的交流作为一种组织活动，能加强成员间的接触，为成员参与决策并协调一致提供环境。组织文化通过"文化优势"形成一种无形的压力和推动力，它反映和代表该企业员工的整体精神，对企业员工有感召力和凝聚力。

2.2.2.3 领导

领导就是指挥、带领、引导和激励部下为实现目标而努力的过程。这个定义包括下列三个要素：

(1) 领导者必须有部下或追随者，没有部下的领导算不上领导；

(2) 领导者拥有影响追随者的能力或力量，这些能力或力量包括由组织赋予领导者的职位或权力，也包括领导者个人所具有的影响力；

(3) 领导的目的是通过影响部下来达到企业的目标。

在带领、引导和鼓舞部下为实现组织目标而努力的过程中，领导者具有指挥、协调和激励三个方面的作用。

组织中的领导者是复数而非单数，是一群人而非一个人。某个组织的领导者是就这个组织的领导者集体或"领导班子"而言的。在领导集体中，为首的领导者特别重要，他在集体中起着核心作用。

每个领导者都应鼓励并使下属拥有足够的权利去实现最完美的自我，然而，领导实践会被众多内外因素所影响。每个领导者都有特有的信念、态度和价值观，也有自己的个性、处世哲学等，而同时，这些元素又会被组织的任务、价值观、组织文化和组织氛围等所影响。领导更加包含在言语和举止上的身体力行、以身作则，领导者必须言行一致。

领导者除了要做到以上要求，同时还要选对合适的领导方式。领导方式大体上有三种类型：专权型领导、民主型领导和放任型领导。

(1) 专权型领导，是指领导者个人决定一切，布置下属执行。这种领导方式要求下属绝对服从，并认为决策是自己一个人的事。

(2) 民主型领导，指领导者发动下属讨论，共同商量，集思广益，然后决策，要求上下融合，合作一致的工作。

(3) 放任型领导，指领导者撒手不管，下属愿意怎样做就怎样做，完全自由。他的职权仅仅是为下属提供信息并与企业外部进行联系，以此有利于下属的工作。

领导方式的这三种基本类型各具特色，也适用于不同的环境。领导者要根据所处的管理层次和环境、所担负的工作的性质以及下属的特点，在不同时空处理不同问题时，针对不同下属，选择合适的领导方式。

2.2.2.4 技术架构

技术架构对应的是应用体系所对应的技术标准或产品，其实是标准库和产品库的集成，是定义整个信息系统中的技术环境和基础结构。因此，技术架构也称为技术体系架构。

技术架构包含如下内容：描述和定义所交付业务系统所采用的技术环境的结构；建立和维护一套评价技术项目的核心技术标准；建立技术与业务系统有机结合的行之有效的方法；建立技术实现决策的框架；为组织的技术环境保持良好的发展态势提供管理理论架构。技术构架规划的好处体现在：利用技术体系架构开发和维护方法，保证业务需求在技术环境规划与开发方面具有可描述性；利用技术体系结构开发方法解决方案、信息、技术重叠和系统间的集成问题；技术体系架构直接关注确保基础环境的效率，并通过管理手段，确保技术环境的持续健康发展；技术体系架构规划可以满足组织对当前和未来的安全性要求；使用技术体系架构规划解决 IT 环境的互操作问题；技术体系架构要求了解组织类型并采用合理的方法构建以反映成本控制的模型。

所以，技术架构体现了技术实施的兼容、成本管理方面的要求。

2.2.3 宏观环境

为了有效地了解市场的成长或衰退、企业所处的情况、潜力与营运方向，商务组织会对其所处的宏观环境进行研究分析。不同的行业和企业根据自身特点和经营需要，分析的具体内容会有差异，但一般都应政治（Political）、经济（Economic）、社会（Social）和技术（Technological）这四大类影响企业的主要外部环境因素进行分析。简单而言，我们称之为 PEST 分析模型，如图 2.4 所示。

由图 2.4 我们可以看出，以商务组织为中心，政治（Political）、经济（Economic）、社会（Social）和技术（Technological）因素作为影响商务组织的外部因素，共同作用于商务组织。

2.2.3.1 政治（Political）环境

政治环境包括一个国家的社会制度，执政党的性质，政府的方针、政策、法令等。不同的国家有着不同的社会性质，不同的社会制度对组织活动有着不同的限制和要求。即使社会制度不变的同一国家，在不同时期，由于执政党的不同，

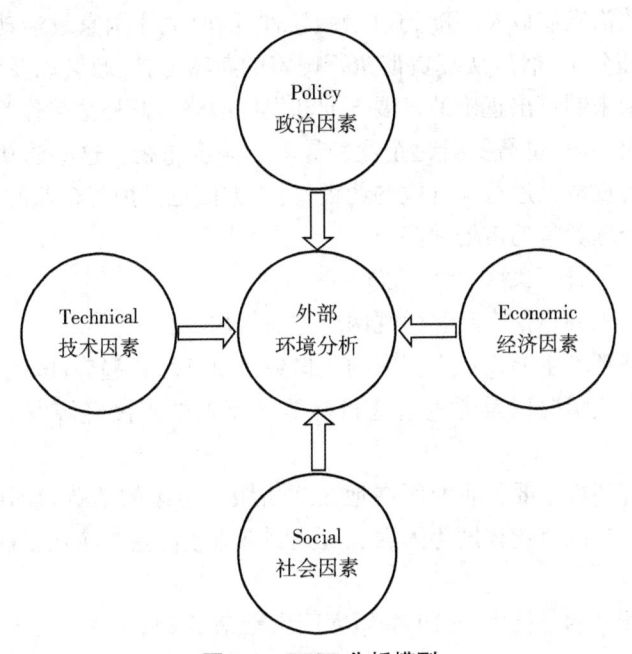

图 2.4 PEST 分析模型

其政府的方针特点、政策倾向对组织活动的态度和影响也是不断变化的。

在对政治环境的分析中,一般考虑以下因素:

(1) 执政党性质;
(2) 政治体制;
(3) 政府任期与变化;
(4) 经济体制;
(5) 税收政策;
(6) 产业政策;
(7) 投资政策;
(8) 贸易政策;
(9) 国防开支水平;
(10) 政府补贴水平;
(11) 反垄断法规;
(12) 与重要大国关系;
(13) 地区关系;
(14) 生态/环境问题;

……

政治环境的改变直接影响着企业的经营状况,因此作为企业的领导者,必须具备较高的政治素质以及高度的政治敏锐性,随时关注国家政治动态并能做出正确的判断和分析,然后认真贯彻执行国家的各项方针、政策以及法律法规,从而为企业的未来制订出正确的发展方向和发展战略。此外法律作为政府执行管理的一种重要手段,也需要引起企业领导者的高度重视。这些法律法规一方面对企业在行为规范上进行了有效的约束;另一方面也保护着企业的相关权利,并积极维护了合理竞争的市场秩序。

2.2.3.2 经济(Economic)环境

经济环境主要包括宏观和微观两个方面的内容。

宏观经济环境主要指一个国家的人口数量及其增长趋势,国民收入、国民生产总值及其变化情况以及通过这些指标能够反映的国民经济发展水平和发展速度。

微观经济环境主要指企业所在地区或所服务地区的消费者的收入水平、消费偏好、储蓄情况、就业程度等因素。这些因素直接决定着企业目前及未来的市场大小。

对经济环境的分析中,一般考虑以下因素(表2.2):

表2.2 经济环境评价指标

宏 观	微 观
社会经济结构	可支配收入水平
经济体制	居民消费(储蓄)倾向
经济发展水平	消费模式
利率和汇率	不同地区和消费群体间的收入差别
通货膨胀率	就业程度
劳动生产率水平	失业趋势
证券市场状况	贷款的可得性
国际经济金融环境	……
进出口因素	
货币与财政政策	
政府预算赤字	
……	

企业作为一个经济实体,必须要时刻与外部的经济环境紧密联系在一起。一旦经济形势发生了变化,企业发展的路线、方针就应做出合理的调整,如果不能进行及时调整,企业将会处在一个非常被动的局面。

2.2.3.3 社会(Social)环境

社会环境包括一个国家或地区的居民教育程度和文化水平、宗教信仰、风俗习惯、审美观点、价值观念等。

文化水平会影响居民的需求层次;宗教信仰和风俗习惯会禁止或抵制某些活动的进行;价值观念会影响居民对组织目标、组织活动以及组织存在本身的认可与否;审美观点则会影响人们对组织活动内容、活动方式以及活动成果的态度。

对社会环境的分析中,一般考虑以下因素(表 2.3):

表 2.3 社会环境评价指标

客观社会环境	居民情感取向
妇女生育率	宗教信仰状况
人口结构比例	文化传统
性别比例	风俗习惯
人口出生、死亡率、人口预期寿命	生活方式
人均收入	对政府的信任度
城市、城镇和农村的人口变化	对工作、退休的态度
种族平等状况	对质量的态度
节育措施状况	对闲暇的态度
平均教育状况	对服务的要求
人均收入	对外国人的态度
平均可支配收入	对职业的态度
污染控制	对权威的态度
……	……

社会文化因素对企业的影响也是非常复杂的,其中有正面也有负面,间接或者直接。但最主要的就是社会文化因素能够极大程度地影响这个地区对企业产品的需求以及消费水平。特别是在外贸和出口产品上,如果企业对于出口国家的社会文化环境没有进行深入细致的了解,就会影响产品在当地的销售状况。

2.2.3.4 技术(Technological)环境

技术环境是指一个国家和地区的技术水平、技术政策、新产品开发能力以及技术发展动向等。

对技术环境的分析,一般考虑以下因素:

(1) 竞争力的技术开发;

(2) 科研经费；
(3) 相关的/依赖技术；
(4) 替代技术/解决方案；
(5) 技术成熟；
(6) 制造业的成熟和能力；
(7) 信息和通信；
(8) 消费者购买机制/技术；
(9) 技术法规；
(10) 创新潜力；
(11) 技术准入,许可,专利；
(12) 知识产权问题；
(13) 全球通信；
……

技术对企业经营的影响是多方面的,企业的技术进步可能给企业提供有利的发展机会；也可能又同时意味着"破坏"。因为一种新技术的发明和应用会带动一批新行业的兴起,也会对另外一些行业造成损害。

所以企业必须高度重视技术环境将对企业经营带来的影响,以便及时地采取经营策略以不断促进技术创新,保持竞争优势。

2.2.4　竞争环境

竞争环境是指与企业经营活动有现实和潜在关系的各种力量和相关因素的集合,它直接影响着企业的生存和发展。企业在分析行业竞争形势时,常采用美国哈佛大学教授迈克尔·波特(Michael E. Porter)提出的"五力模型"分析法。

迈克尔·波特(图 2.5)是商业管理界公认的"竞争战略之父",也是哈佛大学历史上第四位荣获 University Professor 殊荣的教授。在 2005 年世界管理思想家 50 强排行榜上,他位居第一。

"五力模型"的概念最早出现在波特 1979 年发表在《哈佛商业评论》上的论文《竞争力如何塑造战略》(How Competitive Forces Shape Strategy)中。该论文的发表,历史性地改变了企业、组织乃至国家对战略的认识,被评为《哈佛商业评论》创刊以来最具影响力的十篇论文之一。之后波特又相继发表了《竞争战略》(1980)、《竞争优势》(1985)和《国家竞争优势》(1990),形成著名的"波特三部曲"。这套理论将产业组织分析法引入战略管理领域,形成独特的企业竞争战略理论,在全球范

图 2.5　迈克尔·波特

围内产生了深远的影响。

有关波特的"五力分析模型"详见本书第8章。

2.2.5 战略环境

如图2.6所示,在最广义的范围内,制定竞争战略意味着要考虑四种关键因素,这四种关键因素决定了一个公司可以取得成功的限度:公司的优势与劣势是其资产与技能相对竞争对手而言的综合表现,包括财力资源、技术状况和商标知名度等;一个组织的个人价值是主要的执行经理以及其他执行既定战略所涉及的人员动机和需求体现,公司的优势和劣势与价值标准相结合决定了一个公司能成功地实施竞争战略的内部(公司内的)极限;产业机会与威胁决定了竞争环境。这种环境既伴随着风险,又蕴涵着回报;社会期望是对公司产生作用的如下因素的反映:政府政策、社会关注、演进着的风俗以及其他的一些社会因素,产业及更大范围的环境决定了公司实施竞争战略的外部极限。关于这部分内容,本书第9章将进行详细阐释,这里不再赘述。

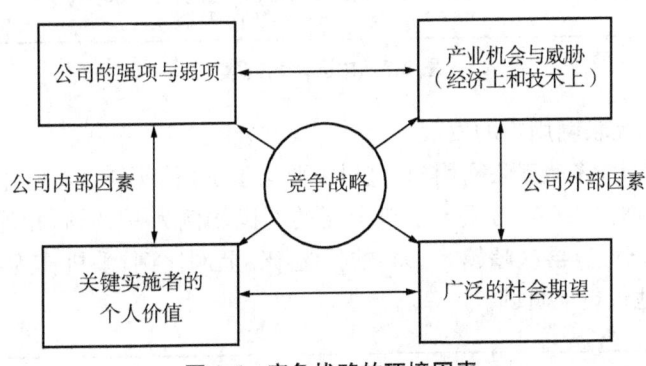

图 2.6 竞争战略的环境因素

2.2.6 变革

2.2.6.1 环境变化

1994年4月,中国国家计算与网络设施NCFC工程连入Internet的64K国际专线开通,实现了与Internet的全功能连接。从此,中国正式成为真正拥有全功能Internet的国家。到2014年止,走过了互联网进入中国的第20个年头,经过这20年发展,中国已拥有6.3亿网民,12亿手机用户,5亿微博、微信用户,每天信息发送量超过200亿条。全球互联网公司十强中,中国占了4家。根据统计数据,到2015年,中国互联网用户可能会达到8.5亿。

(1) 互联网用户的发展

2016年8月13日,中国互联网络信息中心(CNNIC)在京发布第38次《中国互联网络发展状况统计报告》(以下简称《报告》)。《报告》显示,截至 2016 年 6 月,中国网民规模达 6.42 亿。互联网发展重心从"普及率提升"向"使用程度加深"转换,各项网络应用深刻改变了网民生活(图 2.7)。移动金融、移动医疗等新兴领域的移动应用多方位满足了用户上网需求,推动网民生活迈向全面"网络化"。

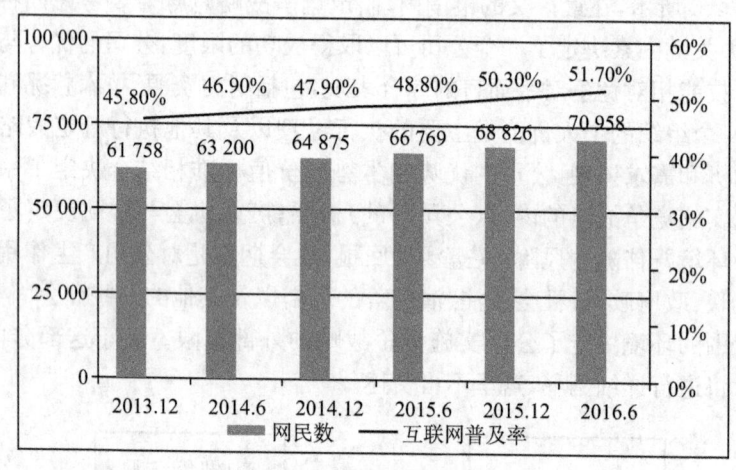

图 2.7 中国网民规模

(2) 移动互联网用户的发展

图 2.8 显示,移动互联网用户(这里主要指手机网络用户)规模达到 6.03 亿,较 2015 年底增加 4 627 万人。手机上网的网民比例为 91.9%,相比 2015 年底上升 2.4 个百分点,再次超越 80.9% 的传统 PC 上网比例,手机作为第一大上网终端设备的地位更加巩固。

图 2.8 中国手机网络用户规模

目前伴随着4G业务的出现,手机网民使用网络的频率和程度也在不断增加。手机视频和在线音乐的使用人数不断激增,同时,高流量的手机应用以及以社交为基础的综合性平台类应用更是增加了手机网民的用户粘性。手机游戏和网络购物业务也不断成熟,日益完善的在线支付和物流系统使得商务类网络业务数量激增,团购"起死回生",成为网络购物中的亮点。

(3) 互联网用户结构发展

如图2.9所示,截至2016年6月,就网民年龄而言,20—29岁年龄段网民的比例为30.4%,在整体网民中占比最大。相比2015年底,20岁以下网民规模占比降低1.1个百分点,50岁以上网民规模占比保持持平,互联网继续向高龄和低龄群体渗透;就学历而言,整体网民中小学及以下学历人群的占比为14.3%,较2015年底上升0.6个百分点。与此同时,大专及以上人群占比上升0.7个百分点,中国网民向高学历人群扩散(图2.10)。

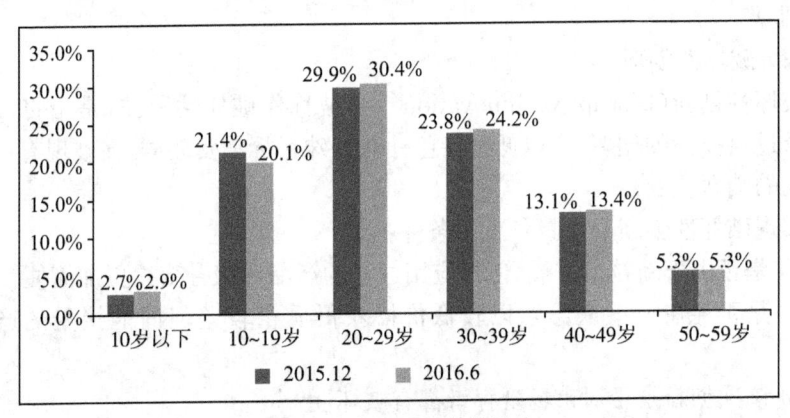

图2.9 中国网民年龄结构

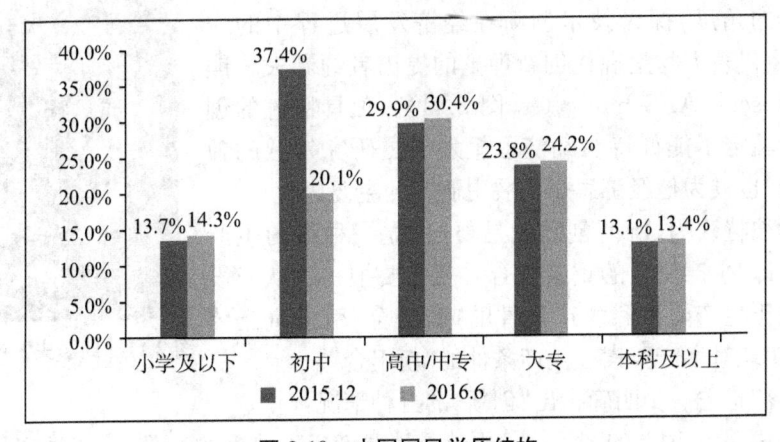

图2.10 中国网民学历结构

2.2.6.2 技术变化

互联网技术指在计算机技术的基础上开发建立的一种信息技术(Information Technology,IT)。

(1) IT 的兴起

1996 年 1 月,IBM 授权的 PC 机服务供应商——蓝色快车正式成立,标志着以 IT 服务为主营业务的中国独立服务商开始出现。紧接着,1998 年,首届"中国 IT 服务年会"在北京隆重召开,中国 IT 服务产业已经出现供应商的群体,IT 服务价值链条开始形成,标志着 IT 服务作为一个产业正式登上中国经济舞台。至 2015 年,IT 技术全面成熟,涵盖范围之广,凡是应用到信息技术的产业都涉及,诸如银行、咨询、医院、出版、制造、影视,等等,它们共同的特点都是依赖于信息和信息系统。计算机软硬件,因特网和其他各种连接上述所有东西的网络环境,当然还有从事设计、维护、支持和管理的人员,共同形成了一个无处不在的 IT 产业。

(2) 破坏性创新

破坏性创新(Disruptive Innovation),亦被称作破坏性科技,是指将产品或服务透过科技性的创新,并以低价特色针对特殊目标消费族群,突破现有市场所能预期的消费改变。

实现破坏性创新必须具备三个条件:

① 是否由于新技术发展,使得应用这样的产品和服务变得更加简便?

② 是否存在一些人愿意以较低价格获得质量较差但尚能接受的产品和服务?

③ 该项创新是否对市场现存者都有破坏性?

人们对创新概念的理解最早主要是从技术与经济相结合的角度,探讨技术创新在经济发展过程中的作用,主要代表人物是现代创新理论的提出者约瑟夫·熊彼特(Joseph A. Schumpeter,图 2.11)。独具特色的创新理论奠定了熊彼特在经济思想发展史研究领域的独特地位,也成为他经济思想发展史研究的主要成就。

熊彼特认为,所谓创新就是要"建立一种新的生产函数",即"生产要素的重新组合",就是要把一种从来没有的关于生产要素和生产条件的"新组合"引进生产体系,以实现对生产要素或生产条件的"新组合"。

图 2.11　约瑟夫·熊彼特

熊彼特进一步明确指出"创新"的五种情况:

① 采用一种新的产品——也就是消费者还不熟悉的产品,或一种产品的一种新的特性。

② 采用一种新的生产方法,也就是在有关的制造部门中尚未通过经验检定的方法,这种新的方法绝不需要建立在科学新发现的基础之上,并且,也可以存在于商业上处理一种产品的新方式之中。

③ 开辟一个新的市场,也就是有关国家的某一制造部门以前不曾进入的市场,不管这个市场以前是否存在过。

④ 掠取或控制原材料或半制成品的一种新的供应来源,也不问这种来源是已经存在的,还是第一次创造出来的。

⑤ 实现任何一种工业的新的组织,比如造成一种垄断地位(例如通过"托拉斯化"),或打破一种垄断地位。

从市场和技术来看,创新有两种类型,一是维持性的创新(Sustainius Innovation),即向市场提供更高品质的东西;二是破坏性创新,即利用技术进步效应,从产业的薄弱环节进入,颠覆市场结构,进而不断升级自身的产品和服务,爬到产业链的顶端(表2.4)。

表 2.4 维持性创新、破坏性创新对比表

	连续性技术	破坏性创新
目标市场	针对主流市场、高端客户	从高端市场到地段市场,从现有市场到新兴市场
产品性能	更高、更快、更强	从复杂到简单,从便宜到收费
商业模式	高端市场,价格贵,毛利率高	从昂贵到便宜,从收费到免费
核心精神	更好	不同甚至相反

如果按照"产品成熟度"和"市场成熟度"两个维度进行分析,可以将竞争市场划分为四个象限(图2.12)。大公司的主场是在第一象限,即通过连续性技术不断升级主流市场中的成熟产品;第四象限则是小型创业公司的福地,即用破坏性创新满足新兴市场的需求。

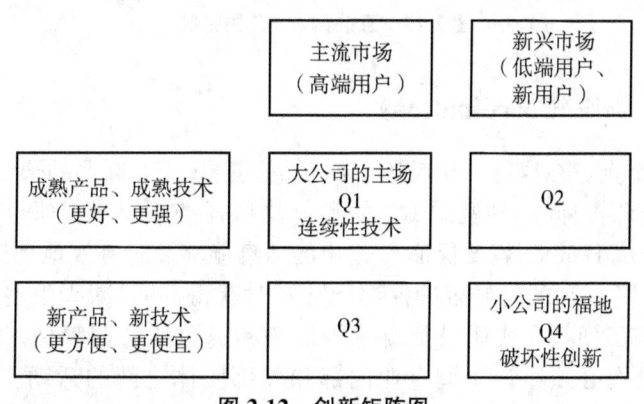

	主流市场 (高端用户)	新兴市场 (低端用户、新用户)
成熟产品、成熟技术 (更好、更强)	大公司的主场 Q1 连续性技术	Q2
新产品、新技术 (更方便、更便宜)	Q3	小公司的福地 Q4 破坏性创新

图 2.12 创新矩阵图

2.3 互联网发展对商务环境的影响

20 世纪 90 年代中期以来,随着信息与通信技术的迅速发展,极大地促进了互联网技术的发展与逐渐成熟。互联网技术的发展与成熟使得传统商务模式创新成为可能,为互联网商务发展提供了一个可靠的技术平台。在许多行业内部竞争加剧以及客户需求呈个性化趋势的背景下,互联网商务模式创新成为企业在激烈、动态的竞争环境下获得竞争优势的一个重要手段,并不断改变商务环境。互联网能够提供一种低成本快速的交互活动,增强时间上的灵活性,建立更广泛的联系,它的运行像一个分销渠道,减少了交易者之间信息的不对称。

为客户设计和传送价值需要进行很多基于信息交换的活动。其中包括 5 种活动:协作(Coordination)、商务(Commerce)、社团(Community)、内容(Content)和交流(Communication),我们称之为 5C。互联网的特性对 5C 有着深远的影响,体现在互联网对企业内部、企业对企业(B2B)、企业对消费者(B2C)、消费者对消费者(C2C)、消费者对企业(C2B)这五种形式的 5C 的重大影响(图 2.13)。

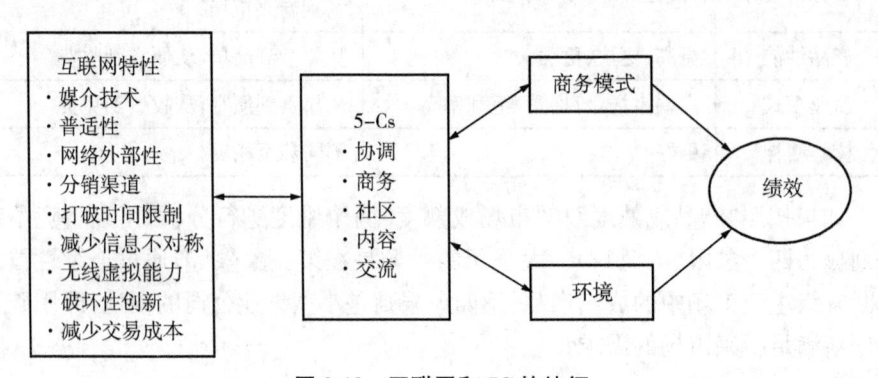

图 2.13 互联网和 5C 的特征

2.3.1 协作(Coordination)

任何一个企业在执行一项任务 T 时都需要一些相互联系的子任务 A、B、C,这些子任务都需要同一种资源 R。协调好这些任务需要确保每个子任务的执行,比如要完成 B 或 C,就要保证 A 发出的信息能够及时有效地到达 B 和 C,当 A、B、C 需要资源 R 的时候要确保都能够及时获得,并且减少浪费。任务的成本、特点、完工时间、完成质量都要基于任务和资源的协调管理。在增加价值的过程中,公司必须经常协调企业内部和外部团体之间的活动。互联网的普适性、低成本这些特性可以更好地协调企业涉及的几十种商务活动，挽回产业中每年由于低效率、错误和延迟造成的大部分损失。协调中需要大量的信息交流，而互联网作为一种信息技术可以为这种交流提供巨大的便利，从而减少成本。

2.3.2 商务（Commerce）

由于互联网低成本标准和普适性的特点，任何地方的客户都可以连接到互联网上，而通过互联网从事商务的公司和个人也能够接触到全世界的客户。电子商务的优势也就体现了出来。电子商务有企业对企业（B2B）、企业对消费者（B2C）、消费者对消费者（C2C）、消费者对企业（C2B）等商务模式。

(1) 企业对企业（B2B）

B2B 主要是针对企业内部以及企业（B）与上下游协力厂商（B）之间的资讯整合，并在互联网上进行的企业与企业间的交易。B2B 方式是电子商务应用最多和最受企业重视的形式，企业可以使用 Internet 或其他网络为每笔交易寻找最佳合作伙伴，完成从定购到结算的全部交易行为。其代表是马云的阿里巴巴电子商务模式。

B2B 电子商务是电子商务的主流，也是企业面临激烈的市场竞争、改善竞争条件、建立竞争优势的主要方法。开展电子商务，将使企业拥有一个商机无限的发展空间，这也是企业谋生存、求发展的必由之路，它可以使企业在竞争中处于更加有利的地位。B2B 电子商务将会为企业带来更低的价格、更高的生产率和更低的劳动成本以及更多的商业机会。

(2) 企业对消费者（B2C）

企业与消费者之间的电子商务是消费者利用因特网直接参与经济活动的形式，类同于商业电子化的零售商务。随着因特网的出现，网上销售迅速地发展起来。B2C 就是企业通过网络销售产品或服务给个人消费者。企业厂商直接将产品或服务推上网络，并提供充足资讯与便利的接口吸引消费者选购，这也是目前最常见的作业方式，例如网络购物、证券公司网络下单作业、一般网站的资料查询作业，等等，都是属于企业直接接触顾客的作业方式。可分成以下四种经营的模式：

① 虚拟社群（Virtual Communities）：虚拟社群的着眼点都在顾客的需求上，有三个特质，即专注于买方消费者而非卖方、良好的信任关系、创新与风险承担；

② 交易聚合（Transaction Aggregators）：电子商务，即买卖；

③ 广告网络（Advertising Network）；

④ 线上与线下结合的模式（O2O 模式）。

(3) 消费者对消费者 (C2C)

C2C 商务平台就是通过为买卖双方提供一个在线交易平台,使卖方可以主动提供商品上网拍卖,而买方可以自行选择商品进行竞价,其代表是 eBay、taobao 电子商务模式。C2C 是指消费者与消费者之间的互动交易行为,这种交易方式是多变的。例如消费者可在某一竞标网站或拍卖网站中,共同在线上出价而由价高者得标;或由消费者自行在网络新闻论坛或 BBS 上张贴布告以出售二手货品,甚至是新品。诸如此类因消费者间的互动而完成的交易,就是 C2C 的交易。

(4) 消费者对企业 (C2B)

C2B 通常情况为消费者根据自身需求定制产品和价格,或主动参与产品设计、生产和定价,产品、价格等彰显消费者的个性化需求,生产企业进行定制化生产。C2B 中,消费者提出他们的价格,公司或者接受,或者放弃。例如,在美国在线旅游公司 Priceline 的模式中,潜在的消费者提出他们对于一次飞行旅行的价格,然后让航空公司来决定是接受还是拒绝这个价格。这与 B2C 正好相反。

2.3.3 社区(Community)

拥有共同兴趣的集团或社团可以通过在线聊天室或 BBS 聚集起来。电子化社团与实际的社团相比有很大的优势。互联网的普适性和低成本标准的特性意味着,只要符合集团的标准,任何人都可以从任何地方加入集团,距离和时间不再是加入一个社团的障碍。

对营利企业来说,最重要的社团是用户集团。社团里的用户在使用较早版本的产品时会不断探讨他们的需求,这对于帮助其他用户发现他们的需求是极其有价值的。更重要的是,产品开发商也能获得这些重要的信息,从而有助于开发商开发出满足用户需求的产品。例如,使用思科公司产品的用户在社团中相互借鉴学习,他们无需向思科公司咨询任何有关使用思科产品的问题。这不仅解放了思科的应用工程师,可以让他们去开发更多的产品,还意味着思科公司的客户们会更加愉快地接受更多思科的产品。网络外部性使得社团规模越大,其价值就越大。

2.3.4 内容(Content)

互联网的主要内容有互联网上的信息、娱乐及其他产品。信息内容包括新闻、股票报价、天气预报和投资信息等,娱乐节目包括在线动画、在线 MTV、交互视频游戏和体育转播,用户可以与远在千里之外的朋友或亲属共同游戏。这些内容都需要以互联网的分销渠道、低成本标准、媒介技术等特性为基础。

2.3.5 交流（Communication）

交流是 5C 中的关键，它的应用超出了协调、商务、社区和内容。人们使用电子邮件（Email）、网络电话或实时影像为其他传统经济中的活动交换信息。互联网媒介和交互的特性意味着人们可以实时地交换电子信息；打破时间限制、低成本标准和普适性这些特性可以使任何人在任何时候向多人发送大量的信息，信息的发送传播已不再局限在拥有电台和电视塔的人手里；无限虚拟容量的特点使人们可以发送多条信息，每一条信息又可以包含很多内容。互联网技术打破了交流的时空限制，开拓了人们的视野，使得人们之间的交流更加便利。

2.4 互联网商务简史

2.4.1 Web1.0

Web1.0 起始于 20 世纪 90 年代，以早期的 yahoo、sina、sohu 等传统的门户网站为代表，以单向、无交互为特征，体现在网站提供给用户的内容是网站供应商进行编辑处理后推送的，网站的编辑者是信息推送、信息控制和信息编辑的主体，用户只是阅读网站提供的内容，没有权限进行内容的编辑，因此网站内容的供应商和用户是无交互的，只是供应商单向传递信息。

Web1.0 的本质是聚合、联合、搜索，其聚合的对象是巨量、芜杂的网络信息。"Web1.0"的聚合对象，是业界所说的微内容（Microcontent）。微内容，亦称私内容，是相对于我们在传统媒介中所熟悉的大制作、重要内容（Macrocontent）而言的。学者 Cmswiki 对微内容的最新定义是这样的："最小的独立的内容数据，如一个简单的链接，一篇网志，一张图片，音频，视频，一个关于作者、标题的元数据，E-mail 的主题，RSS 的内容列表等。"也就是说，互联网用户所生产的任何数据，都可以被称为微内容。

互联网泡沫（又称科网泡沫或 dot 泡沫）指自 1995 年至 2001 年间的投机泡沫，在欧美及亚洲多个国家的股票市场中，与科技及新兴的互联网相关企业股价高速上升的事件。这一时期的标志是成立了一群大部分最终投资失败的，通常被称为"COM"的互联网公司。股价的飙升和买家炒作的结合，以及风险投资的广泛利用，创造了一个温床，使得这些企业摒弃了标准的商业模式，突破（传统模式的）底线，转而关注于如何增加市场份额，2001 年网络泡沫的破灭即 Web1.0 与 Web2.0 的转折点。Web1.0 只解决了人对信息搜索、聚合的需求，而没有解决人与人之间沟通、互动和参与的需求，所以 Web2.0 应运而生。

2.4.2 Web2.0

2.4.2.1 Web2.0 概念

Web2.0，是由O'Reilly公司在2003年创造的一个新词，意指基于Web的下一代社区和托管服务，比如社会网络、维基百科、大众分类等，帮助Web用户协作和分享。技术、商业和社会三种因素融合式地共同发展，相互推动，经过几年全球范围的尝试和实践，新的技术范型、商业模式和生活方式不断涌现，Web变得更加开放、动态，社区也更加去中心化，人们却又能够更加紧密地协作和分享，内容、服务和应用更加多样化和个性化，商业模式也逐渐走向如何满足大规模的小众需求。图2.14为Web2.0的概念图。

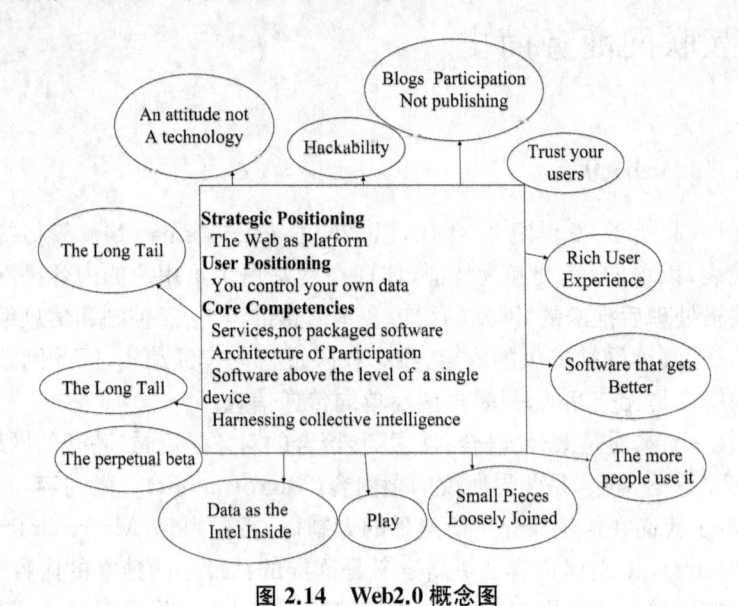

图 2.14　Web2.0 概念图

一般认为，Web2.0是以Flickr、Craigslist、Linkedin等网站为代表，以Blog、Tag、SNS、RSS、Wiki等社会软件的应用为核心，依据六度分隔、Xml、Ajax等新理论和技术实现的互联网新一代模式。在Web1.0时代主要是靠网站提供信息，用户接受信息，手段比较有限，而在Web2.0时代，网站的信息则以用户提供为主，更加强调用户个性化和交互性。

Web2.0的应用形式包括以下几种：

（1）Blog——博客/网络日志：Blog的全名应该是Web log，后来缩写为Blog。Blog是一个易于使用的网站，用户可以在其中迅速发布想法、与他人交流以及从事其他活动。

（2）RSS——站点摘要：RSS是站点用来和其他站点之间共享内容的一种

简易方式(也叫聚合内容)的技术。

(3) Wiki百科全书：一种多人协作的写作工具。

(4) Micro Blog——微博。

(5) Social Media——社交媒体。

(6) 网摘：又名"网页书签"，能够存储网址和相关信息列表，使用标签(Tag)对网址进行索引使网址资源有序分类和索引，使网址及相关信息的社会性分享成为可能。

(7) SNS——社会网络：Social Network Service，社会性网络软件，依据六度理论，以认识朋友的朋友为基础，扩展自己的人脉。

(8) P2P——对等联网：P2P是Peer-to-Peer的缩写，Peer在英语里有"(地位、能力等)同等者"、"同事"和"伙伴"等意义。

(9) IM——即时通讯：即时通讯(Instant Messenger，简称IM)软件，可以说是目前我国上网用户使用率最高的软件。

2.4.4.2 Web2.0特点

Web2.0具有多个核心模式，如下：

(1) 群众智慧(Collective Intelligence)

建立一个参与架构，借助网络效应和算法，使得软件随着用户越来越多而变得越来越好。Web2.0让彼此相连的个体、群体、内容和应用等充分互动起来，进而带来更多的用户并产生更丰富的内容，使网站使用价值和凝聚力都大为增加，并据此结成一个庞大的信息网络，从而给用户提供一个绝佳的信息交流平台。我们将这种利用集体的智慧称为"用户贡献的网络效应"，其主要有如下应用：

① Yahoo!

Yahoo!是首例伟大的成功故事，它诞生于链接目录，一个对数万甚至数百万网络用户的最精彩作品的汇总。虽然后来Yahoo!进入了创建五花八门内容的业务，但作为一个门户来收集网络用户们集体作品的角色，依然是其价值核心。

② Google

Google在搜索方面的突破在于PageRank技术，该技术令其迅速成为搜索市场上毫无争议的领导者。PageRank是一种利用了网络的链接结构，而不是仅仅使用文档的属性，来实现更好的搜索效果的方法。

③ eBay

eBay的产品是其全部用户的集体活动，就像网络自身一样，eBay随着用户的活动而有机地成长，而且该公司的角色是作为一个特定环境的促成者，而用户的行动就发生在这种环境之中。更重要的是，eBay的竞争优势几乎都来自于关键性的大量买家和卖家双方，而这正是这一点使得后面许多竞争者的产品的吸引力显著减低。

④ 维基百科全书(Wikipedia)

维基百科全书是一种基于"一个条目可以被任何互联网用户所添加,同时可以被其他任何人编辑"的观念而建立起来的在线百科全书。维基百科全书已然高居世界网站百强之列,并且许多人认为它不久就将位列十强。这在内容创建方面是一种深远的变革。

⑤ Amazon

Amazon 已然缔造出了一门关于激发用户参与的科学,拥有比其竞争者高出一个数量级的用户评价。它让用户以五花八门的方式,在近乎所有的页面上进行参与,更为重要的是,他们利用用户的活动来产生更好的搜索结果。

(2) 数据,下一个"Intel Inside"

利用独特、难以复制的数据源,成为这个时代的"Intel Inside",其中,数据变得跟功能一样重要,成为核心竞争能力。Web2.0 时代下,每一个重要的互联网应用程序都由一个专门的数据库驱动,如 Google 的网络爬虫,Yahoo! 的目录(和网络爬虫),Amazon 的产品数据库,eBay 的产品数据库和销售商,MapQuest 的地图数据库,Napster 的分布式歌曲库。数据库管理是 Web2.0 公司的核心竞争力,其重要性使得我们有时候称这些程序为"讯件"(Infoware)而不仅仅是软件。

(3) "复合"创新

建立一个平台,通过数据和服务的组合,来创造新的市场和机会。

(4) 丰富用户体验

超越传统的 Web 页面模式,让在线应用拥有桌面应用一样的丰富用户体验。

① JavaScript 和 DHTML 的引入,为客户端提供了可编程性和丰富的用户体验。而 Flash 不仅可传送多媒体内容,而且可以是 GUI(图形用户界面)方式的应用程序体验。

② 互联网传递整个应用程序。AJAX("Asynchronous JavaScript and XML"——异步 JavaScript 和 XML,是一种创建交互式网页应用的网页开发技术)是 Web2.0 程序的一个关键组件,例如现在归属 Yahoo! 的 Flickr,37signals 的程序 basecamp 和 backpack,以及其他 Google 程序,例如 Gmail 和 Orkut。

(5) 支持多种设备

支持各种连接到因特网的设备,为用户提供无所不在、无缝的在线体验。

Web2.0 已经不再局限于 PC 平台,在对 Microsoft 的告别建议中,Microsoft 的长期开发者戴夫·斯塔兹(Dave Stutz)指出:"超越单一设备而编写的有用软件将在未来很长一段时间里获得更高的利润。"

iTunes 是这一原则的最佳范例。该程序无缝地从掌上设备延伸到巨大的互联网后台,其中 PC 扮演着一个本地缓存和控制站点的角色。之前已经有许多将互联网的内容带到便携设备的尝试,但是 iPod/iTunes 组合是这类应用中第一个从开始就被设计用于跨越多种设备的。

（6）软件即服务(Software as a Services,SaaS)和永久试验版(Perpetual Beta)

改变了传统软件开发和使用的模式,转向永久在线、持续更新、软件即服务的模式。

（7）利用长尾

借助因特网带来的接触极大规模客户的能力以及极低成本的营销方式,来获得细分的"利基"(niche)市场的利润。

（8）轻量级模型和低成本优势的可扩充能力

利用轻量级的商业模型和软件开发模式,来快速、廉价地构造产品和服务。

① 支持允许松散结合系统的轻量型的编程模型。

亚马逊的网络服务有两种形式:一种坚持 SOAP(Simple Object Access Protocol,简单对象访问协议)网络服务堆栈的形式主义;另一种则简单地在 HTTP 协议之外提供 XML 数据,这在轻量型方式中有时被称为 REST(Representational State Transfer,代表性状态传输)。虽然商业价值更高的 B2B 连接(例如那些在 Amazon 和一些像 ToysRUs 这样的零售伙伴之间的连接)使用 SOAP 堆栈,但是根据 Amazon 的报道,95％的使用来自于轻量型 REST 服务。

② 考虑聚合(Syndication)而不是协调(Coordination)。

RSS(Really Simple Syndication),站点用来和其他站点之间共享内容的简易方式(也叫聚合内容)以完美的设计来取代简单的实用主义。

③ 可编程性和可混合性设计。

许多有用的软件事实上是开放源码的,而即便它不是,也没有许多东西来保护其知识产权。互联网浏览器的"查看源文件"选项,使得许多用户可以复制其他任何用户的网页;RSS 被设计得使用户能够在需要的时候查看所需要的内容,而不是按照信息提供者的要求;最成功的网络服务,是那些最容易采纳未被服务创建者想到的新的方向。同更普遍的"保留所有权利"(all rights reserved)相比,随着创作共用约定而普及的"保留部分权利"(Some Rights Reserved)一词成为一个有益的指路牌。Google 地图的实现方式使数据可以被捕获,于是程序高手们很快就发现了创造性地重用这些数据的方法。

（9）软件发布周期的终结

① 运营必须成为一种核心竞争力。

Google 或者 Yahoo！在产品开发方面的专门技术，必须同日常运营方面的专门技术相匹配。所以，Google 的系统管理、网络和负载均衡技术，可能比其搜索算法更被严加看管，也就不足为奇了。Google 在自动化这些步骤上的成功是其同竞争者相比更有成本优势的一个关键方面。

② 用户必须被作为共同开发者来对待。

通过实时地监测用户行为来考察哪些新特性被使用了，以及如何被使用的，将成为另外一种必需的核心竞争力。

以上几个模式，分别关注不同方面，但是它们由如下几个 Web2.0 的特质而相互关联起来：

（1）大规模互连

今天我们从过去一对多的发布和通信，转向多对多的连接，网络效应使得边际同核心一样重要，颠覆着旧的通信、发布、分发和聚合模式。

（2）去中心化

这种大规模互联，也颠覆着传统的控制和权力结构，带来更大程度的去中心化。从全球信息流动、营销，到新产品设计，这种发自底层的草根力量，都在"叫板"来自权力阶层的声音。系统更多地从通过边沿的拉动来生长，而不是借助核心的推动向外生长。

（3）以用户为中心

网络效应给予用户前所未有的力量，他们参与、对话、协作，最终产生巨大的影响。消费者可以说话、交流和讨论他们的经验，他们拥有控制权，积极主动地影响着产品的方向，同时也对那些积极应对的公司报以忠诚和口口相传的口碑营销。

（4）开放

这种开放性，是以因特网的开放技术标准为基础的，但很快地演进到一个由开放应用所构成的生态系统，这些应用建构在开放数据、开放 API 和可重用的组件之上。开放，还意味着超越技术层次的更大程度的透明性，如公司对外沟通，共享知识产权、产品的开发过程等。

（5）轻量级

软件由小团队使用敏捷方法设计和开发，使用简单数据格式和协议，采用运行开销小的平台和框架，应用和服务部署简易，商业上力图保持低投资和成本，营销上利用简单的消费者之间的口口相传来形成病毒式传播。

（6）自然浮现

不是依靠预先完整定义好的应用结构，而是让应用的结构和行为随着用户的实际使用而灵活适应和自然演变；成功来自合作，而不是控制。

2.4.2.3　Web2.0 对软件的影响

如图 2.15 所示，Web2.0 带来了"简单性"，也就是软件容易使用、易于组合和混用、易于扩展。这对传统软件，尤其是企业软件来说是很不简单的一个改变，因为企业软件过去高高在上，往往需要花很大的力气来集成，需要专业人员来维护和扩展，用户也需要经过训练才能很好地使用软件。

Web2.0 带来了"软件即服务"的观念，用户付费即用，无须操心开发、安装、部署和运营维护，开发的过程也极大程度地由用户驱动，用户需求的反馈非常及时。

社区和用户增值，也就是用户不只是纯粹的消费者，他们还是生产者，系统利用他们贡献的数据（比如标签、意见）和行为，通过网络效应和算法，获得"群众智慧"，利用它们构成的社会网络，获得口碑相传。

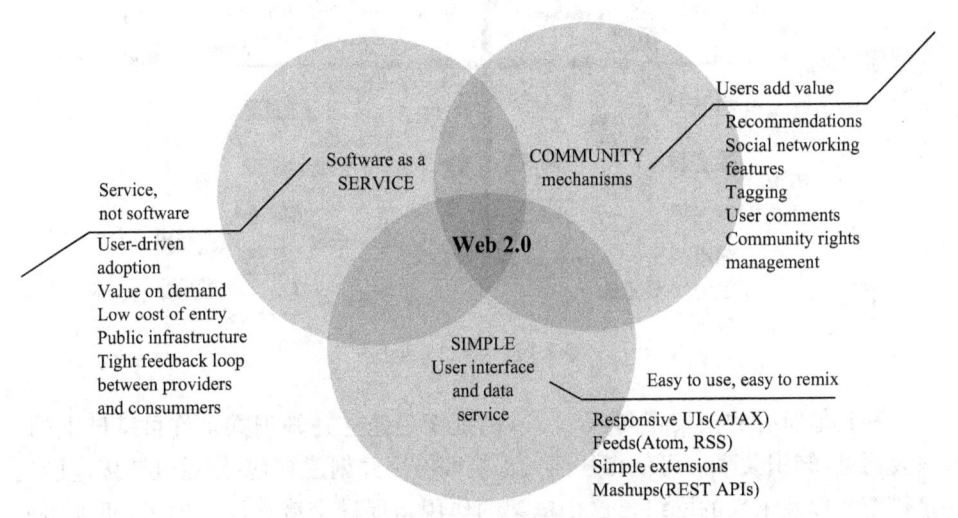

图 2.15　Web2.0 对软件的影响

这些设计原则和模式，被人们总结为 Web Oriented Architecture，简称 WOA。WOA 与时下企业软件正流行的 SOA(Service Oriented Architecture)，采用同样的设计哲学和理念，也是以服务为中心的架构模式，只是它主要采用来自 Web 的概念和技术来构建服务架构：

（1）使用 REST 来表示和访问服务，每个网络资源（或者说实体）可以用一个 URL 来唯一地表示和确定，其上只有 GET、POST、PUT 和 DELETE 四个操作；

（2）数据被编码成 XML 文档或者 ATOM Feed 以用来交换数据，在服务器和浏览器之间，也可以使用 JSON 编码的文档；

（3）基于 AJAX 的丰富用户体验。

2.4.2.4　Web2.0 全景

如图 2.16 所示,62 个卓越的 Web2.0 公司和应用程序标注在跨越两个维度的地方:内容分享到推荐与过滤;网络应用到社交网络。出现在这些维度交叉点的四个空间是:桌面小程序/组件;评级/标签;聚合/重组;协同过滤。这些共同覆盖了 Web2.0 的基本图景。

图 2.16　Web2.0 全景

和其他所有的框架相同,Web2.0 的框架是建立在知识共享许可基础上的,只要愿意,知识共享许可使得任何人都能够使用并创建它,就像通过链接连接到这篇博客以及未来的网络。这个框架的作用是促进交流和深入思考,所以如果用户在某一方面存在不同意见或者认为可以改进它,用户就可以取其精华,去其糟粕,创造出更好的框架。

2.4.2.5　典型案例

(1) Netscape 对 Google

如果 Netscape 可以称为 Web1.0 的旗手,那么 Google 几乎可以肯定是 Web2.0 的旗手。

Netscape 以传统的软件版本来勾勒其所谓"互联网即平台":其旗舰产品是互联网浏览器,一个桌面应用程序。同时,他们的战略是利用在浏览器市场的统治地位,来为其昂贵的服务器产品建立起市场。其在 Web1.0 下的结果是浏览器和网络服务器都变成了"日用品",同时价值链条也向上移动到了在互联网平台上传递的服务。

作为对比，Google 则以天生的网络应用程序的角色问世，Google 的服务不是一个简单的服务器，也不是一个浏览器，它从不出售或者打包其程序，而是以服务的方式来传递。在其底层，Google 需要一种 Netscape 从未需要过的能力——数据库管理。因此，Google 远远不只是一个软件工具的集合，而是一个专业化的数据库。事实上，软件的价值是同它所协助管理的数据的规模和活性成正比的。

虽然 Netscape 和 Google 都可以被描述为软件公司，但显然 Netscape 可以归到 Lotus、Microsoft、Oracle、SAP 以及其他发源于 20 个世纪 80 年代软件革命的那些公司所组成的软件世界里。而 Google 的同伴们，则是像 eBay、Amazon、Napster 及至 DoubleClick 和 Akamai 这样的互联网公司。

(2) DoubleClick 对 Overture 和 AdSense

同 Google 类似，DoubleClick 是一个名副其实的互联网时代的孩子。它把软件作为一种服务，在数据管理方面具有核心竞争力。然而，DoubleClick 最终还是被其商业模式局限住了。它所贯彻的是 90 年代的互联网观念。这种观念围绕着出版，而不是参与；围绕着广告客户，而不是消费者，来进行操纵；围绕着规模，认为互联网会被如 MediaMetrix 等网络广告评测公司尺度下的所谓顶级网站所统治。结果是，DoubleClick 得意地在其网站上引用道："超过 2000 种的成功应用。"

而与之相对比的是，Yahoo! 公司的搜索市场（从前的 Overture）和 Google 的 AdSense 产品，已经在为几十万的广告客户服务。Overture 和 Google 的成功源自于对克里斯·安德森(Chris Anderson)提到的所谓"长尾"的领悟，即众多小网站集体的力量提供了互联网的大多数内容。

DoubleClick 的产品要求一种签订正式的销售合同，并将其市场局限于很少的几千个大型网站。Overture 和 Google 则领会到如何将广告放置到几乎所有网页上。更进一步地，它们回避了发行商和广告代理们所喜爱的广告形式，例如旗帜广告和弹出式广告，而采用了干扰最小的、上下文敏感的、对用户友好的文字广告形式。

(3) Akamai 对 BitTorrent

同 DoubleClick 类似，Akamai 的业务重点面向网络的头部，而不是尾部；面向中心，而不是边缘。虽然它服务于那些处于网络边缘的个体的利益，为他们访问位于互联网中心的高需求的网站铺平了道路，但它的收入仍然来自那些位于中心的网站。

BitTorrent，像 P2P 风潮中的其他倡导者一样，采用了一种激进的方式来达到互联网去中心化(Internet Decentralization)的目的，每个客户端同时也是一个服务器，文件被分割成许多片段。

BitTorrent 由此显示出 Web2.0 的一个关键原则：用户越多，服务越好。

一边是 Akamai 必须增加服务器来改善服务，另一边是 BitTorrent 用户将各自的资源贡献给大家。可以说，有一种隐性的"参与体系"内置在合作准则中。在这种参与体系中，服务主要扮演着一个智能代理的作用，将网络上的各个边缘连接起来，同时充分利用了用户自身的力量。

2.4.2.6　Web1.0 与 Web2.0 对比

Web1.0 主要解决的是人对于信息的需求，Web2.0 主要解决的就是人与人之间沟通、交往、参与、互动的需求。从 Web1.0 到 Web2.0，需求的层次从信息上升到了人。两者的实例对比见表 2.5。

表 2.5　Web1.0 与 Web2.0 的实例对比

Web1.0	Web2.0
DoubleClick	Google AdSense
Ofoto	Flickr
Akamai	BitTorrent
mp3.com	Napster
大英百科全书在线（Britannica Online）	维基百科全书（Wikipedia）
个人网站	博客（Blogging）
Evite	Upcoming.org 和 EVDB
域名投机	搜索引擎优化
页面浏览数	每次点击成本
屏幕抓取（Screen scraping）	网络服务（Web services）
发布	参与
内容管理系统	维基
目录（分类）	标签（"分众分类"，Folksonomy）
粘性	聚合

Jim Cuene 在"Web2.0：Is it a Whole New Internet?"这篇演说中较为精辟地分析了 Web1.0 和 Web2.0 的区别（表 2.6）。

表 2.6　Web1.0 与 Web2.0 的区别

	Web1.0	Web2.0
模式	读	写与贡献
主要内容单元	网页	发表/记录的信息
形态	静态	动态
浏览方式	互联网浏览器	各类浏览器、RSS 阅读器等
体系结构	Client Server	Web Services

续 表

	Web1.0	Web2.0
内容建立者	程序员	人人
应用领域	初级的应用	大量成熟应用

我们可以看出 Web2.0 相对 Web1.0 而言,是一次从外部应用到核心内容的变化,具体地说,在模式上是单纯的"读"向"写"、"共同建设"发展;在基本构成单元上,是由"网页"向"发表/记录的信息"发展;在工具上,是由互联网浏览器向各类浏览器、RSS 阅读器等内容发展;在运行机制上,由"Client Server(客户端/服务器)"向"Web Services(Web 服务)"转变;内容建立者由程序员等专业人士向全部普通用户发展;应用领域则由初级的"滑稽"应用转向大量成熟应用。

MOP(猫扑)网董事长兼 CEO 陈一舟这样总结道:从知识生产的角度看,Web1.0 的任务,是将以前没有放在网上的人类知识,通过商业的力量,放到网上去。而 Web2.0 的任务,是将这些知识,通过每个用户浏览求知的力量,协作工作,把知识有机地组织起来,在这个过程中继续将知识深化,并产生新的思想火花;从内容生产者角度看,Web1.0 是以商业公司为主体把内容往网上搬,Web2.0 则是以用户为主,以简便随意的方式,通过 Blog/podcasting 的方式把新内容往网上搬;从交互性看,Web1.0 是网站以用户为主,而 Web2.0 是以 P2P 为主;从技术上看,Web2.0 是 Web 客户端化。

2.4.3 Web3.0—4.0

2.4.3.1 Web3.0

(1) 产生与发展

如果说 Web1.0 的本质是联合,那么 Web2.0 的本质就是互动,它让网民更多地参与信息的创造、传播和分享。然而,信息创建和传播的自由模式带来了信息庞杂、可信度低、搜索精准度日益下降等困扰。而随着互联网应用的发展和用户成熟度的不断提高,用户对于互联网的需求又逐渐趋于个性、精准、高效和智能,因此在 Web2.0 的基础上,有人提出了 Web3.0 的概念,希望能解决以上问题,同时实现人们对互联网更多的愿景。

较有名的首次提及出现在 2006 年初最早开创 Web 的设计师之一 Jeffrey Zeldman 的一篇批评 Web2.0 的文章中。2006 年 5 月,Web 之父 Tim Berners-Lee 曾说:"人们不停地质问 Web3.0 到底是什么。我认为当可缩放矢量图形在 Web2.0 的基础上大面积使用——所有东西都起波纹、被折叠并且看起来没有棱角——以及一整张语义网涵盖着大量的数据,你就可以访问这难以置信的数据资源。"

2007年8月7日,Google的首席执行官Eric Schmidt出席首尔数字论坛时被问及Web3.0的定义时,他谈及了自己的具体看法:"对Web3.0我的预测将是拼凑在一起的应用程序,带有一些主要特征:应用程序相对较小、数据处于Cloud中、应用程序可以在任何设备上运行(PC或者移动电话)、应用程序的速度非常快并能进行很多自定义、此外应用程序像病毒一样地扩散(社交网络,电子邮件等)。"

自2006年以来,Web3.0一词正受到越来越多的关注,也是越来越多争论的焦点,这个现象一直持续到现在。

在中国,2007年9月,国内互联网企业中推出了新一代个人门户产品IG3.0;2007年12月,龙讯CEO李宋博士后宣布Web3.0时代世界性的综合门户网站龙讯网正式上线;2008年元旦之初,搜狐推出搜狐3.1,这些"个人门户"以满足用户个性化的信息需求为契机,将概念中的Web3.0变为现实。

(2) 定义与特征

关于如何定义Web3.0,它是一系列技术、理念及其应用的结果,因此不是一个简单的定义可以描述的。Web3.0一词包含多层含义,用来概括互联网发展过程中可能出现的各种不同方向和特征,包括将互联网本身转化为一个泛型数据库;语义网络和SOA的实现;超浏览器的内容投递和请求机制;人工智能技术的运用;运用3D技术搭建的网站甚至虚拟世界等。

Web3.0有其明显的特征:

(1) 终端多样化

Web3.0将互联网与通讯服务融合起来,打破了用户的终端局限,使用户的信息终端出现多样化,如个人电脑、固定电话、移动电话、电视等都可以成为智能终端。这样用户可以随时随地使用这些终端发布信息和享受及时交互的信息服务。

(2) 完全个性化

提出个人门户网站的概念,提供基于用户偏好的个性化聚合服务。在Web3.0环境下,用户可以根据自己需求建立个性化的信息平台。平台根据用户需求,智能化处理互联网海量信息,聚合满足用户需求的资源,形成个人门户。在这样的情况下,每个人通过浏览器看到的网页都按照个人的喜好来提供信息,而那些他们不感兴趣的信息将不会显示出来。用户在互联网上拥有自己的数据,并能在不同网站上使用。数据不需要在计算机上运行,可以全部存储在网络服务端。例如雅蛙开发的很多实用工具能让用户轻松体验一页聚合博客、QQ空间、行业资讯、收发邮件、天气预报、搜索引擎等工具。一个页面实现所有互联网信息的互通。

(3) 高效聚合化

Web3.0 的最大价值不是提供信息,而是提供基于不同需求的过滤器,每一种过滤器都是基于一个市场需求。如果说 Web2.0 解决了个性解放的问题,那么 Web3.0 就是解决信息社会机制的问题,也就是最优化信息聚合的问题。

对于搜索引擎,用户不用再分析和试验组合查询词,只需将查询用自然语言表达。搜索引擎对查询进行解析,提取相关概念,返回准确的结果。甚至,用户通过搜索可以获得一套完整的解决方案。例如,在计算机中输入:"我想带我 9 岁的孩子去一个温暖的地方度假,预算为 3 000 元。"计算机能自动给出一套完整方案,这一方案可能包括度假路线图、适合选择的航班、价格适宜的酒店等。可以预见,承接 Web2.0 的以人为本理念,Web3.0 模式中将会出现各种高度细分领域的平民专家。

真正的 Web3.0 不仅是根据用户需求提供综合化服务,创建综合化服务平台,关键在于提供基于用户偏好的个性化聚合服务。Web3.0 在对于用户原创内容(User Generated Content,UGC)筛选性的过滤基础上,同时引入偏好信息处理与个性化引擎技术,对用户的行为特征进行分析,在寻找可信度高的 UGC 发布源的同时,对互联网用户的搜索习惯进行整理、挖掘,得出最佳的设计方案,帮助互联网用户快速、准确地搜索到自己感兴趣的信息内容,避免了大量信息带来的搜索疲劳。个性化搜索引擎以有效的用户偏好信息为基础,对用户进行的各种操作以及用户提出的各种要求进行数据挖掘,从而分析用户的偏好。通过偏好系统得出的结论再归类到一起,反馈给用户,从而更好地满足用户搜索、浏览的需要。

在 Web3.0 时代,同一模式化的综合门户将不复存在,如人们看到的新浪新闻首页将是个人感兴趣的新闻,而那些他不感兴趣的新闻将不会显示。当然,这种个性化的聚合必须依赖强大的智能化识别系统,以及长期对于一个用户互联网行为规律的分析和锁定,它将颠覆传统的综合门户,使得 Web3.0 时代的互联网评价标准不再是流量和点击率,而是到达率和用户价值。

因此,Web3.0 时代能够赢得用户青睐的公司,一定是基于用户行为、习惯和信息的聚合而构建的,人性化、友好界面、简单易用一定是其核心元素,基于用户需求的信息聚合才是互联网的趋势和未来。

(4) 人工智能化

人工智能是 Web3.0 的核心技术,而智能化的核心是虚拟化和可视化。Web3.0 将为学习者呈现出平滑的动画、高清晰度的音频和视频以及 3D 内容,而学习者只需通过一个网络浏览器就能得到。这为学习者提供了更加真实化的情景。为虚拟学习的实现创造了更大的发展空间。基于 Web3.0 技术的个人门户记录着学生学习过程中使用和产生的资料,教师能够随时准确地掌握学生的学习进度与动向,及时给予指导和评价。Web3.0 集合众多应用于一体,数据云状分布,可以运行于任何终端设备上,学习者可以不受时空限制灵活学习。

2.4.3.2　Web4.0

2007 年语义技术大会的宣传资料上有这样一张图(图 2.17),横轴表示增长的社会关联度,纵轴表示增长的知识关联度和推理,预示了 Internet 的演变趋势：

1990—2000 年,Web1.0(Web,网,作用:连接知识),主要包括网页搜索引擎、网站、数据库、文件服务器等；

2000—2010 年,Web2.0（Social web〈社会网〉,作用:连接知识）引入了社区、RSS、Wiki、社会化书签、社会化网络等概念；

2005—2020 年,Web3.0(Semantic web〈语义网〉,作用:连接知识),由本体、语义查询、人工智能、智能代理、知识结点、语义知识管理等构成；

2015—2030 年,Web4.0(ubiquitous〈无所不在的网〉,作用:连接情报)。

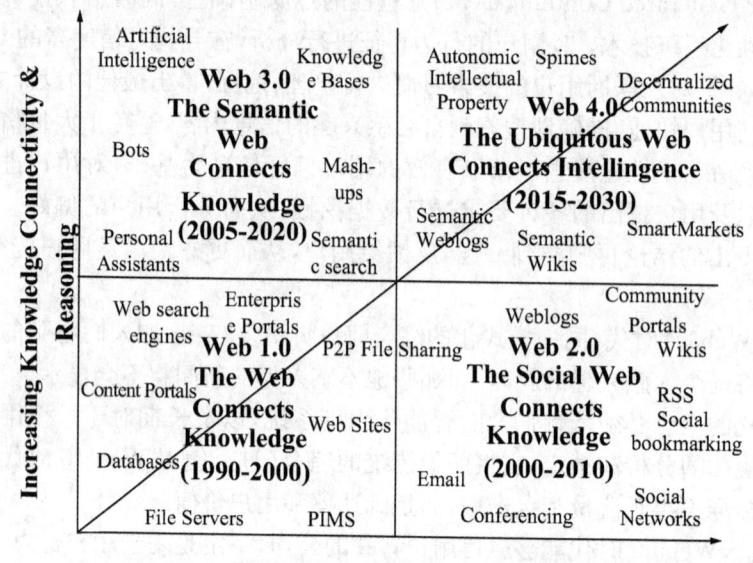

图 2.17　Internet 演变趋势

被喻为互联网 2.0 教父的方兴东博士 2006 年在自己的博客中撰文"既然 Web3.0 来了,Web4.0 还会远吗?",表明了他经营的博客中国网站将更可能突破 Web3.0,进军到 Web4.0。遗憾的是,方兴东博士并没有解释 Web4.0 是什么。

Web4.0 模式类似于大家聚餐,所有人围在一张桌子前面。把自己资源都放在一起,然后按自己的需要去向资源拥有者选择。桌子是提供网站协议的平台,这个平台是协议而不是网站,就好像互联网上的计算机都遵守各种硬件协议一样,所有网站就是围在协议旁的人,如果所有人都有自己的网站,都围绕在桌子旁边,这样就是人类真正进入互联网时代。互联网时代一定不能是少数网站的时代。

Web4.0 时代,就是指 Web3.0 发展起来的网络后台技术又一次向用户端转移。它将造就一个有创意的个人以及强大的资源聚合能力和社会服务功能,到那个时候,或许资金、规模都变得不重要了,重要的是创意——独到的、稀缺的且又合乎人们需要的创意。有了创意的个人借助强大的网络工具,足以与一个规模化的机构的运作相媲美、相抗衡。

虽然到目前为止关于 Web4.0 的概念仍然很模糊,但毋庸置疑的是,谁能够引领 Web3.0,并且向前发展走向 Web4.0 的时代,谁就是网络的下一任主角。

2.4.4 发展轨迹比较

对比美国与中国互联网商务发展轨迹,用一张图对比发展轨迹,可用门户—电子商务—社交媒体—大数据(or 物联网)为主线来比较。

本节通过对中美两国门户网站、电子商务、社交媒体、大数据应用等方面的发展进行介绍和对比,勾画与展现中美两国互联网商务发展的轨迹及异同。

2.4.4.1 中美两国门户网站发展之比较

门户网站是一种建立在搜索引擎基础上的综合性网站——门户站点(Portal Site),是一个能够给用户提供从平台服务、ISP、ICP、网上搜索服务等基本网络服务的网站站点。

门户网站作为互联网商业模式之一,伴随着互联网经济的发展,经历了其自身从成长到高速发展,一直到不断优化转型的发展历程。

在早期的发展中,门户网站主要向用户提供信息检索服务,如门户网站的鼻祖雅虎即以分类搜索起家。随着 Web2.0 的蓬勃发展与门户网站自身的成长,门户网站从单一的搜索门户扩展到集内容服务、信息服务、网上交易、虚拟社区于一体的综合性门户,如国外的 AOL、MSN,国内的新浪、搜狐、网易、腾讯等。同时,随着市场的细分趋势,门户网站又从大众化的商业门户、综合门户发展到分众化的政府门户、个人门户、垂直门户等第二代门户。随后,在 3G、无线网络等新兴通信技术的支撑下,出现了新的无线门户,如 3G 门户、空中网等。美国的门户网站基本上也是沿着上述的发展轨迹发展起来的,雅虎、AOL(美国在线)、MSN 等是美国著名的门户网站。

在我国,从 1997 年引入门户网站的概念,到 1998 年搜狐、新浪等各大门户网站的相继创立,再到 2000 年新浪、搜狐、网易三大门户网站在纳斯达克上市以及随后遭遇的互联网经济泡沫破灭,直至 2002 年步入盈利阶段,门户网站也经历了一段起起落落的成长历程。

国内传统门户网站的发展道路可以用一个演进曲线(图 2.18)来展示:

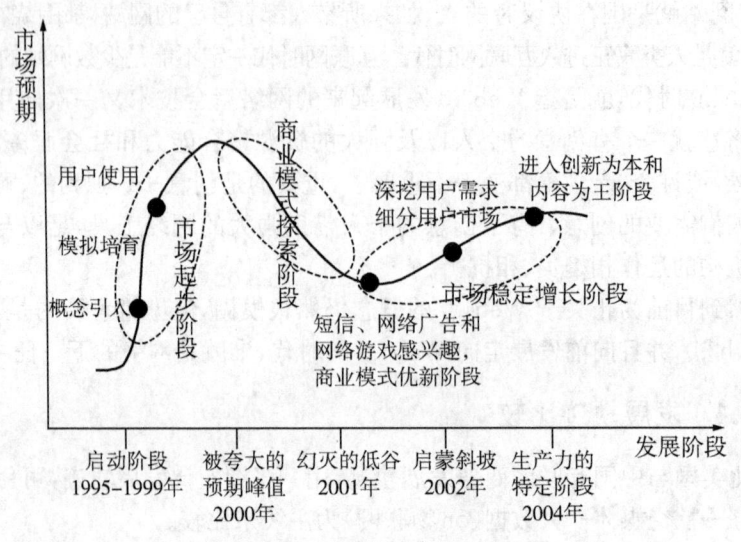

图 2.18 国内门户网站的演进曲线

从图中可以看出，1995—1999 年是我国门户网站的启动阶段，这一时期，门户网站的概念开始被逐渐引入；经过几年的成长，2000 年，门户网站达到了一个发展的虚拟高峰，进入"被夸大的预期峰值"阶段；由于门户网站的影响力被过于夸大，2001 年网络泡沫开始破裂，国内门户网站进入了一个"幻灭的低谷"；2002 年，经过再调整，三大门户网站宣布开始盈利；2004 年，国内门户网站盈利模式逐渐清晰，由此开始进入了稳定发展阶段。

2.4.4.2 中美两国电子商务发展之比较

从世界各国电子商务的发展来看，美国的电子商务起步较早，发展水平最高，应用最为普及。美国的电子商务起源于 20 世纪 90 年代。1991 年，美国政府宣布互联网向社会公众开放，允许在网上开发商业应用系统，此后，美国的许多公司开始利用互联网从事商业活动。电子商务的应用受到了美国政府的高度重视，各级政府纷纷制订各种与之相关的法规和政策来促进电子商务的发展。1993 年，美国前总统比尔·克林顿签发了《国家信息基础结构的行动纲领》，开始全面推动美国国家信息基础设施建设。1997 年，美国政府发布了《全球电子商务纲要》，提出电子商务的发展是 21 世纪世界经济发展的重要推动力，并就电子商务发展中的财务问题、法律问题、市场准入问题以及保证自由竞争的原则等提出指导意见。1998 年，克林顿发表了著名的"网络新政"的演说，宣布为了推动网络贸易将对电子商务实行免税，其后不久美国国会即通过了《互联网税收自由法案》。2000 年，《电子签名法案》在国会获得通过，成为美国联邦法律。不仅如此，美国政府积极利用网络开展政府采购，更是将美国的电子商务推上了高速发展的轨道。从1998年开始,美国政府机构的全部经费开支实行电子化付款,通过EDI技术完成政府采购任务;此后,美国每年至少有2 000亿美元的政府采购是通过电子商务的方式进行的。在政府的大力支持和推动下,美国的电子商务发展迅速,并在全球电子商务领域保持领先地位。

我国的电子商务活动开展晚于美国,如果说美国电子商务是"商务推动型",那么中国的电子商务则更多的是"技术拉动型",这是在发展模式上中国电子商务与美国电子商务的最大不同。在美国,电子商务实践早于电子商务概念,企业的商务需求"推动"了网络和电子商务技术的进步,并促成电子商务概念的形成。当Internet时代到来的时候,美国已经有了比较先进和发达的电子商务基础。在中国,电子商务概念先于电子商务应用与发展,"启蒙者"是IBM等IT厂商,网络和电子商务技术需要不断"拉动"企业的商务需求,进而引发中国电子商务的应用与发展。有学者将我国的电子商务发展划分为七个阶段:

(1) 1990—1993年,电子商务萌芽时期——EDI的应用

1987年9月20日,我国成功发出第一封电子邮件,1990年中国顶级域名cn注册成功,中国网络有了自己的身份标志,这些为电子商务的推行奠定了基础。

我国20世纪90年代开始开展EDI的电子商务应用,自1990年开始,原国家计委、科委将EDI列入"八五"国家科技攻关项目;1991年9月由国务院电子信息系统推广应用办公室牵头八个部委局发起成立中国促进EDI应用协调小组,同年10月成立中国EDIFACT委员会并参加亚洲EDIFACT理事会。

(2) 1993—1997年,政府引导电子商务时期

1993年国民经济信息化联席会议及其办公室,相继组织了"金关、金卡、金税"等三金工程,取得了重大进展,至今先后出台了16项政府"金字工程"。1994年10月亚太地区电子商务研讨会在京召开,促进了电子商务概念在我国的传播。1995年,中国互联网开始商业化,互联网公司开始兴起。1996年,金桥网与互联网正式开通。1997年,信息办组织有关部门起草编制我国信息化规划,1997年4月在深圳召开全国信息化工作会议,各省市地区相继成立信息化领导小组及其办公室。各省开始制订本省包含电子商务在内的信息化建设规划。1997年,广告主开始使用网络广告。1997年4月以来,中国商品订货系统(CGOS)开始运行。

(3) 1998—1999年,进入电子商务引入阶段

1998年3月,我国第一笔互联网网上交易成功。1998年7月,中国商品交易市场正式宣告成立,被称为永不闭幕的"广交会"。1999年3月,8848等B2C网站正式开通,网上购物进入实际应用阶段。1999年兴起政府上网、企业上网,电子政务、网上纳税、网上教育、远程诊断等广义电子商务开始启动,进入试点和实际试用阶段。

(4) 2000—2001年,我国电子商务的"中断期"

2000年在全球电子商务"中断期"到来时,我国电子商务也进入"中断期",一些电子商务企业倒闭,一些进行整合。包括8848、美商网、阿里巴巴在内的知名电子商务网站进入残酷的寒冬阶段。

(5) 2002—2006年,电子商务进入成长期

这一时期互联网飞速发展,短时间内网民人数大幅度增长,众多的创业者、公司都纷纷踏足互联网这块蕴藏着无数宝藏的土地。当当、卓越、阿里巴巴、慧聪、全球采购、淘宝等一批知名电子商务企业得到发展。电子商务给我们习惯的生活方式带来了翻天覆地的变化,淘宝网的出现改变了人们往常的消费习惯,更多的人加入了网购大军的队伍。这个阶段对电子商务来说最大的变化有以下三个:

① 大批的网民逐步接受了网络购物的生活方式,而且这个规模还在高速地扩张。尤其是以学生和白领为主的网购群体逐渐壮大。此外,网购的高涨也带动了物流业的发展。

② 众多的中小型企业从B2B电子商务中获得了订单,获得了销售机会,"网商"的概念深入商家之心。

③ 电子商务基础环境不断成熟,物流、支付、诚信等问题不断被提出和解决,向一个健全的方向发展。有许多网络商家积累了大量的电子商务运营管理经验和资金。

B2B、B2C、C2C等多种电子商务交易模式不断创新。批发交易、零售交易、物流、易货、展会、餐饮、旅游、机票、租赁、保险、证券、期货等电子商务应用逐渐成熟,第三方电子商务不断涌现,风险投资大量进入,涌现出了阿里巴巴、淘宝网、京东商城、易趣网、当当网、卓越—亚马逊(现亚马逊中国)等电子商务网站。

(6) 2007—2010年,电子商务进入成长后期

这个阶段,不仅网络企业,而且越来越多的传统企业和资金流入电子商务领域。电子商务认知面扩大,越来越多的企业积极地加入了电子商务元素,对其相关的理论知识和操作都有了大致的了解,同时与电子商务平台磨合,加速发展,从业人员可以针对目前的发展情况开发出更多适合企业的网络应用产品。

阿里巴巴上市标志着B2B领域的发展步入了规范化、稳步发展的阶段,给广大电子商务企业以很大的信心,也使国内众多电子商务平台有了发展的动力。现实社会与虚拟社会不断融合发展,电子商务及与其相关的物流,第三方支付等领域的发展使得电子商务发展到了一个前所未有的高度。可以说,由传统企业延伸过来的电子商务公司和互联网中成长起来的中小网商将是未来中国电子商务发展的核心力量。

(7) 2011年至今,电子商务进入"发展期"

电子商务正在由"成长期"进入"发展期",多种电子商务模式(含移动商务模式)得到迅速发展,商务部颁布《"十二五"电子商务发展指导意见》、工业和信息化产业部颁布《电子商务"十二五"发展规划》,电子商务将遵循促进融合、示范引导、产业带动、规范发展的原则,到 2015 年,我国规模以上企业应用电子商务比率达到 80% 以上,应用电子商务完成进出口贸易额占我国当年进出口贸易总额的 10% 以上,网络零售额占社会消费品零售总额的 9% 以上。

2.4.4.3 中美两国社交媒体发展之比较

Web2.0 时代的到来,随之而来的是社交媒体的蓬勃发展。社交媒体(Social Media)指一系列建立在 Web2.0 技术和意识形态基础上,允许用户自己生产内容(UGC)的创造和交流的网络应用。此处的意识形态是指软件开发者和最终用户开始把万维网当作这样一个平台来使用:内容与应用不再由个体创造和发布,而是经由参与式、协作式之路持续不断地被所有用户改动和调整,由此产生了 Web2.0 时代特有的参与、公开、对话的特性。

美国的社交媒体发展历程可分为三个阶段。第一阶段是 20 世纪 90 年代中期至 21 世纪初的孕育萌芽期,出现了以六度关系理论为基础的一批早期社交网站,典型如第一批社交网站之一的 Geocities 在 1994 年建立,社交媒体的几大表征如开放自主、用户生成内容、建立社交网络等可见雏形。在 2000 年互联网寒冬中,早期社交媒体走向衰落,Geocities 在 1999 年被雅虎收购并于 2009 年永久关闭;Sixdegrees 也在 2000 年被迫出售,其他各类形式的社交媒体也未引发社交媒体发展风潮。

第二阶段是 2002—2008 年的探索发展期,以 2002 年 Friendster 的推出为标志。伴随着 Web2.0 概念的浮出水面和技术发展,现实人际圈开始正式走上网络,Friendster 推出 3 个月用户即达到 300 万人。由此也带来了美国乃至全球的一批效仿者,包括 Myspace 等诸多社交网站相继推出,引发了社交媒体发展的第一波浪潮。在 Friendster 因访问量过大、服务器不堪重负、网站访问速度过慢为人诟病并逐渐退出社交媒体发展大潮时,Myspace 则以兴趣爱好,尤其是音乐爱好为交往的聚结点而崛起。其后,Facebook(2004)和 Twitter(2006)的先后推出和探索,是这一阶段的标志性发展。开放性、创新性,加之技术领域的进一步开发和媒介消费习惯由量变向质变转变,引发了社交媒体格局的大震荡,开始出现几大行业巨头,无论是用户增长规模还是发展模式都步入了新的轨道。

第三阶段为 2008 年至今的全线爆发期,Facebook、Twitter、YouTube 等行业巨头持续发展并成为全球社交媒体的风向标。如今,社交媒体的巨大效应使其概念关注度已然超过了作为社交媒体技术基础的 Web2.0。谷歌搜索量显示,"Web2.0"在 2005 年开始流行,并于 2007 年到达顶峰,及至 2008 年底,社交媒体开始流行,2009年则大幅增长,并于2009年底超越Web2.0。当一个概念的受关注度超越其所依存的母体时,也就意味着一个新时代的到来。

相比之下,有学者将中国社交媒体的发展划分为四个主要阶段:

(1) 早期社交网络——BBS时代

社交网络是从Web1.0时代的BBS逐渐演进的。BBS是一种点对面的交流方式,淡化个体意识而将信息多节点化,并实现了分散信息的聚合。1994年5月中国第一个论坛——曙光BBS成立,除了基本信息发布功能外,还包括现在的网络社区、即时消息、聊天室等多种常见的网络交流形式的雏形。论坛的诞生,打开了一种全新的交互局面,普通民众可以利用论坛,与陌生人进行互动,而不仅仅是被动接受媒体信息。天涯、猫扑、西祠胡同等都是BBS时代的典型产品。

(2) 休闲娱乐型社交网络时代

经历了早期BBS阶段,社交网络凭借休闲娱乐取得了长足发展。2004年,复制线下真实人际关系到线上进行低成本管理的Facebook诞生,社交网络正式迈入了Web2.0时代。受到国际社交网络发展的影响,中国社交网络产品相继出现,它们形态各异,百花齐放,包括视频分享、SNS社区、问答、百科等。

2005年成立的人人网,2008年成立的开心网,拉开了中国社交网络大幕。这段时间大体跨越了2006—2008年,VC/PE在此间经历了大幅投入之后,2008年进入缓步投入阶段。

(3) 微信息社交网络时代

2009年8月,新浪推出微博产品,140字的即时表达,图片、音频、视频等多媒体支持手段的使用,转发和评论的互动性,使得这种产品迅速聚合了海量的用户群,当然也吸引了众多从业者(如腾讯、网易、搜狐)的追随。这种模式将广义社交网络推向了投资人的视野。

随着移动互联网的发展,微信息社交产品逐渐与位置服务(LBS技术)等移动特性相结合,相继出现米聊、微信等移动客户端产品。另外,不容忽视的是SoLoMo时代(Social、Local、Mobile),社交功能逐渐成为产品标配,已经无法准确区分社交产品的范围。

(4) 垂直社交网络应用时代

垂直社交网络应用并非是在上述三个社交网络时代终结时产生的,而是与其并存。目前,垂直社交网络主要与游戏、电子商务、职业招聘等相结合,可以看作社交网络探究商业模式的不同尝试。垂直社交网络的强大联系、小圈社交概念不断放大,基于共同兴趣的需求被细分出来。

2.4.4.4 中美两国大数据应用发展之比较

(1) 美国持续强化国家战略顶层设计,重点关注创新能力、军事能力、产业能力、信息能力等方面的竞争力,持续推出国家战略计划,各部门的协调动作也比较快。从目前我国的情况来看,2012年12月,广东省明确提出大数据战略。2013年2月1日,科技部公布了国家重点基础研究发展计划(973计划)2014年度重要支持方向,其中,信息科学领域的重要支持方向之一即大数据计算的基础研究。但从整体上来看,我国明确大数据战略的地区和部门还是很少,更多是学术界、产业界的研讨和呼吁。

(2) 美国力图加速以大数据为主要驱动力的技术变革,其做法是关注数据的全生命周期,从数据的产生、传输、存储、处理(包括分发)、应用等生命周期循环,重点关注自己相对薄弱的搜索能力、分享能力、深度分析复杂数据的能力,力图在上述方面突破大数据的核心技术。我国在数据领域的生产、传输、处理、应用等各个环节,技术能力都与国际先进水平有较大差距,在此方面,我国应避免出现能力"代差"的局面。

(3) 美国联邦政府带头推动并实践数据公开,对深化数据应用,发挥数据效益,起到了很大作用。美国认为,政府机构是重要的大数据生产者、所有者,很多联邦部门纷纷在政府数据门户网站(www.data.gov)上公开数据,引领了世界范围的政府数据公开。在我国,数据共享和公开方面,由于理念、政策、机制等方面的限制,政府部门、事业单位、科研院所面向社会公开的数据比较少,目前主要还处于信息公开阶段。这方面,我国还有很多基础性工作需要做。

(4) 美国政府重视发挥产业界作用,力图扩大巩固美国信息技术产业的领先及垄断地位。当前大数据应用领域处于领先地位的是Amazon、Google、Facebook等美国新兴网络企业。它们已经开始通过基于云计算的平台,汇集来自互联网、无线标签、全球定位系统(GPS)、智能手机等采集的大量数据,经过分析后用于客户信息管理或者市场营销活动。中国应明确大数据产业作为战略性新兴产业的重要内容之一,予以大力发展。2015年8月31日国务院印发《促进大数据发展行动纲要》,标志着中国大数据发展进入国家战略范畴。

2.5 典型案例

2.5.1 Web1.0 的旗手的终结——Netscape

Netscape(网景)始于1994年,也是Netscape Communications Corporation(网景通讯公司)的常用简称。网景通信公司曾经是一家美国的电脑服务公司,以其生产的同名网页浏览器而闻名。1994年12月15日,网景浏览器1.0正式版发布,软件改名为网景导航者(Netscape Navigator)。网景导航者是以共享软件的方式销售,因为功能追加得很快,所以当时占有率相当高。经历后续版本的用户积累,网景成为浏览器市场占有率的首位。

稍后时间,网景公司更多次尝试创作一种能够让用户通过浏览器操作的网络应用系统。这引起微软注意,担心 Netscape 可能威胁到微软的操作系统和应用程序市场,于是在 1995 年向望远镜娱乐公司(Spyglass Entertainment)买下 Mosaic 的授权,以此为基础开发了 Internet Explorer,进军浏览器市场,双方激烈竞争就此展开。网景公司的 Netscape Navigator 与微软公司的 Internet Explorer 之间的竞争,后来被称为"浏览器大战"。

1998 年 11 月,网景被美国在线(AOL)收购,而后来美国在线和时代华纳合并,之后再独立。美国在线依然使用网景这一品牌。2007 年 12 月 28 日,美国在线在博客中表示将停止网景浏览器的开发,并于 2008 年 3 月 1 日停止安全更新和所有的技术支持,并建议用户转移使用 Mozilla Firefox 浏览器。这就意味着于 1994 年问世的 Netscape 正式退出历史(图 2.19)。

图 2.19 从左到右依次是网景导航者、Netscape browser、网景导航者

如果 Netscape 可以称为 Web1.0 的旗手,那么 Google 几乎可以肯定是 Web2.0 的旗手。Netscape 以传统的软件版本来勾勒其所谓"互联网作为平台":其旗舰产品是互联网浏览器,一个桌面应用程序。同时,他们的战略是利用在浏览器市场的统治地位,来为其昂贵的服务器产品建立起市场。Web1.0 的结果:浏览器和网络服务器都变成了"日用品",同时价值链条也向上移动到了在互联网平台上传递的服务。

作为对比,Google 则以天生的网络应用程序的角色问世,它从不出售或者打包其程序,而是以服务的方式来传递。在其底层,Google 需要一种 Netscape 从未需要过的能力:数据库管理。Google 远远不只是一个软件工具的集合,它是一个专业化的数据库。事实上,软件的价值是同它所协助管理的数据的规模和活性成正比的。Google 的服务不是一个简单的服务器,也不是一个浏览器。

虽然 Netscape 和 Google 都可以被描述为软件公司,但显然 Netscape 可以归到 Lotus、Microsoft、Oracle、SAP 以及其他发源于 20 世纪 80 年代软件革命的那些公司所组成的软件世界。而 Google 的同伴们,则是像 eBay、Amazon、

Napster 及至 DoubleClick 和 Akamai 这样的互联网公司。

2.5.2 基于 Web2.0——Google AdSense 与客户共赢

2003 年 6 月，Google 公司推出了 AdSense 产品，可以让具有一定访问量的网站的发布商们在他们的网站展示与网站内容相关的 Google 广告并将网站流量转化为收入。十余年来，AdSense 在产品、规模等方面都不断提高，推动了合作伙伴和互联网的发展。2005 年，AdSense 进入中国市场，发布了博客广告位，帮助博主从其内容中盈利，且其位置广告实现了面向受众的售卖。2007 年 9 月，AdSense 发布了移动解决方案，适应了移动互联网的发展，截至 2011 年 1 月，AdSense 移动解决方案每日的交易量达到了 10 亿。2011 年 11 月，AdSense 整体的解决方案每日完成的交易量超过了全国证券市场的交易量。根据 2012 年谷歌第四季度财报，AdSense 贡献的广告营收达到 34.4 亿美元，占谷歌总营业收入 27%。

Google 领会到如何将广告放置到几乎所有网页上。更进一步地，它们回避了发行商和广告代理们所喜爱的广告形式，例如旗帜广告和弹出式广告，而采用了干扰最小的、上下文敏感的、对用户友好的文字广告形式。

截至 2013 年，AdSense 在全球拥有超过 200 万的合作伙伴，仅 2012 年一年，就为合作伙伴提供了超过 70 亿美元的分成收益。AdSense 与合作伙伴不仅是广告上的合作，而且有广告管理系统上的合作。AdSense 推出了一个广告交易平台，可以帮助合作伙伴管理他们的广告资源。AdSense 使广告商们能更好地利用他们的广告资源，为合作伙伴增值，帮其发展壮大。

AdSense 所开创的不仅仅是一种商业模式，它更是对互联网精神的诠释：开放、包容、分享和共赢。它通过提供汇聚了大量资源的平台，创新了一种流量变现的形式，为互联网、互联网企业的发展注入了不竭的动力。

2.5.3 PayPal——互联网金融支付体系的破坏性创新

PayPal（在中国大陆的品牌为贝宝），是美国 eBay 公司的全资子公司，1998 年 12 月由 Peter Thiel 及 Max Levchin 建立，是一个总部在美国加利福尼亚州圣荷西市的因特网服务商，允许在使用电子邮件来标识身份的用户之间转移资金，避免了传统的邮寄支票或者汇款的方法。PayPal 也和一些电子商务网站合作，成为它们的货款支付方式之一；但是用这种支付方式转账时，PayPal 收取一定数额的手续费。

PayPal 账户分三种类型：个人账户、高级账户和企业账户。用户可根据实际情况进行注册，个人账户可以升级为高级账户再而升级为企业账户，反之企业账户也可以降为高级或者个人账户。每类用户根据用户特性在功能上有一定差别，其中高级账户也要收取一定手续费（图2.20）。

图 2.20　PayPal 创建账号页面

PayPal 的优势有：

（1）全球用户广。PayPal 在全球 190 个国家和地区，有超过 2.2 亿的用户，已实现 24 种外币间的交易。

（2）品牌效应强。PayPal 在欧美普及率极高，是全球在线支付的代名词。

（3）资金周转快。有及时支付、即时到账的特点，可以及时收到海外客户的款项。

（4）使用成本低。无注册费用，无年费，手续费也比传统收款方式低一半。

（5）创建快捷按钮。创建"租用"按钮可以自动快捷地支付定期款项、分期付款计划等。

另外北京时间 2014 年 7 月 31 日晚间，PayPal 宣布将把其面向小企业和个人消费者的借贷服务拓展到美国以外的其他市场如德国、英国、澳大利亚等。

拓展借贷业务是 PayPal 向金融服务机构转移计划的一部分。之前，PayPal 业务主要依赖于 eBay 上的买家和卖家，而如今 PayPal 正向金融服务机构转移，希望扮演类似于银行的角色。

思考与练习

1. 商务组织如何提升自身业绩？
2. 不同的商务模式如何影响组织业绩？
3. Web1.0 发展到现在的 Web4.0，其核心竞争力是如何变化的？

第 3 章 互联网商务模式

3.1 互联网商务模式

3.1.1 产生背景——互联网泡沫

互联网泡沫是指 2000 年至 2001 年间与信息技术及互联网相关的投机泡沫事件。2000 年 3 月,以技术股为主的 NASDAQ(纳斯达克综合指数)攀升到 5 048,网络经济泡沫达到最高点。1999 年至 2000 早期,利率被美联储提高了 6 次,尚不成熟的互联网经济开始失去了控制。网络经济泡沫于 3 月 10 日开始破裂,该日 NASDAQ 综合指数到达了 5 048.62(当天曾达到过 5 132.52),比一年前翻了一番还多。此后 NASDAQ 开始小幅下跌,市场分析师们说这仅仅是股市做一下修正而已。3 月 13 日,星期一大规模的初始批量卖单处理引发了抛售的连锁反应——投资者、基金和机构纷纷开始清盘。仅仅 6 天时间,NASDAQ 指数下跌了近 9%,从 3 月 10 日的 5 050 掉到了 3 月 15 日的 4 580。NASDAQ 和所有网络公司开始全面崩溃,多个行业停止招聘、裁员甚至合并,尤其是互联网板块。

到了 2001 年,泡沫全速消退。大多数网络公司在把风投资金烧光后停止了交易,许多甚至还没有盈利过。投资者经常戏称这些失败的网络公司为"炸弹"或"堆肥"。

观察家们分析,导致 NASDAQ 和所有网络公司崩溃的可能原因之一,是大量对高科技股的领头羊如思科、微软、戴尔等数十亿美元的卖单碰巧同时在 3 月 10 号周末之后的第一个交易日(星期一)早晨出现。卖出的结果导致 NASDAQ 在 3 月 13 日一开盘就从 5 038 跌到 4 879,整整跌了 4 个百分点——全年"盘前(Pre-market)"抛售最大的百分比。

另一原因有可能是为了应对 Y2K 问题而加剧了企业的支出。一旦新年安然度过,企业会发现所有的设备他们只需要一段时间,之后开支就迅速下降了。这与美国股市有着很强的相关性。泡沫破裂也有可能与 1999 年圣诞期间互联网零售商的不佳业绩有关。这是第一个表明"变大优先"的互联网战略对大部分企业是错误的公开证据。

互联网泡沫破裂后据有关部门统计,从1999年12月到2000年底,美国已有496家网络公司陷入经济困境,导致4.1万多人失业。而在股价抬高的同时,美国股市中1/3的资金也随之蒸发。

3.1.2 互联网商务模式概念

国外学者一般称互联网商务模式为"Internet Business Models",也有些学者称之为"Business Models on the Web"。国内的学者一般称之为"电子商务模式"。李明志等在翻译 *Internet Business Models and Strategies*:*Text and Cases* 这本书时,在国内首次使用了"互联网商务模式"。虽然关于互联网商务模式的名称很多,但是从大多数学者研究的内容来看,他们研究的范围大体上是一致的,主要都是研究建立在互联网基础之上的商务模式。

20世纪90年代中期以来,互联网技术的发展与逐渐成熟,使得越来越多的互联网企业渐渐地发展与成熟起来。相对于传统行业,许多互联网创业人员能在很短时间内创立起互联网企业。其中一部分创业人员在这个时期取得了成功以及大量的财富,这也使得互联网行业成为极具吸引力的行业。在这个时期,评价一个互联网企业的好坏往往是靠它的商务模式。对于互联网企业来说,吸引风险投资是十分重要的一个环节。对于风险投资商来说,他要考虑的是所投资企业的商务模式,因为他们的投资决策在于如何能最佳、最快地撤出投资。因此越来越多的人开始关注并研究互联网商务模式。然而,互联网商务模式至今没有一个比较统一的描述,不同的研究人员对互联网商务模式有着不同的理解。

随着2000—2001年美国互联网企业泡沫的破裂,多数人谈互联网商务模式而色变,这主要是因为当时一些创业人员、咨询专家、学者以及媒体记者在用到互联网商务模式时,很少对互联网商务模式进行详细与准确的解释,因此就使得互联网商务模式的概念变得不可信。Osterwalder与Pigneur(2012)的研究认为,对互联网商务模式的正确认识能够指导企业实施其互联网战略,同样能够对企业的商务进行评价、测量、改变以及模拟。

基于以上分析,互联网商务模式是企业利用互联网获利的关键,是使企业获利并保持持续竞争力的一系列与互联网相关和不相关活动的组合,是应用互联网进行价值创造的商业逻辑。这种模式将线上与线下整合,形成更加广阔的销售渠道,同时降低了企业门槛,给企业带来了新的发展空间。

3.2　互联网商务模式的组成部分

为使企业获利并保持持续竞争力，企业需要了解所处的产业、这个产业的价值驱动因素、客户的价值取向、将价值传递给客户需要的活动、互联网在其中的影响等，这些构成了企业业绩的决定因素，如图 3.1 所示。

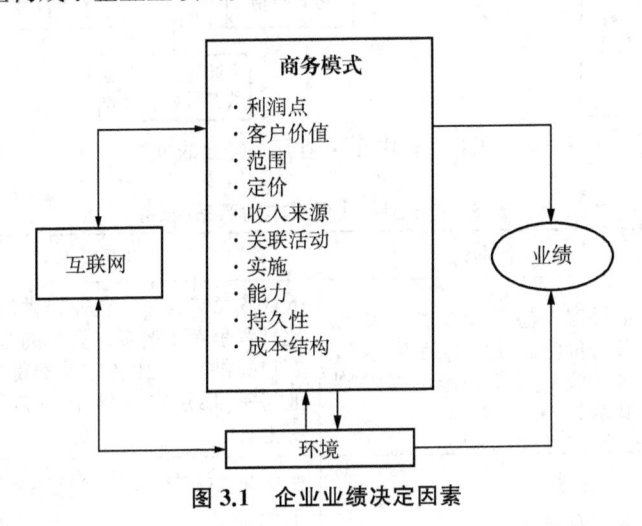

商务模式
- 利润点
- 客户价值
- 范围
- 定价
- 收入来源
- 关联活动
- 实施
- 能力
- 持久性
- 成本结构

（互联网 → 商务模式 ← 环境 → 业绩）

图 3.1　企业业绩决定因素

3.2.1　利润点

企业的利润点是指在价值网络中，相对于供应商、消费者、竞争对手、潜在进入者、互补者、替代者而言，企业本身的位置。

利润点是动态的，例如，2001 年基础设施供应商比在线零售商更赚钱，而目前在线零售商却比前者更有前途；2006 年以前，B2C、C2C 模式比 C2B 模式更有市场，2006 年以后社交平台更有市场，2009 年以来大数据开始兴起，2015 年起人工智能进入繁荣发展期。

3.2.2　客户价值

只有当企业提供的产品能够向客户提供一些竞争者不能提供的价值时，客户才会购买。这种竞争者不能提供的价值，叫作客户价值。图 3.2 所示是关于"客户价值"在服务行业的位置（参见 Heskett,2008）。

客户价值可以通过两种形式提供：差别化或低成本的产品/服务，如表 3.1 所示。

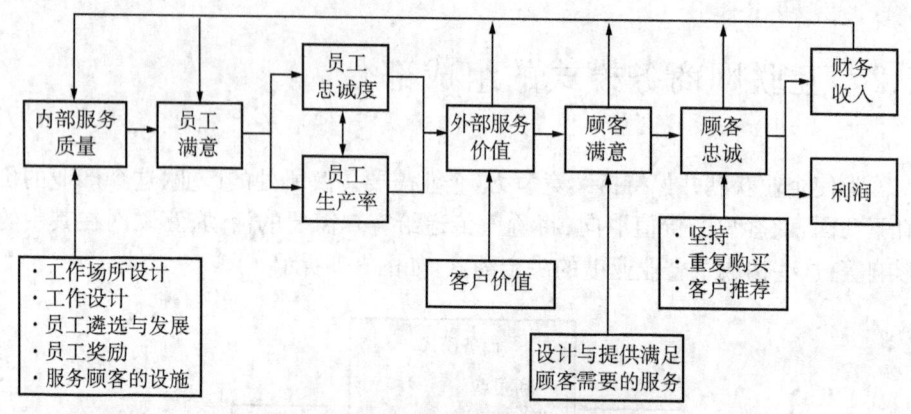

图 3.2 "客户价值"在服务行业的位置

表 3.1 差别化或低成本的产品/服务

形式	差别化	低成本
定义	如果客户感觉到某种产品有某些价值而其他产品不具备,那么我们说这种产品是差别化的。	低成本意味着一家企业提供的产品或服务比其竞争者花费客户更少的金钱。企业向客户提供产品/服务时花费得更少,因此企业将一部分成本的节约转移到了客户身上。
达成途径	● 产品特性 ● 时间选择 ● 地点 ● 服务 ● 产品组合 ● 功能之间的联系 ● 与其他企业联盟 ● 声誉	● 信息不对称的减少意味着交易成本的节约。 ● 分销渠道特性影响的结果使得企业分销产品费用大大节约,并且能够利用更好的分销渠道为企业提供销售产品。 (例如,通过互联网销售产品的软件开发商或将作品直接公布在网上的音乐家节约了分销费用、包装费用和运输费用。较好地协调企业各种活动还意味着生产商成本的降低。这些成本的节约也可以转移到客户身上。)

3.2.3 范围

范围是指市场的某一领域或地理区域,企业需要决定向哪一范围提供价值服务以及提供多少种包含这样价值的商品。

企业可以向商家也可以向家庭销售。不同的产业构成了商务市场,在每个产业中有不同类型、不同规模、不同技术水平的企业。家庭可以根据人口、生活方式和收入划分为不同的类型。例如,iVillage 的用户主要定位于女性。这里还有个地域性的问题。企业经常需要决定它要向世界上哪个地方销售产品,是北美洲、欧洲,还是非洲。在每个大洲中,向哪个国家提供服务。互联网无处不在的特性使得地域大大地延伸了。例如,通过互联网,德国的读者可以从位于西雅图的亚马逊店铺中购买书籍。

企业有关范围的决策并不仅仅是决定哪一领域,它还必须决定它向这部分市场的需求提供多少服务。例如,一家定位于青少年的互联网企业必须决定要满足他们多少需求。它可以只向他们提供最基本的连接服务、聊天室等,或者提供电影和数学辅导方面的内容。它还可以决定向各种年龄结构的人提供同样的服务。

3.2.4 定价

从向客户提供的价值中获取利润的关键是对所提供的价值正确地定价。在知识经济社会,大多数产品和服务是以知识为基础的。以知识为基础的产品特别依赖技术诀窍,相对于每单位产品的可变成本来说,它的初始固定成本也非常高。

例如,软件开发商可能会花数百万元来开发某个应用软件,而由于开发商可以将软件放在自己的网站上供购买者下载,因此每单位软件拷贝的销售成本几乎为零。为开发软硬件、打出品牌和建立基本客户群,美国在线(AOL)花费了数百万美元,但是一旦初始投资投入以后,每月花费在每个客户上的维护费用相比来说,几乎可以忽略不计。

传统的定价方式主要有 5 种类型:明码标价(Menu Pricing)、一对一议价(One-to-one Bargaining)、拍卖(Auction Pricing)、反向拍卖(Reverse Auction)和物物交换(Barter),如表 3.2 所示。它们都有其各自的特点,而互联网商务定价模式则大大克服了传统定价方式的不足,使买卖双方的交易更加经济快捷。

表 3.2 传统定价模式及其缺点

定价模式	定 义	缺 点
明码标价	销售者设定一个价格,购买者可以接受或拒绝这个价格。	● 购买者可能会愿意付出比标价更高的价钱。 ● 标价太高,吓跑了很多只愿意付出较低价格购买产品的购买者。 ● 明码标价几乎不能体现消费者的偏好,要发现消费者偏好的改变并迅速及时地改变价格并不那么容易。 ● 改变价格实现起来比较困难,更改产品的标价牌需要花费时间和金钱。

续 表

定价模式	定 义	缺 点
一对一议价	卖者与买者相互协商来决定买者对所获得的价值所出的价格是否合适。	● 对大商店来说不太现实；我们无法想象超级市场中所有的顾客就所有的商品都与商家议价的情景。 ● 卖者不能确认买者究竟认为他所要购买的产品价值多少。买者也不能确认卖者销售产品的底价是多少。
拍卖	销售者向众多购买者征求出价，并将货物卖给出价最高的购买者。	● 购买者可以串通压价，使商品以偏低的价格出售，或销售者可以限制可供出价拍卖的产品的数量。 ● 很难将众多的买者和卖者带到一起。
反向拍卖	卖者决定是否接受潜在买者的出价。买者对一件货物或服务出价。然后卖者决定接受还是拒绝买者的出价。	买者不知道其他买者的出价，卖方价格歧视。
以物换物	物物交换指以物换物，或以物换服务等。	相对较弱的定价模式，没有什么长期发展潜力。

3.2.5 收入来源

商务模式分析中一个极为重要的部分是确定企业收入和利润的来源。归纳起来，企业的收入来源主要可分为七大类：广告费、服务费、广告—服务费、在线销售费、咨询费、资讯费、定购费。

在现实的世界中，很多企业直接从其销售的产品中获得收入和利润。其他企业销售产品和服务，它们的利润大部分来自所提供的服务。例如，一个发动机制造商或掘土设备生产商通过销售产品获取大量收入，但他们从配件和对这些设备提供的服务中所获取的利润要比前者大得多。对利润来源的理解能够使企业更好地制定战略决策。例如，发动机制造商可能会决定以低价销售发动机，而主要依靠售后服务获取利润。

3.2.6 关联活动

当对关联活动（Connected Activities）进行分析时，通常要考虑两个方面：企业在进行哪些活动？企业是否适合进行这些活动？

在对这两个方面进行分析时，同样要考虑不同的角度。具体考虑角度见表3.3。

表 3.3 关联活动分析

企业正在进行哪些活动?	企业是否适合进行这些活动?
● 服务的客户是否与客户价值一致? ● 是否相互支持? ● 是否利用了行业成功的驱动因素? ● 是否与企业拥有或希望建立的独特能力相一致? ● 是否能使这个行业对企业更有吸引力?	● 行业所处的生命周期阶段,接下来往哪里发展? ● 现有的竞争者在做什么?潜在的竞争者在做什么? ● 进行这些活动是否时机成熟?

3.2.7 实 施

实施体现了结构、系统、人、创新和组织文化之间关系的重要性(图 3.3)。

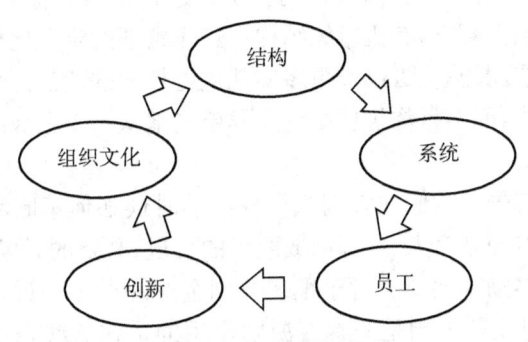

图 3.3 实施中的关系

(1) 结构

公司的结构告诉我们谁要向谁负责以及谁对什么负责,这使得公司所选择进行的活动能够得以实现。要建立合适的公司结构,必须探讨以下三个问题。第一个是关于协调的问题。例如,当公司进行活动时,如何划分后勤和前台运作、管理好信息交换以便提供客户价值?公司如何保证能够及时获得所需要的资源?第二个问题是关于差别化和整合的问题。公司的后勤和销售部门都需要专门化运作来不断积累支持其进行的活动所需知识——它们都有自己的任务,有自己的角色需要扮演,因此这两者的功能要相互分离。这就是差别化。与此同时,向客户提供价值还需要交叉的功能。就是说,不同部门差别化的活动必须整合起来以提供最优的价值。

组织结构根据其不同有两种主要类型:功能型和项目型。在功能型组织结构中,人们根据其负责的功能分成不同的部门,例如后勤部门、研发部门、执行部门、市场营销部门,等等。以人们所拥有的能力和知识进行划分,能够使他们互相学习,提高公司某一领域知识的积累。这时的沟通是垂直的,每种功能层次都是上下进行交流。

在项目组织结构中,员工不是由其所处的功能领域组织在一起的,而是根据他们所从事的项目进行组织。例如,如果有一个项目是研发一种微型货车,从市场营销、设计、生产、发动机和其他相关功能部门来的员工就会被组织在一起,在项目经理的领导下工作,而不是由各个功能部门经理分别领导。这时的交流是平行的,有利于创新。

组织结构还可以由其特点分为有机的和机械的。首先,在有机的组织结构(Organic Organizational Structure)中,交流是平行的,而不是像机械的组织结构(Mechanistic Organizational Structures)那样是垂直的,就是说,产品设计者可以直接与市场营销部门的员工交流,而不是通过它们的上级进行交流。这样能够更好地交流思想。第二,在有机结构中,受影响最大的是那些拥有技术或市场营销知识,但还没有做到较高等级的员工。这种结构使他们在做出决定之前能够充分交流信息。第三,有机组织结构中工作责任的定义比较宽松,它赋予员工更多的机会获取新的想法,以及更多实现这些想法的建议。最后,有机组织结构注重信息的交流,而不是像机械结构那样单向地从一个权威中心输出信息。

(2) 系统

组织机构没有告诉我们在人们执行任务的时候如何不断激励他们的士气。管理必须能够调整控制个人、各部门或组织的表现,必要的时候用公认的都能够理解的方式实行奖励或惩罚。对于很多初创企业的员工来说,首次公开发行股票(IPO)时获得的股票报酬是非常有激励作用的。在这些企业中,系统必须能够使信息在可能的最短时间内发送到正确的目标以供决策时使用。例如,互联网使微软的CEO能够通过电子邮件或企业内部网看到较低层的工程师关于新产品的想法。如果这样的信息通过组织之间传递,将会花费很长时间,而且其内容很有可能被曲解。某个住在法国的美国跨国公司的地区经理不需要通过各部门层层上报获得在美国进行的新产品研发的情况。他所需要做的只是连到公司内部的网站上,这样便可以获得有关产品的实在的、天天更新的信息。某个德国的司机通过模拟仿真技术能够测试远在斯图加特的汽车,而测试结果可以立即传送到底特律、洛杉矶和东京。

(3) 员工

建立控制和奖励系统来激励员工,建立信息系统使其能够向员工提供最好的信息以供决策是一件事。而这些人是否受到了激励,是否应用这些得到的信息做出正确的决定是另一件事。这取决于对以下问题的回答:员工对他们共同目标的公认程度如何? 汽车制造厂中的刹车制造部门的经理是想做一个土皇帝,还是尽他最大努力,确保公司尽可能在最短时间内,以最经济的方式生产出具有最好刹车系统的最好汽车? 生产部门将研发部门看作多余的,还是看作同事,与他们一起在可能的最短时间内以最低成本生产出最好的汽车? 员工们对公司进行价值链上各种活动所需知识的掌握程度如何？公司真正的核心竞争力是什么？它体现在哪里？——是人们的天赋，还是组织的日常工作中？这种竞争力怎样激励员工？是支票，工作的安全保证，股票期权，想法实现，获得尊敬，还是仅仅被当作人看待？管理层将工会看作敌人，还是拥有共同目标的团队中的一部分、为保证公司目标的实现充当监督和平衡的角色？管理者是领导者还是系统的计划制定者？

(4) 发现创新的可能性

一些技术管理的专著认为有5种人对创新可能性的发现非常关键：想法的提出者、"看门人"、边界发现者、开拓者和赞助者。对这些人利用得越充分，企业发现创新可能性的机会就越多。例如，开拓者是那些认为某个想法(他们自己的或是想法提出者的)是一项新的产品/服务，并尽自己所能将其引向成功。通过积极推销这些想法，与他人沟通他们对这些想法的看法，鼓励其他人接受他们的想法，开拓者能够帮助他的组织实现这种创新的可能性。因此，拥有魅力和能够清楚地向其他人表达他们对这项产品/服务看法的开拓者比那些不具有这样特点的拥护者更能有效地推动创新的实现。

"看门人"(Gatekeepers)和边界发现者(Boundary Spanners)对于搜集信息是极为重要的。"看门人"是指那些企业中能够分辨企业内外环境特征的不同的人。在对科技创新所产生的信息进行交换的过程中，他们起到了企业内与外面世界之间变换器的作用。他们并不固定处在某个特定的功能组织、项目或产品生产部门中，当他们收集到外界新想法的时候，企业中就会出现他们的身影。看门人也有可能由于自己的工作而分心把一些其他部门需要的信息遗漏掉。在实践中，有些企业的人力资源管理是在企业中设两个推进层：技术层和较传统的管理层。这个想法是希望把发明者和看门人从管理工作中解放出来，使他们能够花更多时间去做他们擅长做的，并能够获得和那些得到晋升的管理明星们相当的报酬。边界发现者的作用与看门人相同，只不过他们是在团队和组织之间交流信息，而不是企业内外。

(5) 组织文化

人们在企业中自己的工作岗位上表现得好坏取决于企业的文化。组织文化(Organizational Culture)是组织共同的价值或信仰组成的系统，它能够影响组织中的人、组织的结构以及产生行为规范的机制。组织文化是否有利于发现创新的可能性取决于文化的类型。生产型的文化能够促使员工不断寻找新的想法，并给予那些将这些新想法转化成新产品的员工很高的荣誉和尊敬，这种文化将成为一种能够发现创新可能性的财产。然而，有些文化会导致负作用，例如无发明(Not Invented Here, NIH)综合征。

不同的企业采用不同的策略来避免这种负作用。例如，索尼公司寻找公司中的"neyaka",就是那些有开放思维的、乐观的、兴趣广泛的员工。相比专才,他们更喜欢通才。索尼的创建者 Masuru Ibuka 说:"专才们总喜欢问我们,为什么不进一步做一些事,而我们一直注重做一些从无到有的事。"

3.2.8 能力

企业能力的构建逻辑应该是功能需求决定过程选择,过程选择指导资源投资。首先,在企业制定战略和进行投资之前,必须要明确其目的是为了获得怎样的功能,这些功能是否是企业必需的。其次,在确定功能以后,针对功能,企业要了解这些功能是如何在企业运作中实现的,即它的过程是什么,并且关注企业自身的竞争能力及相关能力的评价与提升。最后,依据每个过程,企业对过程进行资源的投资。按照这个逻辑构建起来的能力是充分的,而不是欠缺的或是过度的,它满足企业对功能的需求;按照这个逻辑进行的资源投资是合理的,不易导致资源浪费或是不足。

根据上述过程,可构建一个能力分析框架,如图 3.4。在这个模型中,任何一个视图都与另外三个视图联系,四个区块相互作用,最终为企业能力的分析提供有效的指导。

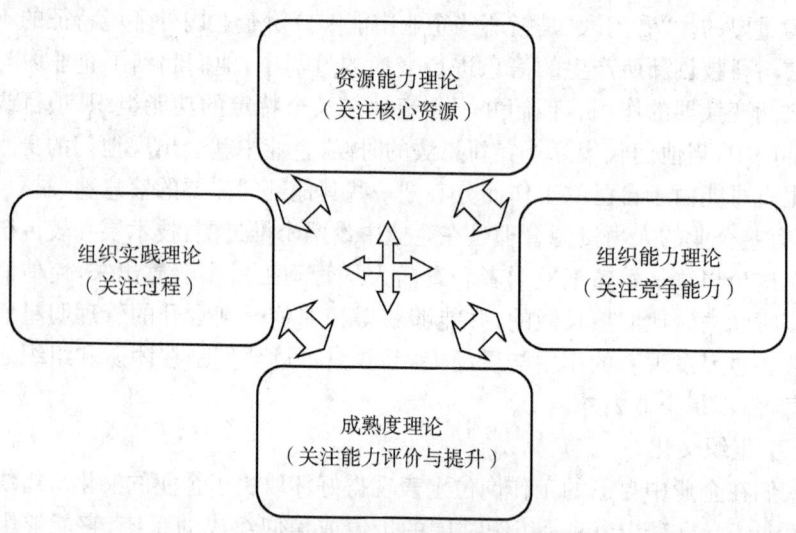

图 3.4 组织能力分析框架

(1) 资源能力

要进行这些支持企业向客户提供价值的活动,企业需要资源(Resources)。这些资源可以分成有形的、无形的以及人力资源。有形资源包括实物和财务上的,这些类型的资源通常都可以在财务报表上找到。它们包括厂房、设备和现金储备。对于一些初创的互联网企业,这类资源包括电脑、向家庭提供最后一公里服务需要的线路以及从 IPO 获得的现金。无形资产是那些非实物以及非财物的资产，它们一般不能从财务报表上找到。它们包括专利权、著作权、商誉、品牌、交易秘密、与客户的关系、员工间的关系以及以不同形式存在于企业内部的知识，例如含有重要客户统计数据的数据库以及市场研究发现的内容。对很多门户网站、ISP 和网上零售商来说，这类资源包括它们的软件、访问者或客户的登录信息、著作权、品牌和客户群。人力资源是企业员工具有的知识和技能。对于互联网企业，这些知识和技能包含于员工们编程、设计和实现商务计划的过程中。

（2）组织能力

资源本身并不能创造客户价值或利润。客户不会因为企业拥有宏伟的厂房、天才的员工或从 IPO 中获得的庞大运作资金而自己跨入企业的门槛。资源必须转化为一些客户想要的东西。企业运用自身的组织能力将其资源转化为客户价值和利润的能力，通常被称作"竞争力"（Competence），它一般需要使用或整合多种资源。哈默尔（G.M.Hamel）和普拉哈拉德（C.K.Prahalad）认为，当企业遇到三个目标（客户价值、竞争者差别化和扩展能力）的时候，企业的约束力就是企业的核心能力。客户价值目标要求企业充分利用其核心能力加强其向客户提供的价值。例如，20 世纪 80 年代和 90 年代初，苹果擅长开发图形用户界面（GUI）的专长使其对电脑的开发都围绕着用户界面的良好特点展开。如果企业在多个领域使用其竞争力，那么我们说这种竞争力是可扩展的。例如本田设计研发的优良发动机，不仅适用于汽车，便携电力发动机、除草机和海船等同样适用。

（3）实践能力

根据定义，由于企业的核心能力使其能够向客户提供比其竞争者好的价值，因此，核心能力使企业拥有了竞争优势。企业的竞争优势取决于企业实践过程中进行经验积累、提炼、应用、再创新的水平，这种能力我们称之为实践能力。这些优势保持的难易决定于其他企业获得或模仿这些能力的难易程度。这些核心能力难以取得或模仿有三个原因。第一，由于历史发展进程不同，这些核心能力难以获得或模仿。Caterpillar 掘土设备的生产和全球服务网络是第二次世界大战期间建立起来的，那时在欧洲的盟军选择了使用它生产的设备。战后那些复员的军队机械师拥有了修理和使用 Caterpillar 设备的技术和知识。其他企业会发现，要建立 Caterpillar 那样的网络需要花费高昂的代价。第二，发展这些核心能力需要时间。先发者所获得的优势是很难赶上的。Merck 的制药能力非常突出，它的药品通过了临床的检验并得到了美国食品药品管理局的生产许可。这依赖于多年来与众多外科医生、研究中心和医院建立起来的关系。这些关系是不可能一夜之间建立起来的。第三，开始时，要一一确定这些核心竞争力都非常困难，更不用说模仿了。本田提供优良发动机的能力究竟包括什么，如何模仿这些能力，要回答这些问题非常困难，这表明要模仿这些核心竞争力将更加困难。

3.2.9 持久性

要保持竞争优势的能力,组织可以依靠核心能力、环境、关键技术,通过阻塞、快跑、协同三类策略的有机组合。

(1) 阻塞策略

在阻塞策略(Block Strategy)中,企业在其商务模式周围设置壁垒防止其他企业模仿。例如,Priceline.com 将其反向拍卖模式申请了专利来防止其他竞争者轻易模仿它的商务模式。著作权、独一无二的能力、专利权和威胁进行报复都是实行阻塞策略的手段。阻塞策略的问题是,竞争者总能找到绕过这些阻塞的办法。而且,阻塞的有效性只有在政府规制政策、客户偏好和预期、基本技术条件都不变的情况下才能够体现出来。

(2) 快跑策略

快跑策略(Run Strategy)的观点认为,完全的自我保护是不可能实现的。竞争者超越这些阻塞只是时间的问题。创新者必须快跑。就是说,它必须对其商务模式不断创新。然而,企业往往不能独自完成这样的工作。它必须通过一些联盟的形式与其他合作者共同分担风险和收获。

(3) 协同策略

在联合的策略(Team-up Strategy)中,企业可以通过采掘其他人的资源来壮大自己的商务模式。例如,20 世纪 90 年代,AOL 接入服务的用户使用一些接入速度较慢的技术,例如双绞铜线,他们发现每次都需要等待很长时间。由于速度是客户价值的一部分,AOL 需要向客户提供更多这种价值。通过与另一家能够向家庭和商业用户提供高速最后一公里接入服务的企业联合,AOL 大幅提升了它的服务质量。这也是它在 2000 年初合并时代华纳的起因。

3.2.10 成本结构

成本结构是指收入和创造这些收入的成本之间的关系。

在成本结构中,关键成本影响因素主要有:规模经济、投入产出比、能力组合、交易成本。关键成本影响因素的特征是信息而非实物。一般而言,拥有一个低的成本结构能使企业更有效地关注商务模式中其他 9 种成分的计划与实施。

(1) 规模经济

规模经济(Economies of Scale)是指通过扩大生产规模而引起经济效益增加的现象。规模经济反映的是生产要素的集中程度同经济效益之间的关系。规模经济的优越性在于:随着产量的增加,长期平均总成本下降。但这并不仅仅意味着生产规模越大越好,因为规模经济追求的是能获取最佳经济效益的生产规模。一旦企业生产规模扩大到超过一定的规模,边际效益会逐渐下降,甚至跌破趋向零,乃至变成负值,引发规模不经济现象。

(2) 投入产出比

投入产出比(Output-to-input Ratio)是指项目全部投资与运行寿命期内产出的工业增加值总和之比。投入是指一个系统进行某项活动过程中的消耗,如对原材料、电力、运输等的消耗。产出是指一个系统进行某项活动过程的结果,如各部门生产的产品和服务。投入产出比衡量了各部门产品的生产和消耗的关系。

(3) 能力组合

能力组合是指企业在现有资源的基础上选择的资源和能力的组合,以保持竞争优势。

(4) 交易成本

交易成本(Transaction Costs)又称交易费用,指达成一笔交易所要花费的成本,也指买卖过程中所花费的全部时间和货币成本。包括传播信息、广告、与市场有关的运输以及谈判、协商、签约、合约执行的监督等活动所花费的成本。

3.3 互联网商务模式的分类方法

根据蒂姆斯、罗帕、艾森曼的研究,绝大部分商务模式都可以由利润点、盈利模式、商业策略、定价模式来确定。

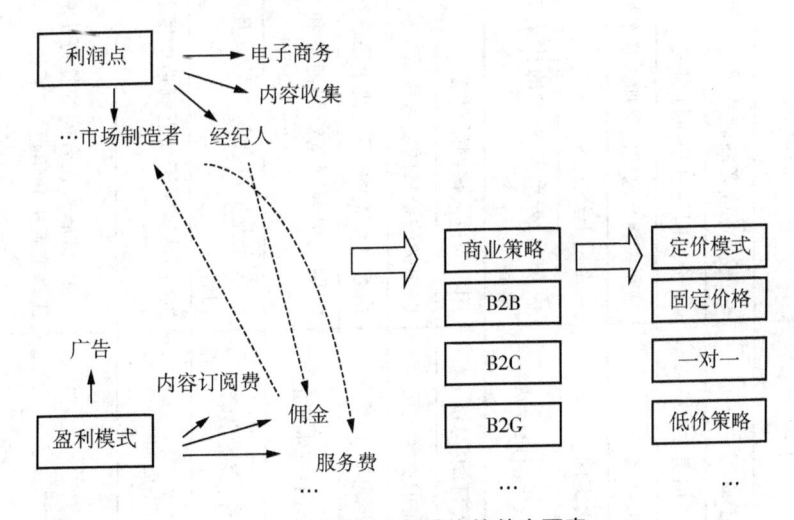

图 3.5 互联网商务模式的基本要素

如图 3.5 所示,从四大基本要素来对互联网商务模式进行大致分类,见表 3.4。下面我们逐次对每个要素进行分析。

表 3.4 互联网商务模式类型划分

代表人物	术语	简单定义	利润点	收入模式	商业策略	定价模式
蒂姆斯	电子商店	一家企业或者商店的网上营销	电子贸易	销售增值	B2C	固定价格
	电子拍卖	出价机制的电子执行模式	市场制造者	佣金	N/S	拍卖
	虚拟社区	成员们将自己的信息加入基本环境	服务提供者		P2P	
	买卖实现	一个网上经纪商	经纪人/代理人	佣金	B2C	固定价格
	大众化门户网站	大众化或者多种类的内容或者服务	内容收集	广告	B2C	固定价格(广告)、信息中介
罗帕	内容订阅模式	用户为进入该网站付费		订阅费	B2C	
	反向拍卖经纪商	叫出你的价格你就能得到	市场制造者	佣金	N/S	反向拍卖
	注册模式	内容是免费的,但是要求用户注册	内容收集	信息中介	C2B	
	网上门户(水平的)	将用户引导到宽泛的商务和其他内容中	内容收集	广告	B2C	固定价格(广告)
	网上内容提供者	递送专业生产者的产品以及广告内容	内容收集	广告	B2C	固定价格(广告)
艾森曼	网上零售商	"将网站运用于新近制定的实物产品"	电子贸易	销售增值	B2C	固定价格
	网络经纪人	一个"被雇来在合同的签订中扮演代理或者中介角色"的实体	经纪人/代理	主要是佣金,也有订阅费,广告费以及服务费	B2C	固定价格

续表

代表人物	术语	简单定义	利润点	收入模式	商业策略	定价模式
艾森曼	网络接入供应商	提供"家用和商用客户的网络接入"	通信服务提供者	主要是订阅费，也有服务费和广告	B2C, B2B	主要是固定价格
	网络市场制造者	提供"交易场所、管理规则以及支持交易的下层组织"的中介	市场制造者	主要是佣金，也有销售增值、订阅费、信息中介、服务费或者广告	主要为B2B, 也有B2C和C2C	固定价格、拍卖或者一对一
	网络化效应提供者	让用户"完成超越性的特别功能的网页浏览"（例如插件）的软件制造商	软件提供者	生产	B2B（服务器端）、B2C（客户端）	固定费用（服务器费用和客户端软件）
	应用程序服务提供者	一家企业允许其他企业通过远程服务器进入应用程序软件	服务提供者	服务费	B2B	一对一且应固定

3.3.1 利润点

基于利润点可把互联网商务模式分为 10 种类型。

(1) 电子商务

电子商务企业通过在线的渠道进行实际产品与货币的交换。我们这里的电子商务并不是指所有与互联网相关的业务，而是局限于通过在线渠道销售的企业。其中一些企业自己制造或装配产品销售，而另一些只是销售其他企业的产品。在现在这个互联网时代中，基本所有企业都通过网络渠道进行销售。其中一些电子商务企业只是在互联网上销售，另外一些企业既在网上也在传统的渠道销售。例如，Intel 是全球最大的个人计算机和 CPU 制造商，但是它每年也通过互联网销售价值数亿美元的商品。

(2) 内容收集经纪人/代理商

内容收集包括媒体企业和内容提供商。例如美国在线（AOL）、雅虎（Yahoo!）等这些企业都是内容提供商。我们也看到很多在互联网上将一定内容收集起来的经纪人，例如去哪儿网，就是专门为旅游者提供互联网上所有关于机票、酒店、度假和签证等服务的整合信息的网站，以便旅游者决策。

(3) 市场制造者

互联网商务中大部分是中介商，而且引入了一种新的中介，这种中介是将买家和卖家带到一起，并向他们收取一定的费用。市场制造者犹如一个中立的中介商，它提供一个贸易的场所，并给市场交易制订一定的规则。最典型的就是阿里巴巴，其提供淘宝、天猫等网站作为平台，将卖家和买家带到一起，成为中国最大的电商。

(4) 服务提供者 EDS、EMC

互联网服务包括各种支持服务，例如咨询、外包服务、网站设计、电子数据交换、防火墙以及数据的储存备份。除通信以外的所有服务都包含在这一类中。有成千上万家企业提供这些服务，这些企业通过销售它们的服务或专长获得利润。例如埃森哲公司，它们为客户提供包括信息技术咨询、电子商务等方面的咨询。在这个数字化商业时代，提供数字技术服务无论是对于管理咨询企业还是传统的计算机企业来说，都是一个重要的方面。

(5) 骨干网络运营商

骨干网络运营商（Backbone Service Providers）是那些拥有自己骨干网络的企业，他们是互联网基础框架的第一部分。这类企业控制着高带宽的线路，能处理大量的数据流量。中国的四大骨干网包括中国公用计算机互联网（CHINANET）、中国科技网（CSTNET）、中国教育和科研计算机网（CERNET）、中国金桥信息网（CHINAGBN）。例如其中的中国公用计算机互联网，又称中国宽带互联网,是由中国邮电电信总局负责建设、运营和管理,面向公众提供计算机国际联网服务,并承担普遍服务义务的互联网络,现由中国电信经营管理。

(6) ISPs/OSPs

互联网接入服务提供商(Internet Service Provider,ISP)向个人或中小型组织提供硬件和软件,帮助他们接入网络,而在线服务提供商(Online Service Providers,OSP)提供相同的服务,只是它还向订阅者提供信息。

ISP有自己的服务器、交换器和软件,将个人用户与互联网连接起来。中国大陆三大基础ISP是中国电信、联通和移动。

除了ISP向客户免费提供互联网内容的服务外,专有的在线服务提供商不仅向其用户提供付费的互联网内容服务,还提供其专有的封闭网络内的内容,这是只有付费用户才能享受的服务。OSP包括美国在线(AOL)等,他们通过端点服务向小型组织或个人提供互联网接入服务获取利润,通常按月收取固定费用。

(7) 最后一公里

互联网与消费者的连接有时被称作最后一公里服务,因为它表示了端点(通常是在一个局部范围内的,例如地区电话交换机)和终端用户接入的物理连接(例如,电话、电缆、光缆或无线接入)。更广义地,提供最后一公里服务的企业是提供这些通信服务支持的行业。这一领域由电信企业,主要是地区通信企业占据。我们要接入骨干网络企业的网络之前,必须先经过这些最后一公里服务提供商。如果我们注意一下这一类企业的规模就会发现,它们的平均规模比其他领域内企业规模大得多。这是由于地区性电话企业所处的垄断地位造成的,它们绝大多数都具有庞大的规模。现在,它们通过投资地区网路,并向其他网路提供收费的接入获得利润。

很多研究人员认为,要掌握最后一公里服务市场上的主动权必须从初期开始,而且最后一公里服务利润巨大,容易吸引大量企业。例如原AT&T曾与地区贝尔系统运营公司争夺最后一公里的控制权。

(8) 内容制造者

内容提供商是智力资本的开发者和拥有者。它们制作了一系列产品,包括音乐、游戏图片、电影、动画、文字等。迪士尼(Disney)和美国在线—时代华纳,都是从事这些综合内容的经营,制作开发以上所有形式的产品,例如动画、影像、音乐、游戏以及新闻。

(9) 软件提供者

软件提供者提供软件产品,例如操作系统、驱动程序、各种应用软件,等等。这些企业向终端用户或企业销售软件产品以支持它们的互联网应用。它们与生产商类似,投资进行软件开发,进行市场营销,通过销售产品来获得利润。尽管固定成本的回收以及产品的易复制性仍是重要问题,但公众对新产品永不满足的胃口仍促进了整个产业的发展。

微软是这类企业中最大的,1975年创办后,它以研发、制造、授权和提供广泛的电脑软件服务业务为主。其最为著名和畅销的产品是 Microsoft Windows 操作系统和 Microsoft office 系列软件。

(10) 硬件提供者

硬件提供者这一类包括三个相关领域：通信设备生产商、计算机设备生产商和硬件配件生产商。通信设备生产商、计算机设备生产商和硬件配件生产商。通信设备生产商指各种路由器和其他数字交换器的制造商。例如朗讯科技,致力于设计和提供推动新一代通信网络发展所需的系统、服务和软件。

计算机硬件包括客户机和服务器硬件——终端用户计算机(个人计算机或工作站)和服务器设备(网络服务器、文件服务器、电子邮件服务器、局域网服务器)。最大的计算机硬件企业无疑是 IBM,1911 年成立至今,其核心硬件产品包括大型机、小型机、各种服务器、存储产品等。

3.3.2 盈利模式

盈利模式指企业最主要的收入来源。包括以下七个基础的盈利模式：佣金模式、广告模式、销售增值模式、生产模式、转介费模式、内容订阅模式和服务费模式。基于盈利模式的商务模式分类将在下节进行详细讨论。

3.3.3 商业策略

商业策略是指确定客户基础或者企业服务人群的策略。商业策略的选择最明显的情况是与确定目标客户有关,例如一家电子贸易公司选择向消费者出售(一个零售商)而不是向企业出售(批发商)。零售商被包括在 B2C 市场里,而批发商被包括在 B2B 市场中。例如天猫(Tmall)属于 B2C 市场,而阿里巴巴网则属于 B2B 市场。

然而这些商业策略并不仅限于简单地确定客户是谁,还在于确定自身在交易中间起的作用。举例来说,如何对像 eBay 这样安排个人之间交易的企业进行分类？每个项目成交时每一个个体都向 eBay 支付一次,这就是 B2C 的企业吗？从技术上来讲,是的,但是这一描述忽视了这样的事实,就是 eBay 是作为一个中介在消费者之间进行销售。这样的话更应该把它描述成一个中介,而其他部分则作为客户之间的一种交互作用。如此说来,它就属于个人对个人(P2P)或者说是消费者对消费者(C2C)的模式。又如企业对员工(B2E)模式,这可能是指一家企业向自己的员工出售服务,但更可能是指向其他企业提供服务以促进企业与员工之间的关系。

常见的商业策略包括以下几种：

3.3.3.1 B2B

企业间电子商务(Business to Business)。该类型是电子商务发展初期最成功的商务模式,实现了企业间售前、售中、售后活动的电子化,涉及网络营销、供求业务、支付业务、售后服务等内容。B2B 电子商务为企业间业务往来搭建了一座电子化桥梁,目前中国最成功的第三方 B2B 电子商务平台是阿里巴巴网。

3.3.3.2 B2C

企业与个人之间的电子商务(Business to Customer)。指商业组织面向个人消费者展开的在线商务活动。此类型最为公众所熟悉,典型的应用是电子商店或企业在线销售。比如当当网、亚马逊(Amazon)等从事零售的电子商店和戴尔等专事商品直销的企业。又例如《纽约时报》的网页,其内容都是由企业所创造并传递给客户的,所以更接近于 B2C 模式。

3.3.3.3 C2C

消费者间的电子商务(Customer to Customer)。此种类型是近几年发展最快,对消费行为影响最大的电子商务类型。典型的例子是从事网上拍卖的 eBay (www.ebay.com)、个人开网店的淘宝(www.taobao.com)平台等。

3.3.3.4 G2B

政府与企业间电子商务(Government to Business)。此类电子商务活动正随我国政府信息化与 IT 应用能力的不断增强而增多。它包括政府与企业间的各种商务与业务活动,如政府采购、工商管理、税收服务、海关业务等。

3.3.3.5 B2G

企业与政府间电子商务(Business to Government)。与 G2B 模式不同,它包括企业与政府间的各类商务与业务活动,如注册登记、项目申报、产品推介、投资融资等。

3.3.3.6 G2G

政府间电子商务(Government to Government)。该类型常见于政府间的国际商务往来,双方各代表本国政府部门、企业组织、事业单位的利益,传达供需信息。例如,2008 年进行的"中俄贸易磋商",涉及能源、化工、金融、冶金、交通和军工等重头行业。

3.3.3.7 E2E

端(消费端)对端(产品端)即 End to End 的商业模式。是新兴的一种基于大数据计算、物联网科技和 LBS(Location Based Service,即基于地理位置的服务),在互联网平台上汇聚有相同价值观的人群,筹集资金发展共同的事业,简化商业流程,让消费者同时以股东的身份参与到社会经济活动中,以产品需求作为市场主导,优化社会资源配置的电商模式。

大象联盟是世界首家 E2E 国际经贸平台,它和全球不同领域最优秀的厂商合作,利用特有的产、供、销为一体的超大型国际经贸自循环模式体系,打破现有国际经贸瓶颈与壁垒,改变传统国际经贸模式与规则,促进全球经贸事业大发展、大繁荣。

3.3.4 定价模式

在上一节 3.2 中我们已经具体讲述了几种主要的定价模式,包括:明码标价(Menu Pricing)、一对一议价(One-to-One Bargaining)、拍卖(Auction Pricing)、反向拍卖(Reverse Auction)、以物易物(Barter)。这些同样可以与前面所有因素组合进行结合。

如果更深入地说定价的话,对于一个企业还可以有如下几种定价目标:生存定价、获取当前最高利润定价、获取当前最高收入定价、销售额增长最大量定价、最大市场占有率定价和最优异产品质量定价。而当企业确定其定价目标后,就需要选择一个合适的定价策略。

定价策略具体有以下几种:

3.3.4.1 低价定价策略

(1) 直接低价定价策略

由于定价时大多采用成本加一定利润,有的甚至是零利润,一般是由制造商在网上进行直销时所采用。

(2) 折扣定价策略

在原价基础上进行折扣来定价,让顾客直接了解产品的降价幅度以促进顾客购买。

(3) 促销定价策略

企业为拓展网上市场,但产品价格又不具有竞争优势时,可采取网上促销定价策略。

3.3.4.2 定制生产定价策略

(1) 定制生产内涵

作为个性化服务的重要组成部分,按照顾客需求进行定制生产是互联网时代满足顾客个性化需求的基本形式。定制化生产根据顾客对象可分为两类:一类是面对工业组织市场的定制生产;另一类是面对大众消费者市场的定制生产。

(2) 定制定价策略

是在企业能实行定制生产的基础上,利用网络技术和辅助设计软件,帮助消费者选择配置或者自己设计能满足自己需求的个性化产品,同时承担自己愿意付出的价格成本。

3.3.4.3 使用定价策略

所谓使用定价,就是顾客通过互联网注册后可以直接使用某企业产品,顾客只需要根据使用次数进行付费,而不需要将产品完全购买。

3.3.4.4 拍卖竞价策略

网上拍卖使消费者通过互联网轮流公开竞价,在规定时间内价高者赢得商品。网上拍卖竞价的方式包括:竞价拍卖、竞价拍买和集体议价。个体消费者是目前拍卖市场的主体,拍卖竞价可能会破坏企业原有的营销渠道和价格策略制定。

3.3.4.5 免费价格策略

免费价格策略是市场营销中常用的营销策略,主要用于促销和推广产品。免费策略主要是一种促销策略,另一个目的是想发掘后续商业价值,主要是先占领市场,然后再在市场获取收益。免费价格策略的形式包括:产品和服务完全免费、对产品和服务实行限制免费和对产品和服务实行部分免费。

3.4 互联网商务模式的主要类型

3.4.1 基于价值链的分类

欧洲电子政府研究中心(Unite-Government European Commision)主任保罗·蒂姆斯(Paul Timmers)是世界上第一个提出商务模式分类体系的研究者,他所提出的商务模式分类体系基于交互模式和价值链整合。典型的商务模式构建和实施一般需要识别价值链要素(如采购物流、生产、销售、物流、营销、研发、采购、人力资源管理等),总共分为11种模式,见表3.5。

表 3.5 基于价值链的互联网商务分类

电子商务模式	价值活动整合环节
电子商店	营销与销售
电子采购	采购
电子商城	营销与销售
电子拍卖	营销与销售、采购
信用服务	信用业务
虚拟社区	提供网络环境
协作平台	提供网络环境
信息中介商	信息提供
价值链服务供应商	各个环节或某几个环节
第三方市场	全部环节
价值链整合商	全部环节

(1) 纯模式:价值链全部在互联网上

第三方市场(Third-party Marketplaces)。第三方市场模式主要是指运营商有建立专业性网站的水平和实力,承接为许多企业建立网站的任务,并把涉及网上交易的所有环节,包括品牌营销、网上支付、物流管理以及订货下单等一整套环节都承包下来,收取网站建设、技术支持及相关的服务费用。这种商务模式的运营商一般为 ISP 网络服务供应商,因为他们有足够的建设、运营、维护网站的实力和经验。第三方市场虽然以统一的形象和整体的感觉为消费者提供服务,但实质上可以是多家企业的联合。在 MRO(Maintenance Repair and Operating)领域比较出名的第三方市场供应商有 Citius 和 Tradezone。

价值链整合商(Value-chain Integrators)。这种模式是通过对价值链中各个环节(或某几个环节)进行某种程度的整合和优化而探索出更为合理的价值链形式,这种电子商务模式的收入来源主要是咨询和服务费用。多样化运输领域的 TRANS2000 是采用价值链整合商模式的典型代表。

价值链服务供应商(Value-chain Service Providers)。这种商务模式与价值链整合商模式的不同在于,该商务模式专注于价值链的某些方面,如网上支付或者物流,通过这些服务以加强客户自身的竞争优势,比如银行改变传统的支付方式,采用网上支付、划拨等,此时银行就采用了价值链服务供应商模式。这里的服务供应商可以是第三方,也可以是服务对象自身,如银行。价值链服务供应商的收入来源一般是通过服务收费或者按一定比例的收入折扣取得,比较有名的价值链服务供应商有 Fed Ex 和 UPS,他们主要提供网络物流支持服务。

(2) 混合模式:价值链的部分环节在互联网上

① 电子商店(E-shops)。电子商店是最为简单和常见的一种电子商务模式,它可以看作传统商务模式中的商店在网络上的翻版。完善的电子商店最为核心的部分是产品订购和货款支付系统。

② 电子采购(E-procurements)。网上采购一般是针对企业上游的供应商而言的,常常是较大规模和经常性的原材料采购。网上采购有助于企业压低成本,寻找质量更为优良的产品,对于供应商而言,网上采购会使其找到更多的潜在客户,赢得更多收益。对于其中的辅助性问题,比如支付问题、物流问题,要求都要高一些,有时还需要其他电子商务模式,比如价值链整合来配合完成交易。

③ 电子商城(E-malls)。不同于电子商店,电子商城的运营商不直接参与网上交易,而是开辟一个商城,把其中的"摊位"租出去,交易由摊主即电子商店的运营商和顾客完成。运营商负责管理商城,提供整套服务如网上支付等,以收取管理费以及租金、相关的服务费。对于电子商城的租用者来说,花费低廉的运营成本就可获得完善的一整套服务,这些服务由商城的运营商统一完成。

④ 电子拍卖(E-auction)。电子拍卖提供了一种网上竞价的机制,将传统的

拍卖放在网上进行。它可以用多媒体手段为客户展示拍卖货物,在交易完成之前,商品不必像传统拍卖那样做物理上的移动。同时,电子拍卖还可以提供一整套的服务,比如签订合同、支付运输等。国外比较著名的电子拍卖商有 Infomar 以及 FastParts,国内比较著名的电子拍卖商有易拍网。

⑤ 虚拟社区(Virtual Communities)。虚拟社区提供了一个网上环境,虚拟社区的成员可以将自己的信息放在上面,对于市场运营者,建立一个虚拟社区有助于及时得到客户的信息反馈,提高客户忠诚度。远程教育类网站、医疗类网站等都是具有虚拟社区的电子商务模式。虚拟社区在电子商务的各个领域都已有所建树,比如在图书领域有 Amazon 建立的社区,在钢铁领域有 www.indconnect.com/steelweb 等。

⑥ 协作平台(Collaboration Platforms)。协作平台可以提供一定的信息环境和一系列的工具用以创造企业之间的网上合作平台。一般这种模式集中在某些特别领域,比如合作设计项目、工程开发。Global Engineering Network 是采用协作平台模式的企业之一。

⑦ 信息中介商(Information Brokerage)。这种商务模式一般是提供大量各个领域的信息,通过订阅或者是付款阅读的方式获得收入,一般为综合类的门户网站,比如 Yahoo。信息中介商在企业价值链整合的过程中还扮演着重要角色,有时价值链整合商以及价值链供应商都需要信息中介商提供的信息服务。

⑧ 信用服务及其他服务(Trust and Other Services)。信用服务指运营商在网上为客户提供认证、鉴别授权、咨询等信用服务,这种模式下的运营商往往在特定领域具有专业授权、电子授权或第三方授权。中间信用机构的服务在传统模式中也是存在的,如一些商检机构、认证机构,这种模式可以使交易去伪存真,提高工作效率。

3.4.2　基于产业类型的分类

互联网商务模式范围非常广阔,不仅依产业的不同而相互区别,而且在同一个产业中各个企业的商务模式也各不相同。不仅如此,这些商务模式还在不断发展。麦考尔·罗帕(Michael Rappa)和蒂姆斯将其分成几个大类:经纪商、广告商、信息中介商、销售商、制造商、会员服务提供商、社区服务提供商、订阅服务提供商、效用服务提供商。

(1) 经纪商模式

在经纪商模式(Brokerage Model)中,企业作为市场的中介商将买者和卖者结合起来,并从他们的交易中收取费用。它们可以是商家对商家、商家对消费者、消费者对消费者或消费者对商家的经纪商。这样的例子有旅行服务机构、在线经纪企业和在线拍卖所。经纪商商务模式可以进一步分成几个不同的类型:

买/卖配送、市场交易、商业贸易社区、购买者集合、经销商、虚拟商城、拍卖经纪人、反向拍卖经纪人、分类广告、搜索代理和后中介商。

(2) 广告商模式

在广告商模式(Advertising Model)中，网站的所有者提供了一些内容和服务来吸引访问者。网站所有者通常通过向在其网站上加入标志、按钮或使用其他获得访问者信息的方式向广告客户收取广告费用来获取利润。几乎所有想用网站内容吸引访问者的网站所有者都想采用这种模式。广告商模式可以进一步分为：

① 大众化门户网站。一般以分类的或多元化的内存和服务见长(如搜索引擎，以及新浪和Yahoo等目录网站，或者像AOL那样的内容网站)。巨大的访问量不仅带来了可观的广告收入，而且为网站服务的多元化发展提供了契机。访问量竞争导致了免费内容与免费服务的发展，如免费电子信件、股市行情、信息留言板、聊天、新闻和本地信息等。

② 个性化门户网站。大众化门户网站的本质是多元化分类内容和服务，它削弱了用户的忠诚度。因此My.Yahoo、My.Netscape等以个性化界面、个性化内容见长的网站就应运而生了。网站个性化的过程中，用户投入了大量的时间，因而用户对个性化门户网站的忠诚度也在不断增加。个性化门户网站能否盈利取决于访问量的大小，也可能取决于用户所选择的信息的价值。个性化也是"专门化模式"的支撑点。

③ 专门化门户网站。专门化门户网站也称"vortal"门户网站(垂直门户网站)。在专门化门户网站中，"专门化"用户群比访问量更重要(月访问量大概在50万到500万人次之间)。例如，有些站点专门面向高尔夫运动者，或者家用购买者，或者初为父母者。而为了达到对专门用户广而告之的目的，商家也愿意支付巨额的广告费。预计在不远的将来，专门化门户网站将飞速发展。

④ 免费模式。免费网站为用户提供某些免费商品：免费网站托管服务、免费网络服务、免费上网、免费硬件以及电子贺卡等。免费商品和服务提高了网站的访问量，为网络广告提供了巨大的发展契机。这种模式仅靠广告收入是难以维持的，还必须与信息中介模式相结合。

⑤ 廉价商店。最引人注目的廉价商店Buy.com网站，其商品售价往往等于或低于成本，主要是通过广告实现盈利。

(3) 信息媒体模式

在信息媒体模式中，企业搜集客户身上有价值的信息，如他们的购买习惯等，并将其卖给能够从中提炼出有用信息的企业，帮助它们更好地向其客户提供服务。信息媒体通常向消费者提供一些东西作为回报，比如说免费的内容、现金或个人电脑奖励等换取他们的信息。信息媒体还可以搜集企业及其网站的相关信息并将其卖给消费者。信息媒体可以进一步分成两类：

① 推荐者系统。用户可利用这类网站，互相交流对产品和服务质量的看法，或根据各自的购物经验来评价卖主。推荐者系统和浏览器还可用于监控用户习惯，使推荐给用户的信息更加适宜，并增加了所采集的数据的价值。此系统能利用经销商提供的合作模式，来增加出售消费者信息所获取的利润。

② 注册模式。注册模式主要用于以内容为主的网站。这类网站可免费浏览，但要求用户注册（也可能采集其他信息）。注册模式可用于跟踪用户的站点使用模式，因而生成对广告活动有很大潜在价值的数据。这是信息中介模式的最基础形式。

(4) 销售商模式

销售商模式就是在线销售模式，批发和零售商通过互联网销售它们的货物和服务。货物可以通过列出价格表或拍卖方式售出。这包括虚拟销售（销售比特产品和其他产品或服务）的商家、目录销售商（以 Web 为基础进行邮购业务的商家）、线上线下渠道并存销售商（拥有 Web 店面的传统商家，这种商家会面临渠道冲突的问题）和比特产品（可以由网络传输的产品）零售商。

(5) 生产商模式

在生产商模式中，生产商努力通过互联网直接接触到最终用户，而不是通过批发商或零售商。这样，通过直接了解客户的需要，他们可以节约成本，并更好地向客户提供服务。渠道冲突是这种生产商面临的一个挑战。20 世纪 90 年代末计算机制造商康柏决定放弃其原有的分销商而直接面向客户。分销商们对这一变化的激烈反对使得康柏不得不重新考虑决定。

(6) 合作附属商务模式

在合作附属商务模式中，销售商拥有一些附属商家，它们的网站上有通向这些附属商家网站的链接，访问者通过点击销售商的网站上的链接进入附属商家的网站上购买商品后，附属商家要交纳一定费用，通常是其收入的一个百分点。

(7) 社区服务模式

社区服务模式依赖于社团的忠诚，而不是访问者的访问流量。经营者不断投入各种资源，发展与社区内其他成员的关系，使他们经常访问他的站点。这种社团的成员组成了非常好的目标市场。这样的最成功的例子是 iVillage。

(8) 内容订阅模式

进入这样的网站不是免费的，其成员必须缴纳一定的订阅费用才能获得它所提供的高质量的内容。一些网站同时提供订阅内容服务和非订阅内容服务，以满足不同的访问者。订阅内容模式存在一种道德风险：一旦客户交纳了订阅费用，他们有时会享用大大超过他们正常需求水平的服务。当美国在线（AOL）推广固定月费（交纳一定费用，不限制使用量）策略时，他们发现了这个棘手的问题。一些客户登录后,不管是否使用了网站的服务,一直保持他们的登录状态。这样使得电话线的通路使用变得非常紧张。

(9) 效用模式

效用模式是当你访问时依据你访问的数据量进行计费。它的成功取决于字节计费能力,包括微支付系统,即如果字节太少则无法通过信用卡付费,因为手续费本身就可能超出使用费,如 FatBrain,SoftLock,Authentica。

3.4.3 基于收入模式的分类

(1) 佣金基础

佣金:交易过程中第三方(中介)根据交易的规则从中收取的费用。根据交易的规模从中收取交易费用。佣金基础的商务模式就是将收取佣金作为商务的主要支柱。

佣金基础模式可以进一步细分为下面几类形式:

① 买/卖促成(Buy/Sell Fulfillment)。Kenneth C. Laudon 和 Carol Guercio Traver 称其为交易经纪人,他们帮助顾客对顾客的交易实现。

② 市场交易(Market Exchange)。它们通过设置一个试产帮助企业之间的交易进行(例如 New Vies)。

③ 商业贸易社区(Business Trading Community)。它们实现市场参与者之间的信息交换,并且为垂直市场里的对话做出贡献(例如 Vertical-Net)。

④ 购买者集合(Buyer Aggregator)。把个体购买者组成集团,这样无论个人还是企业,都可以在交易中具有更大的买方力量(例如 Market Mile)。

⑤ 分销经济商(Distribution Broker)。是制造业者和大量产品制造商的联系纽带(例如 Grainger)。

⑥ 虚拟商场(Virtual Mall)。通常都是通过购物界面为众多贸易商提供链接或者"主机"(例如 MySimon,Yahoo! Shopping)。

⑦ 后中介商(Metamediary)。也是一种虚拟商城,但还包括交易和出清服务(例如 Amazonz Shops)。

⑧ 拍卖经纪人(Auction Broker)。为卖主提供拍卖服务,向卖主收取佣金(例如 eBay)。

⑨ 反向拍卖经济商(Reverse auction)。为买主提供拍卖服务,具体来说就是潜在的买主对某项拍卖品提出报价,然后卖主为提供这类商品或者服务给买主提出投标价,市场制造者通常的报酬是买家和卖家报价之间的差价(例如 Priceline)。

⑩ 分类广告(Classifields)。在该模式中,个体为了出售商品或服务做广告(例如 Apartments,Monster)。

⑪ 搜索代理(Search agent)。提供个性化购物或者信息服务,手段是通过智能软件的"代理"或者"店铺侦测"来扫描大量站点,为买家找出所需要的信息。

⑫ 赏金经纪人(Bounty broker)。该模式是为了买家支付的赏金而提供罕见信息或商品的经纪人服务(例如 BountyQuest)。

⑬ 贸易配对(Match Maker)。根据 Laudon 和 Traver 所述,该模式是帮助企业(而不是消费者)寻找需要的东西(例如 iShip)。

⑭ 伙伴间内容提供者(Peer to Peer Content Provider)。该模式使得消费者可以分享文件或者服务(例如 Napster,my.MP3.com)。

⑮ 交易经纪商(Transaction Broker)。协助买家和卖家完成交易的第三方(例如 PayPal)。

(2) 广告基础

广告模式可能成功的途径有两种。第一种途径是取得最广泛的受众基础,广告模式可能成功的第二种途径是拥有高针对性和专门的受众。广告模式的具体划分如 3.4.2 节中的广告商模式。

(3) 销售增值基础

销售增值指相对于生产过程,在销售过程中增加的价值,因此销售增值基础模式是一种将企业的主要收入来源作为销售增值的模式。销售增值模式的其他形式有:

① 虚拟商铺(Virtual Merchant)。这是一种单纯的网上电子零售商(例如亚马逊)。

② 目录商铺(Catalogue Merchant)。这是一类传统的企业,现在也在网上销售和完成订单(例如 L.L.Bean;Land End)。

③ 鼠标加砖瓦(Click-and-morter)。这是传统的商铺,现在也通过互联网进行销售。

④ 比特产品零售商(Bit Vendor)。这类企业不仅通过网络销售,而且它们销售的也是纯粹数字化产品,可以通过互联网进行传送(例如 Eyewire)。

(4) 生产基础

传统营销中产品分成三个层次:核心利益或服务、有形产品和延伸产品,如图 3.6 所示;而基于互联网的网络营销产品层次如图 3.7 所示。

在生产模式中,制造商试图通过互联网直接接触消费者或者最终使用者。通过这种方式,他们可以节省成本并且由于能直接发现顾客的需求而更好地为他们服务。这一模式的基础是从生产中获得收入;典型的制造商/生产者/集成商在生产中增值的模式。也就是说,这些企业将原材料转化为更高价值的产品。大多数硬件和软件供应商都属于这一模式。举例来说,康柏将各种零部件,比如内存芯片、磁盘驱动器,组装成一件成品——一台个人计算机。我们前面提到的

图 3.6 传统营销模式

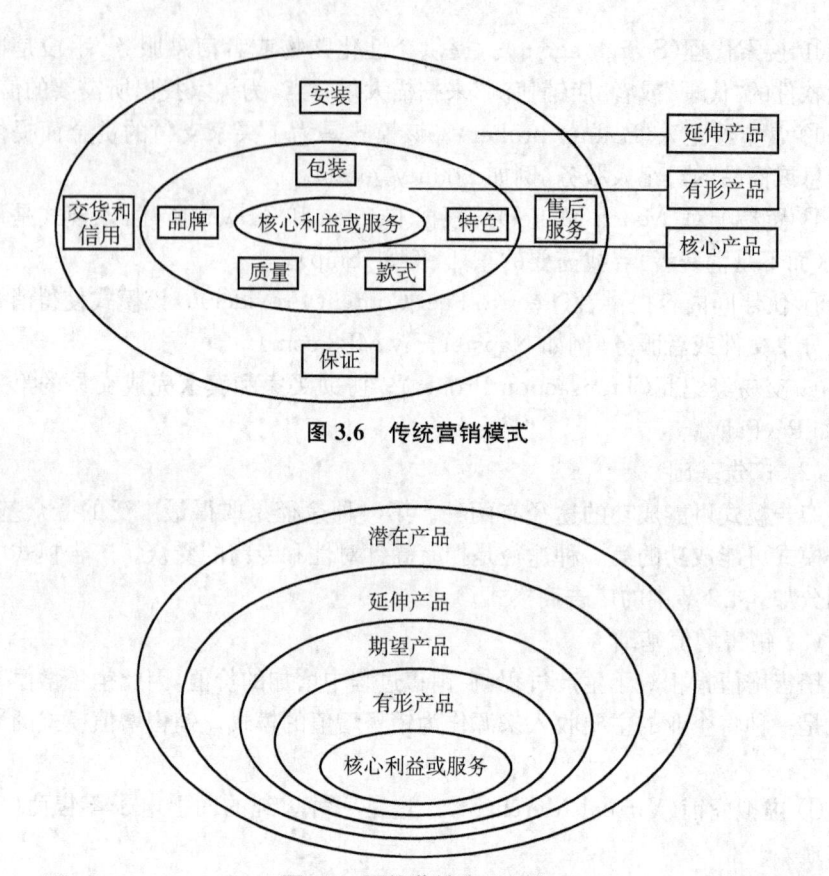

图 3.7 网络营销产品层次

软件业是一种类似的例子,虽然它的产品是触摸不到的。微软等软件企业"开发"软件的方式就是雇佣程序员来开发更大型程序的一些片段,然后由另一些负责制造商新程序的程序员将这些成果整理组合或者将新的功能增添到旧程序中。最后,这些软件应用程序被出售给消费者。生产模式的区别性特征就是在市场上出售的价格高于生产成本。

在这里,数量的影响表现为规模经济和学习曲线。规模经济意味着通过高产量使得企业的运营成本降低。规模经济背后的关键是固定成本对变动成本。在一个高固定成本低变动成本的行业中,由于固定成本在更多的单位中摊销,规模经济会更显著。在那些通过累计产量获利的行业中,学习曲线的影响非常重要。生产模式的互联网版本也可以基于其他的效率来源,如去除中介化(Disintermediation)。

这一模式的形式包括:

① 生产商直面客户(Manufacturer—direct)。按照 Laudon 和 Traver 的论

述,这类制造商直接向最终使用顾客出售产品(例如:海尔、联想、DELL)。

② 内容制造商(Content Producer)。这些企业制作娱乐、信息、艺术或者其他的内容并销售这些内容(例如索尼娱乐)。

③ 电子采购(E-procurement)。企业通过网络竞价以及取得产品和服务,这样既扩大了对供应商的选择,又节省了成本(例如福特汽车公司在向供应商购买零部件时提高了对电子途径的使用)。

④ 网络化效应提供者(Networked Utility Provider)。这类企业是一种软件的制造商,这种软件让终端使用者与目标网站联系起来,或者可以通过浏览器或电子邮件让使用者之间可以联系讨论产品性能,这类企业要在竞争中取胜有赖于在它的市场中建立一种标准(例如 Adobe)。

⑤ 品牌整合内容(Brand Integrated Content)。这一模式中,企业试图通过互联网将广告、品牌、产品更完整地一体化(例如 BMW 公司为 BMW 汽车的"advertisement")。

(5) 转介费基础

在基于转介费模式中,企业为将访问者导向另一家企业而收费,这种转介费通常是最终销售收入的一个百分点,也可以是一个固定费用。固定费用的收取可以每签订一份订单(或更一般地说当一笔交易完成,称为"每次销售支付")就收一笔费用,也可以不管是否签单而收取一次费用(称为"每次点击收费"),或者可以依据导向发生收费(称为"每次导向收费")。这种转介基础结构常常与企业关联项目一起使用,这也是为什么一些研究者如罗帕提出管理模式,在其中一个商家具有一些关联商家,它们的网站上有通向这家网站的链接(选择一个链接就可以到达另一个组织的网站),每当访问者通过点击关联商的网站上的链接进入该商家的网站并购买商品,关联商都可以获得一笔转介费,这样的例子包括 frozenpenguin.com 和 americanracefan.com。

线索提供者(Lead Generator),由 Laudon 和 Traver 提出,意指一家企业收集消费者的数据,然后运用这些数据指导商家取得客户(例如 AutoBu Tel)。

(6) 订阅基础

在基于内容订阅模式中,企业按照一个周期(比如一个月)定期收取固定的费用,用户交纳此费用后有权获得定量的服务。不论用户最后是否确实使用了这些服务都要交纳订阅费。这类似于你每个月都要为电话账单付费,而无论你是否打了电话。内容订阅模式还包含道德风险的因素:一旦客户交纳了订阅费用,他们有时会享用大大超过其正常需求水平的服务。当美国在线(AOL)推广固定月费(交纳一定费用,不限制使用量)策略时,他们发现了这个棘手的问题。一些客户登录以后,不管是否使用了网站的服务,都一直保持登录状态。这使得电话线的使用通路变得非常紧张。

这种模式的种类包括：

① ISPs/OSPs。提供互联网入口,有时还有附加内容(例如 AT&T 世界网络)。

② 最后一公里运营商(Last Mile Operator)。提供本地回路以及终端用户入口点,还提供长途通信服务(例如 Verizon)。

③ 内容提供者(Content Creator)。这里为终端消费者提供信息和娱乐(例如 WSJ,Sportsline,CNN)。

(7) 服务费基础

在付费服务模式,企业接受服务才付费。所有行动都是计入流量的,并且用户最终要为他们所消费的服务付费。这种模式的形式包括：

① 服务提供商(Service Provider)。企业通过向终端用户出售服务而不是产品来赚钱(例如 xDrive,myCFO)。

② B2B 服务提供商(B2B Service Provider)。提供一个企业向其他企业出售服务的平台(例如 Employeematters)。

③ 价值链服务提供商(Value Chain Service Provider)。这特指价值链上的一个特别环节,如物流部门(例如联邦快递)。

④ 价值链整合者(Value Chain Integrator)。一些有能力开发使用多重环节之间信息流的企业,致力于整合价值链上的多重环节(例如 Excel,EDS)。

⑤ 合作平台提供者(Collaboration Platform Provider)。指那些经营合作平台的企业,并且这些企业还出售合作工具使得企业改进内部设计和工程(例如 Vastera)。

⑥ 应用程序服务提供者(Application Service Provider)。该模式向企业"出租"软件应用程序(例如 Corio)。

⑦ 客户经纪人(Audience Broker)。这些企业收集客户的数据然后运用这些信息帮助广告发布者更有效地锁定目标客户(例如 DoubleClick)。

3.5 互联网商务模式新生代

3.5.1 跨界与O2O

3.5.1.1 O2O

随着 Internet 和相关 Web 技术的发展,新的互联网商务模式悄然兴起。Online To Offline(O2O)模式就是近年来兴起的一种将线下交易与互联网结合在一起的新型商务模式。

O2O 的概念最早来源于美国,是 2010 年 8 月由 Rampell 提出的。他在分析 Groupon、OpenTable、Restaurant.com 和 SpaFinder 公司时,发现了这些企业之间的共同点:它们促进了线上到线下商务的发展,Rampell 将这种商务模式定义为"线上—线下"商务(Online To Offline),简称 O2O。

我们可以从三个角度来理解 O2O:

(1) O2O 把线上的消费者带到现实的商店或者服务中,在线上查询、支付、购买线下的商品或者服务,再到线下去享受服务。

(2) O2O 模式保留了传统电子商务信息流和资金流线上运行的优势,同时也兼顾了线下进行物流和商流的独特价值,从而在商业模式上能为利益相关者提供更大的吸引力。

(3) O2O 体现了移动互联网时代对客户端到端体验支持的重要性。端到端,是指从消费者搜索并且发现自己有需求的商品或服务,到交易和购买,再到交付使用该商品或服务,直到最后的再消费或者分享,这样一个完整的过程体验。

结合本地特色发展的生存探索创新、可带给消费者最真实的消费体验以及真实的互动式营销可与地方商家深度融合是 O2O 商业模式的三大优势。

近年来兴起的团购网站、打车软件、外卖配送等都属于典型的 O2O 应用。团购 O2O,这种"线上加线下"的营销模式使信息和实物之间、线上和线下之间的联系变得愈加紧密,让电子商务网站进入了一个新阶段。"滴滴打车"等打车软件的出现改变了传统的路边拦车的打车方式,利用移动互联网特点,将线上与线下相融合,从打车初始阶段到下车使用线上支付车费,建立培养出大移动互联网时代引领下的用户现代化出行方式。餐饮 O2O,从 10 年前的大众点评,到两三年前的团购网站,再到刚刚兴起的外卖配送 App,通过线上点餐支付线下配送,塑造了人们全新的就餐习惯。

3.5.1.2　跨界

互联网的出现和快速发展成就的不仅仅是互联网产业本身,如今,互联网企业正在寻求更为多元化的发展战略,从金融到教育,从医疗到穿戴,互联网的发展正在突破传统产业壁垒森严的边界。从产品形态、销售渠道、服务方式、盈利模式等多个方面打破原有的业态,几乎所有的传统行业、传统应用与服务都在借助互联网实现跨界融合,互联网与传统行业进入"核聚变时代"。

一方面,传统企业积极向互联网迈进。传统商贸企业、大型渠道商、快速消费品企业等纷纷向互联网转型,推动了网络零售业快速发展。在创新服务和商业模式的同时,传统企业也已成为互联网生态体系不可分割的一部分。另一方面,互联网加速向金融等传统领域进军。阿里巴巴、百度、腾讯等互联网企业纷纷推出金融服务或产品。同时,越来越多的电商平台推出针对小微企业的贷款业务,2013年,中国电商小贷累计贷款规模达到2 300亿元。此外,互联网旅游、互联网教育等行业也持续快速发展,不断拓展互联网发展的新空间,体现跨界融合发展的新态势。

3.5.2 互联网思维与"互联网+"

3.5.2.1 "互联网+"

2015年3月5日,十二届全国人大三次会议在人民大会堂举行,国务院李克强总理在会上做政府工作报告时提出,国家要制定"互联网+"行动计划,推动移动互联网、云计算、大数据、物联网等与现代制造业结合,促进电子商务、工业互联网和互联网金融健康发展。"互联网+"随即成为关注和讨论的热点。

"互联网+"代表了一种新的经济形态,即充分发挥互联网在生产要素配置中的优化和集成作用,将互联网的创新成果深度融合于经济社会各领域之中,提升实体经济的创新力和生产力,形成更广泛的以互联网为基础设施和实现工具的经济发展新形态。"互联网+"是创新2.0下的互联网发展新形态、新业态,是知识社会创新2.0推动下的互联网形态演进。

"互联网+"的应运而生使互联网成为重要的基础设施,使互联网可以与现实世界中的任何产业相连,从而使得互联网从消费互联网时代进入产业互联时代。在这个时代里,互联网正在用连接一切的方式改造传统产业,用聚合的方式提高传统产业的运行效率。

通俗来说,"互联网+"就是"互联网+各个传统行业",但这并不是简单的两者相加,而是利用信息通信技术以及互联网平台,让互联网与传统行业进行深度融合,创造新的发展生态。"互联网+"会让传统产业更进一步被互联网渗透和改造。"互联网+通信"(即时通信,如QQ、微信)、"互联网+零售"(如淘宝、京东)等已经是"互联网+传统行业"的成熟案例。

在民生、医疗、教育、交通、金融等领域,互联网对传统行业的提升也逐渐成为现实。例如,在民生领域,人们可以在各级政府的公众账号享受服务,如某地交警可以60秒内完成罚款收取等,移动电子政务会成为推进国家治理体系的工具;在医疗领域,将有更多医院上线App全流程就诊,支持网络挂号,就医时间就会被节省,就医效率也将提升;在教育领域,面向中小学、大学、职业教育、IT培训等多层次人群开放课程,可以足不出户在家上课。

"互联网+"不仅正在全面应用到第三产业,形成了诸如互联网金融、互联网交通、互联网医疗、互联网教育等新业态,而且正在向第一和第二产业渗透。农业互联网正在从电子商务等网络销售环节向生产领域渗透,为农业带来新的机遇。工业互联网也在从消费品工业向装备制造和能源、新材料等工业领域渗透,全面推动传统工业生产方式的转变,用户甚至可以直接参与到产品的研发中。

3.5.2.2 互联网思维

互联网思维，就是在（移动）"互联网＋"、大数据、云计算等科技不断发展的背景下，对市场、用户、产品、企业价值链乃至对整个商业生态进行重新审视的思考方式。

最早提出互联网思维的是百度企业创始人李彦宏。在百度的一个大型活动上，李彦宏与传统产业的老板、企业家探讨发展问题时，首次提到"互联网思维"这个词。他说："我们这些企业家们今后要有互联网思维，可能你做的事情不是互联网，但你的思维方式要逐渐像互联网的方式去想问题。"

用户思维、简约思维、极致思维、迭代思维、流量思维、社会化思维、大数据思维、平台思维、跨界思维等是典型的9大互联网思维。

（1）用户思维

用户思维是互联网思维的核心，是指在价值链各个环节中都要"以用户为中心"去考虑问题。

（2）简约思维

简约思维是指在产品规划和品牌定位上，力求专注、简单；在产品设计上，力求简洁、简约。

（3）极致思维

极致思维就是把产品和服务做到极致，把用户体验做到极致，超越用户预期。

（4）迭代思维

"敏捷开发"是互联网产品开发的典型方法论，是一种以人为核心、迭代、循序渐进的开发方法，允许有所不足，不断试错，在持续迭代中完善产品。

（5）流量思维

流量意味着体量，体量意味着分量。任何一个互联网产品，只要用户活跃数量达到一定程度，就会开始产生质变，这种质变往往会给该企业或者产品带来新的"商机"或者"价值"。

（6）社会化思维

利用社会化媒体，口碑营销；利用社会化网络，众包协作。

（7）大数据思维

大数据思维是指对大数据的认识，对企业资产、关键竞争要素的理解。

（8）平台思维

互联网的平台思维就是开放、共享、共赢的思维。

（9）跨界思维

互联网和新科技的发展，纯物理经济与纯虚拟经济开始融合，很多产业的边界变得模糊。互联网企业的触角已经伸入零售、制造、图书、金融、电信、娱乐、交通、媒体等领域。互联网企业的跨界颠覆,本质是高效率整合低效率,包括结构效率和运营效率。

互联网思维是对传统企业价值链的重新审视,体现在战略、业务和组织三个层面,以及供研产销的各个价值链条环节中,并将传统商业的"价值链"(图 3.8),改造成了互联网时代的"价值环"(图 3.9)。

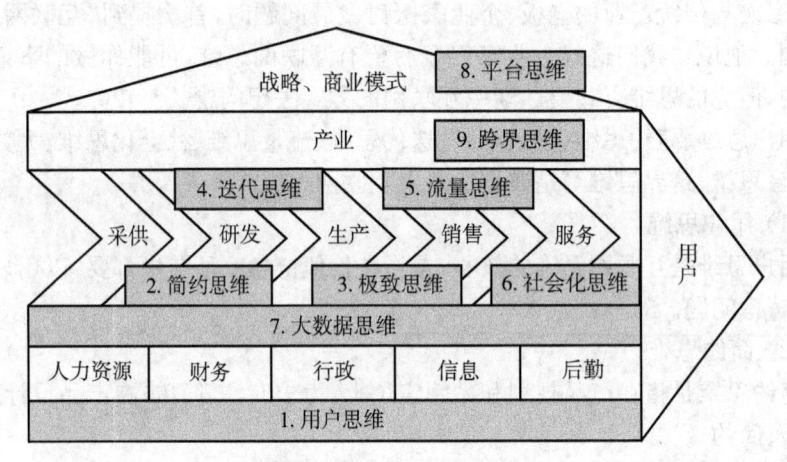

图 3.8 传统商业的"价值链"

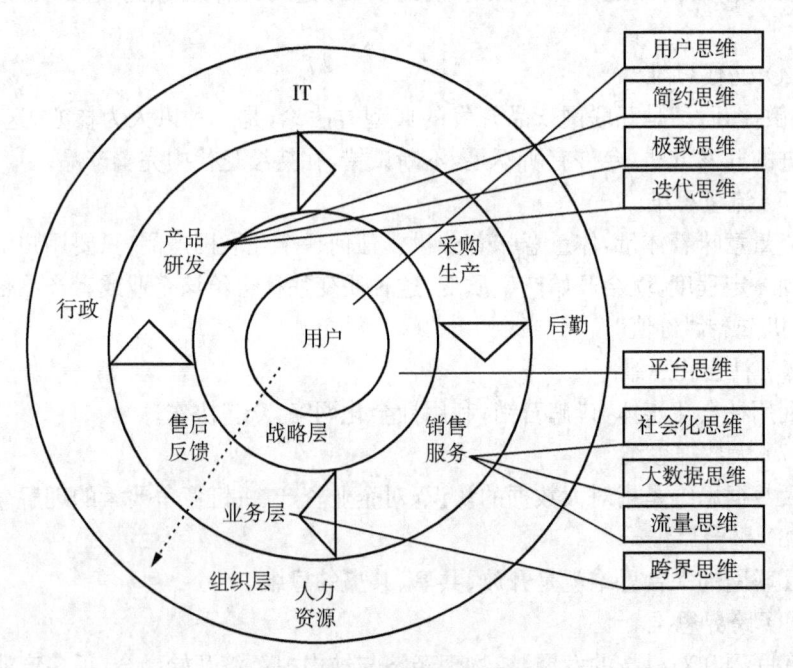

图 3.9 互联网时代的"价值环"

"价值环"以用户为中心,即战略制定和商业模式设计以用户为中心,业务开展以用户为中心,组织设计和企业文化建设都要以用户为中心。战略层、业务层和组织层都围绕着终端用户需求和用户体验进行设计。

互联网思维在"价值环"中的分布如下:

(1) 战略层

主要命题:怎样明确产业定位?怎样制定战略?怎样设计商业模式?

典型思维:用户思维、平台思维、跨界思维。

(2) 业务层

① 后端:产品研发及供应链

主要命题:怎样做业务规划?怎样做品牌定位和产品设计?

典型思维:用户思维、简约思维、极致思维、迭代思维、社会化思维。

② 前端:品牌及产品营销

主要命题:怎样做品牌传播和业务经营?怎样做商业决策?

用户思维、流量思维、社会化思维、大数据思维。

(3) 组织层

① 主要命题:怎样设计组织结构和业务流程?怎样建设组织文化?怎样设计考核机制?

② 典型思维:用户思维、社会化思维、平台思维、跨界思维。

3.5.3　App 与微应用

3.5.3.1　App

App 是应用软件的意思,是英文 Application 的简称,通常是指 iPhone、安卓等手机应用,现在的 App 多指智能手机的第三方应用程序。目前比较著名的 App 商店有苹果企业的 App Store,谷歌的 Google Play Store,诺基亚的 Ovi store,还有黑莓用户的 Black Berry App World,微软的 Marketplace 等。随着安卓智能手机的普及,安卓 App 商店也越来越多,比如 360 手机应用商店、百度 Android 应用中心、豌豆荚、91 手机助手等许多第三方应用平台。

风起云涌的高科技时代,智能终端的普及不仅推动了移动互联网的发展,也带来了移动应用的爆炸式增长。App 初期以媒体、游戏、新闻、书籍的移动应用为主,直接将成功的网站内容和功能移植到应用上,主要运用于商务,如淘宝等。App 基于手机的随时随身性、互动性特点,整合 LBS、QR、AR 等新技术,给用户带来前所未有的用户体验,实现了对企业目标用户的精准定位和低成本的快速增长。

App 营销式应用能否获得广大用户下载和注册使用,并最终成功的重要因素。App 商务模式不仅仅只有免费和收费两种形式,通过对收费基本要素的组合，它可以分为很多种。以下有关 App 商业模式图解的表现方式，参考了日本 Edutainment Lab 的板桥悟先生之著作《热门商品是这么创造出来的》。

要了解商业模式，用图解的方式可以一目了然。而在绘制图解时，我们需要先把商业模式中包含的各种元素先定义出来，其中包含企业、个人、支付金钱、提供产品或服务、时间等（图 3.10）。而运用这些基本元素，就可以组合变化出各式各样的商业模式。接下来就分别列举在 App 经济中可以发展的几种商业模式。

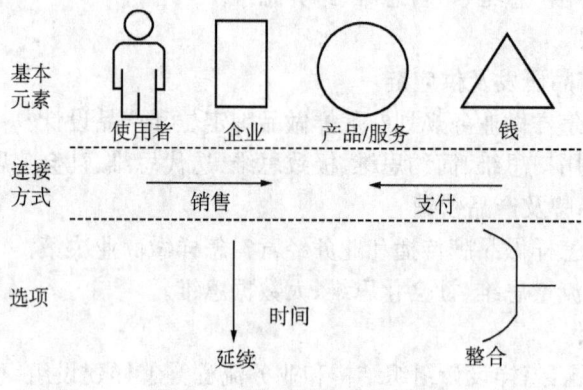

图 3.10　商业模式中的元素

（1）单纯出售模式

单纯出售模式是使用者支付金钱购买 App，开发者因而获利（图 3.11）。这是最单纯的模式——开发者制作 App，透过 App Store 或 Market 销售给使用者。在这种模式中，重点是让单价×销售量所得的销售额极大化。值得思考的是假如某个 App 对特定族群来说是很有用，但对于大众来说也许不具吸引力，那么就算低价销售也不会增加太多的销售量。这种情况下可以把价格定高一些，然后通过正确的宣传方式让有需要的人得知此信息，虽然销售量有限，但是因为单价够高，整体销售额也许更有利，且因为单价高还有打折促销的空间，可以进一步吸引价格敏感的消费者抢便宜。

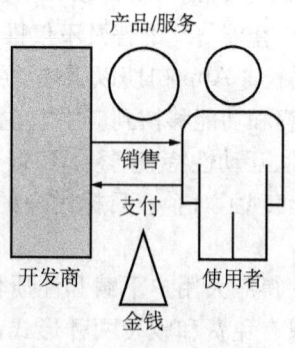

图 3.11　单纯出售模式

"愤怒的小鸟"和 Keynote 属于不同的付费 App,一个是游戏,属于快速消费品;一个是工具类应用,属于生产力。两者的定价分别是 6 元和 128 元,为什么会如此定价? 因为"愤怒的小鸟"属于游戏,是冲动型消费,受众面广,定价为 6 元(0.99 美元)可以最大化自己的收益;而 Keynote 定位在生产力,用手机、平板电脑来实现生产的用户本身就少,如果定价为 6 元反而不利于最大化自己的收益。如果用 Keynote 真的能提升用户的工作效率,128 元对于这批用户而言并不算什么。

定价策略在付费模式中非常重要,不同 App、不同地区市场的情况都不一样,需要足够了解该区域市场和该类型 App 的情况进行定价,并通过销量的波动以及消费者评价等反馈信息来及时调整价格。通常情况下建议定价高一点,然后根据反馈信息下调价格,甚至做一些限免活动,这也不失为一种选择。

(2) 广告模式

广告模式也是相对单纯的模式,使用者无须付费,广告主支付广告费给开发者,开发者因而获利。图 3.12 在模式上有所简化,实际运作在广告主与开发者之间还有 Apple 或 Google 这两大广告代理投放平台。这种模式主要是通过广告来获利,因此要尽可能冲高 App 的下载量。

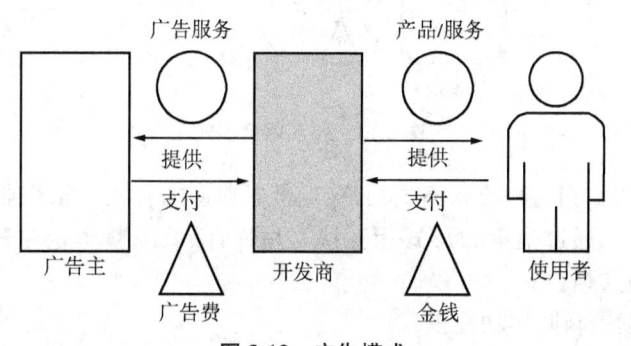

图 3.12 广告模式

2012 年 4 月,"捕鱼达人"在 iOS 平台一上线便横扫各大下载排行榜。有数字说明其走红度:曾连续被苹果在 App Store 首页推荐六周,总下载量已突破 3 300 万次,活跃用户数量达 260 万,曾在 30 多个国家的 App Store 中下载排名第一。"捕鱼达人"App 就是典型的广告模式,其 7 成收入来源于内置广告,通过用户点击广告 banner 的形式获得收入,剩余部分才是与平台分成。未来很长一段时间里,广告收入都是"捕鱼达人"的主要收入渠道。触控科技内部自设了广告系统,为广告主精准营销。"捕鱼达人"的广告主里,很多是来自传统或移动互联网的游戏开发者,比如有借助渠道做推广的"摩尔庄园",还有某知名品牌的豪华汽车。

广告始终影响用户体验,如果开发的 App 并非不可替代的话,还是尽量少用这种模式来获得收入,不然很容易造成用户的流失。

(3) 收入组合模式("带路鸡"模式)

收入组合模式是单纯出售模式的延伸,是借由其中一两项特别便宜的产品吸引消费者,再顺势卖出其他的产品(图 3.13)。这和大卖场通过所谓的特价商品来吸引消费者,同时有机会向消费者卖出其他商品来提高营业额是相同的道理。而在 App 的领域,"带路鸡"的价格甚至可以是 0(搭配"广告模式"一起运用)。

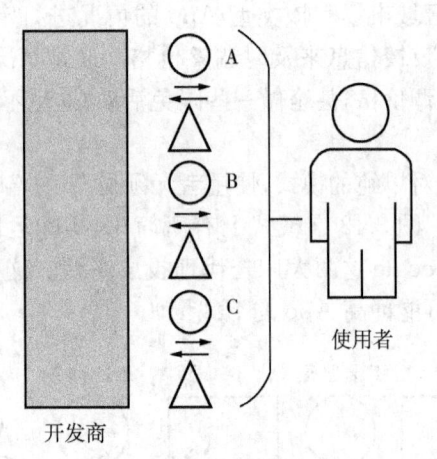

图 3.13 收入组合模式

目前还找不到这种收入模式的 App,但是典型的有同一家企业的 App 之间进行交叉推广,通过换量的形式相互获得用户,降低了整个企业获取用户的成本,从而实现共赢。

(4) 持续更新附属功能模式

持续更新附属功能模式是指使用者除了下载 App 主程序外,之后仍付费下载陆续推出的附属功能,如游戏的新场景或是拍照软件的新滤镜效果等,通过这种方式让收入持续增长(图 3.14)。同样主程序的费用也可以是 0(搭配广告模式),或是运用收入组合模式的心理效果。

著名拍照辅助应用 Camera+的开发商 Tap Tap Tap 在官方博客里公布了应用升级后的销量数据以及程序内购买("I Analog"特效包)收入统计数据。Camera+的尝试就属于这种模式,其新版本中内置了一个售价 0.99 美元的程序内购买项目:"I Analog"特效包,5%的用户购买了该特效包,开发商从网络接入服务商方面的收入也有 68 267 美元。

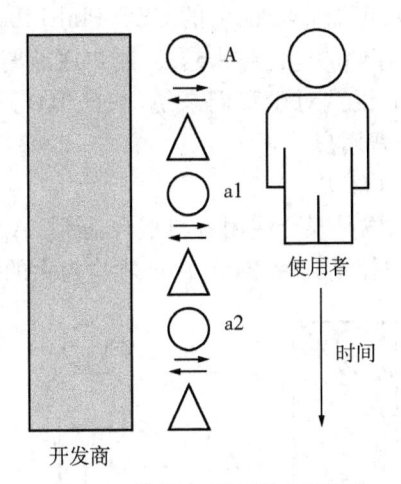

图 3.14 持续更新附属功能模式

(5) 月租费模式

月租费模式,是指使用者在持续使用 App 时定期支付金额给开发者(图 3.15)。只要使用者持续使用,随着时间流逝就要定期付出费用。这种模式还可以根据使用量付费,如订阅内容可运用此模式。

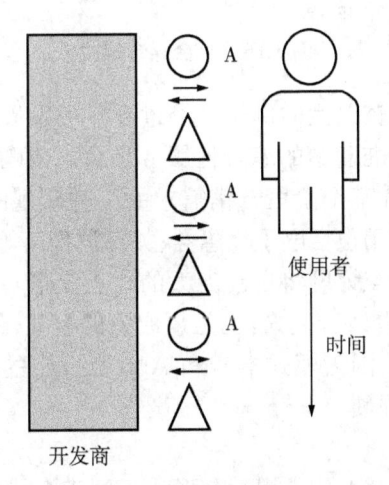

图 3.15 月租费模式

Evernote 采用的就是月租费的模式,用户需要每个月续费以保证其高级会员资格,从而享受到更多的会员特权。Evernote 的官方统计数据显示,在用户注册 Evernote 后的第一个月内,只有 0.5% 的人选择付费服务,6 个月后这个数字变成 1%,2 年之后付费比例升至 5.5%。此外,42% 的用户注册又弃用 Evernote 之后会选择回来继续使用。而在已经持续使用 4 年的用户中,有 25% 已经成为付费用户。很明显,正如 Evernote 的 CEO Phil Libin 在一开始所预料的那样,随着在 Evernote 上存储的笔记越来越多,用户逐渐离不开此项服务,其付费的需求也在增长。Libin 说:"对于我们来说,获得 100 万付费用户的最简单途径,就是先获得 10 亿免费用户!"

(6) 平台媒合模式(O2O)

开发者的 App 提供的是媒合使用者与平台,除了 App 的功能之外,还可以通过拉动的方式,将用户拉动到商家,将 App 本身庞大的流量变现(图 3.16)。

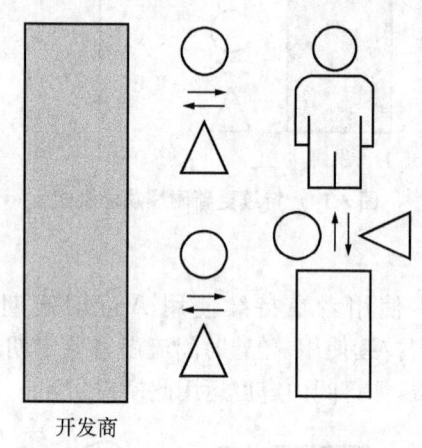

图 3.16 平台媒合模式

大众点评网算是比较典型的例子。经过 8 年的发展,它已经成为一个能为本地商户提供一站式精准营销的综合性服务平台。团购的出现,在大众点评网看来,是解决本地商户在某个阶段营销需求的一种新型的营销方式。本地商户在不同的营销阶段可以用包括电子优惠券、关键词推广等不同的营销组合模式。通过 O2O 的形式,大众点评网将自己庞大的线上流量转化为商家的消费者,从而实现收入,这就是平台媒合模式,也是最成熟的模式,最重要的就是这种模式并不会影响到用户体验,因为模式本身和 App 有一定的关联性,能有效地拉动用户,而不像广告那样强硬。

3.5.3.2 微应用

微应用称指微信平台上的应用。其形式不同于微博及传统 PC 上的应用功能,主要运行于移动终端,最大的特点是有 App 的味道,故称之为轻 App。

在微信公众平台问世后(图 3.17),很多企业发现不需要再花很多钱去开发手机应用,只要在微信公众平台上,通过一个内嵌的微应用就可以和自己的用户或者客户在移动端进行沟通和互动,向客户提供自己的服务,并且直接销售产品。同时用户也不需要下载手机应用。在整个推广和运用中,成本大大降低。随着微信的用户数逐步增加,很多企业已经纷纷从微博时代转向了微信时代,从互联网时代转向了移动互联网时代。

微应用相对于传统 App 有一定的优势，主要体现在以下几个方面：

（1）开发成本

成本与收益永远是商家最关注的两个核心问题。一般传统 App 的开发费用普遍都是 5 万左右，对于部分大型企业客户的收费基本在 10 万以上。目前，微应用总体收费不高，普遍都是在 1—3 万幅度徘徊。事实上，两者后台调用的数据库并无区别，只是传统 App 的前端更花一些工夫罢了。总体而言，传统 App 的开发成本要稍高于微应用。

（2）开发周期

传统 App 的开发周期普遍要 2—5 个月，而微应用基本是在 2 个月左右完成，如果部分功能要求不高的话，甚至一个月即可完成全盘的开发工作。相比之下，微应用的开发周期无疑更短一些。

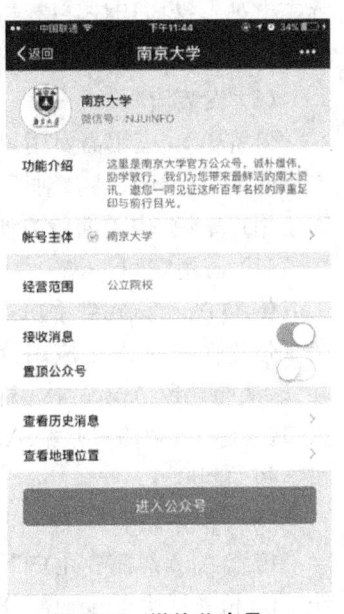

图 3.17 微信公众号

（3）使用功能

传统 App 的主要功能可以划分为查询、销售预订、资讯浏览以及个性服务几大类别。实际上，微应用的开发需求大部分来自传统商家和企业，他们更多的功能需求体现在查询、预订、销售、浏览四个层面。微应用均可实现这些功能，与传统 App 所具备的功能是完全一致的，两者并无太大的区别。可以说，传统 App 能做到的功能，微应用同样可以实现。

（4）营销价值

据统计，人们常用的 App 不会超过 10 个。传统 App 属于典型的被动式营销，如果不是刚性需求，用户自动打开的可能性很低。而微应用更偏向主动式营销，能精准实现点对点的沟通，为企业与用户搭建起精准的互动桥梁。同时，微应用还为传统商家营销推广节省了大量的人力物力以及短信费用，优势显著。

从需求来看，用户有可能关注上百家企业商家的微信账号，但绝不可能安装一百家企业的 App 应用。即使用户安装了，打开率也会成为一个问题，最终必然会导致其营销价值大打折扣。

（5）用户隐私

传统 App 涉及大量窥探用户隐私的行为，这是整个行业人所共知的事实，窥探用户短信内容、通话记录、通讯录名单均是常有的事情，部分著名 App 应用亦不例外。微应用依托微信平台运行，受到微信端的限制与规管。目前来看，并不存在窥探用户隐私这个问题。

（6）安装流程

传统 App 应用需要用户自行下载安装，微应用则只需要用户简单扫描一下二维码即可轻松关注。对于大量具有线下经营实体的商家而言，无疑更为合适，对于用户来说，也更简单方便。

（7）占用空间

传统 App 安装到手机之后，或多或少会占用一定的手机空间。同时，商家为了强化自身的 App 应用价值，开始罔顾用户需求，不断给 App 增添各种附加功能，从而导致 App 的体积和占用空间不断增大。微应用是以微信公众平台为入口，实际上，微信只是给 App 的功能打开了一扇门而已，完全没有占据用户手机空间的问题。

（8）卸载残留

传统 App 都需要用户下载安装，基于利益角度考量，用户在卸载的时候，传统 App 依然或多或少地部分残留在用户手机里面，直接影响用户手机系统的运行速度。微应用只需直接取消关注即可，不存在残留问题，轻松简单，很容易获取用户的喜爱。

（9）升级维护

传统 App 的维护成本很高。目前，主流的手机操作系统主要有 Palm OS、Symbian、Windows mobile、Linux 和 Android、iPhone OS、黑莓七种，商家需要针对不同的操作系统做兼容性的考量和开发。而微应用运行于微信公众平台，实质将大部分的维护事宜转嫁给腾讯企业，其维护成本、维护周期和维护流程都简单得多。

同时，两者的升级也是一个重要问题。传统 App 需要通知用户，用户自行升级。如果用户基数庞大，彼此使用的是不同版本的 App，可能造成功能上的缺失。微应用则是在微信公众平台后端完成升级维护工作，不论用户规模，都能迅速完成整体的升级工作，极大地便利了商家和用户。

（10）推广成本

传统 App 应用开发完成之后，主要通过与 360 手机助手、百度应用、安全管家等应用市场进行合作推广，引导用户下载安装，推广成本颇高。微信端 App 则更多的是借助微信朋友圈、线下经营门店、优惠促销活动等吸引用户扫描添加，综合推广成本更低。

微信开放平台在摸索中前行，其发展经历了 3 个阶段。最早是以插件形式，接入腾讯旗下产品，如 QQ 离线消息、QQ 邮箱、腾讯微博、腾讯新闻等。第二阶段则是邀请美丽说和 QQ 音乐进行测试性开放，以验证平台的稳定性、安全性、并听取用户反馈。在整个开放平台系统顺利渡过磨合期后,微信的开放之路便进一步加速,步入全面开放的第三阶段。所有开发者都可以在微信官网上申请登记,获取专有 App ID,以上传应用、申请系统审核。而第三方应用可以调用的信息内容也更加丰富,涵盖了影像、音乐、新闻、美食、位置等诸多元素。

随着微信开放力度的加大,微信将加速社交、游戏、电子商务等更多领域的第三方优质应用从 PC 端向移动互联网环境平移和整合,从而对整个行业产生更深远的影响。可以预计,在腾讯的新有机格局下,微信开放平台的加入将进一步推动移动互联网行业生态系统,实现开放共赢。

3.5.4 原生 App 与 WebApp

中国手机网民规模已超 6.95 亿,占比 95.1%,手机营销是未来必然趋势,App 恰恰是这个趋势下的一个强有力营销工具。App 已有两个主要的方向:原生 App 以及 移动 WebApp(图 3.18)。

图 3.18 Facebook 的原生 App 与 WebApp

3.5.4.1 原生 App 与移动 WebApp 的定义

原生 App 是专门针对某一类移动设备而生的,它们都是被直接安装到设备里,而用户一般也是通过网络商店或者卖场如 App Store 来获取,比如 iOS 的 Camera+以及深圳千度网络有限企业开发的 Android 版花炮云商 App。

移动 WebApp 都需要用到网络,它们利用设备上的浏览器(比如 iPhone 的 Safari)来运行,而且不需要在设备上下载后安装。

3.5.4.2 原生 App 与移动 WebApp 的比较

首先,访问时,原生 App 一般在移动端有缓存,使用 GPRS 模式进行访问时,无须耗费过多流量,运行快,性能高;而 WebApp 没有缓存,需要消耗较多手机流量,运行缓慢。

其次,在推广时,前者可以上架应用商店进行推广,包括打榜、排名、推荐等;

而后者根本无法在应用商店上架。

此外,在应用时,原生 App 可以应用移动硬件设备的底层功能,如 LBS、摄像头、重力加速器等;而 WebApp 只能使用移动浏览器的基本功能。

最后二者在安全性、盈利能力等方面也都存在巨大的差距。原生 App 具备大数据处理能力,对正版、盗版应用进行交叉对比,生成数据对比报表,让开发者及时了解应用在各大推广渠道的发布情况。

由于二者的实现方式有着根本不同,因此制作的成本、难度也有天壤之别,前者必须针对每一种移动操作系统分别进行独立项目开发,每种平台都需使用不同的开发语言;WebApp 的生成则简单得多,一个版本、一种开发语言就可以兼容所有移动平台。

3.5.4.3 原生 App 的优势和缺陷

(1) 优势

① 比移动 WebApp 运行快;

② 一些商店与卖场会帮助用户寻找原生 App;

③ 官方卖场的应用审核流程能保证用户得到高质量、安全的 App;

④ 官方会发布很多开发工具或人工支持来帮助 App 的开发。

(2) 缺陷

① 开发成本高,尤其当需要多种移动设备来进行测试时;

② 由于不同的开发语言,所以开发、维护成本也高;

③ 用户使用的 App 版本不同,维护起来也比较困难;

④ 官方卖场审核流程复杂且慢,会对 App 的发布进程产生严重影响。

3.5.4.4 移动 WebApp 的优势和缺陷

(1) 优势

① 跨平台开发;

② 用户不需要去卖场来下载安装 App;

③ 不需要官方卖场的审核,任何时候都可以发布 App。

(2) 缺陷

① 无法使用很多移动硬件设备的独特功能;

② 要同时支持多种移动设备的浏览器,开发维护的成本也不低;

③ 如果用户使用更多的新型浏览器,问题就会变得难以处理;

④ 对于用户来说,这种 App 很难发现。

3.5.5 封闭与开放

这里提到的封闭与开放是特指数字世界中的封闭性生态与开放性生态,即以是否允许除制作该系统的组织以外的其他组织或个人对操作系统进行系统层级的修改作为封闭或开放的标准。典型的封闭性系统有 Apple 企业的 iOS、OSX 等；典型的开放性系统有 Google 的 Android 和 Microsoft 的 Windows 等。

3.5.5.1 iOS 的封闭

在互联网时代的众多 IT 公司中，仿佛从来没有过像苹果这样的硬件和软件空前统一的公司。苹果的封闭从 PC 时代已经开始，其在 1983 年开发的世界上第一个成功的商用图形用户界面(GUI)操作系统，即只能在苹果自己的电脑上运行的系统(虽然后来被微软借鉴并以授权硬件的模式在 20 世纪的最后 20 年疯狂打压)。在苹果发展的 30 年中，一直秉持着高度封闭的策略，即使中间几次短暂的授权其他硬件，也似乎成了苹果发展中的反面例子，使苹果更强调回归封闭的路线。iOS 只供苹果唯一使用，其他任何厂商、用户无法对其修改、再使用，其核心的 API(如浏览器内核)也不对第三方应用开发者开放。

3.5.5.2 Android 的开放

2007 年 11 月 5 日，在 Google 的领导下，84 家硬件制造商、软件开发商及电信运营商成立开放手持设备联盟(Open Handset Alliance)来共同研发、改良 Android 系统。随后发布了 Android 的原始代码，一切程序代码均公开、免费，目的是建立一个更加开放、自由的移动设备环境。

Google 作为互联网时代最有代表性的企业，其每一个作为，几乎都在宣扬它所坚持的"互联网精神"，并始终强调"自由、民主、开放"。Google 从不曾生产任何硬件，这种开放性是连以坚持软件授权的微软都没有做到过的。

表 3.6 iOS 和 Android 生态结构说明

iOS	系统	Android				
手机/ 平板电脑	硬件 类别	智能手机/平板电脑/电视/车载系统/相机/……				
Apple	硬件 品牌	Nexus	三星	亚马逊	HTC	小米
iPhone(iPod touch)/iPad	硬件 型号	Nexus	Galaxy	Kindle	Desire/Dream……	小米盒子……
iTunes	内容 管理	无	三星 kies	无	HTC	
App store	内容 市场	Google Play	三星 Apps	Amazon Apps	HTC Apps	小米市场
iOS Human interface Guidelines iOS wwdc	设计 管理	Android Design				

3.5.5.3 封闭 VS 开放

(1) iOS

Apple ID 和 App store、iTunes。苹果的服务全部建立在用户专属的 Apple ID 上,用户通过 Apple ID 获取第三方内容。App store 是 iOS 设备唯一的 app 获取通道,对于其中的内容,用户不可任意拷贝、移动、修改,非开发者账户不得上传内容。iTunes 是 iOS 设备唯一的管理、传输软件(包括自提供内容,如照片、联系人信息和通过 iTunes store 所购买的内容等),同时也是用户移动设备和电脑之间互联、文件传输的工具。iTunes 内建的 iTunes store 整合了设备内的影音、书籍、app 资源,并对同一 Apple ID 下的各设备进行管理。

(2) Android

Android 存在着无数的应用商店和内容获取通路,无数的第三方电脑端管理软件。除了 Android 官方的 Google Play 以外,不但硬件厂商可以在设备内预装自己品牌的应用商店(如 HTC market 等),同时还有大量第三方软件开发商提供各种名目的应用商店,数量级以百为计。同时,Android 的应用文 apk 可以任意拷贝,在任何网页下载传输,Google play music/books 甚至允许用户上传从其他渠道已购买的无签名信息的数字出版物。另外,Android 官方并不提供电脑端管理软件,用户信息数据(联系人等)备份通过零散的,如 Google 账户/Google 备份,手机制造商开发的同步软件(三星 kies,HTC sync 等),airdroid 等工具。因此存在大量第三方的电脑端管理软件,如 Mobile Go、Mobile dit!、豌豆荚等。

表 3.7 iOS 与 Android 的 SWOT 分析

	iOS	Android
优势(S)	质: 设计精度/体验	量: 市场份额广
	统一: 生态闭环/市场完善/ 管理和推广机制 设计风格/操作一致	多元: 适应性强
	安全性高	可玩性强/空间大(可深度定制)
	品牌鲜明/用户磁性高	入门成本低
劣势(W)	市场份额低	安全性差
	审核周期长	系统更新率低/产品碎片化严重
	个性化程度受限	盈利模式差/盗版严重
机会(O)	内容供应商/电子出版商	硬件数量和领域的大规模扩张

续 表

	iOS	Android
威胁（T）	用户对其厌倦/反权威/反主流情绪	其他厂商（硬件商/软件商）对其品牌的削弱；大品牌，Android 极力去除硬件品牌印象（如去三星化）；小品牌想去 Android 化
	后续创新速度降低	安全性将产生行业性的打击

iOS 开创的应用市场模式，使智能手机真正成了各种应用的集成。这和 Nokia 时代的应用只是智能手机的锦上添花完全不同，从而引发了第三方 app 行业的蓬勃，并最终和 Android 一起发展成了一个庞大的行业。而对于大量的第三方应用开发者来说，在其最初学习开发、建立交互思维的第一本教科书，就是 iOS Human Interface Guideline。iOS 以干预、管理的模式，不但启发了行业，甚至做到了教育、培养的角色。

然而 Android 自下而上的或者自由、民主的模式是更纯粹意义上的众包。和 iOS 由精英引领的进步，建立更高的标准，从而把影响力扩展大众不同；它是一个是先在大众中普及，再从中民主、自发地产生先进的模式。这种模式的前期发展也许会非常缓慢，但一旦整体的水平达到了一定的标准，其后续的进步将是井喷式、百花齐放的。

iOS 目前的封闭和强制像一个专制的暴君，尽管实现了高速的发展，然而会渐渐形成用户的反抗心理。真正的精英不会愿意"被定义"、"被同化"，大众也会厌倦它一成不变的审美和监牢一样的限制。

Android 在这样的映衬下，看起来代表着一个更加前卫、进步价值观，作为一个在专制下的叛逆儿，吸引着不甘于被控制的人群。但是我们也渐渐看到苹果开始放松和向市场妥协的迹象：iPhone6 和 iPhone6 plus 的屏幕尺寸加大以抵制来自 Android 智能手机大屏压力；比如 Car Play 开始与汽车行业合作。这些很难说不是来自于占有更大市场的野心，但也可以看出在妥协中苹果的坚持：iPhone6 依然坚持 iPhone 是单手操作的设备；不授权汽车厂商生产，而是围绕 iPhone 的服务扩展。

而 Android 从收购摩托罗拉，到阻止阿里云 OS 的发布，继而发布 Android Design 以规定设计风格等种种做法，也让我们也可以嗅到一丝 Android 开始收紧其开放度的味道。Android 的开放并不是完全的开放，而是通过开放平台，在更多的设备上搭载 Google 系的服务（Google 搜索、Gmail 等）。这实际是借平台的力量，将价值重心重置到 Google 本身。这也是为何 Android 不在意其他开发者开发的应用质量，只关注自身的质量。或许，我们尚未进入能验证互联网精神真正有效的时代。

iOS 式的封闭的策略，形成了 iOS 设备软硬件的高度统一和闭合的生态；同时配合其权威式的干预和管理，成了 iOS 设计质量的保证和对行业的领先。同时，完善的生态圈和生态圈内的高水平，保证了 iOS 能够持续发展。iOS 的封闭使用户和开发者都成为与之一体的共同体利益相关人。

Android 的开放策略，自由管理，使得 Android 大规模地进行了量的攻占，而相对丧失了质量。然而 Android 所代表的互联网时代自由精神，有益于更加长远未来的价值，则代表着一种全新的价值观和发展模式。

也许就如政权的更迭一样，没有永远的封闭，也没有永远的开放；没有永远的小众，也没有永远的主流；没有永远的权威，也没有永远的民主。不管是 iOS 还是 Android，永远都互相转化，相辅相成。

3.5.6　UGC 与 LBS

3.5.6.1　UGC

互联网术语，全称为 User Generated Content，也就是用户生成内容的意思。UGC 的概念最早起源于互联网领域，即用户将自己原创的内容通过互联网平台进行展示或者提供给其他用户。UGC 是伴随着以提倡个性化为主要特点的 Web2.0 概念兴起的。

UGC 并不是某一种具体的业务，而是一种用户使用互联网的新方式，即由原来的以下载为主变成下载和上传并重。在 Web2.0 时代，网络上内容的产出主要来自用户，每一个用户都可以生成自己的内容，互联网上的所有内容由用户创造，而不只是以前的某一些人。所以互联网上的内容会飞速增长，形成一个多、广、专的局面，对人类知识的积累和传播起到非常大的作用。YouTube 等网站都可以看作 UGC 的成功案例，社区网络、视频分享、博客和播客（视频分享）等都是 UGC 的主要应用形式。

一些典型的 UGC 应用有：

好友社交网络如 Facebook、My Space、开心网、人人网（校内）、朋友网（QQ 校友）、众众网等。这类网站的好友大多在现实中也互相认识。用户可以更改状态、发表日志、发布照片、分享视频等，从而了解好友动态。

视频分享网络如 YouTube、优酷网、土豆网、搜狐视频等。这类网站以视频的上传和分享为中心，它也存在好友关系，但相对于好友网络，这种关系很弱，更多的是通过共同喜好而结合。

照片分享网络如 Flickr、又拍网、图钉等。这类网站的特点与视频分享网站类似，只不过主体是照片与图片等。

知识分享网络如百度百科、百度知道、维基百科等。这类网站的目的是普及知识和解决疑问。

社区、论坛如百度贴吧、天涯社区、知乎等。这类网站的用户往往因共同的话题而聚集在一起。

微博如 Twitter、新浪微博等。微博应该是 2012 年最流行的互联网应用了,它解决了信息的实时更新问题。手机等便携设备的普及让每一个微博用户都有可能成为第一现场的发布者。

UGC 成功案例：

(1) Wiki：最大也是最小的百科全书

Wiki 指的是一种网上共同协作的超文本系统,可由多人共同对网站内容进行维护和更新,是典型的靠 UGC 运作的系统。其中,Wiki 利用 UGC 概念,使网站的内容制作和编辑成本最小化,但是能够实现领域知识的积累和最大化。用户可以通过网页浏览器对 Wiki 文本进行浏览、创建、更改,与其他超文本系统相比,Wiki 有使用方便及开放的特点,所以 Wiki 系统可以帮助用户在一个社群内共同收集、创作某领域的知识,发布所有领域用户都关心和感兴趣的话题。Wiki 使用了 UGC 概念,就蕴含"与他人同创共享"的理念。某 Wiki 系统的开发者曾经指出,Wiki 是一种纯粹的用户内容服务,如果网站的诸多内容都指向其域名,那么,搜索引擎将会被更多用户发现,也将会吸引更多的用户参与。

(2) 豆瓣网：UGC 的聚合力量

豆瓣网,创办于 2005 年 3 月,几乎没有任何商业宣传,截至 2012 年拥有 5 600 多万注册用户,ALEXA 排名稳定在 1 600 名左右。原因在于其独特的内容生成机制。豆瓣网所有的内容、分类、筛选、排序都由成员产生和决定,完全自动。在豆瓣网,用户和用户之间有很多互动的可能。豆瓣内容形成的起点,是主动型网民提供自己所读过的书、看过的电影、听过的音乐的清单以及相关评论和博客。这些内容提供了很多基础节点,这些节点之间又因为网站技术系统所提供的相应功能,例如条目、"标签"或网站推荐等,开始产生各种联系,从而编织出内容的基本网络。豆瓣的社区提供了一种以"兴趣爱好"为纽带扩展人际关系的可能。这种关系的形成无须刻意,它更多的是伴随着内容关系而自然形成的。这种基于兴趣的人际关系,因此也更加富有粘性,更加牢固。

3.5.6.2 LBS

基于位置的服务,它是通过电信移动运营商的无线电通信网络(如 GSM 网、CDMA 网)或外部定位方式(如 GPS)获取移动终端用户的位置信息(地理坐标或大地坐标),在地理信息系统(外语缩写：GIS,外语全称：Geographic Information System)平台的支持下,为用户提供相应服务的一种增值业务。

它包括两层含义：首先是确定移动设备或用户所在的地理位置；其次是提供与位置相关的各类信息服务。意指与定位相关的各类服务系统,简称"定位服务",另外一种叫法为 MPS——Mobile Position Services,也称为"移动定位服务"系统。如找到手机用户的当前地理位置,然后在上海市 6 340 平方公里范围内寻找手机用户当前位置处 1 公里范围内的宾馆、影院、图书馆、加油站等名称和地址。所以说 LBS 就是要借助互联网或无线网络,在固定用户或移动用户之间,完成定位和服务两大功能。

LBS 的现有模式包括:

(1) 休闲娱乐模式

① 签到(Check-In)模式。主要是以 Foursquare 为主,国外同类服务如 Gowalla、Whrrl 等,而国内则有嘀咕、玩转四方、街旁、开开、多乐趣、在哪等几十家。该模式的基本特点如下:

a. 用户需要主动签到(Check-In)以记录自己所在的位置。

b. 通过积分、勋章以及领主等荣誉激励用户 Check-In。

c. 通过与商家合作,对获得的特定积分或勋章的用户提供优惠或折扣的奖励,同时也是对商家品牌的营销。

d. 通过绑定用户的其他社会化工具,以同步分享用户的地理位置信息。

e. 通过鼓励用户对地点(商店、餐厅等)进行评价以产生优质内容。

该模式的最大挑战在于培养用户每到一个地点就会签到(Check-In)的习惯。它的商业模式也是比较明显,可以很好地为商户或品牌进行各种形式的营销与推广。国内比较活跃的街旁网现阶段更多地与各种音乐会、展览等文艺活动合作,慢慢向年轻人群推广与渗透,积累用户。

② 大富翁游戏模式。国外的代表是 Mytown,国内则是 16Fun。主旨是游戏人生,可以让用户利用手机购买现实地理位置里的虚拟房产与道具,并进行消费与互动等将现实和虚拟真正进行融合的一种模式。这种模式的特点是更具趣味性,可玩性与互动性更强,比 Check-In 模式更具粘性,但是由于需要对现实中的房产等地点进行虚拟化设计,开发成本较高,并且由于地域性过强导致覆盖速度不可能很快。在商业模式方面,除了借鉴 Check-In 模式的联合商家营销外,还可提供增值服务以及类似第二人生(Second Life)的植入广告等。

(2) 生活服务模式

① 周边生活服务的搜索。以点评网或者生活信息类网站与地理位置服务结合的模式,代表为大众点评网、台湾的"折扣王"等。主要体验在于工具性的实用特质,问题在于信息量的积累和覆盖面需要比较广泛。

② 与旅游的结合。旅游具有明显的移动特性和地理属性,LBS 和旅游的结合是十分切合的。分享攻略和心得体现了一定的社交性质,代表是游玩网。

③ 会员卡与票务模式。实现一卡制,捆绑多种会员卡的信息,同时电子化的会员卡能记录消费习惯和信息,充分地使用户感受到简捷的形式和大量的优惠信息聚合。

3.6 典型案例：Google Analytics——免费革命

一个企业的商务模式并不是一成不变的，随着企业内外部环境的变化，企业的商务模式也往往随之变化。下面我们来看一个案例。

资料：

2005 年 11 月 14 日，Google 发布了衡量网站与网上营销活动效能的免费服务——Google Analytics，让国内电子商务业界感到了莫名的恐慌。

以前，购买搜索企业广告的厂商只能从他们手中拿到自己广告的点击率，或去全国唯一的一家专业流量统计网站 99Click 花钱购买。虽然花了钱，但点击率的来源一直关在"黑匣子"里，不为人知。

"说不定是'百度'们自己点击的呢，"某位互联网分析师说道，"但客户必须依据点击率付钱。"

2009 年 3 月，著名 Web 研究企业——Urchin Software 被 Google 收购，并应要求下调了网页分析服务的价格，从 495 美元/月降至 199 美元/月，第一次降价就有 60%之多。宝洁公司等部分"财富 500 强"所安装的企业级定制版都是这个价格。

现在，Google 将 Urchin Software 更名为 Google Analytics，并免费提供给向所有人。"他们此举将撼动当前的 Web 分析市场，并同时加强其核心广告业务，"英国《金融时报》用明显的字体第一时间写道。

目前，这种精密的先进产品已被贴上 Google 的标签。在美国，免费获取的事实已经在很多企业引发了一系列的恐慌，它们包括 Web Side Story、Coremetrics 和 Webtrends。这三家企业曾是 Urchin 在美国的网络分析服务市场的竞争对手，其中 Web Side Story 作为上市公司，在 Google 公布这一消息后，Web Side Story 股票当天下跌 12%！

为何一项免费服务会对 Web Side Story 的股市产生这么严重的影响呢？Web Side Story 提供的服务内容与 Google Analytics 相差无几，二者处于竞争地位，而现在，谷歌免费提供这些服务，客户付费所买到的服务质量与 Google Analytics 所提供的服务质量相差无几，这样 Google Analytics 就处于竞争的优势地位，客户自然会选择使用 Google Analytics，这样使得 Web Side Story 的市场前景一片黯淡，消费者和投资者都对它失去了信心，股票自然会下跌。

谷歌开放流量监测的这一举动，就相当于对市场进行了一次"洗牌"，算得上是一项破坏性创新，原来像 99Click 这样的专业流量统计网站基本已经完全失去了市场，使得为网站做数据分析服务的市场瓦解。虽然，谷歌的这一举动，对于做网站数据分析服务的市场的打击是毁灭性的,但同时,它也像是一个免费的"榨汁机","挤"出"水分",并免费将"含水量"公布给每一个曾经被"灌水"的人。搜索网站提供的点击量数据有"水分"、国内搜索网站的"水分"高于国外是业界公开的"秘密"。国外的搜索行业已经经历了从"高水分"到"零水分"的发展过程,谷歌的这一举动使得正在成长中的国内搜索企业也必须经历这一过程,没有人能阻止搜索引擎的客户去尝试这种免费的监控服务。

谷歌推翻了数据分析市场,制订了一个新的市场机制,同时也规范了广告市场,使得信息变得对称,通过这项免费服务,所有网络广告投放商都可以清楚地知道自己广告的点击率和点击来源地,"百度们"再也没有办法一手遮天地拿出不知来源的数字给广告客户,然后说:"喏!这是你们的点击率,付钱吧。"这样一来,谷歌通过砸下真金白银推出的免费服务,就可以使对手们的钱包变扁。除此之外,用户得到 Google Analytics 服务的同时,同样的数据也会出现在 Google 的办公桌上,这样一来,"百度们"的一举一动谷歌都了如指掌,看似服务别人,实则自己获益,让竞争对手恐慌。

一位国内搜索网站的高管向记者做了一个的假设,A 网站是 Google Analytics 的用户,A 在百度购买了关键词 B 的"网络排名"的同时,Google 会发现关键词 B 的点击量激增,继而了解到增加的点击量来自百度。这时候,Google 的销售人员为什么不向 A 推销产品呢?Google Analytics 迫使国内的许多搜索引擎提供免费网络分析服务,提供网络分析服务所需的资金投入绝对不是一个小数目,是持续不断的"烧钱"。在"烧钱"的过程中,很多资金实力不够雄厚、客户量不大且客户忠诚度不够的搜索引擎因此会被拖垮。这样一来,许多搜索引擎的生存就成了大问题,为了应对这强大的压力,国内的许多搜索引擎可以选择提升自己的服务质量或是开发出自己的新技术,或是根据收集到的数据去为客户提供咨询服务,转型到其他产业。这样一来,企业的商务模式也会随之发生变化。

思考与练习

1. 商务模式和互联网商务模式的区别是什么?
2. 你能否举出一个具有创新定价方式的电子商务公司的例子?这家公司从这种定价策略中获得的好处是什么?这种模式有持久性吗?

第 4 章 "互联网＋"商务模式

4.1 "互联网＋"的本质

4.1.1 "互联网＋"的技术背景

普适计算机之父马克·维慈(Mark Weiser)说:"最高深的技术是那些令人无法察觉的技术,这些技术不停地把它们自己编织进日常生活,直到你无从发现为止。"互联网正是这样的技术,它正潜移默化地渗透到我们的生活中来。所谓的"互联网＋",是指以互联网为主的一整套信息技术(包括移动互联网、云计算、大数据、物联网等配套技术),在经济、社会生活各部门的扩展、引用,并不断释放出数据流动性的过程。"互联网＋",对应的英文为"Internet Plus",但"Plus"不是简单的加法,而是含有"化"的意义。"互联网＋"各个产业部门,不是简单的连接,而是通过连接,产生反馈、互动,最终出现大量化学反应式的创新和融合。互联网作为一种通用目的技术(General Purpose Technology),和 100 年前的电力技术、200 年前的蒸汽机技术一样,将对人类经济社会产生巨大、深远而广泛的影响。

"互联网＋"的前提和基础是互联网作为一种基础设施的广泛安装。这里的"基础设施"应该如何理解? 所有行业和具体企业的价值链、产品和服务,从创意产生、研发设计、广告营销、交易发起、服务及商品递送到售后服务,都可以放到互联网上来做,并且会产生化学反应,这才是对互联网最到位的理解。对互联网的理解不同,也决定了"互联网＋"的不同"变现"形式:"＋"在旁边是把互联网当工具,"＋"在前面是把互联网当渠道,我们建议"＋"在脚底下,这样才能实现整个经济形态的转型。

从 1994 年接入国际互联网到现在,短短 20 年,我们可以看到,中国互联网从接入层到应用层面都发生了翻天覆地的变化,跟实体经济也结合得越来越紧密。在接入层,从窄带到宽带,从 PC 互联网到移动互联网;在应用层,从最早的 BBS、门户网站、B2B,发展到网络文学、网络游戏、社交,再到现在的网络零售、移动支付、导航应用等，越来越丰富。例如，根据中国互联网络信息中心（CNNIC）发布的第 39 次《中国互联网络发展状统计报告》，截至 2016 年 12 月，我国网民规模达到 7.31 亿，互联网普及率为 53.2%。手机网民规模达到 6.95 亿，较 2015 年年底增加 7 550 万人。网民中使用手机上网人群占比由 2015 年的 90.1%提升至 95.1%。高速通信网络的发展以及互联网、智能手机、智能芯片在企业、人群和物体中的广泛安装，为"互联网＋"奠定了坚实的基础。

4.1.2 "互联网＋"的内涵

"互联网＋"的本质是传统产业的在线化、数据化。互联网广告、网络零售、在线批发、跨境电商所做的工作都是努力实现交易的在线化。只有商品、人和交易行为迁移到互联网上，才能实现在线化；只有在线才能形成"活的"数据，随时被调用和挖掘。在线化的数据流动性强，不会像以往一样仅仅封闭在某个部门或企业内部。在线化的数据随时可以在产业上下游、协作主体之间以最低的成本流动和交易。数据只有流动起来，其价值才能最大限度地发挥出来。

从根本上来说，"互联网＋"的内涵区别于传统意义上的"信息化"，或者说互联网重新定义了信息化。之前，我们把信息化定义为 ICT 技术不断应用深化的过程。但是，如果 ICT 技术的普及、应用没有释放出信息和数据的流动性，促进信息/数据在跨组织、跨地域的广泛分享和使用，就会出现"IT 黑洞"陷阱，信息化效益将难以体现。然而，互联网的普及，特别是电子商务的到来正在改变这一切。

信息化的本质在于"促进信息/数据的广泛流动、分享和使用"。这个结论源于信息的一个本质特征：信息使用存在边际收益递增性，即信息/数据只有在流动、分享中才能产生价值；流动的范围越大，分享的人群越多，价值越大。而要实现这一点，有两个重要的前提：一是信息基础设施的广泛安装，二是适应信息广泛流动、分享、使用的组织和制度创新。信息基础设施的广泛安装在前面一节已经提到，不再赘述。组织和制度创新，既是信息化的要求，也是信息化的必然结果。然而目前的组织和制度基本上都是围绕封闭的信息系统建立的，无论是政府还是企业，莫不如此，这也成为推进信息化的最大障碍。就医疗信息化的威力而言，电子病历是病人的"就医全纪录"，即病人的基本信息、家庭状况及问诊、用药情况。地区联网、全国联网对于提高诊疗水平、监督医疗行为意义重大。但各地进展缓慢，根本原因在于：原有的管理体制都是围绕"医院为中心"的封闭系统建立起来的，也相应形成了一整套商业模式、利益链条。实现真正的信息化，让医疗、就诊信息流动起来、广泛分享，会触动很多机构和个人的既得利益，因此会遭遇抵制。实际上，各地住房信息系统的联网也是一样。有一种说法：信息化将促进业务流程、组织结构的优化和调整,而如果信息化的结果只是将各部门、组织的权利固化,将原有的业务流程 IT 化,那么信息化的效益可想而知。

因此,真正的"信息化"是通过信息技术的广泛应用和信息基础设施的安装,以及政策、制度的创新,促进各类信息/数据最大限度地传播、流动、分享、创造性使用,从而提升经济社会运行效率的动态过程。在这个过程中,只有广泛分享和使用,信息/数据才有可能成为社会财富增长的主要源泉,才能回归信息化的本质。

4.1.3 "互联网+"的进程

"互联网+"的过程也是传统产业转型升级的过程。过去十年,这一过程呈现"逆向"互联网化的特点。从企业价值链看,主要表现为一个个环节的互联网化:从消费者在线开始,到广告营销、零售,到批发和分销,再到生产制造,一直追溯到上游的原材料和生产装备。从产业层面看,主要表现为一个个产业的互联网化:从广告传媒业、零售业,到批发市场,再到生产制造和原材料。从另一个角度观察,"互联网+"是从 C 端到 B 端,从小 B 到大 B 的过程,产业越来越重。在这个过程中,作为生产性服务业的物流、金融业也跟着出现互联网化的趋势。在"互联网+"逆向倒逼的过程中,目前来看,各个环节互联网化的比重也是依次递减的。

同时,"互联网+"带动了就业增长。在我国经济增速放缓的情况下,就业率却不减反增,2014 年我国全年城镇新增就业 1 322 万人,劳动生产率继续稳步提高。就业率不减反增,不仅与国家简政放权政策的实施息息相关,更离不开服务业的蓬勃发展,尤其是与互联网、电子商务有关的新兴服务业的快速发展,起到了重要的支撑作用。麦肯锡研究报告指出,互联网每摧毁 1 个就业岗位,便新创造 2.6 个就业岗位。2013 年 2 月中国资源和社会保障部发布的《网络创业促进就业研究报告》显示,我国网络创业就业已累计制造岗位超过 1 000 万个,有效缓解了近几年的就业压力,并日益成为创业就业的新的增长点。

"互联网+"还驱动了传统产业的优化升级。在世界范围内,工业化的发展已经进入了新阶段,不论是"第三次工业革命"、"工业互联网"还是"工业 4.0"的观念与实践,均离不开对互联网的重视和新一代信息技术的依赖。通过互联网形成的 C2B 模式,为中国工业企业指明了定制化、柔性化、智能化的新发展方向。例如,尚品宅配通过互联网将"房型库"和"产品库"匹配,从消费者咨询和在线搜索数据中调整、开发产品。在生产环节,CNC 和 CAD 无缝衔接,信息化改造电子开料锯,应用条码标签,无须技术人员手动调整,实现家具在产品规格之内无极定制,企业业绩大幅提高。

4.2 "互联网+"的组织模式——云端制

4.2.1 组织结构:云端制

以网络的视角来看企业,它面对的实际上是三张正在形成中的"网":
(1) 消费者的个性化需求,正在相互连接成一个动态的需求之网;
(2) 企业之间的协作走向了协同网的形态;
(3) 单个企业组织的内部结构,被倒逼着要从过去那种以(每个部门和岗位)节点职能为核心的、层级制的金字塔结构,转变为一种以(满足消费者个性化需求)流程为核心的、网状的结构。

只有实现了这种结构上的转换与提升,企业才能够有效地实现自身内部的联网,一级企业与消费者之间的联网,由此也才能真正有效地感知、捕捉、响应和满足消费者的个性化需求。

4.2.1.1 外显结构:云端制

任何组织都面临着纵向控制/横向协同或集权控制/分权创新的难题。今天的互联网和云计算为这一老难题提供了新方法,就是以后端坚实的、广泛意义上的云平台(管理或服务平台+业务平台)支持前端的灵活创新,并以"内部多个小前端"实现与"外部多种个性化需求"的有效对接。这种云端制或"大平台+小前端"的结构,已成为很多企业组织变革的"原型"结构。

7天酒店用IT技术把流程锁定,使得销售、服务、采购、财务等很多流程都通过标准化的方式去实施,在此基础上,再实施给店主赋权的"放羊式管理"。最终,7天酒店做到了让分店店主自主决定几乎所有事情:分店预算、经营指标、用人等。

互联网服装品牌"韩都衣舍",每年发布几万个自有品牌的新款服装,这极大地考验了它的应变能力。为此,它在内部实行了鼓励员工自动自发创新的买手小组制,成立了数百个买手小组。买手小组独立核算且完全透明,拥有很大的自主权,比如公司只会规定最低底价,而起订量、定价、生产数量、促销政策等,则全部由买手小组自己决定。

苹果的App Store、淘宝的网络零售平台、滴滴打车等,也是类似的结构。其特征表现为分布式、自动自发、自治和参与式的管理。

4.2.1.2 内在结构:组织网状化

"大平台+小前端"是一种外在的、显性的静态结构,而隐性的、内在的动态结构则是组织的"动态网状化"。这一点在海尔公司得到了系统的实践。

为满足互联网时代个性化的需求,海尔公司把 8 万多名员工努力转变为自动自发的 2 000 多个自主经营体,将组织结构从"正三角"颠覆为"倒三角",进一步扁平化为节点闭环的动态网状组织。每个节点在海尔的变革中都是一个开放的接口,连接着用户资源与海尔平台上的全球资源。

4.2.2 组织过程:自组织化

商业组织的组织方式过去通常被认为有两种主要形态:"公司"这种组织方式依赖于看得见的科层制,需要付出的是内部管理成本;"市场"这种组织方式依赖于看不见的价格机制,付出的是外部的交易成本。

"公司化"曾是 19 世纪末 20 世纪初的一场商业运动,公司由此成为社会结构的主要构件。大部分社会成员,不是在这家公司,就是在那家公司,个人大都必须要通过公司才能更好地参与市场价值的交换。今天,这种"公司"占据主导地位的格局已开始受到冲击。这主要是因为互联网让跨越企业便捷的大规模协作成为可能。一方面是公司中很多商业流程漂移出了企业边界之外,用过去的概念来描述,就是外包的普遍化。另一方面则是自发、自助、快速聚散的组织共同体的大量出现,即《未来是湿的》一书所称的"无组织的组织力量":凭爱好、兴趣,快速聚散,展开分享、合作乃至集体行动。Linux、维基百科、快速聚散的闪客、围绕国外电视剧形成的字幕组、由网民而非编辑决定新闻排列的 DIGG 等,都是如此。

"组织"将持久存在,但"公司"可能越来越弱化。换句话说,"社会性"仍将是我们的基本属性,我们发挥自我能力和市场连接、实现自我价值的方式,却与过去大不一样了(图 4.1)。

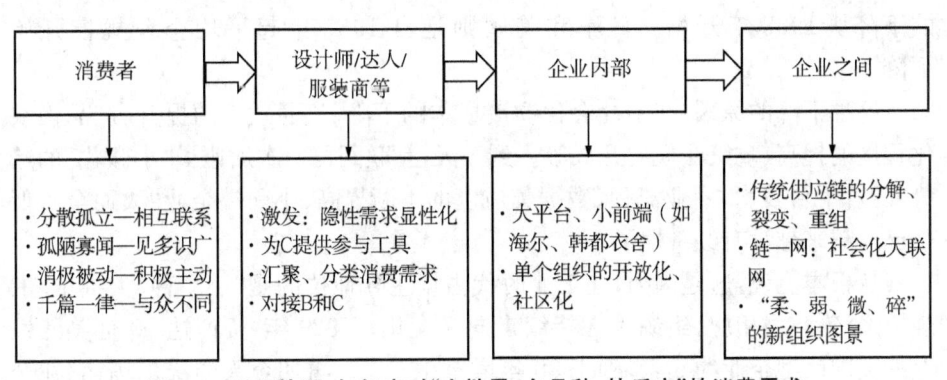

消费者	设计师/达人/服装商等	企业内部	企业之间
·分散孤立—相互联系 ·孤陋寡闻—见多识广 ·消极被动—积极主动 ·千篇一律—与众不同	·激发:隐性需求显性化 ·为C提供参与工具 ·汇聚、分类消费需求 ·对接B和C	·大平台、小前端(如海尔、韩都衣舍) ·单个组织的开放化、社区化	·传统供应链的分解、裂变、重组 ·链—网:社会化大联网 ·"柔、弱、微、碎"的新组织图景

图 4.1 组织协同:如何应对"小批量、多品种、快反应"的消费需求

4.2.3 组织边界:开放化

虽然互联网让企业内部的管理成本和外部交易成本有所下降,但后者的下降速度远快于前者。这种内外下降速度上的不一致带来了一个重要的结果:"公司"这种组织方式的效率大打折扣,"公司"与"市场"之间的那堵"墙"也因此松动了。

从价值链的视角来看,研发、设计、制造等多个商业环节都出现了一种突破企业边界、展开社会化协作的大趋势。宝洁公司注意到,虽然自己拥有 8 500 名研究员,但公司外部还存在着 150 万个类似的研究人员。为吸引全球的研究人员在业余时间里分享和贡献他们的才智,宝洁把内部员工解决不了的问题放到网上,给出解决方案的研究者将获得报酬。这正是研发环节的开放。

从企业与消费者的关系来看,此前的模式是由企业向消费者单向地交付价值,而在 C2B 模式下,价值将由消费者与企业共同创造。如消费者的点评、参与设计、个性化定制等。从产业组织的角度来看,越来越多的产业都在走向"云平台+小前端"的组织方式。换句话说,在很多产业里,众多小型机构事实上已经把自身的很多职能留给了平台,催化出了更专业的服务商,从而实现了社会化的大分工。在金融业,也在发生这样的产业重构:云计算、互联网信用、第三方支付等,已成为互联网金融的基础设施,并支撑着大量的金融创新。

4.2.4 组织规模:小微化

"小微化"的趋势并非始于今日。有资料显示,在德国,全部工业企业的平均规模在 1977 年前呈上升趋势,在 1977 年后则出现了下降。英国企业规模的下降从 1968 年开始。日本和美国则是自 1967 年起平均企业规模开始下降。

这种下降的原因,在于社会化物流成本的下降、流通效率的提升、产品模块化程度的提高、政策法规的开放等。到今天,互联网再一次加速了"小微化"的趋势,随着平台技术、商业流程、数据集成度的不断提高,小前端企业"大而全",似乎已经越来越没有经济性了。

从根本上说,这是因为,在工业时代占据主导地位的是"小品种、大批量"的规模经济,与之相应,组织也在持续走向极大化。1929 年,资产达 10 亿美元以上的美国巨型企业约 6 家,到 1988 年增至 466 家。再如今天的沃尔玛,它在全球的雇员超过了 200 万人。但在信息时代,随着"多品种、小批量"的范围经济正在很多行业里不断扩展自己的空间,更多组织的规模相应地也在逐步走向小微化(图 4.2)。

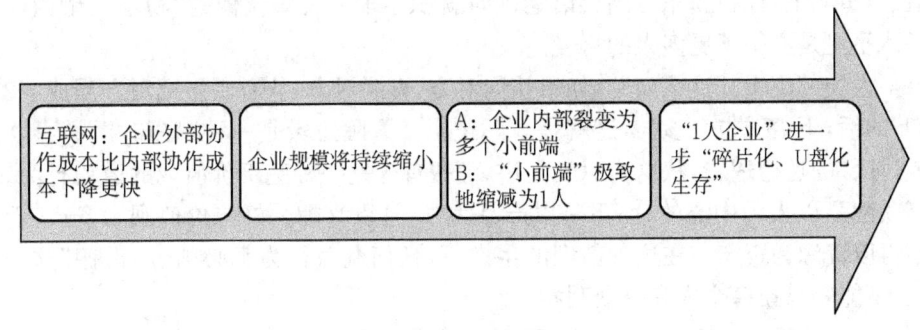

图 4.2　组织规模"小微化"

4.3 "互联网+"商务模式应用

4.3.1 "互联网+消费者"

在大数据时代,事物的发展进程不再是因果关系,而是相关关系。因果性与相关性最大的不同在于,"因果性"创造的是"1+1=2"的线性逻辑(讲经验,讲道理),这种逻辑体现在商业上强调的是产品的价值,而相关性创造的是非线性逻辑(讲关联,讲突变),这种逻辑体现在商业上强调的是消费者的聚合。在因果逻辑中 C(消费者)是由 B(商家)定义的,所以被称为"客户",但 C(消费者)聚合之后,形成了 C 端强大的力量。C 端力量的强大是以 C 的"部落化"或"社群化"为前提的。简言之,这是基于"同频或同趣"的聚合,是价值观的聚合。一旦找到"同类聚合"背后的力量,那么,消费者聚合就成为全新的商业力量。

信息开放与透明正在创造出一种全新的人的聚合方式,这就是 O2O 的空间价值去掉"厂家或渠道的中心化"——空间的价值并没有消失,只是这时候的空间不再是商业综合体的销售渠道。电影院、餐厅与娱乐场所也不再简单地视为引流,而是粉丝的聚会、聚集、沟通之地,在这里,商家不再是商业综合体的中心,消费者才是综合体的中心,商家的使命不再是经营商品,而是经营粉丝,即消费者。消费者同类聚合的力量主要有以下三个:

(1) 价值观聚合

一旦把互联网平台当成一种生活平台,上网首先就是一种思想、一种观念,或者说一种思维方式。过去企业讲价值观也许是作秀或摆设,但在互联网时代,企业的价值观是聚合消费者最重要的核心要素。锤子手机的罗永浩原来是新东方的老师,是做英语培训的,为什么他敢于做手机呢?这是因为他代表了一种价值观,事实上,他在新东方当英语老师时就积累了一批喜欢他的"粉丝",砸西门子冰箱更是赢得了更多人的喜爱。

人类的逻辑就这么简单,如果认同对方、喜欢对方、从心底里把对方当成"我们"的话,不给钱也会参与,这就是人际逻辑。人际逻辑是一种"好与坏"、"喜欢或讨厌"的道德逻辑,从这个意义上讲,消费首先是一种基于价值观的道德行为。互联网是以人为中心的,而不是以产品为中心;以兴趣爱好与价值观为资产,而不再以资源为资产。在这种新型的生态下,任何利益行为都必须过"道德"这一关,不能轻易损害个人和公众利益。

由此能看到电商竞争的另一面:表面上是利益之争,背后实则是诚信道德之争。所有电商企业的成功,都不约而同地把重心放在诚信道德上。

(2) 情绪聚合

移动互联网"复合"了情绪的文化功能,这是因为"某种情绪"是有着"某种感受"的一群人才会有的,过去这些人分散在"天涯各方",现在手机让有着"共同情绪"的人找到共同的情绪平台,情绪从此成为强大的力量。比如,在现实生活中,有人遇到了"不幸",愿意表达同情与帮助的人是少数,因为现实中的人际关系会给那些"出头"的人施加很大的压力。但在互联网上,情况颠倒了,面对不幸,表达同情与帮助获得的是"陌生的同类人"的赞赏与支持,或是线下身边少数几个人的赞赏与支持。

人天然的是情绪动物,首先会被"情绪感染",或者说,情绪在圈子中的共鸣会造就强大的力量,这种力量远比"领袖号召"或"理性呼唤"要强大得多,所以,基于"情绪"的聚合是互联网上消费者最常见的聚合,这也是互联网企业都很强调"公益"的原因。

(3) 兴趣聚合

"物以类聚,人以群分",这句老话也讲出了人们最基本的聚合方式:兴趣与爱好聚合。例如,我们过去写文章或查资料,图书馆是常去的地方,但现在取而代之的是"谷歌百科"、"百度知道"等。事实上在过去十多年里,世界各地的人们显示出一种前所未有的社会行为:人们集合在一起,共同完成任务,有人甚至分文不取,而这些任务曾经是由某个专业领域的企业雇员完成的。同时可以简单地列举一些众包案例。比如亚马逊这个网络零售巨头推出了提供众包服务的平台 Mechanical Turk,个人用户可通过完成某项工作获得小额的报酬。比如商家通过举办"天才设计"大赛,吸引顾客参加多媒体家居方案的设计。再比如不列颠泰特美术馆(Tate Britain),这家美术馆拥有 1500—2000 年间丰富的美术作品,让参观者自己为展品写讲解说明,被选中的将制作成标签展出在美术巨作旁边。

这就是互联网时代一个伟大的创造——"消费众包"。所谓消费众包,讲的是企业与消费者之间的边界被打破，消费者同时也是产品的创造者，而让这些人如此无私付出的，是他们的兴趣爱好，或者是自我实现的追求。消费上存在的这种"众包效应"，甚至产生了一个新的词汇，即"创客（maker）"。所谓创客，讲的是在产品创造的过程中，消费者会越来越参与其中，甚至可以成为其中的主导者，而在每一个创客背后，是一大批有共同兴趣爱好的伙伴或粉丝。

事实上，互联网的成功大多是源于"聚合"的成功。比如谷歌、百度是对信息聚合的成功，新浪是对新闻聚合的成功，天猫、京东商城是对卖家聚合的成功。聚合之所以如此强大，是因为聚合不再强调是"你"还是"我"，企业之间、个人之间不再存在界限，一切只因为客户价值而存在，一切只因为创造价值而共享共生。

4.3.2 "互联网＋营销"

整合营销之父唐·舒尔茨（Don E. Schultz）表示："过去的营销者喜欢控制一切，他们控制包装设计、广告、促销、公关和新闻媒体，但是今天我们已经无法再这样控制下去了，因为借助互联网，消费者现在可以获得海量信息，他们可以组合自己不需要和不喜欢的信息，甚至可以说，整个市场的控制者已经由品牌变成了消费者，我们无法全盘控制也就意味着营销需要改变了。"

今天的互联网在三个层面上改写了营销的进程：

（1）企业必须和消费者进行交互，而不只是一厢情愿地推广。企业只有通过和消费者交流，获得消费者认可，才能开发出适销对路的商品和服务，而消费者也才会向他们的亲朋好友分享这些商品和服务。这一点在移动时代尤其重要。因为移动互联网赋予了消费者非常强大的分享和评论工具，包括可以直接发起和企业的对话，如果企业不能有效地和消费者交互，并个性化管理他们的需求，那么企业很容易在这一波浪潮中掉队。

（2）营销的本质是在恰当的时间地点、恰当的场景和恰当的消费者产生连接，这种连接是双向的。但是过多的渠道和碎片化的媒体，让这种连接分外艰难。大数据的出现在某种意义上就是在帮助企业管理这些传播过程，让企业能够在互联网环境下有效地触达消费者，并且让消费者的反馈有渠道到达企业，进而驱动企业"顾客第一"的战略。

（3）消费者洞察是所有商业活动的开始。但是，今天的消费者行为日益呈现为网络状态，任何两个行为之间都可能发生跳跃式连接，再想用过去那套方式来洞察消费者只会适得其反。要理解消费行为的跳跃性需要大数据的帮助，在CRM（Customer Relationship Management）、ERP（Enterprise Resource Planning）和WMS（Warehouse Management System）等不同的数据体系之间建立关联，包括平台数据和第三方数据等。这种海量关联可以更好地辅助企业去理解消费者,理解消费需求。

4.3.3 "互联网+零售"

"互联网+零售"的进程是消费者、商品、交易和供应链不断数据化、在线化的过程,而在现阶段O2O已然成为"互联网+零售"的一种战略(图4.3)。O2O的概念已经流行了好几年,但在业界,有不少人将O2O理解成全渠道销售(Omni Channel),即依托借助互联网的应用和信息整合包括传统渠道在内的全部"消费者触点",打造销售机会和通路,以此做到潜在客流和购买交易最大化。但事实上,O2O与全渠道是不同的,它的核心在于更好地让消费价值最大化,通过打造系统化使消费者成本最小、利益最大的技术与商业环境,实现从单纯销售商(或制造商)向生活服务提供转变的企业过程。

O2O的勃兴与移动互联网、云计算和大数据的应用发展密不可分,正是因为这些信息技术的应用,推动着中国零售发展回归到零售的本质——借助信息和技术的发展来更好地满足消费者需求,减少消费者在消费过程中所做的妥协,并从中获益。

中国未来的零售业可能会出现以下特征:

(1) 生产要素的变革——数据将成为核心生产要素

伴随云计算能力的增强,无论是处理视频、图片、日志、网页等非结构化的数据,还是常常高达上百TB的离线数据,抑或是实时处理数千万乃至数亿条记录,都将成为现实。与此相关的是,数据将与资金、技术、土地、人力等一样成为零售企业的生产要素。麦肯锡的一项研究表明,如果美国医疗卫生部门能有效利用海量数据来提高效率和质量,每年通过数据获得的潜在价值将可超过3 000亿美元;而充分利用海量数据的零售商也能将其利润提高60%以上。

(2) 企业组织方式的扩充——以消费者为主轴的零售管理体系将应运而生

由于互联网大大提高了个性化需求聚集的可能,社会上的小群体特色需求有了发展的社会和文化基础。另一方面,企业经济模型中大产品、大生产和大趋道的成本逻辑也在发生改变,研发、供应链的边际成本在下降,许多产品组合丰富的经济性得到提高。未来生产方式也会发生相应的创新,从而使得针对某个客户群体提供超出企业现有边界的更为丰富的产品和服务,成为企业业务发展的重要杠杆。范围经济(Economy of Scope)会成为管理学的新热点,以消费者为主轴的管理体系可能会与传统的品类组织架构形成互补等。

(3) 零售业态的跨越式发展

云计算、大数据等基础设施进入安装期,如果实体零售仍然脱离在线化、数据化,即便被认为是先进模式的连锁零售,也将失去往昔高效的商业作用。在接下来的十年,中国可能不必像美国那样将传统的实体门店(脱离"活数据"的零售门店)遍布全国各地,尤其是在目前实体商业基础设施相对不足的中西部。我们将直接跨入"线下体验+线上下单+中央仓储配送+售后服务"的立体式无缝连接的零售形态。

在这个不断创新的时代,各种角色都将在"互联网+"的浪潮中搏位,那些最先理解并成功驾驭新商业逻辑的企业,将有望发掘出它所拥有的全部潜力。

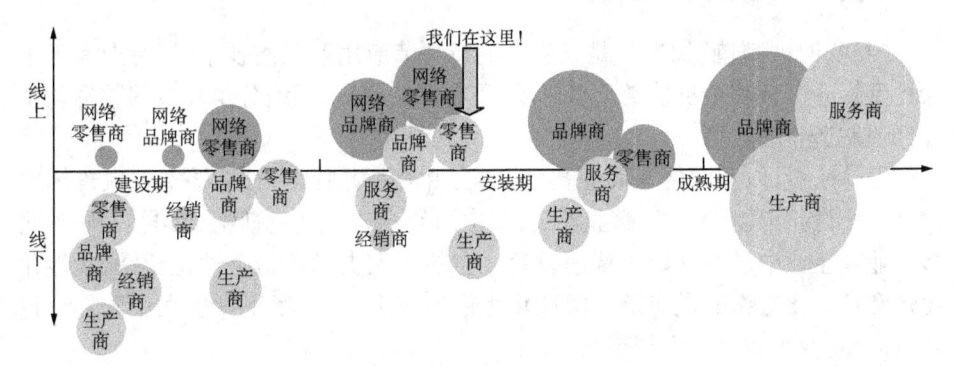

图 4.3 "互联网+零售"的演进路径

4.3.4 "互联网+产业集群"

1990 年,波特在《国家竞争优势》(*The Competitive Advantage of Nations*)一书中,首先提出用"产业集群"一词对集群现象进行分析。产业集群是工业化过程中的普遍现象,在所有发达的经济体中,都可以明显看到各种产业集群。

在信息经济时代,传统产业集群将向"在线产业带"转型,其运作效率和经济社会效益都将极大提升,这是一次新的制造业革命。

在线产业带作为一种全新的电子商务生态现象,是传统产业带和专业市场在互联网上的一种映射和延伸。它汇集了生产厂家、渠道商、淘宝卖家、消费者、政府、第三方服务商等多种角色,从而帮助买家直达原产地优质货源,帮助卖家提升竞争力和降低竞争成本。

未来在线产业带发展将会出现如下趋势:

(1) 在线产业带数量增速将趋缓,但交易规模将继续快速扩张

经过近两年的跑马圈地,共有近百家在线产业带与电子商务平台签约,涵盖了中东部大部分集群优势明显的线下产业集群。随着电子商务平台将产业带的重心从数量向质量转移,在接下来的时间里,在线产业带的数量增速将有所放缓。

与此同时,在线产业带的交易规模将快速扩张。预计未来三年,全国在线产业带总交易规模将继续翻番增长。

(2) B2B 服务业更加完善,趋于专业化

目前，B2B 服务业依然处于起步阶段，在线产业带的兴起，极大地刺激了 B2B 服务业的发展，催生了一大批 B2B 类运营服务商、培训服务商和装修服务商等。未来 3—5 年，B2B 类服务商将迎来快速发展的阶段，其属性将更加专业化，分工更加细化，围绕在线产业带的电商生态也将更加完善。

4.3.5 "互联网＋制造"

"互联网＋制造"如果只是在生产制造环节应用互联网技术，制造业本身不会得到提升。从整个价值链环节来看，下游网络零售、网络分销环节的数据化正在倒逼制造业的转型。

整体来看，以互联网为商业基础设施、由消费者所驱动、能够实现大规模定制乃至个性化定制的 C2B 商业模式，在中国的服装、箱包、鞋帽、家电、家居等诸多行业和企业中已经开始了快速发育。它的三大支撑就是个性化营销、柔性化生产和社会化协作的供应链。柔性化生产的演进，是一场正发生在中国部分行业、部分企业车间里的生产革命。

电子商务作为完全基于互联网的经济交易活动，天生就具备"在线化、数据化"的特征和优势。互联网大大削减了产销之间的信息不对称，加速了生产端与市场需求端的紧密连接，并催生出一套新的商业模式——C2B 模式，即消费者驱动模式。C2B 模式要求生产制造系统具备高度柔性化、个性化以及快速响应市场等特性。这与传统 B2C 商业模式下的标准化、大批量、刚性缓慢的生产模式完全不同。

传统 B2C 模式下的生产制造与同时代的市场消费需求、分销渠道、大众营销等固有特点密不可分。其基本形态是：大规模生产＋大品牌＋大零售。传统模式下的大批量、规模化、流程固定的流水线生产，追求的是同质商品的低成本。大量商品生产出来之后怎么办？依靠的是以报纸、杂志、广播、电视为主要载体的大众营销的狂轰滥炸。在这种广告模式下，品牌是靠媒体塑造出来的，消费者是被灌输方、被教育方。例如，1996 年，宝洁只需在"新闻 60 分"节目中做三条插播广告，就可以触及美国 80% 以上的成年观众，完成对消费者的教育过程，为大零售做好铺垫。传统 B2C 模式下，生产与消费之间隔着重重的批发、分销、配送环节。而且生产商都通过设定折扣、运费政策鼓励分销商、零售商一次性大批量订货。信息传递缓慢而零散，生产商往往数月后才能从订单中看到消费者需求的变化。在生产过程中，生产厂家需要以"猜"的方式进行库存和生产。而信息的失真和滞后，导致猜测的准确率非常低。管理学中称这种现象为"牛鞭效应"。彼得·圣吉(Peter M. Senge)在《第五项修炼》(*The Fifth Discipline*)中，用"啤酒游戏"详细介绍了这种现象。在传统的 B2C 模式下也经常出现这样的场景：畅销的商品往往缺货，滞销的商品却堆满货架和仓库，既错失销售机会，又积压资金。

而基于电子商务的生产方式是需求拉动型的生产,互联网、大数据技术将生产企业和消费者紧密联系在一起,使消费需求数据、信息得以迅捷地传达给生产者和品牌商。生产商根据市场需求变化组织物料采购、生产制造和物流配送,使得生产方式由大批量、标准化的推动式生产向市场需求拉动式生产转变。拉动式生产并不一定要对市场需求进行精准的预测,关键是供应链的各方要更紧密地协同,以实现更加"柔性化"的管理。所谓"柔性化"是指供应链具有足够弹性,产能可以根据市场需求快速反应:多款式小批量可以做,需要大批量翻单、补货也能做,而且无论大单、小单,都能做到品质统一可控,成本相差无几,及时交货。对于企业而言,柔性化供应链的最大收益在于把握销售机会的同时,又不至于造成库存风险(图 4.4)。

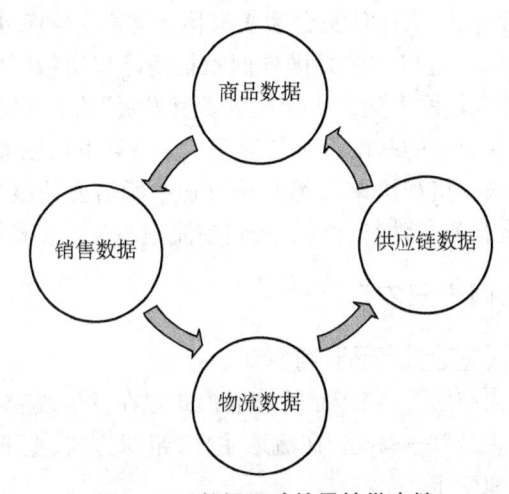

图 4.4 以数据驱动的柔性供应链

柔性化最极致的做法是大规模个性化定制的实现。个性化是客户化市场的需要,批量化是企业生产效率和成本的选择,而大规模个性化定制就是要解决这一对长期存在的矛盾,解决个性化客户需要和低成本、高效率的集约化生产问题。在过去,很多企业的生产模式还只是菜单式的选择,而如今互联网和大数据的出现,使得这一问题可以真正得到完美的解决。

4.3.6 "互联网+外贸"

"互联网+外贸"的形态主要体现为跨境电子商务模式,这里有必要对跨境电商的模式做一个简单的解释。"跨境"主要是指"跨越海关关境",主要指电子商务交易方位于不同贸易区的情形,包括跨境 B2B,跨境 B2C、C2C 以及相关的服务。简单来说,就是通过互联网平台/服务跨越海关关境,让企业或个人买家能实现"买全球",同时也可以作为卖家来实现"卖全球"。

"互联网＋"改变企业间贸易——跨境 B2B 模式。跨境 B2B 主要通过"互联网＋"来实现贸易在线化、电子化。B2B 出口模式的卖家主要是境内的生产商、贸易商,买家主要是境外的贸易商、批发零售商、生产商、网店主等。B2B 模式最早是互联网信息黄页,将企业的商品和信息展示给全球买家。在信息展示过程中,还需要做各类营销活动(如 P4P 广告、搜索引擎优化等)。在信息展示的基础上,买家可以对卖家进行在线询盘或者在线发布采购需求,对于部分商品还可以进行小额批发的直接交易。

"互联网＋"改变企业对消费者的直接销售——跨境 B2C 模式。跨境 B2C 主要是通过"互联网＋"来实现商家在互联网平台上将商品直接售卖给境外消费者。B2C 出口模式的买家主要是境外的个人消费者,卖家主要是境内的贸易商/网店主以及少量生产商等。B2C 平台为卖家将货物售卖给海外消费者提供信息展示和交易流程。B2C 进口主要是国外商家把商品售卖给国内消费者,可以通过"网上交易＋直邮"或"网上交易＋保税区备货发货"的方式完成。

"互联网＋"改变交易的基础设施与流程——跨境电商服务。跨境电商服务是通过"互联网＋"来连接和协调各类交易过程中所需要的服务,主要包含外贸综合服务、跨境物流服务、跨境支付服务、贸易流程服务以及跨境衍生服务。

4.3.7 "互联网＋三农"

4.3.7.1 互联网重塑农产品流通模式

在互联网的催化作用下,农产品的流通模式也在发生改变,以电子商务为主要形式的新型流通模式快速崛起,在流通主体、组织方式、上下游影响等方面都呈现出积极的创新和变化。

(1) 各类生产者积极变身,直接对接电子商务平台

近年来,大量的农民和合作社踊跃变身网商,将自家或收购的农产品进行网络销售。与在集市上的传统售卖形式相比,他们面对的市场更大,议价能力也强。如山西农民王小帮从 2006 年开始通过淘宝网销售土特产,2014 年完成销售额 700 万元。再如福建安溪中闽弘泰茶叶合作社 2009 年开始在淘宝网上销售铁观音茶叶,2014 年销售额超过 1 亿元。

(2) 传统批发商和零售商主动求变

传统渠道的批发商和零售商对市场变化高度敏感,同时他们又掌握着农产品流通链条上最多的资源,一旦投身电子商务,将会释放出巨大的能量。例如 2008 年以来寿光蔬菜批发市场里的种子批发商们开始利用淘宝网做生意,到目前接近一半批发商已经"触电"上网,经营较好的批发商的交易额已经超过线下渠道,最大的批发商甚至搬出了市场,专职做网销。

(3) 消费者由被动变主动,成为主导力量

互联网、移动互联网、社交网络赋予了消费者前所未有的获取信息的能力,消费者从孤陋寡闻变得见多识广,从分散孤立到相互连接,从消极被动到积极参与,最终扭转产消格局,占据了主导地位,不断参与各个商业环节中。生产者和消费者的信息同步化,也为未来基于互联网的订单农业奠定了基础。

4.3.7.2 农产品电子商务崛起

近年来,阿里平台上的涉农网店数量保持快速增长。截至2013年底,阿里平台上经营农产品的卖家数量为39.4万个,其中淘宝网(含天猫)卖家为37.79万个,相较2012年的26.06万个,同比增长45%。

近年来,我国农产品电子商务发展主要呈现以下特征:

(1) 原产地农产品直销成热点

以电子商务为载体的原产地农产品直销在2013年成为一大热点。通过将农业生产者转变为网商,或者由电商运营商操盘,将农产品从原产地直接发货到消费者所在地,这在很大程度上克服了传统流通模式流通环节烦琐、流通效率低、损耗严重的缺点,同时,也建立了消费者与生产者互动的平台,促进信息对称。

(2) 跨境交易活跃,进口农产品成农产品电商新热点

进口农产品正在成为农产品电商的新热点。2013年,先是美国前驻华大使骆家辉"售卖美国车厘子";接着智利驻华大使与淘宝网方面合作,为中国消费者带来智利特产银鳕鱼;丹麦驻华大使馆则联手聚划算,把丹麦有机奶等农产品带到中国。泰国、澳大利亚、韩国、英国、意大利、西班牙等国家驻华机构纷纷与国内电商平台达成合作,越来越多的进口食品将从线上渠道进入中国。

(3) 生鲜农产品崛起

生鲜农产品一直是农产品流通领域的重点和难点,2013年生鲜农产品电子商务迎来爆发式增长,在淘宝网(含天猫)平台上,生鲜相关类目(水产肉类/新鲜蔬果/熟食)连续两年保持最快增长,2012年同比增长99%,2013年呈现加速态势,增速更是高达195%。

(4) 农产品预售模式兴起

在传统农产品流通模式下,生鲜类农产品由于距离的阻隔和供应链的影响,到达消费者手中后不仅价格昂贵,而且失去了最佳的新鲜味道。

以销定产的C2B预售模式显示出了优越性。基于电子商务的预售模式汇聚了全国乃至全世界各地的原产地农产品,并通过网络预售定制模式减少农产品中间环节,对生产者和消费者不无裨益。当生鲜农产品尚未收获的时候,就提前在网上售卖,收集完订单之后,农民才开始采摘、安排发货——这样的预售模式让产地能够按需供应配送,大大降低农产品的库存风险、生产成本和损耗。消

费者由此也能够获得最新鲜、性价比最高的原产地农产品。

4.3.8 "互联网＋金融"

"互联网＋金融"不是互联网技术与金融行业的简单加总,而是金融的基本功能在融入了互联网精神之后,产生了一些深层次的变化。从行业发展的角度看,"互联网＋金融"与互联网金融已经不同。在这个快速迭代的互联网时代,行业发展在某种程度上也遵循着摩尔定律,可以说"互联网＋金融"其实已经进入了"第二互联网"时代。在这个新的时代,互联网变成了一种信息能量,开始重新塑造经济社会的各种供需关系,向两个方向同时演绎:向上升为云计算和大数据,向下沉为O2O(图4.5)。

金融世界
- 经济下行,资产质量
- 金融转型,降低成本
- 盈利下降,资本充足
- 回归实体经济

互联网金融融合·创新

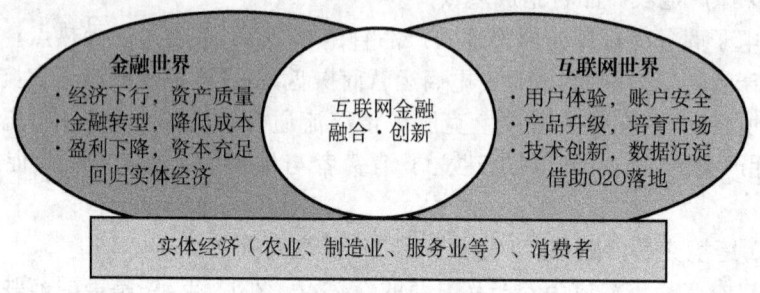

互联网世界
- 用户体验,账户安全
- 产品升级,培育市场
- 技术创新,数据沉淀
- 借助O2O落地

实体经济(农业、制造业、服务业等)、消费者

图 4.5 互联网与金融

(1) 服务"中小微"蓝海市场

"互联网＋金融"站在信息技术的高地上,打破了传统金融行业的地域局限,从而低成本地提高金融服务的覆盖面,在短时间内迅速扩大金融受众,缓解金融资源可获得性不够的问题。这一点对传统的金融机构而言也是有利的,最直接的好处就是减少传统金融机构为扩大服务面而开设物理网点的资金压力。物理网点的单位成本极为高昂,是手机银行的50倍,网上银行的23.5倍。

更具体地看,小额信贷市场是一个蓝海市场,符合长尾经济的各项要素。在我国,小额信贷市场的开放力度有限,市场纵深广阔。而占据金融市场绝大部分份额的传统金融机构在对接小额信贷的过程中由于成本等因素而忽视了小微企业和弱势群体。"互联网＋金融"正好作为这一市场的有效补充。另外,传统的交易模式与新的场景结合起来之后,也衍生出了新的金融产品,比如网络借贷就是民间借贷与互联网科技结合的产物。"互联网＋民间借贷"衍生出了网上借贷,这种借贷方式既符合我国长期以来熟人社会的借贷传统,又提供了无抵押担保、自助交易、快速匹配以及借贷理财一体化的新模式,很好地契合了众多中小型用户的金融需求。

(2) 拓展农村金融新天地

我国农村地域辽阔，地形复杂，单纯依靠传统金融"沿途设点"、"平面推进"的模式，成本高、效率低、财务可持续性差，互联网金融依靠全新的信息采集、分类、批处理技术，依靠分布式计算和更先进的风险控制，更高效的贷款发放机制以及更精准的资金匹配方式，为农村新经济提供全新的金融服务和金融支持。

"互联网＋金融"提供的以信用为基础的小额贷款，为农村新经济提供了难能可贵的信贷资源，相比传统信贷资源更多地被农村龙头企业和大型经营主体占据，小额贷款能更好地为农村新经济提供支持，真正流向最需要资金支持的人和企业。第三方支付，尤其是移动支付，极大地扩大了支付的应用场景，实现了数据互通、流程打通、现金流与信息流连通，在提高支付效率、降低支付成本的同时，更好地将支付嵌入农村新经济的场景中，发挥支付的基础设施作用。投资方面，国内目前可供投资的金融产品很少，农村地区在投资方面更显得单薄。完整意义的金融应该包括信贷和储蓄（投资）两个方面，单纯的信贷和资金支持不能涵盖金融的全部。近年来，学术界和政策制定者也越来越意识到农村金融不仅仅是扶贫金融，而是一种根植于农村场景下的资源配置、风险管理、财富管理新范式。因此，扩展农村投资渠道，增加农村新经济主体的财富管理途径成为未来农村金融发展的又一重要方向。大量农村人口将财富投放在银行存款这样的极低收益产品中，随着货币的贬值，他们在财富分配中将处于越来越不利的地位。互联网金融则提供了较好的解决方案。类似于余额宝的互联网金融产品，以碎片化理财的优势，吸引了大量中低收入阶层用户，尤其是农村用户。

4.3.9 "互联网＋信用"

互联网征信是指互联网交易平台、电商等互联网机构开展的全网海量数据采集、处理并直接应用的信用管理服务。互联网征信是通过线上非定向地获取各种数据，从而对互联网主体的信用轨迹和信用行为进行综合描述。互联网征信是从2013年开始兴起的非专业性、去牌照化的互联网业务。

互联网征信的主要特点有三个："大数据"，数据成千上万；来源广泛，来源于整个网络；信息全面，不拘泥于财务类，既包括财务、资产类的，也包括非财务类的，例如社交行为、文字言论、谈话语音、图片，甚至交友情况等，具有非常强的社会性。

互联网上的一切数据皆信用，互联网征信是一个完全的"大数据"概念。它以海量数据刻画信用轨迹，描述综合信用度，主要表现信用行为状况，主要用途是判断可信程度、开展社交往来、授予机会以及预测信用交易风险和偿还能力。互联网征信与传统征信存在很大区别，互联网征信的内容、技术手段、数据特征和分析判断的评估方式、评估模型、主要内容与方向，甚至主要结论都会发生根本性的改变。

互联网征信在互联网平台上就可以把参与互联网活动的人群都覆盖到,不用建立专门的机构和数据库,不需要大量的资金成本和人力、物力进行数据库传输,即不用为了采集数据而采集数据,一切数据与信息都随着互联网活动自然生成,只要在互联网上通过平台或者直接使用人进行数据搜索与抓取就可以。成本低、门槛低,这也是互联网征信快速发展、必然成为未来主流的原因。

美国最先进的 Zest Finance 直接挑战 FICO,运用大数据和云计算手段,使用上万个数据进行海量计算。不过,目前国际上还没有真正出现理念先进、发展趋势明朗的互联网征信运营机构,互联网征信的人范围普及还没有开始。真正的互联网征信迅猛发展和大范围普及的时机尚未真正到来,现在出现的都只是引领机构,市场尚处于从传统征信向互联网征信的过渡期。

4.3.10 "互联网+物流"

相比其他电商服务业,物流的工业经济特征更加明显,但在互联网的推动下,以往最传统的物流业态也在发生颠覆性的变化,显露出明显的信息经济色彩。

(1) 物流数据平台促进供应链协同

物流数据平台是以数据的力量促进供应链整体协同的典型,国内初步实际应用的是菜鸟网络。菜鸟网络科技有限公司成立于 2013 年 5 月 28 日,由阿里巴巴集团、银泰集团联合复星集团、富春集团、顺丰集团、申通集团、圆通集团、中通集团及韵达集团共同组建。"菜鸟网络"是基于互联网思考、互联网技术,以及对未来的判断而建立的创新型互联网科技企业。其致力于提供物流企业、电商企业无法实现而未来社会化物流体系必定需要的服务,即在现有物流业态的基础上,建立一个开放、共享、社会化的物流基础设施平台,在未来中国的任何一个地区可实现 24 小时内送货必达。"菜鸟"由天网、地网、人网三部分构成,其中天网是开放数据平台,地网是未来商业的物理基础设施,人网——菜鸟驿站是末公里基础设施,目前天网已经初步投入应用,地网还在建设中。

(2) "货物不动数据动"降低社会物流成本

在缺乏数据协同的情况下,生产、销售、消费信息不对称是造成物流成本高、效率低的根本原因。在信息不对称条件下,货物无序流动,过度运输情况严重。例如,一个杭州的买家想要买一件北京卖家的商品,而制造厂在广州,那么,商品必然先从广州流向北京,再从北京运到杭州的消费者手中,绕了一大圈。很多消费者在查看物流信息的时候,总会发现自己的包裹在全国各处转圈,实际上,这也是信息不对称的结果,大量的资源就这样被浪费了。

一旦物流、电商、消费者、制造业被接入统一的物流数据平台,商品的流向就有了清晰的指导,并可以直接投送到消费者手中,大幅缩短了平均运输距离,节省了物流成本,物流各环节也将更加协同。让货物尽量少动,或者说做到"货物不动数据动",这是天网数据平台的主要目标之一。

(3) 物流数据化有助于建立电商与物流联动机制

数据平台可以对接物流企业和电商,建立起一套协同联动机制,其中以"菜鸟网络"的"双十一"天网预警雷达最为闻名。以往在"双十一"期间,电商订单爆炸式增长,经常导致物流爆仓,其原因有两个:一方面,物流快递企业的大部分包裹来自于电商;另一方面,电商订单在理论上可以呈级数增长,但物流有承受极限,稍有意外,爆仓便成定局。在 2014 年"双十一"期间,一天之内天猫产生了 2.78 亿个包裹,约占全年包裹总量的 2%。在"双十一"之前,申通、中通、百世汇通等物流企业均预计"双十一"当天的快件量会达到平时的两倍,然而现实还是远远超过了他们的预期。

天网雷达预警通过自身的电子商务数据优势进行订单预测,指导物流企业提前配置资源;反过来,天网数据平台又根据物流企业反馈的物流压力数据引导电商商家的促销策略,从源头上减少爆仓风险。

(4) 智能分仓与库存前置提高时效并加快周转率

如果物流数据平台与物理基础设施建设完善,智能分仓与库存前置也将成为可能。中国地大物博,土地面积为 960 多万平方公里,要在如此大的地域中做到 24 小时送货必达,不靠库存前置是不可能的。简而言之,就是要在消费者下单之前将商品提前以成本最低的方式运到离消费者最近的电商仓储中,而且,从商品入仓到消费者下单,再到商品拣货出仓,这期间的时间越短越好,因为时间越短,意味着物流持有成本越低,库存周转也越快。这需要极强的预测能力,商家什么时候发货、分别发多少货到什么地方、运输方式和运输时间的估算,都需要紧密结合,分毫不差。"菜鸟网络"的天网基于阿里巴巴丰富的数据积累,有完成这项任务的潜力,对于消费者而言,这将大幅提高物流时效,提升消费者体验;对商家而言,智能分仓、库存前置与持有成本最佳平衡点的确定,也有助于提高完美订单达成率,提升库存周转效率。

4.3.11 "互联网+医疗"

"互联网+医疗"的创新模式将会从以医院为中心的就诊模式演变为以患者为中心、医患实时问诊互动的新型模式。从消费者角度出发,整个与医疗健康相关的流程可拆分为 9 个重要环节:健康管理、自诊、自我用药、导诊、候诊、诊断、治疗、院内康复、院外康复(慢性病管理)。以下 5 大发展方向值得关注。

(1) 智能可穿戴医疗设备:健康管理治未病

将智能芯片放置在随身的手环、腕表、眼镜、戒指、衣服上,它就可以测量和记录人的全部健康数据,如运动量、睡眠深度、血糖、血压、体检结果、治疗效果等,这就是智能可穿戴医疗设备。它们的目标并不只是收集数据,最重要的是要将这些数据传输到云端后台,通过云端的分析能力为人们提供个性化健康管理服务。人们可以通过这些设备了解自己的身体状况,使自己成为健康的主管者,而医生只是起到协助的作用。传统上人们是发现了生病的体征之后才会去医院看病,可穿戴医疗设备使得大家可以随时监测自己的各项生命指征,实现防患于未然。

(2) 医药电商:实现药品价格透明化,促进医药分家

2014年公布的《互联网食品药品经营监督管理办法(征求意见稿)》,对医药电商是好消息,其中网售处方药的解禁将为医药电商释放近万亿元的巨大市场空间。电子商务从通常的衣食住行走入医药行业,将会使得药品价格更加透明,推动改变以药养医的现状,实现医药分家,降低患者购药成本,给患者购药带来更多的便利和更好的体验。除了互联网巨头在医药电商领域的投入之外,药品生产和品牌商也逐渐介入网络全渠道营销,助推整个医药电商市场的创新变革和发展壮大。

(3) 在线寻医问诊和远程医疗:节省医疗卫生费用

从PC互联网时代的好大夫在线到今天以春雨医生为代表的App,采用的都是以在线寻医问诊为主的模式,患者希望能够便捷地找到真实可靠的医生信息并与医生进行互动,得到专业医生的指导。目前,春雨医生已经汇聚了3 000万用户和5万医生资源,通过图文和语音方式进行问诊和交互。

远程医疗在国外已经比较成熟,它因为提高优质医疗资源可及性和节约诊疗费用而受到消费者和医院的青睐。麦肯锡研究报告表明,远程监测能显著降低患者前往医院、急诊室看病的频率以及入住疗养院的比例,更多患者在家就能实现监控、诊断、治疗、保健的目的,这是远程医疗节省卫生费用的主要来源。经测算,以糖尿病为例,在美国,每年远程监测可以节约15%的医疗费用。

(4) 移动就医平台:缩短患者就诊流程

挂号难、看病难是老百姓最希望解决的民生问题之一,相关调查报告显示,缩短等待时间是患者认为医院最需要解决的问题,有70%的患者认为医院应该缩短患者等待时间,这也是我国医疗改革的难点之一。将互联网能力赋予医院的挂号、就诊、缴费等流程之中,对方便群众就医、提升医疗行业运行效率有重要作用。移动就医平台使用户可以直接在移动端App中完成挂号、检查、缴费、取药,甚至查看检查报告等流程。

(5) 健康医疗云+大数据应用:解决信息不对称问题

利用云+大数据打通整个医疗健康的产业链将会带来众多创新机会。在国外,最受瞩目的互联网医疗创业领域就是医疗大数据分析。比如,2009年成立、2014年成功上市的Castlight创建的应用就是搭建在云端,以超过10亿条健康

保险交易数据的云端数据库为核心。这个数据库与企业医保福利制度信息、医院临床指引、用户所产生的行为数据相结合,通过云计算来制订满足企业及其雇员需求的最优性价比医疗健康方案,并提供比价导购服务,从而极大地简化了医疗健康方案的选优过程,也避免了因信息透明度欠缺而多支付不必要的费用。

4.3.12 "互联网+教育"

自2012年后,互联网教育行业逐渐升温,投资并购不断,BAT纷纷逐鹿,大家都把互联网教育看成一个巨大的商机。目前互联网教育主要有以下几种模式。

(1) 内容重构——慕课(MOOC)模式

慕课的理想是希望"任何人、任何时间、任何地点能学到任何知识"。目前,国外出现了慕课三巨头:edX、Coursera和Udacity。哈佛大学与麻省理工学院合办了edX,这是一个非营利性的网络课程开源技术平台。参加的学校在校名后加一个X,如清华X大学。目前已经有29所世界一流名校入驻平台,平台不仅为学生提供优质课程,还为联盟成员学校提供教学研究工具和数据。

截至2014年7月,Coursera平台已经聚集了来自普林斯顿、哈佛、杜克、北大等上百所大学的课程。其课程报名学生突破了150万,来自全球190多个国家和地区,而网站注册学生为68万,注册课程124门。

与其他尝试普及高等教育的课程不同,Udacity不只是提供课堂录像。在Udacity的课堂中,教授简单介绍主题后便由学生主动解决问题,这种模式类似"翻转教室"(flipped classroom),有些人认为这是教育的未来,认为"书本教学"是一种过时而又无效的知识灌输方式。Udacity平台不仅有视频,还有自己的学习管理系统,内置编程接口、论坛和社交元素。现在,它提供15门课程,并将逐步增加课程数量。此外,一些科技公司最近宣布提供教材、导师和资金,其中包括谷歌、微软、Autodesk、Nvidia、Cadence和Wolfram Alpha。该公司现有超过75.3万学生注册,并开始与业内其他公司合作帮助这些学生就业。

国内也相继出现了一些慕课平台,如学堂在线、MOOC学院、万门大学等。

(2) 工具模式——给传统教育提供有互联网属性的教学工具

苹果就为互联网教育提供了工具,它从1 000多所大学收集了超过50万份视频和音频教学文件,总计下载量达到了7亿次。其近期发布的升级版iTunesU App已经允许任何教师在上面发布教学内容。针对在教室使用iPad进行教学的K-12(基础教育)教师,iTunesU允许他们建立多达12份的私人课程。在每份课程里,教师都能指导学生使用各种主要由苹果驱动的媒介课程,如iBooks、教科书、App、视频、Pages以及Keynote文件。新的iTunesU还提供了新的工具,允许学生在视频上做笔记。与其他专注于提供内容的在线教育不大一样,苹果不仅有来自全球的教师为其提供教学内容,还拥有 iPad 这个终端设备。因此它在这个演变过程中既能充当传统教育里的课堂教学工具,还能将人们的行为习惯逐渐引向在线教育。

① 校讯通。校讯通的唯一目的就是解决老师、家长、学生的沟通问题,是智能 IC 卡、Internet 技术和手机短信相结合的科技产品。该项目由三部分组成:智能 IC 卡学生证、读写器、基于短信和网络的应用平台。校讯通是利用现代信息技术实现家庭与学校快捷、实时沟通的教育网络平台,是一套可以有效解决老师和家长之间沟通、帮助孩子健康成长,集先进的计算机技术和无线通信技术于一体的信息交流系统。它让家长每天都能了解到孩子在学校的情况,也可以让家长随时、随地向老师提出建议或反映孩子在家里的表现。它充分调动社会教育资源,利用现代信息技术架起学校、家庭之间实时、快捷、有效沟通的桥梁,形成社会、学校、家庭和谐共育的局面,促进学生健康成长。

② 猿题库。这个软件的唯一目的就是帮助学生做模拟题,是一款手机智能做题软件,目前已经完成对初中和高中共 6 个年级的全面覆盖。猿题库针对高三学生还提供了总复习模式,涵盖全国各省市近六年高考真题和近四年模拟题,并匹配各省考试大纲和命题方向,可按考区、学科、知识点自主选择真题或模拟题练习。

4.3.13 "互联网+旅游"

我国的旅游服务业,已经从"增量崛起"阶段逐步过渡到"存量变革"阶段。也就是说,"互联网+旅游"的参与者,不仅包括了原生的在线旅游代理,也包括了传统的旅游企业(如旅行社、酒店等)。认识到互联网对汇聚资源、降低成本、流程优化、商业模式创新的益处,传统旅游企业渴望借助"互联网+"实现转型升级的愿望愈加迫切。

因此"互联网+旅游"的变革方向,不是对线下业务的替代与控制,而是为其提供资源、赋予能力、携手共创繁荣的商业生态,实现线上与线下的真正融合。去啊"未来酒店"战略的思考与实践,体现了"互联网+旅游"的这一层深意。

"未来酒店"战略直面消费者与酒店的痛点,提供了信用、效率、营销、黏性和安全五大平台能力,贯彻了会员、营销、信用和数据的"高效直连",开启了未来酒店场景,提供了"一站式"解决方案,为酒店企业抓住"互联网+"契机、实现行业转型升级提供了澎湃动力,为其他传统服务业向互联网跃迁提供了范本,具有标杆意义。

(1) 提供五大平台能力

① 信用能力

原有模式下,消费者要在入住时缴付押金或进行信用卡预授权,退房时要由工作人员查验房内物品是否遗失。带给消费者的是烦琐的手续、不被信任的感受、时间的浪费和同质化的服务。

"未来酒店"的"信用住"模式下,发挥了"信用等于财富"的宗旨,通过"芝麻信用"评分预先了解消费者的信用水平,不用押金、不用现金、不用查房。消费者体验到的是手续便捷、深受信任、节约时间和尊享的"白金级"待遇。信用能力的增强,解决了酒店甚为忧虑的预订后未按约定入住比率居高不下的问题,高信用评分的消费者让这一比例下降到 30% 左右。酒店也愿意拿出更多的房源满足他们的需求,酒店与消费者实现了良性互动。信用能力的拓展,让酒店市场的参与者都享受到了福利。

② 效率能力

原有模式下,在线旅游代理横亘在酒店和消费者之间,使二者缺乏充分的信息沟通;酒店前台处理流程复杂,浪费了消费者大量的时间;酒店与在线旅游代理之间的沟通人工涉入过度、效率不高;二者之间一般是按月对账、结算佣金,资金占用时间长。

"未来酒店"的"信用住"模式下,通过互联网技术手段实现阿里去啊和酒店信息互通,可以做到实时确认订单;以信用数据为依托,简化了酒店前台操作流程,减少了消费者等待时间,实现了无押金、无现金支付;消费者可以到店即刻拿到房卡入住,离店不需结账,交房卡后直接离开,并能拿到提前准备好的发票;今后更可实现线上自助选房、自助前台系统等便捷服务;酒店与去啊之间可以实时结算,提高了酒店的资金利用效率;对于加盟性质的连锁酒店,基于总部账务操作,加强了其对加盟店的管理能力。

③ 营销能力

原有模式下,酒店受制于在线旅游代理的营销策略,营销手段和渠道不足,常被卷入价格竞争。酒店品牌与消费者联系不紧密,难以获得品牌溢价。

"未来酒店"的"信用住"模式下,去啊作为开放式的在线旅游服务平台,让酒店直接接触消费者并获取相关信息,树立品牌影响力;保证价格体系透明,酒店自己定价推送给消费者;提供云计算服务和大数据分析能力,让酒店的营销更精准。

④ 黏性能力

原有模式下,在线旅游代理的会员体系对酒店封闭,酒店无法通过这类订单建立与消费者的长期关系。

"未来酒店"的"信用住"模式下,去啊作为开放式的在线旅游服务平台,其平台用户可以与酒店直接沟通,其信息可以被酒店会员体系获取,因此酒店能深入了解消费者的偏好,有针对性地提供服务,增强用户黏性。在平台之上,单体酒店可形成会员联盟,共享用户资源,共推营销举措。

⑤ 安全能力

原有模式下,在线旅游代理和酒店在信息的流转中人工处理环节过多(尤其是人工涉入的信用担保环节),曾经屡次出现信用卡用户信息泄露问题,给消费者造成了困扰。

"未来酒店"的"信用住"模式下,"未来酒店"在提供优质入住体验的同时,也给消费者带来了更好的安全保障。借助"芝麻信用",无须人工信用担保,并且支付宝系统会自动脱敏处理用户隐私信息。从自动生成订单、信用担保到结账离店,在保障便捷支付的同时,也确保了用户隐私信息的安全。

(2) 贯彻四大"高效直连"

去啊"未来酒店"战略,始终贯彻"信用、营销、会员、数据"的"高效直连",消除了原有模式的封闭障碍和低效弊端。

① 信用直连

从国外在线酒店服务来看,以良好的信用体系为支撑,一般不会冻结信用卡余额或者收取押金,离店时也不用现场结账,而是过后从信用卡中扣除。国内在线酒店服务却全然不同,信用卡预授权、押金、离店查房、现场结账,反映了宾主之间的不信任。而"信用住"用阿里的信用体系为酒店担保,用"花呗"等赊账工具和支付宝为消费者提供便捷的支付,提升了双方的互信程度,优化了服务体验。在这种模式下,酒店可以专注于服务质量的提高,以形成差异化的竞争优势,获得消费者的青睐,打开利润源泉。

② 营销直连

在"未来酒店"战略中,去啊向酒店提供开放的营销平台,将全网的营销能力对其开放(如访问量巨大的去啊、手机淘宝、支付宝、聚划算、UC/神马搜索、新浪微博等),各酒店可实施精准的营销策略。单体酒店也可利用共享的营销能力弥补实力的不足,与大企业处于同样的竞争高度。

③ 会员直连

在"未来酒店"战略中,去啊贯穿平台和酒店的会员直连广受好评。平台开放淘宝系超过 3 亿的活跃用户,协同酒店线上拓展新会员、全方位实时营销、提升会员黏性。酒店间可以实现营销联盟,让散落在平台上、各家酒店会员卡里的"积分"真正当钱花。

④ 数据直连

松绑数据、实现数据直连,是"未来酒店"战略的核心。"阿里云+石基"的组合为沉淀用户信息、营销服务创新、降低 IT 成本和安全云化部署奠定了基础。

阿里云联合石基信息等行业领先解决方案提供商,共同搭建面向酒店行业的云服务平台。阿里云提供云计算与大数据处理能力,用户可以在该平台上开发和部署针对酒店行业的各种应用,为酒店提供前台、餐饮、销售、客房、中央预订、会员运营等全方位的互联网服务(图4.6)。

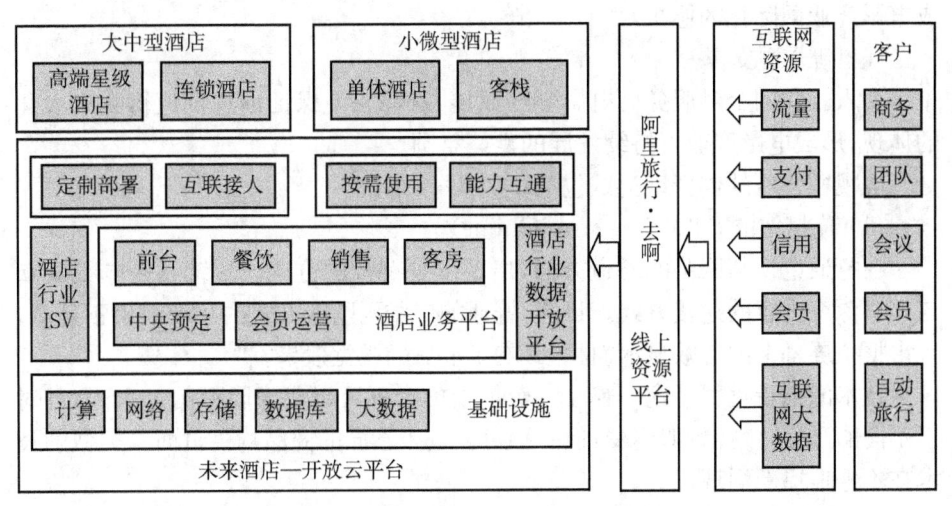

图4.6 面向酒店行业的云服务平台

4.3.14 "互联网＋文化"

"互联网＋"立足于"云、网、端"新信息基础设施、"大数据"新生产要素和"实时协作"的新分工体系。互联网渗透到文化领域，将在技术运用、商业模式和产业组织上对其产生深远的影响，促成划时代变革。"互联网＋文化"，将激发无限创意，释放文化生产力，让文化产业在蜕变和重组中实现繁荣。

文化产业涵盖的行业众多，下面重点阐述影视领域的"互联网＋"创新实践。

电影领域的创新实践包括：

(1) 大数据驱动

希望基于对用户行为大数据的利用选取合适的题材、演员及导演，减少制作上的偏差、投资上的盲目和排片上的无序，用数据驱动产业的透明化、规范化，使资源充分流转，促进电影产业做大做强。

(2) 全通道拓展

开辟电影银幕之外的通道，拓展收入新渠道。随着智能电视盒、智能手机、平板电脑、PC机等终端推陈出新，进入千家万户，电影观映已不再局限于影院和档期，突破时空限制，延长了生命周期。

(3) 跨领域融合

与电子商务深度结合，开发电影衍生品的巨大市场，通过与其他产业跨界融合，形成商业模式创新，增加收入新来源。

(4) 全球化摄能

以对消费趋势的洞察和雄厚的资金为依托,在全球范围内整营销等资源,达成电影产业国际化的愿景。

(5) 新金融支撑

引入互联网金融服务为电影创作赋能,从源头上保证创意价值得到极大化的体现,形成电影产业可持续发展的良好氛围。

电视剧领域的创新型尝试包括:

(1) 连接上的 S2O(Screen to Online)

在打通电视与网络的通道方面,出现了更有效的方式。二维码是电视观众与网络深度内容的连接方式。目前,普通的二维码贴标方式的互动效果不显著,且占据了屏幕上的有效显示面积,影响了节目的视觉效果。

技术的创新克服了这一弊端。荧屏上的台标可以成为隐形的二维码,且对于不同的画面,台标看似不变,但一扫可以进入不同的商品购买页面。类似的技术在不停地更新涌现。

(2) 制作商的 A2B(Audience to Business)

A2B 趋势不可阻挡,内容逐渐由观众掌控。通过互联网,电视剧观众的倾向性行为数据和主动投票,可以决定内容、演员、导演等。网络剧的兴起,正反映了制作上的 A2B 潮流。艾瑞《中国网络剧行业研究报告 2014》指出,2013 年 1 月至 2014 年 10 月,中国传统电视剧的视频播放覆盖人数基本稳定在 3.4 亿人上下,整体保持在较为稳定的水平;中国网络剧的视频覆盖人数则呈迅速增长态势,由 2013 年 1 月的 1 314.4 万人增长至 2014 年 10 月的 5 171.3 万人,增长幅度高达 293.4%。网络剧可以做到日播日改,更符合观众口味,更有利于商业操作,在制作和播出成本上显著降低,并可以形成观众收视行为数据的积累。

(3) 商业上的 P2A(Passive to Active)

比如,商业定制剧的开发,基于庞大的用户规模以及对真实的用户行为数据和交易动态信息的把握,电视剧在网络及电视台的播放都可以做到效果可监控,因此可以按效果付费,以此形成商业模式的创新。

4.3.15 "互联网＋政务"

从"传统政务"到"互联网＋政务"是一种服务式转型升级,面对传统电子政务中遇到的各种阻力、困难、挑战,只有充分发挥互联网思维与服务能力,大胆破局持续创新才能实现,用"平台战略"替换"孤岛模式",用"数据资源"驱动"政务创新",用"云网端"重构"基础设施",用"政务超市"打造"便民服务"。

"互联网＋"的政务战略就是"大平台＋大数据"战略,基于通用性基础资源,构建统一政务平台,供各级政府、不同部委随需使用。相对传统的粗放型分散建设方式,集约型平台共用后台资源,分层而治(平台层、数据层、服务层),前台应用百花齐放(图4.7)。政务大平台建设拥有诸多优点,包括即插即用、资源共享(硬件、OS、中间件)、跨部门汇聚数据、技术标准化、易于监控、统一采集、一体化运维、领先技术快速推广、聚焦应用层创新等,在大平台之上运营政务数据共享机制、政务数据交换体系、政务数据开放目录,不同政府部门可根据职能与治理特点专注于政务服务创新与完善。同时,大平台会进一步叠加政务服务的生态网络,将会出现政务应用市场、开源社区,以互联网的方式实现政务应用需求对接、开发迭代、创新演进的繁荣生态与服务关系,政府提供数据共享目录,根据社会需求开放指定数据资源,由万众创新开发出丰富多彩的数据驱动的政务服务应用、商业应用,实现政务云上的App Store、安卓市场。

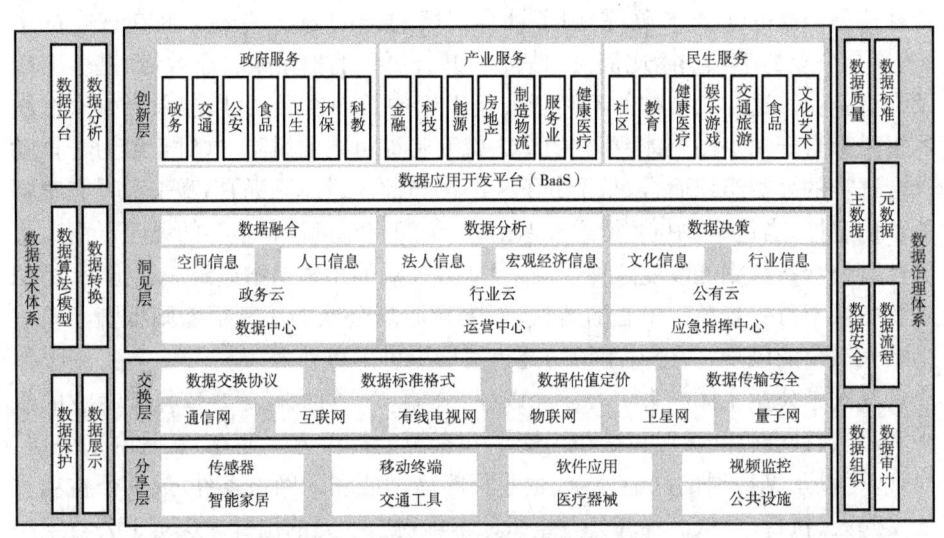

图4.7 数据驱动的智慧政务大平台

在未来,为了打造领先、高效、协同的政务服务体系,政府将整个政务流程的每个环节交给最擅长的内外部组织承担,前台更贴近大众,中台更实用互通,后台则更高科技。

(1) 后台:政务大平台使用国家级云计算服务,政务数据共享交换平台由政府运营,地方与中央不同政务流程间全网关联互通。

(2) 中台:政府各条线负责各类行政审批与便民服务的后台业务管控,构建"非税平台"(政务开放平台),与百姓日常惯用的便捷互联网支付手段相结合,对接政府和企业,汇聚全民大数据,在线认证公民真实身份,基于全维度数据实现"全息公民画像",构建国民信用体系。

(3) 前台:以最优化政务使用体验为目标,以政务服务满意度为标准,采用互联网应用流行入口(例如支付宝服务窗、淘宝政务店、微博政务号),使用社会大众喜闻乐见的"淘宝体",打造"政务超市"(亲民政务环境)、"政务口碑"(点赞、差评实时反馈机制)、"政务小二"(服务大众意识)、"政务快递"(便利于民),让百姓像逛淘宝一样"逛衙门"。

4.3.16 "互联网＋公益"

"互联网＋公益"的本质是人人参与,这种参与的力量将会为公益行业带来新的变革,也对公益组织提出了新的挑战。

(1) 去中心化

首先是捐赠来源的去中心化。在公益行业相对发达的国家和地区,社会公众往往是捐赠的主要来源,占到了社会捐赠总额的80%左右。而在现今的中国,社会公众的小额捐赠比例大约只有20%,更多的捐赠来自于政府、基金会以及大型企业。这样的结构并不利于公益组织的长期发展,可以想象当一家组织的捐赠来自于单一的个体,那它的意志就面临被裹挟的风险,这对于致力于推动社会进步的公益组织而言,是十分不利的。与此同时,单一的捐赠来源具有很强的不稳定性,当这个"中心"捐赠人退出时,组织将立刻面临生存的风险。而大量的社会公众参与则能改变这种局面,当来自公众的小额捐赠达到一定比例,组织的意志便不再受到单一中心的裹挟,而来自海量公众的小额捐赠则抵消了单一捐赠人撤出的风险,为公益组织的健康发展提供了源动力。

其次是公益主体的去中心化。以往,公益项目的执行需要依托于专业的组织和团队,社会公众一般只是作为资金和资源的提供方。但在"互联网＋公益"时代,可以预见普通的社会公众、企业都能借助便利的网络条件,成为公益项目的发起人、执行方,从而稀释公益组织原本绝对"中心"的位置。这对于公益组织而言,无疑是新的挑战,如何在新时代中建立自身的核心竞争力、找到定位将会是一个严峻的话题。

(2) 丰富公益生态

中国的公益组织以往致力于项目本身的运作,并将受益方视为唯一的客户。这种公益组织和受益方两点一线的运作方式,导致了行业整体监督的缺乏。事实上"自律"也的确是中国公益组织一直强调的,但这种"自律"的脆弱性也是显而易见的,除了民政部门的政策性监管外,公益组织的自我管理具有非常大的不确定性。同时,由于角色过于单一,公益行业的生态多样性相对匮乏,专业为公益组织提供服务的机构少之又少,当需要IT、技术开发、电商运营、活动策划、平面设计、物流等各种服务时,组织往往会面临困境。

而随着"互联网＋公益"带来的广泛公众参与,这些状况都将得到改善。大量捐赠人、志愿者等角色的加入在为公益组织提供资源的同时,也将为其带来监督的力量,而脱离两点一线运作的公益组织,将不会再仅仅依靠"自律"进行管理,这无疑对行业的健康发展是十分有利的。与此同时,随着大量公众的进入,公益的需求也将进一步多样化。公益组织在不同公益需求的引导下,需要提供各种参与方法和解决方案,以此催生出更多的生态角色。这将为公益行业的发展注入极大的活力。

4.4　典型案例:虾米音乐——"平台＋个人"模式的探索

互联网对音乐产业发展的深远影响,是从技术角度发端的。互联网的出现,使音乐的载体从实体唱片转变到 MP3 数字文件,人们通过下载、拷贝来播放和欣赏音乐,比之前更便捷。而从用户视角来看,手机 App 的出现则是具有划时代意义的创新,小小的 App 里有数万首歌曲资源,借助"云网端",海量的音乐可以随身携带了。

虾米音乐人的探索,映射了未来"平台＋个人"模式的兴起,而"云网端基础设施"、"大数据"、"分工协作的社会化网络"在其中显示了强有力的作用。

4.4.1　虾米音乐人的探索——打破旧有规则

虾米音乐人于 2013 年开始推出。音乐人是很早就有的概念,其通常包办多个创作环节。普通歌手只是唱歌,有人帮他写歌、包装等,而音乐人可能同时会作曲并具有其他一些复杂的技能。互联网音乐人平台,最早只有豆瓣一家,其提供比较简单的网页服务,让音乐人把自己的歌传上去供用户下载。

虾米从 2007 年到 2013 年,着力实现与原来行业的深度对接。其他音乐网站从业者,技术和内容上做得多,如做到歌最多、播放最快而已。虾米与行业联动,将行业原有的一些优秀东西嫁接过来,比如曲库的打造,当时做的就是对专辑的描述,做到全国最细、最权威,如发行年份、专辑制作者、幕后故事、歌曲排序、多版本等。虾米没有只在乎用户规模、流量,而是更在乎实实在在的歌迷认同,多年下来虾米上逐渐凝聚了大量真正爱音乐的人。音乐网站与唱片公司合作的模式是,双方签订合同,唱片公司把歌单给网站,网站把歌曲上传,最后用户在线或下载收听。

虾米音乐人平台从第一天上线起,每个参与的音乐人就拥有自己的后台,自己提供信息、自己上传歌曲、自己做定价,而不是由别人来决定。在凝聚了热爱音乐的人们的虾米平台上,听歌的人也可能是音乐人,两种角色合二为一,没有天然的分野,即"消费者"与"生产者"角色不做区分。音乐人就在这样的平台上,从默默无闻到小有名气或成为明星。这一系列新规则是基于互联网诞生的,是本质上的变化。

4.4.2 《寻光集》——中国第一张纯互联网唱片

这两年虾米打造了一个合集——《寻光集》。它是按照高品质规格做的一个歌曲合集，与20年前的校园民谣、滚石唱片推出的《新好男人》或《乱世佳人》合集类似，很多音乐人对此做出了贡献。出这个合集的目的，就是让虾米上沉默的音乐人更快地为歌迷认知，不埋没他们的优秀作品。

这张合集有两部分，一部分名字叫作"寻"（这张专辑上的音乐人，几乎所有人都不知道他是谁，而只是听过他的歌），另一部分名字叫作"光"（只有深度的虾米用户才知道他们是谁，他们在独立音乐圈里其实小有名气）。

这是中国第一张互联网唱片，2014年7月11日，虾米音乐人平台上线一周年纪念日当天发行。没有做任何线下的部分，合集就是一个网页，有歌曲、视频采访、图片、用户留言、专辑理念、音乐人想说的话、新闻稿等，涵盖了发行一张唱片需要做的所有事情。

4个月之后，虾米将其做成了实体唱片合集，对接传统形式。大部分唱片公司的老板都拿到了专辑，对专辑给出了一致的好评，乐评人的评价也很高。这是一群小众、没有名气的歌手创作演绎的歌曲集，按照虾米上一般的独立音乐人获得的试听次数（虾米的标准很严格，完整听完两分钟才为一次），预期获得300万次试听。结果，到2015年4月初获得了3 330多万次试听，远远超出预期。

这张纯互联网唱片的推出具有里程碑意义，是互联网力量对音乐产业根本性影响的体现。

4.4.3 寻光计划——"平台＋个人"模式闪光

寻光计划，其核心目的是让音乐人能够做到自我生存，不需要依附于传统音乐工业的巨头企业，通过网络协作即可成就音乐梦想，获得商业硕果。

1998年MP3横空出世，但到现在遵循的依然是非常传统的工业时代的买卖规则：巨头垄断内容，代表行业发声。从2006年开始，敏感的音乐业者已感受到行业的变革正在悄然发生。虾米音乐人朱鹏说，"行业会越来越碎片化，而不是巨头主宰"，即拥有原始权利的版权主体会越来越碎片化。陈启生等独立的工作室代表了这一趋势，他们把作品代理给唱片公司（唱片公司不再是作品的拥有者，而仅仅拥有部分商业收益权），这与巨头控制的签约关系完全不同。

寻光计划让音乐人在自我驱动下完成作品、做粉丝维护、推广、销售等。在互联网、大数据的冲击下，很多产业面临着类似的变革。虾米导入资源给音乐人，给音乐人赋能，让其运作更便捷，而不是让行业大鳄决定结果。"平台＋个人"模式即平台支持个人能力的体现。《寻光集》是虾米自己来操作的，设定标准、确定各种运作模式、选歌、同音乐人沟通。寻光计划则是一个平台，初期选了

13个音乐人,借助了互联网和大数据来运作,是 C2B 的体现。用户在听的时候不知不觉将海量数据沉淀在虾米平台上,在确定选谁发专辑时,相关数据就成为选择的重要数据,其次才是深度用户的表达(一小部分资深用户的投票),当然也综合了虾米工作人员的意见。

第一阶段推出 13 张专辑和 RP,虾米提供一定的资金支持,但不是给音乐人本人,而是给相关制作方,他们获得的是如录音棚、母带工作室、拍照片的影视工作室及实体发行的选择等,这产生了"网状分工协作"。寻光计划的 13 张专辑,大多数到 2015 年 3 月就已经面世发行了,其中两张超过了 500 万次试听。

虾米音乐人今后的工作就是把责任权利的框架搭好,给音乐人自主权以及提供协作的可能,并给他们提供很多的后台数据,让他们更实时地了解用户。以前歌手与歌迷互动只不过是礼尚往来的交往,实际上他们很渴望了解自己的粉丝社群在哪里。他们通过试听率来产生对写歌的新认识,一旦体会到其中的价值,他们就会慢慢明确自己未来的创作道路。虾米也提供更多与粉丝互动的方法和工具(包括一些营销类的工具),一切的目的都是让音乐人有更好的生存能力。在互联网时代,音乐产业通过"平台+个人"模式,让创作者的激情随性迸发。互联网让很多音乐人涌现出来,之前信息不充分,大明星才有大收益,而互联网让小明星也有规模足够的小众市场,小明星也可能有大收益。这样,我们也可以享受音乐人创作出来的源源不断的好音乐。

思考与练习

1. 互联网和"互联网+"的区别是什么?
2. "互联网+"与信息化的区别是什么?
3. 我国"互联网+"产业的发展趋势是什么?

第 5 章　互联网商务模式的动力机制

关于商务模式组成部分和它们之间连接环节的阐述大都是静态的,因为描述的是某一时点上的状态,并没有说明在外部环境发生变化的时候模式将怎样改变。本章将探讨商务模式的动力机制,从动态的角度分析商务模式对企业业绩产生影响的方式。

5.1　互联网商务模式的动力机制

5.1.1　商务模式的动力机制

商务模式不是一成不变的,受到环境、技术等变化的影响。在企业外部,竞争环境的改变促使竞争者增多或者竞争者实力增强。为了保持持续的竞争优势,企业的管理者经常会在竞争者迫使他们做出改变之前主动调整商务模式。在企业内部,当企业的商务模式跟不上内部技术变革时,管理者会以提高业绩为目的,主动改变来适应技术的变革。不论是始于企业对其竞争对手的先发制人或者对其竞争者的防御,还是对其他机会或威胁的反应,不论是始于外部竞争环境的变化,还是内部技术的变革,所有这些能刺激企业改变的机制,我们都称之为商务模式的动力机制。

5.1.2　互联网商务模式的动力机制

互联网商务模式不是一成不变的,受到环境、技术、需求等变化的影响,是动态的,其影响关系如图 5.1 所示。

随着互联网技术的快速发展,互联网企业的竞争环境日新月异,互联网商业模式也在快速地变化。如图 5.1 所示,互联网商务模式受到互联网技术和商业环境的影响。梳理互联网商务模式的演变过程,自 1990 年以来主要经历了五个阶段的变化,具体呈现为五个阶段的代表性商务模式:门户网站模式、电商模式、社交模式、大数据应用模式和智能模式。

```
        ┌─────────────────────┐
        │      商务模式        │
        │    门户网站模式      │
   ┌───→│    电子商务模式      │────┐
   │    │    社交网络模式      │    │
   │    │    大数据应用模式    │    │
   │    └─────────────────────┘    │
   │              ↑                 ↓
┌──┴──────────┐   │             ┌──────┐
│  变革模型    │   │             │ 业绩 │
│ 激进/渐进变革模型│               └──────┘
│ 结构创新模型 │   │                ↑
│ 破坏性变革模型│  │                │
│ 创新增值链模型│  │                │
│ 技术生命周期模型│ │               │
└──┬──────────┘   │                │
   │          ┌───┴──────────┐     │
   └─────────→│     环境      │────┘
              └───────────────┘
```

图 5.1　互联网商务模式动态模型

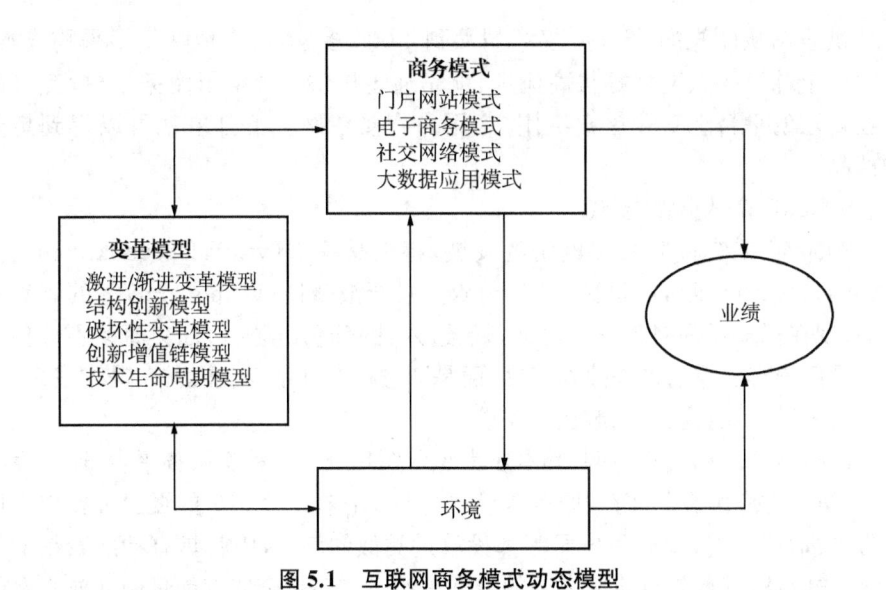

5.1.2.1　门户网站模式

在这个阶段，最具代表性的是综合性门户网站，如 Yahoo（www.yahoo.com）、Sohu（www.sohu.com）、Sina（www.sina.com）、中华网（www.china.com）等，均在这一阶段快速发展。对企业而言，还只是局部地应用了信息系统，建立了企业门户网站，简单地将流程转移到网上。其商务模式表现为主要通过网站提供企业基本情况介绍或者一些产品信息目录等，让客户能快捷地得到有关企业的基本信息，扩展了企业宣传渠道，增加商业机会。

5.1.2.2　电子商务模式

2001 年全球互联网泡沫破裂并进入理性发展时期，是这一阶段的起始点。代表性的事件包括，美国亚马逊（Amazon）、eBay 开始进入营利通道，国内易趣、淘宝、当当等创立并快速发展。在企业应用方面，通过把企业多种前、后台系统如网站、企业资源计划（Enterprise Resource Planning，ERP）、知识管理（Knowledge Management，KM）和办公自动化（Office Automation，OA）等信息系统逐步集成，并形成企业信息门户，如国内的海尔（www.haier.com）、联想（www.lenovo.com.cn）、华为（www.huawei.com.cn），国外的微软（Microsoft）、戴尔（DELL）、苹果（www.apple.com）等企业的应用。在这一阶段，企业可以通过门户网站完成一些在线商务，表现出的商务模式主要是企业单独提供一个电子商务平台，如直接采购平台、直接销售平台（B2B）和网上下订单（B2C）等。早期的海尔集团通过提供一个统一的原材料采购平台，所有的供应商都通过这个平台注册供货，并可以实时查询供货状况。通过这个平台，海尔集团的原材料供应商从原先的16 000多家精简到4 000多家,极大地降低了采购成本。如现今全球第一大网络零售商淘宝,就是通过提供一个电子商务平台,允许商户在自己的平台上直接售卖给用户,用户直接在网上下订单就可以得到想要的商品。

5.1.2.3 社交网络模式

2006年以来,随着社交网络的发展,特别是脸谱(www.facebook.com)、推特(www.twitter.com)、QQ(www.qq.com)、新浪微博(weibo.com)等的爆炸式发展,现在很多互联网商务平台都开始进入社交商务模式。社交商务不像传统电商是用户有了需求再去搜索产品,而是通过社交互动、精准营销、需求发现、市场开发等满足社会已有或潜在的需求。

以脸谱(Facebook)为例,其本质为免费照片分享的社交服务平台,通过发布广告、第三方应用服务、游戏服务等获得收益。它在每个用户的页面上投放平面广告,收取广告费,像通用公司等都投放过类似的广告,因其具有精准营销的特点,广告收益丰厚,是目前最主要的盈利来源。它还是全球首创只做开放平台的互联网企业,由于拥有海量用户,因此有很多第三方开发商为它开发各种应用。对于付费应用而言,其收入需要和脸谱进行分成。目前此部分的收入量不大,但未来的想象空间很大。游戏是一类特殊的第三方应用,是目前用户消费最大的应用类型。用户在脸谱上玩游戏,购买道具并支付脸谱的虚拟货币(Credits),游戏分成也是其收入的一部分。推特(Twitter)、QQ、新浪微博等社交平台也都很好地应用了社交平台的商务价值,取得了客观的收益。

在社交型商务应用上,目前常见的有平台型、自营型等。平台型社交模式是凭借用户对时尚、美容的兴趣和具体产品衍生出来的社交型商务模式,这种社交型商务以兴趣为连接,通过提供信息服务和社交平台来吸引用户从而达到商务的目的。2016年1月11日合并的美丽说和蘑菇街,通过达人(有经验、有影响力的人)来分享产品,用户根据兴趣挑选产品。蘑菇街CEO陈琪认为:"我们通过社区互动激励意见领袖发表高质量的内容,吸引海量用户访问,然后通过电商平台满足她们更深层的需求并实现商业价值。基于这个业务逻辑,我们构建了'内容供应链'和'商品供应链'双引擎驱动的商业模式,并在激烈的市场竞争中保持了高速发展的势头。"小红书是让有海外购物经验的用户或者住在国外的人提供购物经验,从而打破海外购物的信息不对称。小红书联合创始人瞿芳介绍,小红书现在已经发展为国内最大的海外购物分享社区,拥有1 500万用户,其中50%是90后,82%是85后,90%是女性用户,女性用户很容易受到购物分享社区意见领袖或者群体意见的影响,会自然地产生购买需求。所以,小红书上线了电商板块"福丽社",把海外购物分享社区和跨境电商相结合,创造了社区型商务模式。点点客内部孵化出来的人人电商也是一种平台型社交模式,是以"人"为核心的移动社交电商,见图 5.2。

自营型社交模式以社交关系为连接,就是大家平常说的微商(基于微博平台的商务模式),本质就是将社交资本变现和盈利,是一种基于社会关系网络的商业模式。这个模式在 2014 年创造了大量的奇迹,瞬间成就了诸如俏十岁、黛莱美、南娜等微商品牌,也成就了"月赚几十万、几百万,流水几千万、几个亿"的创富神话。

图 5.2 人人电商模式示意图

这种人与人之间的分享和传播效率非常高,通过将潜在客户加为好友以后,不断展现产品,刺激顾客需求,因此,就容易提升成交率、变现率。但由于很多微商从业者,太注重短期收益,招代理、拉人头、多重返利,而忘记了卖产品的本质,忽视了对产品声誉的追求,逐渐沦为商品推销、传销、利诱销售的代名词。前面提到的那些品牌和团队,也都在 2015 年以后慢慢销声匿迹了。没有依靠产品和服务去打动最终消费者,不能形成稳定的顾客群,难以持续发展。

5.1.2.4 大数据应用模式

自 2009 年起,互联网商务的发展与大数据的应用日益紧密。通过大数据理念与技术的应用,互联网商务平台将所有的用户行为都被记录和存储下来,这些数据包括用户的浏览行为、消费记录、个人信息,甚至是用户的抱怨、投诉或者满意度等态度数据,通过这些全面的数据以及相应的大数据分析模型,可以快速精准地分析和挖掘用户需求的变化,可以更加精准地对用户轮廓进行描绘,可以对用户群体进行细分和实现差异化管理,甚至可以对每一个用户的个性化需求进行分析。更重要的是,应用互联网商务大数据可以更好地避免用户分析的样本偏差,通过大数据整合分析,对整个市场有更为及时和全面的了解,使企业的决策更加符合市场的波动,使企业的产品结构更加符合用户的需求变化。另外,大数据的应用改变了企业数据分析的实时性,缩短了数据分析的周期,实时反映市场的变化,为制订更为有效的应对策略提供了支撑。

应用大数据可以为顾客制作更实时、准确、丰满的画像,让商务数据更能反映客户、市场、需求的原貌(图 5.3,图 5.4)。亚马逊于 2016 年 12 月获得了一项名为"预测式发货"的新专利,可以通过对用户数据的分析,在他们还没有下单购物前,提前发出包裹。这项技术可以缩短发货时间,从而降低消费者前往实体店的冲动。亚马逊在专利文档中表示,从下单到收货之间的时间延迟可能会降低人们的购物意愿,导致他们放弃网上购物。所以,亚马逊可能会根据之前的订单

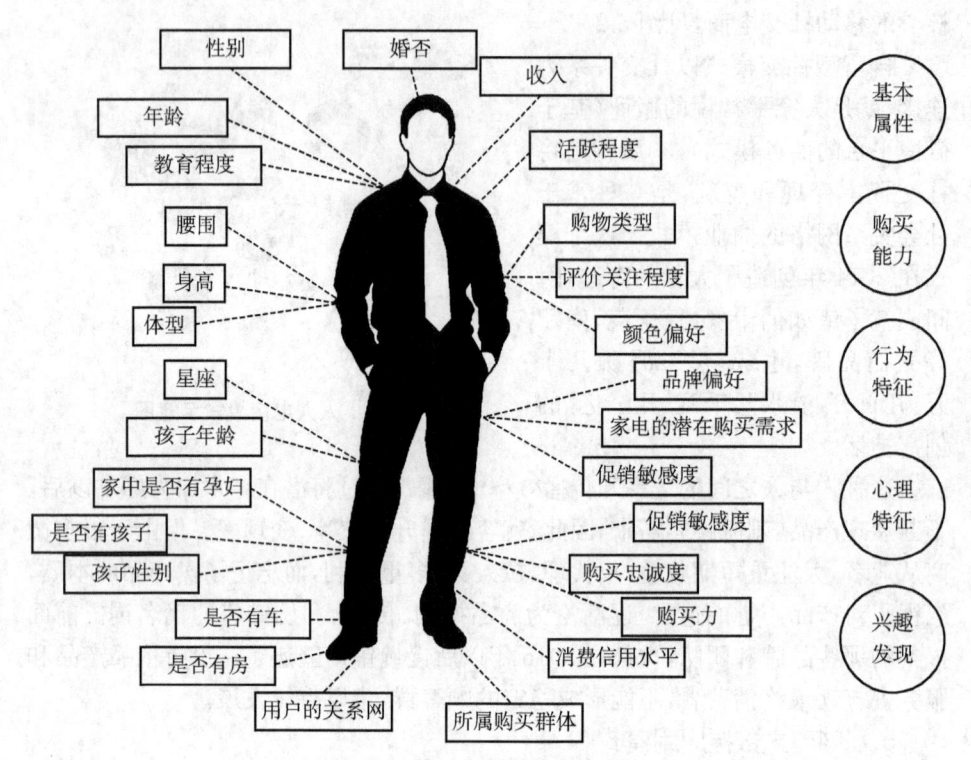

图 5.3　基于大数据的客户画像

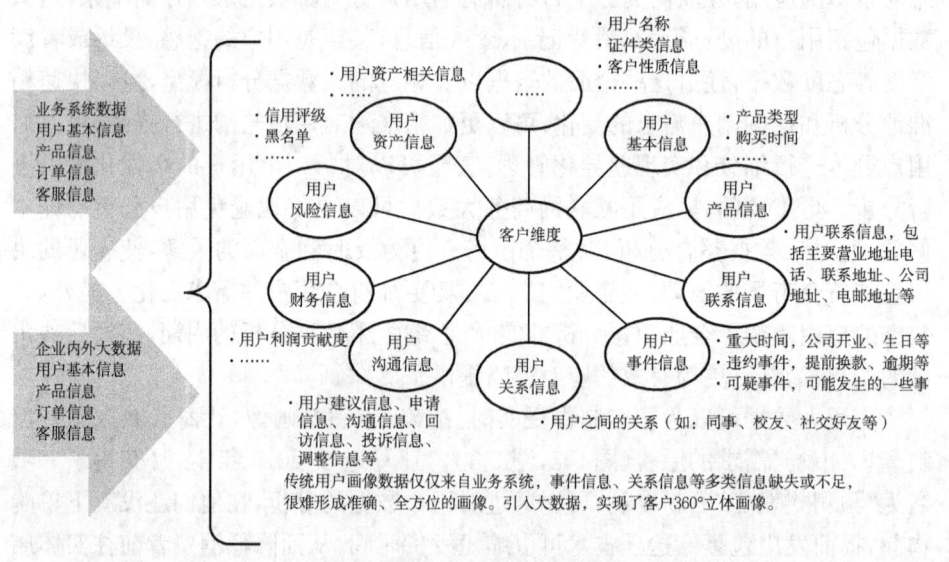

图 5.4　基于大数据的客户维度

和其他因素，预测用户的购物习惯，从而在他们实际下单前便将包裹发出。根据该专利文件，虽然包裹会提前从亚马逊发出，但在用户正式下单前，这些包裹仍会暂存在快递公司的转运中心或卡车里。亚马逊表示，为了决定要运送哪些货物，亚马逊可能会参考之前的订单、商品搜索记录、愿望清单、购物车，甚至包括用户的鼠标在某件商品上悬停的时间。该专利凸显出一大行业趋势：充分利用商家掌握的客户大数据提前预测消费者的需求。美国市场研究公司 Forrester Research 分析师苏查里塔·穆尔普鲁（Sucharita Mulpuru）说："根据对用户的种种了解，他们便可依据多种因素来预测需求。"如今的智能冰箱已经可以预测何时需要购买更多牛奶，智能电视也能预测哪些节目需要进行录制，而 Google Now 软件则试图预测用户的日常规划。不过，亚马逊的算法难免会出错，导致退货成本增加。为了将这一成本降到最低，该公司可能考虑给用户一定的折扣，或是将预测不成功的已发货商品作为礼物赠送给用户。该专利称："我们可能将这些包裹作为促销礼品，以此提升公司美誉度。"

阿里巴巴也已经在利用大数据技术提供服务，如阿里信用贷款与淘宝数据魔方，每天有数以万计的交易在淘宝上进行。与此同时，相应的交易时间、商品价格、购买数量会被记录，更重要的是，这些信息可以与买方和卖方的年龄、性别、地址、甚至兴趣爱好等个人特征信息相匹配。淘宝数据魔方就是淘宝平台上的大数据应用方案。通过这一服务，商家可以了解淘宝平台上的行业宏观情况、自己品牌的市场状况、消费者行为情况等，并可以据此进行生产、库存决策，而与此同时，更多的消费者也能以更优惠的价格买到更心仪的宝贝。而阿里信用贷款则是阿里巴巴通过掌握的企业交易数据，借助大数据技术自动分析判定是否给予企业贷款，全程不会出现人工干预。截至目前，阿里巴巴已经放贷 300 多亿元，坏账率约 0.3% 左右，大大低于商业银行。在打假方面，从 2013 年 1 月 1 日至 2014 年 11 月 30 日，阿里集团在消费者保障及打假方面的投入已经超过 10 亿元人民币。2014 年前三季度，阿里配合品牌权利人年均处理 600 万条侵权商品链接，配合各级行政执法部门，办理侵犯知识产权案件 1 000 余起，抓获犯罪嫌疑人近 400 人，涉案金额近 6 亿元。2017 年 1 月 16 日，在阿里巴巴的倡议下，全球首个"大数据打假联盟"在杭州成立。阿里巴巴与首期入盟的约 20 个创始成员发布《共同行动纲领》，致力于依托大数据和互联网技术，让打假更有力、更高效、更透明。

5.1.2.5 人工智能模式

伴随软硬件技术的快速提高，应用成本的迅速下降，电商网站规模不断增大与消费者需求日益个性化之间的矛盾有望得到解决。"智能化虚拟导购机器人"在未来的网站中可以依托云计算等技术对网站海量数据资源进行智能化处理，从而为消费者提供更加人性化的服务。同时，利用智能技术人们能够实现多种跨平台信息的更为有效迅捷的融合,例如根据网民消费者在操作过程中所表现出的操作特性以及从外部数据库中调用的消费者历史操作资讯,然后有针对性地生成优化方案,及时迅速满足消费者的个性化即时需求,最终提高消费体验,增大消费转化率,增加消费者满意程度及网站黏性。在B2B领域,信息也将依托智能技术而进一步商品化。各种信息将会被更加智能化地收集和整理,以便被商业用户所定制。智能化数据分析功能可帮助商业客户从简单的数据处理业务提升到智能的数据库挖掘,为企业提供更有价值的决策参考。

在人工智能平台化的趋势下,未来人工智能将呈现若干主导平台加广泛场景应用的竞争格局,生态构建者将成为其中最重要的一类模式。

(1) 模式一:生态构建者——全产业链生态+场景应用作为突破口

大量计算能力投入,积累海量优质多维数据,建立算法平台、通用技术平台和应用平台,以场景应用为入口,积累用户。

(2) 模式二:技术算法驱动者——技术层+场景应用作为突破口

深耕算法和通用技术,建立技术优势,同时以场景应用为入口,积累用户。

(3) 模式三:应用聚焦者——场景应用

掌握细分市场数据,选择合适的场景构建应用,建立大量多维度的场景应用,抓住用户;同时,与互联网公司合作,有效结合传统商业模式和人工智能。

(4) 模式四:垂直领域先行者——杀手级应用+逐渐构建垂直领域生态

在应用较广泛且有海量数据的场景能率先推出杀手级应用,从而积累用户,成为该垂直行业的主导者;通过积累海量数据,逐步向应用平台、通用技术、基础算法拓展。

(5) 模式五:基础设施提供者——从基础设施切入,并向产业链下游拓展

开发具有智能计算能力的新型芯片,如图像、语音识别芯片等、拓展芯片的应用场景;在移动智能设备、大型服务器、无人机(车)、机器人等设备、设施上广泛集成运用,提供更加高效、低成本的运算能力、服务,与相关行业进行深度整合。

5.2 辅助资产模型与策略

5.2.1 辅助资产模型

美国学者戴维·迪斯(David Teece)(图5.5)认为,企业从其发明或者技术创新中获利的程度由两个因素决定:可模仿性和辅助资产。

(1) 可模仿性:技术可以被其竞争者模仿、替代或超越的程度。对技术等智力资产的保护、模仿人的失败、发明者用以维持领导地位的战略等可以降低技术

的可模仿性。

(2) 辅助资产:除了那些与技术和发明有关的资产外,其他所有开发利用这项技术和发明所需要的能力,包括品牌、生产能力、市场营销能力、分销渠道、服务、信誉、生产基础设施、客户关系以及其他辅助性技术。

图 5.6 显示了企业在其模式的运作中何时才能从创新中获取利润。当可模仿性的程度很高时,如果其他辅助资产又很容易获得或相对不太重要(图 5.6 方格 1),那么拥有创新的企业很难获利。然而,如果其他资产很难获得且非常重要,那么这些其他相关资源的拥有者将获得利润(图 5.6 方格 2)。例如,CAT 监测仪非常容易仿制,其发明者 EMI 又不具有其他资产,如分销渠道和与美国医院的关系——这种关系对销售这样昂贵的医疗设备非常重要。通用电力企业拥有这些资源,并且通过仿造很快夺取了领先的位置。可口可乐和百事可乐能够从别人的可乐发明中获利是因为它们拥有品牌声誉和分销渠道,而且这项发明比较容易模仿。

图 5.5 美国伯克利大学教授戴维·迪斯

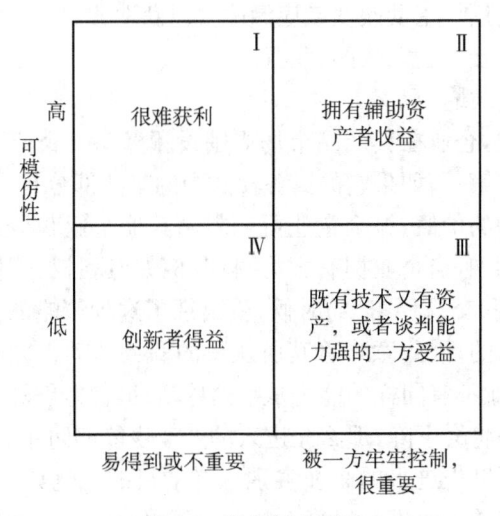

	I	II
高	很难获利	拥有辅助资产者收益
可模仿性		
低	IV 创新者得益	III 既有技术又有资产,或者谈判能力强的一方受益
	易得到或不重要	被一方牢牢控制,很重要

图 5.6 从创新中获益

当可模仿性的程度较低时,创新者可以在其他相关资源容易获得或不太重要(图 5.6 方格 4)的情况下依然保持盈利。例如,由于斯特拉迪瓦里(Stradivarius)小提琴很难仿造,尽管其他相关资源既不难取得也不重要,但它的发明者仍然获得了很高的利润。当可模仿性的程度较低,其他相关资源较难获得又非常重要的时候(图5.6方格3),谁拥有这两种因素,或拥有这两种因素中相对较重要的那个,谁就会成功。较好的商讨能力也能够获利。Pixar与迪士尼的竞争就是一个很好的例子。由于皮克斯动画工作室(Pixar Animation Studios,简称Pixar)有软件著作权的保护,并能够将技术与创作结合起来,生产出引人入胜的动画电影,因此它们的数字音乐演播技术可模仿性的程度较低。但是向客户提供电影需要分销渠道、品牌人制度和财务能力,而这些资源迪士尼和索尼动画都拥有。迪士尼推出《玩具总动员》之前,由于它们拥有所有其他相应的资产,而Pixar拥有的技术还没有经过检验,因此迪士尼拥有较强的讨价还价能力。随着《玩具总动员》的成功,Pixar证明了它能够把技术和创作结合起来,这比设计电脑动画更难——这时在新的竞争中两者的地位发生了改变,Pixar拥有了较强的讨价还价能力,从而获得了更好的合作条件。

5.2.2　保持竞争优势的三类策略

在互联网世界中,变化是唯一不变的规则。拥有竞争优势的企业必须找到一些办法来保持它的优势。业绩落后的企业希望提升自己的业绩,并且尽可能通过某些方面的优势摆脱其他竞争者。对于潜在的新的进入者来说,在竞争中被甩开的威胁也同样存在。另外,技术本身也是不断发展的,昨天还是正确的东西可能今天就不适用。主动改变或应激改变以获取并保持一种优势通常需要三类策略以及它们组合:阻塞、快跑、联盟。

5.2.2.1　阻塞策略

在阻塞策略中,企业在其产品市场周围设置壁垒。企业可以通过两种方法达到阻塞的目的。第一,如果它的商务模式中的某些部分是不易模仿的,而且能够向客户提供独特的价值,那么企业可以限制其他企业获得这种能力以避免其他企业的进入。例如,当企业拥有智力财产(例如专利权、著作权、应用软件、服务特点、交易特点和交易秘密)的时候,就出现了这种策略的例子。这些资产是受到保护不能模仿的,因此意味着其所从事的商务活动也同时得到了保护。第二,如果所有的企业都有同样的能力从事这些活动,但能够让后进入市场的企业感觉到进入后价格将会下降,那么先进入的企业也能够防止后进入的企业进入。有几种办法能够帮助先进入的企业实现这样的目的。例如,企业可以声言它将对模仿其商务模式的企业进行报复。企业还可以对辅助资产进行大量投资。例如,如果一家企业花费数亿美元在一个城镇上建立了通向每个家庭的光缆网络,那么其他想要向同一市场的客户提供高速网络接入的企业进入这一市场就会使价格大大降低。通常这些手段能够防止以利润驱动的潜在竞争者的进入。

只要企业的核心能力是独特不可模仿的或防止进入的壁垒能够长时间存

在，阻塞就能够起作用。但是竞争者可以采取别的办法，比如说，绕过专利权和著作权，避免法律对它们的威胁，直到这些权利失效为止。而且，阻塞的有效性只有在政府规制政策不变、客户偏好和预期不变、基础技术条件不变的情况下才能够体现出来。

图 5.7 苹果与三星的"专利大战"

互联网减少信息不对称的特性将使得阻塞的有效性降低。有了互联网，学习模仿竞争者的产品和制造这些产品的技术变得非常容易。例如，原来依靠其分销渠道排斥其他竞争者的软件开发商，由于潜在进入者可以通过互联网销售软件，其原来的方法不再奏效。有了能够从互联网上获得的专利权的数据库，模仿者通过对比它自己的专利权可以很快找到与它竞争的对手，从而在面对专利权的挑战时处于有利位置，并且能够根据它决定自己怎样做才能够甩开竞争者。由于客户可以向互联网上更多的供应商出价，那些依靠与客户保持特殊关系而获得优势的企业同样会遇到来自互联网的挑战。

5.2.2.2 快跑策略

快跑策略认为，阻塞其他企业进入的壁垒不管有多坚固，最终都会被穿透或倒塌。龟缩在壁垒后面只会给竞争者更多的时间赶超这些原来的创新者。原来创新领先的企业必须快跑。快跑意味着改变商务模式的一些组成部分的相连环节，或创新整个商务模式向客户提供更好的价值。20 世纪 90 年代，在竞争者模仿戴尔计算机企业已有的销售策略时，戴尔公司还在不断引进新的销售 PC 的方式。快跑能够给予企业很多先发者的优势，包括控制自己所处的环境中某些因素的能力。在科技迅猛发展的今天，由于阻塞策略难以实现，因此快跑策略就变得极为重要。快跑有时意味着自己的产品之间自相残杀——引入一个新产品就会使得原来产品的竞争力受损，因此降低了原来产品的销售。Intel 公司就是一个典型的例子。在 20 世纪 80—90 年代,它经常在原有产品的销量还没有达到顶峰的时候推出新一代微处理器。如果 Intel 公司不这样做,其他企业就会找到办法超过它。

图 5.8 快跑策略

5.2.2.3 联盟策略

有时候,企业不能独立完成这个目标。它必须利用协同策略通过采取与其他企业的某种战略联盟、合资企业或收购等措施共同承担风险,分享利益。协同使企业能够共享它原来没有且不想拥有的或即使想拥有但不能拥有的资源。共享资源还有利于知识的传递。协同也有缺点。协同中的企业要保护其希望自有的技术和商务模式中其他方面的优势非常困难。在协同中,企业还面临着过于依赖其他企业资源的风险。快跑策略也要求企业协同。

图 5.9 企业收购

要获得并保持竞争优势通常需要对这三种策略组合使用。一个重要的问题是,这些策略或策略的组合何时使用比较合适？影响策略的选择有两个因素。第一,这种选择依赖于企业建立的盈利商业模式的基础。它依赖于在一定技术条件下盈利能力的决定因素。毕竟,商务模式说明了企业如何长期获利。第二,时机选择非常重要。策略的选择取决于技术的发展阶段——我们处在互联网时代。它还取决于现有的或潜在的竞争者使用或计划使用什么策略。

5.2.3 辅助资产模型的战略意义

上面的讨论是否意味着处于图5.6方格1中的企业一定会因为不能获利而放弃呢？当然不！在这种情况下意味着企业需要考虑利用信息技术——它是很容易模仿的技术,而且其他相关资源不重要或者很容易获得来发展运作企业的商务模式。方格1中的企业可以采用快跑的策略(图5.10)。就是说,由于信息技术易于模仿,企业必须不断创新。当竞争者赶上企业昨天的技术水平的时候,企业已经跨越到了明天的水平上。这种情况更多地出现在方格2的企业中；尽管其他资源较难获得并且非常重要,但其技术很容易被模仿。企业必须凭借自身不断发展,或与其他企业联盟获得其他相关资源。不管哪种方式,关键是时机的选择。如果企业决定凭借自身发展,它必须在其他拥有辅助资产的竞争者模仿技术之前完成自身的积累。如果企业要进行联盟,必须在潜在的合作伙伴开始模仿这项技术之前与其坐到谈判桌前。如前面所定义的,联盟意味着与其他有重要辅助资产的企业建立某种伙伴关系(例如风险同盟、战略联盟或并购)。这还可能意味着被拥有辅助资产的企业收购。

在互联网企业生命周期之初,这些初创的企业基本上都位于方格1或方格2,但由于它们对技术的开发利用容易模仿或取代,而其他相关资源又比较重要。大多数这类企业处于方格2。通过广告、推广和市场表现,这些初创企业能够在其竞争者完成对它们的技术的模仿或类似的辅助资产的积累之前建立自己的品牌,获得大量的客户和客户的数据库。为了使积累辅助资产策略取得成功,制造客户的转化成本是非常重要的。由于互联网有网络外部性的特性,转化成本可以是网络的规模。例如,社团规模越大或客户的数量越多,其中每个成员获得的价值就越大,这些客户转移到其他较小的群体中的可能性就越小。AOL、eBay、Amazon.com和很多其他的企业都在其生命周期较早的阶段采用这种策略。Amazon.com还不断发展它的软件能力,使业务能够不断扩大——从书籍和音乐,到电子产品,然后到拍卖、玩具、zShop,等等。

在方格3中,企业可以采用下面两种策略之一：阻塞或联盟。如果企业既有技术又有辅助资产,它可以将两者都保护起来。但迟早这些技术都将被模仿或过时。模仿或淘汰将企业从方格3中推到了方格2中(图5.10),企业可以利用其相关资源与其他拥有新技术的企业联盟。在技术难以模仿但其他相关资源比较容易获得的情况下(方格4),企业需要保护其赖以获利的技术。只有很少的企业,主要是那些利用互联网的企业,会处于方格4中。

在这一点上,对于一个决定采取联盟、阻塞、建立风险同盟或战略同盟的企业来说,何时采用这些策略是一个很重要的决定,这个决定取决于对时机的把握。

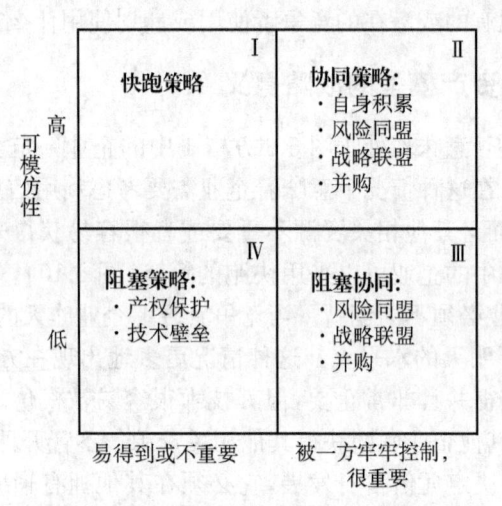

	I	II
高可模仿性	快跑策略	协同策略: ·自身积累 ·风险同盟 ·战略联盟 ·并购
低	IV 阻塞策略: ·产权保护 ·技术壁垒	III 阻塞协同: ·风险同盟 ·战略联盟 ·并购
	易得到或不重要	被一方牢牢控制,很重要

图 5.10 辅助资产模型对应的策略

5.2.4 确定辅助资产的方法

确定企业辅助资产的步骤:

(1) 首先,企业必须明白它所拥有的产品—市场定位,即消费者价值、范围与定位(议价能力),或者希望拥有怎样的产品—市场定位。

(2) 其次,企业必须理解其价值结构(价值链、价值网络)、技术,除了技术,企业还要确定哪些能力影响以下两点:如何向不同的市场提供合适的消费者价值;与供应商、消费者以及互补品提供商相比,还要能增强企业的地位。

(3) 最后,确定对消费者获得的价值有重要贡献的资产,以及理解这些资产在多大程度上能够被复制。

5.3 影响商务模式演变的互联网技术特性

互联网有很多特性,但其中10个特性是最主要的:媒介技术、无处不在、网络外部性、分销渠道、消除时间局限、减少信息的不对称、无限虚拟容量、低成本标准、创造性破坏、减少交易成本。

5.3.1 媒介技术

互联网是一种媒介技术（Mediating Technology），它能够将相互依存的或希望相互联系的个体联系起来，这种联系可以是商家对商家(B2B)、商家对消费者(B2C)、消费者对消费者(C2C)或者消费者对商家(C2B)。它也可以在一个企业或任何其他组织机构内部连接，在这种情况下，我们称之为内部网（Intranet）。不管哪种网络，互联网都打破了时间和空间上的限制，为个体之间的交流提供了巨大的便利。某些方面它类似传统经济中银行服务的技术。银行作为借入者和借出者的中介，它从一些客户手中把钱拿来再借给另一些人。某些方面互联网与印刷业、收音机和电视媒介类似，它将听众和观众与广告商联系起来。互联网的交互性赋予它一些其他媒介所不具有的独特优势，互联网连接的个体可以相互联系，既可以发送也可以接收信息，而不是一个个体只能发送而一个个体只能接收信息。最重要的是，任何连到互联网上的人都能通过它向所有人发送消息。而在其他旧式媒体中，广播发送消息只是一些"经过挑选"的少数人的权力。

5.3.2 无处不在

互联网的无处不在是指互联网扩大和压缩世界的能力。位于世界上任何地方的任何人都能够通过网络让世界上其他任何地方的任何人接触到他的作品。比如说，一个位于山西平遥的农村妇女，通过将她开的农家乐介绍上传到网上，可以让世界上其他所有人都接触到她的农家乐。一个埃及软件开发者可以通过将他的产品上载到亚历山大网站上，把软件卖给全世界的客户。一个韩国钢铁生产者可以将他的钢材价格、用途、品质登在首尔的网站上。世界上任何人都可以应用这种网站信息发布方式。福特汽车企业可以将生产汽车所需要部件的出价发布在网站上，世界上任何供应商都可以根据出价向其提供这些部件。

互联网压缩了世界，南非的一名技术工人无须亲自到加利福尼亚就可以在硅谷工作，位于硅谷的软件开发商甚至可以从马达加斯加那么远的地方获得他所需要的编程能力。如我们看到的，这个特性对很多产业的发展都有启示。例如，它将促使更多的软件企业进入软件产业，这导致向那些拥有技术的人支付的工资将更有竞争性，而不管他们身处何地。

5.3.3 网络外部性

当某项技术或产品随着使用者的增多而不断增值时，我们说，它具有网络外部性（Nework Externalities）。要理解它的含义，读者可以想象这样一种电话系统，它只与本书的作者相连。这样的系统比起与全世界相连的电话系统来说，用处要小得多。显然，与一个电话系统连接的人越多，它对使用者的价值越大。互联网也有这样的性质：与之连接的人越多，它的价值越大。与互联网内的某个网络连接者越多，那么这个网络的价值也越大。假如一个收藏家想要拍卖一件稀有的艺术品。因为大量的客户会产生大量的出价者，因此只有他选择的拍卖企业拥有大量的客户才能使它获得更多的价值。相反，如果他想购买一件艺术品，他仍然倾向于选择拥有大网络的企业，拍卖企业越大，他找到他想要的艺术品的机会就越大。对于寻找聊天对象的人来说，网络越大，找到拥有同样品位可以相互交流想法，甚至于进一步组成团体的聊天对象的机会就越大。由于拥有较多成员的网络具有更大的吸引力，我们可以认为大的网络获得新成员的速度将快于小的网络。就是说，网络越大，它就会变得更大。这是一种正反馈——当网络在规模上领先时，它的领先地位将不断得到加强。问题是，这种滚雪球什么时候才会停止呢？只有出现变化，特别是技术的转变使原有网络过时的时候，这种滚雪球才会停止。

对网络规模价值，人们提出了至少两种估计。鲍博·麦卡夫（Bob Metcalfe）提出了所谓麦卡夫定律（Metcalfe's Law）：网络的价值随网络拥有的成员数量的平方增加。就是说，价值是 N^2 的函数，这里 N 代表网络内成员的数量。还有人认为规模增大与网络价值随之增加是指数的关系。就是说，网络价值是 N^N 的函数。

网络外部性的现象并不限于电话系统和互联网这样的网络。它还存在于这样一些产品，它们随着互补产品的增加而使得产品本身对于客户的价值不断增加。即使我们不讨论与之相连的网络，单就单独使用的电脑本身而言，就是一个很好的例子。软件对于电脑的应用非常重要，因此同一标准的电脑拥有者的数量越多，软件就越可能为这些电脑设计。而有越多的适用软件，由于使用者有更多的软件可供挑选，则这些电脑对于用户的价值越大，这样愿意为这些电脑开发软件的人的数量就越多。这导向了一个正反馈效果。我们将在后面的章节中说明企业的一个目标可以定为：在早期建立一个庞大的网络，以比较小规模的网络更快的速度吸引用户的加入。

5.3.4 分销渠道

互联网还可以作为信息产品的分销渠道（Distribution Channel）。软件、音乐、影像、信息、电影票或飞机票、经纪服务、保险业务以及研究数据都可以通过互联网分销。当产品本身无法通过互联网分销时，产品的特性、定价、分销时间或其他关于产品的有用信息可以通过互联网传递。互联网对已有分销渠道的影响有两种：替代和扩充。当互联网用于向与旧有分销渠道相同的客户服务，而并不创造新的客户时，就会产生替代效应。旅行服务机构机票分销服务形式的更替就是一个很好的例子。人们不会仅仅因为网络售票的出现去购买机票。而另一方面,那些无法承受从股票经纪人那里购买股票的投资者,在支付较低的在线经纪费用后就可以使用互联网参与股票市场的交易。这就是扩充效应。替代效应与扩充效应经常相伴发生。一些原来从股票经纪人手里购买证券的投资者会转而使用互联网交易。

5.3.5 消除时间局限

互联网的第五个特性是它能够消除时间的局限(Time Moderation),即它能够压缩或延长时间。例如,对于一个采购时间有限的客户,他可以通过互联网从世界任何地方、一天 24 小时、一周 7 天查看和对比商品的价格和质量,这样互联网延长了时间。对一个需要租房或者订饭信息的客户来说,也可以在互联网上立即找到相关信息,大大缩短了时间。

5.3.6 减少信息的不对称

当交易的一方拥有有关交易的重要信息而另一方不拥有时,这时就产生了信息不对称(Information Asymmetry)。例如,这种信息不对称是汽车经销商的一种利润来源。他们一般知道所销售汽车的成本,而一般的购买者并不知道。互联网减少了这种信息不对称。由于能够很容易从汽车生产商的网站上获得汽车建议价格,客户可以与经销商一样具有这些销售的重要信息。

5.3.7 无限虚拟容量

30 多年以前,Intel 的高登·穆尔(Gordon Moore)预测:每 18 个月,计算机的处理能力就会加倍,而成本基本保持不变。直到 2000 年,他的预言一直被证实是正确的。这种技术的突飞猛进推动处理速度的迅速提高,同时也促进了存储和网络技术的发展。应用这些技术,互联网经常给人们无限虚拟容量(Infinite Virtual Capacity)的感觉。如果你想要购买股票或书籍,你不需要等待,供应商和零售商现在有更强的记忆能力和计算能力。因此,他们可以收集更多的客户信息,以提供个性化的服务,更好地帮助客户发现他们的需要。而像聊天室这样的实际应用,为成员们提供了无限的空间,他们任何时间都可以自由地交流。

5.3.8 低成本标准

如果企业不接受标准化,那么它们将无法利用互联网的这些特性。有两条原因使得接受标准化变得很容易。第一,也是最重要的,互联网和万维网是标准化的,对处于任何地方的任何人都开放,并且易于使用。不论使用者处于刚果丛林中还是在纽约,他们使用的都是同样的链接,看到的是全世界相同的页面。信息的传递和接收使用的是同一种协议。第二，互联网的成本比其他较早的电子沟通手段，例如较早的电子数据交换（EDI）要小得多。美国联邦政府承担了大部分互联网的开发成本。由于是标准化的，其余很多固定成本可以由数以百万计的用户共同分担。如果不是这样的标准化互联网，很多私有的网络并不互相连接，那么使用者将向很多网络交费，而不是一个网络。那样费用会很高。企业的投资项目必须与互联网兼容，这样成本将比互联网不使用统一标准时高，而且不兼容的投资不能享受联邦政府的成本。

5.3.9　创造性破坏

互联网的这些特性导致很多产业中出现了约瑟夫·熊彼特（Joseph Alois Schumpeter）所说的"创造性的破坏"（Creative Destruction）浪潮。例如，报纸向读者提供评论、新闻、股票信息、天气预报、分类商业广告、求购广告和推销广告。向客户提供这些价值是需要向印刷机、分销网络、内容和品牌投资的。这些投资构成了对潜在竞争者进入的一道屏障，互联网是一种低成本标准的印刷机，同时又是一个有无限虚拟容量的分销网络，它可以接触到很大的客户群，这对报纸是难以想象的。这使得原来存在于报纸领域的进入壁垒大部分被消除了。而且，这种网络可以即时地低成本交流。这样低的进入成本、灵活性和无限的容量，使得人们无须再将评论、新闻、股票价格、天气预报、分类商业广告、求助广告和推销广告捆在一起发售来获取利润。企业可以专注于其中的一部分。例如，企业可以专注于拍卖方面的需求广告。这就是对于报纸产业的创造性破坏——从老方式转变到新的更优方式。一般来说，创造性的破坏的发生有三种形式。第一，新产业诞生。Web软件（例如浏览器）或服务（例如互联网服务提供商ISP提供的服务）提供商对互联网的发展起到了重要的推动作用。第二，互联网改变了其他产业的结构、运作和业绩，很多情况下互联网使得原有竞争优势的基础变得过时了。旅行、报纸和保险业是要经历创造性的破坏的众多产业中冰山一角。我们将在后文看到，这些以向客户提供价值的产业受互联网的某种或某几种特性的影响而彻底改变了。第三，其他一些产业获得竞争优势的基础被扩大了。像Intel这样一直处于半导体技术前沿的企业，互联网在全社会企业和个人间的普及大大地推动了对它的需求，使其拥有了更强大的竞争优势。

5.3.10　减少交易成本

互联网还可以减少很多产业中的交易成本——这归功于它的无处不在、分销渠道、低成本标准和减少信息不对称等特性。交易成本（Transaction Costs）包括卖者和买者搜寻产品信息的成本，协商、下单、调整和确保合同履行的成本，与买卖相关的交通运输成本。企业通常必须通过搜索找到合适的配件供应商获得它所需要的配件。购买者必须了解供应者的声誉、产品的性质和价格。销售者必须了解购买者的财务状况以及顾客具有的其他特点。购买者和销售者必须协商合同内容、签署合同、调整并保证合同的执行。所有这些活动都需要金钱。互联网能够减少这些交易成本。由于购买者、销售者和产品的信息从 Web 上很容易获得,这减少了搜寻成本。互联网减少信息不对称的作用还在于合同协商、调整、保证实施的成本将大大减少。对于像软件、音乐和影像这类数字化的产品,由于它们可以通过网上传送,运输成本也可以大大减少。

5.4 互联网技术变革模型

互联网的技术特性,使依托于它的商务模式呈现出复杂多变的特征,不断变革正是商业模式保持活力的一个重要动力。归纳起来,常见的基于互联网的技术变革模型主要有五种:激进/渐进变革模型、结构创新模型、破坏性变革模型、创新增值链模型和技术生命周期。

5.4.1 激进/渐进变革模型

激进/渐进变革模型认为,有可能利用技术变革的企业类型是这种技术变革类型的函数:

$$F(技术变革)=y(能力,产品—市场定位)$$

5.4.1.1 产品市场定位观

一项新的技术变革通常可以使得以前的产品或服务不具竞争力,它或者可以提高旧有产品或服务的质量,或者使得新老产品可以共存。如果一种技术变革使得以前的产品或服务不具竞争力,那么从经济学的角度说,它就是激进的技术变革。在这种情况下,对行业中占主导地位的企业来说,因为担心其现有的产品或服务遭淘汰,它可能不愿对这种技术升级进行投资。因此我们可以预计,与市场中的现有企业相比,新进入者更有动机进行这种投资,他们在这种研发上成功的机会也会提高。电子收银机(EPOS)就是一个激进技术变革的例子,因为从经济学的角度说,它使得旧有的机械收银机不具竞争力。当然,在有些情况下,如果一项技术变革不会对企业的现有产品构成威胁,它也会对其进行投资。

对一项技术变革来说,如果它可以提高旧有产品的质量,或者即使它出现了,旧有产品仍有一定的竞争力,那么从经济学的角度来说,它就是一种渐进的技术创新。这种创新对现有企业的产品——市场定位不构成任何威胁,有时甚至可以说它能够加强企业的这种定位,因此在位企业有动机对这种技术升级进行投资。我们可以说,与新进入者相比,在位企业更有可能研发这种渐进的技术变革。可乐食品和无咖啡因可乐都是渐进的创新,因为它们的出现并未对传统可乐的竞争力构成威胁。同样,对传统的剃须刀来说,电动剃须刀也是一种渐进的创新,因为即使它出现了,前者仍有竞争力。

5.4.1.2 技术能力观

有些时候,投资于技术升级的企业却不能利用新技术生产新产品或提供新服务。这意味着,开发新技术的动机并不仅仅是利润。成功与否也是新技术利用企业现有能力(知识、技能、资产、资源)或利用与之完全不同的能力程度的函数。如果用以开发利用新技术的能力与以往的能力完全不同,从组织的角度说,这种技术变革就是激进的,或者说是竞争性破坏。例如,开发电子计算机所需要的企业能力和开发机械计算机所需要的能力就非常不同。制造机械计算机,需要齿轮、皮带、杠杆等方面的知识以及能够将它们组合起来用以计算的方法;相反,制造电子计算机则需要具有不同内核的微芯片的知识。因此,对机械计算机制造者来说,电子计算机是一种激进的技术变革(破坏性创新/颠覆性创新)。

对在位企业而言,如果它们面临激进的或竞争性破坏的技术变革,它们会发现很难再拥有这种变革之前的竞争优势。这有几个原因。首先,为了利用原有技术创造竞争优势,在位者必定已经建立了相应的技术资产、资源和能力。同时,它可能还创造了一种文化——拥有共同的价值观(什么是重要的)和信仰(事物如何运转)的系统,它们和组织内的成员、组织结构相互作用以及制订行为标准(我们在这个范围内做事情的方式)的系统——它和技术已经融为一体。另外,每一个在位者一般都会有自己的商务模式,向其客户传递某种价值,服务特定群体的顾客,专注于某种收入来源,拥有定价战略,开发互动平台,对传统战略亦有不错的补充,这些可能让它在一定的时间内保持优势。这些能力和文化对原有的技术是一种优势,但在面临激进的技术变革的情况下,它们就是无效的,甚至阻碍企业的发展。学着用与老方法完全不同的方式做事情,首先就要求抛弃老的方法。但是文化有时很难改变,特别是需要做大的变动的时候更是如此。此外,为了应用原有技术而发展起来的一系列方法、组织价值、组织文化,因而很难在短时间内完全摒弃以跟上新进入者。其次,对在位企业里握有权力的人来说,如果他们的权力来自旧有的技术,他们就不会轻易放弃这种技术,因为放弃的同时也意味着权力的丧失。

另一方面,如果开发一项新技术需要基于企业原有的能力,我们称之为渐进的技术变革(从组织的角度说)或竞争性促进的技术变革。在这种情况下,与新进入者相比,在位者已经发展起来的一整套能力和文化建构了他们的优势,大部分技术变革都是渐进式的,在位者通常会利用这种变革来加强他们的竞争优势。

5.4.1.3 互联网技术应用带来的影响

有些行业中企业的比较优势基于信息不对称问题,因此对它们来说,互联网是一项激进的技术进步，企业的能力和产品—市场定位都有可能受到影响。在互联网开发之前，房地产开发商可以利用航空表和机票定价信息来赚取利润，旅游者一般很难得到这些信息。对于汽车交易市场而言，交易商掌握的产品质量、价格等信息远远多于消费者拥有的信息。股票经纪人可以通过其对投资的研究和对即时股票报价信息的利用，比一般的投资者做得更好。互联网的出现使得消费者能够不通过中介直接获得上述信息。如果谈判能力建立的基础是信息不对称，那么企业与其对手的谈判地位也很有可能会变化。例如，与消费者相比，汽车交易商不再拥有信息优势，因此其谈判能力也势必大打折扣。面对这样的技术变革，在决定何去何从的时候，在位者必须小心谨慎，因为他们旧有的能力很有可能会成为变革的阻力。

5.4.2 结构创新模型

为什么许多企业进行渐进式技术变革时会遇到很大的困难？比如，施乐企业作为静电复印核心技术的发明者，仍为开发出适应普通纸张的小型复印机付出了多年的摸索。AOL 在晶体管收音机各组成部分（晶体管、扩音器、扬声器）上拥有丰富的经验，但从未在这个市场上占据领导地位。2006 年 9 月，联想宣布任命前戴尔公司副总裁加里·史密斯接替高级副总裁刘军的工作，负责联想集团全球供应链。至此，包括中国区在内的联想全球供应链将全部由前戴尔高管掌控，这是联想决心在供应链领域全力追赶戴尔的信号。有数据显示，联想在供应链成本控制上还有很大的提升空间。并购 IBM 全球 PC 业务之前，联想 22.7 天的库存天数接近全球平均水平，但戴尔中国库存天数仅为 4 天。同为 PC 生产企业，为何供应链能力上差距如此明显？这主要是因为联想在结构性创新上的挑战。

5.4.2.1 结构性知识

学者 Rebecca M. Henderson 和 Kim B. Clark 认为，一般的产品都是由不同部分连接而成的，制造此类产品需要两种知识：关于部件的知识和关于部件之间联系的知识。后者将成为结构性知识（类似人的 EQ）。

结构性创新是指企业在结构性知识上的创新。结构性知识的特点有：隐蔽性、与企业文化密切相关、与企业制度密切相关。

5.4.2.2 结构创新模型理论

结构创新模型认为结构性变化并非意味着关于部件的知识一成不变，正相反，结构性变化一般都是由某一部件的变化引起的。比如制造一台计算机，这不仅需要关于微处理器、主存储器、二级存储器、软件以及输入/输出的知识，还需要这些部件之间如何相互作用的知识（结构性知识）。一个新的设计，如果它想利用更高速的处理器，那么它就是一个结构性创新，此时就必须考虑新处理器和计算机其他部件之间联系的变化。

5.4.2.3 互联网技术对结构性创新的影响

(1) 营销渠道的创新

传统经济中,汽车产业营销渠道成本占了汽车销售价格的 1/3,为什么营销渠道的成本如此之高呢?最主要的原因是行业特点造成的,即供给—推动体系。

制造商在未完全了解消费者需求的情况下生产了大量的汽车,这给销售商施加了巨大的压力。供给大于需求的情况下,制造商会提供很大的价格折扣,同时还会做很多促销活动。这些大大增加了营销成本。

有了互联网,企业可以更好地收集消费者的信息,以生产他们需要的汽车。这就减少了不确定折扣、促销活动以及存货的储存成本。但是要向消费者提供他们所需要的汽车,制造商就必须有所谓的定做生产能力,这样才能依据消费者的偏好来生产。因此,尽管汽车制造商价值链中发挥不同功能的核心概念没有改变,这些功能之间的联系却发生了变化。也就是说,在制造商的价值链中,尽管促进研发(R & D)、生产、营销以及其他重要功能的核心概念没有改变,这些功能之间相互联系的知识,即如何利用互联网更有效地相互交流这一知识却发生了变化。这一产业中的结构性知识发生了变化。对那些仅仅将互联网视为一种新的销售渠道的汽车制造商来说,他们就错过了一条重要的信息来源,这一来源对其商务模式是很有帮助的。传统的企业,即使是像汽车这样的制造业,也应该调整其商务模式以利用互联网的优势。

(2) 企业价值链的创新

以公司 CISCO 为例,据测算,使用互联网为 CISCO 公司节约了大约 5 亿美元的成本:

① 消费者通过网页直接下订单;

② 售后支持部门通过互联网完成客户支持;

③ 公司与消费者共享信息,扩大了产品宣传,同时为开发下一代产品提供了客户数据;

④ 财务报表制作时间缩短了 80%;回款速度大大提高,收款期限缩短到 2 天。

像 CISCO 一样,互联网不仅为许多企业节省了成本,而且可以更好地进行生产活动,并向其顾客提供更多的价值。

5.4.3 破坏性变革模型

以哈佛大学商学院克莱顿·克里斯滕森(Clayton M. Christensen)为主要代表的创新专家,在破解"在位企业追求新增长的努力为什么会导致失败"这一著名难题时,通过对磁盘驱动器工业的案例研究,于 20 世纪 90 年代初率先提出了破坏性创新理论。1997年,克里斯滕森出版了他的代表作《创新者的窘境》。该书一出版即引起强烈反响,《福布斯》杂志曾评价道:这是一本"自我感觉良好的企业领袖看了都胆战心惊"的书。克里斯滕森也因此跻身于技术创新管理大师之列。经过十多年的潜心研究,他终于找到破解这一难题的方法,提出了一套完整的破坏性创新理论框架,而破坏性创新也因此成为技术创新研究领域的重要新范式。

5.4.3.1 破坏性变革模型的内涵

所谓破坏性创新是指通过推出一种新型的产品或者服务而创造了一个全新的市场。初始阶段,其产品往往比主流市场已定型产品的性能要差,一般比较便宜,更加简单,功能新颖,便于使用,这些都是新用户喜欢的特性,所以全新的市场能够开拓出来,此类创新对已经形成市场份额的在位企业具有破坏性。而随着技术的成熟,新产品将全面超过现有产品而取代现有产品,使现有产品退出市场。曾经雄霸移动通讯市场的诺基亚(Nokia)、摩托罗拉(Motorola),照相机品牌柯达(Kodak)等的失败就是典型的例子。

该模型具有如下四个特点:

(1) 通过引进一项新的产品或服务,它们创造了新的市场;

(2) 利用新技术生产产品或提供服务的成本低于利用现有技术提供产品或服务的成本;

(3) 以现有主流消费者的价值为依据,起初新产品不如现有产品,但逐渐赶上现有产品,并迎合主流消费者的意愿;

(4) 新技术即便是利用专利权也很难保护。

5.4.3.2 破坏性技术能力影响因素

开发破坏性技术的能力主要受如下三个方面的影响,即它们的函数:

$$y(能力)=F(资源,过程,价值)$$

为了理解这个模型,我们考虑一个正在开发的一种技术,并以此向消费者提供产品的企业。它的能力,即"它能做什么,不能做什么",是以下三个因素的函数:资源、过程和价值。所谓资源,就是企业的资产,包括产品设计、品牌、与供应商的关系、顾客、销售渠道、人力资源、工厂与设备等。过程是指:"企业的雇员之间互动、协作、交流及制作制定决策的方式,由此可以将企业的资源转变成价值更高的产品或服务。"设计这样的方式是为了使任务高效率地完成,而不是想着怎样改变它。如果必须改变,那就需要用其他的过程来促进这种改变。所谓组织的价值,是指"企业的雇员设定事物优先权标准用它可以判断应不应该接一个订单,一个客户是否重要,一种生产新产品的技术是否可行等"。

5.4.3.3 在位企业策略

根据克里斯滕森教授的观点,如果企业的管理遇到了某一破坏性技术,就需要成立一个新的组织机构来促进他们所需要的能力的开发。

克里斯滕森给出了三个策略：

（1）在企业内部成立一个机构，这个机构具备新的研发能力；

（2）成立一个独立于企业的实体，并在这个实体里研发新的过程、价值和文化；

（3）购买另一个实体，这个实体拥有企业所需要的过程和文化，或者两者比较接近。

选择哪种策略取决于企业的价值、过程和开发破坏性技术所需要的价值、过程有多大差别。区别越大，企业就越应考虑购买而不是在企业内部建立一个实体。

5.4.3.4 互联网技术的破坏性创新应用

以股票经纪人行业为例，人们可以利用互联网买进或者售出股票，在互联网购买股票的成本要低于从传统经纪人那里购买的成本。开始的时候，通过互联网购买股票并不像从经纪人那里购买那样同时可以获得有用信息，但很快，关于企业的相关信息就可以在网上直接查询。互联网许多方面的使用是不受专利保护的，互联网上股票经纪人拥有的上述破坏性技术的特点表明，如果传统股票经纪人行业不实施上述所说的组织选择策略的话，它就很可能被新进入者代替。2002年，许多老的经纪人企业，像美林证券，这些在位企业拥有其辅助资产，如巨大的客户基础、现金、与客户的关系、品牌的名声等，依靠这些资产，它们得以研发可模仿的技术。至今，线下证券经纪已被"'互联网+'券商"全面取代。与BAT（百度、阿里、腾讯）、新浪、网易等互联网巨擘合作，利用搜索引擎引流，抢占互联网流量入口，是当前券商获取客户的主要路径之一，包括华泰、广发、海通在内的多家券商都曾采用这一策略。更多券商则选择从垂直细分领域入手，包括金融界、同花顺、万德（Wind）资讯在内的金融门户网站及金融技术提供商向券商开放端口。以腾讯自选股为例，中山证券、国金证券、中信证券、海通证券等多家券商均与腾讯自选股的移动应用端有开户链接合作。

5.4.4 创新增值链模型

5.4.4.1 创新增值链模型理论

奥弗尔（Afuah）和巴赫兰（Bahram）提出了用创新增值链模型，来解释为什么现有企业在激进式创新中比新进入企业表现出色，以及为什么它们也可能在渐进式创新中失败。探讨重点集中于创新对供应商、客户以及互补创新者的影响方面。由于创新影响了创新增值链中每一个阶段的成员，它既可能侵蚀既有厂商的能力，也可能强化创新增值链的某一个阶段成员。在创新时代，组织为了生存必须不断创新与学习，知识代替工业社会中的土地、机器、劳动力、资本等要素，成为最重要的价值来源。因此企业经营的关键要素就是建立基于知识基础的创新能力，如何培育这种创新能力成为管理者的首要任务。组织为了培养和发挥本身的核心专长，不再企图包办一切职能和活动，更愿意与外部组织机构合作。

创新增值链模型认为，企业向其客户提供的价值不仅取决于企业本身的能力，还取决于企业的供应商、客户及互补品提供商的能力。比如，消费者从戴尔个人计算机中得到的价值不仅取决于戴尔公司的能力，还取决于因特尔，微软的能力以及使用计算机的消费者的技术。因此，面对一项技术变革，很重要的一点是，我们不仅要考虑所关注的企业，还要考虑这种变迁对供应商、客户和互补品提供商的影响。增值链模型重在研究技术变革对企业的合作竞争者——供应商，客户及互补品提供商的竞争力和能力的影响，一般来说，企业和它们既有合作又有竞争。创新增值链模型研究了技术变革对企业合作竞争者的影响，以及由这种影响导致的对所关注企业的影响。对制造商来说是渐进式的创新，对消费者和互补品提供商来说就可能是激进式的，而对供应商来说则可能也是渐进式的。比如 DSK（Dvorak 简式键盘）布局，根据许多测试估计，其性能要比当前使用最多的 QWERTY 式键盘布局要好 20%—40%，因此对其发明者 Dvorak 及其他打字机制造商来说可以提高其产品的性能。如果制造商想生产 DSK，他们所需要做的就是对键盘进行重新布局。但对已经熟悉使用 QWERTY 式键盘的消费者来说，这种改变会使他们以前具有的能力毫无用处，因为为了学习使用新的键盘，他们必须重新熟悉新的布局。图 5.11 给出了这种创新对创新增值链不同部分的影响。

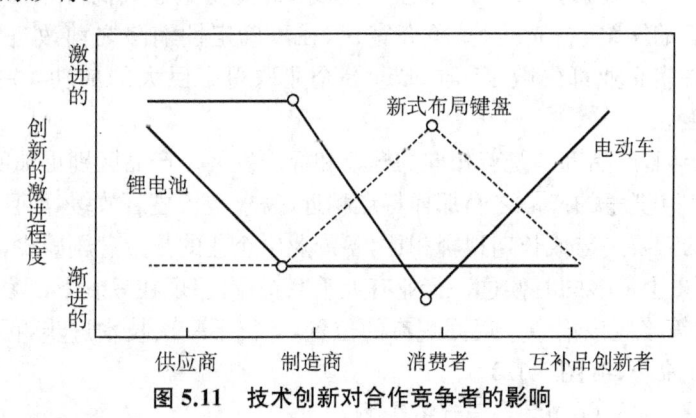

图 5.11　技术创新对合作竞争者的影响

5.4.4.2　互联网对创新增值链的影响

创新增值链模型告诉我们，对一个希望利用互联网的书籍出版商而言，他不仅要关心这项技术对其自身的影响程度，而且要注意它对其供应商，顾客和互补品提供商的影响程度。如果一个书籍出版商的战略不包括像亚马逊企业对其批发商和零售商那样的做法，它就很有可能错过重要的战略信息。

5.4.5 技术生命周期模型

5.4.5.1 技术生命周期模型理论

前述模型只考虑了一次技术变化,企业可以制订相应的策略以更好地利用它。而现实中常常是一项变革发生之后,又会有新技术产生。

技术生命周期模型是一种抽象出来的理论框架,用于理解技术变革带来的竞争环境的改变及技术对企业战略的重要性。如图 5.12,一项技术一般会经历三个阶段:不定型期、成长期和稳定期。

在技术的不定型期,会有大量的产品出现,同时伴随着巨大的市场不确定性。对于这些产品,企业往往无所适从,顾客也不太清楚他们对这些产品的需要到底是什么。这时的产品质量较低,成本和价格较高,规模经济和学习效应还没有确立。这时,企业必须采取这样的策略:将自己定位于价值链或价值网络中的某个环节,来开发利用技术变化。因为向消费者提供价值和赚取潜在的利润是相互联系的,所以以利润为导向的企业家会聚集到价值链的不同环节。这个时候产品/服务和市场的要求还是很不确定的,因而失败的可能性很小。

当技术本身、市场需求、产品设计逐渐标准化、不确定性及对产品的试验和重大的变化显著减少的时候,技术的发展就进入了成长期。对赢得标准,或恰好拥有支持一般框架的能力的企业来说,它们此时的处境就会非常好。2002 年互联网的许多产业都进入成长期,万维网成了标准。网络产业的调整使得许多网络企业破产,或与其他企业兼并,或完全重建其商务模式。企业不断建立它们的网络,树立品牌,争夺客户,在不确定性消除之前改进它们的模式。尽管许多企业都失败了,但 eBay 等企业取得了巨大的成功,并推广了其品牌知名度。

在稳定期,产品都围绕着相同的框架和标准发展。产品区别更加明显,而不是像原来相互竞争的产品之间那样特点相近,需求增长显著放缓,而且主要来自满足替代的需要。与成长期顶峰相比,各产业中企业的数量急剧减少,以汽车产业为例,历史上最多的时候这一行业有上千家企业,但现在只剩下 3 家。这一阶段,企业的策略应该集中于巩固现有的位置,等待下一次技术进步,再开始一个新的技术生命周期(图 5.12)。

5.4.5.2 对互联网商务模式的影响

在探讨生命周期模型对于互联网企业战略的影响之前,我们需要注意很重要的一点,即不同的产业完成技术进步的时间是不同的。比如说,计算机、收银机、计算器和手表,在新技术引进之前,它们都是机械产品或电动机械产品。对每一个产品所处的行业来说,其产品从机械式升级到电子式的时间是不一样的。因此我们也可以预计,互联网的技术生命周期会因行业的不同而不同,像骨干网

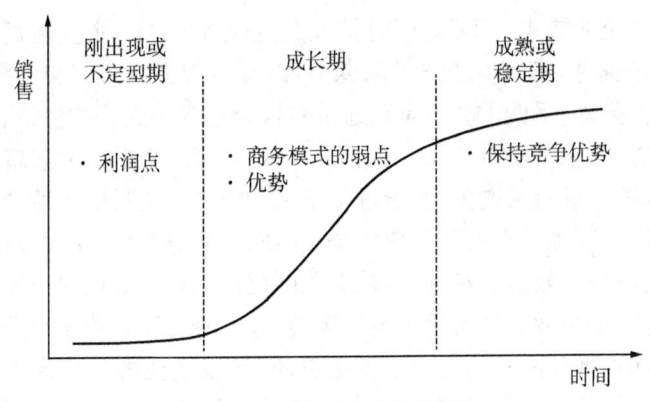

图 5.12 互联网技术生命周期

供应商、内容供应商和网络提供商等,它们都具有不同的生命周期。

在技术尚未定性时,潜在的新进入者将其定位于价值网络中的某个位置,以期望获取利润。选择定位并不一定是完全科学的,但是企业可以根据下面三个因素做出更好的决策。

第一,企业必须确定自己在所选择的潜在产品市场的位置上所能够解决的产品问题,在解决这些问题中企业能够给客户带来的价值,以及要解决这样问题需要在其商务模式中增加哪些部分。第二,企业应该对产业进行分析,来了解目标产业的吸引力所在。第三,企业应该确定自己拥有的能力以及能力的缺陷,从而设计出成功的商务模式,在每个产品市场上运作。在成长期,当主流的解决方案或设计出现的时候,企业应该重新评价它的商务模式并找到其中的优势和不足。通过这种评价,企业能够确定哪些因素应该加强,哪些因素还要建立。对于互联网,这就意味着与拥有其他相关资源或技术的企业协同。协同还需要建立一个更大的客户或社区网络。广告和其他不可逆的投资都是为了下一个生命周期中的阻塞战略做准备的。由于互联网商务模式易于模仿,企业的模式必须不断引入新的变化。亚马逊企业对其能力的不断扩张充分说明了企业是如何不断对其商务模式进行渐进式创新的。

5.5 互联网技术发展下常见商业模式的变革

5.5.1 企业间电子商务(B2B)

B2B(Business to Business)是企业与企业之间通过互联网进行产品、服务及信息的交换。目前基于互联网的 B2B 的发展速度十分迅猛。企业间电子商务的实施将带动企业成本的下降,同时扩大企业收入来源。企业通过与供应商建立企业间电子商务,实现网上自动采购,可以减少双方为进行交易投入的人力、物力和财力。另外,采购方企业可以通过整合企业内部的采购体系,统一向供应商采购,实现批量采购获取折扣。如沃尔玛将美国的3 000多家超市通过网络连接在一起,统一进行采购配送,通过批量采购节省了大量的采购费用。企业通过与上游的供应商和下游的顾客建立企业间电子商务系统,实现以销定产,以产定供,实现物流的高效运转和统一,最大限度控制库存。如戴尔公司通过允许顾客网上订货,实现企业业务流程的高效运转,大大降低库存成本。企业还可以通过与供应商和顾客建立统一的电子商务系统,实现企业的供应商与企业的顾客直接沟通和交易,减少周转环节。如波音公司的零配件是从供应商处采购的,而这些零配件很大一部分是满足它的顾客航空公司维修飞机时使用。为减少中间的周转环节,波音公司通过建立电子商务网站实现波音公司的供应商与顾客之间的直接沟通,大大减少了零配件的周转时间。企业通过与潜在的客户建立网上商务关系,可以覆盖原来难以通过传统渠道覆盖的市场,增加企业的市场机会。

5.5.2　企业与客户间电子商务(B2C)

B2C(Business to Customer)这种形式的电子商务一般以网络零售业为主,主要借助于Internet开展在线销售活动。B2C模式是我国最早产生的电子商务模式,以8848网上商城正式运营为标志。B2C即企业通过互联网为消费者提供一个新型的购物环境——网上商店,消费者通过网络购物、支付。这种模式节省了客户和企业的时间和空间,大大提高了交易效率,特别对于工作忙碌的上班族来说,这种模式可以为其节省宝贵的时间。B2C的商品特征也非常明显,大部分是易于保存运输的商品,例如图书、音像制品、数码类产品、玩具,等等。

天猫商城的模式就是充当商户对客户的网络销售平台,卖家可以通过这个平台卖各种商品,这种模式类似于现实生活中的购物商场,主要是提供商家卖东西的平台。天猫商城不直接参与买卖任何商品,但是商家在做生意的时候要遵守天猫商城的规定,不能违规,否则会被处罚。

5.5.3　消费者间电子商务(C2C)

C2C(Consumer to Consumer)的意思就是消费者与消费者之间的电子商务。打个比方,比如一个消费者有一台旧电脑,通过网上拍卖,把它卖给另外一个消费者,这种交易类型就称为C2C电子商务。C2C是消费者对消费者的交易模式,其特点类似于现实商务世界中的跳蚤市场。其构成要素,除了包括买卖双方外,还包括电子交易平台供应商,也即类似于现实中的跳蚤市场场地提供者和管理员。

闲鱼是一个二手交易 C2C 平台,无须经过复杂的开店流程,即将自己闲置物品拍照上传至网络,通过在线交易的方式转卖给其他用户。

5.5.4 消费者与企业间电子商务(C2B)

C2B(Consumer to Business)这一模式改变了原有生产者(企业和机构)和消费者的关系,是一种消费者贡献价值(Create Value),企业和机构消费价值(Consume Value)的形式。C2B 先由消费者需求产生而后由企业生产,即先由消费者提出需求,后由生产企业按需求组织生产。通常情况为消费者根据自身需求定制产品和价格,或主动参与产品设计、生产和定价,产品、价格等彰显消费者的个性化需求,生产企业进行定制化生产。

在海尔商城用户可以选择电器尺寸大小、颜色、材质、外观图案等功能。海尔商城先后推出了电视的模块化定制、空调面板和冰箱的个性化定制等,并在 2013 年与天猫合作尝试了多次 C2B 定制活动,其中借助"双十一"预售定制也是其重要的盈利模式。依托大数据分析,通过分析用户的性别、年龄、区域、搜索关键词、行为偏好等属性,归纳出多类细分的用户群,并进行定向的精准营销。2014 年的财务报告显示:在海尔集团 2 007 亿元的营业额中,线上交易实现 548 亿元,同比增长 2 391%。

5.5.5 生产者与消费者间电子商务(P2C)

P2C(Production to Consumer)是指产品从生产企业直接送到消费者手中,中间没有任何的交易环节,是继 B2B、B2C、C2C 之后的又一个电子商务新概念。国内叫作生活服务平台。P2C 把用户日常生活当中一切密切相关的服务信息,如房产、餐饮、交友、家政服务、票务、健康、保健等聚合在平台上,实现服务业的电子商务化。

中国雅虎整合口碑网、谷歌中国推出生活搜索平台都象征着 P2C 正在互联网行业逐渐兴起。尽管生活服务领域市场潜力巨大,但在互联网的世界中目前尚未出现寡头分割的局面,这让互联网巨头看到了转型生活服务的机会,越来越多的网站开始走向 P2C 的模式。也许哪天家乐福、沃尔玛、大中电器等这些零售业巨头也进军电子商务,通过互联网开展商务活动,这种商务活动的可能性一直是存在的,并且随着互联网技术的平台发展,还会向中小企业逐步渗透。

5.5.6 线上与线下电子商务(O2O)

O2O(Online to Offline)营销模式又称离线商务模式,是指线上营销和线上购买带动线下经营和线下消费。O2O 通过打折、提供信息、服务预订等方式,把线下商店的消息推送给互联网用户,从而将他们转换为自己的线下客户,这就特别适合必须到店消费的商品和服务,比如餐饮、健身、看电影和演出、美容美发等。

美乐乐选择将线上作为根据地,吸引全国的流量,节省线下门店的租金,从而将售价降低,占据价格优势,吸引消费者。美乐乐又涉足线下体验馆,主要供线上体验作用,将线上流量转化为线下交易量。不仅作为当地城市的实景展厅,还作为小型仓库,缩短家具运输距离。另外,美乐乐还创建装修网,整合多种家居、家装资讯,细化生态链中多个消费环节。美乐乐还通过集中SKU,把每一个产品的量加大,从而大幅降低生产成本,然后有了规模效应以后,不论生产,还是运输,各方面都得到了提升。美乐乐在生产与运输两个环节就获得了20%左右的成本优势。

5.6 典型案例——苏宁云商

5.6.1 互联网环境变化

信息技术的飞速发展、因特网的广泛应用,催生了云计算的产生。作为一种基于互联网、通过虚拟化方式共享资源的计算模式,云计算成为一种新的信息化潮流,引发了信息系统、软硬件产品、IT服务的重大变革,广泛涉及企业及个人信息应用的方方面面。而随着中国零售企业对于信息化有着越来越高、越来越迫切的需求,云计算所带来的信息化浪潮对苏宁商业模式的市场环境影响巨大。2010年电商如火如荼地进行,以京东和阿里巴巴为代表的互联网企业业绩直线上升,传统零售行业业绩却逐渐放缓,传统家电商苏宁同样存在类似的问题。

5.6.2 变革——渐进模型

苏宁电器,于2004年7月在深交所以"苏宁电器股份有限公司"的名称挂牌上市。企业初期经营家电行业,历经空调专营、综合电器连锁。2009年苏宁全面击败国美电器,正式成为中国零售业霸主,同年苏宁网上商城正式更名为"苏宁易购",苏宁线上电器的销售正式成立。鉴于当时宏观环境,苏宁大部分资源仍是集中线下电器的销售。

随着线下零售业增长陷入瓶颈,2012年苏宁做出"沃尔玛+亚马逊"战略定位,线上3 000亿元,线下3 500亿元,意图打造出一个与实体店面等量齐观的虚拟苏宁。2013年2月苏宁电器正式更名为"苏宁云商",表明苏宁电器转型的决心。苏宁的线上模式是对线下模式的补充和提升,线下模式仍有其竞争力,苏宁的变革属于渐进变革模型。

5.6.3 苏宁的竞争策略

5.6.3.1 打造线上线下无缝对接的 O2O 业态模式

在实体店业态的选择方面,苏宁采取了"超电器化"的战略,也即苏宁开始了从专做电器改为经营百货,从"专家"变为杂家。苏宁从 2012 年 9 月开始在广州、南京、上海、北京等地建设了 Expo 超级店,并且这也将是苏宁未来的主力型门店。在电子商务方面,苏宁易购自 2010 年成立就采取了"超电器化"的做法,产品线向酒类、母婴、运动、图书等品类四处出击,库存单位已经超过 100 万。得天独厚的网点优势和迅猛发展的苏宁易购为苏宁云商的 O2O 模式提供了坚实的基础。苏宁目前致力于搭建线下连锁店面和线上电子商务两个开放平台,云平台更能为消费者提供全方位的服务,线上与线下的无缝对接给顾客带来更加丰富、便利、快捷的购物体验。苏宁已于 2013 年 6 月宣布线上线下价格统一,消费者完全可以在实体店体验产品的实际使用过程后,在实体店品类有限或者缺货时在线购买,也可以在线购买后到实体店享受一系列的购后服务。

4.6.3.2 构建新型零售生态系统的零售活动

通过云技术苏宁将整合供应链、大数据、开放物流和金融四大平台,与供应商、消费者、中小零售商和雇员等建立新型共生关系,重塑全新的零售生态系统。首先,针对供应商,苏宁将公开产品技术的后台管理能力,不同类型的供应商可以通过技术平台获得促销、产品、订单、配送以及结算等方面不同环节的完整信息。而建立综合、开放的金融服务平台,包括成立小额贷款企业为供应商提供创新、便捷的金融服务产品,这都将支持供应商快速、稳定地发展。此时,苏宁与供应商之间不再是简单的买卖关系,而是形成产业链的全方位系统与多维度集成伙伴关系。第二,通过线上线下无缝对接、虚实紧密结合,消费者将获得最佳的、安全的个性化购物体验,消费者所获得的不仅仅是产品,也包括基于客户需求的各类增值服务、内容服务和解决方案。第三,针对中小零售商而言,苏宁易购于 2012 年提出了"开放平台"战略,打出"免年费、免平台使用费、免保证金"的"三免"政策吸引百货类卖家入驻,并且利用云技术为他们提供产品销售、顾客需求等各方面的信息服务。第四,针对企业员工,苏宁运用管理云,为员工个人能力的发展提供培训服务,为员工绩效提升提供知识帮助、数据帮助和技能帮助,为员工后勤的体验优化提供一站式便捷服务。通过这些服务,苏宁与员工的关系由原来的监督与被监督转变为真诚的合作关系。

思考与练习

1. 解释互联网商务模式动力机制的内涵?
2. 保存竞争优势的三类策略是什么?分别适用于什么样的企业?
3. 选择转型中的互联网企业,并分析其采用的是什么变革模型。

第 6 章　互联网商务价值结构

6.1　价值创造与组织技术

6.1.1　价值结构

一个适用的商务模式能够帮助企业实现盈利乃至长期发展，前提是这种商务模式能够带给客户所需要的价值。前面章节提到，客户价值是企业能够向客户提供其他竞争者不能提供的价值，而这种价值可以通过提供差别化或低成本的产品（服务）来实现。

一般而言，每种商务活动都有对应的价值创造方式，即商务活动的价值结构。价值结构（Value Configuration）是指企业以某种方式增加价值，使顾客愿意为这些价值付费的机制。

由于不同企业创造价值的方式不同，其价值结构也有所差异。例如，新浪网和天猫商城同属互联网商务平台，但给用户带来的价值完全不同。新浪网作为综合性门户网站，同时拥有多种商务模式，如虚拟社区、信息门户、网络广告等，是一个由多种价值结构构成的综合体。而天猫商城则仅是为商家和个人提供交易服务的第三方平台。

为阐述不同企业价值创造的方式，美国著名社会学家詹姆斯·汤普森（James Thompson）在其著作《行动中的组织》（*Organizations in Action*）中提出了价值创造的组织技术分类，包括：长相关技术、集中技术和媒介技术三类。

6.1.2　价值创造的组织技术分类

6.1.2.1　长相关技术：价值链

在长相关技术中，任何企业的经营活动都是有序进行的，并且它们之间是存在相互联系的，各项组织活动和任务是具有连续性的，是一个连续生产过程。例如汽车的装配过程（图 6.1），还有其他一系列标准化产品的连续产出过程、重复性任务的执行过程、原材料到成品的转变过程等。在生产活动过程中,企业执行的具有不同功能的组织活动就形成了企业的价值链。

图 6.1　汽车装配过程

6.1.2.2　集中技术:价值商店

集中技术(Intensive Technology)通常用于解决非常特别且具体的问题,解决问题时对技术的选择取决于问题解决的进程,这一过程是不断重复的。解决问题的人与他们解决问题所需达到的目的之间也需要不断交流协调。查尔斯·斯戴拜尔(Charles Stabell)和奥斯汀·杰尔斯戴德(Oystein Fjeldstad)将这种以集中技术为基础的价值结构称作价值商店(Value Shop),通常大多数服务类型产业都属于这类价值结构。

6.1.2.3　媒介技术:价值网络

媒介技术(Mediating Technology)能够提供一个平台,使多个想要交易的客户,例如借入者和借出者、买者和卖者之间取得联系。因此,该技术适用于中介服务领域,由此形成的价值结构称作价值网络。

6.1.3　价值结构的类型

基于汤普森提出的三类组织技术,可以把经济活动中的价值结构概括为三种基本类型:价值链、价值商店和价值网络。

以下各节将对经济活动中常见的三类价值结构价值链、价值商店和价值网络进行系统阐述。

6.2 价值链

6.2.1 价值链的活动

1985年,迈克尔·波特教授(Michael E. Porter)在其《竞争优势》(*Competitive Advantage*)中提出了研究企业行为和指导其竞争策略的著名理论方法——价值链理论。价值链理论认为,企业的发展不仅是增加价值,更重要的是重新创造价值。企业从开始采购原材料到产出制成品再到实现对其销售,这一系列的经营活动形成了一条完整的价值链。

为了更好地分析价值的创造和增值过程,波特把企业的业务活动分为两大类:基本活动和辅助活动。企业的基本活动就是指在价值链中能直接创造价值的活动,而企业的辅助活动则是支持基本活动完成价值创造过程的业务活动(图6.2)。

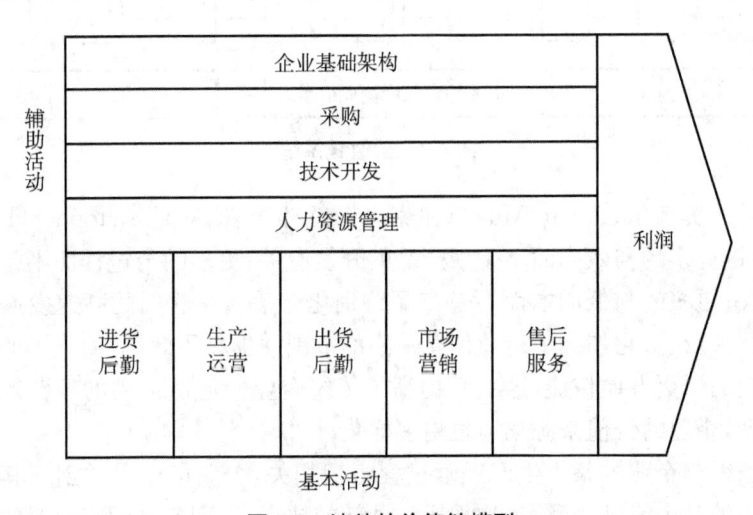

图 6.2 波特的价值链模型

以个人计算机制造商为例,其基本价值创造活动包括内部物流环节(CPU芯片、内存、磁盘驱动器等原材料的检验,选择以及运送交货)、加工操作环节(计算机用户端部件的制造,计算机的装配,检验和调试,设备维护和车间的管理运作)、外部物流环节(订单处理和运输)、市场营销环节(广告、定价、产品推广和销售人员的管理)、售后服务环节(技术支持、服务代表、计算机修理和更新的管理)(图6.3)。辅助活动则包括企业基础结构设施、技术开发、人力资源管理等环节。

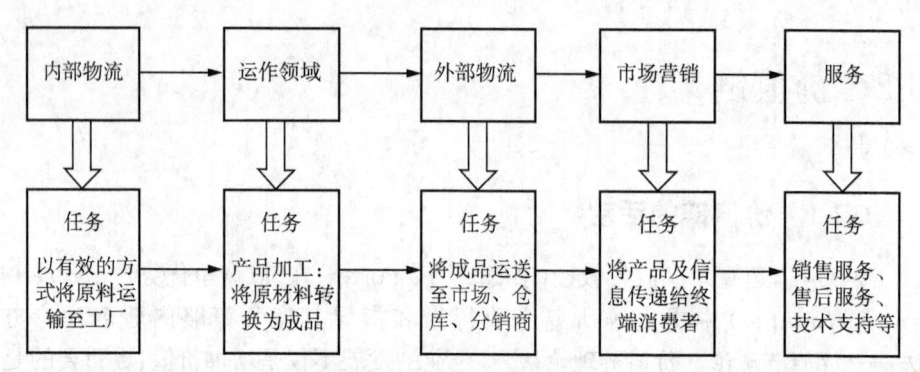

```
┌────────┐   ┌────────┐   ┌────────┐   ┌────────┐   ┌────────┐
│内部物流│──▶│运作领域│──▶│外部物流│──▶│市场营销│──▶│  服务  │
└───┬────┘   └───┬────┘   └───┬────┘   └───┬────┘   └───┬────┘
    ▼            ▼            ▼            ▼            ▼
┌────────┐   ┌────────┐   ┌────────┐   ┌────────┐   ┌────────┐
│  任务  │   │  任务  │   │  任务  │   │  任务  │   │  任务  │
│以有效的│   │产品加工│   │将成品运│   │将产品及│   │销售服务│
│方式将原│   │将原材料│   │送至市场│   │信息传递│   │售后服务│
│料运输至│   │转换为成│   │、仓库、│   │给终端消│   │、技术支│
│工厂    │   │品      │   │分销商  │   │费者    │   │持等    │
└────────┘   └────────┘   └────────┘   └────────┘   └────────┘
```

图 6.3　价值链的基本活动

实际上,不同类型的企业在价值链上都不是一个独立的个体,在进行价值创造活动时,企业必须与供应商、客户和相关产业内的其他参与者及时协调、沟通,而价值链上的企业也都有自己的价值结构,因此,在关注单个企业的价值结构时更需要考虑相关产业的价值链系统(图 6.4)。

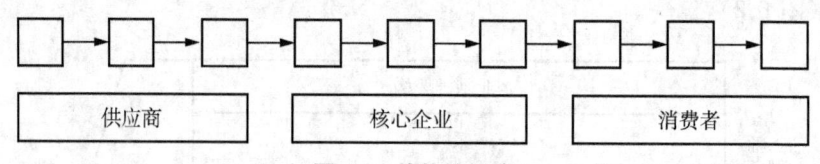

```
□→□→□→□→□→□→□→□→□
└──供应商──┘ └──核心企业──┘ └──消费者──┘
```

图 6.4　价值链系统

阿兰·奥佛尔(Allan Afuah)和克里斯托弗·德西(Christopher Tucci)认为,价值链更多的与效率而不是新产品的开发有关;更多的与过程而不是最终的产品有关;更多的与低成本而不是产品差别化有关。互联网的高速发展对企业产生了巨大影响,它扩大了企业信息采集的范围并提高了效率,简化了业务处理方式并使通讯更方便快捷,这些都提高了传统企业价值链活动的经营效率并使成本更低,企业的价值来源渠道也更多样化。

价值链与企业的整个生产经营过程密切相关,企业可以通过创新其生产经营过程中的某个或某些环节,如采用一种新的技术、发现产品(服务)新的营销或分销方式、与合作伙伴创造新型合作方式等价值链变革来构建新的互联网商业模式。

6.2.2　互联网对价值链活动的影响

保罗·蒂姆斯(Paul Timmers)最早尝试对互联网时代商务活动的不同形式进行分类,并提出了一个衡量互联网对价值链影响的标准尺度。概括而言,互联网对价值链活动的主要影响体现为如下方面:

(1) 媒介技术特性

互联网与客户的联系能够使企业从终端用户那里获得很多有用的信息。就是说，一个访问量很大的公共站点能够使市场营销和销售部门直接与下游企业（直接客户）和最终用户（最后的使用者）取得联系。这种双向信息交流是与市场营销的双重任务相适应的：通过深入了解最终用户，企业市场营销部门能够准确地评估市场需求。同样地，刺激分销渠道的下游企业或客户的需求也将变得更容易。例如，亚马逊获取客户反馈的方法通常是电子邮件和在线调查。客户可以在电子邮件中写下自己的购物体验，并对企业提出意见和建议。亚马逊对客户反馈邮件的处理非常迅速，一方面，可以针对客户购物中遇到的问题提供完善的售后服务，从而维护客户满意度并使他们成为长期用户；另一方面，可以获取大量有用的市场信息，包括市场的发展趋势，不同群体的购物偏好等，这些都是企业做出市场决策的重要依据。

(2) 无处不在、消除时间局限和分销渠道

互联网商务最显著的特点是它消除了地理范围的局限。地区性企业无需将组织机构扩展到全国或全球就可以向区域外的客户提供服务。例如，亚马逊（图6.5）首先在图书销售领域开辟了互联网商务的全新阵地。通过在互联网上提供自己的产品目录，然后等待来自世界各地的订单进行配送即可。在图书零售领域获得了巨大成功后，亚马逊进一步拓宽了经营范围，涉及音像制品、家居用品、电子产品、食品、服装等领域。除了带来足不出户的便利，互联网还能够让客户体验到在其居住地难以购买的产品或服务。特别是针对具有个性化需求的客户，互联网商务能够极大地满足他们的消费需求。例如近年中国刮起的"海淘"热，以年轻客户群体为主，他们追求新颖、时尚和品牌，乐于通过亚马逊、eBay直接购买来自世界各地的产品。

图 6.5　美国亚马逊首页

互联网使企业拥有了覆盖更大市场的能力,加上能够消除时间局限,它影响了原来的供应链,使企业的原料输入、分配生产和远程测试有了更大的选择余地。这对软件产业尤其有利,分布在美国、欧洲和印度不同国家的团队可以灵活地衔接工作时间,企业可以全天候地进行软件生产。信息、软件和内容也可以及时地发送出去,这对原有价值链中的外部物流环节有重要影响。例如,微软、甲骨文、SAP等企业早已开始让客户从互联网上直接下载它们的软件产品,而不再将存储产品的磁盘或CD送到客户手中。这使得公司消除了生产、存储磁盘以及运输成本。节约下来的成本可以进一步转移到客户手中,使产品的价格相应下降、质量更优。绝大多数主要的唱片品牌,包括Capital Records和索尼,也早已开始通过互联网发售音乐产品,这大概是对网上传播MP3等其他格式音乐的反应。然而,如果这些大的唱片公司不通过反盗版的数字水印或其他方法来控制互联网上这些音乐产品的传播,它们用其智力财产获取利润的能力将不复存在。因此,这种即时传送也是有利有弊,仍需要企业结合自身情况予以应用。

(3) 信息不对称和交易费用

互联网对价值链最主要和最有利的影响是,通过直接订货,生产商可以直接将产品运送到客户手中,这样便降低了库存。互联网对各种价值链都有这种影响。减少中介(Disintermediation)的概念预示了数字时代这种影响和改变的不可避免。这里减少中介所蕴含的概念直接来源于前面提到的价值链系统。

首先需要区分下游客户以及最终用户。在很多案例中,下游客户与最终用户是不同的。那么为什么上游企业需要首先与下游客户(而不是最终用户)进行交易呢?首先,上游企业拥有生产能力,但并不具备较强的市场营销能力。而下游客户(一般指分销商)可以向多个生产商发出订单,它有较大的仓库和较强的分销能力;其次,上游企业通常难以投入足够的时间、精力和资金去调查其他较遥远的地方,而下游客户却对某些地区非常熟悉。由此可见,上游企业看中的是下游客户丰富的营销资源和成熟的营销能力,这也成为交易的契机。

减少中介的概念是上游企业将"抛开"下游客户直接向最终客户销售。为什么上游企业要这样做呢?原因之一是,分销商有可能放弃上游企业而转到其他利润更高的价值链中去。另一个原因是,分销商通常通过收取佣金或抽取一定利润率提高上游企业产品的出售价格,由于最终用户需要支付更高的价格,这便降低了他们对产品的需求。

最著名的减少中介的例子无疑是亚马逊书店。它取消了各个层次的中间商,通过自己的网站直接向客户销售书籍。戴尔电脑公司,将它著名的"直接方式"带到互联网上,"戴尔在线"同样取消了分销商和零售商。客户可以直接向戴尔购买产品,这样减少了中间商造成的差价,并使得销售渠道的存货保持在较低的水平上。此外,这还使得由这种渠道提供的电脑相比戴尔竞争者的产品更加紧随潮流,从而避免了新的电脑芯片或其他更好的部件出现后,原有产品的滞销问题。

（4）可利用性和无线虚拟容量

对于大多数信息密集型企业,计算机技术的进步以及互联网提供的更大的客户基础,使企业可以进行比过去规模大得多的运作。无论是国外的亚马逊、苹果,还是国内的阿里巴巴、华为、京东,现在都将经营范围覆盖到全世界多个地区,并在为争取更广阔的市场而努力。

综上,对于价值链类型的企业,互联网主要影响其价值链主要活动中的市场营销和销售环节,这种影响将会引发价值链其他部分的重要变革。

6.3 价值商店

6.3.1 价值商店的活动

汤普森所提出的集中技术,其本质是为客户提供一种系统解决方案,企业必须与客户保持经常性交流,在整个过程中深度挖掘其真实需求,从而针对客户的特殊需求提出解决方案。因此,价值商店创造价值的活动不同于价值链,它使服务与顾客需求相适应,使服务个性化,而不是像价值链中致力于产品的大规模生产和销售。这种区别非常关键:服务提供商必须能不断地提供新的解决方案,而不是用一成不变的方案向客户提供服务。

价值商店结构最典型的例子是旅行社。例如,当客户与某旅行社签订合同后,旅行社就需要在服务的全程中不断与顾客交流从而明确客户的需求。它需要根据客户出游的目的推荐不同的目的地,如果客户想要观光,可能会推荐云南、苏杭、五岳等风景名胜区;针对以红色旅游为目的的客户,井冈山、白洋淀、西柏坡就可能是备选地。确定了目的地后,还要根据客户的偏好及预算确定出行方式。此外,旅途中还要根据客户的需求安排住宿、餐饮、娱乐项目并满足客户的临时性需求。因此,只有准确判断客户的真实需要,才能提供让人满意的解决方案。

另一个典型的价值商店的例子是雅虎(图 6.6)。从搜索引擎开始,雅虎提供了万维网上大量站点的分类。为了吸引更多访问者,雅虎开始寻找其他服务来满足不同群体的需求。首先,开发了 my.yahoo.com,它是最早提供个性化内容服务的网页之一,访问者可以根据自己的兴趣爱好自行定制浏览内容。然后,它们又开通了免费的电子邮件和网上传呼服务。虽然未定位于某个特定客户群,但这就是一种价值商店的逻辑。使用这种价值逻辑,公司不断地寻求能够向客户提供的价值，并以较快的反应开展服务。要区分价值商店和价值链，可以通过时间跨度。对于价值链，寻找到一种解决方案并将其最终商业化需要几年时间；而价值商店中，这一过程可能只需要几个小时。

图 6.6 雅虎首页

通过前面的两个例子，不难发现价值商店型企业主要将精力集中于不断解决问题。也就是说，企业集中注意力发现客户的需要，并根据这种需要有针对性地设计一种方法传递价值。必要的话，还要不断重复这一过程，直到客户满意。斯戴拜尔和杰尔斯戴德将价值商店的主要活动抽象为：发现和获取问题、提出解决方案、选择解决方案、实施解决方案、控制和评估(图 6.7)。

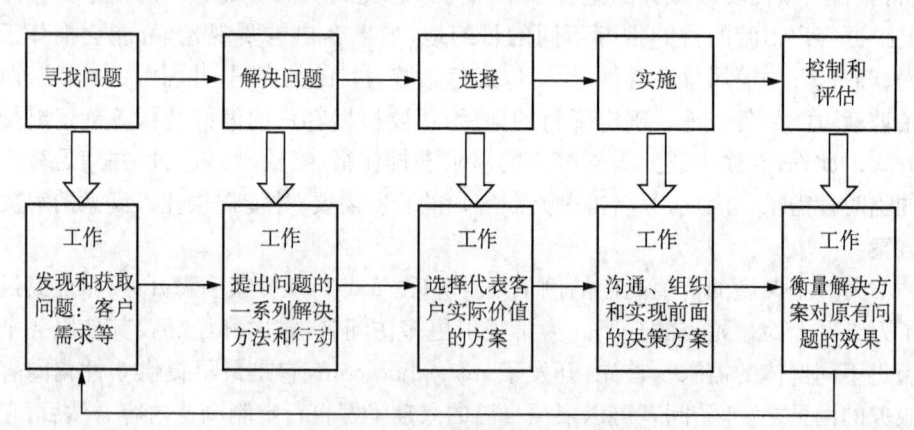

图 6.7 价值商店的主要活动

(1) 发现和获取问题

首先,企业需要与客户一同确定问题,了解用户需求的特点,这是为客户提供个性化服务的基本前提。只有与客户积极沟通,才能深入了解客户,明确问题解决的关键。因此,许多企业长期与客户保持密切联系,跟踪他们的需求变化,从而为改变自身服务提供依据。

(2) 提出解决方案

在充分了解客户的需求并认真进行分析之后,企业提出一系列解决问题的想法和行动计划。

(3) 选择解决方案

选择解决方案就是要在各种方案中进行选择。这项活动不需要花费太多时间和精力,但它是决定客户价值大小的最重要活动。价值商店与其他价值结构相比,一个重要的区别就是服务提供商与客户之间信息的不对称。通常来说,服务提供商拥有信息或专有技术,客户却很难获取。以医院为例,医生掌握着疾病诊疗的医学知识,医院则拥有实施治疗的各项资源,这些都是大部分病人无法掌握的。因此,对解决方案的选择代表了客户所获得的实际价值。

(4) 实施解决方案

客户选择了解决方案后,服务提供商就需要按照合约提供相应的服务。通常情况下,在实施过程中会出现各种变化:客户有可能改变最初的需求并提出了新的希望,或者是服务提供商在实施中碰到了之前没有预料到的困难。这时需要服务提供商和客户共同商议,制定临时解决方案。

(5) 控制和评估

控制和评估活动包括监控并衡量方案对原有问题的解决效果是否达到了目标。这种反馈使我们又回到了第一步——发现和获取新的问题。首先,如果发现解决方案不合适或没有效果,需要反馈为什么它是不合适的,然后重新开始提出解决方案的过程。其次,如果解决方案非常成功,企业可以扩展延伸解决问题的过程,一并解决与之前所解决问题有关的或以之为基础的其他问题。

6.3.2 互联网对价值商店活动的影响

互联网对价值链活动的主要影响体现为如下方面:

(1) 无处不在、消除时间局限和分销渠道

能够向距离较远的地方提供服务是互联网时代价值商店的一项重要变化。显然,像理发这样的服务还只能向区域内的客户提供,但是其他服务已经可以向更广阔的地区延伸了。这些服务包括账单支付、咨询服务、旅行服务代理、房地产代理服务、法律服务、建筑设计、工程设计甚至医疗服务。这种地理上的延伸对价值商店取向的企业来说不仅是一种机遇,也是一种威胁。更广阔的地域使

得企业可以向更多的人提供服务,但是,它也将面对来自远距离之外的竞争。

对于问题解决方案所需要的人力物力,互联网能够促进一些有益的合作以解决投入的数量问题。解决问题的能力可以通过两种方式获得提高。第一种是集体决策中的合作。例如,IBM公司的Lotus Notes平台能够让地理上非常分散的决策参与者通过互联网输入信息,这比过去大家实际聚在一起参加讨论的人多出许多,而且它能够让参与者进行一种更高层次的头脑风暴和方案选择,从而得出更多的备选方案。第二种可以提高决策能力的方式是个体决策。过去决策者需要通过单独研究信息进行决策,而现在决策者可以通过互联网获取各种信息资源。例如,一个艺术评论家可以很容易地通过互联网查到某个艺术作品最新的拍卖价格,这在过去是非常费时费钱的。然而,以上两种互联网所带来便利的弊端是信息的过载。决策者们一旦有所疏忽,决策的质量就会下降。此外,决策者还必须确认网上获得资源的可靠性。上面例子中的艺术评论家,除非他亲自参加过网站的主要拍卖活动,否则网站上的价格总有可能是不正确的,或者所拍卖的作品根本就不是他所关注的艺术家的作品。

有些服务可以将互联网当作传送媒介。微信的语音和视频通话就是一个典型例子。用户可以通过微信和任何好友进行实时通话。这种便捷的服务使得人与人的物理距离不再是沟通障碍,从而无须拨打昂贵的长途电话,这使服务提供商拥有了一种新的传递服务的方式。除了上面的通信服务,对于其他以信息为基础的服务,这种传递服务的方式都是非常有效的。

(2) 信息不对称

信息不对称是价值商店存在的基础,它的不断消除威胁着价值商店的存在。价值商店的根本就是解决客户不能解决的问题。因此,互联网带来了一种对价值商店核心根本的威胁。由于在线信息量的不断增长,用户可以自行查询信息并解决问题,传统的价值商店型企业现在正面临激烈的竞争。但是这并不意味着咨询公司、建筑事务所或其他服务型企业将不复存在。凭借长期积累的信誉、可靠的信息获取渠道以及个性化选择,许多用户仍然愿意选择这类专业服务。然而,以信息为基础的价值商店业务将会遇到互联网广泛而全面知识的强大竞争。相比不可述信息,那些基于可述信息不对称的业务更是如此。

(3) 可扩展性和无限虚拟容量

互联网的一大优势是它能够及时地向很多客户提供服务,特别是那些信息密集型的服务。过去企业向客户提供服务的数量和质量受其所雇人数的限制。现在,企业能够同时在线为数以万计的客户提供服务,服务能力大大提升。例如,世界各地的银行都开通了网上银行服务,能够受理用户绝大多数的业务请求,包括转账汇款、投资理财、网点预约等。

互联网的另一大优势是,它能把最基本的信息提供给客户,而又不需要客户代表的介入,而且这种信息的提供是及时的、低成本的。显然,价值商店是这种优势的主要获益者。企业能够将信息储存在服务器中,在客户提出需求时,这些信息可以立刻发送给他们。例如,航空公司除了向旅客提供运费、航班时刻的信息,还可以将飞行状况、机舱布局、座位位置及其他更多情况都放在其网站上。旅客在发送请求后能够立刻得到回应,从而决定是否购票。然而,这种方法不利的一面是,随着服务提供商规模的不断扩大,竞争获胜的企业将会变得越来越大,而那些较小的、缺乏竞争力的企业将会发现自己面临的竞争压力不断增加。这对那些多年来在一个相对稳定的市场上较为舒适的环境下运作的小企业来说是一个潜在的危险。

综上,互联网对价值商店的绝大多数活动都有影响。这些变化对以信息为基础的价值商店不一定都是有利的。然而,大数据和云计算的发展给了这类企业一个新的发展机遇,要在相关产业取得一席之地,就需要凭借更加先进、专业的技术提供更高质量的服务。互联网消除了过去人们想要获取信息的层层障碍,从而能够自行解决许多问题。但随之带来的信息爆炸、信息过载等一系列问题给价值商店型的企业提供了更多的发展机会,鼓励它们推出更加个性化、高水平的服务。

6.4 价值网络

6.4.1 价值网络的组成

6.4.1.1 价值网络的概念

1998年,Mercer咨询公司的著名顾问亚德里安·斯莱沃斯基(Adrian Slywotzky)在《利润区》(*The Profit Zone*)一书首次提出价值网(Value Net)的观念。他指出,面对顾客需求的增加、互联网的冲击以及市场的高度竞争,企业应该改变事业设计,将传统的供应链转变为价值网。之后,波特对价值网的含义做了进一步的发展,从微观经营层面对价值网的作用进行了阐述。在《价值网》一书中,他指出价值网是一种新的业务模式,将顾客日益提高的苛刻要求与灵活有效、低成本的制造相连接,采用数字信息快速配送产品,避开了代价高昂的分销层;将合作的提供商连接在一起,以便交付定制解决方案;将运营设计提升到战略水平,以适应不断发生的变化。

在网络经济环境下,价值创造过程不能看成从原材料到最终产品的一个单向链式过程,而应该建立一个以客户为核心的价值创造体系,即价值网络。其本质是在专业化分工的生产服务模式下,通过一定的价值传递机制,在相应的治理框架下，由处于价值链上不同位置并存在密切关联的企业或相关利益体相结合，共同为客户创造价值。实际上，价值网络是中介业务发展变化的直接结果，并广泛存在于第三方交易平台、在线经纪商、在线旅行社、协作平台等中介服务领域。以第三方交易平台为例，一般是通过连接买卖双方，为双方达成交易提供安全便利的服务，从而获得利润。价值网络型企业就是指组建价值网并对其进行整合管理的主导企业，它能够以核心企业的身份将具有不同内部价值链的企业连接起来，共同为客户创造价值，而其他企业的价值创造活动需要围绕核心企业进行。价值网络型企业处于竞争优势地位和网络中心，能够吸引其他成员，形成一个完整的网络。

6.4.1.2 价值网络的内部结构

价值网络是信息文明时代企业的核心竞争体系，一个基本的价值网络通常由三个核心要素、一个价值逻辑和一个关系机制组成。三个核心要素，即客户、主体企业和关联协作组织。当企业组建自己的价值网络时，它充当着"带头大哥"的角色，它就是这个价值网络的主体企业或核心企业，承担着价值网络的运营和管理。当企业在价值网络中组织经营或开发新的价值时，需要与供应链上的各方协同合作，其他利益相关者应该为主体企业提供必要的资源保障，它们构成了关联协作组织，这些关联协作组织与企业共同构成价值网络的实体部分。而价值网络始终是面向客户的，客户是建立价值网络的基础，也是整个价值网络中最重要的角色。

价值网络中的主体企业和关联协作组织处于一个非线性的价值体系中，要吸引更多参与者加入网络，就必须拥有一个富有竞争力的价值创造方式。价值网络中的价值生产量只有对客户、供应伙伴、股东以及其他利益相关者构成强烈的吸引，才能保持良好持久的合作关系。价值创造方式的基础是核心价值逻辑，这也是价值网络最难复制的部分。以前，合作企业之间都在考虑如何从彼此的利润空间中，寻找到可以迫使对方出让给自己更多的利润。而价值网络的核心价值逻辑正是让企业用合作代替竞争，把原来从关系中寻找利润的视角放宽到寻找更广阔的利润空间上。简单来说，核心价值逻辑就是要让价值网络的关联方知道，他们的收益来自于何方，来自于什么样的方式，他们的盈利模式是什么，他们要为客户提供些什么？

价值网络中各成员之间的合作，实际上是一种基于价值的合作方式，这与传统的企业合作方式有极大的差别。如果说以前企业之间是点与点或面与面的接触，现在则是通过一定的机制进行接触。价值网络中各成员之间的价值交换活动的流程和制度通常被称为"界面机制"，它规定了价值网络各方的合作方式和价值交换模式。这种动态的、非点面关系的"界面"将主体企业、关联协作组织和客户很好地链接起来，形成基于核心价值逻辑和价值实现方式的完整价值网络。

6.4.1.3 价值网络的特点

(1) 客户价值是核心

把客户看作价值的共同创造者,即价值流动由客户开始,把客户纳入价值创造体系中,并把他们的要求作为企业活动和企业价值获得的最终决定因素。企业可以及时捕捉客户的真实需求,并通过数字化方式传递给其他关联协作组织。将客户纳入企业价值创造体系中,可以不断为企业发展提出新的要求,有助于企业明确竞争优势动态演化的趋势。

(2) 主体企业是价值中枢

主体企业不仅是价值网络形成的主要动力,而且可以整合其他关联协作组织创造的价值,并最终影响价值创造的方式和价值传递的机制。市场与客户需求等信息是激活价值网络的关键,主体企业的作用在于敏锐地发现有关客户群的需求,并把这些信息及时、准确地反馈给网络中的生产商和供应商,使得网络中每个参与者都能够贴近客户,从而对市场现状及其变化迅速做出响应。

(3) 数字化的关系网络是支撑体系

数字化的关系网络可以迅速地协调主体企业、客户以及各关联协作组织的种种活动,并以最快的速度和最有效的方式来满足网络成员的各项需求。此外,当某个企业不能充分利用自己积累的经验、技术和人才,或是缺乏这些资源时,也可以通过建立网络关系来实现企业间的资源共享,相互弥补资源的不足。

(4) 具有核心能力的生产厂商、供应商是微观基础

价值网络的整体竞争力来自网络成员之间的协同运作,这种协同运作强调网络中的企业要集中精力和各种资源高质量地完成自身主导的相关工作。具有核心能力的生产商、供应商是保证价值网络正常运转的微观基础。

6.4.2 价值网络的主要活动

一个典型的例子是我国最大的第三方在线旅游交易平台——携程网(图6.8)。作为中介商,携程与全世界多家航空公司、酒店建立了长期的合作关系,并通过自己的平台发布这些航班、酒店信息,从而为出行者提供多样选择。传统的旅行社由于地理位置限制,通常只能处理少量的客户。携程则是借助互联网吸引庞大的客户群,并通过向大量的客户收取较低的佣金而获利。过去,客户需要亲自到旅行代理机构门店预订机票,不仅价格昂贵,而且选择余地少。现在,他们只需动动手指,通过手机、平板或个人电脑就可以准确获取机票和酒店信息。此外,携程也开始与各地景点、银行、汽车租赁公司合作,启动了囊括景点门票、外币兑换、异地用车等更加多元化的业务,旨在为用户提供全方位的出行服务。

图 6.8 携程网首页

与价值链型企业不同的是,价值网络型企业不用注重商品生产、采购、营销、销售、物流等环节,但是为了保持或者获得竞争优势,必须注意以下几项活动,如图 6.9。

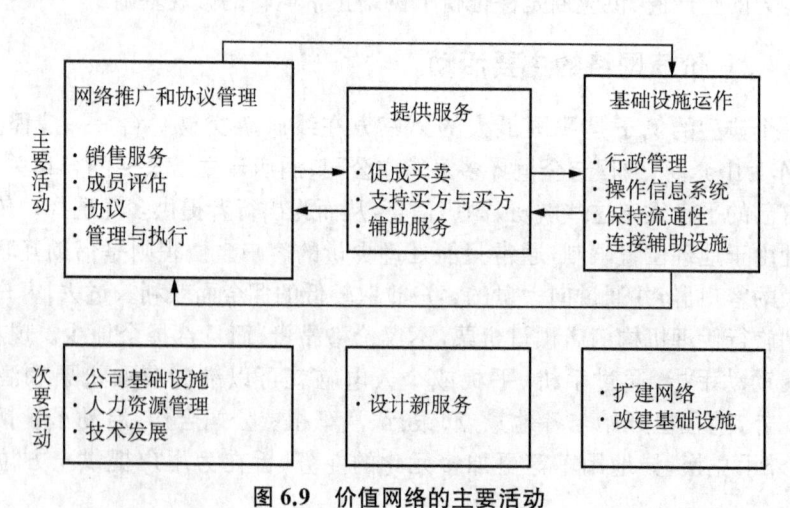

图 6.9 价值网络的主要活动

(1) 网络推广和协议管理

这种活动包括建立和推广网络、争取客户的进入以及管理提供服务的协议。协议管理包括为接触的建立、维持和终结所提供的其计划内的各种服务。这种活动与价值链中的营销有所不同，主体企业会积极地选择客户加入它的价值网络。当承担的义务等级提高时，协议建立的过程和协议本身的复杂性也会随之提高。

(2) 提供服务

提供服务包括主体企业将网络中的各个角色连接起来，然后向他们收取连接的费用，包括建立直接接触和非直接接触。前者需要主体企业实时跟踪用户的使用情况（流量和使用时间），从而确定用户需要支付的费用。后者仅仅是在收到买卖双方的交易请求时确认是否让其连入网络，并从中收取一定的佣金。同时，主体企业还可以向参与者收取额外费用帮助其进行推广。天猫商城首页的广告每天都在变化，根据买家的浏览、搜索记录也会向其推荐相关产品。一个完整的价值网络需要主体企业与各参与成员进行不断的沟通、协调。作为网络的建立者，主体企业有权决定网络运行的规则和发展方向，各参与者在从网络中获利的同时，应当遵守与核心企业签订的合约准则，从而保障网络的正常运行。

(3) 基础设施运作

主体企业的另一项重要任务是保证支持网络运行的基础设施良好运作，从而能够保证随时向下一个客户提供服务。不同类型的网络需要提供不同的基础设施，对于网络零售的第三方服务提供商，主体企业的主要任务是维持网络平台的稳定运行，即时响应买卖双方的服务请求。对于通信服务提供商，主要设备是交换机和分销中心；对于金融服务提供商，分支营业所、金融资产或交易场地是主要的运作中心。

6.4.3 价值网络的实施与构建

6.4.3.1 价值网模型

上一节提到，一个价值网络包含三个核心要素：客户、主体企业和关联协作组织。而亚当·布兰德伯格（Adam M. Brandenburger）和巴里·纳尔波夫（Barry J. Nalebuff）提出的价值网管理模型则是站在主体企业的角度，提出了四种影响主体企业发展的要素：客户、供应者、竞争者和补充者（图6.10），其中补充者是指那些提供互补性产品而不是竞争性产品和服务的企业。

6.4.3.2 价值网络的实施——PARTS

用价值网定义所有的参与者，分析其与竞争者、供应商、客户和互补者的互动型关系，寻找合作与竞争的机会。在此基础上，改变构成商业博弈的竞争合作

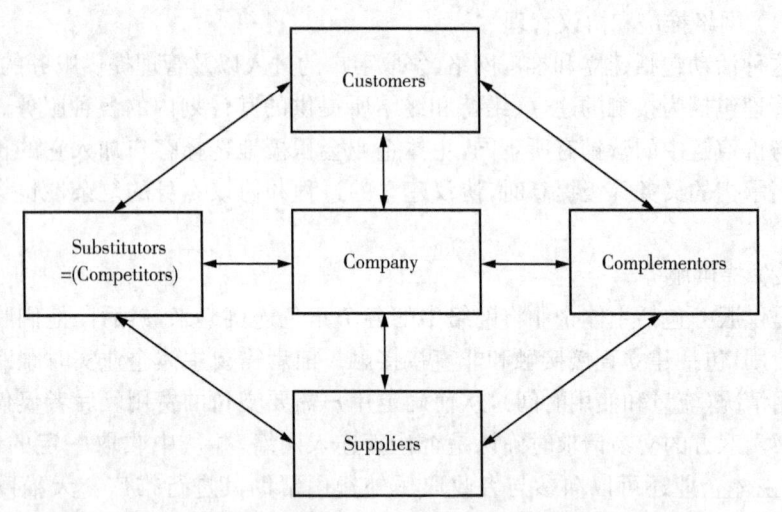

```
            Customers
               ↕
Substitutors ↔ Company ↔ Complementors
=(Competitors)
               ↕
            Suppliers
```

图 6.10　Brandenburge 和 Nalebuff 的价值网管理模型

5大战略要素，即参与者（Participators）、增值价值（Added Values）、规则（Rules）、战术（Tactics）、范围（Scope），简称 PARTS。

(1) 参与者

合作竞争中最重要的概念是参与者。根据布兰德伯格和纳尔波夫提出的价值网管理模型，这些参与者包括客户、供应商、竞争者，还有辅助者。

按照被动的博弈思维方式，参与者所参与的博弈一经确定便不可更改，参与者的角色、相互间的关系就固定下来，他们要做的只是研究如何完成博弈的过程以获得最大的收益。在价值网络中，这种思维定势应该被打破，必须认识到企业运营博弈中参与者的角色不是固定不变的，有时通过改变参与者来改变博弈是一种聪明的举动，当然也包括改变自己。企业可以考虑成为参与者或引入其他参与者。表6.1 列出了引入四种参与者的常用方式。

表 6.1　参与者的引入方式

	客户	供应商	互补者	竞争者
方式	培育市场；为新客户支付报酬（免费尝试，赠阅报刊，免费电子信箱）；确定互补品，刺激互补品的消费，成为自己的客户。	为新供应商支付报酬；建立购买联合体以成为大买家，吸引更多的供应商；后向联合——成为自己的供应商。	帮助客户成立购买联盟，以购买更多的互补品；支付报酬使互补者进入市场；成为自己的互补者（全系列经营互补产品、捆绑销售、交叉补贴）。	将技术进行许可生产，以放弃垄断；创造新的供货源以鼓励客户采用你的技术；在企业内部促进竞争。

(2) 增值价值

当某个企业处在行业中时,行业所表现出来的规模和价值,减去该企业退出后行业的规模和价值,其差值就是增值价值。它表明每个参与者都会给博弈带来价值,一般情况下,每个参与者在博弈中所获得的价值不可能超过它本身的附加值。因此,企业要在博弈中获得更大价值,就必须增加附加值的价值,或者降低其他参与者的附加值。

(3) 规则

在经营活动中,没有通用的规则,参与者往往是根据惯例、合同或法律来制订参与规则。有时规则是极其重要的,甚至会完全改变参与的结果。

(4) 战术

当不同的人用不同的观念看待同一件事的时候,不同观念对事物的结果有很大的影响。因此,观念本身就是合作竞争思想的基本要素之一。改变一下参与者的观念,那么就一定会改变其行动。用来改变参与者观念的方法,我们称为战术。

(5) 范围

范围是用来描述参与者对其经营活动范围的定义。尽管人们分析与认识各个参与活动时将它们独立起来,但各个参与活动必然是相关联的。为了理解各个参与活动的发展方向与结果,需要考虑这些关联。

PARTS 中的任何一个要素,都能形成多个不同的博弈,从而保证 PARTS 不会失去任何机会,不断产生新战略。经过分析和比较各种博弈的结果,确定适应商业环境的合作竞争战略。通过实施,最终实现扩大商业机会和共同发展的战略目标。成功企业的运营策略是从正确评估这些要素开始的,并且能够改变其中的一种或几种。

6.4.4 互联网对价值网络的影响

(1) 网络外部性

网络外部性是互联网对价值网络影响最大的特征。有证据表明,网络外部性这一特性促成了大量互联网中介的出现。网络的规模是用户评价一个价值网络所提供业务价值大小的最重要标准。一家没有借出者、只有借入者的银行经营不会持久。一个只与一家经销商相连的旧车服务机构对于潜在的购买者来说用处很小。同样地,如果一个音乐推销商只有三个客户,那么无论多么努力地推销,其唱片销量都不可能太高。这是一个正循环,较大的网络吸引更多的用户,而更多的客户反过来又使网络变得更大。例如,不仅汽车的购买者不愿购买网络规模较小的经销商的汽车,而且其他经销商也不愿意与只有少量客户的经销商签订合同。与此相反,经销商与客户构成的较大的网络促使更多的客户希望使用这种服务,更多的经销商也希望参与到网络中来。这会导致价值网络性的业务出现一种"从众"的行为。开始可能会有好几家企业提供类似的中介服务,最后由于企业的战略、机遇或其他因素,有一家或少数几家企业的网络规模领先了一小步。这种情况一旦发生,人们就会涌向较大规模的网络,使得其他规模较小的竞争对手失去客户。因此,利用各种方法扩大网络的规模对中介来说是极为重要的。

(2) 无处不在和消除时间局限

互联网扩大了价值网络的地理覆盖范围,在较大的地理范围内拥有客户会促进用户数量增长得更快。因此,原来局限于一个较小地区的收费业务(其网络成长速度也很慢)现在开始免费向其他地区扩张以获得更快的成长速度。在这样的趋势下,原来竞争较弱、一直成长缓慢的网络会在几个月内甚至几个星期内迅速成长起来或迅速衰败下去。

(3) 可扩展性和无线虚拟容量

基础设施的运作使得价值网络形成更大的规模,而扩大的规模是企业创造价值的主要手段。互联网不仅可以使价值网络延伸到更广阔的地理范围,不断增长的计算和处理能力也使得企业能够向更多的客户提供服务。

6.4.5 三种价值结构的比较

表 6.2 从竞争环境、营销方式、运营成本、盈利要素以及价值保护 5 个角度对本章所介绍的三种价值结构予以对比。

综上,价值链是适用于绝大多数生产或产品导向行业的一种价值结构(或价值创造逻辑)。随着互联网和数字经济的不断发展,公司需要引入其他模式改进它的价值创造过程,来保持竞争优势。

价值链注重的是效率、过程以及降低成本。价值商店是根据客户的需要提供个性化服务,其存在的基础就是不断地解决问题,尤其是那些客户不能解决的问题。对于价值商店型的企业,互联网使它们拥有更多信息,能够在更广阔的地域上通过新的服务发送渠道或机制进行更大规模的运作。价值网络则强调企业之间变竞争为合作,共同为客户创造价值。对于价值网络型的企业,互联网使它们的网络规模更大、地域覆盖范围更广、网络外部性的效果发挥得更快。

表 6.2 价值链、价值商店、价值网络的比较

盈利模式		价值链模式		价值商店模式	价值网络模式
		制造商	网络零售		
竞争环境	竞争结构	主要压力来自传统市场中的竞争对手	主要压力来自现有网络竞争对手及传统零售商	主要压力来自本行业的竞争对手	主要压力来自潜在进入者和传统中介经纪商的转型
竞争环境	关键驱动因素	减少分销渠道及降低成本	高效管理和降低成本	信息不对称	网络规模效应及正反馈积累
营销方式		传统营销方式为主	网络广告、低价促销、口碑营销等	不同细分市场采取相应营销方式	"外推"+"内拉",需要时间积累
运营成本		有所降低	初期固定投入及运营成本高,随规模扩大呈现边际成本效益	初期投入成本高,运营成本低,人力成本高	吸引双边用户费用高,运营成本低
盈利要素	价值对象	与传统市场用户一致	细分市场的用户或大众市场	细分市场的用户	多边平台或多边市场的细分用户
盈利要素	价值主张	与传统市场本质无差别,但有个别可定制产品	低价、便利、可用的有形产品或无形产品	满足客户从未感受或体验过的全新需求和服务,通常与技术有关	符合消费者需求的有形产品或无形产品
盈利要素	价值创造	原料采购、设计和制造产品、网络直销、售后服务	采购、仓储、营销、订单处理、物流、运输、客户服务等	发现问题、提出解决方案、选择方案、执行方案、控制和评估方案	网络推广和接触服务方、供应方、基础设施运作
盈利要素	价值收入	产品销售、售后服务以及交易成本的降低	产品销售、平台使用费及经纪费用	专业信息服务、会员费、增值服务	使用费、佣金、增值服务
价值保护	资源能力	以传统资源为依托,实力雄厚、竞争优势明显	IT系统、仓储物流体系、专业技术人才	客户服务体系、专业知识	规模效应、先占优势
价值保护	持久性	联合策略、阻塞策略	联合策略、阻塞策略	快跑策略	联合策略、阻塞策略

6.5 典型案例:难以模仿的 App Store

6.5.1 什么是 App Store

App Store(图 6.11)是苹果公司基于 iPhone 的软件应用商店(也应用到其他苹果产品中),也就是第三方程序的应用平台。它是苹果公司开创的一个让网络与手机相融合的新型经营模式。

2008 年 3 月 6 日,苹果对外发布了针对 iPhone 的应用开发包(SDK),可以免费下载,以便第三方应用开发人员开发针对 iPhone 及 iTouch 的应用软件。不到一周时间,3 月 12 日,苹果宣布已获得超过 100 000 次的下载,三个月后,这一数字上升至 250 000 次。一直以来苹果公司推出的产品在技术上都保持一定的封闭性,比如当年的 Mac。此次推出 SDK 可以说是前所未有的开放之举。继 SDK 推出之后,同年 7 月 11 日,苹果 App Store 正式上线。7 月 14 日,App Store 中可供下载的应用已达 800 个,下载量达到 1 千万次。在 App Store 获得巨大成功之后,包括微软、谷歌、中国移动等公司也开展了应用程序商店业务。

图 6.11 App Store 首页

6.5.2 App Store 的价值结构

App Store 打破了传统的由卖方主导软件销售模式，创新性地提出了开发者定价、苹果公司平台销售、开发者和苹果公司共同享有利益的商业模式。其中，苹果公司占主导地位，负责 SDK 开发包的发布、终端的更新换代、程序的审核发布和电子商务网站的运作；开发者则是开发软件并提交苹果公司审核，决定程序销售价格，并根据程序下载量获取利润；消费者的下载和购买决定着 App Store 的发展。图 6.12 展示了 App Store 的价值链活动，苹果公司和开发者的利润分成分别为 30% 和 70%，而对开发者的利润分成也是所有应用程序商店中最高的，苹果公司对开发者利润分成的重视，极大地促进了开发者对完善程序的积极性。而开发者对程序的精益求精又满足了消费者需求，从而稳固了客户对苹果公司产品的忠诚度。由此，开发者、苹果公司、客户达到了一个三赢的局面。由于 App Store 含有大量的免费软件，所以支付并不是一个必需的过程，免费软件的存在也吸引了一部分消费者体验 App Store。

图 6.12 App Store 的工作流程

6.5.3 App Store 的独特性

在苹果公司推出 App Store 之后，凭借较高的盈利效率和独特的战略定位，众多厂商纷纷开始模仿 App Store，推出了自己的应用程序商店。美国著名管理学家杰伊·巴尼(Jay B. Barney)提出模仿企业的形式可分为直接复制和替代，而影响企业资源难以模仿的因素主要有特定的历史条件、因果不明、社会复杂性和专利权。结合商业模式分析和模仿理论，下面讨论 App Store 商业模式的不可模仿性。

目前市场上的应用程序商店可分为两种，一种是基于自有操作系统的应用程序商店(直接复制)，如谷歌的安卓市场；也有通过电信运营商的优势资源替代自有操作系统技术优势资源的应用程序商店，电信运营商的优势在于其广泛的客户群体和通信网络，如 AT&T 的应用程序商店、中国电信的天翼空间、中国联通的沃商城等。如果采用直接复制，显然需要开发一个优秀的自有操作系统；如果采用替代模仿，则需要有广泛的客户群体和通信网络优势。所以无论是直接复制或者替代的模仿，均有一定的模仿壁垒。所有的应用程序商店都可以模仿苹果公司 App Store 业务流程,但苹果公司的 App Store 商业模式的难以模仿性体现为其资源难以被模仿,如表 6.3。

表 6.3　App Store 难以模仿的资源特性

来源	说明
特定的历史条件	① 先发优势:App Store 是应用程序商店中的第一家; ② 路径依赖:苹果公司一贯优秀的工业设计基础和出色的研发团队。
起因模糊	无法界定的促进 App Store 成功运营的因素,使得竞争对手难以模仿。
社会复杂性	① 组织的外部优势:在客户群体中的声誉、客户忠诚度等; ② 组织的内部优势:人力资源政策、员工忠诚度等。
专利权	App Store 和苹果公司手持设备的专利权在一定时期内限制其他企业的模仿。

App Store 资源的难以复制性,是 App Store 这一商业模式的难以被复制的根本。App Store 的品质管理和产品创新是苹果公司产品差别化的重要原因,苹果公司的产品差别化,也使得 App Store 这种商业模式难以复制。

思考与练习

1. 企业为什么要选择最合适的价值结构?
2. 对每一种价值结构,试举一个企业的例子,并说明所举出的例子为什么是这种价值架构?
3. 你在问题 2 中举出的企业是如何获利的?它们各自的核心能力是什么?它们还可能衍生出哪些能力?为什么?
4. 试着以一个价值网络的主体企业为中心,画出它的网络图,并分析这个网络是如何运转的。

第 7 章 互联网商务模式的评价方法

互联网商务模式对企业的生存与发展意义重大,企业对商务模式做出抉择时,需要知道哪种商务模式最适合自身的发展。对竞争者的分析也需要对其商务模式进行比较。那么如何评价和比较不同商务模式的优劣呢?这就需要一种评价商务模式的方法。本章将分别阐述两种互联网商务模式的评价方法。

7.1 层次要素评价方法

$$利润 = \prod = (P - Vc)Q - Fc$$

P 表示每单位产品的价格;
Vc 表示每单位可变成本;
Q 表示销售量;
Fc 表示初始投资或固定成本。

从这个关系式中,可以看出,知道了利润率、市场份额和收入增长后,可以对利润进行预测。这些都受商务模式的各个部分和连接环节的驱动。所以,对互联网商务模式的评价可以从三个层次衡量:对赢利性的衡量、对利润的预测因素的衡量和对商务模式各个部分对赢利的贡献的衡量,见表 7.1。

表 7.1 商务模式评价的层次

层次一	赢利性衡量 • 收入 • 现金流		
层次二	对利润的预测因素的衡量 • 利润率 • 市场份额 • 年收入增长率		
层次三	商务模式各部分的衡量		
	• 定位 • 客户价值 • 客户范围 • 定价	• 收入来源 • 关联活动 • 实现 • 能力	• 持久性 • 成本结构

7.1.1　对盈利性的衡量

商务模式的最终目的是为了获取利润,因此,评价一个商务模式的好坏最直接的办法是将它与竞争者商务模式的盈利性进行比较。有很多办法可以衡量盈利性(Profitability Measures)。由于分析家在进行商务评价的时候经常使用收入和现金流,此处也可以采用这两个办法。如果一家公司的收入或现金流比它的竞争者好,那么我们说这家公司拥有竞争优势。从这一意义上说明这家公司拥有较好的商务模式。使用盈利性对商务模式进行评价的问题是,很多公司的商务模式不是固定不变的,特别是那些初创的公司,虽然沿着这条道路发展下去今后可能赢利,但现在还没有赢利。而且,今天赢利的公司有可能有一个较差的商务模式,这种商务模式对利润的影响还没有充分表现出来。这两种原因使得我们必须寻找更深入的评价手段。

7.1.2　对利润预测因素的衡量

利润率、市场占有率和收入的增长率对于以知识为基础的产品来说是很好的利润预测手段(Profitability Predictor Measures),可以利用它们来评价互联网商务模式。步骤是,比较公司与其他竞争者的利润率、市场占有率和收入的增长率。同样,如果在这些衡量中公司的得分比其他竞争者高,那么它就拥有竞争优势。由于这些利润预测手段依赖于商务模式各个部分及其连接环节,因此商务模式中可能或者有些部分对利润率、市场份额和收入增长率的影响还没有体现出来,所以,接下来就要衡量商务模式的其他部分。

7.1.3　对商务模式各个部分的衡量

前两个层次的衡量并不容易达到评价的目的,而对商务模式各个部分的衡量是对自身——商务模式的衡量。表7.2给出了一些评价标准,其中所提出的问题可以用来评价商务模式中每个部分。

表7.2　商务模式的评价:对其组成部分的衡量

商务模式的各个部分	问　题	评　价
客户价值	公司提供的客户价值是否与其竞争者的相异？如果不是, 公司提供的价值水平是否比竞争者提供的高？ 公司提供的客户价值的增长速度是否比竞争者的速度快？	H/L
客户范围	市场的成长速度是否较快？ 公司在各个市场的份额是否相对竞争者要高？ 产品受替代侵蚀的潜在威胁是否较大？如果是,从哪些方面代替侵蚀？	H/L

续 表

商务模式的各个部分	问 题	评 价
定价	公司对所提供的价值的定价是否合适？	H/L
收入来源	每个收入来源的利润率和市场份额是否较高？ 每种收入来源的利润率和市场份额是否在不断增加？ 公司每种收入来源中提供的价值是否是独特的？	H/L
关联活动	这些活动的范围是： 是否与客户价值和客户范围一致？ 是否相互支持？ 是否利用了行业成功的驱动因素？ 是否与公司具有的独特能力相适应？ 是否使所处行业对公司更有吸引力？	H/L
实现	团队的水平是否很高？	H/L
能力	公司有哪些能力： 是否独特？ 是否难以模仿？ 是否能够向其他产品市场扩展的？	H/L
可持续性	公司是否能够保持并扩大它在行业中的领先优势？	H/L

7.1.3.1 客户价值

当客户购买了一件产品，他们之所以购买是因为认为这些产品中蕴含着他们所需要的价值，这种价值可以存在于产品的特性中，例如所处的地点和产品发售的时机。对于一个门户网站，这种价值存在于内容订阅者的数量、回头客、独特的访问者或者点击率。对于一个智能手机的生产者来说，这种价值存在于这种手机能够在多大程度上满足用户通讯、上网、购物、社交、娱乐的需要。公司需要自问表7.2中的第一个问题：公司所提供的客户价值是否与其他竞争者存在区别？如果没有，公司提供的价值水平是否高于其他竞争者？如果回答"是"，可以在评价栏填上"H"，否则填上"L"。下一个问题——公司提供的客户价值的增长速度是否比竞争者的速度快？公司必须时刻注意竞争者迎头赶上的情况。这种威胁可能来自竞争者采用了新的策略，或某项技术进步，使得竞争者赶上甚至超过自己。评价为"H"意味着公司正在扩大自己的领先优势，或竞争者还没有赶上来。

7.1.3.2 范围

这里所指的范围是公司向哪一部分市场提供客户价值和包含价值的产品系列。这里，评价公司在每个市场部分以及每种蕴含价值的产品中实力强弱。第一个问题是，这个市场部分的成长速度是否较高？这告诉我们这个市场部分自身的发展，但我们还想知道公司相对其他竞争者对这一市场部分中的表现如何，这样又有了一个问题:公司在每个市场部分上相比其他竞争者市场占有率是否较高?最后,公司可能想知道每种产品在这些市场上的销售情况怎么样,特别是公司的产品是否受到了其他竞争者产品的威胁。这些问题的答案告诉公司在各个市场部分上面临的压力的大小。如果所有的评价都是"H",那么说明向这些市场提供的产品表现良好,说明公司在商务模式中对范围的选择是正确的。

7.1.3.3 价格

如果公司向客户提供了一些独特的东西或较高水平的价值,问题是公司对所提供的价值的定价是否合适,公司对其收费是多少?客户支付的这些货币的价值是多少?每单位价值公司收取的费用越少,其他公司夺走市场份额的难度就越大。每一分钱代表的价值较高,也可能意味着客户的讨价还价能力较强,或来自潜在进入者或者其他对手的压力较大。

7.1.3.4 收入来源

在这一部分中需要回答的问题:第一,公司每个收入来源的利润率和市场份额是否较高?第二,更重要的,每种收入来源的利润率和市场份额是否在不断增加?如果某一市场上竞争的力量非常强大,那么收益率就会下降。第三,公司每种收入来源所提供的价值都是独特的吗?如果不是,那么价值的水平是否比其他竞争者高?对于第三个问题,必须说明的是,高的收益率甚至不断增长的收益率可能是由于公司的讨价还价能力较强造成的,这种情况可能掩盖了公司所提供的产品或服务真实价值的下降。同样,如果所有的收入来源类的答案都是"H",这表明公司在每种收入来源方面都有较强的实力。

剩下的有关商务模式的因素的问题是比较定性的,而不是定量的,但同样非常重要。

7.1.3.5 关联活动

前面提到一些关于关联活动的问题:这些活动是否与客户价值和范围相一致?这些活动是否彼此支持加强?这些活动是否利用了产业成功的驱动因素的有利方面?它们与公司的独特能力是否一致?它们是否令产业对公司更具吸引力?如果上面问题的答案是肯定的,在评价栏中加上"H",意味着关联活动进行良好。

7.1.3.6 实现

如何实现对于商务模式的成功极为重要。然而,对于模式的实现的好与坏的研究远不如对商务模式其他部分那么多。不管怎样,公司必须了解它的战略、结构、人和环境相互适应的程度如何。有一种判断方法可以判断公司未来运作的好坏,即公司团队中人的类型。逻辑是这样的:人是一切事物的中心,特别是对于那些初创的公司更是如此。合适的人可以使组织结构运行良好,他们能够建立合适的体系来实现商务模式。在决定是否向一家风险公司投资的时候,风险资本公司通常将其大量精力集中在对其执行商务模式的团队的成员的考察上。团队质量的好坏不仅决定于团队内成员的好坏,而且决定于他们所拥有的技能相互协调互补的程度。每个人的好坏决定于他拥有的知识和其他一些无形的因素,如工作热情等。

7.1.3.7 能力

如果公司向客户提供的价值依赖于它的能力,那么其他竞争者是否能够复制这种价值决定于它们模仿或取代这些能力的难易程度。这种情况的发生取决于下面几个问题的答案:这些能力是独特的吗?是不可模仿的吗?能力另一个需要注意的特征是可扩展性——这些能力能够用于提供其他产品的程度。这样,第三个问题就是,这些能力是否能够扩展到其他产品市场上?如果这些问题的回答都是肯定的,在其后面的评价栏中填上"H"。

7.1.3.8 可持续性

评价可持续性需要确定公司阻塞、快跑和协同策略的适用程度。如果公司选择了阻塞策略,那么评价过程应该重点放在确定公司内部和其他竞争者中是什么因素使阻塞策略能够适用。例如,公司是否拥有很多专利权、著作权和交易秘密难以模仿或取代?如果使用了快跑策略,那么公司必须回答它是否具备快跑所需要的条件。公司是否能够保持并扩大它在行业中的领先优势,例如,公司的人事安排和财务状况是否能够支持公司不断创新?公司自身是否能够承受不断创新?如果公司需要采取协同的策略,那么问题将是,公司能够与什么样的合作者合作,合作者拥有多少辅助资产?公司能够吸引什么样的合作者?如果支持企业战略的因素存在,使公司的战略得以适用,那么可持续性一项的评价就是"H"。

如果表 7.2 中的评价结果中有很多"H",那么公司的商务模式就是健康强大的。如果有很多"L",那么这种模式就是比较差的。这些对于公司战略和商务模式的发展是非常重要的信息。

7.2 评价体系方法

7.2.1 确定评价指标的原则

(1)目的性。互联网商务模式评价目的是提高互联网商务的效益,促进行业、企业互联网商务健康的发展,有利于提高行业、企业信息化水平与效益。

(2)科学性系统性。评价内容要科学、全面。要从互联网商务模式成熟度、创新度、互联网商务应用覆盖率、互联网商务功能与效益几个方面,评估模式的有效性和功能完善性。

(3) 实用性可操作性。评价指标要便于采集数据，方便使用。实际选择评价指标及标准时，要注意依据行业类型、企业规模等诸多因素加以选择，适当进行增减。

(4) 定性与定量相结合。定性分析评价与量化指标测度评价结合。根据指标的类型选择定性与定量相结合的方法。

7.2.2 商务模式的评价指标

7.2.2.1 商务模式成熟度

(1) 商品(服务)的特性、质量、差异性。测定商品(服务)的特性、质量、差异性是否贴合市场的需要以及其性价比。

(2) 功能完整性、覆盖率、前台功能、后台功能。前台功能主要包括：商品目录及分类搜索、商品展示、会员注册、购物导航、订单流程、支付流程、认证功能、客户信息反馈与沟通渠道等；后台功能主要包括：商品管理、订单处理(业务流程处理)、账户管理、模板管理、内容管理、送货管理、商务同盟管理、客户资料管理等。商务功能覆盖率是指功能涵盖前台和后台功能的程度，反映出互联网商务在核心业务中应用的比例。

(3) 商务模式的有效性：市场占有率、用户数量增长率、用户满意度等。其中，对客户满意度提升作用包括：企业用户满意度提升作用，商务模式运行一个年度企业用户满意度提升率。

(4) 企业(政府)内部领导、管理层、职工对模式的满意度。

(5) 对企业(政府)服务质量的提升作用。包括投诉降低率、客户(民众)响应时间降低率、客户忠诚度提升率等。

7.2.2.2 商务模式创新度

(1) 业务创新。与原有的商务、业务模式比较有哪些创新，网上增加哪些新的业务和服务，包含观念、服务内容的创新；业务流程改革再造、优化；手段、方法创新，是否提出应用新业务、新任务、新思路、新方案。

(2) 技术创新。IT应用系统创新度反映IT应用系统创新的程度，系统解决方案、系统结构创新；软硬件设备开发、应用软件创新；系统集成创新。

(3) 管理创新。组织机构集中、分散与扁平化；盈利模式的创新，经营管理改革范围；资源管理集中化、知识管理、创新能力(IT对主营业务、工艺、产品的创新能力)的提高度。

(4) 营销创新。营销策略、销售模式、营销模式推广力度：① 商务网站链接率，链接网站的数量；② 采用组合营销手段；③ 媒体影响力，广告投放量，媒体曝光率。

7.2.2.3 应用广度和深度

(1) 应用广度。通过互联网商务模式进行的采购活动、销售活动、交易活动占企业全部采购活动、销售活动、交易活动的比重;网上签约率、成交的合同金额,包括网上支付及网下支付的交易额。

(2) 应用深度。指网上信息流、资金流、物流集成化程度。初级应用:网上仅有信息流,发布商品信息、洽谈、促销,开展非支付型互联网商务;中级应用:网上有信息流、资金流,实现网上交易与网上支付,开展支付型互联网商务;高级应用:网上有信息流、资金流、物流,上下游企业应用集成,开展协同商务。

7.2.2.4 绩效评估法

(1) 社会效益评价指标。行业贡献与服务影响,对上下游商务合作伙伴的带动作用,对上下游商务伙伴推广普及互联网商务的影响力;区域贡献与服务影响,对本地区推广普及互联网商务的促进能力;对本地区吸引外资增长的促进能力。

(2) 经济效益评价指标。成本降低率,指对比一个会计年度,商务模式实施前后商务活动的成本降低之比例;收益增长率,指对比商务模式实施前后一个会计年度商务活动所创收入增长之比例;资金周转率提高率,指对比一个会计年度,商务模式实施后比实施前每年资金周转次数增长之比例;周期回报率,指在对应的一个会计年度内,商务模式及网站总投入的收益率;投入与产出比,指在对应的一个会计年度内,商务模式总投入(含货币资金、货物折合资金、人力折合资金)与总收入之比;初始投资回收期,指从投资互联网商务开始,经过多长时间收回总投资。

7.2.3 评价指标体系的建立

7.2.3.1 层次分析法确定权重

层次分析法(Analytic Hierarchy Process,AHP),是美国学者托马斯·塞蒂(T.L.Saaty)于 20 世纪 80 年代提出的一种有关多方案或多目标的层次权重分析方法。这一方法的最大特点是将与决策相关的目标、准则等分层次,并在层次的基础上对不同元素赋以不同权重,从而将定性与定量相结合,按照思维和心理规律将决策层次化和数量化。

层次分析法的操作步骤大体可分为:建立层次模型、构造判断矩阵、层次单排序、一致性检、层次总排序。其中,后三步根据需要将逐层进行。

在分析目标问题之后,便可对与目标相关的因素自上而下加以分层。之后,可对各个元素进行两两比较,构建 n 阶矩阵 A。

$$A = \begin{bmatrix} a_{11} & \cdots & a_{1n} \\ \vdots & \ddots & \vdots \\ a_{n1} & \cdots & a_{nn} \end{bmatrix}$$

其中，a_{ij} 代表因素 A_i 与因素 A_j 相比的相对重要程度，以1—9为划分范围，1代表两个元素相比，因素 A_i 与因素 A_j 同样重要；9代表两个元素相比，因素 A_i 与因素 A_j 相比极端重要。

接下来进行层次单排序，先对一个层次进行权重的赋予。这个阶段需要计算出矩阵 A 的最大特征根以及和其对应的归一后的特征向量，用方根法、和法、幂法等方法。

之后便是对矩阵一致性的检验过程，避免出现 A_1 比 A_2 重要，A_2 比 A_3 重要，A_3 又比 A_1 重要的矛盾。一致性检验是查看构建的矩阵 A 是否足够趋近于一致。

当我们对互联网商务模式进行评价的时候，可以通过专家调查法对我们所确定的指标中的各个因素的重要性进行两两对比，从而得到比较数据，依据层次分析法即可逐级确定各要素的权重。

7.2.3.2 建立评价指标体系

依据上文述说的商务模式评价指标，可以建立由4个一级指标、11个二级指标、31个三级指标的互联网商务模式评价指标体系。利用专家的知识、经验和分析判断能力，参照各评价指标的标准，通过分析，将31个三级指标及相关权重计算11个二级指标；由二级指标和相关权重计算4个一级指标；由4个一级指标和相关权重计算出总分，即互联网商务模式指数，形成对互联网商务模式的综合评价。

$$E = \sum (I_i * W_i), I_i \text{ 表示具体某个指标的得分}, W_i \text{ 表示权重}。$$

权重系数可以根据行业、地区特点进行调整。

表 7.3 互联网商务评价指标体系

一级评价指标	Wi_1	二级评价指标	Wi_2	三级评价指标	Wi_3
商务模式成熟度	20	商品（服务）特征	6	商品（服务）的特点、差异性，市场契合度	2
				商品（服务）的质量	2
				商品（服务）的性价比	2
		功能完整性	6	前台功能	3
				后台功能	3
		商务模式有效性	8	商品市场占有率	2.5
				用户数量及增长率	2.5
				客户满意度提升作用	1
				领导、职工满意度提升作用	1
				服务质量提升作用	1

续 表

一级评价指标	W_{i_1}	二级评价指标	W_{i_2}	三级评价指标	W_{i_3}
商务模式创新度	30	业务创新	8	业务创新	8
		技术创新	6	系统解决方案	2
				软硬件设备创新	2
				系统集成创新	2
		管理创新	8	组织机构扁平化	3
				资源管理集中化	5
		营销创新	8	营销策略	4
				销售模式	4
应用水平	20	应用广度	10	互联网商务采购率与销售率	5
				互联网商务交易率	5
		应用深度	10	网上信息发布、洽谈	3
				网上交易与网上支付	3
				信息流、资金流、物流集成	4
商务模式绩效	30	社会效益	10	行业影响力	3
				上下游企业联动能力	2
				吸引外资贡献	5
		经济效益	20	成本降低率	4
				收益增长率	8
				资金周转率提高率	4
				投资回报率	4

  基于定性定量评价方法的核心思想,结合不同行业、不同地区的特点,可以对评价指标体系的指标选取、权重确定、计分方法等环节,进行符合实际情况的调整,从而使互联网商务模式的评价更具有针对性和实用性。

  当然,对互联网商务模式的评价过程中,最重要的事情不是评价互联网商务模式的好和坏,而是认清其好坏的原因。只有这样,模式中好的部分和连接环节才能得到加强,差的地方才能得到改进。在竞争者分析中,重要的不在于发现竞争者的商务模式与我们相比的优劣,而是要发现哪些地方以及为什么比我们好或者差。

7.3 典型案例

7.3.1 Juniper Networks 的商务模式评价

7.3.1.1 Juniper 的发展历史

Juniper 建立于 1995 年,由施乐 Palo Alto 研究中心首席科学家普拉迪普·辛德胡(Pradeep Sindhu)创办。目标是发展互联网潜在的网络技术。从 KPC&B 公司那里获得初始种子基金,辛德胡马上引进了该行业顶级人物来创办 Juniper。这些人物包括 Sun Microsystems 的主要服务器设计师林科斯(Liencres)和 MCI 通讯的网络设计师丹尼斯·弗格森(Ferguson)。

1996 年 2 月,在公司初始融资 200 万的情况下,公司正式成立。在此之后,辛德胡认为有必要引入一个有经验的人来帮助发展公司的战略和商务模式。1996 年 4 月,数据转换制造商 Strata Com 公司的前副总裁,40 多岁的思科特·克林恩斯(Kriens)出任 Juniper 的 CIO,这样使得辛德胡可以专心做 CTO。

7.3.1.2 Juniper 的公司战略

Juniper 的目标很简单,就是构建高端设备,用其向最大的互联网中枢传输信息。由于 CISCO 主要集中于企业市场,Juniper 决定通过集中于大的电话公司和 ISP 运营商,避免与路由器巨人 CISCO 直接竞争。尽管如此,Juniper 面临着很大的挑战,它需要从头开发一种产品。另外,互联网业的快速发展不会宽恕任何人的错误:辛德胡和克林恩斯相信只有一个机会使互联网服务提供者们相信他们的产品比竞争者好。

尽管面临许多挑战,克林恩斯相信向 CISCO 挑战的环境已经成熟。如果开发一个可行的路由器产品,该行业主要的参与者会欢迎 Juniper,因为他们要注意避免过度依赖同一个供应商。根据在 Strata Com 工作时获得的改革战略,克林恩斯向企业寻求资本投资于 Juniper 技术的开发,这些企业都是 Juniper 的潜在客户。1997 年 9 月 2 日,互联网和电信行业的主要公司:包括 3Com、Lucent Tech、Ericsson 和 Worldcom/UUNet,它们向 Juniper 投资 4 亿美元,并为未来的风险提供资金。与自己的资本合伙人等合作分销合同的策略使 Juniper 得以持续致力于产品开发。这些合作既是交易又是与顾客之间的通讯的通道,这些客户同时也是投资者(比如 UUNet),也有分销合同渠道。另外,Juniper 产品的制造是外包的。例如 ASIC 产品是外包给 IBM 的,早期路由器产品是外包给 Solectron 的。这些资源策略很快使得 Juniper 成为员工个人收入最高的企业之一。

7.3.1.3 Juniper 初始的成功

1998 年 9 月，Juniper 推出了第一代产品：35 英寸高、19 英寸宽的 M40 互联网骨干路由器。M40 象征着核心路由器的一大进步：

(1) 比市场领先者 CISCO 的市面路由器在速度上快 10 倍；

(2) 硬件和软件技术进行了很大的拓展；

(3) 开发了一个革新的软件路由信息包——JUNOS，它使所用的进程是两个分开的发射目的和数据路由功能，使得两个进程可以同时进行；

(4) 有了更快的速度，JUNOS 还增加了稳定性，核心路由器的关键品质保障了巨大的流量，为用户带来了巨额收入；

(5) 作为最好的改进，JUNOS 是第一个允许部件"热插拔"和软件更新的软件系统，克服了 ROUTER 不关机不能维护的缺点。

M40 获得了很大的成功，很快在互联网业流行起来。到 1998 年底，Juniper 已从核心路由器市场获得了 7% 的市场份额。1999 年每季度保持 90% 的增长率，年底销售额达到 10.26 亿美元，市场份额上升到 17%。而 CISCO 的市场份额从之前的 91% 下降到了 80%。

虽然夺取了 CISCO 的市场份额，但克林恩斯仍然表示不会直接与 CISCO 进行竞争，而是集两个公司之力扩大市场规模，这样两者都有大量的空间。1999 年 6 月，克林恩斯将公司公开上市，公司 IPO 的每股价格为 34 美元，第一天以近 100 美元的价格收盘，在 5 个月内上升到 304 美元。

Juniper 的成功很大程度上归功于严格致力于产品开发，将制造与分销外包的策略。Juniper 的技术也是其获得成功的关键。到目前为止，Juniper 仍然延续着比 CISCO 及其他竞争对手提前 6 个月的产品研发速度。

7.3.1.4 Juniper 赢得市场份额

为了赢得更多的市场份额，Juniper 加快了自己的动作，向市场投放了 M20 路由器。这是一种小版本的互联网络路由器，是为互联网的边缘（终端使用者）和小一些的网络种的高速链接而设计的。这一产品开始了一个交互的产品周期，这个周期可以代表 Juniper 的商务模式策略：M40 加强了互联网的核心，反过来又增加了边缘的负担；M20 解救了边缘，使核心有了更多的需求，迫使核心路由器升级。

2000 年延续了这一产品的发展进程，随着 M160 核心路由器的发售，它能够管理互联网 100 亿 Bps 的流量，如表 7.4 所示。

Juniper 继续推出更有力的路由器，逐渐步入占有互联网产业企业主要市场份额的道路。尽管 Juniper 一半的收入来源于四个最主要的客户，它并没有停止扩展自己的客户群，2000 年第三季度的客户数从 113 增加到 136，2000 年第三季度获得了 24% 的市场份额。

表 7.4　Juniper 的产品售价及速度

产品	目标市场	发布日期	大致销售价格(单位:千美元)	速度(Gbps)
M40	核心	98.9.16	400	40
M20	边缘	99.12.7	100	20
M160	核心	00.4.28	800	160
M5	边缘	00.9.9	20	5
M10	边缘	00.9.9	20	10

随着 2000 年即将结束,克林恩斯发现自己处于一个令人羡慕的位置。公司在短短两年的时间内获得了核心路由器市场 1/4 的份额,而行业分析家认为 Juniper 的技术无论在潜力上还是实际上都领先对手 6 个月。Juniper 的收入情况如表 7.5 所示。

表 7.5　Juniper 收入报表概要(单位:千美元)

	2000 年	1999 年	1998 年	1997 年
净收入	673 501	102 606	3 807	—
收入成本	237 554	45 272	4 416	—
总利润(损失)	435 947	57 334	(609)	—

7.3.1.5　Juniper 的竞争者

Juniper 的成功是建立在 CISCO 和行业中其他竞争者的代价上的。到 2000 年,核心路由器市场已处于 CISCO-Juniper 双寡头垄断,如表 7.6 所示。

表 7.6　核心路由器市场份额

	98Q3	98Q4	99Q1	99Q2	99Q3	99Q4	00Q1	00Q2
CISCO	91%	87%	85%	82%	83%	80%	81%	75%
Juniper	0%	7%	12%	14%	16%	17%	18%	24%
Lucent	9%	6%	3%	2%	1%	1%	0%	0%
Nortel	0%	0%	0%	2%	1%	2%	1%	0%

虽然已经取得了两分天下的优势,但是 Juniper 仍然不得不面对一些问题:由于技术上的快速进步和潜在竞争者的冲击,Juniper 不能肯定自己的技术优势还能持续多久。互联网产业的淘金热会结束吗?Juniper 还能站稳吗?它的商务模式好吗?它选择进入路由器市场的策略正确吗?CISCO 会如何反应?

我们将评价 Juniper 网络的商务模式以决定其可行性。我们使用全部三个评价量度:利益率量度、利益率预测量度和商务模型成分量度。此外,将对其市场进行波特五力分析。

(1) 对盈利性的评价方法

与公司的竞争者的商务模式赢利性进行比较。Juniper 在建立后的第 4 年就开始盈利,预计在 2000 年底净收入为 1.62 亿美元。这与同期互联网泡沫破灭带来的成千上万公司的损失相比是显著的。企业的现金储备也有 5 亿美元。

(2) 对利润预测因素的评价方法

与公司竞争者的利润率、市场占有率和收入增长率进行比较。到 2000 年 11 月,M40 推出后两年,Juniper 在核心路由器市场赢得了 24% 的份额。截至 2000 年 9 月,9 个月的边际利润率为 64%。

(3) 对商务模型组成部分的衡量

Juniper 商务模型成分的评测在表 7.7 中有所总结。

表 7.7 评价 Juniper 网络的商务模式:成分量度

成分	评测	等级
定位	Juniper 在 2000 年的 ISP 运营商级路由器的定位是成功的,并预计未来更有吸引力。	高
消费者价值	Juniper 在速度和更新上都比思科好,而这在此行业中是关键的。M40 比竞争者思科的产品的速度快 10 倍。思科没有热点交换。Juniper 的路由器在 2000 年是产业中技术最先进的。	高
范围	2000 年 Juniper 核心路由器的增长速度为 53%,边缘路由器的增长速度为 208%,拥有的市场份额增长到 24%。	高
定价	如果思科和 Juniper 产品的价格是可比的,Juniper 的性价比一定更高,因为它的产品比思科的要快得多,并且拥有热点交换这一思科没有的重要性能。	高
收入来源	Juniper 收入的两个主要来源是核心与边缘路由器产品的销售。它在核心和边缘路由器市场的利润与市场份额都很高。1999 年至 2000 年,利润与市场份额都在增长。Juniper 的路由器比思科的速度快并且拥有热点转换,而这时思科所没有的。	高
关联活动	Juniper 专注于产品开发与革新,这进一步加强了它所提供的高度产品差异,Juniper 将制造外包给 IBM 和 Solectron,将一些销售活动外包给 Alcatel 和 Nortel。为核心与边缘路由器开发替代性产品的周期,并将技术推向了另一个极限。	高
实现	管理团队添加了遗传的混合。一个有声望的 VC 企业的投资,增加了 Juniper 的可信性。这样的可信性可以在资源有限的市场上吸引顶级的人才,还可以吸引更多的资金。Juniper 的时间选择是正确的:它在消费者渴望拥有另一种选择的时候进入了这个行业。	高

续表

成分	评测	等级
能力	顶级的产品技术让它可以提供最好的服务和热点转换。私有的路由软件,JUNOS。2000年,Juniper还没有被模仿但已经很有可能将被模仿。性能潜力对于其他产品市场的定位是可以延伸的。	高
持久性	并没有长时间拥有很高的市场占有率。更高的市场份额是容易被攻击的。但是Juniper将管理、存货和协作结合起来以维持自己的优势。 • 不断革新; • 与IBM等合作; • 与客户合作; • 独有软件JUNOS; • 大部分收入来源于4个主要消费者,产品生命周期短,有风险。	中
成本结构	Juniper和思科2000年的成本机构是可比的,尽管前者并没有思科的规模经济。	低

7.3.1.6 Juniper的波特五力分析

对企业路由器市场的波特五力分析表明,这个行业既不会在2000年具有吸引力,将来也不能保证具有吸引力(表7.8)。市场的成长只是吸引力的一个因素,但市场中的出色表现,不仅需要技术,而且需要充足的资产。可见,Juniper要在这个市场中争取优势,需要把握如下方面:辅助资产上需要可靠的合作伙伴;销售力、服务网络上寻找可靠的合作伙伴;专心于自身独特的技术。

表7.8 企业路由器市场的波特五力分析

力	2000年间	影响	长期	影响
供方力量	很多ASIC芯片供应商。	低	很多ASIC芯片供应商。	低
需方力量	很多企业,很多产品供选择。	高	很多企业,很多产品供选择。	高
竞争者	很多企业,很多产品供选择。企业间在价格与服务上进行竞争。CISCO已经主导这个市场。	高	当市场成熟时,企业的数量会少些。	中
潜在的进入者	进入障碍低。	高	进入障碍低,但会随时间增长。	中
替代品	淘汰的(电信)运营商级路由器可做替代品。	高	淘汰的(电信)运营商级路由器可做替代品。新技术可能产生更多替代品。	低
结论	没有吸引力的市场		没有吸引力的市场	

7.3.2 某农产品企业的商务模式评价

7.3.2.1 某农产品企业业务简介

该农产品企业是广大消费者广为认可的高端农产品品牌，地理位置优越，以油鸡为主题，销售产品主要以鸡蛋和鸡肉为主，同时配以板栗、苹果、小米、蜂蜜等作为季节性辅助销售产品。公司的品牌定位为高端食品品牌，主要瞄准的是北上广深等一线城市的消费人群。

7.3.2.2 层次分析法确定指标体系权重

数据收集采用专家调查法，即请12位在电子商务、零售和农产品等方面的专家根据将指标体系中的各个因素的重要性做两两比对，从而得到比较数据。

利用层次分析法为各个指标计算权重过后，得到最终的评价指标体系，如表7.9所示：

表 7.9 某农产品企业 O2O 电子商务模式完整评价指标体系

一级指标名称	一级指标权重	二级指标名称	二级指标权重
财务指标	0.408	营业收入增长率	0.637
		成本费用利润率	0.258
		库存周转率	0.105
客户指标	0.165	客户满意度	0.258
		市场份额	0.105
		活跃客户比例	0.637
内部经营指标	0.375	引流比率	0.068
		精准化营销比率	0.363
		准时交货率	0.028
		线上线下信息化对接程度	0.16
		农产品标准化程度	0.063
		农产品追溯程度	0.16
		冷链实施程度	0.16
学习创新指标	0.052	员工满意度	0.105
		研发费用比例	0.637
		新产品研发周期	0.258

7.3.2.3 模糊综合评价法计算分值

模糊综合评价基于模糊数学和隶属度理论将定性问题转化为定量问题，可用于为受多种因素影响的对象或目标确定综合性的评价。模糊综合评价非常适合那些较为难以量化的非确定性的问题。模糊综合评价计算方法中包含有以下几个基本元素：因素集合 F、评价集合 M 和单因素评价矩阵 E。

首先，确定评价集合 M，令 $M=\{$很好，较好，一般，较差，很差$\}$。其次，确定各个指标相对于评价集合的隶属度，本文采用专家调查法，即请 12 位在电子商务、零售和农产品等方面的专家参照上述企业各指标数据，来对每个指标的效果加以衡量，从评价集合中的 5 个评价中选取一个。将专家的评价结果汇总后，再对每个指标的评价取平均，从而得到评价矩阵 E，如表 7.10 所示：

表 7.10 某农产品企业 O2O 电子商务模式的模糊综合评价集合隶属度

一级指标名称	一级指标权重	二级指标名称	二级指标权重	评价集合				
				很好	较好	一般	较差	很差
财务指标	0.408	营业收入增长率	0.637	0.000	0.167	0.667	0.167	0.000
		成本费用利润率	0.258	0.167	0.167	0.500	0.167	0.000
		库存周转率	0.105	0.000	0.333	0.500	0.167	0.000
客户指标	0.165	客户满意度	0.258	0.000	0.167	0.500	0.167	0.167
		市场份额	0.105	0.167	0.667	0.167	0.000	0.000
		活跃客户比例	0.637	0.167	0.333	0.333	0.167	0.000
内部经营指标	0.375	引流比率	0.068	0.000	0.000	0.167	0.500	0.333
		精准化营销比率	0.363	0.000	0.000	0.000	0.333	0.667
		准时交货率	0.028	0.500	0.333	0.167	0.000	0.000
		线上线下信息化对接程度	0.160	0.000	0.000	0.167	0.500	0.333
		农产品标准化程度	0.063	0.000	0.167	0.500	0.167	0.167
		农产品追溯程度	0.160	0.167	0.167	0.500	0.167	0.000
		冷链实施程度	0.160	0.167	0.333	0.333	0.167	0.000
学习创新指标	0.052	员工满意度	0.105	0.000	0.333	0.333	0.167	0.167
		研发费用比例	0.637	0.167	0.333	0.333	0.167	0.000
		新产品研发周期	0.258	0.167	0.333	0.333	0.167	0.000

接下来，计算各级指标的隶属度 Ai，因 $Ai=(I)i-Ei$，则对于一级指标中的财务指标，有：

$$A_1 = w_1 * E_1 = (0.063\,7, 0.258, 0.105) \begin{bmatrix} 0.000 & 0.167 & 0.667 & 0.167 & 0.000 \\ 0.167 & 0.167 & 0.500 & 0.167 & 0.000 \\ 0.000 & 0.333 & 0.500 & 0.167 & 0.000 \end{bmatrix}$$

$$= (0.043, 0.184, 0.606, 0167, 0.000)$$

同理可得一级指标中的客户指标、内部经营指标以及学习创新指标隶属度：

$$A_2 = (0.124, 0.325, 0.359, 0.149, 0.043)$$
$$A_3 = (0.067, 0.100, 0.207, 0.298, 0.328)$$
$$A_4 = (0.149, 0.333, 0.333, 0.167, 0.017)$$

最后，计算某农产品企业 O2O 电子商务模式评价相对于评价集合的隶属度：

$$A = w * E = (0.408, 0.165, 0.375, 0.052) \begin{bmatrix} 0.043 & 0.184 & 0.606 & 0.167 & 0.000 \\ 0.124 & 0.325 & 0.359 & 0.149 & 0.043 \\ 0.067 & 0.100 & 0.027 & 0.298 & 0.328 \\ 0.149 & 0.333 & 0.333 & 0.167 & 0.017 \end{bmatrix}$$

$$= (0.071, 0.183, 0.401, 0.213, 0.131)$$

于是，根据隶属度最大原则，评价相对于评价集合隶属度中最大值为 0.401，对应于评价集合中的"一般"，排名第二的隶属度值为 0.213，对应于评价集合中的"较差"，即某农产品企业 O2O 电子商务模式的评价结果为一般偏下。其中，四个一级指标财务指标、客户指标、内部经营指标以及学习创新指标的对应于评价集合中隶属度分别为"一般"、"一般"、"很差"、"较好/一般"。某农产品企业自身对于公司 O2O 电子商务的评价也是公司的 O2O 仅仅处于模式的初期，一切以探索为主，想要将 O2O 电子商务做出一个完善的模式，依然有很长的路要走。因而，该 O2O 电子商务模式评价指标体系的实证研究与某农产品企业对于自身的 O2O 定位结果一致。

思考与练习

1. 为什么要对互联网商务模式进行评价？
2. 层次要素评价方法主要有那几个层次？每个层次的评价要素有哪些？
3. 自选一家互联网公司，结合表 7.2 的评价方法，对商务模式各个部分进行衡量评价。
4. 简述指标体系评价方法的评价流程。
5. 对互联网商务模式评价中，我们得到的最重要信息是什么？

第 8 章　初创互联网企业的融资和估值

8.1　企业的生命周期与利润收回方法

8.1.1　企业的生命周期

世界上任何事物的发展都存在着生命周期,企业也不例外。所谓"企业的生命周期",是指企业诞生、成长、壮大、衰退甚至死亡的过程。自20世纪50年代以来,许多学者对企业生命周期理论开始关注,并从不同视角对其进行了考察和研究。

8.1.1.1　企业生命周期理论的发展历程

20世纪50年代,马森·海尔瑞(Mason Haire)首先提出了可以用生物学中的"生命周期"观点来看待企业,认为企业的发展也符合生物学中的成长曲线。20世纪60年代开始,学者们对于企业生命周期理论的研究比前一阶段更为深入,对企业生命周期的特性进行了系统研究。20世纪70年代到80年代,学者们在对企业生命周期理论研究的基础上,纷纷提出了一些企业成长模型,开始注重用模型来研究企业的生命周期,主要代表人物为伊查克·爱迪思(Ichak Adizes)。20世纪90年代至20世纪末,在西方学者对企业生命周期研究的基础上,以陈佳贵和李业为代表的我国学者又对其进行了修正和标引。21世纪以来,企业生命周期理论不断得以延伸和拓展,并逐步趋向完善。

8.1.1.2　企业生命周期理论

伊查克·爱迪思(Ichak Adizes)可以算是企业生命周期理论中最有代表性的人物之一。他在《企业生命周期》(*Corporate Lifecycles*)一书中,把企业成长过程分为孕育期、婴儿期、学步期、青春期、盛年前期、盛年后期、贵族期、官僚初期、官僚期以及死亡期共十个阶段(图8.1),认为企业成长的每个阶段都可以通过灵活性和可控性两个指标来体现。

初创企业,充满灵活性,做出变革相对容易,但可控性较差,行为难以预测;而当企业进入老化期,企业对行为的控制力较强,但缺乏灵活性,直到最终走向死亡。因为企业在不同的发展阶段,呈现出不同的发展特点,因而在不同阶段有

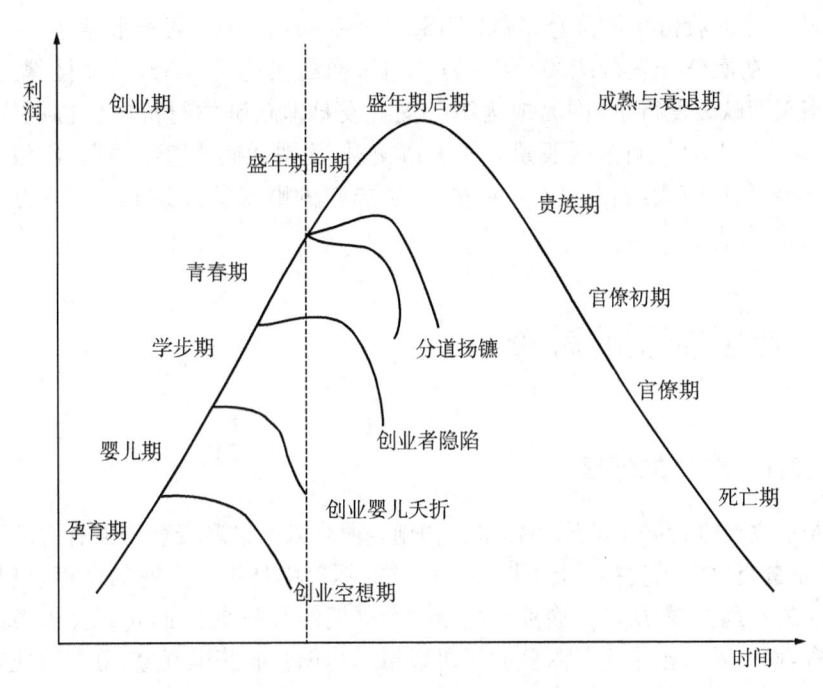

图 8.1 企业生命周期的十个阶段

不同的融资方式和估值方式。本章将以初创互联网企业为研究对象，侧重研究其融资方式和估值方法。

8.1.2 利润收回方法

企业的最终目的是获利，如果企业的某种业务具备获利的条件，那么其建立者经常需要决定在什么时候收取他的那部分利润。对此，他们通常面临三个选择：

（1）继续经营获得企业全部生命周期内的利润，例如当当网。亚马逊意欲收购当当，并希望以此借道进入中国。开出的具体条件是：1.5 亿美元收购当当网 70% 至 90% 股权，在掌控绝对控股权的同时，保留李国庆、俞渝等原有的管理团队。2004 年 8 月初，当当网联合总裁对此做出了回应："在当当网年销售额达到 10 亿元之前，我们还是希望自己来掌控。"

（2）将企业全部或部分转卖给其他投资机构，例如易趣、卓越。亚马逊宣布它已签署最终协议收购注册于英属维尔京群岛的卓越有限公司，这次交易价值约为 7 500 万美元。在符合成交条件的情况下，并购于 2004 年第三季度完成。卓越网被亚马逊以 7 500 万美元收购，标志着外资对中国互联网行业的第二轮收购进一步扩大。

（3）目前最流行的做法是通过首次公开发行上市（Initial Public Offering，

IPO)将企业的股份卖给公众,例如 CISCO、Netease、Sina。思科股票于 1990 年 2 月 16 日初次公开发行;2002 年 6 月 30 日,网易在美国 NASDAQ 挂牌上市,上市当天即跌破发行价,网易成为第一支首发日即跌破发行价的中国网络股;2000 年 4 月 13 日,新浪网股票开始上市交易,股票代码为"SINA"。新浪上市当天,全部的市值大约在 7 亿美元左右,王志东的财富曾经达到 1 200 万美元(约 1.1 亿人民币)。

8.2 初创企业的融资

8.2.1 融资的原因

企业需要进行融资的原因繁多。初创企业可以通过融资获得强有力的资金支持,是进行融资最直接的原因。但是,融资不单单是为了企业的生存,更是为了企业的长远发展,所以在企业产生新一个周期的财务计划时,可以优先考虑进行融资,而不是自己承担。融资除了可以帮助初创企业获得资金,更可以使初创企业获得其他方面的支持。企业选择进行融资的具体原因如下:

(1) 获得指导

投资方的经验,可以为初创企业的发展提供专业意见,帮助企业更好地规划和修正自身的商业模式、战略方向等问题。

(2) 获取资源

投资方拥有且不限于政府、媒体、人才、市场渠道等各方面的珍贵资源,为了扶持早期项目,投资方大多愿意为创业者提供一定的资源。

(3) 获取背书

获得有名望的投资人的投资,可以从侧面反映企业具有一定的发展前景,可以作为企业宣发的亮点。

(4) 加速发展

足够的资金支持,可以帮助企业更快的发展,同时获得更大的规避风险的实力。

8.2.2 常见的融资方式

企业可以有几种方法为其创业活动进行融资:内部资产,企业可以重新分配已有的资源来满足创业的需要;负债性融资,企业可以以某种形式举债;权益性融资,企业向风险资本公司、个人或公众发行股票来获得融资;辅助资产融资,企业可以通过战略联盟或并购获得辅助资产。表 8.1 说明了各种方法之间的关系。

表 8.1　常见融资方式之间的关系

收入 － 支出 ＝ 净收入

留存收益期初余额 ＋ 净收入 － 股利 ＝ 留存收益期末余额

资产 ＝ 负债 ＋ 实收资本 ＋ 留存收益
资产 ＝ 负债 ＋ 股东权益

有形资产：	无形资产：	负债：	股东权益：
现金	客户关系	应付账款	普通股
可销证券	分销渠道	应付票据	发行给风险投资家
应收账款	品牌声誉	应付利息	发行给公众
应收票据	专利权	应付所得税	优先股
应收利息	版权	预收账款	留存收益
存货	商标	预收租金	库存款
预付款项		应付抵押	
土地		应付债券	
建筑物		资本化的租约	
设备		递延所得税	
已租物品			

8.2.2.1　内部资产

公司有一些内部来源可以为其创业活动融资。第一，企业可以利用留存收益。留存收益来自企业取得的利润，减去公司向股东配发的股利。因此，非常盈利的企业不需要寻求外部融资。第二，企业可以使用现存的资产，将原来用于其他项目的资源转而用于创业活动。

8.2.2.2　债务性融资

债务性融资构成负债，企业要按期偿还约定的本息，债权人一般不参与企业的经营决策，对资金的运用也没有决策权，因而债务性融资可以较好地保证创业者对企业的控制权。负债融资的问题是，提供融资的人往往需要公司提供一些实物资产作为抵押物——这些往往不存在于初创企业中。它们的资产通常都是无形的，大部分是智力资产，这些不足以作为银行的抵押物。

(1) 银行贷款：银行是企业最主要的融资渠道。按资金性质，分为流动资金贷款、固定资产贷款和专项贷款三类。专项贷款通常有特定的用途，其贷款利率一般比较优惠，贷款分为信用贷款、担保贷款和票据贴现。

(2) 债券融资：企业债券，也称公司债券，是企业依照法定程序发行、约定在一定期限内还本付息的有价证券，表示发债企业和投资人之间是一种债权债务关系。债券持有人不参与企业的经营管理，但有权按期收回约定的本息。在企业破产清算时,债权人优先于股东享有对企业剩余财产的索取权。企业债券与股票一样,同属有价证券,可以自由转让。

阅读材料:

负债融资的偿债能力与筹资风险分析

举债经营是现代企业广泛采用的经营方式。任何一个正常经营的企业,或多或少都存在一定的负债。这样不仅可以解决企业经营资金紧张的问题,而且可以使企业资金来源呈现多元化趋势。适度的负债经营,也会使企业更加注重合理运用资金,提高资金使用效果,创造更多的经济效益。

1. 负债融资的优点

负债融资是与普通股融资性质不同的融资方式,与后者相比,负债融资具有以下优点:

(1) 负债融资所筹资金是企业的负债而非资本金。债权人一般只有优先于股东获取利息和收回本金的权利,不能分享企业剩余利润,也没有企业经营管理的表决权,因而不会改变或分散企业的控制权力结构。

(2) 负债融资成本低。企业取得贷款或发行债券。利率是固定的,到期还本付息。发行股票筹资,股东因投资风险大,要求的报酬率就高。

(3) 负债融资可为投资所有者带来杠杆效应并具有节税功能。杠杆效应主要体现在降低资金成本及提高权益资本收益率等方面;节税功能反映为负债利息计入财务费用抵扣应税所得额,从而相对减少应纳所得税。在息税前利润大于负债成本的前提下,负债额度越大,节税作用越明显。

(4) 负债融资速度快,容易取得,且富有弹性;企业需要资金时借入,资金充裕时归还,非常灵活。

2. 负债经营与偿债能力分析

(1) 短期偿债能力分析。通常使用的指标有流动比率、速动比率和现金比率。

① 流动比率是流动资产与流动负债的比率,一般情况下,流动比率越高,反映企业短期偿债能力越强,债权人的权益越有保证。按照西方企业的长期经验,一般认为2∶1的比例比较适宜。

② 速动比率是企业速动资产与流动负债的比率,更能准确地反映企业的短期偿债能力。根据经验,速动比率以1∶1较为合适。过低,说明企业的偿债能力存在问题;过高,则说明企业会因拥有过多的货币性资产而失去了一些有利的投资和获利机会。

③ 现金比率是企业现金类资产与流动负债的比率,能反映企业的直接支付能力。一般情况下,企业不可能也无必要保留过多的现金类资产。

(2) 长期偿债能力分析。评价企业长期偿债能力，从偿债的义务看，包括按期支付利息和到期偿还本金两个方面；从偿债资金来源看，应是企业经营所得的利润，因为在正常生产经营的情况下，企业不可能依靠变卖资产还债，只能依靠实现利润来偿还债务。反映企业长期偿债能力的指标有负债比率、负债与股东权益比率、利息保障倍数。

① 负债比率是企业负债总额对资产总额的比率；这一比率越小，表明企业的长期偿债能力越强。此项比率较大，从企业所有者来说，是利用较少量的自有资本，形成较多的生产经营用资产，不仅扩大了生产经营规模，还可以利用财务杠杆，得到较多的投资利润。但如这一比率过大，则表明企业的债务负担过重，企业的资金实力不强，偿债能力缺乏保证，对债权人不利。

② 负债与股东权益比率又称产权比率，是负债总额与所有者权益之间的比率。它反映企业投资者权益对债权人权益的保障程度。这一比率越低，表明债权人权益的保障程度越高，承担的风险越小。

③ 利息保障倍数是指企业的息税前利润与利息费用的比率。倍数越大，说明企业支付利息费用的能力越强。

3. 坚持适度负债，降低筹资风险的措施

(1) 所谓适度负债就是按需举债，量力而行，不超过自身的偿债能力举债。

(2) 充分考虑筹资风险。在进行资本结构决策时要充分应用稳健性原则，估计未来各种不确定因素对企业获利水平可能产生的不利影响，尽量使企业总价值最高、资本成本最低。企业应充分分析自己的营运能力、盈利能力，选择经济效益好的项目。只有在能使收益率大于贷款利率的前提下才举债筹资。

(3) 追求负债经营的效益性，进一步深化经济体制改革。企业应充分重视科学技术对经济发展的推动作用，加强企业内部管理，优化企业组织结构，采取必要措施加速资金周转，提高资金使用效益。

8.2.2.3 权益性融资

权益性融资构成企业的自有资金，投资者有权参与企业的经营决策，有权获得企业的红利，但无权撤退资金。主要方式是股票融资。

股票具有永久性，无到期日，不需归还，没有还本付息的压力等特点，因而筹资风险较小。股票市场可促进企业转换经营机制，真正成为自主经营、自负盈亏、自我发展、自我约束的法人实体和市场竞争主体。同时，股票市场为资产重组提供了广阔的舞台，优化企业组织结构，提高企业的整合能力。

通过股票融资(Equity Financing)，企业可以将其股票销售给投资者换取企业所需要的资金。图8.2说明了股票市场的组成和它们之间的关系。股票可以通过股票交易所向公众发行,如纳斯达克(NASDAQ)或伦敦股票交易所。第一次发行的时候,称作首次公开发行上市。对于 20 世纪 90 年代末大部分初创的互联网企业来说,这是它们最流行的融资来源。

对于很多产品尚未通过实践检验的初创企业来说,私有的股票投资企业最有可能是它们股票的购买者。私有股票投资有风险投资和无风险投资两种。风险股票是初创企业在其较早的发展阶段内发行的。作为交换,风险资本(Venture Equity)企业拥有了初创企业部分所有权,而它们为初创企业提供融资。风险资本企业主要的动机是在初创企业首次发行上市时(IPO)套取现金回报。而公开发行上市也就表示初创的企业已经证明了自己发展的动力机制足以使其走向公众。风险资本企业不仅提供所需的资金,它们还可以提供管理专家,这对初创企业是非常重要的。一些风险资本企业有一个由它们投资的企业组成的网络,这些企业可以成为初创企业第一批客户或供应商。这些无形的帮助对初创企业的生存是极为重要的。

利用风险资本最主要的缺点是,这样会使得初创企业将其大部分控制权转移到风险资本企业手中。风险资本企业用来进行融资的资金可以是它们自有的,或者是其负有有限责任的合伙人的。在美国,风险资本还可以来自小型企业投资企业(Small Business Investment Corporation,SBIC)。它们都是一些私有企业,并且拥有小型商务管理部门颁发的向风险企业提供融资的许可证。为鼓励它们提供这些风险贷款,联邦政府对 SBIC 实施减税政策。它们可以向小型企业管理局(SBA)贷款。

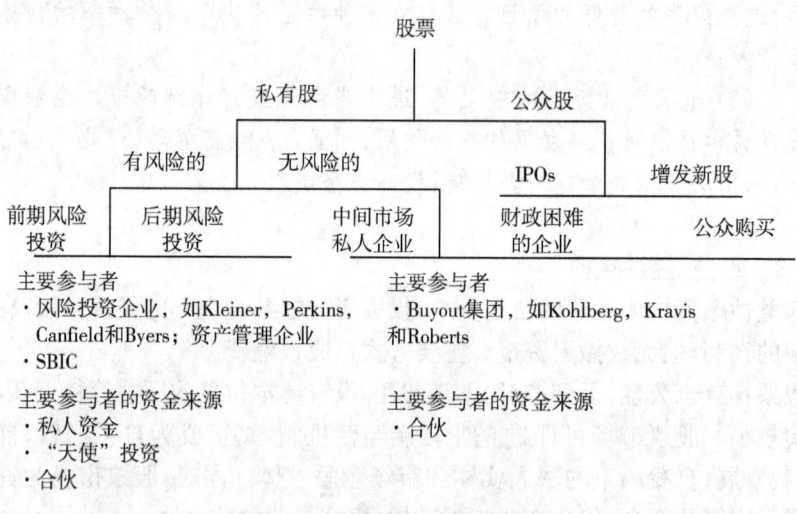

图 8.2 股权的各个组成部分

8.2.2.4 辅助资产融资

辅助资产对于企业从创新中盈利极为重要。然而不幸的是,绝大部分初创企业都缺乏这些资产。我们还要补充一点,这些辅助资产都难于复制或替代。例如,一家初创的 Web 广告公司很难复制传统企业经过数十年经营而成的与财富 500 强企业客户的关系。从风险资本企业和银行借来的钱不能立刻买到这些关系。要获得这些辅助资产的一种有效的办法是与拥有这些辅助资产的所有者组成某种形式的战略联盟或收购其所有者,甚至可以让这些辅助资产所有者收购自己。

8.2.2.5 其他融资方式

(1) 融资租赁

通过融资与融物的结合,兼具金融与贸易的双重职能,对提高企业的筹资融资效益,推动与促进企业的技术进步,有着十分明显的作用。融资租赁有直接购买租赁、售出后回租以及杠杆租赁。此外,还有租赁与补偿贸易相结合、租赁与加工装配相结合、租赁与包销相结合等多种租赁形式。融资租赁业务为企业技术改造开辟了一条新的融资渠道,采取融资融物相结合的新形式,提高了生产设备和技术的引进速度,还可以节约资金使用,提高资金利用率。

(2) 典当融资

典当是以实物为抵押,以实物所有权转移的形式取得临时性贷款的一种融资方式。与银行贷款相比,典当贷款成本高、贷款规模小,但典当也有银行贷款所无法相比的优势。首先,与银行对借款人的资信条件近乎苛刻的要求相比,典当行对客户的信用要求几乎为零,典当行只注重典当物品是否货真价实。而且一般商业银行只做不动产抵押,而典当行则可以动产与不动产质押二者兼为。其次,到典当行典当物品的起点低,千元、百元的物品都可以当。与银行相反,典当行更注重对个人客户和中小企业服务。第三,与银行贷款手续繁杂、审批周期长相比,典当贷款手续十分简便,大多立等可取,即使是不动产抵押,也比银行要便捷许多。第四,客户向银行借款时,贷款的用途不能超越银行指定的范围。而典当行则不问贷款的用途,资金使用起来十分自由。周而复始,大大提高了资金使用率。

8.2.3 融资的阶段

企业进行融资的阶段总体来说可以按照企业成长的周期进行划分,一个项目完整的投资过程可以包括且不局限于种子轮、天使轮、Pre‐A 轮、A 轮、A＋轮、B 轮、C 轮……Pre‐IPO、IPO 阶段。在种子轮,企业的项目可能只是一个 idea;到天使轮,项目有了一个基本的雏形,由 idea 发展为 demo,此时,天使投资(Angel Investment,AI)介入,通常发生于企业的初创和起步期,企业的发展尚在摸索阶段,因此天使投资很多都是基于对创业者及创业团队的信任而进行投资的,在这个环节,团队的能力是 AI 考察的重点;X 轮融资,通常发生在初创企业的项目已经由 demo 发展为 product 的阶段,此时项目已基本步入正轨,以投资顺序依次称为 A 轮(也可能出现 Pre - A 轮、A+轮等附加轮次)、B 轮、C 轮等,风险投资(Venture Capital,VC)通常发生在本阶段,此时企业处于步入正轨的早期,项目已经有了一定的发展,VC 的介入,对于企业提升估值,扩大市场都是大有裨益的,在这个环节,VC 较为看重项目的长期发展及赢利能力;Pre - IPO 阶段通常发生在企业发展到较为成熟的阶段,私募基金(Private Equity,PE)大多在此时介入,其投资金额较大,一般投资后项目在 2—3 年内会完成上市,PE 看重的是项目的短期赢利能力,即项目能否快速进行 IPO 以便 PE 退出得到回报;投资银行(Investment Banking,IB),也就是平时所说的投行,通常在企业准备进行 IPO 的阶段介入,帮助企业顺利上市,并在企业上市之后获取一定金额的手续费作为报酬。

阅读材料:

天使投资初创企业融资新渠道

1. 何谓天使投资

天使投资是权益资本投资的一种形式,指具有一定净财富的有钱人,对具有巨大发展潜力的初创企业进行早期的直接投资,属于一种自发而又分散的民间投资方式。天使投资一词源于纽约百老汇,特指富人出资资助一些具有社会意义演出的公益行为。对于那些充满理想的演员来说,这些赞助者就像天使一样从天而降,使他们的美好理想变为现实。

后来,天使投资被引申为一种对高风险、高收益的新兴企业的早期投资。相应地,这些进行投资的富人就被称为投资天使、商业天使、天使投资者或天使投资家。那些用于投资的资本就叫天使资本。

2. 天使投资存在已久

其实,在天使投资这一概念出现以前,天使投资作为一种投资方式早就存在于经济生活中了。1903 年,福特汽车公司就接受了天使投资。

到了 20 世纪 70 年代,以美国越战退役老兵为典型代表的一部分富人,不希望让已有财富坐吃山空,便把财富中的一小部分投资于高成长性的初创企业。为了更好地交换投资信息,交流投资经验,他们便约同三五知己,组成俱乐部,定期或不定期地举行各种交流活动,以便获取更多的投资机会。

目前,虽然国人对天使投资这一概念还比较陌生,但是,天使投资这种投资方式在国内早已存在。在清朝末年,一代巨贾胡雪岩开办阜康钱庄时,就得益于王有龄五千两银子的早期投资。就本质而言,这五千两银子就是天使投资。但是,天使投资在国内并没有形成强大的投资群体,投资天使多为创业者的亲戚朋友,天使投资文化并未形成。

3. 天使投资有别于风险投资

就形式而言,天使投资与风险投资有很多共同之处:都是对新兴的具有巨大增长潜力的企业进行权益资本投资;都是对高风险、高收益项目的早期投资;同是长期的增值性投资,投资的目的都是从投资资本增值中获取利润;投资模式都是以资本形式投入,以资本形式退出。所以,天使投资是广义的风险投资,是非正规风险投资。

但是,天使投资与狭义的风险投资,即机构风险投资有着本质的区别:

(1) 就金融性质而言,风险投资是介于直接金融与间接金融之间的一种金融运作模式。与间接金融不同,它直接投资于企业,却与原始意义上的直接金融不同,它的资金来源于其他投资者。天使投资则是用自己的资金投资于企业,属于直接金融。在这一问题上,天使投资与风险投资有着本质的区别。

(2) 从资金所有权、管理权的分离程度看,天使投资与风险投资也有着明显的区别。天使投资者管理自己的投资,风险投资家则替资金所有者管理投资。

(3) 在投资阶段、投资规模、投资成本等方面,天使投资与风险投资均有不同。天使投资一般投资于企业的早期或种子期,投资规模相对较小,投资决策快、费用低;风险投资则多投资于企业的扩张期或成长期,投资规模相对较大,投资决策慢、费用高。

4. 初创企业的资金困局

初创企业成立初期,需要添置设备,购买原材料,支付租金和工资,现金不断流出。与此同时,由于产品质量尚未稳定、市场销售渠道不畅等原因,现金回笼不足以补偿现金流出,企业经营往往出现困难。

以前,初创企业要突破这种困局,主要寄希望于银行贷款、风险投资或创业板上市筹资。但是,由于初创企业没有足够的抵押品,要取得银行贷款非常困难;风险投资数量有限而且要求苛刻,初创企业真正得到投资的项目不多;境内创业板迟迟不开,一些初创企业有一种梦想破灭的感觉。其实,就算境内开办创业板,其服务对象主要是扩张期和成长期的企业,大部分初创企业根本达不到上市的条件。

5. 另辟新径可解困局

其实,面对庞大的民间闲散资金,初创企业要解开资金困局,应该拓宽筹资渠道,充分利用民间资本。天使投资隐藏于民间资本之中,它们数目众多,数额巨大,可以大大地满足初创企业的资金需要。

据统计,目前美国的天使投资家约有260万人,活跃的天使投资家约有

30万人。不管是投资规模还是项目数量,天使投资都远远超过风险投资。天使投资资金总规模是风险投资的2—5倍,由于每笔投资规模较小,天使投资的投资项目总数更是风险投资的20—50倍。

在我国,个人储蓄余额超过8万亿元,有余钱进行投资的富人不少。以珠江三角洲为例,改革开放初期得风气之先,赚到几千万甚至上亿元家财而现在正为资金寻找出路的富人不在少数。在这些高收入人士和有大量存量家财的人士当中,就有很多潜在的天使投资者。其投资额和投资项目数量都将远远超过风险投资。只要充分利用这些潜在的天使投资,初创企业发展初期的资金瓶颈问题,就可望得到缓解。

6. 取得天使投资的技巧

初创企业需要寻找投资天使时,往往碰到一个问题:大多数富人不愿意露富。创业者很难确切知道到底谁有钱,谁愿意投资。要解决这个难题,创业者就要改变思路,把苦于找不到天使投资变为让天使投资找上门。创业者可以把需要融资的信息通过报纸、杂志或者互联网传递出去,也可以把企业资料存放在天使投资服务网站,让天使投资者自动上门。所以,让投资者知道初创企业有融资需要是成功取得天使投资的第一关键。

成功的第二个关键是让投资天使了解初创企业的投资价值。这就需要有一份出色的《商业计划书》。在计划书里,你必须告诉投资者:我生产什么产品?有什么样的管理团队?如何赚钱?能赚多少钱?为什么能赚那么多钱?企业成功以后投资者通过什么方式来分享成果?凡是与企业经营管理有关的主要方面都必须涉及。因为投资者投资的是企业而不是产品。

融资成功的第三个关键是设计一套科学合理的交易结构,对那些可能长远影响投资者和创业者利益的各种问题,事先设计好解决方案,利用法律条文做出明确规定,以减少因信息不对称和社会信用缺失而对投资天使产生不利影响。在初创企业融资交易中,因信息不对称和社会信用缺失,投资方明显地处于不利地位。初创企业要融资成功,设计一套科学合理的交易结构至关重要。

8.3 IPO

8.3.1 IPO的概念

首次公开发行上市(Initial Public Offerings,IPO),是指企业通过证券交易所首次公开向投资者增发股票,以期募集用于企业发展资金的过程。

8.3.2 IPO 的过程

如图 8.3,进行 IPO 是从建立一个有前景的企业开始,然后企业需要找到一家证券承销商,通常为投资银行,如高盛(Goldman Sachs)、所罗门兄弟(Salomon Brothers)或摩根士丹利(Morgan Stanley,NYSE:MS)等。由投资银行确定企业的价值、需要公开发行股票的数量、发行的时间以及每股价格。投资银行必须向证券交易委员会(SEC)提交一份发行申请,具体说明发行企业的业务以及其他法律程序要求的内容。申请之后是一段冷却期(Cooling off Period),这段时期内 SEC 要确认信息披露是否完全。当 SEC 对申请感到满意后,企业就获得了上市发行的许可。由于从获得许可的当天开始,企业就可以进行它的 IPO,因此一般称这一天为有效日。在等待 SEC 批准的期间内,投资银行通常需要努力激发投资者对发行企业的兴趣。投资者兴趣的大小对于发行企业股票价格的确定是一个重要的决定因素。每一个投资者,通常都是对发行企业感兴趣的一个集团,会在企业公开发行上市的时候认购一定数量的股票。

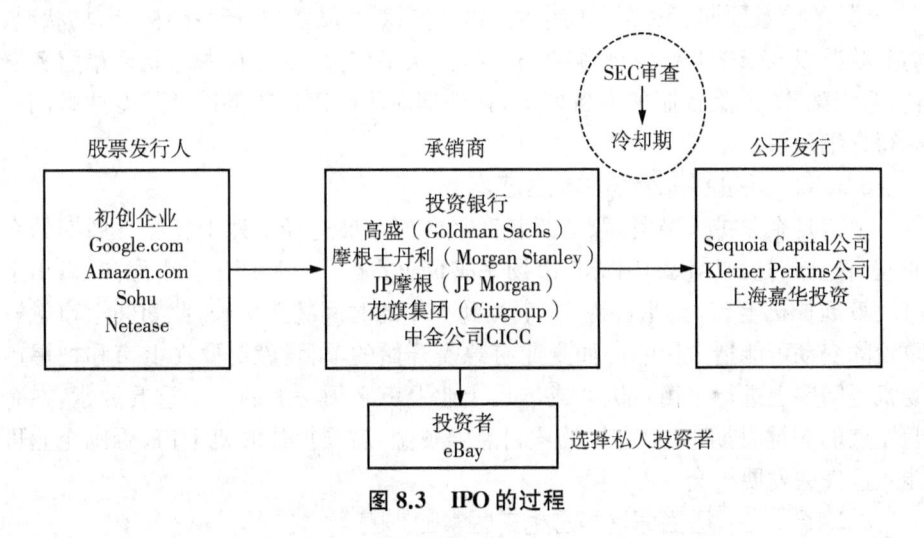

图 8.3 IPO 的过程

8.3.3 企业做出 IPO 决策的原因

8.3.3.1 上市以满足内部驱动
(1) 个人财富的快速增长与积累;
(2) 降低资金的使用成本;
(3) 提升企业的市场形象、竞争力、知名度和可信度,更加有效地开拓市场,取得快速发展;
(4) 企业能通过并购快速成长;

(5) 企业可通过增发股票，取得更多的资金；
(6) 企业能够利用股权的方式吸引、奖励与挽留人才；
(7) 完善企业结构、管理体制、财务制度等。

8.3.3.2 上市以应对外部挑战

(1) 市场开拓、扩大经营规模或范围急需资金，但借款成本过高或规模不敷使用；
(2) 技术、产品发展到一定阶段后，遇到瓶颈，亟须深化出新；
(3) 面临管理层面、资源层面的发展瓶颈，欲引进具有说服力和整合力资源的战略合作伙伴，同时引进先进的管理经验，达到优势互补，增强企业综合竞争力，提升企业的价值，令企业快速成长。

8.3.4 关于IPO时机的选择

8.3.4.1 企业需要结合行业周期对自身的前景做出判断

宏观而言处于行业快速增长、市场有较大扩容空间的企业会较为适合走向上市之路，而处于行业顶峰或是衰退期的企业则不适合。上市需要有新的增长点，有好的前景预期。对企业前景的判断包括对产品系列、产品结构、市场状况、财务状况以及未来几年发展预期的分析。从工作上，企业在内部要衡量财务资料、组织架构、风险控制的准备情况，在外部应了解市场趋势以及从专业顾问处取得详细建议。

8.3.4.2 企业要充分考虑机会成本

上市是企业扩大融资面，创新制度平台的重要途径。处于高速发展期的企业应当把握时机，尽快利用资本市场完成企业的扩张。从产生上市意向、做出上市决策到择机上市，要花费约10个月到一年的时间甚至更长，此期间上市融资政策的变动可能造成影响。如企业有急需开始的项目，就需要在上市和把握市场机遇问题上进行平衡。机会成本是企业上市必须考虑的一个重要因素，在企业发展的关键时期，如果有好的项目急需资金，就要抓住时机上市，否则企业可能永远失去发展机会。

8.3.4.3 企业应当综合考虑相关因素的影响

在进行IPO之前，企业应当充分考虑预期的法律法规变动、现有的市场状况对分析师和投资者的价值评估的影响、资本市场在特点时期对于特定行业、特定地域的投资能力等因素。

8.3.5 互联网对IPO过程的影响

从技术的角度讲，初创的企业可以公开上市直接销售它们的股票。而它们往往选择投资银行的主要原因之一是投资银行与客户有良好的关系，它们拥有对企业业务定价的经验和信息，并能够使投资者对发行企业产生兴趣，而初创的企业通常不具备这些条件。因此，投资银行就成为发行企业和投资者的中介。而互联网使投资银行这些优势对发行公司不再那么重要。现在初创企业可以直接把创办计划书放到互联网上，而不是在向大众公布之前，只发给那些经过筛选出来的保证以某一价格购买的投资者。股票发行可以不经过投资银行，而通过互联网在一家互联网拍卖间里以拍卖的形式进行。

8.3.6 上市的不利影响

8.3.4.1 成功上市后的不利影响

（1）在上市后，由于出让股份使得企业的创建人和原始股东的持股比例相对减少，可能导致其决策控制力降低；

（2）上市企业每年在年度审计、申报、股东大会、金融公关等方面需投入较大的人力物力；

（3）出于市场对上市企业的期望，企业需保证始终维持较高的增长率，一旦增速放缓，业绩不佳，导致企业股价长期徘徊不前，将影响企业的进一步融资能力；

（4）企业成功上市后，前期投资方为使资本收益率最大，而尽早退出。

8.3.4.2 上市失败后的不利影响

上市过程中，企业对内要进行重大的股权结构重组，组织结构调整乃至业务整合，对外支付中介机构费用，这些工作将耗费管理层大量时间和精力。

企业不得不详细描述赢利模型、历史沿革、法律状况、财务资料、披露各项风险因素、重大关联交易，如果不能成功上市，则通常意味着这些内容中存在重大障碍，无疑会影响外部投资者对于企业的信息，即使企业再次尝试上市，也较难在短期内重新取得投资者的充分信任。

8.4 对初创企业的估值

8.4.1 基本概念

融资估值分为融资前估值（Pre-money Valuation）和融资后估值（Post-money Valuation）。

融资后估值＝融资前估值＋本轮融资金额

投资人所占股份比例＝投资金额/融资后估值

期权池：在融资前为未来引进高级人才而预留的一部分股份，用于激励员工。期权池的预留股份，投资方一般不愿意被稀释，而由创始团队承担。在未发放前，一般可以由创始团队代持。

8.4.2 估值方法

目前常见的估值方法主要有相对估值法、绝对估值法、可比交易法和资产法。其中,相对估值法和绝对估值法的应用类型最多,使用范围最为广。各估值方法的具体计算方式及使用范围分析如下:

8.4.2.1 相对估值法

(1) PE 法(市盈率)

市盈率(Price Earnings Ratio,P/E ratio)也称"本益比"、"股价收益比率"或"市价盈利比率"(简称市盈率)。市盈率是最常用来评估股价水平是否合理的指标之一。市盈率是某种股票每股市价与每股盈利的比率。市场广泛谈及的市盈率通常指的是静态市盈率,通常用来作为比较不同价格的股票是否被高估或者低估的指标。用市盈率衡量一家企业股票的质地时,并非总是准确的。一般认为,如果一家企业股票的市盈率过高,那么该股票的价格具有泡沫,价值被高估。当一家企业增长迅速以及未来的业绩增长非常看好时,利用市盈率比较不同股票的投资价值时,这些股票必须属于同一个行业,因为此时企业的每股收益比较接近,相互比较才有效。

PE=每股价格/每股收益(EPS)=投资总金额/年度净利率

企业价值=市盈率*股数

① 适用范围
- 周期性较弱,赢利相对稳定的企业
- 成熟的企业与行业,已达到一定规模,发展速度相对稳定
- 应用于企业之间的比较

② 不适用范围
- 周期性较强的企业
- 初创企业早期,尚未实现赢利,或发展速度较快
- 项目性较强的企业(利润由相对独立的项目决定,而非重复性业务)
- 无可比公司或行业
- 多元化经营或多业务企业

(2) PB 法(市净率)

市净率指的是每股股价与每股净资产的比率。市净率可用于股票投资分析,一般来说市净率较低的股票,投资价值较高,相反,则投资价值较低;但在判断投资价值时还要考虑当时的市场环境以及公司经营情况、盈利能力等因素。

PB=每股价格/每股净资产

① 适用范围
- 拥有大量净资产

- 账面价值较为稳定、流动资产较高的企业(如银行、保险)

② 不适用范围

- 账面价值不断重置,成本变动较快的企业
- 固定资产较少、无形资产较多的企业(如软件行业)

(3) PS法(市销率)

市销率(Price-to-Sales,PS)越低,说明该企业股票目前的投资价值越大。收入分析是评估企业经营前景至关重要的一步。没有销售,就不可能有收益。这也是最近两年在国际资本市场新兴起来的市场比率,主要用于创业板的企业或高科技企业。在NASDAQ市场上市的企业不要求有盈利业绩,因此无法用市盈率对股票投资的价值或风险进行判断,而用该指标进行评判。

PS=每股价格/每股销售额=投资总金额/年度总销售额

适用范围:电商(早期销售额可能快速增长,但利润不一定高,甚至为负)

(4) PEG法(修正市盈率)

修正市盈率就是用最新公布的季度收益,使用动态的最新价计算出来的。修正市盈率,就是用最新公布的季度收益,修正为年收益,使用动态的最新价计算出来的。

PEG=市盈率/收入增长=可比企业平均市盈率/(可比企业平均预期增长率*100)

目标企业的价值=PEG*目标企业增长率*100*目标企业净利润

目标企业每股价值=PEG*目标企业增长率*100*目标企业每股净利

该方法是在PE法的基础上发展而来的,弥补了PE法对企业动态成长性估计的不足,如果股利支付率与股权资本这两个因素相似,而增长率差距较大,则必须排除增长率对市盈率的影响,即对市盈率进行修正。PEG法相较于PE法,更能清楚地反映企业的增长。

传统上,PEG率小于1时,该企业(或者股票、项目)的发展前景是乐观的,可以进行投资。PEG法使用的前提是企业要连续盈利,不连续则无效。

表8.2 四种相对估值法的优缺点对比

估值方法	优　　点	缺　　点
P/E法 (市盈率法)	1. 计算市盈率的数据容易取得,并且计算简单; 2. 市盈率把价格和收益联系起来,直观地反映投入和产出的关系; 3. 市盈率涵盖了风险补偿率、增长率、股利支付率的影响,具有很高的综合性。	1. 如果收益是负值,市盈率就失去了意义; 2. 市盈率还受到整个经济景气程度的影响。在整个经济繁荣时市盈率上升,整个经济衰退时,市盈率下降。

续 表

估值方法	优 点	缺 点
P/B法 （市净率法）	1. 净利为负值的企业不能用市盈率进行估价，而市净率极少为负值，可用于大多数企业； 2. 净资产账面价值的数据容易取得，并且容易理解； 3. 净资产账面价值比净利稳定，也不像利润那样经常被人为操纵。	1. 账面价值受会计政策选择的影响，如果各企业执行不同的跨级标准或会计政策，市净率会失去可比性； 2. 固定资产很少的服务性企业和高科技企业，净资产与企业价值的关系不大，市净率失去意义。
P/S法 （市销率法）	1. 销售收入最稳定，波动性小，并且销售收入不受公司折旧、存贷、非经常性收支的影响，不像利润一样易操控； 2. 收入不会出现负值，不会出现没有意义的情况，即使净利润为负也可用。	1. 无法反映企业的成本控制能力，没有反映不同企业的成本结构的不同； 2. 销售收入的高增长并不一定意味着赢利和现金流的增长。
PEG法 （修正市盈率法）	1. 能够将市盈率和企业业绩成长性对比来看，其中的关键是要对企业的业绩做出准确的预期； 2. 弥补了PE法对企业动态成长性估计的不足。	1. 与P/E法具有类似的不足； 2. 企业盈利增长率的估计不一定准确； 3. 前提是连续赢利，不连续则没有意义。

8.4.2.2 绝对估值法

(1) CF法（现金流）

① 企业的价值

$$V = C_0 + C_1/(1+r_k) + C_2(1+r_k)^2 + \cdots + C_n/(1+r_k)^n$$
$$= \sum_{t=0}^{t=n} C_t/(1+r_k)^t$$

其中，

C_t 是时间 t 的自由现金流；

r_k 是企业的资本的机会成本，也称折现率。

② 自由现金流（Free Cash Flow）

企业在 t 时期的自由现金流 C_t：

C_t = 现金收入（来自损益表）- 现金投资（来自资产负债表）

　　= 经营收入 - 营业税 + 折旧 + 非现金支出

　　　- t 时期内营运资本增加（流动资产 - 流动负债）

　　　- t 时期内用于投资的现金支出

其中，经营收入、营业税、折旧、非现金支出来自企业损益表，其他来自资产负债表。

③ 折现率(Discount Rate)

折现率 r_k 是企业资本的机会成本,是企业投资相同风险项目所获得的预期收益率,反映企业的系统风险和不能分散掉的风险。

可以用资本资产定价模型(Capital Asset Pricing Model,CAPM)进行估计:

$$r_k = r_f + \beta_i(r_m - r_f)$$

即折现率等于无风险利率 r_f,如可用基准债券的利率代替,加上一个风险升水(Risk Premium)。

风险升水(Risk Premium)等于系统风险(Systematic Risk),或企业/业务的 β_i 系数与市场收益率 r_m 与无风险收益率 r_f 之差的乘积。

企业 β 系数值是企业面对的风险与总体市场风险的比值。例如,公司 β 系数值为3.0,即说明公司所面临的风险是总体市场风险的3倍。

(2) DCF法(现金流折现率)

$$PV = CF_1/(1+k) + CF_2/(1+k)^2 + \cdots + [TCF/(k-g)]/(1+k)^{n-1}$$

PV:现值;CF_i:现金流;K:贴现率;TCF:现金流终值;g:增长率预测值;n:折现年限。

① 优点
- 涵盖更完整的评估模型,框架最严谨最为科学;
- 考虑角度全面,充分考虑企业的成长性、营利性、资金成本、规模效益等;
- 利于对企业深入了解。

② 缺点
- 花费时间长;
- 对历史数据的质量要求高;
- 需要进行大量的假设,导致结果存在高度的主观性和不确定性;
- 复杂的计算模式与过程。

③ 适用范围

DCF法是D轮到Pre-IPO的后期融资过程中较为合理和严谨的估值方法,但是在A轮或者早期互联网企业融资中不适合。

8.4.2.3 可比交易法

求融资价格乘法:根据市场上类似产品的估值比较,如市场占有率、用户数等。但是这种方法对于初创企业较为危险,因为互联网独大才是赢家,风险投资者不愿意投给跟随者。

8.4.2.4 资产法

适合资源型企业,往往导致估值偏低,不太适合互联网企业。

根据不同行业的发展特点,应当选择上述不同的估值方法进行,以便更为准确地进行估值。对传统行业企业,VC 会优先考虑 DCF、P/E;对高新技术企业,VC 则普遍首选 P/E。就不同投资阶段以及不同财务状况而言,如果被投资企业正处于早中期发展阶段并且尚未实现盈利,那么 VC、PE 较多使用 P/S、P/B。如果已经实现盈利,则更多使用 P/E、DCF 和 PEG。如果被投资企业已经处于中后期发展阶段,此时企业往往已经实现盈利,而且各方面发展都已经比较成熟、IPO 预期也较为强烈,此时 VC 较为普遍使用的是 P/E 和 DCF。非上市企业,尤其是初创企业的估值是一个独特的、挑战性强的工作,过程和方法通常是科学性和灵活性相结合(表 8.3)。

表 8.3 分行业的估值方法选择

行业	主要估值方法	补充估值方法
高新技术行业	P/E	PEG、P/S、DCF
传统行业	DCF、P/E	P/B、P/S、PEG
商业零售业	P/S	DCF

8.4.3 风险投资的决策过程

任何定量评价模型均是建立在"历史将会重演"的假设基础上,以确定的过去类推不确定的将来,以同行业的平均指标来估算特定的企业价值,但是,每一个企业都是独一无二的,在风险投资领域中尤其如此。因此构建风险投资项目的价值评估体系将使评估过程更为规范。风险投资公司每天都会面对大量有待评估的项目,不可能对每个项目都投入大量的时间和精力去进行详细的评估。风险投资家往往会用很短的时间淘汰大部分项目,对于那些看上去很不错的项目就可以进入评价程序。

首先对手头的项目采用综合指标法进行评估,这样得出被评估项目的综合评分值后,既可以看到单个项目的得分情况,又可以进行横向比较,根据各个风险项目得分情况的不同,就会有一个比较结果。根据综合指标法的分析结果,风险投资公司认为值得继续考察的项目就可以进入下一轮评估。

第二轮评估可以采用比率估价模型,包括市盈率估价法。经过市盈率估价法的评估,我们就可以得到风险企业价值的具体数值,这就为风险投资公司提供了更详细的参考依据。

第三轮评估也就是详细评估,可以采用两种方法,净现金流现值法或者实物期权法。决定采用哪一种方法，一定要考虑到二者的区别。区别在于它们对信息的假设不同：折现现金流法是基于完全信息假设，而实物期权方法则客观地处理了不完全信息。实物期权是一种信息工具，它提高了管理者获取和加工信息的能力，它的价值从本质上说来自它获取和加工的信息的价值，这使它更好地适应了新经济的特点。总的来说，折现现金流方法适用于风险小的投资项目，而实物期权方法能够在一定程度上屏蔽投资项目的风险，并且从风险中发现和创造价值，所以它更适用于高风险的项目。

经过三轮评估，风险投资公司对风险投资项目会有一个相当清醒的认识，对于风险企业的经营模式和投资价值也都会有清晰的理解，这就为风险投资公司进入风险企业打下了良好的基础。在种种不确定的因素中，只有一件事是肯定的，即风险投资家所设立的投资评价体系是建立在客观的信息和对面临风险的主观判断基础上的。在风险投资评价过程中，风险投资家经常面临一些从未见过的、革命性的产品、服务，对它们进行精确的定量评价显然是不可能的。

在这种情况下，在运用事先设定的评估标准对大量的投资项目进行筛选之后，风险投资家只能运用他们的知识、经验、信息网络甚至灵感做出最终的评价，而这种评价是综合性的、模糊的而又不遵循固定的模式。所以，成功的风险投资项目评价是理性和感性的完美组合，只有科学的、严密的评价体系再加上时间和经验的积累才能保证它的成功。

8.4.4 项目评价指标体系

国外形成了完整的风险投资评估指标体系，美国圣塔克拉拉大学的Tyebjee和Bruno两位教授在1983年调查了90家风险投资公司，获得了风险投资公司在对风险企业评估时考虑的23个因素，最终根据实际操作中的主要环节分析了影响投资决策的16个主要因素，分成四类：市场吸引力、产品差异度、管理能力和对环境威胁的抵制能力。

(1) 市场吸引力：市场规模、市场需求、市场增长潜力、进入市场的渠道；

(2) 产品差异度：产品唯一性、技术能力、利润边际、产品的专利化程度；

(3) 对威胁的抵抗能力：防止竞争者进入的能力、防止产品老化的能力、风险防范的能力、经济周期抵抗能力；

(4) 管理能力：管理技能、市场营销能力、财务技能、企业家风范。

市场吸引力和产品差异度主要决定了风险项目的期望回报率，并且市场吸引作用要强于产品差异度；管理能力和对环境威胁的抵制能力主要决定了风险项目的可预见风险，管理能力影响大于对环境威胁的抵制能力。期望回报和可预见风险决定了最终的投资决策。

8.5 互联网企业的估值

传统估值方法对于初创互联网企业并不完全适用。以 P/E、P/B 为代表的相对估值法不适用于互联网企业的原因主要有：第一，互联网产业发展周期短，企业更迭快，可比较对象少；第二，多数互联网企业盈利性弱，且变化幅度较大，因此初期 P/E 显得极高，而增长到达拐点之后，业绩增速将呈现大幅增加；第三，财务报表上的资产反应不了现实情况，互联网企业是轻资产企业，P/B 会极高，但大多数互联网企业真正重要的资产是包括团队和用户在内的智力资本。同样，以 DCF 为代表的绝对估值法也不完全适用于互联网企业，主要原因是互联网企业难以对其未来现金流状况进行预测。

根据互联网企业的特点，适用于互联网企业的估值方法分述如下。

8.5.1 定性+定量方法

通过定性、定量相结合的方法对初创互联网企业进行估值，主要涉及如下指标：

(1) 定性指标：商业模式、发展阶段、变现模式；
(2) 定量指标：用户数、节点距离、变现能力、垄断溢价。

8.5.2 定量分析

估值公式：$V = K * P * N^2 / R^2$

V 是互联网企业的价值；

K 是变现能力；

P 是溢价率系数（取决于企业在行业中的地位，即市场占有率，其中马太效应使得领先者有溢价，赢者通吃）；

N 是网络的用户数，其中用户为王，包括用户数量及单用户价值，影响力最大；

R 是网络节点之间的距离，由科技进步和基础设施建设等外生因素和网络的内容、商业模式等内生因素共同决定。

(1) 用户为王

梅尔卡夫定律：网络的价值与联网的设备数量的平方成正比。

梅尔卡夫定律认为互联网的价值在于将节点连接起来。而节点越多，潜在存在的连接数越多。如果节点数是 N，其中存在的连接数可能是 $N*(N-1)$，即 N^2 这一数量级。网络的价值与节点的平方成正比。腾讯和 Facebook 的收入都和其用户数的平方成正比,从而使梅尔卡夫定律得到较好的验证(图 8.4)。

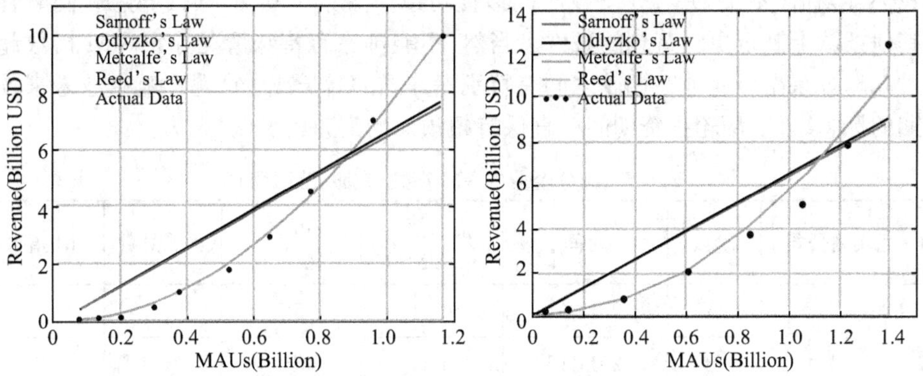

图 8.4　腾讯和 Facebook 的数据证明梅尔卡夫定律

(2) 减少间距

曾李青定律:网络的价值不仅和节点数有关,也和节点之间的距离有关(表 8.4)。

影响网络节点间距的因素既有外生因素又有内生因素。对于互联网企业来说,内生的因素包括网络的内容(数量和质量)、网络的连通度,这是由网络自身的商业模式和运营情况所决定的。网络中信息质量越高、数量越多、高连通度节点越多,则网络节点的"距离"就越近,网络的价值就越大。

表 8.4　节点距离的影响因素

分类	影响因素	方向	案例
外生	网络速度提升	减少距离	宽带网络普及、4G 代替 3G
	用户界面改善	减少距离	iPhone 等大屏触摸智能手机普及
内生	内容数量提升	减少距离	多媒体技术应用
	网络连通度提升	减少距离	网络核心节点加入

8.5.3　按生命周期划分估值方式

互联网企业在不同时期的现金流替代指标不同,企业在概念期和导入期,可以使用非财务指标代替现金流,主要有客户、市场空间、市场占有率以及数据量等;在成长期和成熟期,则可以使用财务指标,主要有业绩增速、回报率、收入和净利润等。

(1) 概念期

VM 指数=本轮投资前估值/前轮投资后估值/两轮之间间隔月数

VM指数绝对不能超过1,原则上也不应超过0.5,一旦超过,投资人就会自我怀疑,犹豫不决,并拖延交割时间以便可以多观察一到两个月的数据,同时在其他条款上制定更为苛刻的条件。当然,不能排除有特殊情况导致VM指数超过0.5,如果融资企业在两轮之间有特别爆炸式的增长或者严重影响企业未来预期的标志事件,两轮投资期间一直保持超预期的高速增长(表8.5)。

表 8.5 部分企业的 VM 指数(来源:互联网)

互联网公司	阶段	时间	融资额(亿美元)	市值(亿美元)	相隔月数	VM指数
小米科技	A	2011.07	0.41	2.5		
	B	2011.12	0.9	10	5	0.8
	C	2012.06	2.16	40	6	0.67
	D	2013.09	不详	100	14	0.18
	E	2014.12	11	450	16	0.28
百度	A	1999.12	0.012	0.04		
	B	2000.09	0.1	0.25	9	0.69
	C	2004.06	0.15	2	45	0.18
饿了么	C	2013.11	0.25	1	10	
	D	2014.05	0.8	5	6	0.83
	E	2015.01	3.5	10	8	0.25
滴滴打车	B	2013.04	0.15	0.8	4	
	C	2014.01	1	5	9	0.69
	D	2014.12	7	35	11	0.64
锤子科技	A	2013.05	0.7亿人民币	4.7亿人民币		
	B	2014.04	2亿人民币	10亿人民币	11	0.19

(2) 导入期

互联网企业导入期的估值核心在于市场空间及客户流,此外,企业价值与客户互动也在一定程度上影响导入期的互联网企业估值。

① 市场空间预测:

市场空间的预测主要由以下三个方面构成:1.市场容量及变化,包括消费者购买力预测、预测购买力投向、预测商品需求的变化及其发展趋势等;2.预测市场价格的变化；3.预测生产发展及其变化趋势。

基于市场空间的预测方法，对上述类型的互联网企业的市场空间估计如图8.5。互联网能源是互联网和新能源技术相融合的全新的能源生态系统。它具有"五化"的特征：能源结构生态化、市场主体多元化、能源商品标准化、能源物流智能化及能源交易自由多边化。基于能源本身的市场需求，注定互联网能源的市场空间的规模将非常可观。互联网医疗，是互联网在医疗行业的新应用，其包括了以互联网为载体和技术手段的健康教育、医疗信息查询、电子健康档案、疾病风险评估、在线疾病咨询、电子处方、远程会诊及远程治疗和康复等多种形式的健康医疗服务。如果能解决相关技术问题，搭建良性的医患桥梁，市场空间也不可小视。互联网金融是指传统金融机构与互联网企业利用互联网技术和信息通信技术实现资金融通、支付、投资和信息中介服务的新型金融业务模式。目前，互联网金融已经有了一定的发展，市场空间还将有更大的扩展空间。互联网物流是通过网上采购和配销，使企业更加准确和全面地把握消费者的需要，在实现基于顾客订货的生产方式的同时减少库存，降低沟通成本和顾客支持成本，增强销售渠道开发能力的新型物流方式。随着物联网的不断发展和普及，互联网物流还将进一步发展。

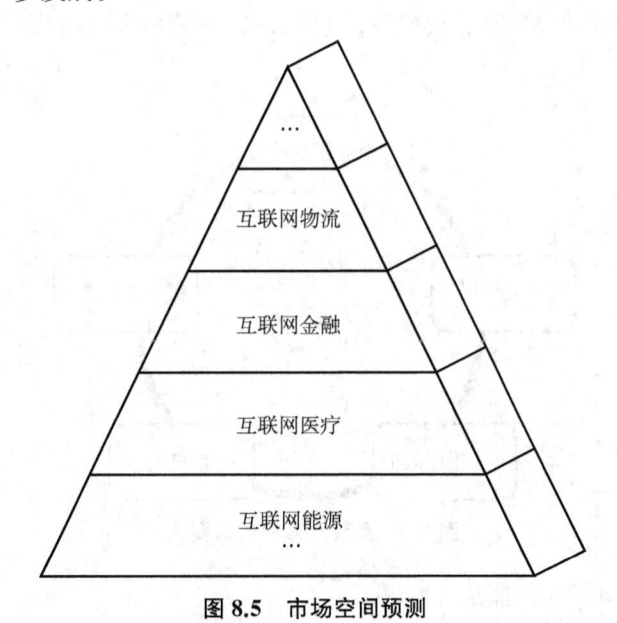

图 8.5 市场空间预测

② 客户流：具有"4V"特征

衡量互联网企业的客户流主要有四个指标（图8.6），且与大数据的"4V"特征近似，分别是客户群的规模（Volume）、客户群扩张的速度（Velocity）、客户群构成的多样性（Variety）以及客户群的价值（Value）组成。

图 8.6 客户流特征

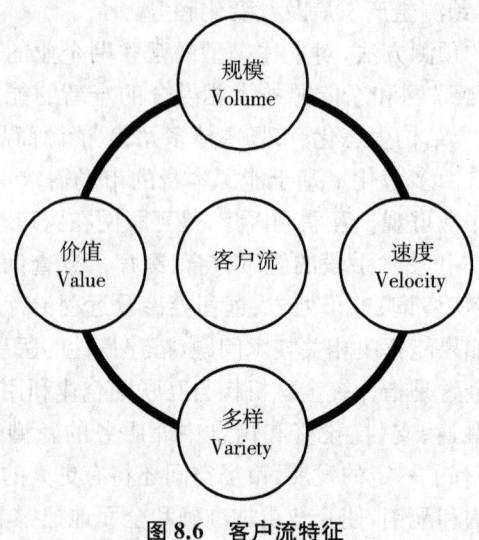

③ 企业价值与客户互动(图 8.7)

APRU 值(每用户平均收入, Average Revenue Per User)＝总收入/用户数,同时互联网的网络效应、规模经济效应会使得 APRU 值会随着用户数的增加而增加。

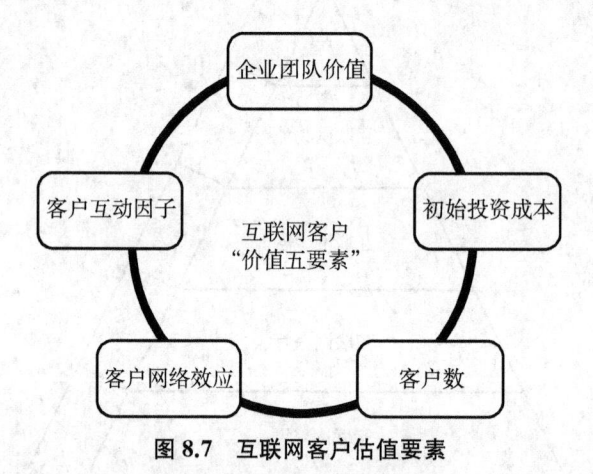

图 8.7 互联网客户估值要素

④ 改进 DEVA 估值法(图 8.8)

处在导入期的企业价值与客户数不是简单的线性关系(网络效应),可以使用改进的 DEVA 法进行估值。

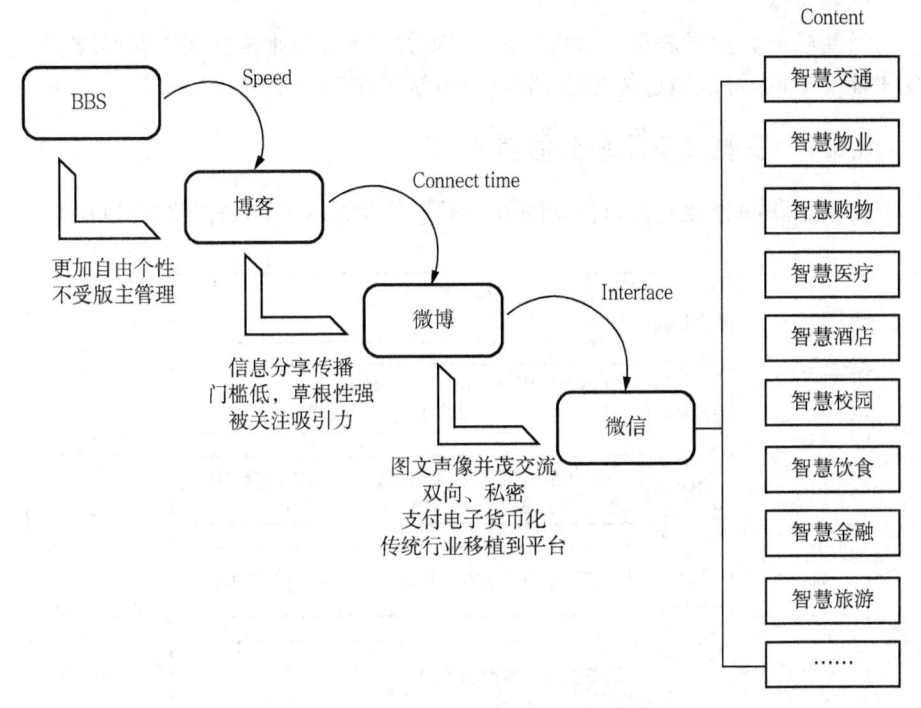

图 8.8　客户间互动将再次创造价值

$$V=f(T,M,C,R)=T*M*C^2/R^2$$

T 为创业团队价值因子，M 为单体投入的初始资本，C 为客户数量，R 为网络节点之间的距离（客户间互动因子），客户流的"4V"特征，决定了互联网价值与通信速度、界面、内容、互动有很大关系，网络效应以非线性、多元化、立体性的加速度在提升，所以客户间的互动将再次创造价值（曾李青定律）。

（3）成长期

① 未达到盈亏平衡点

当企业处于成长期但是还未到盈亏平衡点时，市场对收入的敏感性明显强于对利润的敏感性。另外互联网企业毛利率偏高，那么在决定其未来盈利和现金流增长的各个驱动因素中，营收的增长引擎作用将远远超过其他因素的作用。互联网企业的 PS 中值通常分布在 2—5 倍之间，电商企业的 PS 中值分布在 2.0—2.5 倍之间。

② 超过盈亏平衡点

对于互联网企业而言，当成长期越过盈亏平衡点后，同业间的平均利润率不再有可参照性，企业进入持续的高成长期，这正是 PEG 法的应用前提。目前，美国、中国的互联网企业的 PEG 中值大约是 2 倍和 1.5 倍。

(4) 成熟期

当互联网企业发展进入成熟期后，周期性降低，企业赢利能力明显增强，且变化幅度降低，可以通过传统的 PE 法、PB 法等估值方法进行估值。

8.5.4 按融资阶段划分估值方式

初创互联网企业还可以根据融资的不同阶段选取不同的估值方式(图 8.9)。

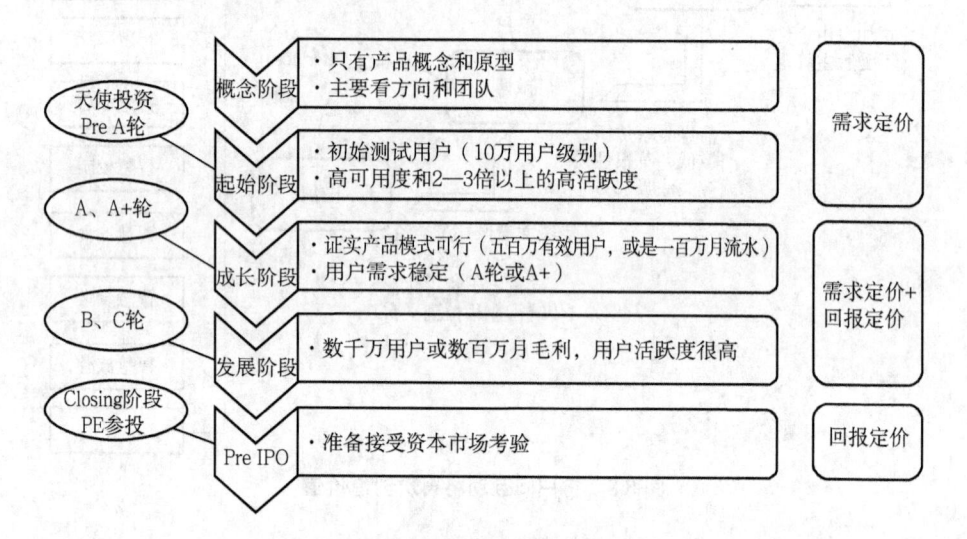

融资阶段	发展阶段	特征	估值方式
天使投资 Pre A轮	概念阶段	· 只有产品概念和原型 · 主要看方向和团队	需求定价
A、A+轮	起始阶段	· 初始测试用户（10万用户级别） · 高可用度和2—3倍以上的高活跃度	
B、C轮	成长阶段	· 证实产品模式可行（五百万有效用户，或是一百万月流水） · 用户需求稳定（A轮或A+）	需求定价+ 回报定价
Closing阶段 PE参投	发展阶段	· 数千万用户或数百万月毛利，用户活跃度很高	
	Pre IPO	· 准备接受资本市场考验	回报定价

图 8.9 不同融资阶段的估值方式

(1) 需求定价

需求定价需要考虑的因素有企业的切实需求，投资人能够带来的价值和市场类似企业的融资情况。

(2) 回报定价

企业的产品将来能够在市场现有类型的产品中处于何种地位，上市后的估值有多少，该企业成功发展壮大的风险多大，再乘以一个风险的折扣和需要的回报倍数，这就是回报定价法。上文提到的 DCF 法和 PE 法都属于回报定价的一种。

回报定价的现估值＝最终估值＊达到预期估值的风险系数＊时间风险系数折扣＊市场风险系数折扣＊经营风险或团队风险系数折扣等/回报倍数

8.6 初创互联网企业其他估值项目

8.6.1 对尚未营利业务的估值

8.6.1.1 公司和产业替代法

在公司和产业替代法中，通过使用近似市盈率对公司每股价格进行估计——使用那些分析人员认为能够代表待估公司的产业和公司的市盈率。亨瑞·布拉吉特(Henry Blodget)1998年对Amazon.com股票估价时详细地说明了这种方法。

阅读材料：

对收入为负的公司股价的估计

我们从亚马逊目标市场的规模开始，它的目标市场是世界范围内的图书、音乐和影像市场，大约1 000亿美元规模。那么亚马逊能够从中分到多少呢？布拉吉特选择了一个与亚马逊类似的替代企业，即在这些领域中处于领先的Wal-Mart公司，它是打折销售商中的领先者，它占有这个市场10%的份额。由于亚马逊不断增加它的产品数量，他认为亚马逊能够在未来5年内占有10%的份额是合理的。这样亚马逊将有100亿美元的年收入。然后，他提出了这样的疑问，亚马逊的利润率将是多少呢？传统零售商一般净收益率为1%到4%。但是布拉吉特相信，通过减少店面租金支出、低库存、雇用较少的员工，亚马逊能够获得比现有的零售商高的利润率。他认为亚马逊的净收益率格与戴尔公司相近——7%。因此，100亿美元的7%是7亿美元净收入。最后一个问题是，市场确定的亚马逊的市盈率是多少呢？一般来说，市场对于低成长的企业的市盈率评价为10，而对高成长的企业的市税率确定为75左右。这就是说，如果认为亚马逊是低成长的企业，它的市场价值将为70亿美元，每股44美元(拆分后)。而把亚马逊当作高成长的企业，它的市场价值将为530亿美元，每股332美元。对比这些假设，亚马逊现在的市场价值为250亿美元，每股160美元看起来是合理的。

8.6.1.2 商务模式法：收入和现金流发生链

这种方法不用去找替代的企业和产业，我们可以通过企业的商务模式发现一些企业未来收入的预测因素。在探讨商务模式的定价部分时，我们说明了拥有较高初始投资，而可变成本相对较低的企业如何定价——这种企业可能在产品或技术的发展早期大量赔钱,但将来会有巨大盈利。我们认为,预测这些企业将来是否能够盈利的因素有利润率、市场占有率和每股年收入增长。如果一家初创企业并不盈利,对其利润/现金流发生链的上面一些环节的衡量可以帮助我们估计它的每股价格。

(1) 盈利预测因素的衡量

由于利润率、市场占有率和每股年收入的增长是对未来利润非常好的预测因素。我们可以使用价格/利润率比率、价格/市场份额比率和价格/每股年收入增长率之比、而不是市盈率(P/E)或价格/收入增长率比来确定公司每股价格。他们的计算使用与 P/E 和 PEG 类似。例如,如果一家新的互联网服务提供商(ISP)将要上市,我们知道最近其他上市的 ISP 公司,则可以通过比较它与替代公司的利润率、市场占有率或每股年收入增长率确定其股票价格。

(2) 商务模式中其他可以用于估价的部分

如果利润率、市场份额和每股年收入增长率不能获得数据,我们可以使用商务模式中其他驱动企业盈利的部分作为估价的依据。比如说,在对 ISP 估价时,可以将用户数量、网络规模、所提供内容的质量和数量、系统使用的方便程度以及对人力资源的管理等作为衡量的标准。再比如,对生物技术的初创企业,拥有专利的数量或员工中拥有博士学位的研究人员的数量等都可以作为衡量公司估价的标准。

8.6.2 对智力资本的估值

如果一家拥有三条主要生产线的企业将要解体,那么你可以对每一条生产线进行估价,因为要对每条生产线未来的收入和自由现金流进行估计。现在我们假设一个关键人物威胁要离开初创的企业。那么他对企业的价值是多少?企业的客户网络、回头客、专利以及著作权的价值是多少?即使对于一个已经上市且拥有稳定现金流或收入的企业来说,对这样的"资产"估价仍有很多问题。对这些无形资产的估价正在变得越来越重要。尤其处在知识经济中,它导致了我们下面将要定义的"智力资本"概念的诞生。介绍新概念之前,我们先来考虑一下尽管简单但很有用的资产负债表的等量关系式:

$$资产 = 负债 + 股东权益$$

由此推出:

$$资产 - 负债 = 账面价值 = 股东权益$$

这一等式的一种解释是,如果企业即将关门,留给股东的是资产减去负债的部分——账面价值(Book Value)。然而,在做出关门决策之前,如果企业的股东售出他们手中的股票,他们得到的是企业的市场价值(Market Value,发行在外的股票数乘以每股价格)。这说明企业的市场价值应该接近账面价值。然而,实际上互联网企业账面价值与市场价值的差距很大。

账面价值与市场价值之间的差距说明,这些企业中有一些非账面资产的东西,使投资者相信,这些东西能够产生自由现金流或收入。理解这个差距为什么如此重要呢?因为,由于这个差距的重要性,管理者需要对它进行管理和控制。这个差距称作智力资本,包括以下几种内素:(1)使实物资产增值的部分或无形资产,例如专利权、交易秘密、商标;(2)人力资本——那些能够使资产转化为客户需要的产品或服务的员工;(3)企业在所从事产业中所处的位置,由于这种位置企业可以比其他企业收益高;(4)企业独有的难于模仿或替代的资源或能力,它是企业优势的来源,它使企业能够持续盈利;(5)知识,不管是蕴藏在员工头脑中还是以其他形式储存在其他设备中,还是蕴含在组织日常工作中,它都能够使企业向客户提供比其竞争者更好的价值。只要这种知识难于抄袭、复制或替代,它就将给企业带来持久的竞争优势。

我们可以将智力资本分为三部分:智力财产、人力资本和组织性资本。这种分类基于知识蕴含地点的不同,以及它们转化为客户价值的方式的不同。理解了智力资本的组成以及它们对企业市场价值的贡献,可以使我们确定它们的价值。例如人力资本,某个关键人物对公司的价值。

8.6.2.1 智力财产

智力财产部分指那些以某种编码形式存在的,企业拥有其所有权的智力财产,包括专利权、著作权、商标、品牌、数据库、工程图纸、合同、交易秘密、公司文件以及其他无形资产,如信誉、网络规模、客户关系及一些特殊的经营执照。这些是企业需要保护,不让其他企业获得的东西。智力财产得到保护、难于复制或替代的程度决定了企业基于这些智力财产的服务和产品盈利的程度。

8.6.2.2 人力资本

智力财产本身不能给企业带来竞争优势。它还需要员工的技能、专有技术、经验和能力来创造智力财产或使用它为客户送去更好的价值。它还需要人力资本(Human Capital)中蕴含于员工头脑中的专业知识,如一名顶尖结构化学专家所拥有的知识。由于人力资本代表了企业执行增值活动(完成所有活动)的能力,因此理查德·霍(Richard Hall)称其为"动"的因素。

8.6.2.3 组织性资本

智力财产和人力资本还不足以使企业获得竞争优势。例如,电脑缓存的专利和获诺贝尔奖的专家自己并不能使企业获得竞争优势。是企业内外的因素使企业将其智力财产和人力资本转化为客户价值,并不断培养发展更多的智力财产。由于没有更好的名字,我们暂且称这些因素为组织性资本(Organizational Capital)。企业内部的组织性资本有企业的结构、系统、战略、人员以及文化。他们利用这种文化来创造、协调和整合蕴藏在每个员工身上的知识和技能,借此企业可以继续创造智力财产,并将这些智力财产转化为客户需要的产品。例如,有些项目管理结构适合环境变化不快、期限较短的任务,而有些产业中,必须拥有重量级项目管理者,其项目的业绩才能比其他项目好。在另一些产业中,企业培养出的文化——对组织中的人、组织结构和产生人们行为规范的机制产生影响的人们共同拥有的价值观(什么是重要的)和信仰(各种事情如何操作)组成的系统——可以称为竞争优势的来源。有时,企业外部的因素对企业创新能力也非常重要。例如,在某一地区通过自有系统提供金融服务支持并从创新中获得回报的企业,它具有能够忍受失败的公司文化。合适的供应商、客户、合作者、竞争者、各个大学、其他研究机构以及一些有用的政府政策,都有助于企业智力财产的创造,有利于将这些智力财产转化为新产品。

8.7 典型案例

8.7.1 谷歌(Google)的上市之路

年轻而单纯的互联网企业若试图上市,多数都要通过华尔街看门人(Gatekeeper)这一关。华尔街看门人是一批大型投资银行,它们控制着公开出售股份的方式,并在此过程中为自己净赚7%的收入。但从前期谈判来看,作为全球最受欢迎的互联网搜索公司,Google相信自己有能力改变至少部分游戏规则。

这是新千年的第一次大规模IPO,有两个因素表明,这次IPO将与以往有很大不同:首先,在新股发行中,Google可能是自1995年网景(Netscape)发行上市以来最热门的新股,因此Google有很强的议价能力。1995年,网景凭借其开发的网页浏览器引发了后来的网络大繁荣。尽管Google可能无法像网景那样引发如此广泛的投资狂潮,但它拥有早期网络企业基本都缺乏的一样东西:已被证实是行之有效的商业模式。通过在网页上出售广告空间并将广告与互联网搜索结果链接,Google获得了巨大成功。人们普遍承认,Google现在已是一家盈利非常丰厚的企业。

另外,此次IPO恰好选择在硅谷开始逐渐显露出摆脱长期衰退迹象的时候。许多人对此表现出极大热情。一位小规模网络企业的管理人员表示:"互联网的第二波热潮已于2003年春天开始。"据了解Google IPO过程的一位负责人士透露,对Google股票的需求将极为旺盛,以致只需"五只猴子和一部电话"就能卖出全部股票。他还表示,由于投资者争相抢购,加上投资银行近年来承销收入极度匮乏,因此Google也许真能说服银行把收取的承销费降到正常水平以下。

可能使 Google 打破固有模式的第二个因素是人们对金融丑闻的反应。在网络科技泡沫期间，华尔街处理股票发行的方式曾引发丑闻，其影响至今依然存在：弗兰克·奎特隆（Frank Quattrone）是瑞士信贷第一波士顿（CSFB）的银行家，他被控故意妨碍司法部门对其行为进行调查。在如何将网络股出售给华尔街方面，奎特隆当时产生的影响比其他任何人都大。

对华尔街处理股票发行方式的批评主要集中于两个问题：

一是确定股票价格的方法；

二是某些投资者似乎在配售股票时总能得到实惠。

传统的定价过程是，投资银行将潜在投资者的认购订单汇总成"簿"，并据此得出一个价格。

IPO 时股价若跌至发行价以下，发行将被视为失败，因此投行自然倾向于将价格定低。另外，大多数投行认为，企业应该有一批很大的机构股东，因为这些机构股东才是能给市场带来流动性的投资者。制定适当的价格，吸引各类股东，形成合理的股东组合，这是华尔街声称已掌握的一门艺术。

不过，在近几年的丑闻之后，Google 似乎不再打算把华尔街投行往好处想了。一名接近 Google 的人士愤怒地表示，投行在股市繁荣期故意将股价定低，借此回报投行偏爱的客户。这个观点认为，由于投行这种几乎不加掩饰的贪污行为，硅谷创业者和风险资本家被剥夺了一部分本应属于他们的资金。Google 正考虑选择的是一种曾在 20 世纪 90 年代股市繁荣时期被广泛采用的方案，即聘请两三家投行来处理认购订单及股票配售程序，以确保任何一家投行都无法为了自己的利益而操纵 IPO。

一些接近 Google 的人士正在力推一个更加戏剧性的方案，即通过网上拍卖收集认购订单。两名了解 Google IPO 程序的人士称，该方案对 Google 格外具有吸引力，因为 Google 的基本业务就是通过"实时"的网上拍卖出售广告空间。在拍卖过程中，潜在的广告客户出价竞标，以便在 Google 的搜索结果旁显示其信息。以这种方式公开出售自己的股票，这难道不是表明 Google 对网上拍卖程序有十足信心的最佳方法吗？

而大型投行则声称，电子拍卖存在内在的缺陷。不错，电子拍卖可能是个好方法，可以通过较为透明的方式收集和比较认购订单。但从长远来看，为 Google 股票确定的最高售价可能会有损企业及其股东。一位银行家警告说，这家企业在全球范围内极受关注，因此，它一定会吸引许多渴望迅速致富的小股东下单认购。结果是，IPO 股票开始交易时常见的那种股价陡升现象就会在正式交易价格确定后出现。这时，企业及其风险投资者就能以更高的价格出售股票，从中获利。但是，被吸引来购买股票的大量小股东将非常不满，因为他们发现自己支付了过高的价格，其利益受到了损害。

表 8.6　Google IPO 细节表

Initial Public Offering Details	
IPO Date	August 19, 2004
First Trade	11:56 am ET at $100.01
Price	$85.00
Method	Modified Dutch Auction
Lead Underwriters	Morgan Stanley, Credit Suisse First Boston
Stock Symbol	GOOG
Exchange	NASDAQ
No. of Shares Offered	19,605,052
Value of Offering	$1.67 billion
Initial Market Cap	$23.1 billion
Total Initial Shares Outstanding	271.2 million(33.6 mil. class A, 237.6 mil. class B)
Allocation Percentage	74.2% of bidded shares
Initial SEC Filings	Form S-1 Prelim. Prospectus(amend.8/18) Form 10-Q Quarterly Report(amend.8/18)

当然，Google 可以选择它认为最稳定的股东群，如果将股票出售给这样的投资者，则股票发售后的市场将会有较强的流动性。但这样做只是重复了银行去所做的事：根据价格以外的因素决定哪一类股东对自己更有利，而置其他股东于不顾。围绕 Google IPO 的谈判可能还有很长一段路要走。但有些事情至少是有可能发生的。Google 及其投资银行已一致同意，与网络热潮时的 IPO 相比，这次 IPO 需要显著提高透明度。而一向唱主角的华尔街这次或许只好接受一个更次要的角色，因为他们仍在努力修复那个时代留给他们的创伤。

表 8.7　Google 利润率情况表

Profit margins: how Google ranks			
	Gross	Operating	Net
Google	87%	36%	11%
Amazon	25%	5%	1%
EBay	86%	30%	21%
Yahoo	84%	18%	15%

8.7.2 京东上市融资案例分析

8.7.2.1 企业简介

根据第三方市场研究公司艾瑞咨询的数据，京东是中国最大的自营式电商企业，2013年在中国自营式电商市场的占有率为46.5%。

京东为消费者提供愉悦的在线购物体验。通过内容丰富、人性化的网站（www.jd.com）和移动客户端，京东以富有竞争力的价格，提供具有丰富品类及卓越品质的商品和服务，并且以快速可靠的方式送达消费者。另外，京东还为第三方卖家提供在线销售平台和物流等一系列增值服务。

京东提供13大类约4 020万SKUs的丰富商品，品类包括：计算机、手机及其他数码产品、家电、汽车配件、服装与鞋类、奢侈品、家居与家庭用品、化妆品与其他个人护理用品、食品与营养品、书籍、电子图书、音乐、电影与其他媒体产品、母婴用品与玩具、体育与健身器材以及虚拟商品（如国内机票、酒店预订等）。

截止到2014年3月31日，京东建立了7大物流中心，在全国36座城市建立了86个仓库。同时，还在全国495座城市拥有1 620个配送站和214个自提点。凭借超过20 000人的专业配送队伍，京东能够为消费者提供一系列专业服务，如：211限时达、次日达、夜间配和三小时极速达，GIS包裹实时追踪、售后100分、快速退换货以及家电上门安装等服务，保障用户享受到卓越、全面的物流配送和完整的"端对端"购物体验。

京东是一家技术驱动的公司，从成立伊始就投入巨资开发完善可靠、能够不断升级、以电商应用服务为核心的自有技术平台。京东不断增强公司的技术平台实力，以便更好地提升内部运营效率，同时为合作伙伴提供卓越服务。

8.7.2.2 股权结构

1998年6月18日，刘强东在北京中关村创业，成立京东公司。

2004年1月京东涉足电子商务领域，正式开通京东多媒体网。

为引入国外资本，2006年11月，360buy Jingdong Inc.在英属维京群岛成立，2014年1月，360buy Jingdong Inc.修改公司注册地为开曼群岛，并将公司名称变更为360buy Jingdong Inc.。

2007年4月，中国全资子公司北京京东世纪贸易有限公司（Beijing Jingdong Century Trade Co.，Ltd.，京东世纪）成立，京东原有公司的中国业务逐渐割接到京东世纪，京东世纪及其子公司在中国从事批发和零售销售、快递服务、研发、金融和互联网。

2007年4月，成立北京京东360电子商务有限公司（Beijing Jingdong 360Degree E-Commerce Co.，Ltd.，京东360），通过一系列协议，京东世纪实现对京东360的控制。京东360持有中国ICP牌照，并运营www.jd.com网站。

2012年10月,京东360通过其全资子公司收购获得在线支付许可,并提供在线支付服务。

2010年9月,江苏扬州电子商务有限公司(Jiangsu Yuanzhou E-Commerce Co., Ltd.,江苏扬州)成立,通过一系列协议实现京东世纪对江苏扬州电子商务有限公司的控制,江苏扬州电子商务有限公司主要销售书籍及音像制品。

2011年4月,全资中国子公司 Shanghai Shengdayuan Information Technology Co., Ltd.,成立,主要经营京东在线市场业务。

2012年4月,全资中国子公司天津星东有限公司(Tianjin Star East Corporation Limited,星东)成立,主要提供仓储及相关服务。

2012年8月,全资中国子公司 Beijing Jingbangda Trade Co., Ltd.成立,主要提供快递服务。

2014年1月,JD.com 香港国际有限公司(JD.com International Limited)在香港成立,该公司为中间控股公司,100%拥有京东世纪股权。

2014年3月,获得腾讯拍拍和QQ在线网购市场100%的收入及上海易迅网9.9%的股份、物流及相关资产,同时与腾讯签署了一份为期5年的战略合作协议和8年的竞业禁止协议。

8.7.2.3 融资情况

表8.8 京东融资情况

时间	投资方	融资额度
2007年8月	今日资本	1 000万美元
2009年1月	今日资本、雄牛资本及亚洲著名投资银行家梁伯韬的私人公司投资	融资2 100万美元
2011年4月	俄罗斯DST、老虎基金等共6家基金和个人融资	共计15亿美元
2012年11月	加拿大安大略教师退休基金、老虎基金	4亿美元
2013年2月	加拿大安大略教师退休基金、kingdom Holding Company等	7亿美元

2014年5月25日,京东发行价19美元。按此计算,京东市值260亿美元,成为仅次于腾讯、百度的中国第三大互联网上市公司。京东商城登陆纳斯达克首日开盘21.75美元,较19美元的发行价上涨14.5%,报收于20.90美元,较发行价上涨10%。

京东此次共发售 93 685 620 股美国存托凭证(American Depositary Receipts,ADR),代表 187 371 240 股A类普通股,每份ADS代表1/2股A类股票。上市时刘强东持有京东18.8%的股份,与Max Smart Limited(18.8%,刘强东是该公司的唯一股东和董事)一起为最大股东,老虎基金持有18.1%的股份,Huang River Investment Limited(腾讯控股)持有 14.3%的股份。同百度类似,每份 A 类优先股只有 1 个投票权,每份 B 类优先股拥有 20 个投票权。B 类股可以随时转换为 A 类股,A 类股不能任意转换为 B 股。

思考与练习

1. 初创互联网企业利润收回方法有哪些?
2. 初创互联网企业为什么要进行融资?常见的融资方式有哪些?
3. IPO 是什么意思?IPO 的时机如何选择?
4. 收入和现金之间的区别是什么?一家尚未赢利的企业是否能够有真正的自由现金流?
5. 使用 P/E 或 PEG 比率对企业估值的缺点是什么?
6. 为什么企业还没有赢利的时候就可能拥有巨大的市场价值?如何对这些企业进行估值?

第 9 章 互联网商务环境分析

9.1 环境对企业业绩的影响

企业所处的环境不仅是其业绩的决定因素,它还影响了企业采取的商务模式类型。本章我们将探讨企业所处环境对确定其商务模式和盈利能力的作用。特别地,我们将探讨互联网发展对企业的竞争环境和宏观环境的影响,以及这些影响对商务模式的重要性。

如图 9.1 所示,商务模式是在特定的环境中进行设计和执行的,本身又受互联网发展、变革以及相关技术发展的影响。对企业的业绩产生影响的环境有两种:第一种是产业或竞争环境,包括供应商、客户、配套产品或服务提供商、竞争对手、替代品以及潜在的新进入者,它们都会与企业发生各种关系。第二种是宏观环境,包括地区或中央政府和其他机构制定的政策,各种产业的企业都必须在这种环境下运作。培养对企业所处的商业环境的深入理解,有助于构建更强大,更具竞争力的商业模式。

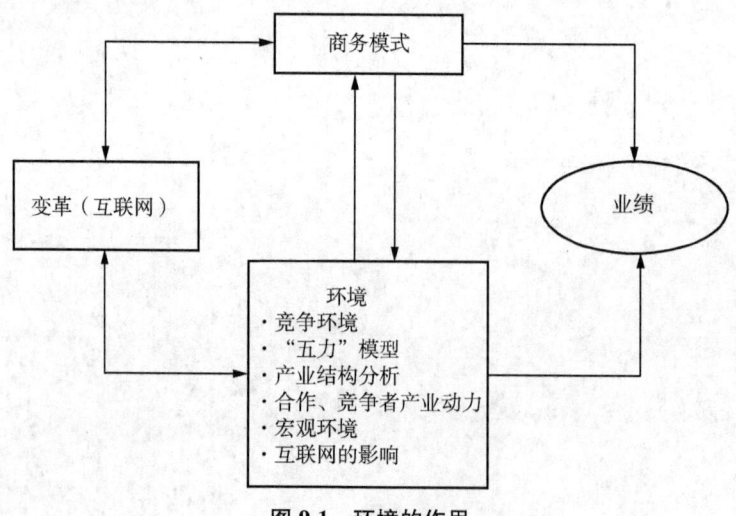

图 9.1 环境的作用

9.2 环境因素

在日益复杂的经济环境(如网络化商业模式)、更多不确定性(如技术创新)和严重的市场混乱(如经济危机、革命性的价值主张)下,持续的环境审视比以往更为重要。理解商业环境的变化趋势也能帮助我们更有效地适应不断变化的外部因素。

9.2.1 竞争环境

对于一个盈利的行业,企业可以向客户提供价值远超过成本的产品或服务。但是迈克尔·波特指出,有五种力量——供应商的讨价还价能力、购买者的讨价还价能力、潜在进入者的威胁、现有竞争者之间的竞争程度和替代产品的威胁——可以削弱企业的盈利能力(参见第2章)。我们可以通过考虑下面等式所描述的简单关系,来理解波特的"五力"对企业盈利性的影响。下方等式表示,企业的利润等于企业与客户交换它们所提供的产品或服务获取的收入减去提供这些产品或服务的成本。

$$利润 = 收入 - 成本 = P(Q) \times Q(P) - C(Q)$$

如果供应商在行业中具有较高的讨价还价能力,迫使供货价格较高,那么企业的成本将上升,相对利润就会下降。如果这些供应商不是涨价,而是提供质量较低的产品,那么企业就要因向顾客提供劣质产品而面临销售困境,甚至倒闭。这些使企业减少了产品的加价空间,必须花费更多资金提高产品质量。无论是上述的哪种情况,这个行业的利润都将减少。

强大的客户对企业的盈利性有类似影响。它们可以迫使销售价格降低,并让企业提供更高质量的产品。较低的价格和较高的质量都使得企业的盈利降低。潜在进入者进入的威胁使得企业不得不将产品的售价降低。它们还必须采取措施,建立起进入壁垒防止其他企业进入,或使自己的产品差别化。现有企业要么通过提高产品质量,要么通过削减成本来降低价格,否则销量和利润将会受到不利影响。如果一个行业中的供应商和购买者的讨价还价能力很强、竞争对手实力很强、随时有新的有力的进入者进入、替代品威胁巨大,则我们称这个行业为没有吸引力的产业,因为这样的产业利润很低。

9.2.2 宏观环境

企业、供应商、客户和配套产品服务提供商并不是在真空中运行,它们都处在由政府政策和法律法规、社会结构、技术环境、人口结构和自然环境等组成的大环境中,这些因素直接影响了产业环境。政策紧缩和放松可以增强或削弱进入壁垒,并由此增加或减少企业的盈利。例如,通过颁发有限数量的出租车执照,在一个城市中可以设置出租车市场的产业壁垒,从而保护并控制出租车拥有者的盈利。尽管政府并不直接创造新的产业,但它的角色依然极为重要。使用电脑长大的人把电脑当作自己社会生活和工作的一部分,这部分人数的增加意味着他们对电脑有不同的期望和偏好,从而意味着有很多机会创造出不同的依赖于电脑的产业。而以互联网为基础的网络经济飞速发展的当下,互联网市场的日益庞大用户人数接连攀升由此带动了像天猫、阿里巴巴、沃尔玛等不同商业模式的蓬勃发展。此外国内和国际经济因素,如利率、汇率、就业情况、收入水平和劳动生产率都影响着产业。

9.2.3 战略环境

企业战略环境包括政治经济环境、技术环境、行业市场环境等,是指对当前企业经营与前途具有战略性影响的变量,它包括外部战略环境和内部战略环境。按照企业竞争战略的完整概念,战略应是一个企业"能够做的"(组织的强项和弱项)和"可能做的"(环境的机会和威胁)之间的有机组合。

SWOT(Strengths Weaknesses Opportunities Threats)分析方法是哈佛商学院的肯尼思·安德鲁斯(Kenneth R. Andrews)于1971年在其《企业战略概念》(*The Concept of Corporate Strategy*)一书中首次提出的,是竞争情报活动中常用的一种方法。所谓 SWOT 分析,就是将企业内外部环境各方面条件进行综合和概括,分析企业内部优势因素(Strengths)、劣势因素(Weaknesses)、外部机会因素(Opportunities)和威胁因素(Threats),在此基础上,将企业内部的资源因素与外部因素造成的机会与风险进行合理、有效的匹配,从而制订良好的战略,以掌握外部机会规避威胁。SWOT 采用的理论模型如图 9.2 所示。

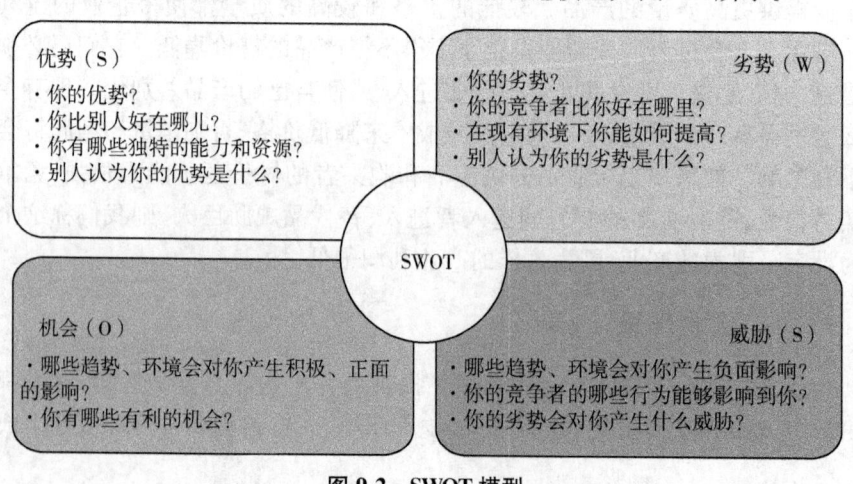

优势(S)
· 你的优势?
· 你比别人好在哪儿?
· 你有哪些独特的能力和资源?
· 别人认为你的优势是什么?

劣势(W)
· 你的劣势?
· 你的竞争者比你好在哪里?
· 在现有环境下你能如何提高?
· 别人认为你的劣势是什么?

机会(O)
· 哪些趋势、环境会对你产生积极、正面的影响?
· 你有哪些有利的机会?

威胁(S)
· 哪些趋势、环境会对你产生负面影响?
· 你的竞争者的哪些行为能够影响到你?
· 你的劣势会对你产生什么威胁?

图 9.2 SWOT 模型

9.2.3.1 企业内部优势(Strengths)

企业内部优势(S)是指一个企业超越其竞争对手的能力,或者指企业所特有的能提高企业竞争力的东西。例如,当两个企业处在同一市场或者说它们都有能力向同一顾客群体提供产品和服务时,如果其中一个企业有更高的赢利率或赢利潜力,那么我们就认为这个企业比另外一个企业更具有竞争优势。竞争优势可以是以下几个方面。

(1) 技术技能优势:独特的生产技术,低成本生产方法,领先的革新能力,雄厚的技术实力,完善的质量控制体系,丰富的营销经验,上乘的客户服务,卓越的大规模采购技能;

(2) 有形资产优势:先进的生产流水线,现代化车间和设备,拥有丰富的自然资源储备,吸引人的不动产地点,充足的资金,完备的资料信息;

(3) 无形资产优势:优秀的品牌形象,良好的商业信用,积极进取的企业文化;

(4) 人力资源优势:关键领域拥有专长的职员,积极上进的职员,很强的组织学习能力,丰富的经验;

(5) 组织体系优势:高质量的控制体系,完善的信息管理系统,忠诚的客户群,强大的融资能力;

(6) 竞争能力优势:产品开发周期短,强大的经销商网络,与供应商良好的伙伴关系,对市场环境变化的灵敏反应,市场份额的领导地位。

9.2.3.2 企业内部劣势(Weaknesses)

企业内部劣势(W)是指企业缺少或做得不好的东西,或指某种会使企业处于劣势的条件。可能导致内部劣势的因素有:

(1) 缺乏具有竞争意义的技能技术;

(2) 缺乏有竞争力的有形资产、无形资产、人力资源、组织资产;

(3) 关键领域里的竞争能力正在丧失。

9.2.3.3 外部机会(Opportunities)

市场机会是影响企业战略的重大因素。企业管理者应当确认每一个机会,评价每一个机会的成长和利润前景,选取那些可与企业财务和组织资源匹配、使企业获得的竞争优势的潜力最大的最佳机会。潜在的发展机会可能是:

(1) 客户群的扩大趋势或产品细分市场;

(2) 技能技术向新产品新业务转移,为更大客户群服务;

(3) 前向或后向整合;

(4) 市场进入壁垒降低;

(5) 获得并购竞争对手的能力;

(6) 市场需求增长强劲,可快速扩张;

(7) 出现向其他地理区域扩张,扩大市场份额的机会。

9.2.3.4　外部威胁(Threats)

在企业的外部环境中,总是存在某些对企业的盈利能力和市场地位构成威胁的因素。企业管理者应当及时确认危及企业未来利益的威胁,做出评价并采取相应的战略行动来抵消或减轻它们所产生的影响。企业的外部威胁可能是:

(1) 出现将进入市场的强大的新竞争对手;
(2) 替代品抢占企业销售额;
(3) 主要产品市场增长率下降;
(4) 汇率和外贸政策的不利变动;
(5) 人口特征、社会消费方式的不利变动;
(6) 客户或供应商的谈判能力提高;
(7) 市场需求减少;
(8) 容易受到经济萧条和业务周期的冲击。

从整体上看,SWOT 可以分为两部分:第一部分为 SW,主要用来分析内部条件,着眼于企业自身的实力及其与竞争对手的比较;第二部分为 OT,主要用来分析外部条件,将注意力放在外部环境的变化及对企业的可能影响上。在分析时,应把所有的内部因素(优劣势)集中在一起,然后用外部的力量来对这些因素进行评估。利用这种方法找出对企业有利的、值得发扬的因素,以及不利的、要避开的东西,发现存在的问题,找到解决办法,并明确以后的发展方向。

根据这个分析,可以将问题按轻重缓急分类,明确哪些是目前急需解决的问题,哪些是可以稍微拖后一点儿的事情,哪些属于战略目标上的障碍,哪些属于战术上的问题,并将这些研究对象列举出来,依照矩阵形式排列,然后用系统分析的思想,把各种因素相互匹配起来加以分析,从中得出一系列相应的结论,而结论通常带有一定的决策性,最大的现实意义在于帮助分析形势,在项目论证、企业战略制定、年度经营计划分析时,为企业做出较正确的决策和规划提供结构性方法论支持。另外,因为其简单易于推广,通过几次练习后,就有望成为团队共知的方法工具,用同样的结构和方法论更能促成团队思考决策的同频率,比较利于做出科学统一的决策。

9.3　产业结构分析

在竞争日趋激烈的环境下,最有效的战略模式是竞争战略(Competitive Strategy)。形成竞争战略的实质就是使一个企业与其环境建立起联系。

尽管相关环境的范围广阔,包含经济因素、社会因素等,但企业环境的最关键部分就是企业投入竞争的一个或几个产业。

产业结构(产业内部力量)强烈地影响着竞争规则的确立以及潜在的可供企业选择的战略。产业外部力量主要在相对意义上有显著作用,因为外部作用力通常影响着产业内部所有企业。因此,企业的竞争能力关键在于这些企业对外部影响的应变能力。

9.3.1 互联网对产业环境的影响

互联网为企业提供了一个虚拟世界,在这个世界中,许多战略理论建立的基础发生了重大的变化,引发了我们对其重新思考,下面我们可以用波特的五力模型来讨论互联网对产业盈利性的影响如图 9.3。

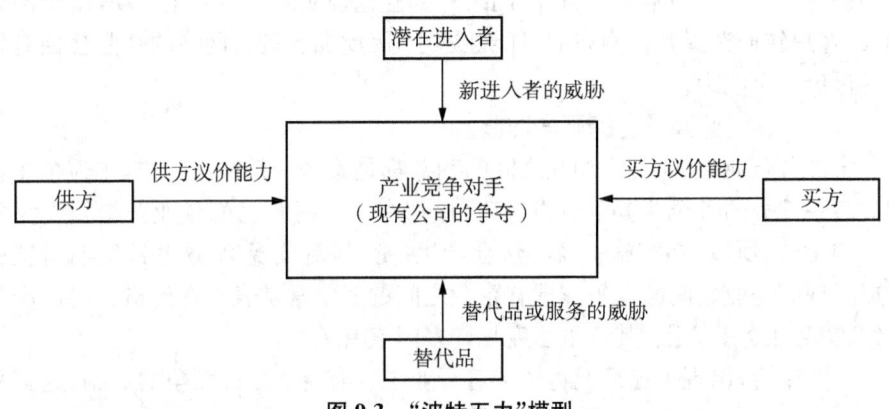

图 9.3 "波特五力"模型

9.3.1.1 供应商

如前所述,产业中的供应商可能力量很强,它通过提高价格或降低产品质且迫使产业的利润下降。这种力量的来源之一是供应商对企业产品、价格和成本信息的了解,而其他人是不了解这些信息的。企业对其供应商和它所购买的产品越了解,在砍价中就越占据有利位置。由于互联网消除了企业和供应商之间信息不对称的情况,更多的人可以了解到产品本身及其价格的信息,这样就平衡了企业和供应商之间在讨价还价能力上的差距。例如,通过浏览众多供应商的网站,要购买汽车的人可以获得很多关于汽车本身、价格以及融资服务的详细信息——这些信息曾经是汽车经销商主要的实力来源。其结果是企业对其供应商有了更强的讨价还价能力。互联网分销渠道的特性意味着相较于互联网出现之前,会有更多的供应商与企业接触,而其跨地区性使得企业通过网络寻找新的供应商的成本人为降低,使其不必依赖于现有的供应商。例如,现在的软件开发商可以绕开电脑经销商直接将它们的产品放在网上。这种特性有效地增加了供应商的数量,赋予了企业(客户)更高的讨价还价能力。互联网无处不在的特性有双重的效果。一方面,它使得在某一地区的企业不用像互联网出现之前那样过分依赖当地的供应商,企业可以向全世界的供应商询价;另一方面,它还使得供应商可以将它们的产品卖给世界范围内更多的企业。

9.3.1.2 客户

互联网给予了企业更大向其供应商讨价还价的能力,与此相同,客户主要通过压价与要求提供较高的产品或服务质量的方式,来获得更多的利益。然而,互联网媒介技术的特性使企业与客户之间的关系不仅仅具有供应商和企业之间的关系的特点。媒介技术使得企业拥有不止一种客户,他们通过媒介相互关联,信用卡连接了商家和持卡人;计算机操作系统连接了硬件生产商、应用开发商和用户;报纸连接了读者和广告商;家用视频游戏机连接了游戏开发商和游戏玩家,从而创造了一个多边平台。另外,网络外部性也说明对某些应用活动,由于网络越大,客户转而选择其他网络的可能性越小,因此拥有较大网络的企业会拥有较强的讨价还价能力。

9.3.1.3 同业竞争者的竞争程度

大部分行业中的企业,相互之间的利益都是紧密联系在一起的,作为企业整体战略一部分的各企业竞争战略,其目标都在于使得自己的企业获得领先竞争对手的优势,所以,在实施中就必然会产生冲突与对抗现象,这些冲突与对抗就构成了现有企业之间的竞争。现有企业之间的竞争常常表现在价格、广告、产品介绍、售后服务等方面,其竞争强度与许多因素有关。

一般来说,出现下述情况将意味着行业中现有企业之间竞争的加剧,这就是行业进入障碍较低,势均力敌的竞争对手较多,竞争参与者范围广泛;市场趋于成熟,产品需求增长缓慢;竞争者企图采用降价等手段促销;竞争者提供几乎相同的产品或服务,用户转换成本很低;一个战略行动如果取得成功,其收入相当可观;行业外部实力强大的企业在接收了行业中实力薄弱企业后,发起进攻性行动,结果使得刚被接收的企业成为市场的主要竞争者;退出障碍较高,即退出竞争要比继续参与竞争代价更高。在这里,退出障碍主要受经济、战略、感情以及社会政治关系等方面考虑的影响,具体包括:资产的专用性、退出的固定费用、战略上的相互牵制、情绪上的难以接受、政府和社会的各种限制等。

我们知道现有企业之间激烈的竞争可能导致价格大战的发生,使价格大大下降,或导致广告和促销大战发生,使成本提高。这两种情况都会降低企业所在行业的利润。对很多产品来说,互联网的产生都意味着更多的竞争。为什么?要回答这个问题,我们先来看一看图书零售业。一家地区的图书销售商在过去的传统经济中只需面对同城或临近城市书店的竞争。有了互联网,由于这一地区的顾客可以从不断增加的网络销售商手中购买,因此它面临的竞争对手的数量会迅速增加。

互联网无处不在的特性有两种相反的影响,一方面,竞争者来自全世界任何地方,这使得竞争对手大大增加;另一方面,市场也扩展到了全世界,它减少了竞争,因为这时大家有"一张更大的饼"可以分享。

9.3.1.4 潜在进入者的威胁

潜在进入者在给行业带来新生产能力、新资源的同时,希望在已被现有企业瓜分完毕的市场中赢得一席之地,这才有可能与现有企业发生原材料与市场份额的竞争,最终导致行业中现有企业盈利水平降低,或者迫使企业花费资金阻止它们进入,这也会使企业现有的利润降低。严重的话还有可能危及这些企业的生存。潜在进入者威胁的严重程度取决于两方面的因素,这就是进入新领域的障碍大小与预期现有企业对于进入者的反应情况。如果潜在的进入者对现有的企业、它们的产品、成本和价格知之甚少,那么对现有的企业来说,会降低进入的威胁。如果潜在的进入者相信它们进入后会获利,那么它们就会进入这一产业。做出这一决定需要了解现有企业的成本和价格。互联网向这些潜在的进入者提供了这些信息,因此现有企业所面临的进入威胁就会增大,进而降低了它们的盈利性。互联网可以作为某些产品的分销渠道这一现象也使得新进入的威胁增大。例如,在出现互联网之前,软件开发商并不能在电脑和软件零售商那里获得属于自己的货架。有了互联网,所有的软件开发商要做的就是开发软件,然后将它放在网上供客户下载。这使得能够进入该产业的企业增加了。由于互联网无处不在的特性,一家位于巴黎的企业可以向位于东京的客户销售软件,这也使得进入的威胁增加了。

最后,由于互联网低门槛的特性,对于那些进入壁垒依赖于某种形式的媒介技术的产业来说,进入的威胁将大大增加。这些产业涉及长途电话服务、报纸、电视、广播以及金融服务等。

9.3.1.5 替代品的威胁

替代的产品或服务通过向购买者提供其他的选择减少了对原有产品的需求。由于互联网提供了更多的关于价格、替代品的特性以及它对原有产品的替代程度的信息,使得客户更容易找到并使用这些替代品,因此替代的可能性增加了。由于替代品生产者的侵入,使得现有企业必须提高产品质量、通过降低成本来降低售价或者使其产品具有特色,否则其销量与利润增长的目标就有可能受挫。可以通过互联网分销的替代品对企业原有产品的威胁更大。由于来自全世界各地的替代品都可以参与竞争,无处不在的特性也使得产品有了更多的替代品。

9.3.1.6 互补品提供商

互补品提供商是为某种产品生产提供配套产品和服务的企业。例如,应用软件是操作系统的互补产品,Windows生产的企业通过鼓励其他应用软件厂商开发基于此平台上的程序,大力地发展了 DOS、WINDOWS 的互补产品——与 DOS、WINDOWS 兼容的应用软件,随着此类应用软件数量的增加,该企业的操作系统对顾客的价值也在不断提高。

这些力量汇聚起来决定着该产业的最终利润潜力。这里利润潜力是以长期投资回报来衡量的,不是所有产业都有相同的潜力。最终利润潜力会随着这种合力的变化而发生根本性变化;这些作用力随产业不同而强度不同。在那些作用力强度大的产业,如轮胎、造纸和钢铁等,没有一个企业能赚取超常收益。而在强度缓和的产业,如油田设备及服务设施、化妆品及卫生用品,获取高利润是不足为奇的。

9.3.2 产业竞争力分析

一个产业是由一群相近替代产品的企业组成的。这里我们假设产业的界限已经划分开了。"完全竞争"保底收益或"竞争平衡"保底收益或"自由市场"收益,即产业竞争不断将投资资本收益率压低到竞争平衡保底收益水平,这一水平就是经济学家所谓的"完全竞争"保底收益。

而"完全竞争"保底收益的衡量是用政府长期债券的收益加上对投资损失风险的补偿来估算的。企业退出是投资者们无法长期接受比"完全竞争"保底收益更低的收益,他们可以选择其他产业投资或者被排挤出去。企业进入则是高于"完全竞争"保底收益的产业将刺激该产业的资本输入,表现为新的企业进入或者对原有竞争者追加投资。

9.3.2.1 进入威胁

进入威胁是指一个产业加入了新对手,这些新对手往往引进新的业务能力,具有夺取市场份额的欲望,也常常带来可观的资源。他们是进入产业中的新的竞争者、"入侵者"。新竞争者进入,其结果可能使产业中的价格被压低或导致守成者的成本上升,利润率下降。造成进入威胁的潜在竞争对手并非只是新建企业,还可能是有一些企业从其他市场通过兼并扩张进入某产业,它们通常用自己的资源对该产业造成冲击。

企业进入某行业的途径包括投资新的企业或兼并其他企业。新办的企业进入,如当当、华为、港湾、戴尔;兼并进入,如海尔、Amazon、eBay、阿里巴巴。

进入威胁的大小取决于进入壁垒和守成者反击的决心,主要存在 7 种壁垒源:

(1) 规模经济

规模经济表现为在一定时期内产品的单位成本随总产量的增加而降低。规模经济的存在阻碍了对产业的入侵,入侵者将面临两类风险:大规模生产承担原有企业强烈抵制的风险;小规模生产则必然会因为产品成本居高不下而处于劣势,这两种情况都是进入者所不愿意的。规模经济存在于企业经营的各个环节:制造、采购、研究与开发(R&D)、市场营销、售后服务、销售能力的利用及分销等方面。例如施乐(Xerox)和通用电器(GE)就曾沮丧地发现:生产、研发、市场开发与服务方面的规模经济是进入计算机主机行业的关键壁垒。但是,Juniper 却成功地利用产品、营销、服务外包进入了路由器行业。

(2) 产品差异化

产品差异化意味着现有企业由于过去的广告、顾客服务、产品特色或由于第一个进入该产业而获得商标信誉及顾客忠诚度而具有的优势。产品差异化建立了进入壁垒,迫使外部进入者耗费巨资去征得现有用户的忠实性而由此造成某种障碍。而且又在同一市场上使本企业与其他企业区别开来,以产品差异化为争夺市场竞争的有利地位。

(3) 资本需求

竞争需要的大量投资所构成的进入壁垒,特别是高风险或不可回收的前期广告、研究与开发等。生产设施、顾客信用、库存、启动亏损等都需要资本。进入的高风险所形成的壁垒,构成了产业中现有企业的优势。例如:德国汽车制造商推出的一种租车概念"随租随行"通过出租汽车而不是销售汽车的形式增大对流动资金的需求量而建立了进入壁垒。

(4) 转换成本

转换成本的存在构成一种进入壁垒,即客户由从原供应商处采购产品转换到另一供应商那里时所遇到的一次性成本。转换成本包括:雇员重新培训成本、新的辅助设备成本、检测考核新资源所需的时间及成本,由于依赖供应方产品支持而产生的对技术帮助的需要、产品重新设计,甚至包括中断老关系所需付出的心理代价。新进入者必须面对这些成本的付出。

(5) 获得分销渠道

新进入者需要有足够的渠道以确保其产品的分销,这一要求也构成进入壁垒。

在某种程度上,产品的理想分销渠道已为原有的企业所占有,新的企业必须通过压价、协同分担广告费用等方法促使分销渠道接受其产品,这些方法的采用均以降低利润为代价。

(6) 与规模无关的成本劣势

已立足企业具有一些潜在进入者无法比拟的成本优势:专有的产品技术,专利、保密等方法独享其使用权,原材料优势,地点优势,政府补贴,学习或者经验曲线,这些都使原有企业的成本降低而形成优势。

(7) 政府政策

政府能够限制甚至封锁对某产业的进入。比如:许可证制度、信贷政策、税收政策等。进入壁垒有以下几种特点：

① 进入壁垒随上面的条件不断变化。

② 尽管有时进入壁垒变化的范围大大超出企业所掌握的范围，但企业的战略决策仍然能产生重要的影响。

③ 有一些企业可能因具有某些资源或者技能，使它们在克服壁垒进入某个产业时所付出的成本比其他企业少。

潜在进入者对于现有竞争对手的反击预期也将对进入的威胁产生影响。

强烈报复可能性的条件有四条：对进入者用于报复的历史；已立足企业具有相当充实的资源条件进行反击，包括富裕的现金、剩余的借贷能力、过剩的生产能力，或者在顾客以及销售渠道方面很强的杠杆；已立足并深陷该产业，并且在该产业中使用流动性很低的资产；产业发展缓慢。现有企业吸收新企业的能力受限。

9.3.2.2　现有竞争对手间争夺的剧烈程度

影响现有竞争对手争夺激烈程度的因素包括：众多或势均力敌的竞争对手，产业增长缓慢，高固定成本和高库存成本，差异化或转换成本欠缺，大幅度增容，高额战略利益，退出壁垒大——专用性资产、退出的固定成本、内部战略联系、感情障碍、政府及社会约束。竞争的常用战术有：价格战、广告战、产品引进、增加顾客服务及保修业务。最典型的竞争形式为价格战。同时，它也是最不稳定的竞争模式，一般地说，价格竞争较为激烈，特别是竞争双方轮番降价，经常造成两败俱伤，从而有可能导致整个行业的受损。较好的竞争形式为广告战。广告战最可能扩大需求或提高产品差异化水平，从而使产业中所有企业受益。比如淘宝 vs.易趣。

9.3.2.3　替代产品的压力

广义上看，一个产业的所有企业都与生产替代品的产业竞争。替代品设置了产业中企业可谋取利润的定价上限，从而限制了一个产业的潜在收益。认识替代品可以寻找能够实现本产业产品同样功能的其他产品。有些产业做到这点并不容易，比如证券经纪人正日益严重受到替代者的威胁，包括不动产、保险业、货币市场基金以及其他个人资本投资方式。应当予以极大重视的替代品有：具有改善产品价格—性能比的产品；由赢利性很高的产业生产的产品。

9.3.2.4　客户价格谈判实力

客户的产业竞争手段是压低价格、要求较高的产品质量或索取更多的服务项目，并且从竞争者彼此对立的状态中获利。

客户的谈判实力可以表现为：相对于卖方的销售力量而言，购买是大批量和集中进行的；客户从产业中购买的产品占其成本或购买数额相当大的比例；从产业中购买标准的或非差异性产品；客户转换成本低；客户赢利低；客户有采取后向一体化的选择,比如通用汽车;产品对客户产品的质量及服务无重大影响;购买者掌握充分的信息。

9.3.2.5 供应商价格谈判实力

供应商可以通过提价或降低所购产品或服务的质量的威胁来向某个产业的企业施加压力。供应商实力强劲有以下几个特征:供应商产业由几个企业支配,且其集中化的程度比客户产业高;供应商在向某产业销售中不必与替代品竞争;该产业并非供应商的主要客户;供应商产品是客户业务的主要投入品;供应商集团的产品已差异化或已转换成本;供应商集团表现出前向一体化的现实威胁。

产业结构分析可以深入表面现象之后分析竞争压力的来源,使企业适当定位,针对现有竞争作用力结构提供最佳防卫;通过战略性行动影响竞争作用力的平衡,从而改善企业的相对处境;预测竞争对手作用力的深层次因素的变迁,并做出相应的反应,在竞争对手察觉之前,通过选择适应于新竞争环境的战略,取得先动优势等作用。

9.4 合作/竞争者和产业动力机制

9.4.1 合作/竞争者

企业及其合作/竞争者——直接竞争对手、供应商、客户、辅助产品服务提供商和潜在进入者,企业必须与它们竞争或合作,我们对它们的讨论并没有真正客观地评价这些合作/竞争者对企业利用互联网的促进作用。首先,客户所感觉到的价值很难分清哪一部分是企业提供的,哪一部分是供应商、客户或辅助产品服务提供商提供的。我们看一看各种流行有趣的互联网游戏,这些游戏之所以有趣,是因为ISP(互联网服务提供商)的门户站点、最后一公里服务提供商的连入家庭的网络速度、骨干网路提供商的网络运营,还是游戏设计者的设计?我们要指出的是,价值是所有的参与者共同传送到客户那里的。因此,产业分析中还应该包括对产业中主要的供应商、客户和配套辅助产品服务提供商的分析。对客户和供应商进行分析的时候,不能只注意它们对企业的讨价还价能力,还应注意到它们是有可能有兴趣与企业进行合作的。2013年,金山选择和腾讯合作也是看中了腾讯庞大的用户,可以更好地推广其产品和服务。

9.4.2 产业动力机制和发展

在五力产业分析中,我们预测互联网对竞争和产业的盈利性的影响时,假定这些产业是静止的。然而,由于重要技术的不断进步(例如互联网),竞争者的相互竞争,争夺优势求生的过程是一个动态的过程。随着产业的发展,产业结构和行为都在不断地发生变化。

进入和退出某一产业的企业数量紧随技术的发展变化,在技术发展的早期,风险投资和其他投资者愿意对它投资,创业者希望抓住这个技术带来的机遇,利用基于这种技术的产品和服务,趁技术尚处在模糊阶段,有大量新进入者而鲜有失败者时去争取优势。例如,20 世纪 90 年代末,大量的风险资本和创业者都瞄准了互联网,仅 ISP 行业就吸引了成百上千个新进入者。在增长期,企业进行标准上的竞争,建立与客户的关系,建立品牌忠诚度并争夺市场份额。对于绝大部分互联网初创企业来说,这意味着需要争取用户,建立大规模的网上社区,赢得"注意占有率",树立自己的品牌。同时,客户也正在"发现"他们的需要。最后,某些产品/服务的设计成为主流的设计。一些企业被迫退出,其他企业纷纷进行合并,随着技术发展进入一个稳定阶段,仍生存着的企业数量大大下降。直到 2000 年,互联网还没有达到产业的成熟期。

例子:

汽车产业的发展为我们勾勒出了未来互联网的发展以及众多产业利用互联网的情况。19 世纪 90 年代到 20 世纪 30 年代,汽车产业发展的早期,美国有将近 2 000 家企业进入了这一行业。就如同 2000 年这一大潮的代名词是".com"一样,那时的代名词是"汽车"。而在 2000 年,美国只有两家主要的汽车企业(由于克莱斯勒企业与戴姆勒·奔驰企业合并为戴姆勒-克莱斯勒企业,因此它被看作一家德国企业)。在互联网的成熟期,以互联网为基础的企业会比 2000 年少得多。

9.5 宏观环境

在 9.2.2 中,我们对宏观环境的内涵做了初步介绍,本节我们将从更具体的角度来讨论企业发展与其所处宏观环境的关系。我们认为这些环境因素有四类:(1) 提供融资支持并对创新给予回报的机制;(2) 可以容忍失败的文化;(3) 相关产业、大学和其他研究机构的存在;(4) 政府的政策。

9.5.1 融资支持和回报:IPO 和风险资本

即使在互联网时代,我们仍然需要讨论资金的问题。互联网的活动需要融资。很多创业者或雇员都由于对未来收入的预期而受到互联网的吸引。因此,一个能够提供融资和回报的环境将有利于互联网行业的发展。我们首先从回报机制谈起,它随国家的不同而不同。例如,在美国,对创新的回报数量是一个天文数字。这些回报来自不同形式。首先,首次公开发行上市(IPO),企业可以向公众出售自己的股票。经过几年的工作,在一天之内,创业者就可以成为亿万富翁,而企业中其他人也可以使他们的财富变成几百万美元。企业还可以将企业中有创业概念的部分分拆上市来提高企业的股价。对这种回报的预期可以作为开创新的互联网业务、激励员工努力工作的绝佳的动力。从 IPO 及其一系列的股票估价中获得的资金可以成为企业一个非常有价值的短期战略目标。就如同网景企业的创立者、前任主席詹姆斯·克拉克(James H. Clark)解释的那样:"没有 IPO,你就没有这些初创的企业。IPO 为这些梦想的实现提供了动力。没有它你就会死。"互联网企业,例如 Amazon.com 和其他企业,在 IPO 的时候甚至还没有盈利。不幸的是,不是所有的宏观环境都提供了这样的回报和融资的来源。例如,在日本,企业必须出示最近几年的盈利状况才能在国内的场外市场(OTC)挂牌交易。这个过程需要花费 10 年,而在美国 5 年以内就可以完成。在 1998 年和 1999 年这一过程甚至更短。

风险资本的获得部分原因是有融资回报预期的结果。获得风险资本的支持对于互联网行业来说是非常重要的。银行和其他融资来源一般认为这些项目风险太高,因此不愿提供融资,而风险资本允许企业去大胆地追求新的想法。一些创业者使用个人和家庭的储蓄或从朋友那里借钱来对其创新融资,同样是因为拥有对回报的预期。对回报的这种预期与风险资本的结合使更多的人可以探索创新的想法。很多已经很成功的人通常都会对其他寻求创新的活动再投资。

9.5.2 容忍失败的文化

很多初创的企业不会得到 IPO 的机会,或者在 IPO 之后就失败了。这样的失败并没有阻止创业者和为创新融资的风险资本的脚步,这其中有很多原因。首先,那些失败者从失败的过程中学到了很多东西,这会使下一次成功的机会增加。它们所获得的能力可以用于进行其他创新。即使它们所学到的东西与下一次创新毫无关系,它也是有用的。第二,风险资本企业在找到降低风险的办法(例如,通过向初创企业提供管理专家咨询等)之前,已经看到了很多失败。而且,有一些风险资本来自已经成功的创业者,他们都经历过失败。在欧洲,破产法是非常严厉的,失败的创业者被打上了失败的烙印。而在硅谷,"破产被看作勇敢的象征——一块战斗留下的伤疤"。通常,在美国纽约的硅街或加利福尼亚的硅谷,企业都把这种情况看作常有的事。

9.5.3 相关产业、大学和其他研究机构的存在

环境是一种重要的创新来源。人与人之间的交流是不可述的知识,市场是最好的传递方式,区域环境是创新很好的来源,它可以帮助地区内的企业更好地

认识到可能的创新。相关产业的存在就是一个例子,与供应商和创新的配套产品和服务提供商毗邻可以增加企业利用它们产生的新想法和机会。Amazon.com 的创始人杰夫·贝索斯就将企业迁移到了西部,那里有众多的电脑软件开发商,同时也与图书分销商临近。

与大学和其他研究机构邻近从两方面有助于创新。首先,这些机构培训了人员,可以使他们继续投入原来的工作或创立自己的企业。Yahoo! 的创始人是斯坦福大学的毕业生,网景的创始人是伊利诺伊大学的学生。这种例子不胜枚举。第二,以基础研究为内容的学术出版物经常可以促进企业向某一应用领域投资。

9.5.4　政府政策

最后,政府在创造有利于创新环境的工作中直接或间接地扮演了非常重要的角色。直接的作用是,政府可以资助国家卫生部或国防部的研究。互联网本身就是源于国防部的 DARPA(美国国防部高级研究计划局)工程。更重要的是,政府资助计算机科学和通信网络研究,培养出成千上万的计算机科学和电子工程方面的专家,现在他们占据了互联网行业中的很多重要职位。

政府的间接作用表现在规制和税收方面。较低的资本利得税或其他规制措施使得企业能够保留更多的收入,从而可以对创新投入更多。对电子商务征税将会对互联网产生重大影响。其他的规制措施也是极为重要的。例如,实行网络实名制,以法律形式来保障互联网对经济发展的促进作用,这关系到中国对经济发展机遇的把握,也关系到中国如何利用高科技创造后发优势,进行产业创新,保护知识创新。

9.6　典型案例:沃尔玛

9.6.1　诞生与发展

Internet 技术飞速发展,随之而来的是电子商务的飞速发展,许多传统企业的产品都采取通过互联网促进销售,取得了良好的收益,给企业带来巨大成功。网络经济时代开始慢慢降临人类社会,沃尔玛的营销模式也随之发生着变化。

沃尔玛是由美国零售业的传奇人物山姆·沃尔顿(Sam Walton)于 1962 年在阿肯色州成立的。他在该州班顿威尔镇开办了店名为"5—10 美分"的廉价商店,当时只是一家名不见经传的小企业,随后他开办了第一家连锁商店,开始了扩张的步伐。经过近 50 年的发展,沃尔玛企业目前已经成为美国最大的私人雇主和世界上最大的连锁零售商。该企业在 15 个国家开设了超过 8 000 家商场，下设 53 个品牌，每周为客户和会员提供服务超过 2 亿次(图 9.4)。从全球企业发展历史上来看，沃尔玛的成功创造了服务业的伟大奇迹。

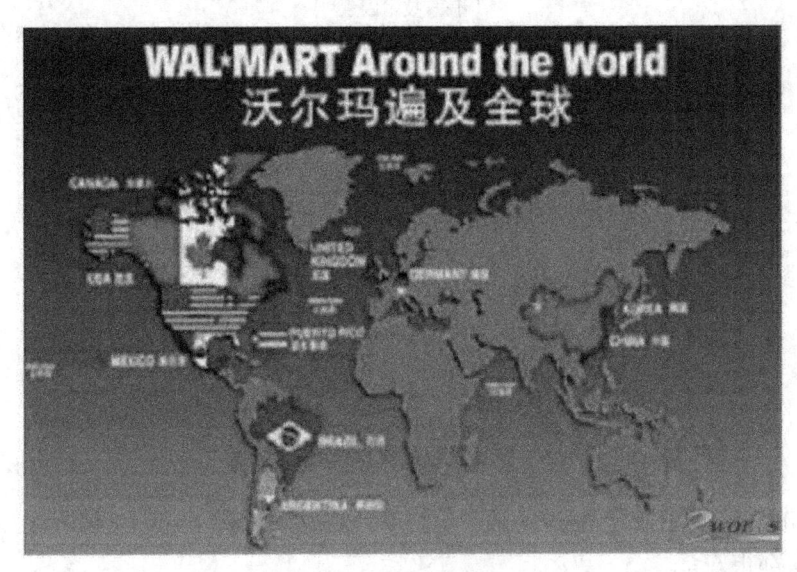

图 9.4　遍及全球的沃尔玛

9.6.2　影响沃尔玛营销模式的因素

互联网的飞速发展带动沃尔玛营销模式的变革和战略性的转变，比如管理思想、决策方法、营销方式等。可能对营销模式产生营销的因素有很多，既包括积极的，也包括消极的，此处将其分为三大类：宏观环境影响因素、市场影响因素、企业自身影响因素。这三类因素对于互联网商务环境下沃尔玛营销模式的形成和发展都存在着非常重要的作用，互联网商务营销模式的物质技术基础是信息技术、经济环境；企业和广大消费者选择其的原因和动力是需求和效益；对互联网商务的形成和发展具有指引作用和保证作用的是社会文化、政治和法律因素；企业因素也是影响其是否采取互联网商务模式的重要因素(图 9.5)。

9.6.3　新的挑战

然而随着网络的普及和人们消费习惯的变化，使企业对信息资源进行即时共享，信息的传递不再受时间、地域的阻隔。在线零售店在此基础上得到发展，很大程度上提高了企业的生产经营效率，同时大大降低了经营管理和贸易流程中的各项成本。如在利润丰厚的家电、办公和娱乐产品市场，亚马逊已经超越了很多巨头位列第二，这种蔓延会威胁到沃尔玛的生存。随即，亚马逊股价也大

```
政策因素
经济因素
社会文化因素
信息技术因素
法律因素
……
```

```
需求因素
价格因素
效益因素
现存竞争因素
潜在进入者因素
……
```

```
电子商务环境
下沃尔玛营销
模式的变革
```

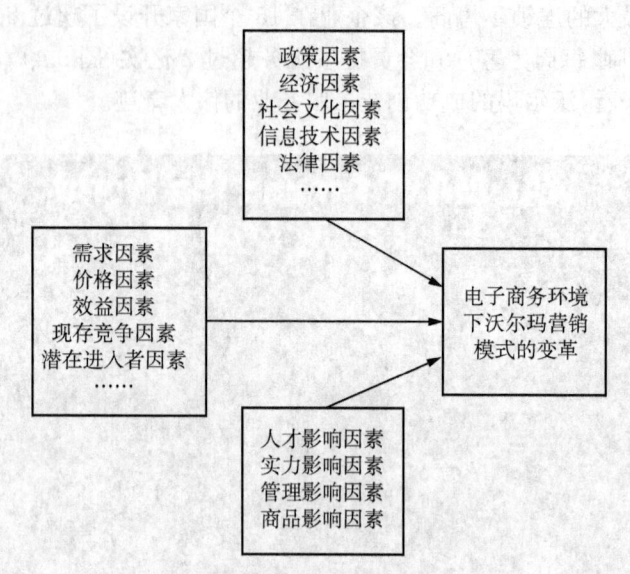

```
人才影响因素
实力影响因素
管理影响因素
商品影响因素
```

图 9.5　影响沃尔玛商务模式的因素

涨,其市值已超亿美元,超过了沃尔玛一半。在这种情况下,沃尔玛如何应对,想必大家都很好奇。

9.6.4　沃尔玛的应对

现有竞争者之间经常采用的竞争手段有价格战、广告战、引进产品及增加对消费者的服务和保修。然而作为传统零售业的"巨擘",沃尔玛拥有众多的分支机构、完善的配送系统、遍布全球的商品供应商、数量庞大的客户群体以及较为完备的信息管理体系,这些对新兴的网络零售商而言可望不可即的优势,恰恰是沃尔玛在电子商务发展中的"夺命暗器"。基于其所拥有的独特条件和优势,沃尔玛从以下五个方面采取了适合自身发展的电子商务策略,逐步扫除障碍,成为零售业电子商务发展的新"霸主":

(1) 为客户提供海量商品的购买选择;
(2) 将成本优势回馈给广大客户;
(3) 为客户提供全方位的购物信息服务;
(4) 免除客户对商品不满意的后顾之忧;
(5) "以客户为本"的安全与隐私保护政策。

经过几十年的成长,沃尔玛已经形成自己明确的价值观和企业文化。实践告诉我们,电子商务对传统零售商而言并不仅仅是冲击而已,很大程度上可以说是传统零售商转型升级的一次重要机会。当前我国有不少的传统零售商对电子商务的快速兴起可谓又恨又怕,对如何部署电子商务的发展策略一筹莫展。从大的发展趋势来看,无论是客户的需求还是市场的竞争,开展电子商务业务都是大多数传统零售商必须做出的选择,如果不能及早进行相应的部署,就会越来越陷入被动,甚至会在不远的将来陷入绝境。

思考与练习

1. 举出一个产业,其中新进入者相对原有的企业具有优势。什么因素使其拥有这种优势?
2. 一般而言,守成者都会不断释放市场信号给进入者,那么什么样的信号能够降低进入威胁呢?
3. 举出一些合作、竞争的例子。它们为什么合作?它们又是怎样竞争的?
4. 举出一个由互联网引出的产业,哪些"传统"产业会受到这个新生产业的威胁?为什么?请具体说明。
5. 举出一个例子,说明提供客户价值是企业盈利的必要条件而不是充分条件。

第 10 章　互联网商务战略与管理

10.1　战略与战略管理

10.1.1　战略的概念

战略的含义非常丰富,在西方管理文献中并没有一个统一的定义。下面是一些有代表性的关于战略的定义。

肯尼斯·安德鲁斯(K. Andrews)确定或反映组织的目标、意图等的决策;规定组织从事的业务或服务范围的决策;确定组织将要或想要成为何种经济或人力组织的决策;关于将要为其股东或托管人、员工、客户和社会所做的经济或非经济贡献的决策。

鲁姆斯·奎因(J. B. Quinn)战略是一种模式或计划,它将一个组织的主要目的、政策与活动按照一定的顺序结合成一个紧密的整体。一个完善的战略有助于组织根据自己的优势和劣势、环境中的预期变化以及竞争对手可能采取的行动合理地配置自己的资源。

伊戈尔·安索夫(H. I. Ansoff)组织在制订战略时,有必要先确定自己的经营性质。企业无论怎样确定自己的经营性质,目前的产品和市场与未来的产品和市场之间都存在着一种内在的联系,这种联系是"共同的经营主线"。通过分析企业的"共同的经营主线"可把握企业的方向,同时企业也可以正确地运用这条主线,恰当地掌握自己内部管理的情况。经济发展的现实对管理学家和经理人提出了客观的要求,即企业的战略必须一方面能够指导企业的生产经营活动,一方面能够为企业的发展提供空间。

企业战略则是对企业各种战略的统称,其中既包括竞争战略,也包括营销战略、发展战略、品牌战略、融资战略、技术开发战略、人才开发战略、资源开发战略,等等。企业战略虽然有很多种,但基本属性是相同的,都是对企业整体性、长期性、基本性问题的谋划。

10.1.2 战略管理过程

一般来说,战略管理包含三个关键要素:战略分析——了解组织所处的环境和相对竞争地位;战略选择——战略制定、评价和选择;战略实施——采取措施使战略发挥作用。图 10.1 是战略管理过程及主要组成要素示意图,它给出了战略管理过程的大致构架,可以作为理解战略管理过程的向导。

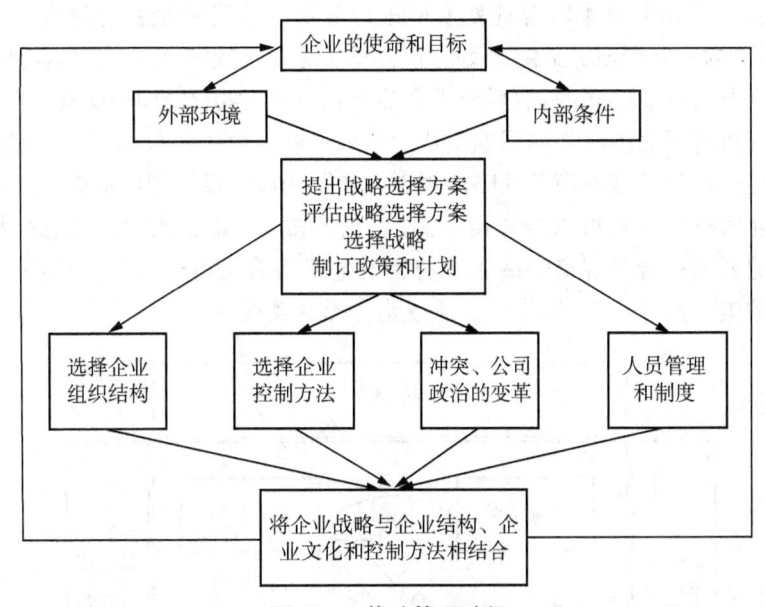

图 10.1 战略管理过程

战略管理是一个循环的过程,而不是一次性的工作。要不断监控和评价战略的实施过程,修正原来的分析、选择与实施工作,这是一个循环往复的过程(图 10.2),企业战略的规划和实现就是建立在这一过程上的。下面进行进一步分析。

图 10.2 战略管理循环往复的过程

10.2 战略规划与实现

不同的战略规划方法有着不同的应用环境,考虑到互联网电子商务战略与企业整体战略的紧密相关性,这里引用 Floris P. C. van Hooft 和 Robert A. Stegwee 提出的基本联合规划模型进行分析。该模型最初应用在电子商务领域,描述的是电子商务战略规划方法。该方法的过程是企业首先鉴别电子商务对企业所处行业的影响,然后分析企业目前的竞争状态,同时结合 IT 发展的新趋势分析电子商务将如何影响企业的未来发展。由于结合了 IT 行业的发展,该方法也适用于互联网商务战略的规划。如图 10.3 所示,图中的圆代表电子商务对企业未来的影响可以通过商业战略、信息战略、商业架构和信息架构来实现。企业需要结合其现有的商业架构和信息架构确定电子商务的应用范围,建立恰当的电子商务应用,以支持企业战略目标的实现。

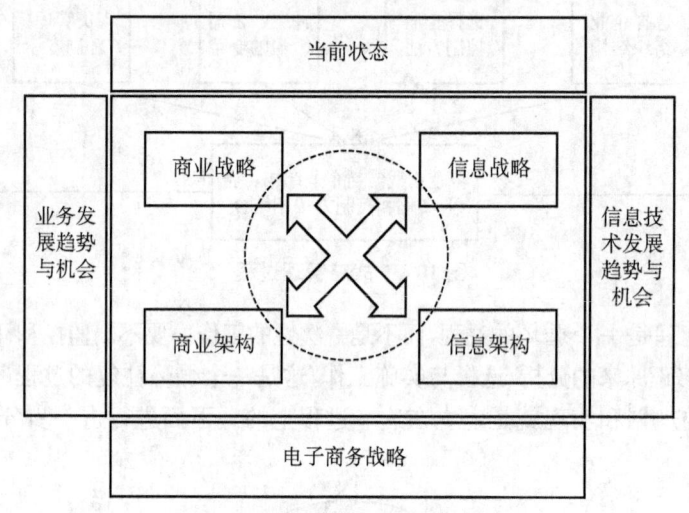

图 10.3 电子商务战略规划方法

互联网商务战略规划的目的就是从帮助企业实施已有的经营战略和竞争战略或形成新的经营战略和竞争战略的角度出发,寻找企业的关键应用领域,确定互联网商务的合理应用模式,以实现企业的经营战略目标的过程。整个战略规划过程分为三个阶段:战略分析、战略选择和战略实施与控制。

10.2.1 战略分析

10.2.1.1 常用的战略分析工具

企业在进行战略分析时，可以采用多种经典的方法，在前面几个章节中，已经涉及 SWOT 分析和波特五力模型的应用，接下来，本节将会介绍另外几种常用的战略分析方法。

(1) 新 7S 原则

新 7S 原则是企业竞争理论研究学者达·维尼(Richard A. D'Aveni)于 20 世纪 90 年代提出来的。美国管理大师达·维尼在研究竞争环境变化过程中短期竞争优势和持久竞争优势的关系时，提出了超强竞争理论(Hypercompetition)。他认为，今天的企业处在超强竞争的环境下，这是一种优势迅速崛起并迅速消失的环境，不是一家或几家企业就可以建立起永恒的竞争优势(因为每次的企业互动都会改变竞争的本质)，而是必须通过一连串短暂的行动来建立一系列暂时的竞争优势，而每一项行动又必须通过一连串短暂的行动来建立一系列暂时的竞争优势，而每一个行动又必须结合竞争对手的特点来策划和评判。战略目标将是打破现状，而不是建立稳定和平衡。在此基础上，新 7S 模式是透过市场的破坏，发现并建立暂时的优势，维持企业的动能。

7S 是在企业内各个方面之间创造静态的战略搭配，新 7S 模型强调的则是以对长期的动态战略互动的了解为基础，达到四个主要目标：一是破坏现状；二是创造暂时的优势；三是掌握先机；四是维持优势。

这里的"7S"指的是：

① 更高的股东满意度(Stokeholder Satisfaction)。这里的"股东"是一个十分广泛的概念，即客户的概念，包括过去企业最重视的股东、市场导向管理中迅速得到重视的客户以及近几年人本管理的主角即员工。

② 战略预测(Strategic Soothsaying)。要做到客户满意，企业就必须用到战略预测。了解市场和技术的未来演变，就能看清下一个优势会出现在哪里，从而率先创造出新的机会。

③ 速度定位(Speed)。在如今超强竞争环境下，企业成功与否在于能否创造出一系列的暂时优势，所以企业快速从一个优势转移到另一个优势的能力非常重要。速度让企业可以捕捉需求、设法破坏现状、瓦解竞争对手的优势，并在竞争对手采取行动之前就创造出新的优势。

④ 出其不意的定位(Surprise)。经营者们要做的工作，是探寻价值创新的道路，而较少去控制和管理现有的业务运作。

⑤ 改变竞争规则(Shifting the Rules Against the Competition)。改变竞争规则可以打破产业中既有的观念和标准模式。亦步亦趋，被动应战，常常取不到

好的效果。

⑥ 告示战略意图(Signaling Strategic Intent)。向公众及产业内同行公布你的战略意图和未来行动,有助于告诫竞争对手,不要侵入你的市场领域;同时,还可以在客户中有效地形成"占位效应",即有购买意图的客户会等待告示企业的该种产品研制生产出来后再购买,而不去购买市场上已有的其他企业的同类产品。

⑦ 同时的、一连串的战略出击(Simultaneous and Sequential Strategic Thrusts)。仅有静态的能力,或是仅有优良的资源都是不够的,资源需要有效地加以运用。企业战略成功的关键在于将知识和能力妥善运用,以一连串的行动夺取胜利,并将优势迅速移到不同的市场。

其中前两个S,即更高股东满意度和战略预测,在于建立一种愿景,打破市场现状。它包括确立目标、制订企业打破现状的战略、找出企业打破某一市场所必需的核心能力。接下来的两个S是速度和出其不意,二者着眼于多种关键能力,可用来采取一系列行动以图打破现状。最后三个S即改变竞争规则、宣示战略意图和同时发起持续不断的策略冲击,主要是超强竞争环境中打破市场现状的战术和行动。

新7S模型是以破坏性的快速制胜方式来表现的,如图10.4所示,它分为三个部分:

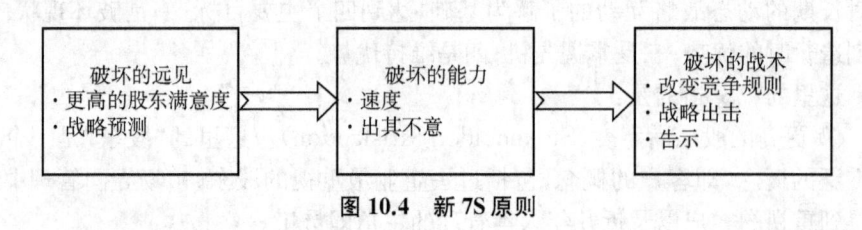

```
┌─────────────┐      ┌─────────────┐      ┌─────────────┐
│ 破坏的远见   │      │ 破坏的能力   │      │ 破坏的战术   │
│ ·更高的股东  │ ===> │ ·速度       │ ===> │ ·改变竞争规则│
│  满意度     │      │ ·出其不意    │      │ ·战略出击    │
│ ·战略预测   │      │             │      │ ·告示       │
└─────────────┘      └─────────────┘      └─────────────┘
```

图10.4 新7S原则

① "破坏的远见"。在超强竞争环境下,企业必须不断地打破现状,向客户提供比对手更好的服务,以占据优势。创造更高的股东满意度是目的,战略预测则是寻找并制造破坏机会的方法。

② "破坏的能力"。在组织中建立快速行动能力,才能将破坏变成现实;建立让对手惊奇的能力,增强破坏的力量。

③ "破坏的战术"。改变动态竞争中的规则,利用告示作为影响未来的动态策略互动,实施战略出击是动态竞争攻防的方法。

(2) 战争游戏法

商业上的模拟战争游戏来自于军事上的战争游戏。早在古希腊甚至更早,军事将领们就利用模拟的战争游戏来研究战场上复杂多变的战争形势,以便为不可预测的变化做好准备。1811年,波斯人引入了三维"战争游戏板",从而使游戏更加真实。战争游戏法在太平洋海战和海湾战争中都有应用。美国在对海地的军事入侵之前，也曾通过战争游戏检验其可行性。

由于商业竞争的加剧，战争游戏法在 20 世纪 80 年代中期也被引入企业管理领域。它是企业竞争情报工作的有效分析和预测方法之一，也是企业制定竞争战略、评估战略结果的最有效工具之一。现在，阿尔卡特（Alcatel）、美国运通（American Express）、亚美泰（Ameritech）等企业都在运用战争游戏法来分析企业竞争环境，预测竞争趋势和评估战略计划。

① 目标

战争游戏法的目标是提高一个企业获胜的比率，无论这个企业是推出新产品，进入特殊市场，或是实施具体的战略。战争游戏法通过收集商业和市场信息，聚集领导小组以及为企业开发未来的获胜战略提供智力支持。具体来讲，战争游戏法的目标体现在以下几方面：

a. 在纷繁复杂的竞争环境中，有效地认清竞争趋势，使企业做出更好的决定；

b. 能够有效地评估企业的战略计划，帮助企业建立竞争优势；

c. 通过模拟商业战争游戏，为应对竞争对手新的竞争策略做好充分准备，并做出最佳反应；

d. 能够更多地了解竞争对手、客户及其他相关机构；

e. 可以增强企业内部的团队协作，帮助建立学习型组织。

② 适用范围

在一定范围内，战争游戏法能够最有效地帮助企业分析和预测竞争形势，建立企业竞争优势。企业竞争情报的分析方法很多，每一种方法都有其适用的范围，战争游戏法也是如此。

a. 竞争对手的行动与市场及其他不可控因素高度相关。当市场出现新的需求，政府、行业协会等相关机构做出新的政策或行业标准调整，或一些突发事件发生时，竞争对手会立即采取相应的行动。

b. 企业拥有众多竞争对手，并且搜集到了大量的竞争对手信息，但分析和预测工作很难进行。在这种情况下，企业制定战略计划需要考虑到所有竞争对手的反应。企业拥有许多竞争对手的信息但缺乏有效的互动性分析和预测方法，往往会顾此失彼，击败了一个竞争对手，却为另外的竞争对手提供了机会。

c. 竞争对手实施的策略意图不明确，企业需要理解竞争对手的目的。在这种情况下，竞争对手可能声东击西，阻碍企业相应对策的制定。企业通过战争游戏法，可以有效地分析出竞争对手的真实意图，并且做出最佳反应。

d. 企业所处环境有太多的未知因素，需要考虑的问题太多，企业无法把握所有这些因素的交互作用。例如，企业正面临着新的竞争形势或一个主要的、新的、直接的竞争对手,尤其是不按传统规律行事的对手,企业往往无法把握新的情况或不熟悉的对手,战争游戏法则可以为企业决策提供支持。

e. 企业面临的环境正在发生变化,而且企业原有的战略已经陈旧,不能起作用,但企业决策者迟迟不能形成新战略导向的关键性一致意见。这种情况有可能是企业决策者还沉浸在过去的成绩里,决策小组因以往的胜利而自满、骄傲和过于自信,没有意识到企业的战略已经不再适用。或者,由于决策者意见出现分歧,不能达成战略制定的一致性意见。

③ 主要步骤

战争游戏法是商业环境下角色扮演的模拟过程。通常,战争游戏法包括代表市场或用户、竞争对手以及一系列其他不可控因素或组织的小组。一个战争游戏包括几轮,每一轮都代表企业计划中一个特定时段或阶段。为了反映现实状况,所有的小组都要同时进行游戏,然而这些小组可能没有获得企业竞争对手当前计划做的和正在做的全部信息,或者不可控因素正在发生的事情的全部信息。只有一轮游戏完成后,当所有的小组都与这轮战争中代表其他因素的小组互动行为结合在一起时,每一个小组才能看到他们的决定和行为产生的效果。

一个商业战争游戏项目就好像一座冰山:明显的部分(实施这一游戏本身)仅占到所有成果的 10% 左右,不明显的成果包括设计、开发战争游戏以及战争游戏的后续报告等却占到了 90% 左右。战争游戏专家 Jay Kurtz 在他的研究中,描绘了典型的战争游戏法从准备到实施的主要步骤,如图 10.5 所示。

通常,当企业决策者或高级管理负责人发现企业发展面临重要的问题或情况时,而这些重要的问题或情况正好与战争游戏法适用的范围相吻合,他们就会优先选择战争游戏法,这样一个战争游戏项目就会开始。面对企业的重要问题或情况,决策者或高级管理者必须对这一状况具有强烈而且足够的兴趣,同时,坚信一旦企业采取一些做法就可以应付这一状况并能够得到商机。当然,决策者或高级管理者也必须认为,商业战争游戏法是针对这一问题的最好方法。如果他们对战争游戏法是否合适还不能确定,那么,具有相关经验的竞争情报专家能够提供指导意见,专家可以告诉你战争游戏法是否是最佳方法,或者是否应该召开情景规划会议或其他形式的规划讨论会。

下一个步骤包括战争游戏说明以及召开会议。在这一步骤中,企业领导、竞争情报专家及其他人要明确这一游戏的具体目的,并且对将要得到什么样的成果达成一致意见。他们通过说明以下内容,明确这一游戏的范围:① 市场、客户或其他焦点战场;② 解决商业或产品面临问题的方针;③ 战争游戏法的时间范围,例如,它将覆盖的时间段;④ 游戏中需要有代表竞争对手及其他组织的一些小组;⑤ 关键问题或者需要结合起来的其他不可控因素。

图 10.5　战争游戏法

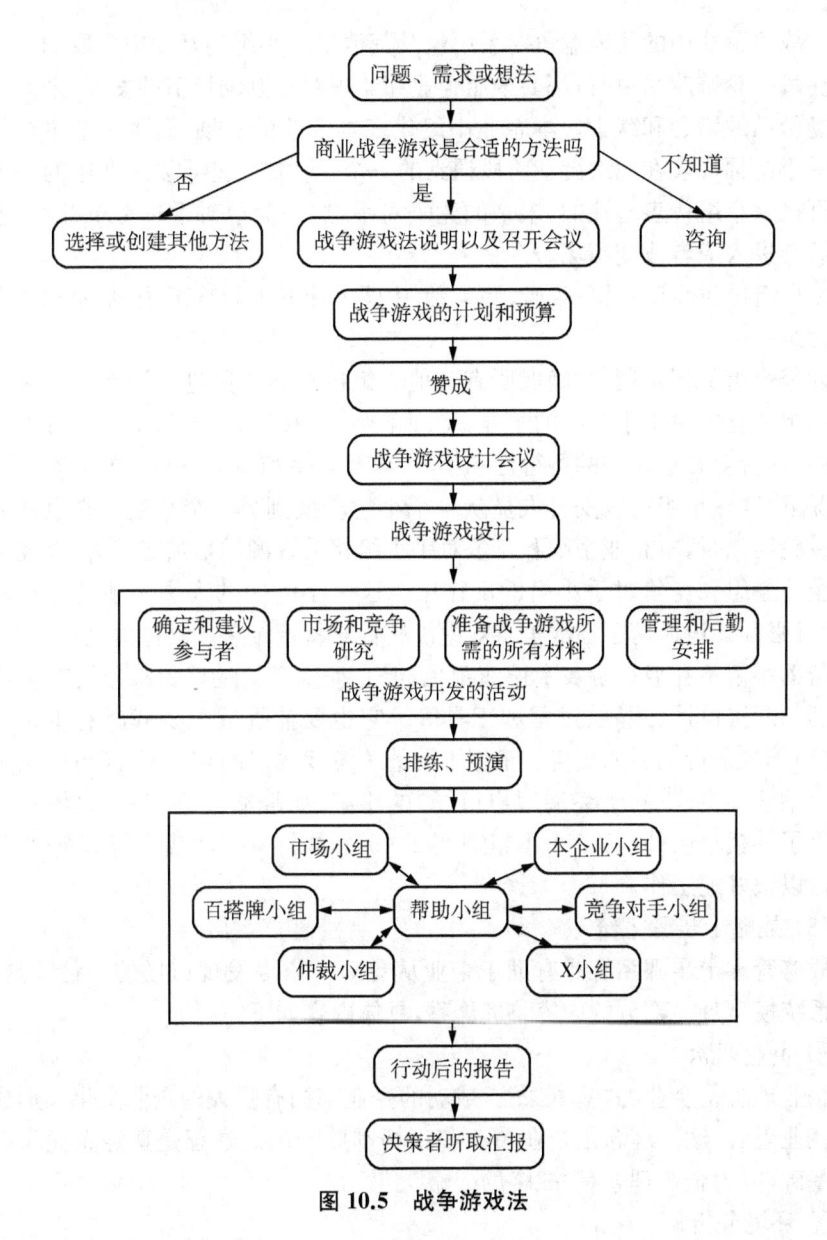

在这个会议中,还需要制订设计战争游戏、开展行动及后续工作的时间表,并且需要列出参与人员的初步名单。而且,需要负责人批准这次战争游戏法的细节计划和预算。

典型的战争游戏小组由几类小组组成:市场小组、竞争者小组、百搭牌小组、X 小组、仲裁小组和帮助小组。

市场小组代表企业的客户和前景,将如何影响企业的行动,这一行动是企业与此次战争游戏中的代表竞争对手小组及其他组织小组的互动中采取的。这个小组在每一轮游戏结束时,都要按照企业和竞争对手互动情节的发展,来确定企业市场份额的增加和减少。本企业小组代表本企业的立场,而每一个主要的竞争对手小组都代表在此次游戏阶段遇到的一个企业或一些重要企业中的一个。

百搭牌小组代表潜在的、未来的竞争对手,这一竞争对手现在不存在,但几年以后会进入或者改变市场。

X小组扮演经济组织、政府、调节者、中间人或其他影响市场、企业和企业竞争者的组织。

仲裁小组负责协调,它确保所有其他小组按约定规则进行游戏。它解决本企业小组和竞争对手小组间的争端,管理本企业小组和竞争对手小组可能应用的策略,评价合并或兼并的可行性和影响,以及观察和评论各小组的动态。在极端情况下,这一小组可以安排人员从一个小组转换到另一个小组。它也能够决定每一轮结束时,本企业小组和竞争对手小组相关资源的增加或损失,以及市场对本企业小组和竞争对手小组的反作用。这一小组中的人员必须是受尊敬的人,而且必须知识渊博且在战争游戏中没有针对特定结果的具体偏见。

帮助小组不在战争游戏中扮演角色,但它提供必要的确保战争游戏整体取得胜利的配置设计、规则、过程和工具等。它也要捕捉战争游戏所有重要的产物,并用于准备行动后的报告。依据不同战争游戏的目的和范围,还可以增加一些代表某些渠道(不同于终端用户市场)的小组,如战略性合作者、媒体和大股东。除了仲裁小组外,每一个小组需要4—6个参与者。仲裁小组只需要2—4人就可以很好地工作。

(3) 战略十步骤系统

战略管理十步骤系统是有助于企业从受众的角度发现市场的一种工具,十步骤系统模型每一部分的内容自成体系,具体内容如下:

① 企业理念

企业理念是企业的"基本法"。成功的企业都拥有强大的企业文化和形成文化的企业理念,这一理念是企业员工和市场都熟知的。这正是奠定企业长期发展的基础,因为企业理念是"战略的战略"。

② 环境分析

环境的变化不仅带来风险,更提供了巨大的机会,它对企业的成功有决定性的影响。连续的监控趋势为及早发现风险和机会提供可能,并以此提高成功率。

③ 竞争控制

只有拥有运转良好的信息系统,不断地收集竞争者的信息,才有可能使企业具备长期御敌和持续盈利的能力,所以市场营销不仅仅是客户至上。

④ 客户分析

谁能长期为客户提供更好的问题解决方案,谁就能真正在市场中长久地立足。从这个意义上讲,客户分析的核心是：寻找至关重要的、尚未解决或尚未得到很好解决的问题。成功的企业能系统地掌握市场和客户的潜在利益,以此获取大量具体的、可直接运用的信息,从而了解市场中最重要的潜在利益——客户。客户分析不断深入,外部的市场数据分析随之结束。为了能够制订成功的市场营销战略,企业的强项和弱项必须与市场现有条件相适应。

⑤ 自身状况分析

运用正确的战略,大部分问题会迎刃而解;而运用错误的战略则不可能成功。企业的强项和弱项分别在哪里？有哪些潜力？机遇和风险又在哪里？

⑥ 潜力分析

运用一系列的方法,帮助企业明确地在市场中定位。能否利用企业在市场中的明确定位,例如建立市场中的行动路线,从而形成企业在市场中的权能,这是企业成功的决定性因素。利用战略性的定位,可以分析市场未来发展方向的前提条件。在现状分析的基础上,研究市场中至关重要的因素,以进一步研究战略性的潜在成功机会,从而可以制定确保成功的市场营销战略。

⑦ 目标描述

确立战略的具体目标,是企业成功的一个必要前提。书面的、具体的、理由充分的目标,可以帮助企业轻松地确定一个明确的发展方向。无论如何,如果只将目标和战略停留在口头上,那么只有极个别的人能将这些计划和方案付诸实施。

⑧ 视觉化/工作程序化

企业展示视觉化交流与工作程序化是必要的,当代研究成果表明,这是一条行之有效的、明智的交流方法。

⑨ 市场营销战略

在对数据和方案进行处理的基础上,企业就可以有步骤地开始制定市场营销计划。首先要确定市场营销的年度计划,制定大量的具体措施,帮助企业在短期内有效地实施战略方案。就像生产战略、公共关系战略和采购战略一样,企业在销售战略上也要制定具体的措施,这些措施应当是连贯的,而且能支持企业的长远目标及发展战略。

⑩ 市场营销控制

这里是整套方案的终结点。借助于一个在理想状态下可自我控制的带反馈的回路模式,企业就可以执行长期的成功发展战略。成功的企业,都能长期把精力集中于市场中强大的未被满足的需求,并且自动释放出自身强大的潜能。

10.2.1.2 竞争优势分析

上一节中讨论了战略分析的常用工具,下面将进一步分析企业面对互联网技术表现出来的特点及新进入企业的特点和面临的竞争环境，了解企业自身的竞争优势。

(1) 现有企业

现有企业是该产业中互联网时代以前成立的企业，它们还可以称为传统企业或遗留下来的企业。2000年大部分企业都属于这一类型。它们中很多正在绞尽脑汁应对互联网带来的一些问题。作为产业中已有的企业，它们在成功接受互联网以及管理者驾驭这种重大变化的能力方面有其自身的优势和劣势。

① 现有企业的优势

a. 辅助性资产。现有企业也有一些优势。要从技术中获得利润还需要辅助资产，例如品牌、分销渠道、客户关系、重要的客户、市场营销、生产、仓库货架及与供应商的关系，等等，很多现有的企业都拥有这些辅助资产。尽管互联网会使其中一部分过时，或变成障碍，但仍然有很多可以在初期起到辅助作用。这些可以用于从互联网中获利的辅助资产对于现有企业来说是重要的资产。这些资产难以被新进入者获得。现有企业的高级管理者可以凭借这些资产赶上或超过那些先发的新进入者。在进行并购和战略联盟的活动中，有用的辅助资产是已有企业高级管理者在谈判桌上的重要砝码。

b. 互联网技术的易模仿性。互联网模式中总有一部分或全部是非常容易被模仿和超越的。如果技术易于复制且辅助资产非常重要而且难以获得，那么辅助资产的拥有者往往能从技术中获利。因此在那些现有企业拥有辅助资产而互联网技术易于复制的产业中，现有企业将具有优势。

② 现有企业的潜在劣势

现有企业的一些特点使得它们在面对互联网的时候特别容易受到新进入者的冲击。在互联网出现之前，这些特点能够为现有企业很好地服务。但是现在这些特点变得毫无用处或者成了它们前进的绊脚石。如果现有的企业在面对互联网的时候想要保持竞争优势，那么它们必须特别注意这些由优势转变而成的障碍，并且要找到克服它们的办法。

a. 主流管理逻辑。每个管理者都会为决策带来各种意见、信念以及关于企业目标的市场假设。这一系列的意见、假设和信念就是管理者的管理逻辑(Managerial Logic)。管理逻辑决定了管理者搜寻信息的范围和解决问题的框架。管理者根据企业的战略、系统、技术水平、组织结构、文化和过去成功的经验，会形成一种主流管理逻辑(Dominant Managerial Logic)。在稳定环境中，这是一个非常有竞争力的武器。然而，在面临根本性变革时，主流管理逻辑可能会造成非常不利的结果。

b. 能力陷阱。能力陷阱(Competency Trap)，指不能抛开过去做事的成功方法去寻找新的方法。能力陷阱与主流管理逻辑关系密切。根本性的技术变革可能推翻原来的整个商务模式,但主流逻辑的障碍往往很难尽快采用这种变革。比如由于老物流系统的存在,建立新物流系统往往比较困难。国际成功企业往往采用岗位轮换、外脑引进等方式突破能力陷阱的局限。

　　c. 对自相残杀和丧失收入的恐惧。互联网经常使得企业已有的产品/服务失去竞争力。新产品比原有的产品提供了更好的客户价值。提供这些新产品意味着购买原有产品的客户减少,新产品将与原有产品"自相残杀"。害怕与已有产品自相残杀经常使企业接受那些新技术的进程非常缓慢。然而,越来越多的管理者已经开始认识到,如果企业不进行自相残杀,其他企业也会使他们进入这一过程,这样它们不仅会失去原有产品/服务的收入,同时也丧失了新产品/服务带来的收入。

　　d. 渠道冲突(Channel Conflict)。互联网使得一些已有的分销渠道和销售技术过时。这种情况下,由于现有的销售人员和分销商不愿看到收入流向新的分销渠道,他们便极力反对并阻止企业使用新渠道,因此渠道冲突经常发生。例如康柏公司尝试重点通过互联网直接向客户销售,而不再过分依赖经销商,PC经销商对康柏像戴尔电脑公司那样直接向客户销售的决定表示了极力反对。在万维网和互联网成为分销渠道之前,康柏与经销商的关系在帮助其登上个人电脑制造业的顶峰中起了非常重大的作用。互联网不仅从根本上削弱了这种关系,而且使这种关系成为进一步发展的障碍。当美林公司决定提供在线经纪服务的时候,它自己的营销人员也是极力反对,并最终使这项业务从企业分离出去。

　　e. 合作/竞争者力量(Co-operator Power)。企业需要与客户、供应商和互补产品服务提供商合作或者竞争。而它们在企业成功接受互联网的过程中也起着一定的作用。如果客户不想要新技术,那么较早接受互联网将会有较大风险。如果客户是强有力的,而且是企业收入的主要来源,那么企业必须倾听他们的意见以努力满足需要。然而,过多地听取有实力客户的意见对企业接受新技术也是有害的。你同样可以想象,在供应商和企业的关系中,供应商起支配作用时,如果企业过于向供应商倾斜,也会导致企业没有向互联网投资的兴趣,这对企业接受新技术也是有害的。同理,互补产品服务提供商也拥有这样的力量。

　　f. 感情眷恋。很多高级管理者都是凭借其在新技术或商务模式的创新和商业化中做出的有价值贡献而获得提升的。一些情况下企业的竞争优势也依赖于这种机制。不管哪种情况,当面对互联网的根本性变革,那些曾经使他们得到提升的技术被取代时,这些管理者会对原有的技术有很强的感情眷恋,这会使他们延缓接受互联网。例如,英特尔的一些管理者就不希望淘汰 DRAM(Dynamic Random Access Memory)业务去专心于微处理器的生产,他们对英特尔发明并从中获取大量金钱的 DRAM 还有感情上的留恋。

③ 克服劣势

a. 来源混合。建立包容性组织文化，接受不同文化背景的员工。3M公司允许其员工花15%的时间去做他们想做的事情，只要这些事情与产品有关。如果员工有好的想法，应当给予他们实现的机会。

b. 实体分离。一种避免主流管理逻辑、感情眷恋、合作/竞争者力量和能力陷阱的途径是，建立一个在组织上和实际运作上与已有企业相互分离，但仍然属于企业的独立单位。另一个办法是在此基础上进一步设立一家分离的初创企业。分离的企业会吸引更多精英，他们向往在一个初创企业中的创业环境中工作，希望能够获得未来可能的IPO回报。而且，由于在20世纪90年代末到2000年中对".com"公司和传统企业估价的巨大差异，还会使这些分离的实体能够通过IPO获得更多更廉价的资本。对于高级管理者来说，应当考虑的是将互联网单位置于企业内部还是将其剥离成为一个独立的企业。嘉信理财公司先建立了一个独立的单位，然后将它吸收到企业内部。通用电力公司决定让它自己的各个单位相互竞争。GE公司认为互联网单位与其他传统部门的报酬体制没有什么不同。有些公司与风险资本公司建立了合资公司，风险资本公司不仅提供了融资，还提供了一些必要的支持。宝洁公司与风险资本公司建立了合资公司，从而建立了Reflect.com向客户直接提供艺术作品。

(2) 新进入企业

新进入者有两类：以互联网为基础、新进入市场的企业，它们在互联网诞生之前是不存在的；那些使用互联网进入现有其他市场的企业。

① 新进入者的优势

a. 没有传统的惯性。新进入者没有已有企业那么多障碍：没有主流管理逻辑，没有能力陷阱，没有分销渠道冲突，不用担心自相残杀，没有对老技术的感情眷恋，没有合作/竞争者力量。因此，他们能够更快、更容易地接受新技术。

b. 股权资产。20世纪90年代到2000年上半年，市场对纯互联网企业的估价比传统企业要高得多，它们是否值这个价格还有待于进一步讨论。但这种高估价成为新进入者重要的资本来源，传统企业不具备这一优势。这种估价的相对差距与熊彼特的"创造性的破坏"的理念相吻合。面对互联网技术的更迭，新企业出现的浪潮是以大量老企业被淘汰为代价的。

c. 对精英的吸引力。由于受到股票期权和未来可能从IPO获得巨大回报的吸引，受过良好教育的年轻精英们宁愿为初创企业工作也不愿去传统企业。20世纪90年代末到2000年初，年轻的精英们发现亚马逊比Borders更有吸引力。由于认为在Akamai Technologies、Vertical Net或Commerce One能够比在格特或通用汽车公司学到的东西多，大学毕业生都选择去这些初创的企业。很多大学生更偏好初创企业，那里有更好的创业环境，并且可以提供更多学习的机会。

② 新进入者的劣势

新进入者通常缺乏必要的辅助资产,不得不从零开始积累。一些互补资产,例如品牌的建立,其代价是非常昂贵的,而且容易被遗忘。1999年很多".com"公司将从风险资本那里得来的资金中的70%花费在了市场营销上。另一个劣势是它们的技术非常易于被模仿。因此,新进入者难以保持对现有企业的领先,这使得新进入者需要发展它们的互补资产,而不是依赖早期的技术领先。

③ 克服劣势

由于大部分商务模式或其中某些部分易于模仿,企业需要重点采取快跑策略。企业可以在竞争对手赶上或超过自己之前对自己的商务模式不断创新,甚至重新进行设计。由于商务模式的核心是企业拥有的独特能力,因此企业应该注意建立一些延伸能力,使企业能够向不同的客户提供更好或不同的价值,从而创造更多的收入和利润。尽管直到2000年初还没有盈利,亚马逊却很好地延伸了他们的能力。有了销售图书、音乐和影像的能力,亚马逊建立销售玩具能力的成本相对一个与亚马逊有同样规模的新进入者进入玩具零售市场的成本要低得多。

④ 新进入企业与现有企业的竞赛

新进入者将不断冲击市场,它们会与现有企业展开各种竞赛:新进入者拥有技术,努力尽快获得辅助资产。而现有企业拥有很多辅助资产,它们必须开发相应的技术。新进入者的高级管理者的责任是决定什么时候及怎样取得辅助资产。如果新进入者想要开发自己的互补资产而不是与其他拥有这些互补资产的企业联盟,那么它必须趁早开始。特别是像网络规模和品牌声誉这样对先人者来说非常重要的互补资产更要如此。如果新进入者想要与拥有这些资产的企业联盟,那么必须选择恰当的时机。如果企业行动得太早,那些现有企业尚未理解新技术的价值时,其自身所存在的主流逻辑将会是一个棘手的问题。如果等待时间过长,那些现有企业可能已经开发了自己的技术,就不再需要这些新进入者了。

10.2.2　战略选择

通过上述分析,企业了解到自己在行业中所处的位置,面临着很多可供选择的战略。比如,AOL发现要成功保持其付费用户模式必须提供更多的内容;Amazon可能会发现,它销售图书的能力可以扩展到销售音乐、影视、电子产品、家用设备等。

在本章的开头已经提到,企业需要在总体、业务单位和职能三个层次上选择合适的战略,在本节中,将重点介绍业务单位战略即竞争战略的选择,为企业战略选择提供思路。

(1) 罗伯茨—拜瑞模型

当企业想要达到某一目标而又缺乏相应的能力时,可以说企业存在能力缺口(Capabi-lities Gap)。要弥补这个缺口,企业通常需要决定是依靠自身发展这些能力,还是从企业外部获得这些能力。E. B. Roberts 和 C.A. Berry 建立了一个模型(图10.6),它可以用于指导管理者如何获得这些他们所需要的能力。

	已有的技术	新的熟悉的技术	新的不熟悉的技术
新的不熟悉的市场	合资公司	合资公司 教育性收购	风险资本 教育性收购
新的熟悉的市场	互联网市场 能力 发展 并购	互联网企业 并购 发行许可证	风险资本 教育性收购
已有的市场	互联网发展 (并购)	互联网市场 能力 发展 并购 发放许可证	战略联合

图 10.6 罗伯茨—拜瑞模型

向客户提供新的价值或要在产品市场上达到一个新的位置通常需要技术和市场两方面能力。企业对技术和市场越不熟悉,越需要一段建立相应能力的艰苦时期,因此它们失败的风险就越大。由于这些能力需要花费时间去建立,那么与另一个拥有这些能力的企业合作可能是更好的选择。换句话说,企业选择获取这些所需能力的方式取决于企业对技术和市场的熟悉程度。Roberts 和 Berry 探讨了以下一些获取新能力的方法:内部开发、并购、取得许可、另立独资公司、成立合资公司、利用风险资本和教育性收购。

如果企业对市场和技术很熟悉,而且企业有能力做这些事情,那么最好在内部开发和创新。如果市场是全新的,但企业拥有技术,企业也可以采取内部开发的策略,因为企业已经拥有了技术能力,只是需要在其基础之上建立市场能力。Amazon.com 从图书、音乐和影像向玩具、拍卖和电子产品的扩张就是一个很好的例子。当技术虽是新的,企业却非常熟悉,而市场又是已有的市场的时候,企业也可以采取类似的策略。就是说,由于可以在已有的基础上开发,企业也可以在其内部开发技术。在这两种情况下,企业可以购买或得到其他人的许可获得技术,因为企业拥有较强的吸收能力来消化这些新事物。

当企业对技术相当熟悉而市场对于企业来说是新的且不大熟悉的时候,合资企业是一个非常好的方法。为什么?因为在合资企业中,两个或更多的企业建立一个它们共同拥有的但又与自己分离的实体,这样可以使它们所拥有的能力汇聚到一起来实现它们共同的目标。这样,一家熟悉技术但不熟悉市场的企业可以与其他熟悉市场的企业建立一个合资公司,有了其他企业的互补能力,它们可以更早地向市场提供客户价值,同时它们还可以互相学习,获得并加强它们缺乏的能力。

当市场和技术都是新的但企业都比较熟悉时,企业可以采用其他方法,如成立独资公司、并购和取得许可等。对于独资公司,企业以其内部力量设立一个独立的实体来开发新的产品,这时企业通常会雇用一些具有创业精神的人。企业还可以收购其他拥有所需能力的企业,这样可以使企业立刻获得所需要的能力,还可以向收购过来的企业学习以获得新的能力。除了收购企业外,还可以争取其他企业生产某种产品的许可。

当技术和市场都是新的且企业都不太熟悉的时候,其所需要的能力与已有的能力不同。Roberts 和 Berry 认为这时应该使用风险资本和教育性收购的办法。对于风险资本,企业可以对一家年轻的但拥有所需能力(通常是技术性的)的企业进行少量的投资。不管怎样,通过初创企业,进行投资的企业获得了一个学习技术和市场的窗口。教育性收购(Educational Acquisition)是这样的收购,其目的只是为了从中学习,而不是将被收购企业当作能够辅助业务的企业。这是一个逆序的过程——先收购,再解析,然后从中学习。

(2)"战略钟"

① 三种基本战略

对于竞争战略,从最广泛的意义上,波特归纳总结了三种具有内部一致性的基本战略,即成本领先战略、差异化战略和集中化战略,它们是企业获得竞争优势的基本途径和手段。

三种竞争战略之间的关系可由图 10.7 表示,可以看出,在三种基本战略中,成本领先战略和差异化战略是基本战略的基础,它们是一对"对偶"的战略,而集中化战略不过是将这两种战略运用在一个特定的细分市场而已。

	独特性	低成本地位
全产业范围	差异化	成本领先
特定细分市场	集中化	

图 10.7 三种基本战略

a. 成本领先战略

成本领先战略是指企业通过在内部加强成本控制，在研究开发、生产、销售、服务和广告等领域把成本降到最低限度，成为产业中的成本领先者的战略。按照波特的思想，成本领先战略应该体现为产品相对于竞争对手而言的低价格。但是，成本领先并不意味着仅仅获得短期成本优势或者仅仅是削减成本，它是一个"可持续成本领先"的概念，即企业通过其低成本地位来获得持久的竞争优势。

b. 差异化战略

差异化战略是指企业向客户提供的产品和服务在产业范围独具特色，这种特色可以给产品带来额外的加价，如果一个企业的产品或服务的溢出价格超过其因独特性所增加的成本。那么，拥有这种差异化的企业将获得竞争优势。

c. 集中化战略

集中化战略针对某一特定购买群体、产品细分市场或区域市场，采用成本领先或产品差异化来获得竞争优势的战略。集中化战略可分为两类：集中成本领先战略和集中差异战略。

② "战略钟"的运用

当企业试图用基本竞争战略来解决企业实际战略选择时，企业遇到的实际情况会更为复杂，并不能简单地归纳为应该采取哪一种基本战略。克利夫·鲍曼(Cliff Bowman)将这些问题收入一个体系内，并称这一体系为"战略钟"。

如图 10.8 所示，将产品的价格作为横坐标，客户对产品认可的价值作为纵坐标，然后将企业可能的竞争战略选择在这一平面上用 8 种途径表现出来。

a. 成本领先战略

成本领先战略包括途径 1 和途径 2，可以大致分为两个层次，一是低价低值战略(途径 1)，二是低价战略(途径 2)。低价低值途径看似没有意思，却有很多企业按这一路线经营得很成功。企业关注的是对价格非常敏感的细分市场，在这些细分市场中，虽然客户认识到产品或服务的质量很低，但他们买不起或不愿买更好质量的商品。低价低值战略是一种很有生命力的战略，尤其是面对收入水平比较低的消费群体。途径 1 可以看成一种集中成本领先战略。途径 2 则是企业寻求成本领先战略市场用的典型途径，即在降低价格的同时，努力保持产品或服务的质量不变。

b. 差异化战略

差异化战略包括途径 4 和途径 5。可以大致分为两个层次，一是高价值战略(途径 4)，二是高值高价战略(途径 5)。途径 4 是企业广泛使用的战略，即以相同或略高于竞争者的价格向客户提供高于竞争对手的客户认可价值，途径 5 则是以特别高的价格为客户提供更高的认可价值，这种战略在面对高收入消费群体时很有效，因为产品或服务的价格本身也是消费者经济实力的象征。途径

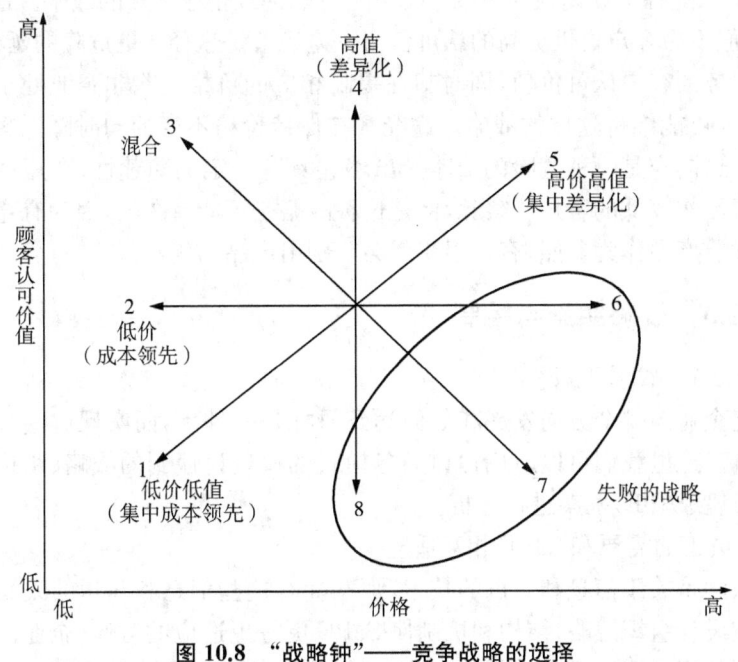

图 10.8 "战略钟"——竞争战略的选择

5 可以看成一种集中差异化战略。

c. 混合战略

混合战略指途径 3。在某些情况下，企业可以为客户提供更高的认可价值，并获得成本优势，这与波特原来的设想有所不同。在波特与英国最大的百货超市连锁店 Sainsbury 公司经理 David Sainsbury 讨论基本战略问题时，Sainsbury 认为，只关心价格或只关心质量的消费者只是非常小的一部分，大多数人既关心价格也关心质量。所以应该在成本领先战略和差异化战略之间，探讨这样一种战略，即注重价格和质量的中间范围。

从理论角度看，以下一些因素会使一个企业同时获得两种优势：

提供高质量产品的企业会增加市场份额，而这又会因规模经济而降低平均成本。其结果是，企业可同时在该产业取得高质量和低成本的定位。

质量产品的累积经验降低成本的速度比低质量产品快。其原因与下面的事实有关，即生产工人必须更留心产品的生产，这又会因经验曲线而降低平均成本。

注重提高生产效率可以在高质量产品的生产过程中降低成本，例如，全面质量管(TQM)运动的全部推动力就是使企业改产生产过程，在提高产品质量 B 的同时降低平均成本 C。

d. 失败的战略

途径 6、途径 7 和途径 8 一般情况下是可能导致企业失败的战略。途径 6 提高价格，但不为客户提供更高的认可价值。途径 7 是途径 6 更危险的延伸，降低产品或服务的客户认可价值，同时却在提高相应的价格。除非企业处于垄断地位，否则不可能维持这样的战略。途径 8 在保持价格不变的同时降低客户认可的价值。这同样是一种危险的战略。虽然它具有一定的隐蔽性，在短期内不被那些消费层次较低的客户所察觉，但是这种战略是不能持久的，因为有竞争对手提供的优质产品作为参照，客户很快就会辨别出产品的优劣。

10.2.3 战略实施与控制

10.2.3.1 战略实施条件

决定企业向哪个方向发展和如何达到目标是一件事，而实现这些决定又是另一件事。这里我们可以应用探讨商务模式的实现讨谈到的战略、结构、机制、人员和环境（S3PE）框架进行分析。

(1) 员工的需要和 S3PE 相互适应

互联网是关于信息和知识的技术，那些拥有这些信息和知识的人是极为重要的。在设计组织战略、结构和机制使 S3PE 更好更适应的时候，企业需要较多地了解哪些因素能够使人们努力工作。显然，一般来说员工们想要企业的股票期权。而那些软件工程师可能会希望在他们设计的软件中体现出他们的名字，不管是软件名称还是什么其他形式，这样可以使他们的朋友或亲属在获得这些软件时，能够了解他们在开发这些软件时确实起了很重要的作用。而当每个人都想要股票期权的时候，管理者要怎样做呢？关键是需要了解每个员工，这样才能决定他们每个人应该向谁负责，如何衡量他们的业绩，如何对他们的业绩支付报酬，以及应该在一天中哪段时间内交给他们的工作最多。

(2) 实际靠近

互联网很多特性使得在很多活动中距离已经不再是限制条件了。然而高级管理者在规划组织的时候，要牢记有些交流还是需要在人与人之间实际进行，而不是通过网络，这是非常重要的。有些不可述的知识是难以转化为互联网所能够传递的形式的。例如，在医药行业，医生可以将对某种新药的检验信息发送到网站上与其他医生共享，这样可以增加检验的效率和速度，使食品和药品监管部门更快地批准新药的市场化，还可以增加新药专利权期间内的利润。然而，互联网不能代替一些非正式场合下的信息交流，如在停车场、自助餐厅或走廊中对医药研究非常重要的交流。实际靠近对这样的 R&D 活动极为重要。人们都有感情，即使有了可以用于交易的网站能够直接见到客户，实际靠近仍然是非常重要的。

10.2.3.2 战略控制方法

战略控制主要是指在企业经营战略的实施过程中,检查企业为达到目标所进行的各项活动的进展情况,评价实施企业战略后的企业绩效,把它与既定的战略目标与绩效标准相比较,发现战略差距,分析产生偏差的原因,纠正偏差,使企业战略的实施更好地与企业当前所处的内外环境、企业目标协调一致,使企业战略得以实现。在经典的战略控制方法中,平衡计分卡运用得较为广泛。

平衡计分卡(The Balanced Score Card,BSC),就是根据企业组织的战略要求而精心设计的指标体系。按照罗伯特·卡普兰(Robert S. Kaplan)和大卫·诺顿(David P. Norton)的观点:"平衡计分卡是一种绩效管理的工具。它将企业战略目标逐层分解转化为各种具体的相互平衡的绩效考核指标体系,并对这些指标的实现状况进行不同时段的考核,从而为企业战略目标的完成建立起可靠的执行基础。"

它是一种平衡四个不同角度的衡量方法。具体而言,平衡计分卡平衡了短期与长期业绩、外部与内部的业绩、财务与非财务业绩以及不同利益相关者的角度,包括:财务角度、客户角度、内部流程角度和创新与学习角度。图10.9是对这种衡量方法的应用实例。

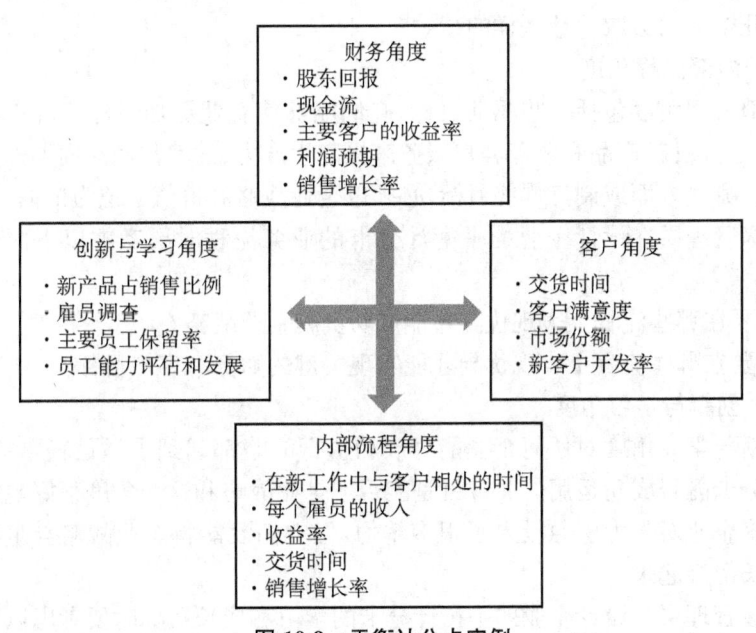

财务角度
・股东回报
・现金流
・主要客户的收益率
・利润预期
・销售增长率

创新与学习角度
・新产品占销售比例
・雇员调查
・主要员工保留率
・员工能力评估和发展

客户角度
・交货时间
・客户满意度
・市场份额
・新客户开发率

内部流程角度
・在新工作中与客户相处的时间
・每个雇员的收入
・收益率
・交货时间
・销售增长率

图 10.9 平衡计分卡实例

(1) 财务角度

平衡计分卡在财务角度中包含了股东的价值。企业需要股东提供风险资本,也同样需要客户购买产品和服务以及需要员工生产这些产品和服务。财务角度主要关注股东对企业的看法以及企业的财务目标。用来评估这些目标是否已达到的方式主要是考察管理层过去的行为以及行为导致的财务上的结果,通常包括利润、销售增长率从、投资回报率以及现金流。

(2) 客户角度

企业的平衡计分最典型的客户角度通常包括:定义目标市场和扩大关键细分市场的市场份额。客户角度的目标和指标可以包括目标市场的销售额以及客户保留率、新客户开发率、客户满意度和盈利率。卡普兰和诺顿把这些称为滞后指标。他们建议经理人要明确对客户提供的价值定位。在明确价值定位的过程中,卡普兰和诺顿定义了几个与客户满意度有关的驱动指标:时间、质量、价格、可选性、客户关系和企业形象。他们把这些称为潜在的领先指标,领先指标的设定取决于企业的战略和对目标市场的价值定位。在开发平衡计分卡时,需要考虑到这些领先指标。

高级管理层在设计企业的平衡计分卡的客户目标时要考虑如下三个关键问题:

① 对目标市场提供的价值定位是什么?

② 哪些目标最清楚地反映了对客户的承诺?

③ 如果成功兑现了这些承诺,在客户获取率、客户保留率、客户满意度和盈利率这几个方面会取得什么样的绩效?

(3) 内部流程角度

内部流程角度包括一些驱动目标,它们能够使企业更加专注于客户的满意度,并通过开发新产品和改善客户服务来提高生产力、效率与产品周期。至于重点要放在哪些方面或制订哪些目标,必须以企业战略和价值定位为依据。

高级管理层在设计企业的平衡计分卡的业务流程时要考虑以下两个关键问题:

① 要在哪些流程上表现优异才能成功实施企业战略?

② 要在哪些流程上表现优异才能实现关键的财务和客户目标?

(4) 创新与学习角度

创新与学习角度对任何企业能否成功执行战略都起到了举足轻重的作用。平衡计分卡能否成功运用的关键就是能否把企业战略和这个角度很好地衔接起来。很多企业对人力资源投入了很多精力,但它们没能将企业战略与组织的学习和成长衔接起来。

高级管理层在设计企业的平衡计分卡的学习和成长目标时要考虑以下三个关键问题:

① 经理(和员工)要提高哪些关键能力才能改进核心流程,达到客户和财务目标从而成功执行企业战略?

② 如何通过改善业务流程,提高员工团队合作、解决问题的能力以及工作

主动性来提高员工的积极性和建立有效的组织文化,从而成功地执行企业战略?

③ 应如何通过实施平衡计分卡来创造和支持组织的学习文化并加以持续运用?

在运用平衡计分卡进行绩效评估后,及时发现企业在战略实施过程中的偏差并纠正偏差以保证企业战略的有效实施。

10.3 管理者在战略中的作用

10.3.1 管理者的作用

10.3.1.1 战略变革的模式

战略变革的性质可分为两种类型:渐变性变革与革命性变革。相应的,对变革的管理方法也可以分为积极主动和消极被动两种。根据变革性质的类型和管理层的作用的不同组合,战略变革的模式也可分为 4 类,如表 10.1 所示:

表 10.1 战略变革模式

	变革的性质	
	渐变性	革命性
管理层的作用 主动	协调	计划
管理层的作用 被动	接受	迫使

(1) 协调

当管理层的作用是主动的,而变革的性质是渐变性的,该种变革是一个协调的变革。

(2) 计划

当管理层的作用是主动的,而变革的性质是革命性的,该种变革是一个计划的变革。

(3) 接受

当管理层的作用是被动的,而变革的性质是渐变性的,该种变革是一个被动接受的变革。

(4) 迫使

当管理层的作用是被动的,而变革的性质是革命性的,该种变革是一个被迫进行的变革。

10.3.1.2 管理层推进变革的方式

(1) 高级管理层是变革的战略家并决定应该做什么。变革的支持者需要激励用户战略高端的变革,而只有在高级管理层认为需要变革的时候才会发生。这个角色对将要进行的变革有一个清晰的了解。

(2) 指定一个代理人来掌握变革。高级管理层通常有三种作用:① 如果变革激化了代理人和企业中利益团体之间的矛盾,高级管理者应当支持代理人;② 审议和监控变革的进程;③ 签署和批准变革,并保证将它们公开。

(3) 变革代理人必须赢得关键部门管理人员的支持。因为变革需要后者在他们的部门中介绍和执行这些变革。变革的支持者应当提供建议和信息,以及不再接受旧模式的证据。

(4) 变革代理人应督促各管理人员立即行动起来,并给予后者必要的支持。部门管理人员应当保证变革在其管理领域有效地执行。如果变革涉及对客户服务方式的变化,每名责任人员都应当确保变革程序是有效的。

应该认识到,成功的变革不仅仅来自上述内容。中级和低级的管理人员是变革的接受者,是由他们来执行新的方法。然而,他们本身也是变革代理人,有着各自的责任领域,他们必须保证某个部分的变革过程的成功实施。

10.3.2 管理者的角色

高级管理者通常具有以下几种个人角色:思想者、控制者、领导者、开拓者、监护者和实干者。其中有些特点是高级管理者需要具备的。

思想者即体现高级管理者建立企业愿景,引导企业文化的作用;领导者表现高级管理者带领企业朝着目标前进,面对成绩不骄气,面对挑战不退缩;开拓者表明高级管理者能突破能力陷阱,不断发现变化,适应变化,制造变化;实干者则要求高级管理者具有实干精神,能将愿景与计划付诸实践的能力。

下面集中讨论其中两种非常重要的特点:开拓者和监护者。在产品以知识为基础的企业中,力量把握在那些拥有知识的人手中——他们未必是管理者。上面那些特征对骨干领导和企业力量的转变趋势是非常重要的。因此管理者更应该是知识交流的推动者,而不是资源的控制者。推动还意味着要对企业和它的商务模式非常清楚。开拓者和监护者在这方面都做得很好。

(1) 开拓者(Champions)

开拓者是这样一些人——有时可以称为监护者、传道者或创业者,他们拥有一个想法(他们自己的或其他人的),然后尽其所能去追求成功。在这个过程中,他的位置、声誉和威信都面临风险。他们积极地推广这些想法或商务模式,促使其他人使他们拥有和自己一样的看法。Amazon.com 的杰夫·贝索斯就是一个20世纪90年代末和2000年初的开拓者。开拓者必须能够了解整个价值结构,因此他们需要具有"T"技能("T"技能是指在某一方面有较深的专有技能,在其他方面也有足够广博的知识,能够看到各方面之间的联系)。特别是对互联网这种根本性变革,除了要反驳各种反对意见,开拓者还要表达和推广自己对于技术的看法。他们都产生于各级组织中,由于他们是"开拓者",他们从不会被雇佣甚至奴役去做某件事,而是去做自己追求的事情。通过不断交流他们对于可能创新的看法,开拓者可以做大量的工作来帮助组织更好地理解创新背后的规律。高级管理者可以从这些特征中获得收益。

(2) 监护者(Sponsor)

管理者的另一个角色是做一名监护者。它也被称为教练或良师益友,监护者是高层的管理者,他们向创新者提供背后的支持、资源的取得和为防止政治对手发难向创新者提供保护。提供这种支持和保护有两个目的:首先,例如在传统企业接受互联网的情况中,这种支持向那些反对互联网的政治对手发出了一个信号,告诉他们,他们的行动正在妨碍高层管理者和监护者的行动。第二,这种支持向开拓者和其他关键的人物提供了保证,告诉他们,他们的创新得到了高层管理者的支持。克莱勒斯的前任 CEO Lee Laoccoca 就是企业新产品小货车的监护者。福特主管卡车经营的副总裁 Edward Hagenlocker 支持并推动了一项设计新车型全新的方式,从而帮助福特的卡车,例如 F-150,取得了成功。

10.4 典型案例:奇虎360——免费策略捅破行业规则

奇虎360科技有限公司由周鸿祎创立于2005年9月,是中国领先的主营安全领域的互联网服务公司,旗下有奇虎网、360安全卫士、360杀毒、360浏览器(安全与极速)、360手机助手、360搜索等多项业务。曾先后获得过鼎晖创投、红杉资本、高原资本、红点投资、Matrix、IDG等风险投资商总额高达数千万美元的联合投资。2011年3月30日奇虎360公司正式在纽约证券交易所挂牌交易,证券代码为"QIHU"。

奇虎360创立时,国内杀毒软件市场基本被金山和瑞星两大巨头瓜分,360要想突破两家公司的包围,必须采取与之不同的战略,定位不同的市场。奇虎360在2006年时分析市场需求时认为:"大部分中国网民电脑都是裸奔的,电脑里面系统漏洞和应用程序的漏洞是不打补丁的,并且这些网民有免费安全上网的需求。"在这一认知下,奇虎360采取了差异化战略,具体如表10.2(来源:互联网)所示,在产品和目标市场方面,当金山和瑞星争相争取为一部分付费用户提供杀毒软件服务时,360依靠免费争取到了剩下的很大一部分网民,并用免费建立产业进入壁垒,防止潜在竞争者进入。奇虎360用免费政策和高用户友好性很快抓住了用户,同时利用宣传来让用户认识到上网安全的重要性,以此来吸引用户,由此打开了产品的渠道通路。其次,获得较高用户使用率后如大多数互联网企业一样,广告自然就成了企业的收入一大来源。然后360众多以安全为"卖点"的平台产品,诸如360软件管家、360手机助手、360安全主页等,自然成了很多软件开发商宣传的阵地,如此一来收取的手续自然又是一笔不小的利润,其盈利模式如图10.10所示。

表 10.2 360 商务模式要素

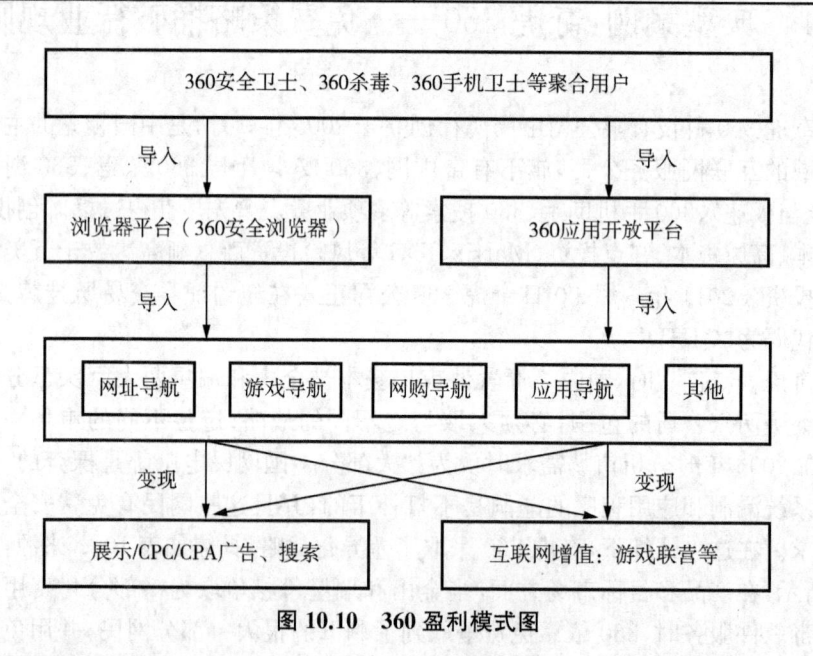

关键要素	传统的运营模式(卖软件)	360的商业模式(卖广告)
产品	杀毒软件	杀毒软件的注意力,导航网站的增值服务
目标市场	10%左右的付费互联网用户	80%左右的免费互联网用户
渠道通路	自销、代理商	网站下载
客户关系	交易型,依靠广告	口碑传播
核心资源	研发人员、销售人员	研发人员
核心能力	销售能力	销售能力、研发能力
合作伙伴	杀毒软件供应商	广告主、应用软件厂商
收入来源	软件销售收入	广告收入、增值服务收入
成本结构	研发投入、销售费用	研发投入

图 10.10 360 盈利模式图

此外,传统的杀毒软件企业自己研发和销售,重要的合作伙伴是分销商,而奇虎360的重要合作伙伴则是广告主以及为其提供技术和资金支持的客户企业。奇虎360的免费策略,大幅度降低了企业自身的单位营销成本,因为免费帮其赢取了更多的口碑,节省了传统杀毒软件用来投放广告的资金。当360浏览器占据了相当一部分市场份额时,奇虎360已经具有了一定的市场垄断性,对广告主具有一定的控制力,掌握了定价权,因此其广告收入可以稳定上升,进而又可以加大产品的研发力度,给用户更好的体验,形成一个有益的循环。显然,奇虎360当时采取的差异化战略是成功的,以后企业的发展会如何,仍需根据实际情况采取不同的战略。

思考与练习

1. 在什么情况下,已有公司能够在与新进入者进行的互联网赛跑中胜出?

2. 有人说战胜变革最好的办法是首先进行改革。这种论断对互联网来说是否也是正确的?有出现特例的产业吗?

3. 除了做一个开拓者和监护者外,你认为公司的高级管理者还应该具有哪些角色?不同类型的产业有不同吗?

第11章 互联网商务模式案例

本章选取了9个当前各个行业领域的互联网商务模式案例,每个案例都颇具特色,既包含传统行业在"互联网+"的新模式,也有基于新兴技术的全新商务活动。对这些案例进行分析,有助于读者更加深入地理解不同互联网商务模式的核心内容,激发读者发散思维,创造更加符合"互联网+"时代的商务模式。

案例1 "裂帛"价值链的塑造路径

"裂帛"是北京心物裂帛电子商务股份有限公司的原创女装品牌,创立于2006年,是知名的中国民族风原创设计师品牌。裂帛从2011年开始进行企业价值链整合重塑,自主研发价值链信息系统,并通过采集、储存、挖掘和分析全价值链数据辅助公司决策和部门沟通。目前,裂帛自主研发价值链管理系统已成为公司可持续发展的强力支撑。

1. 裂帛价值链支撑体系

2013年以来,电子商务行业发展趋于平缓,如何更有效地控制产品研发的精准度、有效控制费用与成本、进行精细化的电子商务运营成为行业普遍关注的焦点。

为更好地解决上述问题,裂帛构建了覆盖全部业务流程的价值链支撑体系,如图11.1所示,中间层为覆盖公司全部业务的价值链系统,包括 SRM(Supplier Relationship Management,供应商关系管理系统)、SCM(Supply Chain Management,供应链管理系统)、ERP(Enterprise Resource Planning,企业资源计划)、BI(Business Intelligence,商务智能)和其他业务支撑系统。其中 ERP 又由 OMS(Order Management System,订单管理系统)、WMS(Warehouse Management System,仓储管理系统)和 FMS(Finance Management System,财务管理系统)组成。

整个价值链系统的核心由三部分组成,分别为 ERP 订单、仓储与财务管理、SCM 研发生产与供应商协同、BI 电子商务运营及数据分析。价值链系统通过中间层多平台接口与各大电子商务平台进行数据交换,通过自主研发的 B2C 官网及手机 App 应用程序与用户进行信息交互。价值链系统、电子商务平台与用户服务系统等产生了大量的异构、多类型数据,数据服务层则负责对这些实时数据进行处理分析。

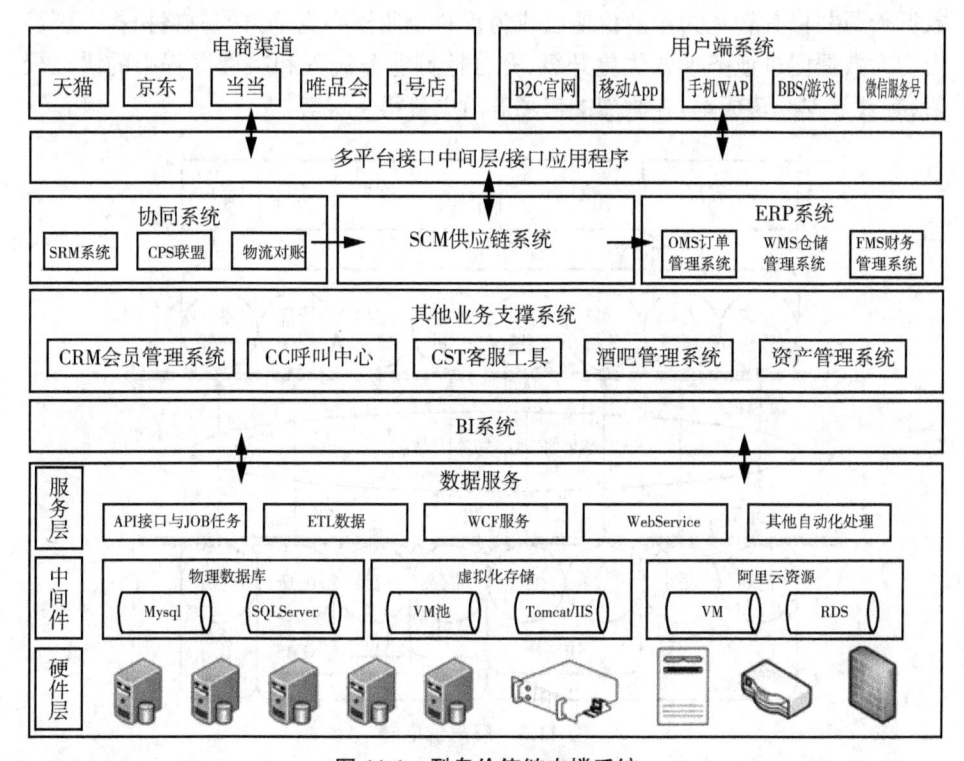

图 11.1 裂帛价值链支撑系统

2. 裂帛价值链整合塑造路径

归纳而言,裂帛价值链整合塑造路径包括三步工作:首先,构建了覆盖企业整体业务的运营管理信息系统,使公司全部业务基于信息系统实现自动化运行,提高业务处理效率;接着,以管理信息系统为基础,通过整理采集到的内部数据和外部数据,建立数据仓库,并运用大数据技术和方法优化价值链重要环节;然后,在内部价值链整合重塑的基础上,进行价值链横向拓展和纵向延伸,构建具有裂帛特色的价值链体系。图 11.2 为裂帛价值链整合重塑路径图。

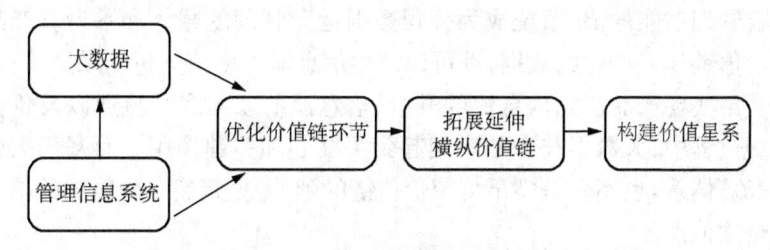

图 11.2 裂帛价值链整合重塑路径

3. 裂帛价值链的大数据"基因"

在大数据时代,电子商务逐渐进入依靠大数据驱动增长的发展阶段,掌控大数据资源并将其转化为企业价值已成为重塑企业核心竞争力的战略抉择。裂帛借力大数据促进业务模式优化升级、充分挖掘业务流程和决策过程中的潜在价值、有效节省经营成本,在激烈的市场竞争中赢得了优势。

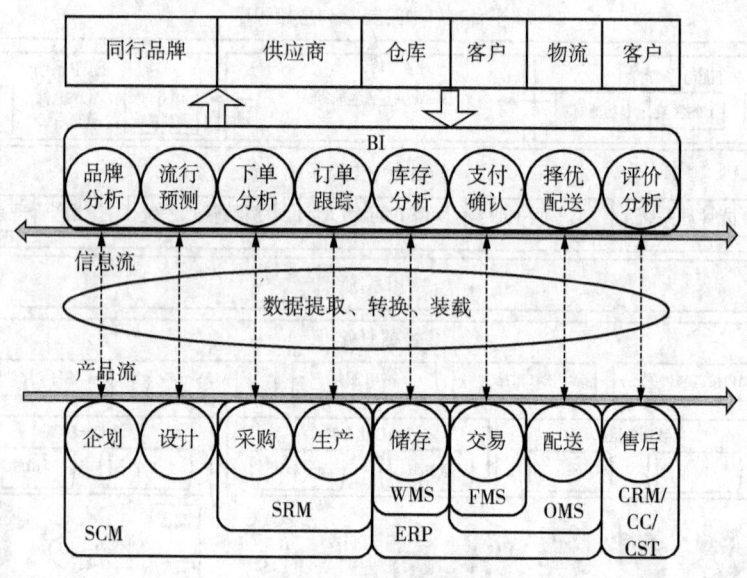

图 11.3 裂帛价值链

裂帛基于大数据对价值链进行整合重塑,极大地增加了企业价值。图 11.3 为裂帛整合重塑之后的价值链,由"信息流"、"产品流"和"资金流"三部分组成。其中产品流是传统价值链的升级,是在传统价值链基础上通过自主研发业务管理系统进行运营,简化了流程,提高了效率。而资金流则是通过 FMS 管理,加快了多品牌多店铺的收入确认速度,使得财务管理自动化、系统化。在产品流的基础上,通过云计算搭建私有云平台、利用大数据的存储分类分析等技术,提取、转换和装载产品流数据,转化为裂帛新的信息流价值链。信息流与产品流一一对应,经过数据挖掘和分析,实现了在系统运营基础上的数据运营管理。具备电子商务运营管理功能的 BI 系统成为公司数据运营管理的载体和平台。产品流上每一个价值链环节产生的数据,都可以产生信息流上多个分析结果。

在裂帛实现产品流到信息流的升级、信息流的双向多维流通以及价值链的整合重塑过程中,大数据技术的应用起到了核心和关键作用。而基于大数据形成的"三流"体系,也不仅是裂帛传统价值链的延伸,更是裂帛价值链的核心竞争力和战略增值点。

案例 2 马云背后的"菜鸟"网络

1. "菜鸟"物流横空出世

2008年淘宝首次推出"双十一"购物节,如今已发展成为全行业共同参与的一个节日。"双十一"的电商大战亦是物流大战,这也已成为电商和物流公司的大难题。值得一提的是,通过大数据提高物流效率是近几年来的新趋势。在这样的背景下,阿里巴巴携手银泰百货、复星等组建的合资公司"菜鸟"物流网(图11.4)正式成立并在2013年的"双十一"中闪亮登场,各方宣布分两期共出资逾3 000亿元,力图打造一个遍布全国的超级物流网。

"菜鸟"物流一经推出,便引起了全社会的高度关注。一方面是"菜鸟"物流董事长马云退休18天后的高调复出,社会对其寄予了很大期待;另一方面,"菜鸟"物流这一名字本身就极具宣传效应。对此,分析人士指出,"菜鸟"将充分利用大数据,为商家提供物流状况的实时信息,无论对物流行业还是整个新兴服务业的发展都有着现实而长远的意义。

图 11.4 "菜鸟"网络成立

2. 诞生背景

(1) 传统物流的困境

电子商务发展迅猛,快递业务量呈爆发式增长,现有物流模式的弊端逐渐显现。电商与物流密不可分,电商的发展带来了大幅增长的快递业务量。但目前物流业的发展速度明显跟不上电子商务的脚步,成为电商发展的瓶颈。利用传统第三方物流的电商,如淘宝卖家等无法有效地管控物流服务质量;一些雄厚资金实力的,如京东等电商巨头建设自营物流,但前期投资和后期维护成本高以及无法深入县乡级地区等问题逐渐凸显。

(2) 最后一公里——物流瓶颈

历年"双十一"的爆仓现象(图 11.5)就是物流环节"最后一公里"短板的缩影。对于与第三方物流合作的淘宝和天猫卖家来说,整个交易服务过程中最不可控的就是物流环节,尤其是配送环节,而配送是消费者体验服务最直接的环节。这个环节的服务质量会直接影响消费者对卖家服务的印象。当下高速发展的电子商务急需构建规模更大、效率更高、网络更完善、服务更优质的社会化物流基础设施。

图 11.5 "双十一"现象

3. "菜鸟"物流究竟是什么

以上讲了这么多,有人要问那"菜鸟"到底要做什么呢?马云表示:"阿里巴巴永远不会做快递,但这张物流网可能会影响所有快递公司以后的商业模式。"菜鸟网络 CEO 沈国军则强调说,"'菜鸟'网络不会自己办物流,而是希望充分利用自身优势支持国内物流企业的发展,为物流行业提供更优质、高效和智能的服务",并表示中国智能骨干网要在物流的基础上搭建一套开放、共享、社会化的基础设施平台。据悉,中国智能骨干网体系,将通过自建、共建、合作、改造等多种模式,最终促使建立社会化资源高效协同机制,提升中国社会化物流服务品质。

简单来说:"菜鸟"物流的主要工作就是买地、建仓储、跟政府谈判。目的是服务物流企业,降低物流企业成本,让物流企业更好地专注服务。"菜鸟"模式的物流,并不是我们传统意义上的物流,它不会涉及物流的具体运营,而更像是一个在互联网世界里的物流方案规划者,作为物流的整合者和提供者。它更强调的是网络的构建,而不是物流的具体操作。

4. 曲折前行

尽管有这么多的有利因素,但"菜鸟"物流的发展并不是一帆风顺的,在历经两次投资失败,阿里物流才变身为"菜鸟"。

(1) 投资入股

2010年3月,阿里巴巴集团入股星辰急便;同年7月,马云又联合郭台铭投资百世物流,可以说2010年是阿里巴巴集团在物流领域狂飙突进的一年。但"投资"这一模式效果并不显著,星辰急便于2012年3月4日宣布倒闭,而百世物流则发展成为一家物流解决方案提供商,由合作伙伴演变成了竞争对手。两次投资入股成为阿里集团的败笔。

(2) 转而结盟

投资不成,第二次探索的模式是"结盟"。2013年,京东、凡客递交"快递业务经营许可证"申请,吹响了进军物流行业的号角;国内快递行业巨头顺丰则开始进军电商领域,该公司旗下的电商网站"顺丰优选"正式上线。相互依存的两个行业互相在对方领域渗透对方的领域被视为理所当然。在渗透成为趋势时,阿里旗下的淘宝与天猫却加快了结盟的步伐,2011年淘宝宣布结盟第三方物流服务供应商。2012年5月,天猫又与包括邮政在内的九大物流商进行结盟,合作伙伴秉承"开放、协同、分享"的原则,来共同打造支撑电子商务发展的现代物流体系。

(3) 发展现状

"菜鸟"物流成立之初,并不是所有业内人士都看好。因为在此之前马云投资的星辰急便的倒闭成为马云着手物流的一次失败经历。其中暴露出来的人才匮乏、物流系统紊乱等一系列问题使物流建设面临重大压力。而"菜鸟"物流是一个更加浩大的工程,不仅涉及物流,还有技术和信息等,等于难上加难。同时由于它的形式是与各种专业企业进行合作,统筹企业之间的利益关系是个难题。即使建立起完整物流园区,如何说服商户将货物存入园区实现统一管理也是个问题。往年的"双十一"活动都有爆仓的现象,但在2015年的"双十一"新闻中并没有对这一现象的报道,据统计平均发货时间为1.5天,可见"菜鸟"物流在其中发挥了举足轻重的作用,优势也逐渐显现出来。虽然建设"菜鸟"物流投资回报期长,至少要5—8年才能看到成效,但总体上来说,"菜鸟"网络的发展在曲折中前进。

5. "菜鸟"物流的特别之处

"菜鸟"网络创建之初就定下了几个核心目标:

(1) 24小时送货到达;

(2) 全国8个核心节点建设;

(3) 开放、共享、社会化的基础设施平台。

这样讲，大家可能还不是太明白，下面以图 11.6 为大家展示一下"菜鸟"网络的非凡之处。

马云在菜鸟物流成立之时给自己定位是利用大数据优势打造平台，不做快递。也就是说"菜鸟"自己只负责搭建基础设施、提供信息系统和服务标准，邀请合作伙伴接入，但各个环节的具体服务仍由合作伙伴来完成。这样就建立了一个如图 11.6 所示的生态圈。建立物流平台，将货物交由这个平台根据物流大数据平台的供需预测进行库存分配，统一管理和配送，让技术企业的加入弥补传统物流企业存在的信息化水平不高的问题，可以让传统物流企业在第四方物流平台得到进一步发展。菜鸟物流能整合快递企业的资源，为快递企业提供信息和技术支持，提高业务优势，促进进一步发展。

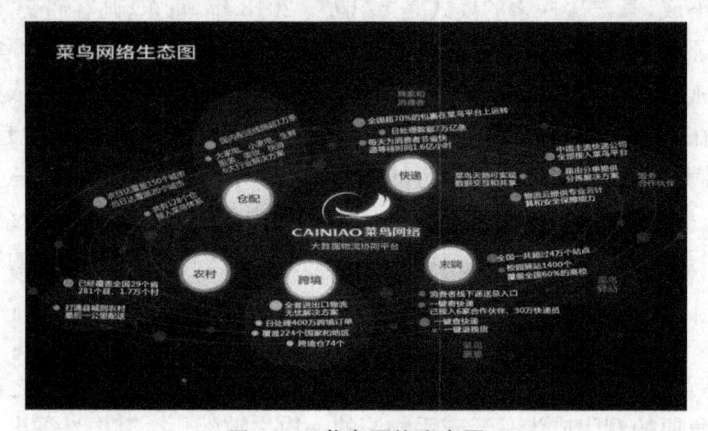

图 11.6　菜鸟网络生态圈

有了平台还不够，大家都知道"菜鸟"网络建立以前，所有卖家都是自己仓库发货的，效率低且资源浪费，而"菜鸟"网络建立以后，卖家将使用"菜鸟"网络分布在全国各地的仓库，统一发货。因此就不难理解"菜鸟"做的最引人关注的事情——拿地建仓。但这么"重"的做法只是第一步。据"菜鸟"副总裁万霖透露，"菜鸟"现阶段主要在包括北上广深在内的全国 8 个关键节点拿地建仓，面积皆为 10 万平方米以上，其他仓库则由仓储合作伙伴提供。目前，"菜鸟"在国内已经有 128 个仓库，近 200 万平方米。未来，"菜鸟"还会更多地整合闲置的小型社会仓储资源，将网的分层做得更密。

"菜鸟"物流的建立使仓储成本降低成为可能。一方面，将货物存储到集中的物流园区进行统一管理不仅节省了企业在仓储方面的人力、物力、财力支出，还节约了社会资源。另一方面，"菜鸟"物流不仅是一个物流平台，也是一个信息数据平台，通过物流大数据的分析可以对产品需求进行预测，让产品提前分配到配送仓库，如此当消费者下单后，配送仓库就能及时反应，配送货物，提升物流效率,减轻对物流运力的负担,使消费者体会到更高速更高质的物流服务,而且随着统仓统配在其他类目的发展和普及,24小时送达已经不是问题。

此外,"菜鸟"物流不仅仅停留在提高物流运转效率,还注重追求提升服务质量。整个交易服务过程中最不可控的就是物流环节,尤其是配送环节,而配送是消费者体验服务最直接的环节。社区范围内的投递是物流链路中最接近消费者的环节,直接影响到用户的最终体验。但传统的投递方式难以面对消费者端的多样化需求和多种突发状况,这"最后一公里"的物流投递成本不可避免地会上升。

因此,"菜鸟"也必须介入物流的末端,建一个能够更接近消费者的末端网络。目前,这个网络的主要承载者是"菜鸟"驿站。一方面,"菜鸟"驿站可以提供代收包裹服务,避免用户不在家时带来的落地配时间成本的上升,类似自提柜的作用。另一方面,"菜鸟"驿站还可以替快递公司揽件,整合零散的寄件需求,提高快递公司的揽件效率。目前"菜鸟"驿站的布点主要在社区和高校里,总量达到4万个左右,其包含诸多服务,这些相较于传统物流都代表着质的飞跃。

6."菜鸟"物流的优势分析

(1) 大物流

"菜鸟"物流一经推出,其名字已吸引了社会的普遍关注。一方面,这名字虽低调但仍不乏吸引力,极具宣传效应;另一方面反映了我国目前物流行业的现状。我国加入WTO后,国外物流巨头纷纷进入中国物流市场,这些巨头都拥有巨大的资产,如UPS如今已发展到拥有360亿美元资产的大公司,联邦快递的总资产达到了327.29亿美元,相比这些国际巨头,我国拥有10亿美元规模的物流公司都很罕见,与进入我国的那些国际物流巨头相比实属菜鸟。"菜鸟"低调的同时,却尽显奢华、有内涵的本色,打造大物流是其发展方向。"菜鸟"网络首期计划投资1 000亿元,未来5—8年共投资3 000亿元人民币,用来构建一个"24小时内货物运抵国内任何地区、支撑日均300亿元的巨量网络零售额"的全国性超级物流网。

(2) 智能化

"菜鸟"物流体系由"天网+地网"构成,网购买家看到的可能仅仅是"地网"中快递这一末端物流服务,而这一物流服务背后涉及诸多物流活动,如果没有物流信息化平台的协同,单靠快递公司肯定是无法实现物流服务的。"菜鸟"网络的主要目的是提供标准和仓储、干线运输等社会资源可自由接入的平台,构建"天网+地网"无缝融合。天网由天猫负责,提供与各大物流快递公司对接数据平台负责线上交易的信息处理服务工作;地网又称"菜鸟"或"中国智能物流骨干网"(CSN),也就是在线上交易过后,线下落地的一切运营服务都在这张网上。"智能"则是指实现高效、协同、可视、数据化的物流供应链运营。智能物流网建成、打通,可能导致全国大中小型电商和快递业都需要依托此平台来发展,将对整个电商业和物流业带来巨大的变革。

(3) 专业化

马云在"菜鸟"物流成立之时给自己定位是利用大数据优势打造平台,不做快递,"因为中国有很多快递公司做快递做得比我们好",但智能骨干网可能会影响或改变当今所有快递公司的商业模式。

7. "菜鸟"物流背后的猜想

"前辈"或将使用"菜鸟"渠道。

短期来看,从物流角度来说,与天猫签约的快递企业现在都是"菜鸟"的师父,可等几年后"菜鸟"物流网规模渐具,中国邮政等前辈说不定会反过来利用"菜鸟"完善的物流网络送报纸和书信。

从具体业务层面来看,"菜鸟"物流网的经营范围要比普通物流公司大得多——除了普通物流业务,还包括物联网技术支持、客户数据分析、与物流相关的投资咨询和企业管理服务等。有业内人士分析,未来通过"菜鸟"物流网传递产品是这样一个流程:产品从生产线上下来,就打上"菜鸟"物流网的电子身份证(二维码、条形码、无线射频识别码等),然后进入仓储中心,消费者通过天猫、淘宝,甚至当当、国美在线、海尔商城等网购渠道选取商品,利用支付宝付款,货品从仓储出发,通过干线运输、配送中心、小区配送员等最终到达消费者手中。

与京东的自建物流不同,"菜鸟"物流网充分利用社会资源,拉入国内各大物流企业,甚至整合进铁路、公路、航空等公共渠道,让无数的商品以最便捷的方式、最快的速度抵达购买者手中。

8. 最后留给我们的疑问

我们需要反思一下,如果阿里巴巴开始踏足销售,那 B2C 平台阿里巴巴,C2C 平台淘宝,其中卖家的核心竞争力又在什么地方?是依靠前端的整合营销服务,还是看谁做得满意度高,创新力强?在线下,有时间、空间的隔离,在线上,有搜索引擎,有导购,点评和信用统计,而消费者在切换选择卖家的时候,不需要任何成本,那么,卖家的差异竞争到底在哪里?在卖家差异性被无限降低的时候,卖家以何种理由来存在,如果卖家无法存在,那阿里巴巴的立足根本在哪里,阿里巴巴又因何存在?

案例3 互联网医疗：由互联网思维引发的医疗革命

互联网医疗是互联网在医疗行业的新应用，包括了以互联网为技术手段和传播载体的远程医疗、电子处方、在线疾病咨询、疾病风险评估、医疗信息查询等医疗健康服务。通过采用互联网医疗，个体的健康信息采集、监控等均可以通过穿戴智能医疗设备轻松实现，与个体监控相关的信息也不再局限在医院和病历上，而是可以自由地获得、上传与分享，让位于不同国家和地区的医生更方便地为患者会诊。

近年来，中国互联网医疗行业增长迅速，其中移动医疗细分领域发展迅速。2014年中国互联网医疗市场整体规模为113.9亿元，占比26%。随着移动医疗市场爆发式发展阶段的到来，预计到2017年，中国互联网医疗市场整体规模将达到365.3亿元，移动医疗将突破200亿元。

1. 国内外互联网医疗的盈利模式

国外的互联网医疗软件企业一般通过向药企、医生、保险公司收费作为自身的收入来源，包括Epocrates、ZocDoc、WellDoc等。而互联网医疗硬件类企业则主要通过向医院和用户收费，例如Vocera公司向医院提供移动通信设备，ZEO则是向用户提供可以监测心率、饮食、运动、睡眠等生理参数的腕带和头贴作为价值主张。

我国的互联网医疗企业在吸取国外模式的基础上，也做出了适应性调整，其中最有代表性的两个企业分别是春雨医生和丁香园。前者的主要盈利模式是向用户收取咨询会员费，后者则是面向不同群体的多元盈利模式。

2. 春雨医生："自查+轻问诊"模式

在国内市场，2011年成立的春雨移动健康已成为目前最大的移动医患对接平台。为了给每位用户提供更优质、经济、便捷的医疗健康信息服务，春雨推出了专业手机应用掌上医生，它为手机用户免费提供"自查+轻问诊"模式，如图11.7。

其中春雨医生免费为用户提供了图文、语音、电话等多种方式进行健康咨询，并由二甲、三甲公立医院主治医师以上资格的医生在3分钟内为用户进行专业解答。而春雨医生的自我诊断功能支持多种查询方式，用户可自行查询疾病、药品和不适症状。而在自我诊断的背后，囊括了最全面的药品库和化验检查库、美国CDC40万样本库、医院药店地理数据库和春雨多年以来积累的超千万交互数据库。为了保证自我诊断的精度，春雨医生还采用了智能革新算法。该算法支持多症状查询和查询疾病发生概率。春雨医生还采用了流数据健康管理技术，对多来源数据进行采集并以可视化的表现形式，将用户的运动、饮食、体重、血压、血糖等多种人体数据进行全方位汇总,让用户随时随地了解自身的健康状况。

截止到 2016 年 10 月春雨医生已拥有 9 200 万注册用户、49 万注册医生和 9 500 万条健康数据,平均每天有 33 万个健康问题在春雨医生上得到解答。

图 11.7　春雨医生 App

从有流量、没用户的门户网站,到有用户、低效率的内向性终端,再到有用户、高效率的外向性终端,互联网医疗经历了三代改革,而春雨正是新一代的外向性终端,实现了医疗资源最大程度的外向性释放。

而春雨采用的"自查+问诊"模式,也是导致其迅速发展的重要推手,因为这种模式同时满足了患者自我诊疗需求,医院筛选病人的要求与第三方对渠道、数据的需求:

(1) 患者自我诊疗需求

由于患有同种病症的患者提出的问题多数相同,因而拥有世界上最全的移动疾病数据库的春雨医生推出了"症状自查"服务。在大数据基础上为用户提供诊疗建议,从而满足了患者的浅层自我诊疗需求。在这项服务中,春雨的边际成本几乎为零。

(2) 医院筛选病人的要求

在春雨平台提问的患者中,30%—40%的用户并不需要去医院就诊,在移动端就可以解决。也就是说,春雨医生的应用有效减少了去医院就诊的患者数量,从而缓解了医疗资源的紧缺,在一定程度上满足了医院筛选病人的要求。

(3) 第三方对渠道、数据的需求

基于庞大的用户规模和问题,春雨医生平台积累了大量的用户数据,在这个流量为王的时代,手握大数据的春雨可以与产业链上下端的很多机构实现合作,包括药店、医生、可穿戴设备公司、保险公司、健康管理机构等。

基于移动互联网的"轻问诊"服务，是春雨医生构筑新型医患关系的切入点，而通过会员包月、定向咨询等方式春雨医生医患关系的雏形也已经建立。2015年开始，春雨医生将致力于全面建立能够维持医患之间长期持续的强关系的私人医生服务。

对春雨医生来说，建立私人医生服务为基础的强医患关系有一个重要的考虑：即帮助用户更了解自己的健康情况，长期为用户提供有关药品和保健品消费方面的指导和决策。根据春雨医生的大数据，在用户每天提出的数万个问题中，40％都有药品消费的需求。因此，春雨医生希望做的不只是流量的融合，而是能够获得黏性更高的用户，为用户提供健康咨询以及药品购买等一连串服务。

基于用户电子健康档案的大数据，可以解决用户的回访问题，也能够比较精确地分析用户的消费行为。通过用户的行为记录，后台的大数据能够持续更新，从而勾勒出用户医疗需求方面的变化。因此，春雨医生除了能够帮助用户分析自己的身体健康外，还可以解决用户购买药物问题。

2015年2月10日，春雨医生"私人医生干预指导下的服务电商"新模式正式发布。该模式以私人医生服务为基础，其服务的具体内容除了涉及电子健康档案、在线咨询等互联网医疗服务外，还包括药品、保健用户等销售。

对于春雨医生来说，"私人医生干预指导下的服务电商"模式颠覆了医药电商以流量为中心的传统模式，使得医生在药品采购流程中的决策价值得到了更充分的发挥，提高了医药用品的持续购买频率；对用户来说，以医患强关系为纽带的服务型电商模式，大幅度降低了购买药物的成本。因此，春雨医生迈出的商业化的第一步，有利于建立良性的药品电商生态。

由于相关政策的落实仍不完善，加之处于模式推出的初级阶段，因此，春雨医生服务电商的第一款产品是安全性最高的育儿包——春雨妈咪宝盒。接下来，春雨医生会切入治疗慢性病的药品以及其他处方药。

3. 丁香园：多元盈利的医疗信息综合平台

丁香园（图11.8）成立于2002年5月，成立的初衷在于为医学研究人员和义务工作者等提供专业的信息检索网站。经过十余年的发展，目前丁香园已经拥有丁香医生、用药助手、丁香客、丁香通等多种不同的产品。

图11.8 丁香园标识

从最初丁香园的定位就可以看出其在整个医疗行业的高度，而且凭借多年积累的用户和获得的口碑，丁香园所获得的也是行业中最优质的资源。目前，丁香园的产品已经涉及门户、论坛、数据库和

App，其面对的受众也已经从专业的医生、医学研究人员、医疗机构，扩展到了患者和医药公司，等等。可以说，丁香园的产业链顶层布局已经基本完成，如图11.9。

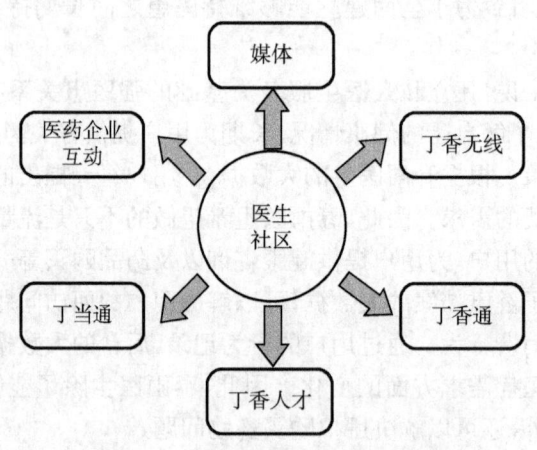

图 11.9　丁香园产业链的顶层布局

然而在丁香园创立初期，创始人李天天并没有将它推向市场，而是专注于医药专业网站的建设。正是这份坚持，让很多医疗界的忠实用户看到了丁香园的希望。CEO张进之前是浙江某大型公立医院神经内科的一名医生，每天下班回家后，他都会坐在电脑前，跟丁香园论坛里的同行交流某种疾病的治疗方案。这个网站对生物医学的学生、医生，都有巨大的吸引力：不需要忍受漫天广告和推广，能找到一切和生物医药产业有关的资讯、话题和工作学习上的解决办法，创始人李天天的这份对理想主义的坚持使得非常小众的医药专业网站丁香园一直幸运地生存着。2005年3月，张进做出一个决定——投身丁香园。丁香园的两个创始人也是医学背景出身——李天天毕业于哈尔滨医科大学，周树忠从事过多年的医药研发。除了有一腔热情想做好这个项目之外，三人对这个网站的商业模式、如何赚钱一直没有太明确的想法。想要有所突破，必须商业化，但这与纯粹的专业性学术论坛有着天然的矛盾。丁香园从一开始就立足于学术，才吸引到一大批活跃用户，尤其是医生群体。在丁香园上，一个好帖常常可以得到上千条跟帖，几乎条条都是非常有价值的想法和解决方案。而那些一贯习惯于探讨纯粹的医学、医疗话题的医生，最不喜欢看到的就是满眼商业广告和营销推广。对丁香园来说，商业化的方式充满了风险，一旦摧毁了学术形象就等于失去了一切。于是，三个人开始逐个拜访资深版主们进行沟通，试图让他们接受转型并为丁香园未来的发展方向出谋划策。最终的结论是，"丁香园进行有限的区隔化商业运营"。

从2006年开始，丁香园决定坚持把论坛和子网站分开运营，也逐步建立起多元盈利模式。一方面,他们通过关键词数据分析发现,"招聘"、"实验试剂"两个方向的关键词搜索最多,于是就建立两个子网站——生物医学人才招聘、生物试剂耗材的电子商务平台"丁香通"。另一方面,主页医药生命科学资讯和子网站中,植入领域专家调研、学术会议直播等学术推广形式的广告。目前,两个子网站共有500多家会员企业,而药企学术推广则主要来自包括辉瑞、赛诺菲、阿斯利康等几十家国内外制药企业。为保持论坛学术探讨的中立性,丁香园建立了一套用户发表内容的规范性管理制度,还特别制定了针对避免学术与商业行为相冲突的论坛管理方式:由论坛内部推举选出7个人组成独立管理机构,任何需要论坛配合的商业性项目、推广及广告,都要向机构提出申请并备案,经鉴定通过的方案才能最终落地实施。很快,丁香园的生意就来了。不过从2006年起的三年中,一直处于间断性盈利又持续投入,直到2009年1月才开始持续盈利,年底收入超过500万元并获得第一轮200万美元融资。

但面对移动互联网带来的机会,张进一开始并没有想清楚到底要什么类型的产品。直到2011年年初,李、张二人在美国参加了一次以移动互联网、社会化媒体为主题的医药行业会议。"当时,有一家名为Epocrates的公司做了演讲,他们介绍说正准备在纳斯达克上市,并且他们只有一款医疗类App。这太让我们惊讶了!"张进回忆说。于是,他们很快成立无线产品小组,并在公司提出"用药助手"这款应用产品的设计方案。从3月份开始筹备,到8月就在App Store顺利上线。"丁香园网站会员大部分是医生,所以还是希望给医生提供一款更方便的产品,随时随地帮他们解决实际工作中找药、查药遇到的问题。"张进认为,药品是医生工作最重要的一个环节,从这个方向入手,容易找到盈利点。事实上,去年年底用药助手已经有超过100万下载量,除了专业版99元的收费,还有药企广告、学术推广方面的收入来源,基本已经达到盈利。接下来,团队还会对该产品进行深度升级,比如基于地理位置的药品价格查询、个人用药管理以及交互界面设计。

随后,丁香园又推出了针对医生与医生之间互动社交移动产品丁香客,以提升丁香园的医生社会化媒体属性,未来还会把开发重点放在以疾病为中心的大众用户移动应用上。丁香园前CTO冯大辉说:"其实移动医疗领域机会非常多,几乎现在看到的模式我们都想过,但有很多环境、政策方面的条件还不成熟,医生是核心,我们更想从这些核心用户、资源出发,利用核心环节为更多环节创造价值。"

目前,丁香园已经几乎覆盖了所有医学专业领域,并拥有超过400万的专业会员(其中包括中国80%的职业医师),可以说丁香园的最大优势就在于专业、高端。未来,丁香园的发展将主要集中于大众版的家庭医生、医师的用药助手等。

案例 4　蚂蚁金服：普惠金融＋区块链技术

蚂蚁金融服务集团(图 11.10)起步于 2004 年成立的支付宝。2013 年 3 月，支付宝的母公司——浙江阿里巴巴电子商务有限公司，宣布将以其为主体筹建小微金融服务集团，小微金融(筹)成为蚂蚁金服的前身。2014 年 10 月，蚂蚁金服正式成立。它致力于打造开放的生态系统，为小微企业和个人消费者提供普惠金融服务。蚂蚁金服旗下有支付宝、余额宝、招财宝、蚂蚁聚宝、网商银行、蚂蚁花呗、芝麻信用、蚂蚁金融云、蚂蚁达客等子业务板块。

图 11.10　蚂蚁金服旗下业务

2015 年 4 月，"淘金 100"作为首个电商行业数据推出的金融指数，也是第一个指数产品由蚂蚁金服发布，并联合了博时基金、恒生聚源及中证指数。6 月，蚂蚁金服完成一轮估值超过 400 亿美元的私人配售。全国社保基金的第一单直接投资占股蚂蚁金服的 5%。同月，浙江网商银行正式开业，蚂蚁的部分小贷业务和产品将转到网商银行来运作。在现金管理、投资理财等方面也会进行业务拓展。7 月份，以全国社保基金为榜首的 8 家战略投资者被引入蚂蚁金服。此后，蚂蚁金服宣布已经完成 A 轮融资，其市场估值超过了 450 亿美元。同年 9 月份到 10 月份，蚂蚁金服连续布局投资，先后入股了国泰产检、"36 氪"，成了国泰产检的控股股东和"36 氪"的战略股东。除此之外，蚂蚁金服还分别入股了中国邮政储蓄银行、趣分期、印度在线支付公司 One97 等。直至 2016 年 1 月 5 日，蚂蚁金服已确认启动 15 亿美元以上的 B 轮融资。截至目前，蚂蚁金服的用户量已超过 6 亿，旗下的业务中，招财宝和已晋升为全国第二大货币基金的余额宝负责理财、投资服务，是蚂蚁金服体系的主要资金池。蚂蚁小贷和网商银行负责真正的类银行融资业务。芝麻信用数据负责运用累积了多年的用户大数据及云计算客观呈现个人的信用状况，是普惠金融服务的信用基础和民间征信领域的补充。

蚂蚁金服在其迅速扩张的过程中形成了自己独特的商业模式,在整个蚂蚁金服的业务体系中,支付、理财、融资、保险等业务板块仅是浮出水面的一小部分,真正支撑这些业务的则是水面之下的云计算、大数据和信用体系等底层平台。"蚂蚁模式"的关键词有"普惠金融"、"绿色和可持续发展"以及"安全和技术创新"。

1. 普惠金融

金融和普惠金融的差别在于包容性。实际上,联合国2006年给普惠金融的定义就是包容性金融(Inclusive Finance)。有金融并不等于有包容性金融。所谓包容性金融,就是所有的群体和个人都能获得的金融。好的普惠金融应该具备四个特点:首先,普惠金融应该"普",可触达(Accessible)。不但是所有的人群,而且在所有需要金融的时间和地点,都应该能够得到覆盖;好的金融,应该无微不至。其次,普惠金融应该"惠",可负担(Affordable)。这个要求恰恰是普惠金融的一个核心挑战,也揭示了普惠金融的未来方向:用以触达用户和覆盖风险成本一旦过高,则与"惠"相抵触;如果没有技术创新带来的成本降低和效率提升,普惠金融是没有办法广泛发展的。再次,普惠金融应该丰富全面(Comprehensive)。不只是支付、融资,还应该包括储蓄(理财)、保险、信用等全方位的金融服务。金融服务越充分,其生产要素的潜能越能够得到释放。最后,普惠金融应该可持续(Sustainable)。从商业角度应具备可持续、规模地发展并可复制的特点,而非仅仅作为短期公益行为;从金融消费者的角度,则应有效保障消费者权益,忽视甚至伤害消费者权益的金融不可持续。

在蚂蚁金服看来,普惠金融的题中之意,在于给所有具有真实金融服务需求的个人或者企业,提供平等无差异的金融服务。这源于蚂蚁金服自支付宝成立以来十多年的实践,也源自发展中国家尤其是中国普惠金融的现实。

时至今日,余额宝为代表的理财产品把中国老百姓的理财门槛从几万元直降到1元,而且购赎免费,从2013年至今,已有超过2.9亿人成为余额宝用户。而蚂蚁小贷已服务小微企业超过400万家,平均贷款余额小于3万元。

2. 绿色和可持续发展

蚂蚁金服"绿色金融战略"(图11.11)包括两个层次:一是用绿色方式发展新金融,调动普通民众参与低碳生活方式。二是用金融工具推动绿色经济发展,推动绿色意识普及。具体表现如下:

(1) 蚂蚁金服主导的网商银行通过对绿色信用标签用户提供优惠信贷支持,包括向农村提供节能型车辆购置融资,为"菜鸟"物流合作伙伴提供优惠信贷支持更换环保电动车,未来还将持续支持绿色企业的生产经营活动。

(2) 在绿色基金领域,蚂蚁聚宝已与超过90多家基金公司进行了合作,目前平台上绿色环保主题基金超过80支。基于此,在中国金融学会成立的绿色金融专业委员会中,蚂蚁金服成为迄今唯一当选的互联网金融企业。

(3) 在泛绿色金融领域,蚂蚁金服也开始了积极布局和探索。例如,永安公共自行车结合支付宝、芝麻信用推出"免押金扫码租车"服务。自 2015 年 9 月上线到 2016 年 4 月底,累计提供了 3 000 万人次便捷的绿色交通服务,减少了碳排放 20 000 吨。目前每天免押骑行永安公共自行车的人次峰值时段近 40 万,相当于在城市里植了 40 000 棵大树。

(4) 2015 年,蚂蚁金服通过支付宝的单据电子化消灭了纸质单据,一年减少碳排 20 万吨,相当于多种了 200 万棵大树,通过便民缴费,让全国人民免于奔波,减少碳排 35.4 万吨,相当于多种了 354 万棵大树。

图 11.11　蚂蚁金服发起绿色金融联盟

3. 安全和技术创新

蚂蚁金服致力于通过互联网技术为用户与合作伙伴带来价值,从 2004 年支付宝成立伊始,蚂蚁金服就秉承用技术创新提升用户体验的原则,不断磨砺技术,将大数据技术、人脸识别技术、云计算技术和区块链技术融入产品中,为企业和用户创造更多的价值。

(1) 大数据技术

大数据技术经过一系列应用和发展,现今已经日趋成熟。蚂蚁金服主导的网商银行,及其前身"阿里小贷",多年来通过大数据模型来发放贷款。蚂蚁金服通过对客户相关数据的分析,依照相关的模型,综合判断风险,形成了网络贷款的"310"模式,即"3 分钟申请、1 秒钟到账、0 人工干预"的服务标准。5 年多来,为 400 多万小微企业提供了累计超过 7 000 亿的贷款,帮助他们解决了资金难题,促进了这些小微企业生存和发展,并创造了更多的就业机会。

类似地,大数据的应用也充分体现在蚂蚁金服生态中的第三方征信公司芝麻信用上。"芝麻信用分"是芝麻信用对海量信息数据的综合处理和评估,主要包含了用户信用历史、行为偏好、履约能力、身份特质、人脉关系五个维度。芝麻信用基于阿里巴巴的电商交易数据和蚂蚁金服的互联网金融数据,并与公安网等公共机构以及合作伙伴建立数据合作。与传统征信数据不同,芝麻信用数据涵盖了信用卡还款、网购、转账、理财、水电煤缴费、租房信息、住址搬迁历史、社交关系,等等。

"芝麻信用"通过分析大量的网络交易及行为数据,可对用户进行信用评估,这些信用评估可以帮助互联网金融企业对用户的还款意愿及还款能力得出结论,继而为用户提供快速授信及现金分期服务。

(2) 人脸识别技术

蚂蚁金服以领先的人脸比对算法为基础,研发了交互式人脸活体检测技术和图像脱敏技术,并设计了满足高并发和高可靠性的系统安全架构。以此为依托的人脸验证核身产品提供服务化接口,已经成功实现产品化并在网商银行和支付宝身份认证等场景应用。这其中的几项核心算法分别是活体检测算法、图像脱敏算法以及人脸比对算法。

根据2014年香港中文大学做的一项研究结果表明,在国际公开人脸数据库LFW上,当时人脸识别算法的准确率(99%)已经超过了肉眼识别(97.2%),而目前蚂蚁金服运用的人脸识别算法在这个数据库上的准确率已经达到99.6%。除此之外,蚂蚁金服在2015年初向公安部提交了人脸识别算法和技术的测试申请,进一步验证人脸活体检测防攻击和人脸比对两方面在实际真实场景中的性能。

(3) 区块链技术

区块链作为近几年的新兴技术,是金融领域十分重视的一项新技术。区块链是支撑比特币发展的底层技术,它的出现预示着互联网的用途可能从传统信息传递逐步转变成为价值传递,对传统金融行业而言是一场前所未有的革命和挑战。区块链可以定义为一种基于密码学技术生成的分布式共享数据库,或者理解为互联网上基于共识机制建立起来的集体维护的公开大账簿。区块链技术具有以下特点:

① 去中心化

区块链系统是由大量节点共同组成的一个点对点网络,不存在中心化的硬件或管理机构,任一节点的权利和义务都是均等的,系统中的数据块由整个系统中所有具有维护功能的节点共同维护,且任一节点的损坏或者丢失都不会影响整个系统的运作。

② 共识信任机制

区块链技术从根本上改变了中心化的信用创造方式,运用一套基于共识的数学算法，在机器之间建立"信任"网络，从而通过技术背书而非中心化信用机构来进行信用创造。借助区块链的算法证明机制，参与整个系统中的每个节点之间进行数据交换无须建立信任过程。在系统指定的规则范围和时间范围内，节点之间不能也无法欺骗其他节点，即少量节点无法完成造假。

③ 信息不可篡改

区块链系统将通过分布式数据库的形式，让每个参与节点都能获得一份完整数据库的拷贝。一旦信息经过验证添加到区块链上，就会永久存储起来，除非能够同时控制整个系统中超过51%的节点，否则单个节点上对数据库的修改是无效的，因此区块链的数据可靠性很高，且参与系统中的节点越多和计算能力越强，该系统中的数据安全性越高。

④ 开放性

区块链系统是开放的，除了交易各方的私有信息被加密外，区块链的数据对所有人公开，任何人都可以通过公开的接口查询区块链数据和开发相关应用，因此整个系统信息高度透明。

⑤ 匿名性

由于节点间无须互相信任，因此节点间无须公开身份，系统中的每个参与节点都是匿名的。参与交易的双方通过地址传递信息，即便获取了全部的区块信息也无法知道参与交易的双方到底是谁，只有掌握了私钥的人才能开启自己的"钱包"。此外，在诸如比特币的交易中，提倡为每一笔交易申请不同的地址，从而进一步保障了交易方的隐私。

区块链技术的上述特征能够解决目前绝大多数领域存在已久的三大痛点：中心化、安全和信任问题。

区块链本质上是交易各方建立信任机制的一个数学解决方案，是采用分布式网络来存储、传输和证明数据的技术方案，通过分布式的数据区块存储形成分布式记账系统，取代目前对中心服务器的依赖，使得所有数据变更或者交易项目都记录在网络系统中的各个节点上。

目前区块链技术被认为可以颠覆传统的银行业和支付领域，在国外已经运用到多个场景中，如 Ripple Labs 正在使用区块链重塑银行业生态系统，让传统金融机构更好地开展业务。Ripple 网络可以让多国银行直接进行转账和外汇交易而不需要第三方中介：地区性银行可直接双向在两个或多个地区性银行传输资金而无须第三方中介。德勤应用区块链在反洗钱（AML）和了解客户（KYC）领域颠覆了金融业现存的合规模式。Overstock 创立了一个基于区块链的去中心化的证券交易市场 Medici。

相较于国外，国内应用区块链技术的公司屈指可数，蚂蚁金服在2016年7月31日宣布会将区块链技术应用于公益场景。"我们重视区块链，是重视它的信任机制。"蚂蚁金服首席技术官程立表示,在公益行动中,中国公众并不缺少善心,但他们还缺少一个基于新技术的,信任、开放、透明的平台和操作机制。区块链从本质上来说,是利用分布式技术和共识算法重新构造的一种信任机制,是"共信力助力公信力"。

以前,公众可以选择捐款,但并不完全知道捐款将在何时给到受捐者,在区块链技术支撑的公益项目中捐款,项目完成后,就能查看"爱心传递记录",能看见项目捐赠情况,善款如何拨付发放。

从外观看,区块链公益项目并没有太多不同,但后台运转的情况是不一样的。之前,公众捐款进入公益项目的账户,项目方执行后,由运营人员把账单、拨付、相关图片和情况上传录入。现在,善款进入系统后,整个生命周期都将记录在区块链上,没有人工拨付等环节,每一笔款项的去向很难人工更改。

综合以上,蚂蚁金服将新兴技术与创新的金融模式结合,不断拓展业务范围,形成独具个性的商务模式,将来可能形成一个开放、创新的互联网金融生态圈。

案例5 网络直播：零距离互动的新型商务模式

有这样一个场景，当你在餐厅吃饭时，你的邻桌正对着手机自言自语，又或者把摄像头对准桌上美味的食物乃至餐厅的精致装潢。如果是在几年前，你可能觉得这个人有些神经质，而在今天，她只是利用一顿饭的时间进行网络直播赚个外快罢了。

实际上，网络直播平台兴起的时间并不长，从传统电视直播到互联网直播中间走过了近20年。国内网络直播大致经历了三次迭代：2005年，"9158"从网络视频聊天室逐渐发展为PC秀场直播，同时"YY"进军直播领域，"六间房"也转型为秀场模式。2014年，"YY"成立"虎牙"专注游戏直播，"斗鱼"、"龙珠"、"熊猫"等平台也相继上线，游戏直播也成为继秀场直播后直播的主要形式。随着智能手机和移动网络技术的进一步发展，2015年移动直播App（如"映客"、"花椒"、"一直播"）大量涌现，直播形式也向"泛生活"化发展。

2016年8月CNNIC发布的《第38次中国互联网发展状况统计报告》显示，截至2016年6月，网络直播用户规模已达3.25亿，占网民总体的45.8%。可谓是"中国网络直播元年"。各类网络直播使用率最高的是体育直播（20.1%），其次分别是真人聊天秀直播（19.2%）、游戏直播（16.5%）、演唱会直播（13.3%）。各大直播平台也纷获巨资加持。2015年，六间房以26亿元被宋城演艺收购，龙珠直播获游久游戏、腾讯等近亿美元B轮融资。2016年腾讯、红杉资本领投斗鱼TV1亿美元。

1. "直播＋真人聊天秀"模式

"直播＋真人聊天秀"模式，就是网络主播通过电脑在固定的直播地点或者用手机移动直播自己的日常生活、进行娱乐表演、和粉丝聊天的网络直播形式。直播过程中，粉丝可以购买虚拟礼物打赏主播，主播在休息时可以插播流量广告。一般来说，主播的粉丝数量越大，直播的收益就可能越高。当主播累积了一定的粉丝影响力时，直播平台可以选择与主播签约开展更多线上和线下代言活动，主播也可凭借个人影响力在直播中植入广告赚取自营业务收入。除了主播和直播平台对虚拟礼物进行分成，第三方公司可以借助平台和主播影响力为商品带来流量。2016年7月，凭借自制小视频被誉为"微博第一网红"的papi酱（图11.12）进行了直播首秀，在1小时25分的直播中，papi酱在8个平台收获了2 000万同时在线的峰值记录。在此之后，papi酱的原创视频和直播中纷纷出现广告植入，然而这并不影响她吸引更多的粉丝。

图 11.12　网红 papi 酱

"直播＋真人聊天秀"弥补了现有社交媒体的缺陷,使观众有更加直观的真实感和更加强烈的互动感。目前,这种模式仍然是网络直播的主流,并不断创造直播神话。2016 年 3 月 8 日晚一位名叫 Yang Hanna 的韩国女主播一夜就被打赏超过 40 万人民币。然而,在火爆的直播背后,必须看到,低俗和低劣的直播内容充斥其中。当热潮退去,高质量和有价值的直播内容才能继续前进,内容决定一切,"直播＋真人聊天秀"模式也将走向专业化和精准化。

2."直播＋游戏"模式

"直播＋游戏"模式主要包括两种形式:一种是游戏主播直播自己打游戏的画面,与"秀场"直播类似,主播的盈利主要来自虚拟礼物打赏、广告费、签约费和工资,直播平台的盈利则来自打赏分成、会员费、广告费等传统盈利模式;另一种是平台在获取许可后直播游戏赛事,观众购买虚拟门票后即可观看高清游戏赛事直播并参与直播互动,直播过程中观众还可以参与赛事竞猜(对赛事进行投注,类似于体育彩票)。此外,游戏厂商可以和直播平台联合运营游戏产品,利益共享、风险共担,实现双方利益最大化。

据 CCTV 美洲台报道,2016 年某知名游戏总决赛当天全球共有 3 000 万人观看了这场比赛,其中斗鱼(图 11.13)公布的同时在线人数为 450 万,战旗为 300 多万。游戏直播的火爆也给直播平台带来较大的成本。一个同时在线百万的直播平台,每个月仅带宽费用就高达 3 000 万到 4 000 万元。主播巨额签约成本、赛事转播授权费和运营成本也是巨大的成本来源。尽管烧钱,但是由于游戏玩家对游戏直播的需求日益增加,游戏直播拥有较高的"日活量",根据 Talking Data 的数据预测,2018 年游戏直播用户规模将达 1.9 亿,游戏直播仍然有较大的商业发展空间。

3."直播＋体育"模式

里约奥运会结束了,体育明星直播却仍高居微博话题榜。乒乓球运动员张

图 11.13　斗鱼 TV 的游戏直播

继科回国后在微博宣布要做直播,花椒直播平台却因为观看人数过高而宕机。游泳运动员傅园慧在映客直播,收获了 1 085 万人的观看,在 1 小时内,她还收获了 318 万"映票",折合人民币约 32 万元。运动明星的强大号召力让人们看到体育直播更大的商业潜力。

当前,体育直播主要包括版权赛事直播模式和业余体育网络直播模式。区别于传统电视转播,版权赛事的网络直播更能提高用户的参与度和互动性,解说方式更加自由,增加了体育节目的趣味性。业余体育网络直播受众以体育爱好者为主,通过业余体育比赛的转播,使参与者及其朋友、家人、同学等群体自发成为观众。随着民间赛事的增多,体育直播平台以低成本的方式满足了业余赛事的直播需求。乐视旗下的章鱼 TV 和虎扑的智慧运动场是相对而言较为成熟的业余赛事体育直播媒体,但由于受关注度相对较低,其直播成本和盈利的不平衡成为常态。

除了增值服务(虚拟礼物、会员费)、内容订阅等常规盈利模式外,体育直播还通过线上方式对赛事周边产品进行销售,围绕用户实现盈利。随着明星解说粉丝的增加和体育明星的参与,体育直播类似秀场直播的"网红"商业模式也会形成虚拟礼物收入、签约费、广告费、自营业务收入四合一的商业模式。

4."直播+电商"模式

传统电商方式下,消费者无法亲临购物现场获得充分的决策信息,单一的人机交互过程也缺乏社交属性。"直播+电商"模式在一定程度上弥补了传统电商的缺陷,即网络主播通过直播讲解示范产品、回答观众问题,给观众带来"真实"的产品体验和全面的产品信息，从而实现促销和导购的作用，使观众"边看边买"。

常规的模式是网红和明星在直播平台上直播营销，如"咸蛋家"，直播内容涉及美妆教学、健身指导、美食等主题，用户可以在直播结束前直接下单购买主播销售的商品。2016年上半年，电商平台聚美优品、淘宝、蘑菇街等也都上线了直播功能。2016年5月，手机淘宝直播频道上线，用户可以在不退出直播的情况下边看边买主播推荐的商品。除此之外，亚马逊推出了首部直播电视节目《时尚密码现场》，对所有亚马逊用户免费开放，由主持人和流动嘉宾一起为观众提供美妆和时尚建议，观众则可以从视频播放器下的滚动条上购买相应产品。对于跨境电商来说，直播更是一种拉近消费者与海外购物距离的策略。2015年，跨境电商平台"菠萝蜜"上线并主打海淘直播，直播内容涉及海外员工在当地拍摄商品的店头价格标签、前往品牌方采访、展示海外仓库工作流程等各种形式，使用户产生信赖感和参与感。可以看出，直播对于电商来说是一种辅助销售的工具，能为平台带来更多流量、提高打开率和销售量。

5."直播＋旅游"模式

旅游产品虽然也可以线上销售，但它和实物电商仍有很大区别。旅游产品带给消费者的体验感是图片和文字无法充分描述的，传统的旅游电视节目在一定程度上满足了观众的需求，但缺乏互动。"直播＋旅游"的出现弥补了这一缺憾，主播直播自己旅行的场景，突破时空的限制使客户足不出户就有身临其境的感觉、对旅游地点有更加全面的感受，从而拉动用户消费旅游产品。

"直播＋旅游"以旅游电商和直播平台合作为主要模式，利用明星和网红的影响力吸引观众观看，观众在观看过程中可以直接下单景点门票、酒店等旅游商品（图11.14）。为了提供更高质量的直播内容，旅游直播节目应运而生，达人旅游直播也日益发展壮大。对于旅游公司而言，直播内容是直播流量能否变现的关键，如果没有很好的策划，直播的效果可能适得其反。

图 11.14　超模刘雯的旅行直播

6. "直播＋教育"模式

在线教育的普及以及智能手机和移动互联网络技术的发展,为教育直播的成长提供了适宜环境。2016年3月,2 000多名学生购买了教师王羽单价9元的物理直播课,扣除平台分成后,他的时薪高达一万八千多元。教育直播的火爆引起了业界广泛关注。互联网教育机构、传统线下教育机构、互联网巨头以及直播平台争相加大对教育直播的投入。除了现有的盈利模式,教育直播也可融入"直播＋电商"的模式,并与线下教育和线上视频录播课程相结合,进一步完善其商业模式。例如家教O2O平台"疯狂教师"在C轮融资后,利用其在线直播平台"叮当课堂"实现线上和线下双渠道共赢:线上打造网红教师,线下则放大名师价值提升盈利。由于教育直播输出的是差异化内容,并且具有较强的变现能力,其前景不容小觑。

7. 小结

网络直播在近两年发展迅速,凭借真实的场景、事实的互动以及草根网友源源不断的创造力,其优势不言而喻。在创造了一批批网红的同时,同时不断形成新的商业模式,成为引导资本走向的风口。随着科技的进一步发展,如VR技术,网络直播将不断迎来新的机遇和挑战。但也应注意到,网络直播行业违法违规行为、数据造假等扰乱市场秩序的现象时有发生,亟待整顿和持续监管,在全社会营造诚信、健康的行业发展环境。另外,新的直播平台仍不断涌现并开始激烈竞争,其提供的服务却大同小异。直播平台也需探索更多垂直领域,为用户提供高质量的差异化内容。

案例 6　互联网金融：传统金融模式的变革与创新

互联网金融是指传统金融机构与互联网企业利用互联网技术和信息通信技术实现资金融通、支付、投资和信息中介服务的新型金融业务模式。互联网金融在中国的发展面临着巨大的机遇。一方面，互联网技术从 21 世纪初开始获得了长足的发展，网民数量和智能手机用户数量都位居世界前列，信息技术和金融业的发展日益融合；另一方面，我国金融体系的改革不断深入，多层次资本市场的建设加速推进，存款保险制度和利率市场化稳步推进，金融监管对"互联网＋"的态度乐观开放。更重要的是，中国经济经过改革开放 30 多年的持续发展，居民可支配收入和财富积累不断增加，家庭的资产负债表极大丰富，家庭资产负债表的管理为互联网金融的发展提供了广阔的市场空间。与此同时，经济结构的转型，创业型经济的确立等制度变迁所催生的大量中小微企业也成为互联网金融重要的目标市场。在中国，互联网金融在经过了早期的酝酿和缓慢发展之后，开始进入了加速发展的新阶段，各种商业模式层出不穷，并快速发展演进。

1. 互联网金融商业模式的分类

在第二届世界互联网大会上，清华大学五道口金融学院常务副院长廖理教授在"互联网金融创新与发展"的分议题上发布了《全球互联网金融商业模式报告(2015)》，依据互联网金融在世界各国的发展，将业务模式分为四大类：传统金融的互联网化、基于互联网平台开展金融业务、全新的互联网金融模式以及互联网金融信息服务。该报告基于廖理教授的分类，对全球互联网金融商业模式进行深度剖析，如表 11.1。

表 11.1　《全球互联网金融商业模式报告(2015)》对互联网金融商业模式的划分

类　型	举　例
传统金融的互联网化	互联网银行
	互联网券商
	互联网保险
基于互联网平台开展金融服务	互联网基金销售
	互联网资产管理
	互联网小额商业贷款
	互联网消费金融

续表

类　型	举　例
全新的互联网金融模式	P2P
	众筹
互联网金融信息服务	在线投资社交
	金融产品搜索
	个人财务管理
	在线金融教育
	个人信用管理

2. 由传统金融机构升级产生的模式

所谓信息化金融机构，是指通过采用信息技术对传统运营流程进行改造或重构，实现经营、管理全面电子化的银行、证券和保险等金融机构。金融信息化是金融业发展趋势之一，而信息化金融机构则是金融创新的产物。从整个金融行业来看，银行的信息化建设一直处于业内领先水平，不仅具有国际领先的金融信息技术平台，建成了由自助银行、电话银行、手机银行和网上银行构成的电子银行立体服务体系，而且以信息化的大手笔——数据集中工程，在业内独领风骚。我国传统银行发力电商平台，增加用户粘性，累积用户数据，利用大数据金融战略构建基础设施工程，以建行、交行、招行和农行为典型代表（图 11.15）。金融机构信息化从经营模式上是流程自动化，是提高金融服务客户体验、降低经营成本、加强风险管理和控制全面解决方案。

图 11.15　中国工商银行网上银行

3. 互联网企业切入金融服务领域的模式

(1) 支付结算

① 第三方支付模式

从广义上讲，第三方支付是指非金融机构作为收、付款人的支付中介所提供的网络支付、预付卡、银行卡收单以及中国人民银行确定的其他支付服务。现在,第三方支付已不仅仅局限于最初的互联网支付,而是成为线上线下全面覆盖、应用场景更为丰富的综合支付工具。

目前市场上第三方支付公司的运营模式可以归为独立第三方支付和依托平台的第三方支付两类。独立第三方支付模式是指第三方支付平台完全独立于电子商务网站,不具有担保功能,仅仅为用户提供支付产品和支付系统解决方案,以快钱、易宝支付、汇付天下、拉卡拉等为典型代表。另一类是以支付宝、财付通为首的依托于自有电子商务网站提供担保功能的第三方支付模式,货款暂由平台托管并由平台通知卖家货款到达、进行发货。在此类支付模式中,买方在电商网站选购商品后,使用第三方平台提供的账户进行货款支付,待买方检验物品进行确认后就可以通知平台付款给卖家,这时第三方支付平台再将款项转至卖方账户。

② P2P 支付模式

个人对个人(P2P)之间的在线支付结算服务是互联网金融的一项基础服务。传统金融体系提供的 P2P 支付服务通常收费较高并且使用不便,邮政汇款体系和专门的汇款网络也存在这个问题。互联网(特别是移动互联网)建立了新的 P2P 支付服务系统,不仅降低了服务费用,减少了交易成本,更重要的是将以前被排斥在金融服务之外的人群(在发展中国家这个问题尤为突出)纳入金融体系。目标客户主要是没有金融账户的低收入人群以及小微企业,客户可以通过该系统方便地、低成本地进行中小额资金的转账和支付,从而提高整个经济系统的运行效率。

(2) 投资理财

互联网金融门户是利用互联网进行金融产品的销售及为金融产品销售提供第三方服务的平台。核心是"搜索+比价"模式,采用金融产品垂直比价的方式,将各家金融机构的理财产品放在平台上,用户通过对比挑选合适的金融产品。

互联网金融门户多元化创新发展,形成了提供高端理财投资服务和理财产品的第三方理财平台,可进一步细分为理财资讯平台、行情交易平台、理财产品代销平台三大类,其中理财产品代销平台是互联网金融的主要发展对象。

理财产品代销平台是将不同基金或保险公司管理的不同风格的理财产品纳入统一网上销售平台上,使投资者可以一站式购买几乎所有公司的产品,从而带来理财产品投资方式的颠覆式革新。随着越来越多的第三方基金销售机构获得基金销售牌照,第三方基金销售网站网上基金销售平台纷纷上线,实现了基金销售的渠道多元化,打破了长期以来银行垄断的局面,如天天基金网利用东方财富网的海量用户成功地打造了基金的网销平台。

理财资讯平台旨在为投资者提供丰富的理财产品信息、投资组合建议以及其他专业指导,如东方财富网、和讯、新浪财经等资讯网站,以及万德、同花顺等金融数据服务商。

行情交易平台为证券、基金、期货等公司提供证券行情委托交易、资讯发送、网络安全应用等系统,并提供日常的维护,如大智慧、通达信、钱龙等软件。

(3) 融资信用

① P2P 网贷模式

P2P 贷款(Peer-to-Peer Lending),指人与人之间通过互联网媒介直接建立信贷关系。资金的供需双方通过互联网平台进行信息沟通,对金额、利率、期限与风险等因素进行需求匹配,签署具有法律效力的电子合同。与银行借贷相比,P2P 贷款降低了借款人的借款门槛,P2P 贷款实质上参与的是银行并不进入的市场,体现了"金融脱媒"特征。与传统的民间借贷相比,P2P 贷款借助互联网的技术优势实现了大范围的陌生人直接借贷。P2P 贷款具有以信用为基础、发起灵活、金额较小、利率较高等特点。P2P 平台的盈利主要是向借款人收取一次性费用以及向投资人收取评估和管理费用。P2P 贷款的利率确定是由放贷人竞标确定,或者是由平台根据借款人的信誉情况和银行的利率水平提供参考利率。

由于无准入门槛、无行业标准、无机构监管,P2P 贷款的运营模式尚未完全定型,目前已经出现了传统、债权转让、担保、平台等四种典型的运营模式。其中,传统模式又可分为纯线上模式和线上线下结合的模式。纯线上模式典型的平台有拍拍贷、合力贷、人人贷部分业务等,其特点是资金借贷活动都通过线上进行而不结合线下的审核。通常这些企业采取的审核借款人资质的措施有通过视频认证、查看银行流水账单、身份认证等。线上线下结合的模式以翼龙贷为代表。借款人在线上提交借款申请后平台通过所在城市的代理商采取入户调查的方式审核借款人的资信、还款能力等情况。

② 众筹平台模式

众筹(Crowdfunding),通过互联网平台聚集众人,每人均贡献较小的数额来为商业项目或企业融资。与传统融资方式相比,众筹充分利用了互联网良好的传播特性,将投资者、融资者拉到同一平台,直接匹配双方的投、融资需求。众筹的参与者包括融资者、投资者和众筹网站,其中,融资者的构成大多是具有创意想法和创造能力但缺乏资金的小企业或个人,投资者主要是具有闲置资金并且对融资者的创意和回报感兴趣的机构和个人,众筹网站则充当融资中介。阳光化、公开化、互联网化,是众筹不同于私募、公募以及天使基金等形式的根本区别。目前,众筹平台的模式主要有四种:股权众筹,债权众筹、回报众筹和捐赠众筹。股权众筹以公司股权作为交换,融资金额相对较大;债权众筹则承诺还本付息,筹资金额与股权众筹相当;回报众筹中,融资者以产品或服务的方式回报投资者;捐赠众筹是无偿的,资金筹集相对较少。

③ 大数据金融模式

大数据金融目前有平台金融和供应链金融两种模式。建立在传统产业链上下游的企业通过资金流、物流、信息流组成了以大数据为基础的供应链金融，建立在 B2B、B2C 或 C2C 基础上的现代产业通过在平台上凝聚的资金流、物流、信息流组成了以大数据为基础的平台金融。

平台金融模式是基于电商平台基础上形成的网上交易信息与网上支付形成的大数据金融，通过云计算和模型数据处理能力而形成信用或订单融资模式。与传统金融依靠抵押或担保的金融模式不同，阿里小贷等平台金融模式主要基于对电商平台的交易数据、社交网络的用户交易与交互信息和购物行为习惯等的大数据，进行云计算，来实时计算得分和分析处理，形成网络商户在电商平台中的累积信用数据，通过电商所构建的网络信用评级体系和金融风险计算模型及风险控制体系，来实时向网络商户发放订单贷款或者信用贷款，批量快速高效，例如阿里小贷可实现数分钟之内发放贷款。

供应链金融模式是企业利用自身所处的产业链上下游，充分整合供应链资源和客户资源而形成的金融模式。京东商城是供应链金融模式的典型代表，其作为电商企业并不直接开展贷款的发放工作，而是与其他金融机构合作，通过京东商城所累积和掌握的供应链上下游的大数据金融库，来为其他金融机构提供融资信息与技术服务，使京东商城的供应链业务模式与其他金融机构实现无缝连接，共同服务于京东商城的电商平台客户。在供应链金融模式当中，电商平台只是作为信息中介提供大数据金融，并不承担融资风险及防范风险等。

4. 发展有限的虚拟货币模式

美国 eBay、Facebook、Google 等都在提供虚拟货币，而且网络虚拟货币存在与真实货币的转换可能性。此外，一种新型电子货币——比特币（Bitcoin）脱离了中央银行，甚至都不需要银行系统参与，成为互联网虚拟货币的典型。但是，由于国内对虚拟货币控制严格，此类业务在国内发展极其有限。

5. 小结

将互联网金融商业模式总结如表 11.2 所示。

表 11.2　互联网金融商业模式

类　　型	模　　式	举　　例
传统金融机构升级	互联网银行	
	互联网券商	
	互联网保险	

续 表

类　型	模　式		举　例
互联网企业切入	支付结算	第三方支付平台 独立第三方支付	快钱、易宝支付
		第三方支付平台 依托平台	支付宝
		P2P 支付	支付宝
	投资理财	理财资讯平台	东方财富网、新浪财经
		行情交易平台	通达信、钱龙
		理财产品代销平台	天天基金网、余额宝
	融资信用	P2P 网贷 传统模式	人人贷、翼龙贷
		P2P 网贷 债权转让模式	宜信
		P2P 网贷 担保模式	陆金所、有利网
		P2P 网贷 平台模式	
		众筹 股权众筹	人人投、天使街
		众筹 债权众筹	人人贷
		众筹 回报众筹	淘宝众筹
		众筹 捐赠众筹	NGO 在线捐赠平台
		大数据金融 平台金融	阿里小贷
		大数据金融 供应链金融	京东、苏宁

案例 7　网络安全智能化：自适应安全架构

1. 国内安全行业背景

仅就2016年上半年，国内发生的信息安全严重事件就有三起。保监会发函通报信诚人寿存在内控缺陷，要求进行整改；小米MIUI合作版ROM存篡权漏洞，可任意获取重要数据；新型安全漏洞水牢漏洞威胁我国十余万家网站。而在2015年，国内信息安全严重事件更是以平均每月一起的频率威胁着国内网民的信息安全。

国内信息安全环境问题严峻，造成这一局面的主要问题有四点：国家投入资金不足，国内技术缺乏竞争力，相关法律法规不完善，全社会信息安全意识不强。政府层面的问题随着2014年网络安全和信息化领导小组的成立以及2016年10月《网络安全法》三审稿的提交正在逐步解决，全社会的信息安全意识随着一次次信息安全事件的发生也在逐步提高。

2. 成立与定位

在创立青藤云安全之前，张福一直在互联网企业负责安全，还负责过运维、开发，以及偏业务的技术支撑，再之后就越来越偏向研发管理。在张福十几年的职业生涯中，逐渐发现在任何一家公司，做安全都是一件极其不容易的事情。而安全的最大困难在于落地，一是安全基础体系的缺失，二是专业安全人才严重缺乏。在云时代，企业的信息安全更是受到了IT环境动态变化和日益隐蔽、专业的黑客攻击的威胁。政府政策逐步完善、社会意识渐渐形成，有着从业多年的技术经验积累的张福敏锐地感觉到了行业风口即将到来，于是找了身边志同道合的9位伙伴一起创业，成立了青藤云安全。

对安全产品有迫切需求的客户主要有两类，第一类是一些扩展了互联网服务的传统企业，这些企业之前对安全的需求大都是合规需求。而传统安全公司长期在这种需求导向下，产品做得好不好不重要，满足企业对国家的合规要求标准即可，缺乏较强的竞争关系，技术越来越落后，已经无法满足企业在新信息政策下的需求了。第二类是那些发展迅猛的创业公司，他们是最具有良性安全需求的群体，业务快速扩展，安全需求完全跟不上业务的发展，随着黑客攻击事件的频繁发生，这类公司对于第三方服务的认可度也是极高的。

张福认为，就像智能机器人正在替代人工一样，企业在安全工程师稀缺、投入有限的情况下，需要智能安全平台的支持来解放内部安全/运维人员，从单纯防御升级到全周期安全管理才能根本解决安全问题。起初他按照自己对行业的理解进行产品设计。后来张福看到了Gartner关于自适应安全的报告，发现自己与报告的想法几乎完全一致。Gartner 的归纳和总结更加完整,并且已经提炼得很好。于是张福决定以后就以此作为整个产品和技术的指导框架,结合国内的实际情况,开发一款自适应安全产品。

3. 什么是自适应安全

自适应安全(Adaptive Security)是 Gartner 于 2014 年提出的面向下一代的安全体系,该理念认为:云时代的安全服务应该以持续监控和分析为核心引擎,覆盖预测、防御、监控、回溯四个周期,可自适应于不同基础架构和业务变化并形成统一安全策略,才能应对未来更加隐秘、专业的高级攻击。

自适应安全框架几乎包含了安全产品所能提供的所有功能:加固和隔离系统、误导攻击、攻击拦截、监测事故、确认及定性危险、处理事故、事故鉴定、设计/更改、系统修复、基准化安全系统、预测攻击、主动探索分析(图 11.16)。在已有安全产品中能轻松找到可以实现这些功能中的一种或是几种的产品,但是自适应安全框架不是简单地将这些功能加在一起得到一个分离的系统,而是实现一个更具适应性的智能安全防护体系,它整合了不同的功能,共享信息,共同作用。

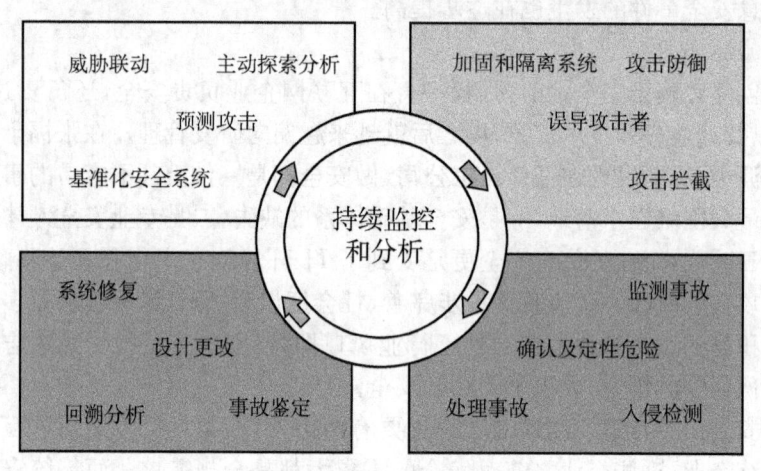

图 11.16 自适应安全架构功能图

4. 青藤的自适应安全

青藤提供的安全服务可以简单概括为:自适应的安全分析,快速便捷的安全体系搭建,持续可视化的监控分析。这三点对应着组成青藤自适应安全系统的三个模块:分析模块(Analyzer)、加固模块(Builder)和监控模块(Monitor)。

分析模块的作用是自动化地进行资产清点。对主机、关联的云平台、安装的操作系统、主机上的软件应用和不同权限的账号等主机资产,以及 Web 站点、后台、URL、应用等 Web 资产进行细粒度的清点。通过建立在这些细致的信息基础上的资产风险分析,用户就能够非常清晰地了解自己的风险所在。而且这种分析能在业务快速变化的过程中自动跟随资产变化,使用户及时发现新的风险,有效减少黑客利用时间差进行的攻击。

　　加固模块的作用是根据资产和业务情况,为每家公司生成量身定制的安全防护体系。在一个业务系统中,不同主机担任着不同的业务角色,青藤帮助用户对主机进行业务分组,并且根据实际运行的进程服务将其定义成负载均衡、Web服务器、业务逻辑服务器、数据库等业务角色,并将结果可视化地呈现出来。青藤将 DDoS 防护、防暴力破解、分布式 WAF、防撞库系统、双因素认证系统(OTP)、黑客诱捕系统等安全功能抽象成独立的安全组件。青藤共提供了 40 多种安全能力插件,且会根据企业系统内不同的业务角色属性来智能配置安全能力,使之能够按需为企业服务。比如为 Web 服务器添加 WAF 防护能力,给登录系统的主机添加 OTP 验证,给数据库制定备份恢复策略等。这些安全组件可以在全球范围内随时部署,随时撤销,灵活易用。

　　监控模块与传统安全产品的区别是从入侵检测方面入手监测黑客攻击,且提高报警准确率。Monitor 使用特征锚点、行为模式、关系模型等方法,从进程、主机、网络三个维度全方位监测黑客行为,第一时间发现黑客有效入侵并做出响应。青藤入侵检测系统会对行为数据进行多维度学习,一段时间后就可以建立起"正常"的行为模型,随着时间推移,系统会持续学习,自动评估模型的准确度并改进,识别发现真正的异常行为情况,从而在最大限度自动化的同时,做到最低的误报率。

5. 小结

　　自适应安全从设计理念到技术架构到功能应用,都可以较好地解决互联网企业大量资产、复杂业务和变化频繁带来的安全问题,属于安全领域比较前沿的技术解决方案。而国内目前安全产业的发展情况是创业公司越来越注重细分领域,青睐于走纵深路线,精准定位。而青藤设计的自适应安全框架为这些丰富的安全产品提供了一个很好的整合平台,青藤可以寻求合作,丰富自身的 Builder 模块。

　　青藤成立时获得了 650 万元天使轮融资,2015 年年底对外宣布,获得了来自宽带资本、红点创投的 6 000 万元人民币 A 轮融资。目前青藤自适应安全平台已与互联网金融、医疗、企业服务领域的多家知名企业达成商用合作,联想、小米、映客等都是青藤的用户。

案例8 共享经济下的Uber(优步)

1. Uber的出现

Uber(优步)是全球打车O2O应用鼻祖,也是启蒙和引领全球共享型经济的代表企业。2009年诞生于美国硅谷旧金山,目前在全球58个国家和地区的311座城市改变着用户的出行方式。回望2010年夏天,Uber创始人特拉维斯·卡兰尼克(Travis Kalanick)(图11.17)跟加特·坎普(Garrett Camp)推出了实时叫车服务Uber,最初平台上只有两辆车,仅向旧金山大约100个用户开放。如今,Uber已经蔓延到58个国家的311个城市,网罗了100余万名司机,每天提供数百万次接载服务。Uber已经成为继Facebook之后,第二家还未上市就获得500亿美元以上估值的科技公司。

图11.17 Uber创始人特拉维斯·卡兰尼克

2. 诞生背景

(1) 共享经济的繁荣

近年来,随着信息技术尤其是移动互联网的成熟,"互联网+"在各行各业产生了革命性的影响。共享经济正是在这样的背景下产生并蓬勃发展起来,点对点租车租房、基于社交网络的商品共享和服务交易等新型业务模式层出不穷。

① 什么是共享经济

a. 定义

民众公平、有偿地共享一切社会资源，彼此以不同的方式付出和受益，共同享受经济红利。此种共享在发展中会更多地使用移动互联网作为媒介。

b. 共享经济模型

到底什么是共享式经济，不妨来打个比喻，假设你是一盏太阳能灯泡，当你把自己点亮了，照亮别的太阳能灯泡时，更多的灯泡也会随之亮起来。共享经济通过按需分配，既合理调配了资源，又在一定程度上控制了风险，使市场上的经济行为变得更加合理有效。而这种经济模式，大多以互联网为载体，尤其是移动互联网，直接产生个体间的经济行为，免去了多余的中间环节。共享经济的出现极大地促进了对于闲置资源剩余价值的再利用，并且产生了经济行为中个体间的共赢，大家各取所需，同时也减轻了原本就稀缺的社会资源所面临的压力，譬如 Uber 对高峰期公共交通的压力就起到了缓解作用。

(2) 经济的危机

2008 年全球金融危机发生之前，分期付款打消了人们量入为出的顾虑，它最早大规模出现在美国的汽车消费领域，通过分期付款提前享受到开车乐趣，成为美国主要消费形式。然而 2007 年，美国房价暴跌、房地产泡沫破灭。2009 年底美国失业率达到 10%，这是自 20 世纪 30 年代大萧条以来失业率的最高水平。在经济的寒冬里，人们清点自己家里闲置的房间、汽车、物品，放到互联网的平台上换钱贴补家用，或者以物易物省钱。这为 Uber（优步）启蒙和引领全球共享经济发展，提供了现实可能。

(3) 物权观的转变

近年来，年轻一代的物权观念发生了变化，刷新了我们对"所有权"的认识。他们更重视物品的使用权，通过他人共享一项商品或服务，节省资源、金钱、空间和时间，甚至获取额外的收益。

(4) 互联网打破行业信息不对称

"信息不对称"理论认为，在市场经济活动中，各类人员对有关信息的了解是有差异的，掌握更多信息的一方，可以通过向信息贫乏的一方传递可靠信息而在市场中获益。互联网使信息的传播从单向到多向，突破了许多行业的传统限制。Uber 等 App 软件，打破了出租车行业信息的隔阂，促使供需信息透明化，大大降低了供车者和出行者的沟通成本，其对城市交通的影响可谓是颠覆性的。

3. Uber 的发展

表 11.3 列出了 Uber 发展历程中的重要事件。

表 11.3　Uber 发展历程

事件编号	时间	事件
1	2009 年 3 月	特拉维斯·卡兰尼克和格瑞特·坎普创立 UberCab
2	2009 年	UberCab 公司获得 20 万美元的种子投资
3	2010 年	UberCab 公司筹集 125 万美元的资金
4	2010 年 7 月	UberCab 公司正式在美国旧金山推出高端车网预约服务
5	2011 年 2 月	UberCab 公司完成 A 轮融资 110 万美元的资金
6	2011 年	UberCab 公司的官方智能终端 App 正式上线
7	2011 年 5 月	UberCab 公司开始在纽约/华盛顿特区推出服务
8	2011 年 7 月	UberCab 公司完成 B 轮融资 370 万美元资金
9	2011 年	UberCab 公司正式更名为 Uber
10	2011 年 11 月	Uber 公司开始在第一个海外城市巴黎推出服务，紧接着扩展到多伦多、伦敦等城市
11	2012 年 7 月	Uber 公司宣布推出 UberX，一种使用经济型汽车提供服务的业务
12	2012 年 12 月	Uber 公司开始在第一个亚太地区城市悉尼推出服务
13	2013 年 8 月	Uber 公司开始在第一个非洲地区城市约翰内斯堡推出服务
14	2013 年 8 月	Uber 公司完成了 C 轮 2 580 万美元融资，并宣布公司估值超过 35 亿美元
15	2014 年 3 月	Uber 公司正式在中国北京推出服务
16	2014 年 4 月	Uber 在美国纽约推出 UberRuch，一项利用自行车提供包裹运输的服务，这标志这 Uber 开始向通勤公司转型
17	2014 年 6 月	Uber 公司完成 D 轮融资 12 亿美元资金
18	2014 年 7 月	Uber 公司宣布公司估值超过 182 亿美元
19	2014 年 7 月	Uber 公司在印度推出 UberX 服务
20	2014 年 8 月	Uber 宣布推出 UberPool，一种基于距离远近共乘的服务
21	2014 年 10 月	Uber 公司宣布完成 E 轮融资 12 亿美元，估值超过 400 亿美元
22	2014 年 11 月	百度宣布向 Uber 战略投资 6 亿美元，这使得 Uber 的 E 轮融资达 18 亿美元
23	2014 年 12 月	Uber 公司的愿景和宣传口号也由"Everyone's private"改为"Where lifestyle meets logistics"
24	2015 年 2 月	Uber 公司美国匹兹堡开始研制自动驾驶汽车和机器人

续表

事件编号	时间	事件
25	2015年2月	滴滴与快的合并,成为Uber在中国最大的经济型车竞争对手
26	2015年3月	Uber并购地图服务公司DeCarta
27	2015年4月	Uber在印度出现最大竞争对手Ola Cabs
28	2015年6月	美国劳工委员会认定Uber司机是合法雇工
29	2015年7月	美国加州行政法官裁定Uber缴纳罚款730万美元并暂停其在加州的业务
30	2015年7月	Uber宣布完成F轮融资10亿美元,公司估值超过500亿美元
31	2015年8月	Uber公司在香港推出Cargo服务,允许顾客通过Uber司机传递包裹
32	2015年9月	百度再次向Uber投资12亿美元,至此,百度总共投资18亿美元
33	2015年9月	滴滴快车宣布向Lyft投资1亿美元,并与之形成对抗Uber的战略联盟
34	2015年10月	印度政府草拟了一部规范国内网约车的法律框架,其国内的Ola Cabs和Uber公司表示欢迎

4. Uber的盈利模式

如图11.18所示,首先,将线下闲置车辆资源聚合到平台上,Uber公司不拥有车辆资源等固定资产,针对的是闲置车辆资源,即为供给者提供灵活工作方式以及提高车辆利用效率,并获取一定额外收入。

其次,Uber公司对闲置车辆进行了差异化定位,包括了Uber SUV高端、Uber X与Uber Black中端、Uber Taxi低端,为每个人提供不同层次的出租车服务,其业务对象拓展到出租车之外的其他通勤服务,如轮渡、摩托车、直升机、快递等。在价格方面,Uber公司为避免最需要服务的高峰时段司机供给反而偏少的情况,设计了高峰定价技术,根据不同时段制订不同价格水平。

再次,Uber公司客户群的主体比较广泛,涉及自身没车、想要体验高质量通勤服务、不想自己驾车参与某项活动、需要低价出租车服务等客户,主体主要为城市上班族。

最后,Uber公司通过LBS定位技术、大数据挖掘和云计算,将平台上需要用车的乘客和距离最近的司机进行匹配,避免传统出租行业拒载现象。司机接受订单之后,司机的详细个人信息和预计到达时间会一同发送给订车人,订车人可以实时查看司机当前位置司机,订车人接受服务之后可以对司机的服务进行评价。

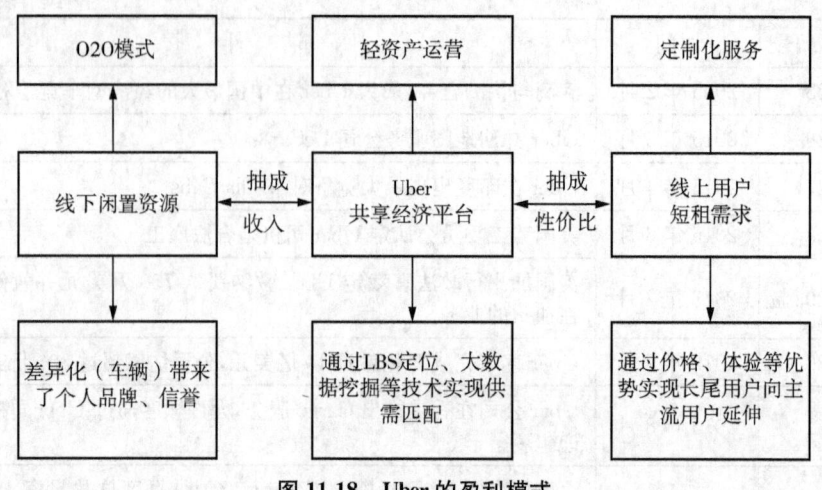

```
        O2O模式              轻资产运营              定制化服务

                      抽成                   抽成
    线下闲置资源      ←——→    Uber       ←——→    线上用户
                      收入    共享经济平台    性价比        短租需求

    差异化（车辆）带来          通过LBS定位、大数        通过价格、体验等优
    了个人品牌、信誉           据挖掘等技术实现供       势实现长尾用户向主
                            需匹配                流用户延伸
```

图 11.18　Uber 的盈利模式

5. Uber 遇到的阻碍

(1) 给传统市场所带来的冲击

从发展得比较有规模的以 Uber 为代表的共享经济来看，共享经济的特点是不求拥有，但求使用，它将传统意义上的所有权分离为支配权和使用权，车主对车辆拥有支配权，成千上万的消费者通过互联网可以获得使用权，这就改变了传统意义上的所有权概念。最终，它将颠覆传统意义上的出租车经营权体制。

(2) 对市场竞争行为外部性认识不足

传统市场的租车服务多是以出租车为主，出租车是由政府监管的，具有一整套相对完善的运作与管理体系。而在这样的体系中，出租车司机、出租车公司、政府相关部门已经形成了一个利益共同体，尽管在这三者之间有着许多利益纠纷，但毕竟已达成了一定程度上的共识，维持着微妙的平衡关系，使各自都能获得预期内可接受的利益。然而，Uber 这一类"专车"的搅局将迫使原有的出租车公司加入竞争行业。但是现行法律法规没有要求"专车"司机承担和出租车相同的税费和负担，客观上形成了不公平竞争。

(3) 缺乏制度保障

任由共享公司野蛮生长，很可能危及经济安全和社会稳定。共享公司建立在以互联网技术作支撑的平台上，其供需双方人数众多。如果不对共享公司施加社会责任和确立法律底线，在缺乏自律和监管的情况下，共享公司为了实现自身不受约束的私欲很可能背离法律底线，甚至危及社会经济与政治安全。如何规范和治理共享经济带来的各种问题，保障其健康有序发展刻不容缓。

表 11.4 列出了近年 Uber 在全球各个市场所经历的遇阻事件。

表 11.4　Uber 遇阻事件

地点	事　件	原　因
韩国	首尔市政府封杀 Uber	违反韩国法律，即未注册的私人或租赁车辆不得用于付费业务
日本	福冈市封杀 Uber	拼车服务违反法律法规
荷兰	法院处罚 10 万欧元	Uber 公司需要获得出租车执照，无照经营罚款
泰国	曼谷交通部门封杀 Uber	责令 Uber 公司解决司机缺乏登记管理和商业保险
美国	波特兰禁止 Uber 上路	违反出租车服务相关法令
加拿大	温哥华暂停 Uber 出租车牌照	对 Uber 模式进行研究
巴西	里约热内卢起诉 Uber	未获得运营出租车所需的牌照
德国	德国政府封杀 Uber	Uber 涉嫌不正当竞争
中国	广州工商部门查封 Uber	涉嫌"未办理工商登记手续"、"组织不具备营业资质的私人车辆从事经营活动"
中国	香港警察扣查 Uber 车辆	控告 Uber 非法宰客及没有第三者保险

6. Uber 为代表的共享经济的优势

（1）提高了闲置资源利用效率

我们的生活中，闲置的资源随处可见。对每个个体消费者而言，所拥有的大多数商品，使用的次数并不多或者只能在一部分时间使用，如汽车、房间、物品等，但这些商品在其他时间，对他人来说可能是很有用的。共享经济通过存量调整，将社会资产和资源进行最大限度的利用，减少了对资产所有性的需求。

（2）带动了"互联网＋"经济的发展

在过去几年中，共享经济推动了"互联网＋"经济的发展，全球各地上千家公司和组织，利用互联网为人们提供了共享或者租用商品、服务、技术和信息的条件。共享经济将闲置的资源重新分配及应用，让资源可以充分被利用并产生经济效应。这个新颖的商业模式也会是未来的新浪潮。

（3）推进了生态文明建设

《中共中央国务院关于加快推进生态文明建设的意见》指出，要坚持节约资源和保护环境的基本国策，把生态文明建设放在突出的战略位置。目前发达国家家庭拥有物品的实际使用率不到 60%。耗费大量能源、污染生存环境生产出大量产品，却有一半几乎是闲置的，这显然是对资源的极大浪费。"如今人们认为必须拥有一辆汽车，但未来的观念将转变，有车坐就行。"特拉维斯·兰格尼表示,以后打车费用会越来越低,人们将不再需要私家车,Uber 将会成为每个人的私人司机。

(4) 促进了大众创业,万众创新

2015 年上半年,国务院连续发布了《关于大力推进大众创业万众创新若干政策措施的意见》和《关于发展众创空间推进大众创新创业的指导意见》。这给中国社会迎来了"大众创业、万众创新"的最好时机。Uber 式共享经济这种新的经济模式,给我们带来了"大众创业、万众创新"的新途径,现在已经不只在出租车行业发挥作用,许多创业者利用人们拥有业余时间和空间的特点,已经渗透到各个行业去创新、创业。面对充满不确定性的未来,共享经济还能够提供多元化的职业道路,抵御潜在的失业风险。

7. 未来的路

在 Uber 的启蒙和引领下,共享经济理念在全球得到普及,共享经济已经渗透到家政服务、美容休闲服务、住宅楼宇、餐桌、新闻、广告、医疗、教育培训等各行各业,相关的共享型经济公司在全球遍地开花。

不可否认,共享经济作为市场经济发展中技术推动形成的新经济模式,它有许多优势,发展趋势不可阻挡,然而其缺陷也不能忽视,必须选择适当的规制路径扬长避短,促进其健康有序发展。当前发展共享经济的最大障碍是政策的不确定性,空白区较多。从而导致诸如 Uber 或 Airbnb(民宿出租)虽然在城市间快速拓展,但它们仅在美国境内就因各州法令不同而遭受许多阻碍,台湾也已经对 Uber 开罚。因此,在承认共享经济这种现象带来经济"创造性颠覆"的同时,也需要我们要完善政策法规,以顺应共享经济的发展。

案例 9 "Buy+"计划:阿里巴巴的 VR+AR 新模式

1. 虚拟现实技术(Virtual Reality)

VR(Virtual Reality,虚拟现实技术)设备掀起的 VR 技术,将商务模式带入三维信息视角,通过 VR 技术,我们全角度观看这个世界的数字记录,看新闻、看比赛、看电影,甚至还有购物(图 11.19)。用户可以沉浸式地进入虚拟世界消费内容,得到身临其境的感觉。这些内容可以是电影、比赛、风景、新闻等,一些内容还能进行交互,例如 VR 游戏可以追踪你的移动、步态、眼球、下蹲等。这些如果应用到网上购物中,很有可能撼动甚至取代线下购物的商务模式。

图 11.19　VR 设备的使用

2. 增强现实技术(Augmented Reality)

AR(Augmented Reality,增强现实技术)是在虚拟现实的基础上发展起来的新技术,也被称为混合现实。它是一种全新的人机交互技术,利用摄像头,传感器,实时计算和匹配技术,将真实的环境和虚拟的物体实时地叠加到同一个画面或空间而同时存在。VR 技术通过佩戴硬件使体验者完全沉浸在虚拟构造的世界中,AR 则是将一些虚拟的元素添加到现实环境中,以增强虚拟元素的真实感。

如果说 VR 给消费者的是一个 100%的虚拟世界,那么 AR 就是以现实世界的实体为主体,借助于数字技术帮助消费者更好地探索现实世界。最典型的 AR 设备是 Google Glass(图 11.20):你盯着某个餐厅,它就帮你检索相关信息并显示;你看向货架上的某个商品,就在眼镜上显示价格、材质等相关信息。

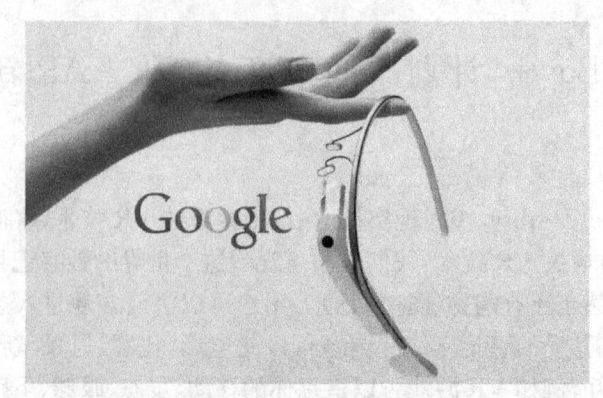

图 11.20　Google Glass

3. 阿里巴巴"buy+"计划

3月17日,阿里巴巴宣布成立 VR 实验室,并首次对外透露集团 VR 战略。据介绍,阿里将发挥平台优势,同步推动 VR 内容培育和硬件孵化。在内容方面,阿里已经全面启动"Buy+"计划(图 11.21)引领未来购物体验,并将协同旗下的影业、音乐、视频网站等,推动优质 VR 内容产出。在硬件方面,阿里将依托全球最大电商平台,搭建 VR 商业生态,加速 VR 设备普及,助力硬件厂商发展。

图 11.21　阿里巴巴"Buy+"计划宣传图

(1) 阿里"造物神"计划建立全球最大 3D 商品库

阿里 VR 实验室的内部代号为 GM Lab,其全名为 Gnome Magic Lab,灵感源于魔兽世界中擅长发明创造的地精一族。实验室由阿里无线、内核、性能架构等多个领域的技术领军人物主持,致力于前沿科技产品的研究和场景探索。在 VR 领域,实验室将专注打磨未来购物体验,并联合阿里影业、阿里音乐、优酷土豆等建立 VR 内容输出标准,推动高品质 VR 内容产出。

阿里 VR 实验室成立后的第一个项目就是"造物神"计划,目标是联合商家建立世界上最大的 3D 商品库,加速实现虚拟世界的购物体验。阿里工程师目前已完成数百件高度精细的商品模型,下一步将为商家开发标准化工具,实现快速批量化 3D 建模,敢于尝新的商家很快就能为用户提供 VR 购物选择。

"VR技术能为用户创造沉浸式购物体验,也许在不久的将来,坐在家里就能去纽约第五大道逛街,"实验室核心成员之一赵海平表示,"阿里将持续投入搭建VR基础平台和软件工具,让品牌和商家能够轻松建设个性化的VR商店。"赵海平是Facebook的第一位华人工程师,2015年初加入阿里后主攻软件性能和VR技术底层构建。

(2) 淘宝助力VR厂商抢滩千亿市场

2016年1月14日,高盛发布58页报告展望VR产业前景,认为VR设备将成为继电脑、手机之后的下一个计算平台。高盛预测到2025年VR和AR的硬件营收将高达1100亿美元,VR设备会像电视一样普及。Oculus也曾表示它的长远目标是让10亿人使用VR设备。

阿里巴巴拥有全球最大的电商平台,2015年活跃用户数已超过4亿人,电商交易额达2.95万亿,占中国网络零售市场近9成份额。在新的VR战略中,阿里巴巴将集中平台优势,搭建VR商业生态,完善服务标准,并投入更多市场资源,通过淘宝众筹和专业频道等加速VR设备的普及,帮助更多硬件厂商健康发展。

截至目前,已有多款VR硬件通过淘宝众筹平台获得广泛关注。灵镜小白VR头盔获得11 358位粉丝支持,筹集资金达277万。暴风魔镜3代获得3万多名粉丝支持,筹集资金逾300万。大朋看看VR头盔获得4.6万粉丝支持,募集资金535万。未来,阿里有望成为全球最大的VR设备销售平台和硬件孵化器,并帮助行业建立智能硬件标准。

(3) 从VR到AR,阿里全面布局

2016年被称为VR元年,各大互联网公司动作频频。扎克伯格现身世界移动大会为Facebook和三星联合发布的Gear VR头盔站台,并宣布成立VR社交团队。谷歌与《纽约时报》合作,向超过100万订阅用户赠送纸板VR眼镜。而早先英国《金融时报》也曝出苹果正秘密组建VR研究团队。继Oculus Rift和HTC Vive公布售价后,索尼也在3月16号正式发布PlayStation VR,定价仅399美金。

有业内人士分析,阿里巴巴虽然首次对外公开VR计划,但多种迹象表明其内部酝酿已久。2016年1月,优酷土豆低调上线360度全景视频,并于刚刚结束的"两会"期间推出了VR版两会节目点播。阿里研究院最新发布的《物联网研究报告》中,也以大篇幅对VR/AR产业做了深度分析。

阿里巴巴于2016年2月领投了Magic Leap的7.94亿融资,阿里集团董事局执行副主席蔡崇信加入Magic Leap董事会。这家公司是目前AR(增强现实)领域最具想象力的公司之一,据介绍其产品能够让用户从现实场景中生成视觉图像,并且和真实世界无缝融合。Magic Leap创始人Rony Abovitz表示:"我们非常激动有阿里巴巴作为战略合作伙伴，把 Magic Leap 开创性的产品介绍给阿里巴巴的 4 亿用户。"

与 VR 打造封闭式虚拟现实不同，AR 是将计算机生成的虚拟物体或提示信息叠加到真实场景中，从而增强用户对现实世界的感知，对计算能力的要求比 VR 高一个数量级，技术实现难度更大。业内普遍预计 AR 产业爆发时间至少比 VR 晚 5 年左右，而阿里的加入，或将加速这一进程。

正如阿里巴巴董事局主席马云所说："我们在经历的这一技术革命，是在释放人的大脑。未来三十年，整个变革会远远超出大家的想象。"阿里巴巴近期的频频动作表明了其对 VR、AR 等前沿科技的长远信心和前瞻性布局。

参考文献

1. [美]阿兰·奥佛尔,克里斯托福·得希.李明志译.互联网商务模式与战略[M].北京:清华大学出版社,2002.
2. 王名编著.非营利组织管理概论[M].北京:中国人民大学出版社,2002.
3. 姚福喜.非政府组织(NGO)与政府、企业[J].内蒙古财经学院学报,2003(04):14—17.
4. 唐东生.近年来国内 NGO 研究述评[J].改革,2003(02):101—104+127.
5. 齐炳文.民间组织[M].山东:山东大学出版社,2000.
6. Efraim Turban. Electronic Commerce 2010: A Managerial Perspective[M].San Antonio:Pearson Education,2010.
7. 葛笑春.企业与非营利组织的合作动因、互动形式及比较[J].科技进步与对策,2008,25(7):43—46.
8. 顾谦凯.企业与非营利组织合作中存在的问题与对策[J].江苏经贸职业技术学院学报,2013,(1):22—24.
9. 菅得荣.电子商务概论[M].北京:科学出版社,2006.
10. 李琪.电子商务概论[M].北京:高等教育出版社,2004.
11. 黄敏学.电子商务[M].北京:高等教育出版社,2006.
12. 马化腾,黄磊.电子商务在中国[N].中国财经报,2008—8—27(7).
13. 新华网.政府职能转变、机构改革激发就业市场新活力[EB/OL].http://news.xinhuanet.com/politics/2013-11/08/c_125669594.html,2016-10-15.
14. 刘朋君.非营利组织与企业跨部门合作的模式选择与风险控制[D].南京:南京理工大学,2014.
15. 张杰.我国公益性非营利组织筹资问题研究[D].西安:西北大学,2010.
16. 庄棪.基于 PKI 平台加固电子政务信息安全建设[D].成都:电子科技大学,2009.
17. Wimmer M., Traunmuller R. Trends in Electronic Government: Managing Distributed Knowledge[R], in Proceedings from 11th International Workshop on Database and Expert Systems Applications, New York: Springer, 2000: 340-345.
18. 虞益诚.电子商务概论[M].北京:中国铁道出版社,2013.
19. 国联资源网.电子政务与电子商务的关系[EB/OL].http://www.ibicn.com/news/d1058158.html,2016-10-16.
20. 魏加晓.互动型网络公益广告研究[J].新闻知识,2012(11):61—63.
21. 刘子阳.商讨移动互联网发展前景[N].互联网周刊,2000,19(5).

22. 裘迅，张军，姜左.应用信息技术提升非营利组织的持续经营能力[J].华东经济管理，2005，19(9)：89—92.
23. 陈亚伟.政府组织互联网思维的建构途径——以深圳市宝安区为例[J].东南传播，2015，3：79—81.
24. 李洪心.电子商务案例分析[M].大连：东北财经大学出版社，2013.
25. 维基百科.亚马逊公司[EB/OL].https://en.wikipedia.org/wiki/Amazon，2016-10-22.
26. 电商典型案例分析：亚马逊(Amazon)[EB/OL].http://blog.sina.com.cn/s/blog_6d58024c0100zrum.html.2016-10-23.
27. 曹彩杰.电子商务案例分析[M].北京：北京大学出版社，2010.
28. 崔向华，张婷编.非营利组织管理导引与案例[M].北京：中国人民大学出版社，2013.
29. 中华人民共和国财政部.企业会计准则[Z].2014—07—23.
30. 谷祺，邓德强，路倩.现金流权与控制权分离下的公司价值[J].会计研究，2006，(4)：30—36.
31. 兰晓华.销售88定律：掌握销售"读心术"[M].北京：印刷工业出版社，2013.
32. 姜国华.财务报表分析与证券投资[M].北京：北京大学出版社，2008.
33. 赖磊，张爽.企业持续竞争优势的经济租金理论解释[J].企业理论研究，2005，(8)：52—54.
34. 李帅.会计利润现金利润及EVA的应用比较研究[D].保定：华北电力大学.2012.
35. 徐迪.商务模式及其创新研究[J].商业时代，2004，(29)：43—44.
36. 邱嘉铭.企业商务模式匹配及其创新研究[J].科学学与科学技术管理，2007(5)：72—77.
37. 王宁.企业的内部环境分析[J].内蒙古科技与经济，2009(17)：33—34.
38. 刘爱民.管理学原理[M].北京：北京理工大学出版社，2012.
39. 周三多.管理学原理与方法[M].上海：复旦大学出版社，2008.
40. 王昊，袁磊.企业架构描绘信息化蓝图[J].财经界(管理学家)，2007，(5).
41. 裴雷.政府信息资源整体规划理论与方法[M].南京：南京大学出版社，2013.
42. Wikipedia.PEST analysis[EB/OL].https://en.wikipedia.org/wiki/PEST_analysis，2016-10-11.
43. 2014年第一季度《中国手机行业运行状况》报告[R].北京：工信部，2014.
44. Wikipedia.SWOT[EB/OL].https://en.wikipedia.org/wiki/SWOT，2016-10-21.
45. 刘畅."网人合一"：从Web1.0到Web3.0之路[J].河南社会科学，2008(02)：137—140.
46. 百度百科.互联网泡沫[EB/OL].http://baike.baidu.com/link？2016-11-03.
47. Tim O'Reilly.What Is Web 2.0[EB/OL].http://oreilly.com/web2/archive/what-is-web-20.html，2016-11-12.
48. 王格.Web2.0在电子商务中的应用[J].情报探索，2008(2)：113—115.

49. 毛新生. Web 2.0 与 SOA：Web 2.0 介绍[EB/OL]. http://www.ibm.com/developerworks/cn/web/wa-web20soa1/,2016-12-2.

50. Ross Dawson. Launching the Web 2.0Framework[EB/OL]. http://rossdawsonblog.com/weblog/archives/2007/05/launching_the_w.html,2016-11-23.

51. 孙茜. Web2.0 的含义、特征与应用研究[J]. 现代情报,2006(02):69—74.

52. Wikipedia.Semantic Web[EB/OL]. https://en.wikipedia.org/wiki/Semantic_Web♯Web_3.0,2016-11-30.

53. 周珍妮,陈碧荣.Web3.0——全新的互联网时代[J]. 科技广场,2008(07):235—237.

54. Web3.0.百度百科[EB/OL]. http://baike.baidu.com/subview/851883/13220838.htm,2016-12-02.

55. 李湘媛.Web3.0 时代互联网发展研究[J]. 中国传媒大学学报:自然科学版,2010(17):54—56.

56. 罗泰晔.Web3.0 初探[J]. 情报探索,2009(2):101—103.

57. 黄建军,郭绍青.WebX.0 时代的媒体变化与非正式学习环境创建[J]. 中国电化教育,2010(4):11—15.

58. 门户网站重要性日益凸显. http://www.zgcxjrb.com/n1519887/n1520314/1687883.html,2016-12-04.

59. 高丽华. 新媒体经营[M]. 北京:机械工业出版社,2009.

60. 仲岩,芦阳主,王晓雪,秦秋霞. 电子商务概论[M]. 上海:上海交通大学出版社,2013.

61. 洪涛.中国改革开放与贸易发展道路[M]. 北京:经济管理出版社,2013.

62. 社交媒体的中国道路:现状、特色与未来[EB/OL]. http://media.china.com.cn/cmyj/2015-01-15/368642.html,2016-12-06.

63. 尹韵公.中国新媒体发展报告 2011[M]. 北京:社会科学文献出版社,2011.

64. 陈明奇.大数据国家发展战略呼之欲出——中美两国大数据发展战略对比分析[J]. 人民论坛,2013(05):28—29.

65. 百度百科.网景［EB/OL］. http://baike.baidu.com/subview/478896/10453140.htm?fromtitle=netscape&fromid=2778944&type=syn,2016-12-12.

66. 曹小林. Google AdSense 十年迈步从头越[J]. 互联网周刊,2013(13):54—55.

67. 卓晓日.互联网商务模式创新研究[D]. 厦门:厦门大学,2006.

68. Konczal, E.F. Models Are For Managers, Not Mathematicians[J]. *Journal of Systems Management*,1975,26(1).

69. Dottore,F.A. Data Base Provides Business Model[J]. *Computer World*,1977,11(4).

70. 邱嘉铭,陈劲.企业商务模式匹配及其创新研究[J]. 科学学与科学技术管理,2007,5:72—77.

71. Senge,P.M. *The Fifth Discipline*[M].London:Random House,1992.

72. Afuah,A. and Tucci.,CL. A Model of the Internet as Creative Destroyer[J]. *IEEE Transactions on Engineering Management*,2003,50(4):395-402.

73. Mitchell, D.W. and Coles, C.B.E. Stablishing a Continuing Business Model Innovation Process[J]. *The Journal of Business Strategy*, 2004, 25(3): 39-50.

74. Weathersby, G. B. The Future Enterprise[J]. *Management Review*, 2000, 89, (3): 5-6.

75. Slywotzky, A.J. and Wise Richard. The Growth Crisis—and How to Escape It[J]. *Harvard Business Review*, 2002, 80(7): 72-83.

76. 中国企业管理百科全书[M]. 北京:企业管理出版社, 1990.

77. Joseph Alois Schumpeter. *Theory of Economic Development*[M]. New Jersey: Transaction Publishers, 1982.

78. C.K. Prahalad and G.M. Hamel. The Core Competence of the Corporation[J]. *Harvard Business Review*, 2006, 68(3): 75-292.

79. 张贺梅. 企业资源能力组合与竞争优势关系的实证研究[D]. 重庆:重庆大学, 2011.

80. 陈锡康. 投入产出技术[M]. 北京:科学出版社, 2011.

81. 张贺梅. 企业资源能力组合与竞争优势关系的实证研究[D]. 重庆:重庆大学, 2011.

82. 马晓苗. 基于价值链的电子商务模式研究[D]. 吉林:吉林大学, 2005.

83. 彭晓燕. 互联网商务模式的分类体系评述[J]. 当代经济管理, 2007, 29(5):46—50.

84. 姜丽, 丁厚春. O2O商业模式透视及其移动营销应用策略[J]. 商业经济研究, 2014(15):58—59.

85. 北城剑客. 什么是真正的互联网思维？[EB/OL]. http://www.yixieshi.com/it/15387.html, 2016-12-14.

86. 新浪科技. 2013年中国互联网产业发展综述:跨界融合成趋势. [EB/OL].

87. http://tech.sina.com.cn/t/2014-01-08/14349078718_2.shtml, 2016-12-16.

88. 曹磊, 陈灿, 郭勤贵等. 互联网+跨界与融合[M]. 北京:机械工业出版社, 2015.

89. 沈拓. O2O商业模式的系统性分析[EB/OL]. http://blog.sina.com.cn/s/blog_54b01cce0101ea9s.html, 2016-12-19.

90. 赵大伟. 互联网思维独孤九剑[M]. 北京:机械工业出版社, 2014.

91. 张睿. 封闭VS开放:策略影响下的智能移动终端界面设计[D]. 北京:中央美术学院设计学院, 2014.

92. 范哲, 朱庆华, 赵宇翔. Web2.0环境下UGC研究述评[J]. 情报研究, 2009, (22):60—63.

93. 李子丰. LBS用户价值主张研究[D]. 北京:北京邮电大学, 2012.

94. Google开放流量监测, 百度盈利模式受到威胁[EB/OL]. http://www.williamlong.info/archives/350.html, 2016-12-21.

95. 吴晶妹. 网络信用服务时代已经到来. 阿里商业评[EB/OL], http://www.aliresearch.com/blog/article/detail/id/20053.html, 2016-12-21.

96. 汤敏. 慕课革命:互联网如何变革教育？[M]. 北京:中信出版社, 2015.

97. 阿里研究院, 高红冰. 互联网+:从IT到DT[M]. 北京:机械工业出版社, 2015.

98. 赵卫东, 黄丽华. 电子商务模式[M]. 上海:复旦大学出版社, 2006.8.

99. 曹磊,莫岱青.互联网＋海外案例[M].北京:机械工业出版社,2015.9.

100. [美]克莱·舍基.胡泳,沈满琳译.未来是湿的[M].北京:中国人民大学出版社,2009.

101. 陈晓田.管理科学发展战略与"十一五"优先资助领域遴选研究[J].管理科学学报,2005,8(2):85—94.

102. 李雷霆.深度解析:社交电商的几种模式[EB/OL].http://www.pintu360.com/article/57225.html? utm_source=tuicool&utm_medium=referral,2016-11-17.

103. 左光梅.从苏宁电器到苏宁云商:苏宁转型之痛[J].财会通讯,2015,(11):99—101.

104. 高立飞,李连柱,刘珊珊.苏宁转型O2O模式的若干思考[J].商,2015,(18):109.

105. 张帆.浅析由"苏宁电器"到"苏宁云商"的转型影响[J].商,2013,(10):40.

106. 吴兴杰.苏宁:改名背后的业务转型[J].企业管理,2013,(5):99—101.

107. 张兰芳.传统零售企业转型电子商务发展研究——以苏宁为例[J].现代商贸工业,2014,(21):183—184.

108. 李书领,柳云.企业转型过程中企业家思想的作用途径研究——基于苏宁互联网零售转型的案例分析[J].中国人力资源开发,2016,(16):99—10.

109. Rebacca M. Henderson and Kim B. Clark. Architecture Innovation: The Reconfiguration of Existing Product Technologies and Failure of Established Firms[J]. *Administrative Science Quarterly*,1990,35:9-30.

110. [美]克莱顿·克里斯坦森.胡建桥译.创新者的窘境[M].北京:中信出版社,2010.

111. 曹平.技术创新理论模型的多维解读[J].技术经济与管理研究,2010,4:33—36.

112. Michael E. Porter. *Competitive Advantage*[M]. New York:Free Press,1985.

113. Adrian Slywotzky. *Profit Zone*[M]. New York:Times Business,1997.

114. [美]大卫·波维特等.价值网:打破供应链、挖掘隐利润[M].北京:人民邮电出版社,2001.

115. 宋园林.国内B2C电子商务盈利模式分析[D].大连:东北财经大学,2012.

116. 栾玲.苹果品牌的设计之道[M].北京:机械工业出版社,2014.

117. 黄放.浅谈"App store"商业模式[J].价值工程,2011(14):144—145.

118. [美]詹姆斯·汤普森.敬又嘉译.行动中的组织——行政理论的社会科学基础[M].上海:上海人民出版社,2007.

119. Adam M. Brandenburger and Barry J. Nalebuff. *Co-Opetition*[M]. New York:Doubleday,1996.

120. 龚炳铮.关于电子商务模式的评价指标和方法[A].信息经济学与电子商务:第十三届中国信息经济学会学术年会论文集[C].2008.

121. 欧阳锋,赵丹红.电子商务模式可行性评价研究[J].汕头大学学报,2009:73—76.

122. 郭锐.企业商务模式创新绩效评价研究[D].陕西:西安电子科技大学,2012.

123. 杨子健.O to O电子商务模式及评价研究[D].北京:首都经济贸易大学,2015.

124. 姚颖.私募股权投资中的企业估值方法研究[D].江苏:南京大学,2013.

125. 吴辉,魏月红.初创企业的估值与融资问题探讨[J].财务与会计,2016(6):53—55.

126. 朱小川.初创企业估值方法比较选择[J].商业时代,2019(4):88—89.
127. 孟义.基于案例研究的中国互联网公司上市融资分析[D].北京:对外经济贸易大学,2014.
128. 初创企业估值方法[EB/OL].http://blog.sina.com.cn/s/blog_5ace45870102uzli.html,2016-12-24.
129. 朱烨东.互联网公司估值方法介绍.清华大学五道口金融学院.
130. 冯晓娜.创业公司财务预测与估值.创新工场.
131. [美]布拉德福德·D.乔丹,托马斯·W.米勒.徐晟译.投资学原理:估价与管理[M].北京:机械工业出版社,2016.
132. [美]伊查克·爱迪思.企业生命周期[M].北京:中国社会科学出版社,1997.
133. Tyebjee T.T. and A. V. Bruno. A model of Venture Capitalist Investment Activity [J].*Management Science*,1984,30(9):1051-1066.
134. 易法敏,马亚男.电子商务平台形态演进与互联网商务模式转换[J].中国流通经济,2009(10):42—45.
135. 郭勤贵.互联网商业模式[M].北京:机械工业出版社,2016.
136. 洪勇,张永美,解淑青.电子商务模式理论与实践[M].北京:经济管理出版社,2012.
137. 吴江.基于互联网信息的国内移动商务战略联盟网络分析[J].情报杂志,2012(09):175—179.
138. 陈耀刚.互联网商务主体的参与决策和竞争行为研究[D].北京:清华大学,2003.
139. 姚国章.从沃尔玛看传统零售商的电子商务发展转型[J].南京邮电大学学报(社会科学版),2011(01):27—33.
140. 潘艳.电子商务环境下沃尔玛营销模式变革的实证研究[D].西南大学,2013.
141. 李冰贤.沃尔玛供应链的成功与中国零售业发展的战略研究[D].北京:对外经济贸易大学,2006.
142. 丁涛,杨宜苗.沃尔玛在中国市场的扩张:模式、进程及战略演变[J].中国零售研究,2010(01):51—64.
143. 维基百科.企业战略[EB/OL].http//wiki.mbalib.com/wiki/%E4%BC%81%E4%B8%9A%E6%88%98%E7%95%A5,2017-1-3.
144. 中国注册会计师协会.公司战略与风险管理[M].北京:经济科学出版社,2016.
145. [英]约翰逊,斯科尔斯.王军等译.战略管理[M].第六版.北京:人民邮电出版社,2004.
146. 仲伟俊.合作型企业间电子商务[M].北京:科学出版社,2009.
147. 维基百科.新7s原则[EB/OL].http//wiki.mbalib.com/wiki/%E6%96%B07S%E5%8E%9F%E5%88%99,2017-1-4.
148. 王知津,孙立立.竞争情报战争游戏法研究[J].情报科学,2006,03:342—346.
149. [美]H.伊戈尔·安索夫.邵冲译.战略管理[M].北京:机械工业出版社,2010.
150. E.B.Roberts and C.A.Berry. Entering New Business:Selecting Strategies for Success [J].*Sloan Management Review*,1985,26(3).

151. D.Faulkner and C.Bowman. The Essence of Competitive Strategy[J]. *Competition*, 1995,23(60).

152. Robert S. Kaplan and David P. Norton. Putting the Balanced Scorecard to Work[J]. *Harvard Business Review*,1993,71(5):134-140.

153. 杨金龙,胡广伟,王浩宇. 大数据驱动的 B2C 原创品牌价值链塑造路径分析——以裂帛为例[J].电子商务评论,2016,(2):11—21.

154. 刘宇鑫."菜鸟"物流网蹒跚起步[N]. 北京日报,2013-05-31.

155. 万长云. 菜鸟大物流发展问题及其对我国电商物流格局影响[J]. 商业时代,2014,(36):21—22.

156. 黄作金. 菜鸟物流"双十一"正式登场 电商争雄捧热相关概念股[N]. 证券日报,2013-11-08.

157. 闪乐乐. 菜鸟物流的发展及对中国物流业的影响[J]. 中国市场,2014,(38):25—26.

158. 赵艳俐,李永荣. 从菜鸟物流看我国物流业的发展[J]. 企业改革与管理,2014,(12):151.

159. 胡文波. 互联网思维下的物流新模式——菜鸟物流[J]. 东方企业文化,2015,(13):239+242.

160. 陈婧. 基于供应链管理思维的第四方物流发展必要性研究——以菜鸟物流为例[J]. 鸡西大学学报,2016,(4):75—77.

161. 马云"复出"投资千亿搞"菜鸟"物流[J]. 名人传记(财富人物),2013,(7):9.

162. 文丹枫,杨晶晶,肖森舟等.决战互联网+互联网与传统行业的融合与创新[M].北京:人民邮电出版社,2015.

163. 蔡钊.区块链技术及其在金融行业的应用初探[J]. 中国金融电脑,2016,(2):30—34.

164. 夏杉珊,王明宇,李晓.蚂蚁金服的发展现状与趋势研究[J]. 中国商论,2015,(36):94—97.

165. 陈龙. 什么是好的普惠金融[EB/OL]. http://business.sohu.com/20160903/n467524716.shtml,2017-1-5.

166. 蚂蚁金服[EB/OL].https://www.antgroup.com/brand.htm,2017-1-5.

167. 张兴军. 蚂蚁金服:金融生态集大成者[J]. 中国经济信息,2015,(5):48—50.

168. 王安平,范金刚,郭艳来. 区块链在能源互联网中的应用[J]. 电力信息与通信技术,2016,(9):1—6.

169. 腾讯研究院.视频直播报告:全面爆发、分享红利与未来的机会[EB/OL]. https://www.huxiu.com/article/149224/1.html?f=member_article,2016-12-29.

170. 艾媒咨询集团.2016 年中国在线直播行业专题研究 暖春遭遇寒流[EB/OL]. http://www.docin.com/p-1665979418.html,2016-12-29.

171. 中国互联网络信息中心.第 38 次中国互联网络发展状况统计报告[EB/OL]. http://www.cnnic.cn/hlwfzyj/hlwxzbg/hlwtjbg/201608/P020160803367337470363.pdf,2016-12-29.

172. 腾讯游戏.游戏直播产业全方位解析[EB/OL]. http://www.cgigc.com.cn/subject/

3850.html,2016-12-29.

173. 市场人.教育直播能否打破在线教育亏钱魔咒[EB/OL].http://business.sohu.com/20160824/n465823960.shtml.,2016-12-29.

174. 赵梦媛.网络直播在我国的传播现状及其特征分析[J].西部学刊,2016,(8):29—32.

175. 刘阳.谁来戳破在线直播的泡沫[N].人民日报,2016-08-04.

176. 曾耿明.互联网金融的商业模式及对传统金融的冲击[J].金融与经济,2015(5):52—56.

177. 陈明昭.互联网金融的主要模式及对商业银行发展的影响分析[J].经济研究导刊,2013(31):119—120.

178. 刘英,罗明雄.互联网金融模式及风险监管思考[J].中国市场,2013(43):29—36.

179. 孙浩.互联网金融的新兴商业模式[J].中国信用卡,2013(9):50—54.

180. 梁正虎,吴丽琼,余来文.互联网金融商业模式[J].经济研究导刊,2014(13):131—132.

181. 张晓民.互联网金融四大商业模式分析[J].金融经济:理论版,2014(18):59—60.

182. 彭乐玥.中国互联网金融的现状及其发展研究[J].商业故事,2015(2):14—15.

183. 赵旭升.互联网金融商业模式演进及商业银行的应对策略[J].金融论坛,2014(10):11—20.

184. 郑联盛.中国互联网金融:模式、影响、本质与风险[J].国际经济评论,2014(5).

185. 任翘楚.我国互联网金融的商业模式分析[J].金融经济:理论版,2015(6):134—136.

186. 粤商贷.全球互联网金融商业模式报告(2015)全文[EB/OL].https://www.yesvion.com//search/detail/id/4493.html,2015-12-18/,2017-01-02.

187. 2016上半年网络安全大事件[EB/OL].www.webxmf.com/news/news_show177.html,2017-01-05.

188. 王小瑞.这家初创公司做自适应安全,安全牛[EB/OL].www.aqniu.com/tools-tech/14262.html?utm_source=tuicool&utm_medium=referral,2017-1-5.

189. Neil Mac Donald and Peter Firstbrook. Designing an Adaptive Security Architecture for Protection from Advanced Attacks,Gartner,February 12,2014.

190. 青藤云自适应安全[EB/OL].www.qingteng.cn,2017-01-05.

191. 郑志来.经济的成因、内涵与商业模式研究[J].现代经济探讨,2016,(3):32—36.

192. 汤天波,吴晓隽.共享经济:"互联网+"下的颠覆性经济模式,科学发展[J].2015,(12):78—84.

193. 颜婧宇.Uber(优步)启蒙和引领全球共享经济发展的思考,商业研究[J].2015,(19):13—17.

194. 丁元竹.推动共享经济发展的几点思考——基于对国内外互联网"专车"的调研与反思,国家行政学院学报[J].2016,(2):106—111.

195. 唐清利."专车"类共享经济的规制路径,中国法学[J].2015,(4):286—302.

196. 吴光菊.基于共享经济与社交网络的Airbnb与Uber模式研究综述[J].产业经济评

论,2016,(3):103—112.

198. 周丽霞.规范国内打车软件市场的思考——基于美国对 Uber 商业模式监管实践经验借鉴[J].价格理论与实践,2015,(7):21—24.

198. 阿里巴巴.阿里巴巴将全面布局 VR 发布 Buy+计划[EB/OL].http://it.sohu.com/20160317/n440790060.shtml,2017-01-05.

199. 科技黑. VR、AR、MR 和 CR 分别是什么？[EB/OL].http://ee.ofweek.com/2016-11/ART-11000-2803-30061844_2.html,2017-01-05.

后　记

本书的完成历经 10 年的思考、准备与精心梳理，期间经历了互联网商务模式从"门户网站阶段—电子商务阶段—社交媒体阶段—智能商务阶段（大数据＋人工智能）"的发展演变。在科研与教学实践的过程中，我和我的团队也在细致观察与体会每一次技术变革引起的商务模式演化。正如 Gartner 的"技术成熟度曲线（The Hype Cycle）"所揭示的，商务模式的每一次变革也都有"萌芽期—膨胀期—幻灭期—成熟期"的演变过程。当我们观察到这些变化，也在扪心自问：下一次的变革将如何发生？发生在什么时候？将出现何种商务模式？该如何应对？

书中有关每阶段出现的商务模式都是在细致观察后的总结，万变不离其宗，这些新萌生的商务模式也都可以归类为基于利润点、客户价值、收入方式、参与主体、定价方法为核心的不同模式，体现在不同的技术变革过程中新的应用场景上。在互联网发展的初级阶段，以基础设施的研发、创新、建设为主，同轴线缆、双绞线、光纤快速更新铺设，集线器、交换机、路由器不断创新换代，时至今日全球互联网已成为基本消费品，IT 的技术特征日益消弭，利润点的热点也从 ISP（互联网服务提供商），向 ASP（应用服务提供商）、OSP（在线服务提供商）转移。美国的 AT&T、Verizon、T-Mobile，英国的 O2、vondafone，中国的移动、联通都因与互联网的距离而受到影响，曾经名噪一时的 Motorola、Nokia 手机已被 Apple、Huawei、SAMSUNG 等互联网手机（智能手机）所取代，即使在骨干网络上不可或缺的 Cisco、Juniper、华为、3Com 也因为远离用户而日居幕后。这些都是 IT 技术日益基础设施化、消费品化、服务化的清晰信号。

客户价值上，日益多元化是其发展趋势，从信息传输突破时空的局限、消除信息不对称性、降低商务询价成本等，到信息经济、社交经济、众包经济、共享经济、共创经济等不同的经济生态，客户价值的创造由生产者主导转变为生产者与消费者共同创造等新的逻辑。互联网的发展在消除信息不对称方面可以说是力大无穷、功高盖世，在促进知识、信息、数据的传输与传播上具有无可比拟的优势。社会中信息不对现象的存在，会产生诸多问题，潜藏许多危机，经济学上诸如"败德行为"、"柠檬市场"、"不利选择"、"有限理性"、"劣币驱良币"等，都与之密切相关，互联网的普及应用使这些都迎刃而解。因此，经典的经济学理论也可能因此而需要全面修订。另外,社会、政治、环境、生态等方方面面也都在发生着变化。互联网的应用让世界成为平的、成为地球村,让自行车(共享单车)、汽车(Uber)、房产(Airbnb)、家具(dorm)、电器(海尔洗衣)乃至智力(猪八戒)成为共享物品与服务;用户可以成为发现者(Explorer)、建议者(Ideator)、设计者(Designer)、改造者(Innovator),使制造业重新焕发生机,自动化、个性化、小批量、多品种、定制式生产成为可能。这些新的逻辑、模式、场景让这些以互联网为平台的经济生态爆发出巨大的活力,仍然可以断言:随着智能时代的到来,以互联网为平台的经济潜能将进一步爆发。

在编撰本书的过程中一直在想,如果通过这本书说明白了什么是互联网商务模式,读者通过这本书理解了互联网商务的利润点、客户价值,掌握了互联网商务模式的分析方法、构建方法、评价方法,能洞察当今互联网平台上各种商务模式的本质,那将是我们团队的荣幸。

我期待越来越多的人能够理解互联网、认识互联网商务模式,并参与到互联网平台的建设中,创造出更多、更新鲜、更有活力与生命力的商务模式。

编撰书籍是一个学习、思考、总结的过程,由于知识体系、精力阅历、学术视野等局限,难免存在疏漏与偏误,恳请读者不吝指正,帮助我们改进、完善与提升,谢谢!

于南京
2017 年 7 月